AF666761

Nouvelles

Tables trigonométriques

calculées

pour la division décimale du quart de cercle

par

Jean Philippe Hobert

Professeur de Mathématiques et de Physique à l'Académie royale d'Artillerie de Prusse

et

Louis Ideler

Astronome de l'Académie royale des Sciences et Belles-lettres de Prusse.

Berlin,

à la librairie de l'Ecole Réelle.

1799.

Préface.

Nous donnons ici au public les tables décimales que nous avons annoncées, il y a quelque temps, et nous nous félicitons, que quoiqu'elles paroissent plus tard que nous ne l'aurions voulu, elles sont cependant les premières qui soient assez complettes pour les usages ordinaires.

Elles sont le fruit du travail assidu d'un an et demi, sans compter le temps, que nous ont couté les divers essais que nous avons faits, pour trouver la méthode la plus avantageuse d'exécuter nos calculs. La justesse des 6 premières décimales dans les valeurs des lignes trigonométriques se montroit ordinairement par leurs différences; et pour que les derniers ou septièmes chiffres fussent entièrement précis, et ne s'écartassent jamais de la vérité, pas même d'une unité, défaut, dont les meilleures tables que nous ayons, ne sont pas toujours exemptes, on ne pouvoit certainement trouver aucun moyen plus sûr et plus commode, que celui que nous avons employé. Nous l'avons expliqué en détail dans l'introduction qui précède nos tables, croyant que l'on verroit avec plaisir, comment deux hommes, qui cependant n'en représentoient qu'un seul, puisqu'ils ne faisoient toujours que le même calcul à la fois, ont pu achever un travail d'une si grande étendue en si peu de temps, sans profiter le moins du monde, comme leurs papiers peuvent en faire foi, de ce que d'autres avoient déjà fait dans ce genre.

De la manière dont nous avons exécuté nos calculs, il étoit facile de découvrir les fautes qui s'y étoient glissées. Comme d'ailleurs ils ont été faits deux fois, nous croyons pouvoir garantir leur justesse avec d'autant plus de sûreté. Aussi n'avons nous épargné aucune peine pour les présenter au public avec cette même exactitude. Nous avons relu trois fois chaque feuille d'épreuve, en la comparant une fois avec le manuscrit et deux fois avec nos brouillons; le plus souvent nous avons été présens dans l'imprimerie, avant qu'on imprimât la feuille, pour nous assurer, que les fautes que nous avions marquées, étoient effectivement corrigées; enfin nous avons encore une fois relu tout l'ouvrage imprimé. En faisant cette dernière révision, nous avons été assez heureux de ne trouver que quelques fautes que nous avons indiquées à la fin de l'introduction, et nous nous flattons, que sous ce point de vue nos tables mériteront la préférence sur la plupart des ouvrages de ce genre.

Il nous étoit d'autant plus facile de fournir des tables si correctes, que nous avons reçu des feuilles entières de la main du compositeur, sans qu'il y ait eu la moindre faute. Un exemple aussi rare d'attention mérite sans doute, qu'on en fasse mention honorable.

Les circonstances étant telles, nous attendons tranquillement les grandes tables que l'Institut national de France va publier aux frais de la nation.

M. Hensel, maître habile à l'école réelle de Berlin, a eu la bonté de se charger d'une partie des calculs pénibles d'interpolation. Il a calculé deux fois les tangentes et les cotangentes entre 0,265 et 0,500 et les cosinus entre 0,030 et 0,265. Il nous a épargné par sa complaisance un travail de plusieurs semaines, et nous lui en témoignons publiquement notre reconnoissance.

Dans l'introduction qui suit, nous avons tâché d'être aussi clairs que possible; puisque ce sont surtout les personnes moins exercées, que nous avons cru devoir instruire sur le but, l'utilité et l'emploi de notre ouvrage. Les connoisseurs se convaincront eux-mêmes des avantages du système décimal.

Pour procurer à nos tables le plus haut degré d'utilité, nous avons donné l'introduction en Allemand et en François, de façon que les amateurs auront le choix entre ces deux langues.

Nous observons encore, que M. Wagener, mécanicien établi en cette ville, sur les avis que nous lui avons donnés, a réglé son disque à diviser d'après le système décimal, et nous a fait deux rapporteurs travaillés avec le plus grand soin, dont l'un indique la nouvelle division du cercle et dont l'autre contient la nouvelle et l'ancienne, ce qui facilite beaucoup la comparaison des deux divisions. Nous prions donc tous ceux, qui voudroient avoir des rapporteurs réglés sur le nouveau système, de s'adresser à M. Wagener, dont les ouvrages sont recommandables tant par la beauté du travail, que par la modicité du prix.

Introduction.

Les anciens géomètres se servoient de cordes au lieu de sinus que l'on emploie aujourd'hui pour la résolution des triangles. Ils partageoient le rayon du cercle comme l'arc de 60 degrés dont il est la corde, en 60 parties égales; ils subdivisoient chacune de ces parties en 60 autres parties égales, qu'ils subdivisoient ultérieurement toujours d'après la même loi; et c'est par de telles parties qu'ils exprimoient les cordes des arcs. Ils se servoient donc d'une division sexagésimale et pour les arcs et pour le rayon. On trouve dans le premier livre de l'Almageste de **Ptolémée** une table des cordes, de demi-degré en demi-degré, avec la trentième partie de leurs différences *). Lorsque la corde de dix degrés est indiquée par 10 27 32, cela signifie qu'elle est égale à $\frac{10}{60}+\frac{27}{60.60}+\frac{32}{60.60.60}=10.60^{-1}+27.60^{-2}+32.60^{-3}$, ou d'après la manière ordinaire d'exprimer les fractions sexagésimales, $=\overset{-1}{10}+\overset{-2}{27}+\overset{-3}{32}=0{,}174314$ parties du rayon; ce qui s'accorde avec le double sinus de 5 degrés jusqu'à la 6me décimale.

Les Arabes s'apperçurent que les calculs trigonométriques devenoient beaucoup plus simples, lorsqu'au lieu des cordes ils se servoient des sinus ou des moitiés de ces cordes; puisqu'à l'aide des sinus ils pouvoient déterminer immédiatement par les angles d'un triangle le rapport des côtés opposés, tandis qu'en employant les cordes il falloit toujours prendre le double de ces angles. Ils

*) Voyez une déscription détaillée de cette table dans les geometrische Abhandlungen de M. **Kästner** tome I. 6ome dissertation.

introduisirent donc l'usage des sinus *) en conservant cependant la division sexagésimale du rayon.

Jean Muller ou Regiomontan, célèbre mathématicien allemand du 15me siècle, sentit les inconvéniens de cette division et fit une table des sinus, en parties dont 6000000 égaloient le rayon. Dans la suite il trouva, que l'usage de ces lignes auxiliaires pour la résolution des triangles devenoit encore plus commode, lorsqu'il prenoit pour rayon une puissance de 10, et il composa de nouvelles tables, en mettant le rayon = 10000000. Ces deux tables contiennent les sinus pour chaque minute du quart de cercle. On les trouve dans son ouvrage sur les triangles **) qui a jeté les fondemens à la trigonométrie moderne tant rectiligne que sphérique. Nous devons aussi à ce grand homme l'usage des tangentes, pour lesquelles il a également dressé une table, à laquelle il a donné le nom de tabula foecunda à cause de sa grande utilité.

Dans le 16me siècle George Joachim Rheticus y ajouta encore les sécantes, et il calcula les sinus, les tangentes et les sécantes pour chaque 10me seconde du quart de cercle en parties dont le rayon contient 1000 billions, ou jusqu'à la 15me décimale, en prenant l'unité pour rayon. Cet ouvrage fut continué après sa mort par son disciple Valentin Otho, qui le publia avec sa dissertation sur les triangles, à laquelle il avoit joint celle de son maître sur le même sujet. L'ouvrage parut sous le titre: Opus palatinum de triangulis (Neustadt dans le Palatinat 1596, fol.). Cependant on n'y trouve que les dix premières décimales; toutes les quinze, telles que Rheticus les a calculées, se trouvent pour les sinus dans le Thesaurus mathematicus de Pitiscus (Franc. 1613, fol.), qui contient les tables des sinus les plus complettes que nous ayons.

*) Il paroit assez probable par un endroit d'Albategne, auteur arabe, qui écrivit vers l'an 880 de l'ère chrétienne un traité de motu stellarum, dont M. Kästner a fait mention dans son histoire des Mathématiques tome I. p. 521, que cet astronome se servit le premier des sinus au lieu des cordes.

**) Joh. Regiomontani de triangulis libri V. editi per Dan. Santbech Bas. 15.., fol.

Dans le temps que ce dernier ouvrage parut, Neper inventa les logarithmes. Henri Briggs, qui perfectionna cette invention et qui calcula le premier les logarithmes vulgaires, songea à les rendre applicables aux calculs trigonométriques et à trouver une division du cercle plus commode que celle qu'on avoit employée jusqu'alors. Pour cet effet il dressa une table des sinus naturels, des tangentes, des sécantes et des logarithmes des sinus et des tangentes pour tous les degrés et centièmes de degrés. Il y joignit une dissertation sur la construction de cette table. Il s'étoit encore proposé d'écrire un traité sur l'usage de ses tables dans la trigonométrie sphérique; mais la mort l'en empêcha. Henri Gellibrand, son compatriote, se chargea du soin de faire cette dissertation, et publia le tout avec le secours d'Adrien Vlacq sous le titre: Trigonometria britannica 1633. Les sinus naturels y sont exprimés par 15 décimales, les sinus artificiels par 14; mais les tangentes tant naturelles qu'artificielles et les sécantes n'en contiennent que 10. Cependant à l'aide de l'opus palatinum Vlacq avoit calculé les logarithmes des lignes trigonométriques pour chaque 10me seconde du quart de cercle jusqu'à la 10me décimale. Il les publia sous le titre de Trigonometria artificialis à Gouda, la même année que la Trigonometria britannica avoit paru. Ces tables étant plus complettes que celles de Briggs, on négligea entièrement ces dernières, et on ne se servit que des premières, dans lesquelles on retrouvoit une division du cercle fondée sur l'autorité des anciens. Cependant si Vlacq, s'étant proposé de fournir quelque chose de plus complet que Briggs, avoit calculé les logarithmes des lignes trigonométriques pour chaque millième de degré, il n'est presque pas à douter que la division sexagésimale du degré n'eût cedé, du moins dans la trigonométrie et l'astronomie, à la division décimale beaucoup plus commode, de même que la division sexagésimale du rayon avoit déjà fait place à la division décimale.

Ce ne fut que de nos jours qu'on reprit la division décimale du cercle, et on a fait encore un pas de plus que Briggs. Celui-ci se contente de substituer à la division sexagésimale du degré la division décimale, et il conserve l'ancienne division du quart de cercle en 90 degrés. Au lieu de cela on a proposé d'abolir aussi la division du cercle en degrés, et de mettre à la place une division décimale du quart de cercle; en sorte qu'on regarderoit l'angle droit comme l'unité, à laquelle on rapporte tous les autres angles.

Dans la réforme des mesures faite depuis peu en France, où l'on a généralement admis le système décimal pour la division des mesures, des poids et des monnoies, on a aussi goûté l'idée d'une division décimale du cercle. On a déjà commencé à la porter sur des instrumens astronomiques; p. ex. les cercles entiers dont les Cit. Méchain et Delambre se sont servis dans leurs mesures trigonométriques pour déterminer le degré moyen de la terre, et l'horloge à pendule, à l'aide de laquelle les Cit. Borda et Cassini ont fait de nouvelles recherches sur la longueur du pendule à Paris, ont été divisés et réglés d'après le système décimal. Aussi plusieurs mathématiciens françois l'ont déjà adopté dans leurs écrits; et il est très probable, qu'il sera généralement reçu en France, lorsque la grande collection de tables trigonométriques, astronomiques et hydrographiques, calculées sur ce système, que l'on imprime aux frais de la nation françoise, aura paru. Alors tout mathématicien, hors de la France, sera obligé de se familiariser avec cette nouvelle division du cercle, ne fut ce que pour pouvoir tirer parti des résultats des mesures et des calculs faits en France.

A la vérité les mathématiciens allemands, autant que nous en sommes instruits, ne sauroient prétendre à l'honneur d'avoir proposé la division décimale du cercle; cependant il faut convenir qu'ils se sont appliqués les premiers à la faire entrer dans les calculs et à dresser de nouvelles tables, le seul moyen propre à la répandre avec succés.

Feu M. Schulze, architecte royal et membre de l'Académie des sciences de Prusse, dit dans le second volume de son ouvrage intitulé: Taschenbuch für diejenigen, so gründliche Anwendungen der Meſskunst zu machen sich vorsetzen, qu'à l'aide de l'interpolation il avoit fait tirer des tables de Gellibrand (Briggs) de nouvelles tables qui contenoient pour chaque millième partie du degré les lignes auxiliaires pour la mesure des triangles, avec leurs logarithmes, jusqu'à la 7me décimale, et qu'il avoit été sur le point de les mettre sous presse, lorsque M. Lagrange, qui étoit alors directeur de la classe des mathématiques de la dite Académie, lui fit entendre, que de pareilles tables seroient encore beaucoup plus simples et plus propres à l'usage, si on abolissoit la division du cercle en degrés et qu'on mettoit à sa place la division décimale du quart de cercle *). Persuadé que la science gagneroit infiniment par ce changement, il retira ces tables déjà toutes faites, et ne désira rien aussi ardemment que de voir exécuter l'idée de Lagrange. Nous nous rapprocherions, ajoute Schulze, des anciens, si à leur exemple nous n'avions qu'une même division pour les arcs et pour le rayon; avec cette différence cependant, que nous changerions la division sexagésimale contre la division décimale qui convient beaucoup mieux à notre manière de compter. Il rapporte encore dans la préface du dit ouvrage, que le comte de Schafgotsch à Prague lui avoit déjà envoyé un nombre considérable de sinus calculés d'après le nouveau système. Nous ne savons pas ce qu'ils sont devenus.

Quant à Schulze, il se contente de proposer quelques idées pour la construction des tables trigonométriques d'après le système décimal. Il commence par établir une nouvelle manière de marquer les arcs de cercle, mais que nous ne saurions absolument point approuver. Si l'on veut s'écarter de la division ancienne par degrés, il nous semble, que pour éviter la confusion dans le langage on doit aussi renoncer à la terminologie usitée, ce qui peut aussi se faire sans inconvénient; car les termes de dixième, centième, millième etc. du quart de cercle ou de l'angle droit sont fort intelligibles et aussi commodes, que les

*) Ce célèbre géomètre seroit donc l'auteur de la division décimale du cercle; ce qui s'accorde très bien avec ce que dit M. de Zach dans ses Ephémerides géographiques, ouvrage généralement estimé V. III. p. 50.

noms que l'on à donnés jusqu'à présent aux parties des angles ou des arcs.

Si l'on ne veut pas courir le risque de brouiller tout, on ne sauroit non plus garder les signes qu'on emploie dans la division sexagésimale. Et pourquoi ne voudroit on pas exprimer et prononcer tous les arcs de cercle et les angles comme des fractions décimales du quart de cercle ou de l'angle droit, si le quart de cercle, mesure de l'angle droit et divisé d'après le système décimal doit servir d'unité pour la détermination de tous les angles? Pour plus de clarté on n'auroit qu'à mettre Q (quart de cercle) ou R (dans la signification, que cette lettre a ordinairement dans les mathématiques) après la fraction décimale qui exprime l'arc ou l'angle; comme p. ex. dans les réductions suivantes:

$$1^\circ = 0,111111\ Q = 0,111111\ R$$
$$1' = 0,000185\ Q = 0,000185\ R$$
$$1'' = 0,000003\ Q = 0,000003\ R$$

Au contraire il seroit superflu dans cette expression. sin $0,0025 = 0,0039270$, de mettre une des lettres Q ou R après la fraction 0,0025 dont la signification est claire par elle-même. Nous éviterons donc les dénominations de nouveaux degrés, degrés décimaux, centésimaux, minutes centésimales, que nous trouvons employées par les mathématiciens françois, et nous nous garderons de transférer les signes, dont on s'est servi jusqu'à present, à la nouvelle division du cercle.

Voici maintenant la méthode proposée par Schulze pour la construction des tables trigonométriques d'après le système décimal:

Les formules *)

*) Pour l'intelligence des formules trigonométriques dont nous nous servirons dans la suite, nous renvoyons ceux de nos lecteurs, qui ne seroient pas suffisamment exer-

$$\sin (0{,}5 - A) = (\cos A - \sin A)\sqrt{\tfrac{1}{2}}$$
$$\cos (0{,}5 - A) = (\cos A + \sin A)\sqrt{\tfrac{1}{2}}$$

servent à trouver les sinus et les cosinus des arcs au dessus de 0,25, par le moyen des sinus et cosinus des arcs au dessous de 0,25. Il s'agit donc de connoître les sinus et les cosinus des arcs au dessous de 0,25. Pour cet effet on peut se servir des formules, que l'on trouve dans l'Introductio in analysin infinitorum d'Euler T. I. P. 99 & 100. Des séries

$$\sin A = A - \frac{A^3}{2.3} + \frac{A^5}{2.3.4.5} - \frac{A^7}{2.3.4.5.6.7} + \ldots.$$
$$\cos A = 1 - \frac{A^2}{2} + \frac{A^4}{2.3.4} - \frac{A^6}{2.3.4.5.6} + \ldots.$$

se dérivent les formules suivantes pour déterminer le sin $\frac{m}{n}.Q$ ou le sin $\frac{m}{n}.\frac{\pi}{2}$ et le cos $\frac{m}{n}.Q$ ou le cos $\frac{m}{n}.\frac{\pi}{2}$ savoir

$$\sin\frac{m}{n}.Q = \frac{m}{n}.\ 1{,}57079632\ldots$$
$$- \frac{m^3}{n^3}.\ 0{,}64596409\ldots$$
$$+ \frac{m^5}{n^5}.\ 0{,}07969262\ldots$$
$$- \frac{m^7}{n^7}.\ 0{,}00468174\ldots$$
$$+$$

cés dans la trigonométrie analytique, à l'ouvrage de M. Pasquich intitulé: Unterricht in der mathem. Analysis, ou au traité de trigonométrie rectiligne et sphérique du Cit. Cagnoli (Paris 1786, 4.). Ces ouvrages contiennent la collection la plus complette de formules trigonométriques que nous connoissions. Le dernier surtout ne peut être assez recommandé aux commençans, à cause du stile lumineux qui le caractérise.

$$\cos \frac{m}{n} . Q = \quad 1,00000000 \ldots$$

$$- \frac{m^2}{n^2} . 0,23370055 \ldots$$

$$+ \frac{m^4}{n^4} . 0,25366950 \ldots$$

$$- \frac{m^6}{n^6} . 0,02086348 \ldots$$

$$+$$

Ces formules sont commodes, si n, comme dans le système décimal est une puissance de 10. S'il s'agit p. ex. de trouver sin 0,00736, dans ce cas $\frac{m}{n} = \frac{736}{100000}$ et les divisions exprimées dans les formules par $\frac{m}{n}$, $\frac{m^2}{n^2}$, $\frac{m^3}{n^3}$, $\frac{m^4}{n^4}$ se font aisément par le simple déplacement du signe décimal. Si l'on calcule les sinus et les cosinus jusqu'à la 10 me décimale, pour en avoir 7 exactes, on n'a besoin dans le premier seizième du cercle que des cinq premiers termes de la série des sinus, et des six premiers de la série des cosinus, ensorte que la plus haute puissance de la fraction $\frac{m}{n}$ qui s'y trouve, a pour exposant 10. A l'aide de la formule

$$\cot 2 A = \frac{\cot A - \operatorname{tang} A}{2}$$

on peut facilement dériver des tangentes et des cotangentes au dessous de 0,25 les cotangentes au dessus de 0,25. Or pour trouver les tangentes dans la première moitié du quart de cercle, et les cotangentes dans le premier seizième du cercle on peut employer les formules qu' Euler a données pour les tangentes et les cotangentes dans l'ouvrage que nous avons indiqué p. 102, savoir

$$\text{tang}\,\frac{m}{n}.\,Q = \frac{2mn}{n^2 - m^2}.\ 0{,}63661977\ldots$$
$$+ \frac{m}{n}.\ 0{,}29755678\ldots$$
$$+ \frac{m^3}{n^3}.\ 0{,}01868865\ldots$$
$$+ \frac{m^5}{n^5}.\ 0{,}00184247\ldots$$
$$+$$

$$\cot\frac{m}{n}.\,Q = \frac{n}{m}.\ 0{,}63661977\ldots$$
$$- \frac{4mn}{4n^2 - m^2}.\ 0{,}31830988\ldots$$
$$- \frac{m}{n}.\ 0{,}20528888\ldots$$
$$- \frac{m^3}{n^3}.\ 0{,}00655107\ldots$$
$$-$$

Comme dans les tangentes $\frac{m}{n}$ ne surpasse jamais $\frac{1}{2}$, et que dans les cotangentes il n'est jamais plus grand que $\frac{1}{4}$, il suffit d'avoir les 7 premiers termes des formules pour les tangentes et les 6 termes pour les cotangentes, lorsqu'on se contente de pousser l'opération jusqu'à la 10 me décimale. Pour ce qui est enfin des logarithmes, on les trouve jusqu'à la 7me décimale au moyen des lignes trigonométriques naturelles, et indépendamment de celles - ci on les obtient jusqu'à la 10me décimale à l'aide des formules, qu' Euler a dévoloppées dans la première partie de son introduction p. 157 et 158. Les voici:

$\log \text{tab. } \sin \frac{m}{n}. Q =$

$\log m + \log(2n - m) + \log(2n + m) - 3 \log n.$

$+ \quad 9{,}59405988 \ldots$

$- \frac{m^2}{n^2}. \; 0{,}07002282 \ldots$

$- \frac{m^4}{n^4}. \; 0{,}00111726 \ldots$

$- \frac{m^6}{n^6}. \; 0{,}00003922 \ldots$

$-$

$\log \text{tab. } \cos. \frac{m}{n}. Q =$

$\log(n - m) + \log(n + m) - 2 \log n.$

$+ \quad 10{,}00000000 \ldots$

$- \frac{m^2}{n^2}. \; 0{,}10149485 \ldots$

$- \frac{m^4}{n^4}. \; 0{,}00318729 \ldots$

$- \frac{m^6}{n^6}. \; 0{,}00020948 \ldots$

$-$

On prend les logarithmes des nombres m, $2n-m$, $2n+m$, $n-m$, $n+m$ dans les grandes tables logarithmiques de Vlacq; mais dans ce cas on ne peut continuer le calcul tout au plus que jusqu'à la dix-millième partie du quart de cercle; car si on va plus loin, les logarithmes des nombres $2n+m$, $2n-m$ et $n+m$ ne se trouvent plus dans ces tables. Lorsqu'on se sert constamment des formules d'Euler, tout le calcul des tables trigonométriques d'après le système décimal repose sur les puissances du nombre m qu'il faut chercher. Si ces tables sont arrangées de manière, qu'elles procèdent toujours d'un dix-millième du quart de cercle à l'autre, n est égal à 10000, et comme $\frac{m}{n}$ ne surpasse jamais $\frac{1}{2}$, m ne sauroit être plus grand que 5000. On doit donc calculer les dix ou douze premières puissances des nombres naturels depuis 1 jusqu'à 5000. Lorsqu'on a celles-ci sous les yeux, et qu'ensuite on cherche encore les multiples des coefficiens constans, avec lesquels les puissances de la fraction $\frac{m}{n}$ dans les formules d'Euler sont multipliées, toute la peine du calcul se réduit à copier et à additionner.

C'est là la route, que Schulze a tracée à ceux, qui veulent dresser des tables trigonométriques selon le système décimal. Est-elle commode et conduit-elle sûrement au but? C'est ce que nous verrons dans la suite. Nous nous bornons ici à observer, qu'elle a été suivie par un mathématicien allemand avec une application incroyable et une tenue rare de nos jours. Nous parlons de M. Schmidt, professeur à Schwerin, qui enseignoit ci-devant les mathématiques au collège de Frédéric Guillaume à Berlin. Cet homme, distingué par ses connoissances et par son activité, entreprit dès l'année 1785 de calculer les 12 premières puissances des nombres naturels depuis 1 jusqu'à 5000. Avec le secours de ses disciples il vint à bout de ce travail pénible après un intervalle de quatre années, et il commença alors à dresser des tables trigonométriques pour chaque dix-millième du quart de cercle, en se servant des formules d'Euler. Il avoit déjà achevé une partie considérable de son travail, qui cependant étoit encore bien petite en comparaison du tout, lorsqu'en 1791 la vocation de recteur à l'école de Schwerin lui fut adressée. Ce changement l'obligea de renoncer à une entreprise, à laquelle il avoit consacré presque toutes ses forces avec une véritable passion, pendant une suite de 6 ou de 7 années. Les circonstances ne lui permettant plus de faire la moindre chose pour achever son ouvrage, il l'envoya en 1794 à l'Académie des sciences de Berlin, en lui témoignant son désir, que l'Académie se chargeât du soin de le completter et de le mettre au jour. Outre la table des puissances, qui remplit 1016 pages en 4to, ce manuscrit contenoit, encore en brouillon, les sinus depuis le commencement du quart de cercle jusqu'à 0,2050; les cosinus jusqu'à 0,1000; les tangentes jusqu'à 0,0450 et les cotangentes jusqu'à

0,0100; ce qui fait en tout 3600 résultats, calculés jusqu'à la 14me décimale et vérifiés par des séries de différences. Il y avoit encore les mêmes résultats avec 10 décimales mis au net, pour être imprimés; enfin on y trouvoit en brouillon et sans vérification les tangentes depuis 0,0450 jusqu'à 0,1300 et les cosinus depuis 0,2300 jusqu'à 0,2500. La table des logarithmes n'étoit pas encore commencée. La classe des mathématiques de l'Académie reçut le travail de M. Schmidt avec beaucoup d'approbation, et particulièrement M. le Professeur Bode convaincu de l'utilité d'un pareil ouvrage, s'intéressa vivement à sa continuation *). Cependant elle n'eut pas lieu, par des raisons qui nous sont inconnues, et M. Schmidt reprit son manuscrit. Au défaut d'une occasion commode de le faire revenir à Schwerin, il le déposa chez nous. C'est cette circonstance qui a donné lieu à notre entreprise, quoique nos tables ne contiennent rien, qui soit emprunté du travail de M. Schmidt.

Nous lisions alors (c'étoit au printems de l'année 1797) la Trigonométrie de Cagnoli, et nous y trouvames plusieurs formules, qui nous paroissoient faciliter de beaucoup le calcul des tables trigonométriques. Pendant l'étude de cet ouvrage, nous ne pouvions résister à l'idée, qui se présenta fortement à notre esprit, qu'il seroit beau, si des allemands achevoient les nouvelles tables réglées d'après le système décimal, qu'un allemand avoit osé entreprendre le premier. Convaincus depuis longtemps de la commodité et des avantages, que la division décimale du quart de cercle apporte au calcul, nous formames dans une espèce d'enthousiasme le projet de continuer non seulement le travail que M. Schmidt avoit commencé, en lui donnant la même étendue et la même précision, mais de calculer encore les lignes trigonométriques avec leurs logarithmes pour chaque cent-millième dans les trois premiers et derniers centièmes du quart de cercle.

Cependant nous pensames, que de telles tables seroient beaucoup trop étendues pour la plupart des applications, et en même temps trop couteuses, en sorte qu'elles se répandroient difficilement. Nous renonçames donc

*) Astronomisches Jahrbuch pour 1798, pag. 212.

a l'idée de calculer jusqu'à 10 décimales et nous nous bornames à la construction de tables portatives, qui ne contiendroient que 7 décimales. D'ailleurs nous avions appris, que les mathématiciens françois s'occupoient de tables très complettes, qui ne tarderoient pas à paroître. Ayant donc tellement resserré notre plan, dont nous n'embrassions pas encore toute l'étendue, ce travail ne nous paroissoit offrir que très peu de difficultés; de sorte que nous nous proposames de mettre entièrement de côté les calculs de M. Schmidt, afin de pouvoir mieux garantir la justesse et la précision de chacun de nos résultats.

Il s'agissoit donc de recommencer tout le travail. Trois voies différentes s'offrirent alors à nos recherches. La première qui se présente tout de suite, c'est de se servir de l'Opus palatinum et de la Trigonometria artificialis de Vlacq, et d'en dériver ces tables par l'interpolation. Cependant si l'on aspire à un certain degré de précision, ce procédé n'est pas si facile, que l'on pourroit se l'imaginer au premier instant, parce qu'une simple interpolation n'est pas toujours suffisante. D'ailleurs les derniers chiffres que l'on trouve de cette manière, sont toujours douteux. Or nous souhaitions de fournir partout 7 décimales avec précision, en prenant pour modèle l'exactitude scrupuleuse de M. Taylor *). Nous renonçames donc de bonne heure à cette méthode, qui pour quelques instans avoit attiré notre attention; ce que nous fimes d'autant plus volontiers, que personne ne nous garantissoit la justesse entière et complette de ces tables anciennes **).

---

*) ... taking (savoir Taylor) particular care to make the last figure come to the nearest unit over or under, a circumstance that will be found very conducive to exactnefs in such cases where an unit in the last place is of consequence, and where several logarithms are added together.
M. Maskelyne dans la préface pour les tables de Taylor.

**) Schulze assûre dans l'introduction qui précède ses tables, que dans l'Opus Palatinum il n'y a que les 5 ou 6 premiers chiffres des cotangentes du commencement du quart de cercle, qui soient justes. En effet nos propres calculs ont confirmé cette assertion. Nous trouvons par exemple

La seconde voie étoit de se servir des formules d'Euler. Elle étoit toute frayée par la table des puissances de M. Schmidt. Malgré cela nous n'osions compter avec certitude ni sur des forces suffisantes, ni sur une patience capable de nous la faire poursuivre jusqu'à la fin. Lorsqu'on est dans le cas de calculer un seul sinus d'après le système décimal*) et de pousser le nombre des décimales plus loin, que nos tables, ce qui quelquefois est nécessaire: peut-être ne sauroit-on alors parvenir à son but plus facilement, qu'à l'aide des formules d'Euler. Mais qu'on essaie de trouver seulement un sinus d'après ces formules, surtout s'il est près du milieu du quart de cercle, où la convergence est plus lente, et l'on pourra se faire une idée du travail pénible, auquel il faut s'astreindre, pour calculer de cette manière les 15400 Sinus contenus dans nos

---

cot 0,0050 = cot 0° 27′ = 127,3213364689; dans l'Opus palatinum au contraire = 127,3213362801. Ces tables n'étant presque plus en usage aujourd'hui, nous avons cru, qu'il n'étoit pas nécessaire d'y comparer nos résultats dans les points, où les deux systèmes se rencontrent, c'est-à-dire pour chaque 27me minute de l'ancien système. Mais nous avons recherché dans la Trigonometria artificialis de Vlacq tous les logarithmes que coïncident avec le nouveau système, en nous servant de l'édition de M. le Major Vega (Thesaurus Logarithmorum completus) et cette comparaison, dont on verra le résultat à la fin de nos tables, a montré, que l'on ne sauroit se fier aux derniers chiffres des logarithmes des lignes trigonométriques de Vlacq. Cette remarque ne peut et ne doit tendre au préjudice de l'édition de Vega, qui d'ailleurs est fort correcte; et nous l'aurions certainement omise, si nous n'avions voulu montrer à nos lecteurs, combien nous pouvions être sûrs de nos calculs. Ce qui nous justifie encore d'avantage, c'est que M. Vega lui-même nous y engage dans sa préface, où il cite un grand nombre de logarithmes d'après Vlacq, dont il a changé les derniers chiffres d'une ou de plusieurs unités.

*) Les formules d'Euler sont fort incommodes pour le système sexagésimal, et les raisons en sont très faciles à concevoir. S'il s'agit de calculer un sinus jusqu'à une décimale que l'on ne trouve plus dans les tables, on peut tirer les plus grands avantages du procédé que Cagnoli a proposé dans son traité de trigonométrie chap. V.

tables. Cette peine est infiniment augmentée par la précaution, dont il faut user constamment, de tenir compte de plus de 10 décimales pour en trouver 7 justes. Car il est inévitable, que le dernier chiffre du résultat ne soit douteux et ne varie de quelques unités. Or si c'est le dixième, on sera toujours en suspens, relativement aux résultats, où l'on trouve après la 7me décimale 499 ou 500, 498 ou 501, 497 ou 502 &c. s'il faut, en omettant les 3 derniers chiffres, augmenter le 7me d'une unité ou non. Que l'on ait trouvé p. ex. 0,4738657499; si ce nombre est juste, la 7me décimale ne doit pas être augmentée; mais si la dixième étoit trop petite d'une unité, il faudroit, d'après les règles reçues dans le calcul décimal, augmenter la 7me. On dira peut-être, que dans ce cas il revient absolument au même, que l'on augmente le 7me chiffre ou non. Nous convenons que cela est assez indifférent pour la plupart des applications que l'on peut faire d'un tel résultat; cependant cette différence ne doit pas échapper au calculateur scrupuleux, qui veut dresser des tables trigonométriques; il ne lui est pas permis d'observer ou de violer la règle une fois établie. Par conséquent si l'on n'étend son calcul que jusqu'à la 10me décimale, il faudra reprendre une quantité de résultats équivoques et les calculer avec plus d'exactitude, c'est-à-dire avec un plus grand nombre de décimales, ce qui est certainement un travail bien désagréable. On fait mieux de tenir d'abord compte de quelques décimales de plus *); mais quelles difficultés ne présente pas alors l'usage des formules d'Euler pour les sinus!

Il faut que Schulze n'ait pas examiné attentivement les formules pour les tangentes, s'il les recommande sérieusement. Dans le second membre de ces formules se trouve le facteur $\frac{2mn}{n^2 - m^2}$. Pour trouver p. ex. la tangente

*) Les cas, où la 15me décimale influe sur la 7me, comme dans celui-ci: cos 0,3465=0,855499850000003, sont extrêmement rares. 4 unités de moins dans la 15me décimale ne feroient pas augmenter la 7me, si l'on omettoit les 8 derniers chiffres.

de 0,1427, il faudroit préalablement faire la pénible division de $\frac{2 \cdot 1427 \cdot 10000}{(10000+1427)(10000-1427)} = \frac{28540000}{97963671}$. Les formules pour les cotangentes demandent même deux divisions pareilles. Il est donc infiniment plus commode de se servir constamment des formules simples $\tang A = \frac{\sin A}{\cos A}$, $\cot A = \frac{\cos A}{\sin A}$. Mais quel travail immense pour deux hommes que celui de faire 15400 divisions, pour trouver autant de tangentes, avec une telle justesse, que les derniers chiffres, même dans les cotangentes des petits arcs, soient toujours précis. Enfin quant aux formules, qu' Euler à données pour les logarithmes, et à l'aide desquelles on trouve les logarithmes de Briggs pour les lignes trigonométriques, nous n'en pumes absolument faire aucun usage. Nous étant proposé de tenir compte de plus de dix décimales, il auroit fallu calculer chaque fois les logarithmes des nombres m, $2n+m$, $2n-m$, $n+m$, $n-m$, que l'on rencontre dans ces formules, et leur donner plus de décimales, que n'en indiquent les tables de Vlacq *).

Heureusement il nous restoit encore une troisième voie, qui nous offroit toutes les facilités, imaginables avec toute l'exactitude possible. Lorsqu'on soustrait plusieurs lignes trigonométriques dont les arcs se suivent à distances égales et petites, chacune de la suivante, on trouvera, que les premiers chiffres de leurs différences ne changent que lentement. La même chose a lieu pour les différences des différences ou pour les secondes différences, pour les troisièmes etc. Que l'on considère l'exemple suivant:

---

*) A l'aide de la table de logarithmes hyperboliques faite par Wolfram, nous aurions pu, en nous servant des formules d'Euler, trouver d'abord les logarithmes hyperboliques des lignes trigonométriques, et les changer ensuite en logarithmes vulgaires par la multiplication avec le module du système de Briggs. Cependant ce procédé auroit été trop pénible. Aussi n'aurions nous pas trouvé dans cette table, qui ne va que jusqu'au nombre 10009, tous les logarithmes dont nous aurions eu besoin.

Arcs.	Sinus.	Prem. Differ.	IImes.	IIImes.
0,2000	0,3090 1699 4374 95	14938 7795 28	762838	368
0,2001	0,3091 6638 2170 23	14938 0166 90	763206	368
0,2002	0,3093 1576 2337 13	14937 2534 84	763574	
0,2003	0,3094 6513 4871 97	14936 4899 10		
0,2004	0,3096 1449 9771 07			

Chaque colonne des différences qui suit, contient autant de décimales de moins, qu'il y en a qui s'accordent dans la colonne précédente. De là vient que les différences diminuent toujours et qu'à la fin elles disparoissent entièrement, ou bien les sinus indiqués forment une série arithmétique du 3me rang, dont les troisièmes différences sont égales à 368. Si l'on poussoit ce calcul plus loin, on trouveroit des quatrièmes, des cinquièmes différences etc. Or comme chaque série suivante des différences résulte de celle qui précède, on pourra aussi dériver chaque série précédente de celle qui suit. Ainsi dans l'exemple que nous avons choisi, on trouve tous les termes de la seconde série des différences, lorsqu'on additionne successivement à son premier terme tous ceux de la 3me série. De même les premières différences résultent des secondes, lorsqu'on soustrait celles - ci successivement du premier terme de la première série des différences. Si l'on connoit donc le premier terme d'une suite de lignes trigonométriques, dont les arcs sont dans une progression arithmétique, et les premiers termes des séries des différences, qui y appartiennent, on peut, par une simple addition ou soustraction, trouver les autres différences et les lignes mêmes, à l'aide des dernières différences dont on a tenu compte. Mais comme les termes de la dernière série des différences ne sont pas des grandeurs constantes, mais qu'ils croissent ou décroissent insensiblement, il s'agit de rechercher la loi, d'aprés laquelle cette variation se fait. Pour cet effet il faut encore calculer plusieurs lignes, qui sont à une certaine distance des premières, et trouver leurs différences. De cette manière on saura, de combien d'unités la dernière différence a changé. Ainsi dans notre exemple, lorsqu'on va plus loin de deux centièmes du quart de cercle, la troisième différence 368 devient 364, et il faut alors répartir exactement sur les résultats intermédiaires, les quatre unités dont elle a diminué. De cette répartition dépend la précision de tout le calcul. Si l'on se méprenoit d'une unité dans la dernière série des différences, que nous appellerons n, dans l'avant-dernière série ou dans la série $(n-1)$ on se tromperoit déjà d'une unité pour chaque terme. Dans la série $(n-2)$ l'erreur croîtroit d'après les nombres naturels, dans la série $(n-3)$ d'après les nombres triangulaires, dans $(n-4)$ d'après les nombres pyramidaux, dans $(n-5)$ d'après la loi d'une progression arithmétique du quatrième rang etc. C'est ce qu'on voit par la table suivante:

$n-1$	$n-2$	$n-3$	$n-4$	$n-5$	$n-6$	$n-7$	$n-8$
1	1	1	1	1	1	1	1
1	2	3	4	5	6	7	8
1	3	6	10	15	21	28	36
1	4	10	20	35	56	84	120
1	5	15	35	70	126	210	330
1	6	21	56	126	252	462	792
1	7	28	84	210	462	924	1716
1	8	36	120	330	792	1716	3432
1	9	45	165	495	1287	3003	6435
1	10	55	220	715	2002	5005	11440
1	11	66	286	1001	3003	8008	19448
1	12	78	364	1365	4368	12376	31824
1	13	91	455	1820	6188	18564	50388
1	14	105	560	2380	8568	27132	77520
1	15	120	680	3060	11628	38760	116280
1	16	136	816	3876	15504	54264	170544
1	17	153	969	4845	20349	74613	245157
1	18	171	1140	5985	26334	100947	346104
1	19	190	1330	7315	33649	134596	480700
1	20	210	1540	8855	42504	177100	657800

On voit par là, de quelle précaution il faut user, lorsqu'il s'agit de déterminer les dernières différences; puisqu'une petite faute qui nous échappe au commencement, s'accroît si prodigieusement dans les séries de plusieurs différences. Mais quand même on éviteroit de se tromper d'unités entières, il est cependant impossible d'éviter absolument toute faute dans les parties de l'unité; car les termes de la dernière série des différences ne sont que des valeurs abrégées, sur lesquelles les chiffres omis influent plus ou moins. Il s'y glisse continuellement quelque petite faute, qui peut devenir très considérable et importante; quand on pousse le calcul très loin. Voilà pourquoi l'intervalle que l'on veut remplir par les différences ne doit pas être trop grand. Il y a un moyen d'arrêter cette progression de la faute par certaines corrections, que l'on peut y apporter; mais cette méthode, sur laquelle on peut voir l'introduction du Cit. Callet à la nouvelle édition de ses tables portatives, est très pénible et demande beaucoup de temps. De plus l'expérience nous a appris, que l'on est toujours plus sûr de son fait, lorsqu'on calcule jusqu'à quelques décimales au de là de celles, qu'on veut avoir avec la dernière précision. On peut toujours savoir exactement, combien de décimales sont justes dans tous les résultats trouvés par les séries des différences; pour cet effet on n'a qu'à examiner le résultat final. C'est là un avantage essentiel attaché à ce procédé.

Nous venons d'exposer en peu de mots la méthode que nous avons suivie dans nos calculs. On peut avec raison l'appeler la méthode de l'interpolation, parce qu'elle consiste à interpoler entre deux lignes trigonométriques données dans une certaine distance, une série d'autres lignes par le moyen des différences. Nous la devons à l'ouvrage de Cagnoli, que nous avons déjà recommandé à nos lecteurs, cependant il ne nous en a guères fourni que l'idée encore toute crue.

Après divers essais faits dans toutes les parties du quart de cercle et sur les différentes sortes des lignes, nous trouvames, que notre calcul devoit embrasser 20 ou 22 décimales, si nous voulions placer les bornes des intervalles, qu'il s'agissoit de remplir à l'aide des différences, de deux centièmes à deux centièmes du quart de cercle, et néanmoins trouver toujours 14 à 15 décimales précises. Ce qui supposoit encore, que nous devions calculer les lignes, qui servoient à déterminer les différences et que nous voulons appeler limites, du moins jusqu'à la 25me décimale, et les sinus naturels, dont il falloit dériver les tangentes et les sinus artificiels, jusqu'à la 28me. Il s'agissoit alors de savoir, comment on pourroit faire tous ces longs calculs de la manière la plus avantageuse. L'idée la plus naturelle qui nous devoit venir la première, étoit de recourir aux formules d'Euler pour les sinus. Après avoir sacrifié quelque temps à ce travail pénible, nous sentimes, que ce n'étoit pas peu de chose que de calculer avec tant de décimales quelques centaines de sinus d'après ces formules, puisque surtout la table des puissances de M. Schmidt n'étoit pas assez complette pour cela. C'est ce qui nous engagea à rejeter ces formules et à mettre entièrement de côté tous les résultats, que nous avions déjà trouvés par cette voie. Nous recommençames tout l'ouvrage, en nous servant d'une méthode, que nous allons toucher en peu de mots. Après un travail de 18 mois environ, à compter depuis ce temps, nous eumes la satisfaction de voir nos tables dressées et imprimées.

A l'aide des formules d'Euler nous trouvames le sinus et le cosinus de 0,1000 *). Ce calcul nous donnoit en même temps le sinus et le cosinus de 0,0100 et de 0,0001. Ces lignes et quelques autres dans les trois premiers centièmes du quart de cercle, sont les seules, pour lesquelles nous nous sommes servis de ces formules, et pour lesquelles nous pouvions nous en servir avec avantage. Selon les formules

$$\sin 2\,A = 2 \sin A . \cos A$$
$$\cos 2\,A = 1 - 2 \sin A^2$$

nous dérivames du sinus et du cosinus de 0,0100 le sinus et le cosinus de 0,0200; de ceux-ci le sinus et le cosinus de 0,0400, et enfin de ces derniers le sinus et le cosinus de 0,0800. D'après ces mêmes formules le sinus et le cosinus de 0,1000 nous fournissoient le sinus et le cosinus de 0,2000 et ceux-ci nous donnoient le sinus et le cosinus de 0,4000. D'après les formules

$$\sin (A \pm B) = \sin A .\ \cos B \pm \cos A .\ \sin B$$
$$\cos (A \pm B) = \cos A .\ \cos B \mp \sin A .\ \sin B$$

*) Pour plus de clarté nous exprimerons dans la suite tous les arcs par 4 ou 5 décimales, comme dans nos tables, quand même on pourroit les désigner plus brièvement.

ou dérivoit des sinus et cosinus de 0,4000 et 0,1000, les sinus et les cosinus de 0,3000 et de 0,5000. Les sinus et cosinus de 0,0800 et de 0,0200 nous donnoient les sinus et cosinus de 0,0600 et de 0,1000; ce qui nous fournit une preuve de nos calculs, en comparant le sinus et cosinus de 0,1000 avec la valeur trouvée d'abord à l'aide des formules d'Euler.

En combinant ensuite le sinus et le cosinus de 0,2000 avec les sinus et les cosinus de 0,0200; 0,0400; 0,0600 et 0,0800, nous trouvames les sinus et les cosinus de 0,1800 et 0,2200; de 0,1600 et 0,2400; de 0,1400 et 0,2600; de 0,1200 et 0,2800, dans lesquels le sinus et le cosinus de 0,2000 étoient des facteurs constans, dont nous cherchames les multiples pour faciliter les multiplications. Nous recommandons cet avantage, qui est très simple, pour de longues multiplications. Une pareille combinaison du sinus et du cosinus de 0,4000 avec les sinus et les cosinus de 0,0200; 0,0400; 0,0600 et 0,0800, nous donna enfin les sinus et cosinus de 0,3800 et de 0,4200; de 0,3600 et 0,4400; de 0,3400 et 0,4600; de 0,3200 et 0,4800, dans lesquels le sinus et le cosinus de 0,4000 étoient des facteurs constans.

Nous liames à ces 50 sinus, que nous avions calculés jusqu'à la 30me décimale et que l'on peut regarder comme le squelette de tout l'ouvrage, autant de suites de sinus et nous en dérivames les différences nécessaires pour l'interpolation, dont nous avons parlé plus haut.

Un exemple expliquera la marche, que nous avons observée.

Le sinus et le cosinus de 0,4200 combinés avec le sinus et le cosinus de 0,0001 nous donnèrent le sinus et le cosinus de 0,4199 et de 0,4201. De cette manière nous eumes déjà trois sinus et cosinus, qui se suivoient d'assez près et dans des intervalles égaux. Pour en trouver un plus grand nombre, nous nous servimes avec succès des formules suivantes:

$$\sin n\,A = \sin (n-2)\,A + 2 \sin A \,.\, \cos (n-1)\,A$$
$$\text{et } \cos n\,A = \cos (n-2)\,A - 2 \sin A \,.\, \sin (n-1)\,A$$

On peut les déduire facilement des formules connues

$$\sin A - \sin B = 2 \sin \tfrac{1}{2}(A - B) \cos \tfrac{1}{2}(A + B)$$

$$\text{et } \cos B - \cos A = 2 \sin \tfrac{1}{2}(A - B) \sin \tfrac{1}{2}(A + B)$$

lorsqu'on substitue nA et $(n-2)A$ au lieu de A et B. Si maintenant $A = 0{,}0001$ et $nA = 0{,}4202$, par conséquent $(n-1)A = 0{,}4201$ et $(n-2)A = 0{,}4200$, il est facile de voir, comment par le moyen de ces formules le sinus et le cosinus de 0,4202 dérivent des sinus et cosinus de 0,4201 et 0,4200; le sinus et le cosinus de 0,4203, des sinus et cosinus de 0,4202 et 0,4201 et ainsi de suite. Chaque sinus et cosinus se trouve par une simple multiplication, où l'on a encore le grand avantage, que 2 sin A ou 2 sin 0,0001 est un facteur constant, dont on n'a qu'à chercher les multiples une fois pour toutes. En continuant cette opération jusqu' à 0,4207 nous eumes 9 sinus et cosinus de suite, qui donnoient 3 sixièmes différences. Les différences s'accordoient parfaitement jusqu'à la 26 décimale; nous pouvions donc être sûrs, que des 28 décimales, dont nous avions tenu compte, les 27 premières étoient justes. Pour en donner un échantillon nous avons fait imprimer ici deux suites voisines de sinus et de cosinus avec leurs différences. Toutes les autres ont été calculées avec la même exactitude, et sont tout aussi complettes.

Arcs.	Sinus.	I.	II.
0,4199	0,612 78292 8832 9453 9689 0107 1012	1241 24820 0310 9647 4278 9553	1512 28753 5438 5155 0210
0,4200	0,612 90705 3652 9764 9336 4386 0565	1241 09697 1557 4208 9123 9343	1512 59376 3841 2023 9014
0,4201	0,613 03116 3350 1322 3545 3509 9908	1240 94571 2181 0367 7100 0329	1512 89995 4922 1341 8314
0,4202	0,613 15525 7921 3503 3913 0610 0237	1240 79442 2185 5445 5758 2015	1513 20610 8673 7559 1923
0,4203	0,613 27933 7363 5688 9358 6368 2252	1240 64310 1574 6771 8199 0092	1513 51222 5088 5135 5717
0,4204	0,613 40340 1673 7263 6130 4567 2344	1240 49175 0352 1683 3063 4375	1513 81830 4158 8539 7744
0,4205	0,613 52745 0848 7615 7813 7630 6719	1240 34036 8521 7524 4523 6631	1514 12434 5877 2249 8144
0,4206	0,613 65148 4885 6137 5338 2154 3350	1240 18895 6087 1647 2273 8487	
0,4207	0,613 77550 3781 2224 6985 4428 1837		
0,4399	0,637 30294 9948 1342 7859 3855 1748	1210 39800 5554 3158 2857 6369	1572 78065 0412 0009 5032
0,4400	0,637 42398 9748 6897 1017 6712 8117	1210 24072 7489 2746 2848 1337	1573 07926 5341 6470 9125
0,4401	0,637 54501 3821 4386 3763 9560 9454	1210 08341 9562 7404 6377 2212	1573 37784 1457 1182 1083
0,4402	0,637 66602 2163 3949 1168 5938 1666	1209 92608 1778 5947 5195 1129	1573 67637 8751 0472 3869
0,4403	0,637 78701 4771 5727 7116 1133 2795	1209 76871 4140 7196 4722 7260	1573 97487 7216 0680 6232
0,4404	0,637 90799 1642 9868 4312 5856 0055	1209 61131 6652 9980 4042 1028	1574 27333 6844 8155 2741
0,4405	0,638 02895 2774 6521 4292 9898 1083	1209 45388 9319 3135 5886 8287	1574 57175 7629 9254 3769
0,4406	0,638 14989 8163 5840 7428 5784 9370	1209 29643 2143 5505 6632 4518	
0,4407	0,638 27082 7806 7984 2934 2417 3888		

III.	IV.	V.	VI.
3062 28402 6868 8804	3732 17550 9504	7554 96187	92063
3061 91080 9317 9300	3732 93100 5691	7554 04124	92172
3061 53751 6217 3609	3733 68640 9815	7553 11952	92092
3061 16414 7576 3794	3734 44172 1767	7552 19860	
3060 79070 3404 2027	3735 19694 1627		
3060 41718 3710 0400			
2986 14929 6461 4093	3881 41750 2135	7367 07037	95786
2985 76115 4711 1958	3882 15420 9172	7366 11251	95820
2985 37293 9290 2786	3882 89082 0423	7365 15431	95804
2984 98465 0208 2363	3883 62733 5854	7364 19627	
2984 59628 7474 6509	3884 -36375 5481		
2984 20785 1099 1028			

Arcs.	Cosinus.	I.	II.
0,4199	0,790 25127 7842 0022 1245 3463 9587	962 65466 3118 4729 5090 0582	1949 62934 2912 7179 0366
0,4200	0,790 15501 2375 6903 6515 8373 9005	962 84962 6052 7642 2269 0948	1949 39176 9290 5344 5477
0,4201	0,790 05872 7413 0850 8873 6104 8057	963 04456 5229 6932 7613 6425	1949 15414 7569 0371 4059
0,4202	0,789 96242 2956 5621 1940 8491 1632	963 23948 0644 4501 7985 0484	1948 91647 7754 0890 4225
0,4203	0,789 86609 9008 4976 7439 0506 1148	963 43437 2292 2255 8875 4709	1948 67875 9851 5544 2725
0,4204	0,789 76975 5571 2684 5183 1630 6439	963 62924 0168 2107 4419 7434	1948 44099 3867 2987 4978
0,4205	0,789 67339 2647 2516 3075 7210 9005	963 82408 4267 5974 7407 2412	1948 20317 9807 1886 5033
0,4206	0,789 57701 0238 8248 7100 9803 6593	964 01890 4585 5781 9293 7445	
0,4207	0,789 48060 8348 3663 1319 0509 9148		
0,4399	0,770 61335 9595 7222 0130 3321 4859	1001 16819 9329 7050 0311 8495	1901 16521 9090 2764 1266
0,4400	0,770 51324 2775 7892 3080 3009 6364	1001 35831 5851 6140 3075 9761	1900 91814 3829 7545 2778
0,4401	0,770 41310 6944 2040 6939 9933 6603	1001 54840 7665 9970 0621 2539	1900 67102 1665 9575 4338
0,4402	0,770 31295 2103 4374 6969 9312 4064	1001 73847 4768 1636 0196 6877	1900 42385 2604 9829 5405
0,4403	0,770 21277 8255 9606 5333 9115 7187	1001 92851 7153 4241 0026 2282	1900 17663 6652 9294 1238
0,4404	0,770 11258 5404 2453 1092 9089 4905	1002 11853 4817 0893 9320 3520	1899 92937 3815 8967 2694
0,4405	0,770 01237 3550 7636 0198 9769 1385	1002 30852 7754 4709 8287 6214	1899 68206 4099 9858 6424
0,4406	0,769 91214 2697 9881 5489 1481 5171	1002 49849 5960 8809 8146 2638	
0,4407	0,769 81189 2848 3920 6679 3325 2533		

III.	IV.	V.	VI.
2375 73622 1834 4889	4809 93138 6529	586 308113	118637
2376 21721 4973 1418	4809 34507 8416	586 426750	118669
2376 69814 9480 9834	4808 75865 1666	586 545419	118630
2377 17902 5346 1500	4808 17210 6247	586 664049	
2377 65984 2556 7747	4807 58544 2198		
2378 14060 1100 9945			
2470 75260 5218 8478	4690 32750 9962	609 749469	115790
2471 22163 7969 8440	4689 71776 0493	609 865259	115598
2471 69060 9745 8933	4689 10789 5234	609 980857	115794
2472 15952 0535 4167	4688 49791 4377	610 096651	
2472 62837 0326 8544	4687 88781 7726		
2473 09715 9108 6270			

Pour ce qui regarde le calcul d'interpolation même, nous avons calculé les sinus et les cosinus constamment jusqu' à 20 décimales, qui en donnoient 14 à 15 tout à fait justes. Nous partions ordinairement de la quatrième différence, en nous servant cependant encore de la cinquième pour pouvoir déterminer suffisamment la quatrième. Entre les limites 0,4207 et 0,4399 se trouvent 191 sinus, 192 premières, 193 secondes, 194 troisièmes, 195 quatrièmes et 196 cinquièmes différences. Dans la suite des sinus de 0,4200 le dernier terme de la colonne des cinquièmes différences est 7552, lorsqu'on omet les cinq derniers chiffres; tandis que dans la suite des sinus de 0,4400 le premier terme de la même colonne est 7367. La cinquième différence décroît donc entre les limites, que nous venons d'indiquer, de 185 unités, qui doivent être réparties sur 196 termes intermédiaires. Comme le premier chiffre (7) de la cinquième différence se trouve dans la 20me place, la dernière de celles qui entrent dans nos calculs, il s'en suit qu'une faute qui se trouveroit dans son quatrième chiffre n'est d'aucune importance et l'on peut admettre, que la cinquième différence réduite à 4 chiffres, varie d'une unité dans chaque terme. Le dernier terme dans la colonne des quatrièmes différences de la première suite est 37351969, lorsqu'on en retranche pareillement les cinq derniers chiffres; et puisque les quatrièmes différences augmentent et que les cinquièmes diminuent, à mesure que les arcs croissent, la quatrième différence, qui suit, sera 37351969 + 7551 = 37359520. Voici, comment on exécute le calcul dans toute son étendue:

37359520
7550
37367070
7549
37374619
7548
37382167
7547
37389714 &c.

On auroit pu remplir de cette manière tout l'intervalle entre les quatrièmes différences, jusqu'à 0,4400. Mais il nous paroissoit beaucoup plus sûr, de nous arrêter au milieu du chemin à 0,4300, et de faire la même opération en descendant depuis 4399. Les résultats en se rencontrant, ne devoient différer que dans les deux ou trois dernières figures, dont on peut cependant se passer, puisque le cinquième chiffre de la quatrième différence, à compter de gauche à droite, se trouve déjà dans la vingtième place.

Peut-être nos lecteurs verront-ils avec plaisir le commencement du calcul d'interpolation, par lequel on a trouvé les sinus depuis 0,4207 jusqu'à 0,4399.

306041718	1514124345877	12401889560871647	0,6137755	0378122246985	= sin 0,4207
37360	306004358	1514430350235	1240	0375130521412	
004358	4430350235	0375130521412	0,6138995	0753252768397	
37367	305966991	1514736317226	1239	8860394204186	
305966991	4736317226	12398860394204186	0,6140234	9613646972583	
37375	305929616	1515042246842	1239	7345351957344	
929616	5042246842	7345351957344	1474	6958998929927	= sin 0,4210
37382	305892234	1515348139076	1239	5830003818268	
892234	5348139076	5830003818268	2714	2789002748195	
37390	305854844	1515653993920	1239	4314349824348	
854844	5653993920	4314349824348	3953	7103352572543	
37397	305817447	1515959811367	1239	2798390012981	
817447	5959811367	2798390012981	5192	9901742585524	
37405	305780042	1516265591409	1239	1282124421572	
780042	6265591409	1282124421572	6432	1183867007096	
37412	305742630	1516571334039	1238	9765553087533	
742630	6571334039	12389765553087533	7671	0949420094629	
37420	305705210	1516877039249	1238	8248676048284	
705210	6877039249	8248676048284	0,6148909	9198096142913	
37427	305667783	1517182707032	1238	6731493341252	
667783	7182707032	6731493341252	0,6150148	5929589484165	
37435	305630348	1517488337380	1238	5214005003872	
630348	7488337380	5214005003872	1387	1143594488037	
37443	305592905	1517793930285	1238	3696211073587	
592905	7793930285	3696211073587	2625	4839805561624	
37450	305555455	1518099485740	1238	2178111587847	
305555455	1518099485740	12382178111587847	0,6153863	7017917149471	= sin 0,4220

Nous continuames ce calcul jusqu'à la moitié de la lacune qu'il s'agissoit de remplir, savoir jusqu'à 0,4300, en remontant depuis 0,4207 et en descendant depuis 0,4399, pour ne pas laisser trop de jeu aux fautes, qu'il est impossible d'éviter; les résultats devoient par conséquent se rencontrer à mi-chemin. Nous avons déjà observé, qu'ils s'accordoient pour les sinus et les cosinus ordinairement jusqu'à 14 décimales et très souvent jusqu'à 15. Ainsi en remontant nous avons trouvé sin 0,4300 = 0,6252426563357058 et en descendant = 0,6252426563357044. Comme la différence des deux résultats n'est que d'une seule unité dans la 15me place, il faut que tous les sinus interpolés soient justes jusqu'à ce terme. La même différence paroissoit aussi dans les deux cosinus de 0,4300, que nous trouvames de la même manière; l'un étoit = 0,7804304073383293, l'autre = 0,7804304073383305.

Nous suivimes la même marche dans tout le quart de cercle, à l'exception des trois premiers centièmes, où il nous étoit permis de pousser l'interpolation beaucoup plus loin parce que les valeurs, qu'il s'agissoit de déterminer, étoient dix fois plus proches l'une de l'autre et que nous pouvions nous contenter de tenir compte d'une différence de moins. Nous plaçames donc nos limites d'un centième à l'autre et nous interpolames mille valeurs, dont 500 furent calculées en remontant de la limite inférieure et 500 en descendant de la supérieure. Quand les résultats se rencontroient au milieu, ils s'accordoient dans les 13 premières places.

Nous avons continuellement fait les mêmes calculs à la fois, mais chacun de nous calculoit à part; ensuite nous avons comparé les résultats, ce qui facilitoit extrêmement notre travail. Comme d'ailleurs il n'exigeoit qu'un peu d'attention, nous trouvames quelquefois dans un jour 300 résultats, et nous remarquons avec une complaisance qu'on voudra bien nous pardonner, que les quinze personnes employées par le Cit. Prony pour lui faire ses calculs, n'ont fourni que 600 résultats par jour *).

*) Voyez Astronomisches Jahrbuch de 1798 p. 215.

Quant aux tangentes et aux cotangentes, qui servoient de limites, il n'y avoit pas de procédé plus commode, que de les dériver des sinus et des cosinus par la division. Les sinus et les cosinus calculés jusqu'à la 28me décimale, nous donnoient dans tout le quart de cercle, si l'on en excepte les trois premiers et derniers centièmes, un quotient de 27 décimales, mais dont les deux dernières étoient douteuses. Il n'est presque pas nécessaire d'avertir, que nous nous sommes servis de la méthode abrégée de diviser. Ce qui peut-être mérite plus, qu'on en fasse mention, c'est que pour rendre la division plus facile, nous avons toujours cherché les multiples du diviseur.

Nous plaçons ici deux suites de tangentes et de cotangentes qui peuvent servir d'exemples.

Arcs.	Tangentes.	I.	II.
0,4199	0,775 42795 0596 0650 8790 2369 755	2515 60453 5480 1587 7180 765	613 09 4590 9281 8312 291
0,4200	0,775 67951 1049 6131 0377 9550 520	2516 21763 0071 0869 5493 056	613 44 2966 0109 1422 356
0,4201	0,775 93113 2812 6202 1247 5043 576	2516 83107 3037 0978 6915 412	613 79 1571 5381 9114 873
0,4202	0,776 18281 5919 9239 2226 1958 988	2517 44486 4608 6360 6030 285	614 14 0407 7119 6391 472
0,4203	0,776 43456 0406 3847 8586 7989 273	2518 05900 5016 3480 2421 757	614 48 9474 7643 9024 663
0,4204	0,776 68636 6306 8864 2067 0411 030	2518 67349 4491 0824 1446 420	614 83 8772 8078 3582 972
0,4205	0,776 93823 3656 3355 2891 1857 450	2519 28833 3263 8902 5029 392	615 18 8302 1348 7456 166
0,4206	0,777 19016 2489 6619 1793 6886 842	2519 90352 1566 0251 2485 558	
0,4207	0,777 44215 2841 8185 2044 9372 400		
0,4399	0,827 00739 8732 9716 2828 7741 106	2645 47239 5040 0574 6614 651	687 63 4798 5901 5642 331
0,4400	0,827 27194 5972 4756 3403 4355 757	2646 16002 9838 6476 2256 982	688 03 3571 3939 4237 376
0,4401	0,827 53656 1975 4594 9879 6612 739	2646 84806 3410 0415 6494 358	688 43 2619 5200 4138 114
0,4402	0,827 80124 6781 8005 0295 3107 097	2647 53649 6029 5616 0632 472	688 83 1943 2174 4545 910
0,4403	0,828 06600 0431 4034 5911 3739 569	2648 22532 7972 7790 5178 382	689 23 1542 7354 1233 224
0,4404	0,828 33082 2964 2007 3701 8917 951	2648 91455 9515 5144 6411 606	689 63 1418 3234 6576 893
0,4405	0,828 59571 4420 1522 8846 5329 557	2649 60419 0933 8379 2988 499	690 03 1570 2313 9591 519
0,4406	0,828 86067 4839 2456 7225 8318 056	2650 29422 2504 0693 2580 018	
0,4407	0,829 12570 4261 4960 7919 0898 074		

III.	IV.	V.	VI.	VII.
348 375 0827 3110 065	230 4445 4582 452	201 95001 630	207 70880	25136
348 605 5272 7692 517	230 6464 9584 082	202 15772 510	207 96016	25225
348 836 1737 7276 599	230 8486 5356 592	202 36568 526	208 21241	
349 067 0224 2633 191	231 0510 1925 118	202 57389 767		
349 298 0734 4558 309	231 2535 9314 885			
349 529 3270 3873 194				
398 772 8037 8595 045	275 3223 1305 693	248 99201 365	265 71095	33282
399 048 1260 9900 738	275 5713 0507 058	249 25772 460	266 04377	33388
399 323 6974 0407 796	275 8205 6279 518	249 52376 837	266 37765	
399 599 5179 6687 314	276 0700 8656 355	249 79014 602		
399 875 5880 5343 669	276 3198 7670 957			
400 151 9079 3014 626				

Arcs.	Cotangentes.	I.	II.
0,4199	1,289 61046 5074 5542 8292 9213 294	418 23 3289 4876 1251 0665 732	169 355 0750 6675 3343 867
0,4200	1,289 19223 1785 0666 7041 8547 562	418 06 3934 4125 4575 7321 865	169 231 6124 4042 9191 476
0,4201	1,288 77416 7850 6541 2466 1225 697	417 89 4702 8001 0532 8130 389	169 108 2664 4455 9979 416
0,4202	1,288 35627 3147 8540 1933 3095 308	417 72 5594 5336 6076 8150 973	168 985 0369 4021 3648 125
0,4203	1,287 93854 7553 3203 5856 4944 335	417 55 6609 4967 2055 4502 848	168 861 9237 8865 6282 377
0,4204	1,287 52099 0943 8236 3801 0441 487	417 38 7747 5729 3189 8220 471	168 738 9268 5135 1781 500
0,4205	1,287 10360 3196 2507 0611 2221 016	417 21 9008 6460 8054 6438 971	168 616 0459 8996 1530 155
0,4206	1,286 68638 4187 6046 2556 5782 045	417 05 0392 6000 9058 4908 816	
0,4207	1,286 26933 3795 0045 3498 0873 229		
0,4399	1,209 17902 4918 1133 4584 2629 795	386 67 4508 5042 1468 8621 878	146 813 0519 5307 3022 271
0,4400	1,208 79235 0409 6091 3115 4007 917	386 52 7695 4522 6161 5599 607	146 710 3910 6545 9472 424
0,4401	1,208 40582 2714 1568 6953 8408 310	386 38 0985 0611 9615 6127 183	146 607 8225 6920 2257 511
0,4402	1,208 01944 1729 0956 7338 2281 127	386 23 4377 2386 2695 3869 672	146 505 3463 5917 9381 422
0,4403	1,207 63320 7351 8570 4642 8411 455	386 08 7871 8922 6777 4488 250	146 402 9623 3041 1936 056
0,4404	1,207 24711 9479 9647 7865 3923 205	385 94 1468 9299 3736 2552 194	146 300 6703 7806 3873 978
0,4405	1,206 86117 8011 0348 4129 1371 011	385 79 5168 2595 5929 8678 216	146 198 4703 9744 1781 426
0,4406	1,206 47538 2842 7752 8199 2692 795	385 64 8969 7891 6185 6896 790	
0,4407	1,206 08973 3872 9861 2013 5796 005		

III.	IV.	V.	VI.	VII.
123 4626 2632 4152 391	116 63045 4940 331	138 93 2059 562	198 144336	329 782
123 3459 9586 9212 060	116 49152 2880 769	138 73 3915 226	197 814554	329 221
123 2295 0434 6331 291	116 35278 8965 543	138 53 6100 672	197 485333	
123 1131 5155 7365 748	116 21425 2864 871	138 33 8615 339		
122 9969 3730 4500 877	116 07591 4249 532			
122 8808 6139 0251 345				
102 6608 8761 3549 847	92 39135 6334 934	105 12 1996 110	143 088009	227 343
102 5684 9625 7214 913	92 28623 4338 824	104 97 8908 101	142 860666	226 993
102 4762 1002 2876 089	92 18125 5430 723	104 83 6047 435	142 633673	
102 3840 2876 7445 366	92 07641 9383 288	104 69 3413 762		
102 2919 5234 8062 078	91 97172 5969 526			
102 1999 8062 2092 552				

Pour l'interpolation des tangentes nous adoptames la même marche que nous avions suivie pour les sinus; seulement il falloit prendre une différence de plus pour les tangentes entre 0,2500 et 0,5000 du quart de cercle. De la vient aussi, que dans celles-ci nous avions ordinairement une décimale juste de moins que pour les sinus. Voici les deux valeurs que nous trouvames pour la tangente de 0,4300:

0,80115107055881o5
0,80115107055881 44.

Les cotangentes demandoient une méthode toute particulière. Lorsque les lignes trigonométriques procèdent par des intervalles de dix-millièmes, alors on trouve, que les quatre premiers chiffres des différences des sinus sont constans, ainsi que les trois premiers chiffres des différences des tangentes jusqu'à 0,6 du quart de cercle; mais au de-là de ce terme on rencontre des différences où il n'y a que deux décimales qui s'accordent. On comprend par là que les différences du même ordre doivent commencer plus près de la virgule. C'est ainsi que dans la suite des tangentes de 0,4200, que nous avons mise sous les yeux de nos lecteurs, la sixième différence commence à la 20me place; dans celle des cotangentes de 0,4200 ou des tangentes de 0,5800 elle se trouve dans la 19me; et dans la suite des cotangentes de 0,2800 ou des tangentes de 0,7200 elle commence déjà à la 18me. Or plus une différence commence près de la virgule, et plus il y a de différences dont il faudra tenir compte dans l'interpolation. Nous trouvames donc, que nous avions déjà besoin de 7 différences pour les cotangentes dans les environs de 0,2800 du quart de cercle, et qu'au dessous de ce terme il nous en falloit encore d'avantage; ce qui devoit nécessairement rendre le calcul pénible et incertain à la fois, surtout si on vouloit le continuer par deux centièmes. Pour éviter ces inconvéniens, voici de quelle manière nous nous sommes pris. Après avoir lié une suite de sinus et de cosinus à l'arc 0,2700, nous en dérivames les cotangentes correspondantes et nous cherchames par l'interpolation les cotangentes, en descendant depuis 0,2700 jusqu'à 0,2650 et en remontant depuis 0,2700 jusqu'à 0,2750. Depuis

0,2800 nous continuames ensuite notre calcul, comme nous avions fait pour les sinus et les tangentes, en descendant jusqu'à 0,2750 et en remontant jusqu'à 0,2900. Nous trouvames de cette manière les cotangentes depuis 0,2650 jusqu'à 0,5000. Pour plus de sûreté nous calculames constamment jusqu'à 22 decimales, qui nous en fournissoient 13 à 14 précises. Ainsi les deux valeurs trouvées par l'interpolation pour cot 0,4300, sont les suivantes:

1, 2482040363530495
1, 2482040363530708.

Pour ce qui est des cotangentes au dessous de 0,2650 jusqu'à 0,0300, nous pouvions les trouver facilement à l'aide des cotangentes au dessus de 0,2650 et des tangentes au dessous de 0,2650 d'après la formule

$$\cot A = 2 \cot 2 A + \operatorname{tang} A.$$

Il sera peut-être utile de montrer la liaison de cette formule avec la formule plus connue

$$\operatorname{tang} (A + B) = \frac{\operatorname{tang} A + \operatorname{tang} B}{1 - \operatorname{tang} A . \operatorname{tang} B.}$$

Mettons A dans cette dernière formule à la place de B, et elle se changera en celle-ci:

$$\operatorname{tang} 2 A = \frac{2 \operatorname{tang} A}{1 - \operatorname{tang} A^2}.$$

Divisons maintenant les deux membres de la fraction $\frac{2 \operatorname{tang} A}{1 - \operatorname{tang} A^2}$ par tang A, et nous aurons

$$\operatorname{tang} 2 A = \frac{2}{\cot A - \operatorname{tang} A}$$

$$\text{donc} \frac{1}{\operatorname{tang} 2 A} = \cot 2 A = \frac{\cot A - \operatorname{tang} A}{2}$$

$$\text{et } \cot A = 2 \cot 2 A + \operatorname{tang} A.$$

Nous allons donner un exemple de ce calcul.

	cot 0,4800 =	1,0648918 40324792
2	cot 0,4800 =	2,1297836 80649584
	tang 0,2400 =	0,3959280 08797721
	cot 0,2400 =	2,5257116 89447305
2	cot 0,2400 =	5,0514233 78894610
	tang 0,1200 =	0,1907602 02218567
	cot 0,1200 =	5,2421835 81113177
2	cot 0,1200 =	10,4843671 62226354
	tang 0,0600 =	0,0945278 31179282
	cot 0,0600 =	10,5788949 93405636
2	cot 0,0600 =	21,1577899 86811272
	tang 0,0300 =	0,0471588 02877480
	cot 0,0300 =	21,2049487 89688752

Ce sont surtout les cotangentes dans les trois premiers centièmes du quart de cercle, qui nous embarassoient extrêmement, et les difficultés que nous y rencontrions, nous effrayoient tellement, que nous aurions presque renoncé à toute notre entreprise. On voit d'abord, qu'au commencement du quart de cercle on ne sauroit faire aucun usage pour les tangentes de la méthode de l'interpolation, puisque, ni les premiers chiffres des lignes, ni ceux de leurs différences, ne sont constans. Heureusement nous pouvions nous servir ici de la formule que nous avons énoncée, cot A = 2 cot 2 A + tang A, qui nous fit trouver à l'aide des tangentes au dessous de 0,01500 et des cotangentes au dessus de 0,01500 les cotangentes au dessous de 0,01500. Il falloit donc chercher par l'interpolation les cotangentes comprises entre les limites 0,01500 et 0,03000. Nous liames pour cet effet des suites de sinus et de cosinus aux arcs suivans 0,01500; 0,01750; 0,02250; 0,02500 et 0,02750 et nous dérivames de ces suites et de celles que nous avions déjà trouvées auparavant pour 0,02000 et 0,03000, autant de suites de cotangentes par la division. Ce calcul est pénible, parce que jusqu'à la 26me décimale nous ne rencontrions pas moins de 10 différences, et que par conséquent il falloit calculer au moins 11 cotangentes successives, si nous voulions avoir deux neuvièmes différences. Mais nous nous aperçumes que, vu le nombre des différences, dont il s'agissoit de tenir compte, les intervalles, qui séparoient ces suites, étoient trop grands et qu'il nous falloit lier encore de nouvelles suites aux arcs 0,01580; 0,01670; 0,01830; 0,01920; 0,02130; 0,02370; 0,02630 et 0,02880. De cette manière les limites étoient assez proches, et nous pouvions insérer les cotangentes intermédiaires avec plus de sûreté. Nous calculions toujours jusqu'à 22 décimales, et il nous falloit pour cela 7 différences; mais aussi nous avions la satisfaction de trouver partout 13 à 14 chiffres précis. A la vérité le calcul étoit pénible, surtout à cause des opérations préalables; cependant il ne l'étoit pas de beaucoup près autant, que si nous avions voulu dériver chaque cotangente du sinus et du cosinus par le moyen de la division. Pour trouver les 8 dernières suites, nous employames une formule qui ressemble à la formule d'Euler pour les cotangentes, à cette différence près, qu'elle demande une division de moins; ce qui la rend plus commode, quoiqu'elle converge plus lentement. Nous l'avions déduite de la série *)

$$\cot A = \frac{1}{A} - \frac{A}{3} - \frac{A^3}{3^2 \cdot 5} - \frac{2A^5}{3^3 \cdot 5 \cdot 7} - \frac{A^7}{3^3 \cdot 5^2 \cdot 7} - \frac{2A^9}{3^3 \cdot 5 \cdot 7 \cdot 9 \cdot 11} -$$

en mettant $\frac{m}{n} \cdot \frac{\pi}{2} = \frac{m}{n} \cdot 1{,}570796326794..$ à la place de A.

Les cotangentes au dessus de 0,01500 et les tangentes au dessous de 0,01500 fournirent les 1500 premières cotangentes de nos tables. Mais comme pour trouver p. ex. la cotangente de 0,00005, l'arc 0,02560 dont il faut partir, doit être divisé neuf fois de suite par 2, et qu'une petite faute, qui se trouveroit dans les dernières figures des tangentes et des cotangentes employées pour cet effet, pourroit devenir très considérable à cause des différentes multiplications par 2 dans tant de résultats qui dépendent l'un de l'autre; nous jugeames à propos de calculer les 50 premières cotangentes d'après la formule que nous venons de

*) Cette série se forme, lorsqu'on prend les séries indiquées plus haut p. XIII et qu'on divise la dernière par la première. La loi de la progression est très compliquée. Cagnoli (traité de Trigon. Ch. V.) indique une méthode pour continuer la série sans pousser la division plus loin.

développer. Pour trouver 15 décimales précises, on n'a besoin que des trois premiers termes de cette formule

$$\mathrm{Cot}\,\frac{m}{n}\,Q = \frac{n}{m}\cdot 0{,}63661977236758134307 5\ldots$$
$$-\frac{m}{n}\cdot 0{,}523598775598\ldots\ldots$$
$$-\frac{m^3}{n^3}\cdot 0{,}0861285463 34\ldots\ldots$$

que nous plaçons ici, en cas qu'on voulut examiner, si les premières cotangentes de nos tables méritent le même reproche, que l'on fait avec raison aux premières cotangentes de l'Opus palatinum. Cet examen seroit très facile à faire.

Quant à la méthode que nous avons suivie pour trouver les logarithmes des sinus, qui nous servoient de limites, nous allons l'exposer en détail en l'éclaircissant par des exemples; car on peut l'employer avantageusement toutes les fois qu'il s'agit de chercher le logarithme d'un nombre, qui contient beaucoup de chiffres. Nous ne l'avons trouvée dans aucun livre, qui traite des logarithmes.

On sait que

$$\log(1+x) = M(\ \ x - \tfrac{1}{2}x^2 + \tfrac{1}{3}x^3 - \tfrac{1}{4}x^4 + \ldots)$$
$$\log(1-x) = M(-x - \tfrac{1}{2}x^2 - \tfrac{1}{3}x^3 - \tfrac{1}{4}x^4 - \ldots)$$

par conséquent

$$\log\frac{1+x}{1-x} = 2\,M(\ \ x + \tfrac{1}{3}x^3 + \tfrac{1}{5}x^5 + \tfrac{1}{7}x^7 + \ldots)$$

et $\log\dfrac{1-x}{1+x} = 2\,M(-x - \tfrac{1}{3}x^3 - \tfrac{1}{5}x^5 - \tfrac{1}{7}x^7 - \ldots)$

La grandeur M qui détermine la valeur de la série, peut être prise à volonté et on l'appelle le module du système *).

Lorsqu'un nombre n est augmenté d'une grandeur quelconque, que nous désignerons par Δn, il s'agit de dé-

*) Pour l'intelligence de ces formules nous renvoyons les commençans à l'ouvrage d'**Euler**: **Introductio in analysin infinitorum T. I. c. 7.** ou au traité de trigonométrie de Cagnoli chap. VII.

terminer de combien son logarithme devra croître, ou quelle sera la valeur de $\Delta \log n$, si l'on met $\log (n + \Delta n) = \log n + \Delta \log n$. De l'équation $\log (n + \Delta n) = \log n + \Delta \log n$ résulte l'équation suivante: $\Delta \log n = \log (n + \Delta n) - \log n = \log \frac{n + \Delta n}{n}$. En supposant $\frac{n + \Delta n}{n} = \frac{1 + x}{1 - x}$, on trouve pour x la valeur $\frac{\Delta n}{2n + \Delta n}$, qui étant substituée à x dans la série, qui exprime le logarithme de $\frac{1 + x}{1 - x}$, la change en celle-ci:

$$\log \frac{n + \Delta n}{n} = \log (n + \Delta n) - \log n = \Delta \log n =$$

$$2\,M\left(\frac{\Delta n}{2n + \Delta n} + \tfrac{1}{3}\left(\frac{\Delta n}{2n + \Delta n}\right)^3 + \tfrac{1}{5}\left(\frac{\Delta n}{2n + \Delta n}\right) + ..\right)$$

S'il s'agit de la diminution d'un nombre et du logarithme qui lui appartient, on prend l'équation $\log (n - \Delta n) = \log n - \Delta \log n$ d'où il résulte que

$$-\Delta \log n = \log (n - \Delta n) - \log n = \log \frac{n - \Delta n}{n}.$$

On compare ensuite $\frac{n - \Delta n}{n}$ avec $\frac{1 - x}{1 + x}$ et l'on trouve $x = \frac{\Delta n}{2n - \Delta n}$; cette valeur étant substituée dans la série, qui exprime le logarithme de $\frac{1 - x}{1 + x}$, il en suit l'équation suivante: $\log \frac{n - \Delta n}{n} = \log (n - \Delta n) - \log n = - \Delta \log n$

$$= -2M\left(\frac{\Delta n}{2n - \Delta n} + \tfrac{1}{3}\left(\frac{\Delta n}{2n - \Delta n}\right)^3 + \tfrac{1}{5}\left(\frac{\Delta n}{2n - \Delta n}\right)^5 + \ldots\right)$$

Cagnoli, de qui nous avons emprunté ces formules, prétend qu'elles sont nouvelles; elles se trouvent cependant aussi dans l'ouvrage de Pasquich intitulé: Unterricht in der mathematischen Analysis T.I. p. 428. Mais, ni Cagnoli ni Pasquich ne nous ont enseigné la manière avantageuse de s'en servir, que nous avons employée. Un exemple rendra la chose plus claire. Qu'il s'agisse de trouver dans le système de Briggs le logarithme du cosinus de 0,4400 ou de 0,77051324277578923080300964 jusqu'à la 26me décimale. Qu'on prenne pour cet effet les cinq premiers chiffres ou même d'avantage, et qu'on essaie de les résoudre en facteurs, mais dont aucun ne soit plus grand que 1100. Supposé qu'il n'y ait aucun des nombres 77051, 770513, 7705132, qui s'y prête, qu'on change les derniers chiffres de ces nombres d'une ou de quelques unités, et qu'on essaie alors, si la résolution en facteurs est possible.

Lorsqu'on a une table de facteurs *), il ne faut que quelques essais pour se procurer bientôt une certaine facilité dans ce genre de calcul, et l'on trouvera un nombre composé, dont les cinq ou six premiers chiffres s'accordent avec autant de chiffres du nombre donné. Tel est ici le nombre $0{,}7705131 = \frac{17 \cdot 21 \cdot 113 \cdot 191}{10000000}$.

Dans les tables connues de Shervin, dont nous avons entre les mains la troisième édition de 1741, il se trouve une table très précieuse de logarithmes calculés jusqu'à la 61me décimale par Sharp. Elle contient les logarithmes vulgaires de tous les nombres naturels depuis 1 jusqu' à 1100, et depuis 999980 jusqu' à 1000021. Comme elle n'a pas encore été imprimée en Allemagne, et que cependant elle est indispensablement nécessaire pour la méthode que nous avons employée afin de trouver les logarithmes vulgaires des lignes trigonométriques, nous l'avons fait imprimer et

*) Les tables de facteurs les plus complettes que nous ayons jusqu'à présent, sont celles de M. Felkel: Tafel aller einfachen Factoren der durch 2, 3 und 5 nicht theilbaren Zahlen von 1 bis 336000, Wien 1776, gr. fol. Au défaut de cet ouvrage important, dont la continuation seroit à souhaiter, on peut se servir de la table de facteurs moins complette, qui se trouve dans le second volume des tables logarithmico-trigonométriques de M. Vega.

elle se trouve à la suite de nos tables *). Cependant nous en avons retranché les 25 dernières décimales, et nous avons mieux aimé completter les logarithmes des nombres composés au dessus de 100 qui manquent dans la table de Sharp. A l'aide de cette table on trouve le logarithme vulgaire du nombre composé 0,7705131, què nous voulons appeller *n*, en autant de décimales, que le logarithme du cosinus de 0,4400 en doit avoir.

Le nombre *n* étant plus petit que le cosinus donné, Δn est $=$ 0,00000014277578923080300964, et il s'agit de déterminer $\Delta \log n$ par le moyen de la première formule, que nous avons indiquée plus haut, c'est-à-dire de chercher, ce qu'il faut ajouter à log *n* pour trouver $\log (n + \Delta n)$ ou le logarithme du cosinus donné. Pour cet effet cherchez d'abord le quotient $\frac{\Delta n}{2n + \Delta n}$, qui dans ce cas sera $=$ 0,00000009264980439829904 55; élevez ensuite ce quotient à la 3me puissance, parce que suivant la formule il faut ajouter $\frac{1}{3}\left(\frac{\Delta n}{2n + \Delta n}\right)^3$ à $\frac{\Delta n}{2n + \Delta n}$. Or le quotient étant du 8me ordre négatif, son cube sera du 24me ordre négatif, et comme le quotient ne contient que 25 décimales, pour l'élever à la 3me puissance, on n'en prendra tout au plus que les quatre premiers chiffres significatifs. Le cube sera égal à 7953, car on n'a pas besoin de le trouver plus exactement. Prenez-en la troisième partie, c'est-à-dire 2651, additionnez la au quotient et vous aurez 0,0000000926498043982993106, ce qui est la valeur de $\frac{\Delta n}{2n + \Delta n} + \frac{1}{3}\left(\frac{\Delta n}{2n + \Delta n}\right)^3$, que nous nommerons P. Comme la 5me puissance ne commenceroit qu' avec la 40me décimale, on n'en a plus besoin; on auroit même pu

*) On la trouve aussi dans les tables portatives du Cit. Callet, mais nous y avons remarqué quelques fautes. Dans la 34 place du logarithme de 14 il faut mettre 2 au lieu de 9, dans la 17me place du log. de 965 le chiffre 6 au lieu de 8, dans la 17me place du logarithme de 1022 le chiffre 2 au lieu de 0, et dans la 10me place du logarithme de 1082 le chiffre 7 au lieu de 8.

se passer du cube, si le quotient, au lieu d'être du huitième ordre négatif, eût été du neuvième. Multipliez maintenant P avec le double module du système de Briggs = 0,868588963806503655302257.. dont les multiples sont indiqués dans nos tables p. 310; le produit sera alors $\Delta \log n$, dans ce cas 0,00000008047459759919404307, ce qui étant ajouté au logarithme de n donnera $\log(n + \Delta n)$ ou le logarithme du cosinus de 0,4400.

La ligne trigonométrique dont on veut trouver le logarithme, peut être regardée pendant tout le calcul comme un nombre entier, parce qu' à la fin la caractéristique du logarithme résulte d'elle même de la valeur de son premier chiffre significatif. Au reste nous supposons comme connu, que l'on prend les caractéristiques des logarithmes des lignes trigonométriques, comme si elles avoient été calculées pour le rayon 10000 000000. Pour plus de clarté nous mettons ici tout le calcul, qu' exige le logarithme du cosinus de 0,4400.

cos 0,4400 = n + Δn = 0,7705132427757892308030096 4
n = 7705131 = 17.21.113.191

Δn = 1427757892308030096 4
2n = 15410262

Diviseur = 2n + Δn = 1541026342775789230803009 64
Dividende = Δn = 14277578923080300964
13869237084982103077

4083418380981978 87
3082052685551578 46
1001365695430400 41
924615805665473 54
767498897649268 7
616410537110315 7
151088360538953 0
138692370849821 0
12395989689132 0
12328210742206 3
677789469257
616410537110
61378932147
46230790283
15148141864
13869237085
1393941 1278904779
1386924 1232821074
7017 46083705
6164 30820527
853 15263178
771 13869237
82 1393941

Multiples du diviseur.

15410263427757892308
2) 30820526855515784616
3) 46230790283273676924
4) 61641053711031569232
5) 77051317138789461540
6) 92461580566547353848
7) 107871843994305246156
8) 123282107422063138464
9) 138692370849821030772

— 8

0,00000009264980439829904 55
2651
0,00000009264980439829931 06 = P
7817300674258532898
1737177927613007 31
521153378283902 19
34743558552260 15
7817300674258 53
694871171045 20
34743558552 3
2605766891 4
781730067 4
69487117 1
1737177 9
781730 1
78173 0
2605 8
86 9
5 2

Δ log n = 0,0000000804745975991940430 7
log 17 = 2304489213782739285401698 9
log 21 = 3222192947339192680072441 6
log 113 = 0530784434834197227952270 3
log 191 = 2810333672477275376350436 0
log(n+Δn) = 9,8867801073179380561717277 5 = log cos 0,4400

9265
9265
83385
1853
556
46
85840
9265
77256
1717
515
43
3) 79531
26510

Pour le logarithme naturel le calcul est tout à fait le même, à deux modifications près: 1) P ne doit être multipliée que par 2, parce que le module du système naturel est l'unité. 2) Il ne faut pas négliger dans ce calcul, comme on peut le faire pour les logarithmes vulgaires, les caractéristiques des logarithmes des nombres 17, 21, 113 et 191, que l'on trouve dans les tables de Wolfram; il faut les additionner, et retrancher de leur somme le logarithme du nombre 10000000, parce que la valeur de n est proprement $\frac{17 . 21 . 113 . 191}{10000000}$. Voici comment on fait la dernière partie du calcul.

$$
\begin{array}{rrl}
 & P = & 0{,}00000000926498043982993106 \\
\Delta \log n = 2 & P = & 0{,}00000001852996087965986212 \\
 & \log 17 = & 2{,}83321334405621608024953 46 \\
 & \log 21 = & 3{,}04452243772342299650059 80 \\
 & \log 113 = & 4{,}72738781871234056858213 15 \\
 & \log 191 = & 5{,}25227342804662987284995 00 \\
\hline
 & & 15{,}8573972138382183147808353 \\
\log 10000000 = & & 16{,}1180956509583197881259402 \\
\hline
\text{log. nat. cos } 0{,}44 = & & -0{,}2606984371201014733451049
\end{array}
$$

Dans l'exemple que nous avons choisi, n est plus petit que le nombre dont on cherche le logarithme. Il nous reste encore à éclaircir par un exemple le cas, où n seroit plus grand. Supposons qu'on cherche le logarithme vulgaire de sin 0,4203 = log 0,6132793373635688935863682 3. Dans ce cas le produit 11 . 25 . 29 . 769 . 1000003 = 6132793398325 nous donne une valeur commode pour n; mais puisque cette valeur est plus grande que le sinus donné, il faut prendre la seconde formule, que nous avons marquée plus haut, savoir

$$
-\Delta \log n = -2M\left(\frac{\Delta n}{2n - \Delta n} + \frac{1}{3}\left(\frac{\Delta n}{2n - \Delta n}\right)^3 + \ldots\right)
$$

et le calcul se fait de la manière suivante.

$$n = 6132793398325 = 11 \,.\, 25 \,.\, 29 \,.\, 769 \,.\, 1000003$$
$$n - \Delta n = 6132793373635688935863 6823 = \sin 0{,}4203$$
$$\Delta n = 24689311064136 3177$$
$$2n = 12265586796650$$
$$2n - \Delta n = 12265586771960688935863 6823$$
$$\frac{\Delta n}{2n - \Delta n} = 0{,}0000000020128927806842836$$

Ce quotient étant du neuvième ordre négatif, son cube n'entre plus dans le calcul. Le produit du double module du système de Briggs par le quotient trouvé, ou $- \Delta \log n$, est égal à 0,0000000017483764546281 5374. Retranchez ce nombre de la somme des logarithmes de 11, 25, 29, 769 et 1000003 et vous aurez

9,7876583326637647111272 6731

pour le logarithme demandé.

En suivant cette méthode, on trouve constamment le logarithme d'un nombre en autant de chiffres que le nombre en contient lui même. On pourra donc s'en servir toutes les fois, qu'il s'agit de trouver les logarithmes de nombres, qui sont composés de beaucoup de chiffres; n'importe, que ce soient des entiers ou des fractions décimales. On voit par les exemples donnés, comment il faut faire le calcul dans chaque cas, et l'on se passera de toute explication ultérieure. Ce qu'il y a de plus difficile dans tout ce procédé, c'est de trouver une valeur commode de n. Car plus il y a de chiffres du nombre donné, résolubles en facteurs, moins il faut employer de termes de la série qui exprime la valeur de $\pm \Delta \log n$, et la multiplication par le double module du système devient d'autant plus facile. On pourra difficilement donner des règles générales pour ce calcul; cependant à l'aide d'un peu d'exercice et d'attention on découvrira aisément différens petits avantages, qui peuvent faciliter considérablement le travail. Au commencement de nos calculs logarithmiques nous étions quelquefois dans le cas, d'employer la cinquième puissance du quotient; dans la suite nous savions toujours trouver sans beaucoup de peine une valeur de n, qui donnoit un quotient du septième ou du huitième ordre négatif. Quelquefois nous étions assez heureux pour trouver des quotient du neuvième ou du dixième ordre. Nous recommandons principalement l'usage des nombres depuis 999980 jusqu'à 1000021 dans la table de Sharp, dont on peut se servir avec le plus grand avantage.

Comme tang A $= \frac{\sin A . r}{\cos A}$ et cot A $= \frac{r^2}{\text{tang. } A}$; log tang A sera égal à log sin A + log r — log cos A = log sin A + 10 — log cos A; et log cot A = 2 log r — log tang A = 20 — log tang A. Il s'agit donc surtout de trouver les logarithmes des sinus et des cosinus, et nous avons procédé ici comme pour les lignes naturelles. Nous changeames d'après la méthode indiquée plus haut les sinus et les cosinus naturels, qui nous servoient de limites, en artificiels et nous remplimes les intervalles par les différences. Peut-être que nos lecteurs ne seront pas fâchés de trouver ici quelques suites de sinus et de cosinus artificiels avec leurs différences. Les deux dernières décimales sont douteuses.

Arcs.	Logarithmes des Sinus.	I.	II.
0,4199	9,7873 0665 8032 9671 0153 2711 48	879 61434 5573 5286 0657 34	285 25 6032 2461 9165 83
0,4200	9,7873 9461 9467 5244 5439 3368 82	879 32908 9541 2824 1491 51	285 14 0542 3352 8582 75
0,4201	9,7874 8255 2376 4785 8263 4860 33	879 04394 8998 9471 2908 76	285 02 5136 6093 3410 54
0,4202	9,7875 7045 6771 3784 7734 7769 09	878 75892 3852 3377 9498 22	284 90 9814 9888 1997 40
0,4203	9,7876 5833 2663 7647 1112 7267 31	878 47401 4047 3489 7500 82	284 79 4577 3943 2162 16
0,4204	9,7877 4618 0065 1694 4602 4768 13	878 18921 9469 9546 5338 66	284 67 9423 7465 1182 59
0,4205	9,7878 3399 8987 1164 4149 0106 79	877 90454 0046 2081 4156 07	284 56 4353 9661 5778 73
0,4206	9,7879 2178 9441 1210 6230 4262 86	877 61997 5692 2419 8377 34	
0,4207	9,7880 0955 1438 6902 8650 2640 20		
0,4399	9,8043 4592 8746 9795 2552 1472 27	824 75573 3841 7980 0868 27	263 73 4695 1153 5483 78
0,4400	9,8044 2840 4320 3637 0532 2340 54	824 49199 9146 6826 5384 49	263 63 4576 0093 7200 32
0,4401	9,8045 1085 3520 2783 7358 7725 03	824 22836 4570 6732 8184 17	263 53 4526 9059 1280 59
0,4402	9,8045 9327 6356 7354 4091 5909 20	823 96483 0043 7673 6903 58	263 43 4547 7419 8481 23
0,4403	9,8046 7567 2839 7398 1765 2812 78	823 70139 5496 0253 8422 35	263 33 4638 4546 6729 24
0,4404	9,8047 5804 2979 2894 2019 1235 13	823 43806 0857 5707 1693 11	263 23 4798 9811 1098 63
0,4405	9,8048 4038 6785 3751 7726 2928 24	823 17482 6058 5896 0594 48	263 13 5029 2585 3823 32
0,4406	9,8049 2270 4267 9810 3622 3522 72	822 91169 1029 3310 6771 16	
0,4407	9,8050 0499 5437 0839 6933 0293 88		

III.	IV.	V.	VI.
1154 89 9109 0583 08	841 849 5410 87	795 1651 80	94 7063
1154 05 7259 5172 21	841 054 3759 07	794 2181 17	94 5894
1153 21 6205 1413 14	840 260 1577 90	793 2722 23	94 4227
1152 37 5944 9835 24	839 466 8855 67	792 3279 96	
1151 53 6478 0979 57	838 674 5575 71		
1150 69 7803 5403 86			
1001 19 1059 8283 46	700 025 2363 73	629 9243 36	71 7036
1000 49 1034 5919 73	699 395 3120 37	629 2073 00	71 4701
999 79 1639 2799 36	698 766 1047 37	628 4925 99	71 5991
999 09 2873 1751 99	698 137 6121 38	627 7766 08	
998 39 4735 5630 61	697 509 8355 30		
997 69 7225 7275 31			

Arcs.	Logarithmes des Cosinus.	I.	II.
0,4199	9,8977 6520 6769 4871 4278 7515 30		
0,4200	9,8977 1229 9411 2621 5693 4836 65	529 07358 2249 8585 2678 65	
0,4201	9,8976 5937 4889 7894 2052 6076 66	529 24521 4727 3640 8759 99	1716 32477 5055 6081 34
0,4202	9,8976 0643 3200 8852 8659 2716 90	529 41688 9041 3393 3359 76	1716 74313 9752 4599 77
0,4203	9,8975 5347 4340 3637 3080 6694 92	529 58860 5215 5578 6021 98	1717 16174 2185 2662 22
0,4204	9,8975 0049 8304 0363 4990 7650 77	529 76036 3273 8089 9044 15	1717 58058 2511 3022 17
0,4205	9,8974 4750 5087 7123 6012 8793 91	529 93216 3239 8977 8856 86	1717 99966 0887 9812 71
0,4206	9,8973 9449 4687 1985 9562 1391 02	530 10400 5137 6450 7402 89	1718 41897 7472 8546 03
0,4399	9,8868 3653 3808 0613 8308 2060 87		
0,4400	9,8867 8010 7317 9380 5617 1727 75	564 26490 1233 2691 0333 12	
0,4401	9,8867 2366 2778 3695 7156 3417 76	564 44539 5684 8460 8309 99	1804 94451 5769 7976 87
0,4402	9,8866 6720 0184 6636 0592 6742 00	564 62593 7059 6563 6675 76	1805 41374 8102 8365 77
0,4403	9,8866 1071 9532 1251 1461 1424 74	564 80652 5384 9131 5317 26	1805 88325 2567 8641 50
0,4404	9,8865 5422 0816 0563 2976 8238 07	564 98716 0687 8484 3186 67	1806 35302 9352 7869 41
0,4405	9,8864 9770 4031 7567 5846 8237 24	565 16784 2995 7130 0000 83	1806 82307 8645 6814 16
0,4406	9,8864 4116 9174 5231 8082 0292 23	565 34857 2335 7764 7945 01	1807 29340 0634 7944 18

III.	IV.	V.	VI.
418 36 4696 8518 43			
418 60 2432 8062 45	237 735 9544 02		
418 84 0326 0359 95	237 893 2297 50	157 2753 48	
419 07 8376 6790 54	238 050 6430 59	157 4133 09	137961
419 31 6584 8733 32	238 208 1942 78	157 5512 19	137910
469 23 2333 0388 90			
469 50 4465 0275 73	272 131 9886 83		
469 77 6784 9227 91	272 319 8952 18	187 9065 35	
470 04 9292 8944 75	272 507 9716 84	188 0764 66	169931
470 32 1989 1130 02	272 696 2185 27	188 2468 43	170377

Nous commençames notre calcul d'interpolation par les trois premiers centièmes du quart de cercle, dans lesquels nous trouvames par rapport aux logarithmes des cosinus aussi peu de difficultés que dans les autres 47 centièmes. En plaçant les limites, comme nous avions fait pour les sinus, les cosinus et les tangentes naturels, de centième en centième et en tenant compte de vingt décimales, nous interpolames 1000 résultats, en sorte que nous trouvames toujours au milieu 13 chiffres justes. Pour les logarithmes des sinus nous procédames d'une manière analogue à celle dont nous nous sommes servis pour les cotangentes; car au commencement du quart de cercle on ne peut faire aucun usage de la méthode d'interpolation, parce que les premiers chiffres des logarithmes des sinus s'accordent aussi peu que ceux des cotangentes. Ce ne fut que vers la moitié du second centième, que nous pumes l'employer avec sûreté. Nous liames donc des suites de logarithmes aux arcs 0,01500; 0,01750; 0,02000; 0,02250; 0,02500; 0,02750 et 0,03000, et en tenant compte de vingt décimales nous trouvames, que les résultats, en se rencontrant à mi-chemin, s'accordoient pour 13 chiffres. Pour avoir les premiers 1500 logarithmes des sinus de nos tables, nous nous servimes de la formule connue:

$$\sin A = \frac{\sin 2\,A}{2 \cos A},$$

ou $\log \sin A = \log \sin 2\,A - \log \cos A - \log 2$, qui fait trouver les logarithmes des sinus au dessous de 0,01500 par le moyen des logarithmes des cosinus au dessous de 0,01500 et des logarithmes des sinus au dessus de 0,01500.

Voilà où nous en étions pour les logarithmes, lorsque la nouvelle édition des tables portatives du Cit. Callet nous tomba entre les mains. Nous y trouvames déjà les logarithmes des sinus, cosinus et tangentes pour chaque dix-millième du quart de cercle calculés jusqu'à 7 décimales. Nous nous félicitames d'avoir fait cette découverte, espérant, qu'elle nous épargneroit la peine du reste du calcul. Cependant en comparant les résultats de Callet dans les trois premiers centièmes avec chaque dixième résultat de nos calculs, nous fumes bientôt détrompés, parce que nous nous aperçumes, que l'on ne sauroit se fier aux derniers chiffres des logarithmes de Callet, et que nous n'aurions fourni que quelque chose de bien imparfait, si nous avions voulu profiter, sans l'examiner, d'un travail qui porte le caractère d'un ouvrage fait avec précipitation. Nous continuames donc notre calcul jusqu'à la fin sans le secours des tables décimales de Callet; et nous avons ainsi la satisfaction de pouvoir dire que les tables que nous offrons au public sont entièrement notre ouvrage *).

Pour calculer les logarithmes des cosinus dans les 47 centièmes de 0,0300 jusqu' à 0,5000, nous plaçames les limites de deux centièmes en deux centièmes et en tenant compte de vingt décimales dans l'interpolation, les résultats nous fournirent constamment 14 à 15 chiffres exacts. Voici par exemple les deux logarithmes trouvés pour le cosinus de 0,4300:

9,89233418214995552
9,89233418214993348.

Quant aux logarithmes des sinus, il n'y a que les 2650 derniers, qui aient été cherchés par l'interpolation. Pour

---

*) En comparant les logarithmes du Cit. Callet avec nos calculs, nous avons trouvé un grand nombre de logarithmes, dont les derniers chiffres ne sont pas exacts. Nous les avons indiqués à la fin de nos tables. Callet ne s'explique pas sur la méthode d'après laquelle il a calculé; mais il paroit, qu'il a dérivé les logarithmes par interpolation en se servant de la trigonometria artificialis de Vlacq. Il fournit aussi les sinus naturels et artificiels pour chaque millième du quart de cercle, les premiers avec quinze et les derniers avec quatorze figures. Nous avons trouvé, que les sinus naturels sont calculés avec précision; mais dans les sinus artificiels les deux derniers chiffres sont ordinairement douteux. Nous avons encore eu d'autres occasions d'examiner des nombres dans les tables de Callet, et nous y avons rencontré différentes fautes plus ou moins considérables. P. ex. p. 117 de son introduction, il y a dans la 8me place de la valeur de f un 2 au lieu d'un 3. Cette faute se transmet à tous les multiples de f. Comme nous ignorons, à quel point les fautes que nous avons trouvées, ont déjà été corrigées dans l'édition stéréotype, nous n'en releverons pas d'avantage.

cet effet nous primes comme partout ailleurs des intervalles de deux centièmes, et en calculant vingt décimales nous obtinmes 14 chiffres dont nous pouvons garantir la justesse. Les valeurs pour log sin 0,4300 sont les suivantes:

9,7960485995122923
9,7960485995123025

où la différence se trouve être d'une unité dans la quatorzième place. Les logarithmes des sinus depuis 0,0300 jusqu' à 0,2650 ont été dérivés des logarithmes des cosinus compris entre ces limites et des logarithmes des sinus au dessus de 0,2650, suivant la formule indiquée ci-dessus: log sin A = log sin 2 A — log cos A — log 2. Un exemple de ce calcul ne sera pas déplacé ici:

log sin 0,3200	=	9,6828250 35493586
log cos 0,1600	=	9,9861369 14542768
		9,6966881 20950818
log 2	=	0,3010299 95663981
log sin 0,1600	=	9,3956581 25286837
log cos 0,0800	=	9,9965618 85126208
		9,3990962 40160629
log 2	=	0,3010299 95663981
log sin 0,0800	=	9,0980662 44496648
log cos 0,0400	=	9,9991421 72403071
		9,0989240 72093577
log 2	=	0,3010299 95663981
log sin 0,0400	=	8,7978940 76429596

Les logarithmes des tangentes ont tous été dérivés de quatorze décimales des sinus et cosinus correspondans. A la vérité nous n'aurions pas eu besoin d'une telle étendue pour l'usage de ces tables; mais nous nous étions proposé de faire notre calcul de manière, que nous pussions publier un Canon trigonométrique avec dix décimales en cas qu'on le demandât, et nous sommes effectivement parvenus à notre but.

Voilà la marche, que nous avons suivie en construisant nos tables. Nous venons de l'exposer en détail, en partie pour gagner la confiance de nos lecteurs en faveur de nos calculs, en partie aussi, parce que nous nous flattons, que peut-être certaines idées que nous y avons suivies, pourroient être de quelque utilité dans des entreprises pareilles.

Par rapport à l'arrangement de nos tables, il suffit de l'indiquer en peu de mots, parce que nous y avons pris pour modèle les tables de Schulze, que tout le monde connoit.

En ouvrant le livre, on trouve à gauche les lignes trigonométriques naturelles, et à droite leurs logarithmes ou les lignes qu'on appelle artificielles. Les premières ont été calculées pour le rayon 1, en sorte que tous les sinus et les tangentes au dessous de 0,5 du quart de cercle paroissent comme des fractions décimales inférieures à l'unité; mais les tangentes au dessus de 0,5 deviennent des nombres composés d'entiers et de fractions. Dans les logarithmes au contraire on a pris pour base le rayon 10000 000000, comme on a fait jusqu'ici dans toutes les tables logarithmico-trigonométriques. Si l'on trouve dans nos tables log sin 0,0400 = 8,7978941, on a proprement le logarithme du nombre 627905195, qui exprime le sinus de 0,0400 pour le rayon 10000 millions; ce qui nous procure l'avantage de calculer avec des logarithmes positifs. Mais dans ce cas l'on ne doit pas négliger, comme pour les lignes naturelles, le rayon, toutes les fois qu'il paroit dans les formules trigonométriques comme multiplicateur ou comme diviseur. Les deux colonnes verticales, qui se trouvent à l'extrémité de chaque côté et qui sont désignées par Arc. indiquent les arcs dont les lignes trigonométriques sont comprises dans les autres colonnes. Ces arcs sont exprimés par des fractions décimales, où l'on a pris le quart de cercle pour unité. On trouve le complément d'un arc ou d'un angle, lorsqu'on cherche le nombre, qu'il faut y ajouter pour qu'il devienne égal à 1; pour avoir le supplément, il faut chercher le nombre, qui étant ajouté le rendroit égal à 2, p. ex. 0,4736 et 0,5264 se complettent réciproquement pour faire un angle droit, et 1,3495 et 0,6505 se complettent pour égaler deux angles droits. Chaque arc au dessous de 0,5000 doit être cherché dans la colonne des arcs, qui est à gauche, et tous les arcs au dessus de 0,5000 dans celle qui est à droite. Les nombres, qui dans les deux colonnes sont placés l'un vis-à-vis de l'autre font toujours une somme égale à l'unité. Les titres des colonnes: Sinus, Cosinus etc, qui se trouvent en haut, se rapportent aux arcs, qui sont à gauche; et ceux, qui se trouvent en bas, appartiennent aux arcs qui sont à droite. Pour faciliter la recherche, on a indiqué au haut et au bas de chaque page les 3 premières décimales, par lesquelles la colonne qui est à gauche, commence et celle de la droite finit.

Les 121 premières pages des tables renferment les lignes trigonométriques pour les trois premiers et derniers centièmes du quart de cercle. Les arcs y procèdent dans des intervalles de cent-millièmes, et sont par conséquent exprimés par cinq décimales. Pour le reste du quart de cercle depuis la page 122, les lignes sont indiquées pour chaque dix-millième du quart de cercle, de manière que les arcs ne sont exprimés que par 4 chiffres. Chaque page contient 50 valeurs trigonométriques de tous les genres.

Les sinus, cosinus, tangentes et cotangentes naturels et artificiels se trouvent avec leurs différences placés l'un à côté de l'autre. Les logarithmes des tangentes et des cotangentes ont une différence commune, puisque les dernières sont les complémens arithmétiques des premières.

Nos tables ne contiennent ni les sécantes ni les sinus verses. Comme sec $A = \frac{r^2}{\cos A}$ et cosec $A = \frac{r^2}{\sin A}$, et que par conséquent log sec $A = 2 \log r - \log \cos A$, et log cosec $A = 2 \log r - \log \sin A$, on voit aisément, comment on peut déduire de nos tables, les sécantes et les cosécantes tant naturelles qu'artificielles pour les cas extrêmement rares, où l'on en auroit besoin. Si dans une formule trigonométrique une sécante paroissoit comme facteur on peut lui substituer le cosinus comme diviseur et vice versa. La même chose a lieu pour les cosécantes et pour les sinus.

Quant aux sinus et aux cosinus verses, on sait que sin v $A = 1 - \cos A$ et cos v $A = 1 \sin - A$. Mais si l'on demandoit leurs logarithmes, il faudroit se servir de la formule

$$\sin v\, A = 2 \sin \tfrac{1}{2} A^2$$

dont nous allons expliquer en peu de mots l'origine et l'emploi.

$$\cos 2A = 1 - 2 \sin A^2,$$

ou en substituant A et $\frac{1}{2}$ A au lieu de 2 A et A

$$\cos A = 1 - 2 \sin \tfrac{1}{2} A^2,$$

par conséquent

$$1 - \cos A = \sin v A = 2 \sin \tfrac{1}{2} A^2,$$

ou si dans le développement de cette formule le rayon n'avoit pas été négligé,

$$\sin v A = \frac{2 \sin \frac{1}{2} A^2}{r}$$

donc log sin v A = 2 log sin $\frac{1}{2}$ A + log 2 — log r, où log 2 — log r = 0,3010300 — 10 = — 9,6989700 est une grandeur constante. Ainsi pour trouver le logarithme du sinus verse d'un arc, il faut retrancher 9,6989700 du double logarithme du sinus de la moitié de l'arc. P. ex. quel sera le logarithme de sin v 0,0992?

log sin 0,0496	=	8,8911621
2 log sin 0,0496	=	17,7823242
log 2 — log r	= —	9,6989700
log sin v 0,0992	=	8,0833542

Si au contraire on veut trouver l'arc qui appartient au logarithme donné d'un sinus verse, on n'a qu' à additionner 9,6989700 à ce logarithme et diviser la somme par 2. Le quotient donne le logarithme du sinus de la moitié de l'arc qu' il faut alors chercher dans les tables. Pour trouver le logarithme du cosinus verse d'un arc, on pourroit chercher le logarithme du sinus verse de son complément, ou se servir de cette formule

$$\log \cos v A = 2 \log \sin (0{,}5 - \tfrac{1}{2} A) + \log 2 - \log r$$
$$= 2 \log \sin (0{,}5 - \tfrac{1}{2} A) - 9{,}6989700$$

qui résulte de la formule précédente, quand on suppose

$$A = Q - A = 1 - A.$$

Comme 0,0001 Q a la valeur de 32 secondes environ, il est clair, que les lignes trigonométriques telles qu'elles se trouvent dans nos tables, fourniroient un ensemble au double plus complet, que celui qu' on trouve dans la plupart des tables portatives pour l'ancien système, quand même nous ne les donnerions, que pour les dix-millièmes du quart de cercle. Or nous les avons calculées pour les trois premiers et les trois derniers centièmes, où l'interpolation souffre les plus grandes difficultés, d'un cent-millième à l'autre, ou d'environ trois secondes en trois secondes. Nous nous flattons donc, que l'on ne sentira pas le besoin d'avoir des tables portatives plus commodes et plus complettes que celles que nous présentons au public; surtout comme nous indiquerons des moyens faciles, d'en étendre considérablement l'usage, dans les cas où cela seroit nécessaire.

Dans les tables, où les lignes trigonométriques ne sont exprimées que jusqu'à 7 décimales, un petit accroissement d'un arc est en proportion avec l'accroissement de son sinus ou le décroissement de son cosinus par tout le quart du cercle. C'est là dessus que repose la méthode connue d'insérer entre deux sinus ou cosinus voisins, une certaine quantité d'autres sinus et de cosinus. Un avantage considérable de la division décimale du quart de cercle est entr' autres celui-ci, que cette interpolation est bien commode à cause de la facilité, avec laquelle on peut trouver les parties proportionelles des différences, dont on a besoin. Qu'il s'agisse d'indiquer à l'aide de nos tables les sinus et les cosinus au moins pour chaque millionième du quart de cercle. Nous mettrons ici quelques exemples pour éviter toute longueur et pour rendre la chose aussi claire que possible.

Quel est sin 0,024618?

sin 0,02461	=	0,0386477
15,7 × 8	=	126
sin 0,024618	=	0,0386603

Quel est sin 0,161495?

sin 0,1614	=	0,2508193
152,1 × 9	=	1369
15,21 × 5	=	76
sin 0,161495	=	0,2509638

Quel est cos 0,712993 = sin 0,287007?

sin 0,2870	=	0,4357024
14,14 × 7		99
sin 0,287007	=	0,4357123 = cos 0,712993.

Si au contraire il s'agit de trouver jusqu'à la sixième décimale l'arc qui répond à un sinus ou à un cosinus donné, les exemples suivans montreront la manière dont on doit s'y prendre.

A quel arc appartient 0,0386617 comme sinus?

Le nombre donné = 0,0386617
sin 0,02461 = 0,0386477
différence = 140

$$\frac{140}{157} = 0,9$$

donc 0,0386617 = sin 0,024619.

A quel arc appartient 0,4821973 comme sinus?

Le nombre donné = 0,4821973
sin 0,3203 = 0,4821666
différence = 307

$$\frac{307}{1376} = 0,22$$

donc 0,4821973 = sin 0,320322.

A quel arc appartient 0,4357123 comme cosinus?

Le nombre donné = 0,4357123
sin 0,2870 = 0,4357024
différence = 99

$$\frac{99}{1414} = 0,07$$

par conséquent 0,4357123 = sin 0,287007 = cos 0,712993.

Aucun de nos lecteurs n'aura besoin d'une explication de ces calculs; car personne ne fera usage des tables décimales, sans être familiarisé avec les tables dressées d'après l'ancien système.

Les tangentes croissent aussi assez uniformément dans la plus grande partie du quart de cercle, de sorte que l'on peut se servir dans l'interpolation des parties proportionelles des différences comme pour les sinus. Voici encore quelques exemples.

Quelle est tang 0,426857?

tang 0,4268 = 0,7929313
255,9 × 5 = 1280
25,59 × 7 = 179

tang 0,426857 = 0,7930772

Quel est cot 0,985736 = tang 0,014264?

tang 0,01426 = 0,0224033
15,7 × 4 = 63

tang 0,014264 = 0,0224096 = cot 0,985736

A quel arc appartient 0,7930772 comme tangente?

Le nombre donné = 0,7930772
tang 0,4268 = 0,7929313

différence = 1459

$$\frac{1459}{2559} = 0,57$$

par conséquent 0,7930772 = tang 0,426857.

A quel arc appartient 0,1064539 comme cotangente?

Le nombre donné = 0,1064539
tang 0,0675 = 0,1064279

différence = 260

$$\frac{260}{1588} = 0,16$$

donc 0,1064539 = tang 0,067516 = cot 0,932484.

Cependant il faut remarquer que cette manière de procéder n'est pas applicable aux tangentes au dessus de 0,85 ou aux cotangentes au dessous de 0,15, si l'on ne veut s'exposer à des fautes considérables. Ici les différences sont trop inégales pour qu'on puisse admettre, que les petits changemens des arcs soient en proportion avec les changemens des tangentes. Pour trouver aussi dans ce cas avec précision jusqu'à la septième décimale la tangente ou la cotangente, qui appartient à chaque arc exprimé par 5 ou 6 chiffres, nous proposons la formule

$$\Delta \text{ tang B} = \frac{\sin \Delta \text{ B}}{\cos \text{B.} \cos (\text{B} + \Delta \text{ B})}$$

que nous avons empruntée de l'ouvrage de **Cagnoli** et que cous voulons appliquer au cas dont il s'agit.

Supposez que dans la formule

$$\text{tang } A - \text{tang } B = \frac{\sin(A - B)}{\cos A \,.\, \cos B}$$

la différence tang A — tang B, ou ce qu'il faut ajouter à tang B, pour qu'il en résulte tang A, soit $= \Delta$ tang B, et de même la différence des arcs correspondans $= \Delta B$; en sorte que tang A $=$ tang B $+ \Delta$ tang B et $A = B + \Delta B$. Qu'on substitue ces valeurs à tang A et à l'arc A dans la dernière formule, et on trouvera la formule que nous avons énoncée plus haut, et dont on peut se servir avec avantage pour le but que l'on se propose. S'il s'agit maintenant de trouver la tangente de 0,939665 qu'on mette

$$B = 0{,}9396$$
$$\text{donc} \quad \Delta B = 0{,}000065$$
$$\text{et } B + \Delta B = 0{,}939665.$$

On trouve par conséquent

$$\Delta \text{tang } 0{,}9396 = \frac{\sin 0{,}000065}{\cos 0{,}9396 \,.\, \cos 0{,}939665} = \frac{\sin 0{,}000065}{\sin 0{,}0604 \,.\, \sin 0{,}060335}$$

sin 0,0604 = 0,0947338
sin 0,060335 = 0,0946322

8526042
378935
56840
2842
189
19

sin 0,0604 × sin 0,060335 = 0,008964867

sin 0,000065 = 0,0001021018 | 0,0113891 = Δ tang 0,9396
896487

124531
89649

34882
26895

7987
7172

815
807

8

$$\begin{aligned} \text{tang } 0{,}9396 &= 10{,}5084181 \\ \Delta \text{ tang } 0{,}9396 &= \underline{\ \ 0{,}0113891} \\ \text{tang } 0{,}939665 &= 10{,}5198072. \end{aligned}$$

La règle de trois nous auroit donné 10,5198138.

Si l'on veut chercher la cotangente d'un petit arc, on n'a qu'à chercher la tangente de son complément. P. ex. quelle est cot 0,027368 = tang 0,972632?

$$\begin{aligned} \text{Dans ce cas } B &= 0{,}97263 \\ \Delta B &= 0{,}000002 \\ B + \Delta B &= 0{,}972632 \end{aligned}$$

par conséquent

$$\Delta \text{ tang } 0{,}97263 = \frac{\sin 0{,}000002}{\sin 0{,}02737 \cdot \sin 0{,}027368} = 0{,}0017008.$$

$$\begin{aligned} \text{tang } 0{,}97263 &= 23{,}2454325 \\ \Delta \text{ tang } 0{,}97263 &= \underline{\ \ 0{,}0017008} \\ \text{tang } 0{,}972632 &= 23{,}2471333 = \cot 0{,}027368. \end{aligned}$$

Il faut qu'on employe dans cette interpolation les sinus des cent premiers millioniémes du quart de cercle calculés jusqu'à la dixième décimale. On pourroit les dériver facilement de la table pour les longueurs des arcs de cercle, chaque fois qu'on en auroit besoin (V. la table G de l'appendice); car les sinus d'arcs si petits sont égaux aux arcs mêmes pour les dix premières décimales et au de-là. Cependant pour plus de commodité nous les avons fait imprimer à part dans l'appendice de nos tables sous la lettre A.

Lorsque dans la formule

$$\Delta \text{ tang } B = \frac{\sin \Delta B}{\cos B. \cos (B + \Delta B)}$$

on développe l'expression cos (B + Δ B) et qu' ensuite l'on substitue tang Δ B à $\frac{\sin \Delta B}{\cos \Delta B}$, $\frac{1 + \cos 2 B}{2}$ à $\cos B^2$ et $\frac{\sin 2 B}{2}$ à sin B. cos B, on trouve:

$$\text{tang } \Delta B = \frac{\Delta \text{ tang } B \ (1 + \cos 2 B)}{2 \ + \Delta \text{ tang } B. \sin 2 B},$$

formule que l'on peut employer dans une partie du quart de cercle, où les différences deviennent très inégales, quand il s'agit de trouver avec précision jusqu'à la sixième décimale, l'arc qui appartient à une tangente. La tangente de 10,5198072, que nous venons de trouver, pourra nous servir d'exemple. Cherchons l'arc correspondant.

La tangente donnée $= 10{,}5198072$
tang $0{,}9396 = 10{,}5084181$
différence ou Δ tang $B = 0{,}0113891$

$B = 0{,}9396$
$2B = 1{,}8792$
$\sin 2B = \sin 1{,}8792 = \sin 0{,}1208 = 0{,}1886155$
$\cos 2B = \cos 1{,}8792 = - \cos 0{,}1208 = - 0{,}9820510$
$1 + \cos 2B = 1 - 0{,}9820510 = 0{,}0179490$
Δ tang $B = 0{,}0113891$

179490
17949
5385
1436
162
2

Δ tang $B(1 + \cos 2B) = 0{,}000204424$

$\sin 2B = 0{,}1886155$
Δ tang $B = 0{,}0113891$

1886
189
57
15
2

Δ tang $B \,.\, \sin 2B = 0{,}002149$
$2 + \Delta$ tang $B \,.\, \sin 2B = 2{,}002149$

Δ tang $B(1 + \cos 2B) = 0{,}000204424$ | $0{,}000102102 =$ tang ΔB
200215
4209
4004
205
200
5

D'après la table A de l'appendice le nombre 0,000102102 est la tangente de 0,000065,

donc $\Delta B = 0{,}000065$
$B = 0{,}9396$

$B + \Delta B = 0{,}939665$ qui est l'arc demandé.

Ce calcul est un peu long. On l'abrège de la manière suivante.

De la formule:

$$\Delta \text{tang}\, B = \frac{\sin \Delta B}{\cos B \,.\, \cos\, (B + \Delta B)}$$

il résulte $\sin \Delta B = \Delta \text{tang}\, B \,.\, \cos B \,.\, \cos\, (B + \Delta B)$. Si l'on se contente de chercher tout au plus les six premières figures de ΔB, il est permis de mettre $\cos B$ à la place de $\cos\, (B + \Delta B)$; ce qui nous donne une formule plus commode pour le but que nous avons en vue, mais elle n'est pas entièrement juste. La voici

$$\sin \Delta B = \Delta \text{tang}\, B \,.\, \cos B^2.$$

Dans l'exemple précédent

$$\begin{array}{rr}
\cos B = & 0{,}0947338 \\
 & 0{,}0947338 \\
\hline
 & 852604 \\
 & 37894 \\
 & 6631 \\
 & 284 \\
 & 28 \\
 & 8 \\
\hline
\cos B^2 = & 0{,}00897449 \\
\Delta \text{tang}\, B = & 0{,}0113891 \\
\hline
 & 89745 \\
 & 8974 \\
 & 2692 \\
 & 718 \\
 & 81 \\
 & 1 \\
\hline
\end{array}$$

$\Delta \text{tang}\, B \,.\, \cos B^2 = 0{,}000102211 = \sin \Delta B = \sin 0{,}000065$, comme auparavant.

Mais il faut bien se garder de faire une pareille substitution dans la formule

$$\Delta \text{tang}\, B = \frac{\sin \Delta B}{\cos B \,.\, \cos\, (B + \Delta B)},$$

parce qu' alors elle ne fourniroit pas des résultats plus précis que ceux qu'on trouveroit en se servant de la règle de trois.

Quant aux lignes artificielles, l'interpolation est la même que pour les lignes naturelles, à l'exception cependant des sinus et des tangentes d'arcs extrêmement petits. Nous montrerons ci-aprés que lorsqu'on se sert de nos tables, une simple interpolation suffit dès le commencement du second centième du quart de cercle. Il ne s'agit donc que d'indiquer une méthode d'interpolation facile pour le premier centième où les différences procèdent tout à fait inégalement. On tombera tout de suite sur l'idée de se servir des sinus et des tangentes naturels pour trouver leurs logarithmes à l'aide des tables qui contiennent les logarithmes des nombres. Mais ce procédé a cet inconvénient, que si les sinus et les tangentes n'ont que 5 à 6 chiffres significatifs, (ce qui est le cas au premier centième du quart de cercle) on ne trouve aussi que tout autant de décimales précises pour les logarithmes. Cependant si quelqu'un vouloit suivre cette marche, qui néanmoins n'est pas la plus commode, nous lui fournissons les sinus et les tangentes naturels pour les cent premiers dix-millièmes du quart de cercle, calculés jusqu'à 10 décimales. (Voyez la table de B l'appendice). Un exemple en expliquera l'usage. Qu'il s'agisse de trouver log tang 0,000836.

$$\begin{aligned} \text{log tang } 0{,}0008 &= 0{,}0012566377 \\ 157079,9 \times 3 &= \phantom{0{,}001}471240 \\ 15707,99 \times 6 &= \phantom{0{,}0012}94248 \\ \hline \text{tang } 0{,}000836 &= 0{,}0013131865 \end{aligned}$$

Cherchons maintenant le logarithme de 13131865 à l'aide des logarithmes des nombres.

$$\begin{aligned} \log\ 13131 &= 4{,}1182978 \\ 331 \times 0{,}8 &= \phantom{4{,}1182}265 \\ 331 \times 0{,}06 &= \phantom{4{,}11829}20 \\ 331 \times 0{,}005 &= \phantom{4{,}118297}2 \\ \hline \log\ 13131865 &= 7{,}1183265 = \text{log tang } 0{,}000836. \end{aligned}$$

On trouvera la méthode suivante bien plus courte. Nous avons déjà observé que dans les tables où les lignes trigonométriques ne sont exprimées que jusqu'à la septième décimale, les petites différences des arcs sont en proportion avec les différences de leurs sinus et de leurs tangentes, si par rapport aux dernières on en excepte les arcs au dessus de 0,85 Q. Ainsi

$$\begin{aligned} 0{,}00083 : 0{,}000836 &= \text{tang } 0{,}00083 : \text{tang } 0{,}000836 \\ \text{ou} \quad 83 : 83{,}6 &= \text{tang } 0{,}00083 : \text{tang } 0{,}000836 \\ \text{et log tang } 0{,}000836 &= \text{log tang } 0{,}00083 + \log 83{,}6 \\ &\quad - \log 83. \end{aligned}$$

log tang 0,00083 = 7,1151982
log 83,6 = 1,9222063

9,0374045
log 83 = 1,9190781

log tang 0,00083,6 = 7,1183264 comme auparavant.

On pourra aisément déduire de cet exemple une règle pour tous les cas semblables.

Nous sommes donc en état de trouver avec précision les logarithmes des sinus et des tangentes des petits arcs qui ne sont pas dans nos tables, et il sera facile de montrer que l'on peut se servir des différences de la manière ordinaire pour l'interpolation depuis le second centième du quart de cercle. Cherchons par exemple log sin 0,010767.

D'aprés le calcul plus exact:

log sin 0,01076 = 8,2279115
log 1076,7 = 3,0320947

11,2600062
log 1076 = 3,0318123

log sin 0,010767 = 8,2281939

La règle de trois nous fournit:

log sin 0,01076 = 8,2279115
403,4 × 7 = 2824

log sin 0,01076 = 8,2281939

Ainsi les deux méthodes fournissent absolument le même résultat. Et quand même il y auroit une différence de quelques unités dans la dernière figure, on pourroit la négliger le plus souvent, sans que cette omission tire à conséquence.

Si l'on veut trouver jusqu'à la sixième décimale l'arc appartenant au logarithme d'un sinus ou d'une tangente, qui n'est pas dans les tables, on peut employer constamment, même dans le premier centième du quart de cercle, les différences indiquées dans les tables, et s'en servir de la manière exposée plus haut au sujet des lignes naturelles. Il n'y a que les cosinus dans les neuf premiers centièmes du quart de cercle, qui ne nous font pas trouver leurs arcs correspondans jusqu'à 6 décimales certaines. Car puisque les différences sont ici au dessous de 100, cent arcs interpolés ne nous donneront pas 100 cosinus différens. Il s'en suit que l'on ne sauroit ici déterminer l'arc appartenant au logarithme d'un cosinus, qui n'est pas marqué dans les tables, avec assez de précision pour qu'il ne manquât pas une unité dans la sixième place. Lorsqu'on se sert de tables portatives, il faut, autant qu'il est possible, éviter dans les formules trigonométriques les cosinus de petits arcs, surtout quand il s'agit d'avoir des résultats très exacts.

Voilà ce que nous avions à dire sur la construction et sur l'usage de nos tables; il nous reste encore à parler en peu de mots de l'appendice. Il contient plusieurs petites tables, qui se rapportent à la division décimale du quart de cercle. Il a déjà été question des deux premières désignées par les lettres A et B et calculées pour faciliter l'interpolation.

La table C sert à changer les parties du cercle usitées jusqu'à présent en parties décimales du quart de cercle. Elle est très complette et se partage en quatre tables plus petites, dont la première indique les valeurs décimales des degrés; la deuxième celles des minutes; la troisième celles des secondes et la quatrième celles des tierces. Des parties sexagésimales plus petites se présentent très rarement; tout au plus en trouve-t-on quelquefois dans des ouvrages de mathématiques un peu anciens. Cependant, si l'on vouloit en avoir les valeurs décimales, on pourroit les déduire aisément des valeurs des tierces, en les divisant par 60. P. ex.

$$1^{IV} = \frac{1^{III}}{60} = 0{,}0000 \quad 0000 \quad 0857 \quad 34$$

$$1^{V} = \frac{1^{IV}}{60} = 0{,}0000 \quad 0000 \quad 0014 \quad 29$$

$$1^{VI} = \frac{1^{V}}{60} = 0{,}0000 \quad 0000 \quad 0000 \quad 24$$

$$2^{IV} = \frac{2^{III}}{60} \quad \text{etc.}$$

Dans les tables I et II on peut répéter à volonté les trois derniers chiffres; la même chose a lieu pour les neuf derniers dans la table III. De là vient, que les derniers chiffres n'ont été augmentés nullepart, où les règles du calcul décimal l'auroient exigé. La table IV n'offre pas cet avantage. Car dans les valeurs décimales des tierces il y a des périodes de 27 décimales, et il auroit été aussi incommode qu'inutile, d'étendre la table jusqu'à la fin d'une telle période. Nous n'avons donc fait imprimer que 14 chiffres, dont le dernier a été augmenté, lorsque cette augmentation étoit nécessaire. Nous allons cependant placer ici une période complette:

$$1''' = 0{,}00000 \quad 00514 \quad 40329 \quad 21810 \quad 69958 \quad 84773 \quad 6625$$

Elle contient 34 décimales; avec la 35me recommenceroit la huitième décimale. Aujourd'hui on a coutume d'exprimer les tierces et les fractions sexagésimales plus petites encore, par des parties décimales de secondes. Si de telles parties se présentent, on pourra aisément déduire leurs valeurs de celles des neuf premières secondes, en donnant à la virgule une autre place. La même chose a lieu pour les parties décimales qui se trouvent à côté des degrés et des minutes. Pour répandre plus de jour sur ce que nous venons de dire, nous allons ajouter ici quelques exemples.

Que font 57° 17′ 16″ 26‴ en parties décimales du quart de cercle?

57°	=	0,6333	3333	3333	33
17′	=	31	4814	8148	15
16″	=		4938	2716	05
26‴	=		133	7448	56
57° 17′ 16″ 26‴	=	0,6365	3220	1646	09 Q.

Que font 102° 15′ 18″ 55,35‴?

90°	=	1,0000	0000	0000
12	=	1333	3333	3333
15′	=	27	7777	7778
18″	=		5555	5556
55‴	=		282	9218
0,3	=		1	5432
0,05	=			2572
102° 15′ 18″ 55,35‴	=	1,1361	6951	3889 Q.

Que font 89° 59′ 59,9999″ ?

89°	=	0,9888	8888	8888	8889
59′	=	109	2592	5925	9259
59″	=	1	8209	8765	4321
0,9	=		277	7777	7778
0,09	=		27	7777	7778
0,009	=		2	7777	7778
0,0009	=			2777	7778
89° 59′ 59,9999″	=	0,9999	9999	9691	3581 Q.

Que font 163° 15,73′?

90°	=	1,0000	0000
73	=	8111	1111
15′	=	27	7778
0,7	=	1	2963
0,03	=		556
163° 15,73′	=	1,8140	2408 Q.

La table suivante désignée par la lettre D est dressée pour faciliter le changement des parties décimales du quart de cercle en degrés et en parties de degrés. Elle renferme trois sections; la première indique les valeurs sexagésimales de tous les centièmes, la seconde celles des cent premiers dix-millièmes et la troisième celles des cent premiers millioniémes du quart de cercle. Dans cette dernière section on ne trouve que des secondes avec des décimales, dont on pourra aisément dériver les valeurs sexagésimales des cent-millioniémes, des dix-mille-millioniémes etc, en déplaçant simplement la virgule vers la gauche. Pour faire la réduction, il faut diviser la fraction décimale, qui exprime l'arc, en tranches, à commencer immédiatement après la virgule, en sorte que chaque tranche contienne deux chiffres. Si le nombre des chiffres est impair, on remplit la place vide par un zéro. On détermine alors la valeur de chaque tranche en particulier, d'aprés les trois sections de la table. Quelques exemples rendront la chose claire.

Combien font 0,153796 Q en degrés et en parties de degrés?

0,15	=	13°	30′	0″
37	=		19	58,8
96	=			31,104
0,153796 Q	=	13°	50′	29,904″

Combien font 1,00735 Q?

1,00	=	90°	0′	0″
73	=		39	25,2
50	=			16,2
1,00735 Q	=	90°	39′	41,4″

Enfin combien font, 0,000607347689 Q?

0,0006	=	3′	14,4
07	=		2,268
34	=		11016
76	=		24624
89	=		28836
0,000607347689 Q	=	3′	16,780651236″.

Les tables E et F sont destinées à changer les parties du jour dont on se sert communément en parties décimales et vice versa. Comme leur construction a beaucoup de commun avec celle des deux tables précédentes, elle ne demande pas une longue explication. La table E contient 4 tables plus petites, dont les 3 premières, comme on s'en apperçoit d'abord, peuvent être agrandies à volonté, lorsqu'on répète les 3 derniers chiffres; voilà pourquoi le dernier chiffre n'a jamais été augmenté. Cependant il n'en est pas de même de la quatriéme des petites tables; abrégée comme elle est, elle n'est pas susceptible d'une pareille augmentation. La table F contient 6 petites tables pour changer les 6 premières figures d'une fraction décimale du jour en heures et en parties d'heures. Nous allons montrer l'usage de ces tables par quelques exemples.

Combien font 21 heures 4′ 17″ 34,5‴ en parties décimales du jour?

21 h.	=	0,8750	0000	0000
4′	=	27	7777	7778
17″	=	1	9675	9259
34‴	=		655	8642
0,5	=		9	6451
21 h. 4′ 17″ 34,5‴	=	0,8779	8119	2130 J (Jour).

Combien de parties décimales du jour équivalent 13 h. 14′ 36, 47″?

13 h.	=	0,5416	6666	6666	6666	6667
14′	=	97	2222	2222	2222	2222
36″	=	4	1666	6666	6666	6667
0,4	=		462	9629	6296	2963
0,07	=		81	0185	1851	8519
13 h. 14′ 36,47″	=	0,5518	1099	5370	3703	7038 J.

Réduisez 0,73158 du jour à des heures et à des parties d'heures.

0,7	=	16 h.	48′	0″
3	=		43	12
1	=		1	26,4
5	=			43,2
8	=			6,912
0,73158 J	=	17 h.	33′	28,512″

De même, exprimez par heures et des parties d'heures 0,390680479 J?

0,3	=	7 h.	12′	0″
9	=	2	9	36
06	=			51,84
8	=			6,912
04	=			3456
7	=			6048
9	=			7776
0,390680479 J	=	9 h.	22′	34,7933856″

Nous avons calculé ces tables, non pas que nous attendissions ou désirassions, que la division décimale du jour fût introduite dans la vie commune; mais parce que l'usage de la division décimale du quart de cercle dans l'astronomie nous paroissoit nécessairement supposer la division décimale du jour. Nous n'avons pas besoin d'avertir, que pour éviter toute confusion dans le langage en se servant de la nouvelle division du tems, il faudroit bannir entièrement l'ancienne terminologie.

Quand la pendule astronomique indique des parties décimales du jour, *) le changement des parties de l'équateur en tems du premier mobile et l'inverse, est extrêmement facile. Un dixième du jour sidéral correspond à 4 dixièmes du quart de l'équateur. La table suivante sert à comparer ultérieurement les parties du tems et des arcs.

tems sidér.	arcs.	tems sidér.	arcs.	tems sidér.	arcs.	tems sidér.	arcs.
0,025 J	0,1 Q	0,275 J	1,1 Q	0,525 J	2,1 Q	0,775 J	3,1 Q
0,050	0,2	0,300	1,2	0,550	2,2	0,800	3,2
0,075	0,3	0,325	1,3	0,575	2,3	0,825	3,3
0,100	0,4	0,350	1,4	0,600	2,4	0,850	3,4
0,125	0,5	0,375	1,5	0,625	2,5	0,875	3,5
0,150	0,6	0,400	1,6	0,650	2,6	0,900	3,6
0,175	0,7	0,425	1,7	0,675	2,7	0,925	3,7
0,200	0,8	0,450	1,8	0,700	2,8	0,950	3,8
0,225	0,9	0,475	1,9	0,725	2,9	0,975	3,9
0,250	1,0	0,500	2,0	0,750	3,0	1,000	4,0

*) Un cent-millième du jour = 0,864 secondes donnera la durée d'une oscillation du pendule. Comme la longueur du pendule à secondes fait sous l'équateur 36 pouces 7,1 lignes et à Paris 36 pouces 8,57 lignes, mesure de Paris, et que les longueurs des pendules sont en proportion des carrés des tems d'oscillation, on peut aisément déterminer l. longueur du pendule qui fait cent mille oscillations par jour sous l'équateur et à Paris. Le pendule sous l'équateur doit avoir la longueur de 27 pouces 3,79 lignes, et le pendule à Paris celle de 27 pouces 4,88 lignes.

Dans un jour solaire moyen passent par le méridien 360° 59′ 8,325″, ou 4,0109516 quarts de l'équateur. De là la table suivante

tems moyen.	arcs.	tems moyen.	arcs.
0,1 J	0,401095 Q	0,6 J	2,406571 Q
0,2	0,802190	0,7	2,807666
0,3	1,203285	0,8	3,208761
0,4	1,604381	0,9	3,609856
0,5	2,005476	1,0	4,010952

Enfin la table G fournit les longueurs des arcs en parties du rayon pour chaque dixième du quart de cercle. Elles sont calculées jusqu'à 44 décimales. Les valeurs des arcs étant trouvées pour les dixièmes du quart de cercle, on peut en dériver facilement la valeur pour toute autre partie décimale du cercle, par un simple déplacement de la virgule. P. ex.

Quelle est la longueur de 0,0680748 Q?

0,06	=	0,0942	4777	9607	6938
8	=	125	6637	0614	3592
07	=	1	0995	5742	8756
4	=		628	3185	3072
8	=		125	6637	0614
0,0680748 Q	=	0,1069	3164	5787	2972

On voit que le chiffre, qui dans la table G se trouve immédiatement après la virgule, doit toujours occuper la place, où se trouve la partie décimale de l'arc, dont on cherche la valeur. L'arc dont la longueur égale le rayon est 0,6366 1977 2367 5813 4307 5535...Q.

Après avoir instruit nos lecteurs de l'histoire, de la construction et de l'usage de nos tables, est-il nécessaire, de parler de leur utilité? Les avantages, qu'offre la division décimale du quart de cercle à ceux qui s'occupent de calculs, sont trop évidens, pour qu'on ait besoin d'entrer dans des détails la dessus. Aussi nos plus grands astronomes sont depuis longtems d'accord sur cet article. C'est avec raison, dit M. Bode dans le mémoire indiqué plus haut, que de grands mathématiciens ont recommandé la division décimale du quart de cercle comme extrêmement avantageuse pour le calcul. „Les tables des sinus rédigées d'après la division décimale du quart de cercle vont nous mettre en état, d'employer dans la suite pour des calculs astronomiques, des méthodes beaucoup plus simples, que celles qu'on a suivies jusqu'à présent; d'ailleurs les progrès que l'astronomie a faits de nos jours, ont amené des opérations si longues, que les savans se saisiront avec plaisir de tout moyen de les abréger, pourvu que la précision n'y perde pas.„ Ce sont les paroles de

M. de Zach *). Il s'agit seulement de savoir, si l'introduction de la nouvelle division du cercle, ne donne pas lieu à des confusions, et ne devient par là plus nuisible qu'avantageuse. Nous croyons que non, pourvu qu'on se garde d'appliquer l'ancienne terminologie à la nouvelle division. Cela ne pourroit se faire que dans le cas, où l'on voudroit abolir entièrement la division sexagésimale. Chose impossible, et qui ne seroit pas même à souhaiter, puisque les mathématiciens qui nous ont précédé ne parleroient plus alors un langage intelligible pour nous. D'ailleurs la division décimale du quart de cercle, comme facilitant le calcul, peut très bien exister à côté de la division séxagésimale. Dans la géométrie pratique on se sert depuis longtems de la division décimale des mesures, tant pour les lignes, que pour les surfaces et les solides, au lieu de la division duodécimale, employée dans la vie commune; cependant il n'en résulte pas la moindre confusion.

Voici des tables trigonométriques pour le système décimal; grâce aux soins de l'astronome habile M. Wurm, nous verrons dans peu paroître une collection de tables astronomiques travaillées d'après le même système: nous nous flattons donc, que la division décimale du quart de cercle sera bientôt agréée par les mathématiciens, et surtout par les astronomes de l'Allemagne.

*) V. son histoire de l'astronomie en 1797 dans l'almanac de Gotha pour 1799.

Berlin, chez Chrétien Müller.

Table

des Sinus, des Tangentes

et de leurs Logarithmes

suivant

la division décimale du quart de cercle.

0,000						
Arc.	Sinus.	Cosinus.	Tang.	Cotang.	Diff.	Arc.
0,00000	0,0000000	1,0000000	0,0000000	Infin.		1,00000
001	0157	0	0157	63661,9772315	Infin.	0,99999
002	0314	0	0314	31830,9886079	31830,9886236	998
003	0471	0	0471	21220,6590632	10610,3295447	997
004	0628	0	0628	15915,4942882	5305,1647750	996
005	0785	0	0785	12732,3954212	3183,0988670	995
006	0942	0	0942	10610,3295080	2122,0659132	994
007	1100	0	1100	9094,5681400	1515,7613680	993
008	1257	0	1257	7957,7471127	1136,82[illegible]0273	992
009	1414	0	1414	7073,5529792	884,1941335	991
0,00010	1571	0	1571	6366,1976713	707,3553079	0,99990
011	1728	0	1728	5787,4524185	578,7452528	989
012	1885	0	1885	5305,1647069	482,2877116	988
013	2042	0	2042	4897,075[illegible]040	408,0896029	987
014	2199	0	2199	4547,2840150	349,7910890	986
015	2356	0	2356	4244,1317372	303,1522778	985
016	2513	0	2513	3978,8734935	265,2582437	984
017	2670	0	2670	3744,8221014	234,0513921	983
018	2827	0	2827	3536,7764189	208,0456825	982
019	2985	0	2985	3350,6302814	186,1461375	981
0,00020	3142	1,0000000	3142	3183,0987571	167,5315243	0,99980
021	3299	0,9999999	3299	3031,5226156	151,5761415	979
022	3456	9	3456	2893,7261228	137,7964928	978
023	3613	9	3613	2767,9119333	125,8141895	977
024	3770	9	3770	2652,5822592	115,3296741	976
025	0,0003927	9	0,0003927	2546,4789586	106,1033006	975
026	4084	9	4084	2448,5374499	97,9415087	974
027	4241	9	4241	2357,8508674	90,6865825	973
028	4398	9	4398	2273,6418976	84,2089698	972
029	4555	9	4555	2195,2404425	78,4014551	971
0,00030	4712	9	4712	2122,0657508	73,1746917	0,99970
031	4869	9	4869	2053,6120066	68,4537442	969
032	5027	9	5027	1989,4366211	64,1753855	968
033	5184	9	5184	1929,1506526	60,2859685	967
034	5341	9	5341	1872,4109172	56,7397354	966
035	5498	8	5498	1818,9134521	53,4974651	965
036	5655	8	5655	1768,3880681	50,5253840	964
037	5812	8	5812	1720,5937856	47,7942825	963
038	5969	8	5969	1675,3149915	45,2787941	962
039	6126	8	6126	1632,3581865	42,9568050	961
0,00040	6283	8	6283	1591,5492215	40,8089650	0,99960
041	6440	8	6440	1552,7309374	38,8182841	959
042	6597	8	6597	1515,7611429	36,9697945	958
043	6754	8	6754	1480,5108734	35,2502695	957
044	6912	8	6912	1446,8628886	33,6479848	956
045	7069	8	7069	1414,7103696	32,1525190	955
046	7226	7	7226	1383,9557860	30,7545836	954
047	7383	7	7383	1354,5099079	29,4458781	953
048	7540	7	7540	1326,2909411	28,2189668	952
049	7697	7	7697	1299,2237687	27,0671724	951
0,00050	0,0007854	0,9999997	0,0007854	1273,2392829	25,9844858	0,99950
Arc.	Cosinus.	Sinus.	Cotang.	Tang.	Diff.	Arc.
0,999						

0,000							
Arc.	Log. Sin.	D.	Log. Cosin.	Log. Tang.	D.	Log. Cot.	Arc.
0,00000			10,0000000			Infin.	1,00000
001	5,1961199		0	5,1961199		14,8038801	0,99999
002	4971499	3010300	0	4971499	3010300	5028501	998
003	6732411	1760912	0	6732411	1760912	3267589	997
004	7981799	1249388	0	7981799	1249388	2018201	996
005	8950899	969100	0	8950899	969100	1049101	995
006	5,9742711	791812	0	5,9742711	791812	14,0257289	994
007	6,0412179	669468	0	6,0412179	669468	13,9587821	993
008	0992099	579920	0	0992099	579920	9007901	992
009	1503624	511525	0	1503624	511525	8496376	991
0,00010	1961199	457575	0	1961199	457575	8038801	0,99990
011	2375126	413927	0	2375126	413927	7624874	989
012	2753011	377885	0	2753011	377885	7246989	988
013	3100632	347621	0	3100632	347621	6899368	987
014	3422479	321847	0	3422479	321847	6577521	986
015	3722111	299632	0	3722111	299632	6277889	985
016	4002399	280288	0	4002399	280288	5997601	984
017	4265688	263289	0	4265688	263289	5734312	983
018	4513924	248236	0	4513924	248236	5486076	982
019	4748735	234811	0	4748735	234811	5251265	981
0,00020	4971499	222764	0	4971499	222764	5028501	0,99980
021	5183392	211893	0	5183392	211893	4816608	979
022	5385425	202033	0	5385426	202034	4614574	978
023	5578477	193052	0	5578477	193051	4421523	977
024	5763311	184834	0	5763311	184834	4236689	976
025	5940599	177288	0	5940599	177288	4059401	975
026	6110932	170333	0	6110932	170333	3889068	974
027	6274836	163904	0	6274837	163905	3725163	973
028	6432779	157943	0	6432779	157942	3567221	972
029	6585179	152400	0	6585179	152400	3414821	971
0,00030	6732411	147232	10,0000000	6732412	147233	3267588	0,99970
031	6874816	142405	9,9999999	6874816	142404	3125184	969
032	7012698	137882	9	7012699	137883	2987301	968
033	7146338	133640	9	7146339	133640	2853661	967
034	7275988	129650	9	7275988	129649	2724012	966
035	7401879	125891	9	7401880	125892	2598120	965
036	7524224	122345	9	7524224	122344	2475776	964
037	7643216	118992	9	7643216	118992	2356784	963
038	7759034	115818	9	7759035	115819	2240965	962
039	7871845	112811	9	7871845	112810	2128155	961
0,00040	7981798	109953	9	7981799	109954	2018201	0,99960
041	8089037	107239	9	8089038	107239	1910962	959
042	8193691	104654	9	8193692	104654	1806308	958
043	8295883	102192	9	8295884	102192	1704116	957
044	8395725	99842	9	8395726	99842	1604274	956
045	8493324	97599	9	8493325	97599	1506675	955
046	8588777	95453	9	8588778	95453	1411222	954
047	8682177	93400	9	8682178	93400	1317822	953
048	8773611	91434	9	8773612	91434	1226388	952
049	8863159	89548	9	8863160	89548	1136840	951
0,00050	6,8950898	87739	9,9999999	6,8950900	87740	13,1049100	0,99950
Arc.	Log. Cos.	D.	Log. Sin.	Log. Cot.	D.	Log. Tang.	Arc.
0,999							

0,000

Arc.	Sinus.	D.	Cosinus.	Tang.	Cotang.	Diff.	Arc.
0,00050	0,0007854		0,9999997	0,0007854	1273,2392829		0,99950
051	8011	157	7	8011	1248,2737964	24,9654865	949
052	8168	157	7	8168	1224,2685207	24,0052757	948
053	8325	157	7	8325	1201,1691043	23,0994164	947
054	8482	157	6	8482	1178,9252216	22,2438827	946
055	8639	157	6	8639	1157,4902072	21,4350144	945
056	8796	157	6	8796	1136,8207289	20,6694783	944
057	8954	158	6	8954	1116,8764952	19,9442337	943
058	9111	157	6	9111	1097,6199935	19,2565017	942
059	9268	157	6	9268	1079,0162544	18,6037391	941
0,00060	9425	157	6	9425	1061,0326398	17,9836146	0,99940
061	9582	157	5	9582	1043,6386517	17,3939881	939
062	9739	157	5	9739	1026,8057598	16,8328919	938
063	0,0009896	157	5	0,0009896	1010,5072453	16,2985145	937
064	0,0010053	157	5	0,0010053	994,7180592	15,7891861	936
065	0210	157	5	0210	979,4146941	15,3033651	935
066	0367	157	5	0367	964,5750671	14,8396270	934
067	0524	157	4	0524	950,1784139	14,3966532	933
068	0681	157	4	0681	936,2051916	13,9732223	932
069	0838	157	4	0838	922,6369900	13,5682016	931
0,00070	0996	158	4	0996	909,4564511	13,1805389	0,99930
071	1153	157	4	1153	896,6471950	12,8092561	929
072	1310	157	4	1310	884,1937513	12,4534437	928
073	1467	157	3	1467	872,0814977	12,1122536	927
074	1624	157	3	1624	860,2966022	11,7848955	926
075	1781	157	3	1781	848,8259705	11,4706317	925
076	1938	157	3	1938	837,6571973	11,1687732	924
077	2095	157	3	2095	826,7785220	10,8786753	923
078	2252	157	2	2252	816,1787869	10,5997351	922
079	2409	157	2	2409	805,8473995	10,3313874	921
0,00080	2566	157	2	2566	795,7742966	10,0731029	0,99920
081	2723	157	2	2723	785,9499121	9,8243845	919
082	2881	158	2	2881	776,3651467	9,5847654	918
083	3038	157	2	3038	767,0113393	9,3538074	917
084	3195	157	1	3195	757,8802416	9,1310977	916
085	3352	157	1	3352	748,9639930	8,9162486	915
086	3509	157	1	3509	740,2550990	8,7088940	914
087	3666	157	1	3666	731,7464093	8,5086897	913
088	3823	157	0	3823	723,4310987	8,3153106	912
089	3980	157	0	3980	715,3026490	8,1284497	911
0,00090	4137	157	0	4137	707,3548314	7,9478176	0,99910
091	4294	157	0	4294	699,5816910	7,7731404	909
092	4451	157	0,9999990	4451	691,9775317	7,6041593	908
093	4608	157	0,9999989	4608	684,5369027	7,4406290	907
094	4765	157	9	4765	677,2545848	7,2823179	906
095	4923	158	9	4923	670,1255788	7,1290060	905
096	5080	157	9	5080	663,1450936	6,9804852	904
097	5237	157	8	5237	656,3085358	6,8365578	903
098	5394	157	8	5394	649,6114995	6,6970363	902
099	5551	157	8	5551	643,0497568	6,5617427	901
0,00100	0,0015708	157	0,9999988	0,0015708	636,6192488	6,4305080	0,99900
Arc.	Cosinus.	D.	Sinus.	Cotang.	Tang.	Diff.	Arc.

0,999

0,000

Arc.	Log. Sin.	D.	Log. Cosin.	Log. Tang.	D.	Log. Cot.	Arc.
0,00050	6,8950898		9,9999999	6,8950900		13,1049100	0,99950
051	9036900	86002	9	9036901	86001	0963099	949
052	9121232	84332	9	9121233	84332	0878767	948
053	9203957	82725	8	9203958	82725	0796042	947
054	9285136	81179	8	9285137	81179	0714863	946
055	9364825	79689	8	9364827	79690	0635173	945
056	9443078	78253	8	9443080	78253	0556920	944
057	9519947	76869	8	9519948	76868	0480052	943
058	9595478	75531	8	9595480	75532	0404520	942
059	96697[illegible]8	74240	8	9669720	74240	0330280	941
0,00060	9742711	72993	8	9742713	72993	0257287	0,99940
061	9814496	71785	8	9814498	71785	0185502	939
062	9885115	70619	8	9885117	70619	0114883	938
063	6,9954604	69489	8	6,9954606	69489	13,0045394	937
064	7,0022998	68394	8	7,0023000	68394	12,9977000	936
065	0090332	67334	8	0090334	67334	9909666	935
066	0156637	66305	8	0156640	66306	9843360	934
067	0221946	65309	8	0221948	65308	9778052	933
068	0286287	64341	8	0286290	64342	9713710	932
069	0349689	63402	7	0349691	63401	9650309	931
0,00070	0412178	62489	7	0412181	62490	9587819	0,99930
071	0473781	61603	7	0473784	61603	9526216	929
072	0534523	60742	7	0534526	60742	9465474	928
073	0594426	59903	7	0594429	59903	9405571	927
074	0653515	59089	7	0653518	59089	9346482	926
075	0711810	58295	9,9999997	0711813	58295	9288187	925
076	0769334	57524	7	0769337	57524	9230663	924
077	0826105	56771	7	0826108	56771	9173892	923
078	0882144	56039	7	0882147	56039	9117853	922
079	0937469	55325	7	0937472	55325	9062528	921
0,00080	0992097	54628	7	0992101	54629	9007899	0,99920
081	1046048	53951	6	1046051	53950	8953949	919
082	1099336	53288	6	1099340	53289	8900660	918
083	1151978	52642	6	1151982	52642	8848018	917
084	1203990	52012	6	1203994	52012	8796006	916
085	1255387	51397	6	1255391	51397	8744609	915
086	1306182	50795	6	1306186	50795	8693814	914
087	1356390	50208	6	1356394	50208	8643606	913
088	1406024	49634	6	1406028	49634	8593972	912
089	1455097	49073	6	1455102	49074	8544898	911
0,00090	1503622	48525	6	1503627	48525	8496373	0,99910
091	1551611	47989	6	1551616	47989	8448384	909
092	1599076	47465	5	1599080	47464	8400920	908
093	1646027	46951	5	1646031	46951	8353969	907
094	1692476	46449	5	1692480	46449	8307520	906
095	1738433	45957	5	1738438	45958	8261562	905
096	1783909	45476	5	1783914	45476	8216086	904
097	1828914	45005	5	1828919	45005	8171081	903
098	1873458	44544	5	1873463	44544	8126537	902
099	1917549	44091	5	1917554	44091	8082446	901
0,00100	7,1961197	43648	9,9999995	7,1961202	43648	12,8038798	0,99900
Arc.	Log. Cof.	D.	Log. Sin.	Log. Cot.	D.	Log. Tang.	Arc.

0,999

0,001

Arc.	Sinus.	D.	Cosinus.	Tang.	D.	Cotang.	Diff.	Arc.
0,00100	0,0015708		0,9999988	0,0015708		636,6192488		0,99900
101	5865	157	7	5865	157	630, 3160775	6, 3031713	899
102	6022	157	7	6022	157	624, 1364977	6, 1795798	898
103	6179	157	7	6179	157	618, 0769096	6, 0595881	897
104	6336	157	7	6336	157	612, 1338520	5, 9430576	896
105	6493	157	6	6493	157	606, 3039953	5, 8298567	895
106	6650	157	6	6650	157	600, 5841359	5, 7198594	894
107	6808	158	6	6808	158	594, 9711896	5, 6129463	893
108	6965	157	6	6965	157	589, 4621867	5, 5090029	892
109	7122	157	5	7122	157	584, 0542663	5, 4079204	891
0,00110	7279	157	5	7279	157	578, 7446716	5, 3095947	0,99890
111	7436	157	5	7436	157	573, 5307453	5, 2139263	889
112	7593	157	5	7593	157	568, 4099246	5, 1208207	888
113	7750	157	4	7750	157	563, 3797379	5, 0301857	887
114	7907	157	4	7907	157	558, 4377999	4, 9419380	886
115	8064	157	4	8064	157	553, 5818086	4, 8559913	885
116	8221	157	3	8221	157	548, 8095412	4, 7722674	884
117	8378	157	3	8378	157	544, 1188510	4, 6906902	883
118	8535	157	3	8535	157	539, 5076638	4, 6111872	882
119	8692	157	3	8692	157	534, 9739755	4, 5336883	881
0,00120	8850	158	2	8850	158	530, 5158487	4, 4581268	0,99880
121	9007	157	2	9007	157	526, 1314097	4, 3844390	879
122	9164	157	2	9164	157	521, 8188468	4, 3125629	878
123	9321	157	1	9321	157	517, 5764067	4, 2424401	877
124	9478	157	1	9478	157	513, 4023930	4, 1740137	876
125	9635	157	1	9635	157	509, 2951634	4, 1072296	875
126	9792	157	0	9792	157	505, 2531279	4, 0420355	874
127	0,0019949	157	0	0,0019949	157	501, 2747463	3, 9783816	873
128	0,0020106	157	0,9999980	0,0020106	157	497, 3585270	3, 9162193	872
129	0263	157	0,9999979	0263	157	493, 5030241	3, 8555029	871
0,00130	0420	157	9	0420	157	489, 7068365	3, 7961876	0,99870
131	0577	157	9	0577	157	485, 9686060	3, 7382505	869
132	0734	157	9	0735	158	482, 2870152	3, 6815908	868
133	0892	158	8	0892	157	478, 6607866	3, 6262286	867
134	1049	157	8	1049	157	475, 0886807	3, 5721059	866
135	1206	157	8	1206	157	471, 5694949	3, 5191858	865
136	1363	157	7	1363	157	468, 1020617	3, 4674332	864
137	1520	157	7	1520	157	464, 6852479	3, 4168138	863
138	1677	157	7	1677	157	461, 3179531	3, 3672948	862
139	1834	157	6	1834	157	457, 9991084	3, 3188447	861
0,00140	1991	157	6	1991	157	454, 7276758	3, 2714326	0,99860
141	2148	157	5	2148	157	451, 5026464	3, 2250294	859
142	2305	157	5	2305	157	448, 3230598	3, 1796066	858
143	2462	157	5	2462	157	445, 1879033	3, 1351365	857
144	2619	157	4	2620	158	442, 0963102	3, 0915931	856
145	2777	158	4	2777	157	439, 0473597	3, 0489505	855
146	2934	157	4	2934	157	436, 0401755	3, 0071842	854
147	3091	157	3	3091	157	433, 0739053	2, 9662701	853
148	3248	157	3	3248	157	430, 1477199	2, 9261855	852
149	3405	157	3	3405	157	427, 2608120	2, 8869079	851
0,00150	0,0023562	157	0,9999972	0,0023562	157	424, 4123962	2, 8484158	0,99850
Arc.	Cosinus.	D.	Sinus.	Cotang.	D.	Tang.	Diff.	Arc.

0,998

0,001

Arc.	Log. Sin.	D.	Log.Cofin.	Log. Tang.	D.	Log. Cot.	Arc.
0,00100	7,1961197		9,9999995	7,1961202		12,8038798	0,99900
101	7,2004411	43214	5	7,2004416	43214	12,7995584	899
102	047199	42788	4	047204	42788	952796	898
103	089569	42370	4	089575	42371	910425	897
104	131530	41961	4	131536	41961	868464	896
105	173090	41560	4	173096	41560	826904	895
106	214255	41165	4	214261	41165	785739	894
107	255035	40780	4	255041	40780	744959	893
108	295434	40399	4	295440	40399	704560	892
109	335462	40028	4	335468	40028	664532	891
0,00110	375123	39661	4	375130	39662	624870	0,99890
111	414426	39303	3	414433	39303	585567	889
112	453377	38951	3	453383	38950	546617	888
113	491981	38604	3	491988	38605	508012	887
114	530245	38264	3	530252	38264	469748	886
115	568175	37930	3	568182	37930	431818	885
116	605776	37601	3	605783	37601	394217	884
117	643055	37279	3	643062	37279	356938	883
118	680016	36961	3	680024	36962	319976	882
119	716666	36650	2	716673	36649	283327	881
0,00120	753009	36343	2	753016	36343	246984	0,99880
121	789050	36041	2	789058	36042	210942	879
122	824794	35744	2	824802	35744	175198	878
123	860247	35453	2	860255	35453	139745	877
124	895413	35166	2	895421	35166	104579	876
125	930296	34883	2	930304	34883	069696	875
126	964901	34605	1	964910	34606	035090	874
127	7,2999233	34332	1	7,2999242	34332	12,7000758	873
128	7,3033296	34063	1	7,3033304	34062	12,6966696	872
129	067093	33797	1	067102	33798	932898	871
0,00130	100629	33536	1	100638	33536	899362	0,99870
131	133909	33280	1	133918	33280	866082	869
132	166935	33026	1	166944	33026	833056	868
133	199712	32777	1	199721	32777	800279	867
134	232244	32532	0	232253	32532	767747	866
135	264533	32289	0	264543	32290	735457	865
136	296585	32052	0	296594	32051	703406	864
137	328401	31816	0	328411	31817	671589	863
138	359986	31585	0	359996	31585	640004	862
139	391343	31357	9,9999990	391354	31358	608646	861
0,00140	422476	31133	9,9999989	422486	31132	577514	0,99860
141	453386	30910	9	453397	30911	546603	859
142	484079	30693	9	484089	30692	515911	858
143	514555	30476	9	514566	30477	485434	857
144	544820	30265	9	544831	30265	455169	856
145	574875	30055	9	574886	30055	425114	855
146	604724	29849	9	604735	29849	395265	854
147	634368	29644	8	634380	29645	365620	853
148	663812	29444	8	663824	29444	336176	852
149	693057	29245	8	693069	29245	306931	851
0,00150	7,3722107	29050	9,9999988	7,3722119	29050	12,6277881	0,99850
Arc.	Log.Cofin.	D.	Log. Sin.	Log. Cot.	D.	Log. Tang.	Arc.

0,998

0,001

Arc.	Sinus.	D.	Cofinus.	Tang.	D.	Cotang.	Diff.	Arc.
0,00150	0,0023562		0,9999972	0,0023562		424,4123962		0,99850
151	3719	157	2	3719	157	421,6017076	2,8106886	849
152	3876	157	1	3876	157	418,8280017	2,7737059	848
153	4033	157	1	4033	157	416,0905534	2,7374483	847
154	4190	157	1	4190	157	413,3886562	2,7018972	846
155	4347	157	0	4347	157	410,7216222	2,6670340	845
156	4504	157	0	4504	157	408,0887509	2,6328413	844
157	4661	157	0,9999970	4662	158	405,4894788	2,5993021	843
158	4819	158	0,9999969	4819	157	402,9230793	2,5663995	842
159	4976	157	9	4976	157	400,3889614	2,5341179	841
0,00160	5133	157	8	5133	157	397,8865200	2,5024414	0,99840
161	5290	157	8	5290	157	395,4151647	2,4713553	839
162	5447	157	8	5447	157	392,9743199	2,4408448	838
163	5604	157	7	5604	157	390,5634241	2,4108958	837
164	5761	157	7	5761	157	388,1819293	2,3814948	836
165	5918	157	6	5918	157	385,8293011	2,3526282	835
166	6075	157	6	6075	157	383,5050178	2,3242833	834
167	6232	157	6	6232	157	381,2085701	2,2964477	833
168	6389	157	5	6389	157	378,9394610	2,2691091	832
169	6546	157	5	6547	158	376,6972053	2,2422557	831
0,00170	6704	158	4	6704	157	374,4813289	2,2158764	0,99830
171	6861	157	4	6861	157	372,2913692	2,1899597	829
172	7018	157	4	7018	157	370,1268740	2,1644952	828
173	7175	157	3	7175	157	367,9874019	2,1394721	827
174	7332	157	3	7332	157	365,8725213	2,1148806	826
175	7489	157	2	7489	157	363,7818108	2,0907105	825
176	7646	157	2	7646	157	361,7148582	2,0669526	824
177	7803	157	1	7803	157	359,6712610	2,0435972	823
178	7960	157	1	7960	157	357,6506255	2,0206355	822
179	8117	157	0	8117	157	355,6525669	1,9980586	821
0,00180	8274	157	0	8274	157	353,6767088	1,9758581	0,99820
181	8431	157	0,9999960	8431	157	351,7226834	1,9540254	819
182	8588	157	0,9999959	8589	158	349,7901308	1,9325526	818
183	8746	158	9	8746	157	347,8786988	1,9114320	817
184	8903	157	8	8903	157	345,9880433	1,8906555	816
185	9060	157	8	9060	157	344,1178272	1,8702161	815
186	9217	157	7	9217	157	342,2677209	1,8501063	814
187	9374	157	7	9374	157	340,4374018	1,8303191	813
188	9531	157	6	9531	157	338,6265541	1,8108477	812
189	9688	157	6	9688	157	336,8348688	1,7916853	811
0,00190	0,0029845	157	5	0,0029845	157	335,0620432	1,7728256	0,99810
191	0,0030002	157	5	0,0030002	157	333,3077813	1,7542619	809
192	0159	157	5	0159	157	331,5717928	1,7359885	808
193	0316	157	4	0316	157	329,8537938	1,7179990	807
194	0473	157	4	0474	158	328,1535061	1,7002877	806
195	0630	157	3	0631	157	326,4706571	1,6828490	805
196	0788	158	3	0788	157	324,8049801	1,6656770	804
197	0945	157	2	0945	157	323,1562134	1,6487667	803
198	1102	157	2	1102	157	321,5241008	1,6321126	802
199	1259	157	1	1259	157	319,9083914	1,6157094	801
0,00200	0,0031416	157	0,9999951	0,0031416	157	318,3088390	1,5995524	0,99800
Arc.	Cofinus.	D.	Sinus.	Cotang.	D.	Tang.	Diff.	Arc.

0,998

0,001

Arc.	Log. Sin.	D.	Log. Cosin.	Log. Tang.	D.	Log. Cot.	Arc.
0,00150	7,3722107		9,9999988	7,3722119		12,6277881	0,99850
151	750964	28857	8	750976	28857	249024	849
152	779631	28667	8	779643	28667	220357	848
153	808109	28478	7	808121	28478	191879	847
154	836402	28293	7	836414	28293	163586	846
155	864511	28109	7	864524	28110	135476	845
156	892440	27929	7	892453	27929	107547	844
157	920191	27751	7	920204	27751	079796	843
158	947765	27574	7	947779	27575	052221	842
159	7,3975165	27400	6	7,3975179	27400	12,6024821	841
0,00160	7,4002394	27229	6	7,4002408	27229	12,5997592	0,99840
161	029453	27059	6	029467	27059	970533	839
162	056344	26891	6	056358	26891	943642	838
163	083070	26726	6	083084	26726	916916	837
164	109632	26562	6	109647	26563	890353	836
165	136033	26401	5	136048	26401	863952	835
166	162275	26242	5	162289	26241	837711	834
167	188359	26084	5	188373	26084	811627	833
168	214287	25928	5	214302	25929	785698	832
169	240061	25774	5	240076	25774	759924	831
0,00170	265683	25622	5	265698	25622	734302	0,99830
171	291155	25472	4	291170	25472	708830	829
172	316478	25323	4	316494	25324	683506	828
173	341654	25176	4	341670	25176	658330	827
174	366686	25032	4	366702	25032	633298	826
175	391574	24888	4	391590	24888	608410	825
176	416320	24746	3	416337	24747	583663	824
177	440926	24606	3	440943	24606	559057	823
178	465393	24467	3	465410	24467	534590	822
179	489723	24330	3	489741	24331	510259	821
0,00180	513918	24195	3	513935	24194	486065	0,99820
181	537979	24061	2	537996	24061	462004	819
182	561907	23928	2	561924	23928	438076	818
183	585704	23797	2	585722	23798	414278	817
184	609371	23667	2	609389	23667	390611	816
185	632910	23539	2	632928	23539	367072	815
186	656322	23412	1	656341	23413	343659	814
187	679609	23287	1	679627	23286	320373	813
188	702771	23162	1	702790	23163	297210	812
189	725810	23039	1	725830	23040	274170	811
0,00190	748728	22918	1	748748	22918	251252	0,99810
191	771526	22798	0	771545	22797	228455	809
192	794204	22678	0	794224	22679	205776	808
193	816765	22561	0	816785	22561	183215	807
194	839209	22444	0	839230	22445	160770	806
195	861538	22329	9,9999980	861558	22328	138442	805
196	883753	22215	9,9999979	883773	22215	116227	804
197	905854	22101	9	905875	22102	094125	803
198	927844	21990	9	927865	21990	072135	802
199	949722	21878	9	949744	21879	050256	801
0,00200	7,4971492	21770	9,9999979	7,4971513	21769	12,5028487	0,99800
Arc.	Log. Cosin.	D.	Log. Sin.	Log. Cot.	D.	Log. Tang.	Arc.

0,998

0,002

Arc.	Sinus.	D.	Cosinus.	Tang.	D.	Cotang.	Diff.	Arc.
0,00200	0,0031416		0,9999951	0,0031416		318,3088390		0,99800
201	1573	157	50	1573	157	316,7252025	1,5836365	799
202	1730	157	50	1730	157	315,1572455	1,5679570	798
203	1887	157	49	1887	157	313,6047363	1,5525092	797
204	2044	157	49	2044	157	312,0674477	1,5372886	796
205	2201	157	48	2201	157	310,5451570	1,5222907	795
206	2358	157	48	2359	158	309,0376458	1,5075112	794
207	2515	157	47	2516	157	307,5446999	1,4929459	793
208	2673	158	47	2673	157	306,0661092	1,4785907	792
209	2830	157	46	2830	157	304,6016676	1,4644416	791
0,00210	2987	157	46	2987	157	303,1511730	1,4504946	0,99790
211	3144	157	45	3144	157	301,7144271	1,4367459	789
212	3301	157	45	3301	157	300,2912354	1,4231917	788
213	3458	157	44	3458	157	298,8814070	1,4098284	787
214	3615	157	44	3615	157	297,4847544	1,3966526	786
215	3772	157	43	3772	157	296,1010940	1,3836604	785
216	3929	157	42	3929	157	294,7302451	1,3708489	784
217	4086	157	42	4086	157	293,3720308	1,3582143	783
218	4243	157	41	4243	157	292,0262771	1,3457537	782
219	4400	157	41	4401	158	290,6928133	1,3334638	781
0,00220	4557	157	40	4558	157	289,3714719	1,3213414	0,99780
221	4715	158	40	4715	157	288,0620883	1,3093836	779
222	4872	157	39	4872	157	286,7645008	1,2975875	778
223	5029	157	39	5029	157	285,4785509	1,2859499	777
224	5186	157	38	5186	157	284,2040827	1,2744682	776
225	0,0035343	157	0,9999938	0,0035343	157	282,9409430	1,2631397	775
226	5500	157	37	5500	157	281,6889814	1,2519616	774
227	5657	157	36	5657	157	280,4480504	1,2409310	773
228	5814	157	36	5814	157	279,2180046	1,2300458	772
229	5971	157	35	5971	157	277,9987016	1,2193030	771
0,00230	6128	157	35	6128	157	276,7900011	1,2087005	0,99770
231	6285	157	34	6286	158	275,5917655	1,1982356	769
232	6442	157	34	6443	157	274,4038595	1,1879060	768
233	6599	157	33	6600	157	273,2261501	1,1777094	767
234	6757	158	32	6757	157	272,0585066	1,1676435	766
235	6914	157	32	6914	157	270,9008003	1,1577063	765
236	7071	157	31	7071	157	269,7529051	1,1478952	764
237	7228	157	31	7228	157	268,6146968	1,1382083	763
238	7385	157	30	7385	157	267,4860531	1,1286437	762
239	7542	157	30	7542	157	266,3668542	1,1191989	761
0,00240	7699	157	29	7699	157	265,2569818	1,1098724	0,99760
241	7856	157	28	7856	157	264,1563200	1,1006618	759
242	8013	157	28	8013	157	263,0647545	1,0915655	758
243	8170	157	27	8171	158	261,9821731	1,0825814	757
244	8327	157	27	8328	157	260,9084652	1,0737079	756
245	8484	157	26	8485	157	259,8435222	1,0649430	755
246	8641	157	25	8642	157	258,7872373	1,0562849	754
247	8799	158	25	8799	157	257,7395052	1,0477321	753
248	8956	157	24	8956	157	256,7002226	1,0392826	752
249	9113	157	24	9113	157	255,6692876	1,0309350	751
0,00250	0,0039270	157	0,9999923	0,0039270	157	254,6465999	1,0226877	0,99750
Arc.	Cosinus.	D.	Sinus.	Cotang.	D.	Tang.	Diff.	Arc.

0,997

0,002							
Arc.	Log. Sin.	D.	Log. Cosin.	Log. Tang.	D.	Log. Cot.	Arc.
0,00200	7,4971492		9,9999979	7,4971513		12,5028487	0,99800
201	7,4993152	21660	8	7,4993174	21661	12,5006826	799
202	7,5014705	21553	8	7,5014727	21553	12,4985273	798
203	036152	21447	8	036174	21447	963826	797
204	057493	21341	8	057515	21341	942485	796
205	078730	21237	7	078752	21237	921248	795
206	099863	21133	7	099886	21134	900114	794
207	120895	21032	7	120918	21032	879082	793
208	141824	20929	7	141848	20930	858152	792
209	162654	20830	7	162677	20829	837323	791
0,00210	183384	20730	6	183407	20730	816593	0,99790
211	204015	20631	6	204039	20632	795961	789
212	224549	20534	6	224573	20534	775427	788
213	244987	20438	6	245011	20438	754989	787
214	265328	20341	5	265353	20342	734647	786
215	285575	20247	5	285600	20247	714400	785
216	305728	20153	5	305753	20153	694247	784
217	325788	20060	5	325813	20060	674187	783
218	345755	19967	5	345781	19968	654219	782
219	365631	19876	4	365657	19876	634343	781
0,00220	385417	19786	4	385443	19786	614557	0,99780
221	405113	19696	4	405139	19696	594861	779
222	424720	19607	4	424746	19607	575254	778
223	444239	19519	3	444265	19519	555735	777
224	463670	19431	3	463697	19432	536303	776
225	483015	19345	3	483042	19345	516958	775
226	502274	19259	3	502301	19259	497699	774
227	521448	19174	2	521476	19175	478524	773
228	540538	19090	2	540566	19090	459434	772
229	559544	19006	2	559572	19006	440428	771
0,00230	578468	18924	2	578496	18924	421504	0,99770
231	597309	18841	1	597338	18842	402662	769
232	616069	18760	1	616098	18760	383902	768
233	634748	18679	1	634777	18679	365223	767
234	653348	18600	1	653377	18600	346623	766
235	671868	18520	0	671897	18520	328103	765
236	690309	18441	0	690339	18442	309661	764
237	708672	18363	0	708702	18363	291298	763
238	726958	18286	9,9999970	726989	18287	273011	762
239	745168	18210	9,9999969	745198	18209	254802	761
0,00240	763301	18133	9	763332	18134	236668	0,99760
241	781359	18058	9	781390	18058	218610	759
242	799342	17983	9	799373	17983	200627	758
243	817251	17909	8	817283	17910	182717	757
244	835086	17835	8	835118	17835	164882	756
245	852849	17763	8	852881	17763	147119	755
246	870539	17690	8	870571	17690	129429	754
247	888157	17618	7	888190	17619	111810	753
248	905705	17548	7	905738	17548	094262	752
249	923181	17476	7	923214	17476	076786	751
0,00250	7,5940588	17407	9,9999967	7,5940621	17407	12,4059379	0,99750
Arc.	Log. Cosin.	D.	Log. Sin.	Log. Cot.	D.	Log. Tang.	Arc.
0,997							

0,002

Arc.	Sinus.	D.	Cosinus.	Tang.	D.	Cotang.	Diff.	Arc.
0,00250	0,0039270		0,9999923	0,0039270		254,6465999		0,99750
251	9427	157	22	9427	157	253,6320612	1,0145387	749
252	9584	157	22	9584	157	252,6255743	1,0064869	748
253	9741	157	21	9741	157	251,6270438	9985305	747
254	0,0039898	157	20	0,0039898	157	250,6363757	9906681	746
255	0,0040055	157	20	0,0040056	158	249,6534775	9828982	745
256	0212	157	19	0213	157	248,6782582	9752193	744
257	0369	157	19	0370	157	247,7106280	9676302	743
258	0526	157	18	0527	157	246,7504989	9601291	742
259	0684	158	17	0684	157	245,7977838	9527151	741
0,00260	0841	157	17	0841	157	244,8523972	9453866	0,99740
261	0998	157	16	0998	157	243,9142550	9381422	739
262	1155	157	15	1155	157	242,9832741	9309809	738
263	1312	157	15	1312	157	242,0593729	9239012	737
264	1469	157	14	1469	157	241,1424709	9169020	736
265	1626	157	13	1626	157	240,2324888	9099821	735
266	1783	157	13	1783	157	239,3293487	9031401	734
267	1940	157	12	1941	158	238,4329737	8963750	733
268	2097	157	11	2098	157	237,5432879	8896858	732
269	2254	157	11	2255	157	236,6602169	8830710	731
0,00270	2411	157	10	2412	157	235,7836872	8765297	0,99730
271	2568	157	09	2569	157	234,9136262	8700610	729
272	2726	158	09	2726	157	234,0499627	8636635	728
273	2883	157	08	2883	157	233,1926264	8573363	727
274	3040	157	07	3040	157	232,3415480	8510784	726
275	3197	157	07	3197	157	231,4966591	8448889	725
276	3354	157	06	3354	157	230,6578927	8387664	724
277	3511	157	05	3511	157	229,8251823	8327104	723
278	3668	157	05	3668	157	228,9984625	8267198	722
279	3825	157	04	3825	157	228,1776690	8207935	721
0,00280	3982	157	03	3983	158	227,3627383	8149307	0,99720
281	4139	157	03	4140	157	226,5536078	8091305	719
282	4296	157	02	4297	157	225,7502158	8033920	718
283	4453	157	01	4454	157	224,9525014	7977144	717
284	4610	157	00	4611	157	224,1604047	7920967	716
285	4768	158	0,9999900	4768	157	223,3738665	7865382	715
286	4925	157	0,9999899	4925	157	222,5928285	7810380	714
287	5082	157	98	5082	157	221,8172333	7755952	713
288	5239	157	98	5239	157	221,0470241	7702092	712
289	5396	157	97	5396	157	220,2821451	7648790	711
0,00290	5553	157	96	5553	157	219,5225410	7596041	0,99710
291	5710	157	96	5710	157	218,7681576	7543834	709
292	5867	157	95	5868	158	218,0189411	7492165	708
293	6024	157	94	6025	157	217,2748387	7441024	707
294	6181	157	93	6182	157	216,5357982	7390405	706
295	6338	157	93	6339	157	215,8017680	7340302	705
296	6495	157	92	6496	157	215,0726976	7290704	704
297	6652	157	91	6653	157	214,3485366	7241610	703
298	6810	158	90	6810	157	213,6292358	7193008	702
299	6967	157	90	6967	157	212,9147463	7144895	701
0,00300	0,0047124	157	0,9999889	0,0047124	157	212,2050200	7097263	0,99700
Arc.	Cosinus.	D.	Sinus.	Cotang.	D.	Tang.	Diff.	Arc.

0,997

0,002							
Arc.	Log. Sin.	D.	Log.Cofin.	Log. Tang.	D.	Log. Cot.	Arc.
0,00250	7,5940588		9,9999967	7,5940621		12,4059379	0,99750
251	957925	17337	6	957958	17337	042042	749
252	975193	17268	6	975227	17269	024773	748
253	7,5992393	17200	6	7,5992427	17200	12,4007573	747
254	7,6009524	17131	5	7,6009559	17132	12,3990441	746
255	026589	17065	5	026624	17065	973376	745
256	043587	16998	5	043622	16998	956378	744
257	060518	16931	5	060554	16932	939446	743
258	077384	16866	4	077420	16866	922580	742
259	094184	16800	4	094220	16800	905780	741
0,00260	110920	16736	4	110956	16736	889044	0,99740
261	127592	16672	4	127628	16672	872372	739
262	144199	16607	3	144236	16608	855764	738
263	160744	16545	3	160781	16545	839219	737
264	177226	16482	3	177263	16482	822737	736
265	193645	16419	2	193683	16420	806317	735
266	210002	16357	2	210040	16357	789960	734
267	226299	16297	2	226337	16297	773663	733
268	242534	16235	2	242572	16235	757428	732
269	258709	16175	1	258747	16175	741253	731
0,00270	274823	16114	1	274862	16115	725138	0,99730
271	290879	16056	1	290918	16056	709082	729
272	306875	15996	0	306914	15996	693086	728
273	322812	15937	0	322852	15938	677148	727
274	338691	15879	9,9999960	338731	15879	661269	726
275	354512	15821	9,9999959	354553	15822	645447	725
276	370276	15764	9	370317	15764	629683	724
277	385983	15707	9	386024	15707	613976	723
278	401633	15650	9	401674	15650	598326	722
279	417227	15594	8	417269	15595	582731	721
0,00280	432765	15538	8	432807	15538	567193	0,99720
281	448248	15483	8	448290	15483	551710	719
282	463676	15428	7	463718	15428	536282	718
283	479049	15373	7	479092	15374	520908	717
284	494368	15319	7	494411	15319	505589	716
285	509633	15265	6	509676	15265	490324	715
286	524844	15211	6	524888	15212	475112	714
287	540003	15159	6	540047	15159	459953	713
288	555109	15106	6	555153	15106	444847	712
289	570162	15053	5	570207	15054	429793	711
0,00290	585164	15002	5	585209	15002	414791	0,99710
291	600114	14950	5	600159	14950	399841	709
292	615012	14898	4	615058	14899	384942	708
293	629860	14848	4	629906	14848	370094	707
294	644657	14797	4	644703	14797	355297	706
295	659403	14746	3	659450	14747	340550	705
296	674100	14697	3	674147	14697	325853	704
297	688748	14648	3	688795	14648	311205	703
298	703346	14598	2	703393	14598	296607	702
299	717895	14549	2	717943	14550	282057	701
0,00300	7,6732395	14500	9,9999952	7,6732443	14500	12,3267557	0,99700
Arc.	Log.Cofin.	D.	Log. Sin.	Log. Cot.	D.	Log. Tan.	Arc.
0,997							

0,003

Arc.	Sinus.	D.	Cosinus.	Tang.	D.	Cotang.	Diff.	Arc.
0,00300	0,0047124		0,9999889	0,0047124		212,2050200		0,99700
301	7281	157	88	7281	157	211,5000095	7050105	699
302	7438	157	87	7438	157	210,7996679	7003416	698
303	7595	157	87	7595	157	210,1039489	6957190	697
304	7752	157	86	7753	158	209,4128071	6911418	696
305	7909	157	85	7910	157	208,7261972	6866099	695
306	8066	157	84	8067	157	208,0440750	6821222	694
307	8223	157	84	8224	157	207,3663966	6776784	693
308	8380	157	83	8381	157	206,6931186	6732780	692
309	8537	157	82	8538	157	206,0241984	6689202	691
0,00310	8694	157	81	8695	157	205,3595937	6646047	0,99690
311	8852	158	81	8852	157	204,6992630	6603307	689
312	9009	157	80	9009	157	204,0431652	6560978	688
313	9166	157	79	9166	157	203,3912597	6519055	687
314	9323	157	78	9323	157	202,7435063	6477534	686
315	9480	157	78	9480	157	202,0998657	6436406	685
316	9637	157	77	9638	158	201,4602987	6395670	684
317	9794	157	76	9795	157	200,8247668	6355319	683
318	0,0049951	157	75	0,0049952	157	200,1932319	6315349	682
319	0,0050108	157	74	0,0050109	157	199,5656565	6275754	681
0,00320	0265	157	74	0266	157	198,9420033	6236532	0,99680
321	0422	157	73	0423	157	198,3222359	6197674	679
322	0579	157	72	0580	157	197,7063178	6159181	678
323	0737	158	71	0737	157	197,0942135	6121043	677
324	0894	157	70	0894	157	196,4858876	6083259	676
325	1051	157	0,9999870	1051	157	195,8813052	6045824	675
326	1208	157	69	1208	157	195,2804318	6008734	674
327	1365	157	68	1365	157	194,6832335	5971983	673
328	1522	157	67	1523	158	194,0896766	5935569	672
329	1679	157	66	1680	157	193,4997279	5899487	671
0,00330	1836	157	66	1837	157	192,9133547	5863732	0,99670
331	1993	157	65	1994	157	192,3305244	5828303	669
332	2150	157	64	2151	157	191,7512051	5793193	668
333	2307	157	63	2308	157	191,1753652	5758399	667
334	2464	157	62	2465	157	190,6029734	5723918	666
335	2621	157	62	2622	157	190,0339989	5689745	665
336	2779	158	61	2779	157	189,4684111	5655878	664
337	2936	157	60	2936	157	188,9061798	5622313	663
338	3093	157	59	3093	157	188,3472753	5589045	662
339	3250	157	58	3250	157	187,7916682	5556071	661
0,00340	3407	157	57	3408	158	187,2393293	5523389	0,99660
341	3564	157	57	3565	157	186,6902299	5490994	659
342	3721	157	56	3722	157	186,1443416	5458883	658
343	3878	157	55	3879	157	185,6016362	5427054	657
344	4035	157	54	4036	157	185,0620861	5395501	656
345	4192	157	53	4193	157	184,5256638	5364223	655
346	4349	177	52	4350	157	183,9923422	5333216	654
347	4506	157	51	4507	157	183,4620945	5302477	653
348	4663	157	51	4664	157	182,9348941	5272004	652
349	4821	158	50	4821	157	182,4107149	5241792	651
0,00350	0,0054978	157	0,9999849	0,0054978	157	181,8895309	5211840	0,99650
Arc.	Cosinus.	D.	Sinus.	Cotang.	D.	Tang.	Diff.	Arc.

0,996

0,003

Arc.	Log. Sin.	D.	Log. Cofin.	Log. Tang.	D.	Log. Cot.	Arc.
0,00300	7,6732395		9,9999952	7,6732443		12,3267557	0,99700
301	746848	14453	1	746896	14453	253104	699
302	761252	14404	1	761301	14405	238699	698
303	775609	14357	1	775658	14357	224342	697
304	789918	14309	0	789968	14310	210032	696
305	804181	14263	0	804230	14262	195770	695
306	818396	14215	0	818446	14216	181554	694
307	832566	14170	9,9999950	832616	14170	167384	693
308	846689	14123	9,9999949	846740	14124	153260	692
309	860767	14078	9	860818	14078	139182	691
0,00310	874799	14032	9	874850	14032	125150	0,99690
311	888785	13986	8	888837	13987	111163	689
312	902727	13942	8	902779	13942	097221	688
313	916625	13898	8	916677	13898	083323	687
314	930478	13853	7	930530	13853	069470	686
315	944287	13809	7	944340	13810	055660	685
316	958052	13765	6	958105	13765	041895	684
317	971773	13721	6	971827	13722	028173	683
318	985452	13679	6	985506	13679	014494	682
319	7,6999087	13635	5	7,6999142	13636	12,3000858	681
0,00320	7,7012680	13593	5	7,7012735	13593	12,2987265	0,99680
321	026231	13551	5	026286	13551	973714	679
322	039739	13508	4	039795	13509	960205	678
323	053205	13466	4	053261	13466	946739	677
324	066630	13425	4	066686	13425	933314	676
325	080014	13384	3	080070	13384	919930	675
326	093356	13342	3	093413	13343	906587	674
327	106657	13301	3	106714	13301	893286	673
328	119918	13261	2	119976	13262	880024	672
329	133138	13220	2	133196	13220	866804	671
0,00330	146319	13181	2	146377	13181	853623	0,99670
331	159459	13140	1	159518	13141	840482	669
332	172560	13101	1	172619	13101	827381	668
333	185621	13061	1	185681	13062	814319	667
334	198644	13023	0	198703	13022	801297	666
335	211627	12983	0	211687	12984	788313	665
336	224571	12944	9,9999940	224632	12945	775368	664
337	237477	12906	9,9999939	237538	12906	762462	663
338	250345	12868	9	250407	12869	749593	662
339	263175	12830	8	263237	12830	736763	661
0,00340	275967	12792	8	276029	12792	723971	0,99660
341	288722	12755	8	288784	12755	711216	659
342	301439	12717	7	301502	12718	698498	658
343	314119	12680	7	314182	12680	685818	657
344	326762	12643	7	326825	12643	673175	656
345	339368	12606	6	339432	12607	660568	655
346	351938	12570	6	352003	12571	647997	654
347	364472	12534	5	364537	12534	635463	653
348	376970	12498	5	377034	12497	622966	652
349	389431	12461	5	389497	12463	610503	651
0,00350	7,7401857	12426	9,9999934	7,7401923	12426	12,2598077	0,99650
Arc.	Log. Cofin.	D.	Log. Sin.	Log. Cot.	D.	Log. Tang.	Arc.

0,996

0,003

Arc.	Sinus.	D.	Cosinus.	Tang.	D.	Cotang.	Diff.	Arc.
0,00350	0,0054978		0,9999849	0,0054978		181,8895309		0,99650
351	5135	157	48	5136	158	181,3713167	5182142	649
352	5292	157	47	5293	157	180,8560468	5152699	648
353	5449	157	46	5450	157	180,3436963	5123505	647
354	5606	157	45	5607	157	179,8342403	5094560	646
355	5763	157	45	5764	157	179,3276546	5065857	645
356	5920	157	44	5921	157	178,8239147	5037399	644
357	6077	157	43	6078	157	178,3229970	5009177	643
358	6234	157	42	6235	157	177,8248776	4981194	642
359	6391	157	41	6392	157	177,3295332	4953444	641
0,00360	6548	157	40	6549	157	176,8369407	4925925	0,99640
361	6705	157	39	6706	157	176,3470772	4898635	639
362	6863	158	38	6863	157	175,8599201	4871571	638
363	7020	157	37	7021	158	175,3754471	4844730	637
364	7177	157	37	7178	157	174,8936360	4818111	636
365	7334	157	36	7335	157	174,4144649	4791711	635
366	7491	157	35	7492	157	173,9379121	4765528	634
367	7648	157	34	7649	157	173,4639564	4739557	633
368	7805	157	33	7806	157	172,9925765	4713799	632
369	7962	157	32	7963	157	172,5237515	4688250	631
0,00370	8119	157	31	8120	157	172,0574606	4662909	0,99630
371	8276	157	30	8277	157	171,5936834	4637772	629
372	8433	157	29	8434	157	171,1323996	4612838	628
373	8590	157	28	8591	157	170,6735892	4588104	627
374	8747	157	27	8748	157	170,2172322	4563570	626
375	8905	158	0,9999827	8906	158	169,7633091	4539231	625
376	9062	157	26	9063	157	169,3118005	4515086	624
377	9219	157	25	9220	157	168,8626871	4491134	623
378	9376	157	24	9377	157	168,4159500	4467371	622
379	9533	157	23	9534	157	167,9715703	4443797	621
0,00380	9690	157	22	9691	157	167,5295294	4420409	0,99620
381	0,0059847	157	21	0,0059848	157	167,0898089	4397205	619
382	0,0060004	157	20	0,0060005	157	166,6523905	4374184	618
383	0161	157	19	0162	157	166,2172563	4351342	617
384	0318	157	18	0319	157	165,7843884	4328679	616
385	0475	157	17	0476	157	165,3537692	4306192	615
386	0632	157	16	0633	157	164,9253811	4283881	614
387	0789	157	15	0791	158	164,4992068	4261743	613
388	0947	158	14	0948	157	164,0752294	4239774	612
389	1104	157	13	1105	157	163,6534317	4217977	611
0,00390	1261	157	12	1262	157	163,2337970	4196347	0,99610
391	1418	157	11	1419	157	162,8163088	4174882	609
392	1575	157	10	1576	157	162,4009506	4153582	608
393	1732	157	09	1733	157	161,9877062	4132444	607
394	1889	157	08	1890	157	161,5765594	4111468	606
395	2046	157	08	2047	157	161,1674944	4090650	605
396	2203	157	07	2204	157	160,7604953	4069991	604
397	2360	157	06	2361	157	160,3555466	4049487	603
398	2517	157	05	2519	158	159,9526327	4029139	602
399	2674	157	04	2676	157	159,5517385	4008942	601
0,00400	0,0062831	157	0,9999803	0,0062833	157	159,1528487	3988898	0,99600
Arc.	Cosinus.	D.	Sinus.	Cotang.	D.	Tang.	Diff.	Arc.

0,996

0,003

Arc.	Log. Sin.	D.	Log. Cofin.	Log. Tang.	D.	Log. Cot.	Arc.
0,00350	7,7401857		9,9999934	7,7401923		12,2598077	0,99650
351	14248	12391	4	14314	12391	85686	649
352	26603	12355	4	26670	12356	73330	648
353	38924	12321	3	38990	12320	61010	647
354	51209	12285	3	51276	12286	48724	646
355	63460	12251	2	63527	12251	36473	645
356	75676	12216	2	75744	12217	24256	644
357	7,7487858	12182	2	7,7487926	12182	12,2512074	643
358	7,7500006	12148	1	7,7500075	12149	12,2499925	642
359	12120	12114	1	12189	12114	87811	641
0,00360	24201	12081	1	24270	12081	75730	0,99640
361	36248	12047	0	36317	12047	63683	639
362	48261	12013	9,9999930	48331	12014	51669	638
363	60241	11980	9,9999929	60312	11981	39688	637
364	72189	11948	9	72260	11948	27740	636
365	84104	11915	9	84175	11915	15825	635
366	7,7595986	11882	8	7,7596057	11882	12,2403943	634
367	7,7607835	11849	8	7,7607908	11851	12,2392092	633
368	19653	11818	7	19725	11817	80275	632
369	31438	11785	7	31511	11786	68489	631
0,00370	43192	11754	7	43265	11754	56735	0,99630
371	54913	11721	6	54987	11722	45013	629
372	66603	11690	6	66678	11691	33322	628
373	78262	11659	5	78337	11659	21663	627
374	7,7689890	11628	5	7,7689965	11628	12,2310035	626
375	7,7701486	11596	5	7,7701562	11597	12,2298438	625
376	13052	11566	4	13128	11566	86872	624
377	24587	11535	4	24663	11535	75337	623
378	36091	11504	3	36168	11505	63832	622
379	47565	11474	3	47642	11474	52358	621
0,00380	59009	11444	3	59086	11444	40914	0,99620
381	70423	11414	2	70500	11414	29500	619
382	81806	11383	2	81885	11385	18115	618
383	7,7793160	11354	1	7,7793239	11354	12,2206761	617
384	7,7804485	11325	1	7,7804564	11325	12,2195436	616
385	15780	11295	1	15859	11295	84141	615
386	27045	11265	0	27125	11266	72875	614
387	38282	11237	9,9999920	38362	11237	61638	613
388	49489	11207	9,9999919	49570	11208	50430	612
389	60668	11179	9	60749	11179	39251	611
0,00390	71818	11150	9	71899	11150	28101	0,99610
391	82939	11121	8	83021	11122	16979	609
392	7,7894032	11093	8	7,7894114	11093	12,2105886	608
393	7,7905097	11065	7	7,7905179	11065	12,2094821	607
394	16133	11036	7	16216	11037	83784	606
395	27142	11009	6	27225	11009	72775	605
396	38123	10981	6	38207	10982	61793	604
397	49076	10953	6	49160	10953	50840	603
398	60001	10925	5	60086	10926	39914	602
399	70899	10898	5	70985	10899	29015	601
0,00400	7,7981770	10871	9,9999914	7,7981856	10871	12,2018144	0,99600
Arc.	Log. Cofin.	D.	Log. Sin.	Log. Cot.	D.	Log. Tang.	Arc.

0,996

0,004								
Arc.	Sinus.	D.	Cofinus.	Tang.	D.	Cotang.	Diff.	Arc.
0,00400	0,0062831		0,9999803	0,0062833		159,1528487		0,99600
401	2989	158	02	2990	157	158,7559483	3969004	599
402	3146	157	01	3147	157	158,3610226	3949257	598
403	3303	157	0,9999800	3304	157	157,9680567	3929659	597
404	3460	157	0,9999799	3461	157	157,5770362	3910205	596
405	3617	157	98	3618	157	157,1879467	3890895	595
406	3774	157	97	3775	157	156,8007738	3871729	594
407	3931	157	96	3932	157	156,4155034	3852704	593
408	4088	157	95	4089	157	156,0321216	3833818	592
409	4245	157	94	4246	157	155,6506146	3815070	591
0,00410	4402	157	93	4404	158	155,2709685	3796461	0,99590
411	4559	157	92	4561	157	154,8931697	3777988	589
412	4716	157	91	4718	157	154,5172050	3759647	588
413	4873	157	90	4875	157	154,1430609	3741441	587
414	5031	158	89	5032	157	153,7707242	3723367	586
415	5188	157	88	5189	157	153,4001818	3705424	585
416	5345	157	87	5346	157	153,0314209	3687609	584
417	5502	157	85	5503	157	152,6644287	3669922	583
418	5659	157	84	5660	157	152,2991923	3652364	582
419	5816	157	83	5817	157	151,9356993	3634930	581
0,00420	5973	157	82	5974	157	151,5739372	3617621	0,99580
421	6130	157	81	6131	157	151,2138936	3600436	579
422	6287	157	80	6289	158	150,8555564	3583372	578
423	6444	157	79	6446	157	150,4989134	3566430	577
424	6601	157	78	6603	157	150,1439527	3549607	576
425	0,0066758	157	0,9999777	0,0066760	157	149,7906623	3532904	575
426	6915	157	76	6917	157	149,4390306	3516317	574
427	7073	158	75	7074	157	149,0890458	3499848	573
428	7230	157	74	7231	157	148,7406965	3483493	572
429	7387	157	73	7388	157	148,3939711	3467254	571
0,00430	7544	157	72	7545	157	148,0488584	3451127	0,99570
431	7701	157	71	7702	157	147,7053471	3435113	569
432	7858	157	70	7859	157	147,3634261	3419210	568
433	8015	157	69	8017	158	147,0230844	3403417	567
434	8172	157	68	8174	157	146,6843111	3387733	566
435	8329	157	67	8331	157	146,3470953	3372158	565
436	8486	157	65	8488	157	146,0114264	3356689	564
437	8643	157	64	8645	157	145,6772936	3341328	563
438	8800	157	63	8802	157	145,3446866	3326070	562
439	8957	157	62	8959	157	145,0135949	3310917	561
0,00440	9114	157	61	9116	157	144,6840081	3295868	0,99560
441	9272	158	60	9273	157	144,3559159	3280922	559
442	9429	157	59	9430	157	144,0293084	3266075	558
443	9586	157	58	9587	157	143,7041753	3251331	557
444	9743	157	57	9744	157	143,3805068	3236685	556
445	0,0069900	157	56	0,0069902	158	143,0582930	3222138	555
446	0,0070057	157	55	0,0070059	157	142,7375240	3207690	554
447	0214	157	53	0216	157	142,4181902	3193338	553
448	0371	157	52	0373	157	142,1002820	3179082	552
449	0528	157	51	0530	157	141,7837899	3164921	551
0,00450	0,0070685	157	0,9999750	0,0070687	157	141,4687043	3150856	0,99550
Arc.	Cofinus.	D.	Sinus.	Cotang.	D.	Tang.	Diff.	Arc.
0,995								

0,004							
Arc.	Log. Sin.	D.	Log. Cofin.	Log. Tang.	D.	Log. Cot.	Arc.
0,00400	7,7981770		9,9999914	7,7981856		12,2018144	0,99600
401	7,7992614	10844	4	7,7992700	10844	12,2007300	599
402	7,8003430	10816	3	7,8003517	10817	12,1996483	598
403	14220	10790	3	14307	10790	85693	597
404	24983	10763	3	25071	10764	74929	596
405	35720	10737	2	35808	10737	64192	595
406	46430	10710	2	46518	10710	53482	594
407	57113	10683	1	57202	10684	42798	593
408	67771	10658	1	67860	10658	32140	592
409	78402	10631	0	78492	10632	21508	591
0,00410	89007	10605	9,9999910	89097	10605	10903	0,99590
411	7,8099587	10580	9,9999909	7,8099677	10580	12,1900323	589
412	7,8110141	10554	9	7,8110232	10555	12,1889768	588
413	20669	10528	9	20760	10528	79240	587
414	31172	10503	8	31263	10503	68737	586
415	41649	10477	8	41741	10478	58259	585
416	52101	10452	7	52194	10453	47806	584
417	62528	10427	7	62621	10427	37379	583
418	72930	10402	6	73024	10403	26976	582
419	83308	10378	6	83402	10378	16598	581
0,00420	7,8193660	10352	5	7,8193755	10353	12,1806245	0,99580
421	7,8203988	10328	5	7,8204083	10328	12,1795917	579
422	14291	10303	5	14387	10304	85613	578
423	24570	10279	4	24666	10279	75334	577
424	34825	10255	4	34922	10256	65078	576
425	45056	10231	3	45153	10231	54847	575
426	55262	10206	3	55360	10207	44640	574
427	65445	10183	2	65543	10183	34457	573
428	75604	10159	2	75702	10159	24298	572
429	85739	10135	1	85837	10135	14163	571
0,00430	7,8295850	10111	1	7,8295949	10112	12,1704051	0,99570
431	7,8305938	10088	0	7,8306038	10089	12,1693962	569
432	16003	10065	0	16103	10065	83897	568
433	26044	10041	9,9999900	26145	10042	73855	567
434	36062	10018	9,9999899	36163	10018	63837	566
435	46058	9996	9	46159	9996	53841	565
436	56030	9972	8	56132	9973	43868	564
437	65979	9949	8	66081	9949	33919	563
438	75906	9927	7	76008	9927	23993	562
439	85810	9904	7	85913	9905	14087	561
0,00440	7,8395691	9881	6	7,8395795	9882	12,1604205	0,99560
441	7,8405550	9859	6	7,8405654	9859	12,1594346	559
442	15387	9837	5	15491	9837	84509	558
443	25201	9814	5	25306	9815	74694	557
444	34993	9792	4	35099	9793	64901	556
445	44764	9771	4	44870	9771	55130	555
446	54512	9748	3	54618	9748	45382	554
447	64238	9726	3	64345	9727	35655	553
448	73943	9705	2	74051	9706	25949	552
449	83626	9683	2	83734	9683	16266	551
0,00450	7,8493288	9662	9,9999892	7,8493396	9662	12,1506604	0,99550
Arc.	Log. Cofin.	D.	Log. Sin.	Log. Cot.	D.	Log. Tang.	Arc.
0,995							

0,004								
Arc.	Sinus.	D.	Cofinus.	Tang.	D.	Cotang.	Diff.	Arc.
0,00450	0,0070685		0,9999750	0,0070687		141,4687043		0,99550
451	0842	157	49	0844	157	141,1550160	3136883	549
452	0999	157	48	1001	157	140,8427157	3123003	548
453	1156	157	47	1158	157	140,5317942	3109215	547
454	1314	158	46	1315	157	140,2222423	3095519	546
455	1471	157	45	1472	157	139,9140511	3081912	545
456	1628	157	43	1630	158	139,6072116	3068395	544
457	1785	157	42	1787	157	139,3017149	3054967	543
458	1942	157	41	1944	157	138,9975522	3041627	542
459	2099	157	40	2101	157	138,6947148	3028374	541
0,00460	2256	157	39	2258	157	138,3931941	3015207	0,99540
461	2413	157	38	2415	157	138,0929815	3002126	539
462	2570	157	37	2572	157	137,7940685	2989130	538
463	2727	157	36	2729	157	137,4964467	2976218	537
464	2884	157	34	2886	157	137,2001076	2963391	536
465	3041	157	33	3043	157	136,9050432	2950044	535
466	3198	157	32	3200	157	136,6112451	2937981	534
467	3356	158	31	3358	158	136,3187052	2925399	533
468	3513	157	30	3515	157	136,0274154	2912898	532
469	3670	157	29	3672	157	135,7373678	2900476	531
0,00470	3827	157	27	3829	157	135,4485545	2888133	0,99530
471	3984	157	26	3986	157	135,1609675	2875870	529
472	4141	157	25	4143	157	134,8745990	2863685	528
473	4298	157	24	4300	157	134,5894414	2851576	527
474	4455	157	23	4457	157	134,3054870	2839544	526
475	0,0074612	157	0,9999722	0,0074614	157	134,0227281	2827589	525
476	4769	157	20	4771	157	133,7411573	2815708	524
477	4926	157	19	4928	157	133,4607671	2803902	523
478	5083	157	18	5085	157	133,1815500	2792171	522
479	5240	157	17	5243	158	132,9034987	2780513	521
0,00480	5398	158	16	5400	157	132,6266060	2768927	0,99520
481	5555	157	15	5557	157	132,3508645	2757415	519
482	5712	157	13	5714	157	132,0762672	2745973	518
483	5869	157	12	5871	157	131,8028069	2734603	517
484	6026	157	11	6028	157	131,5304766	2723303	516
485	6183	157	10	6185	157	131,2592693	2712073	515
486	6340	157	09	6342	157	130,9891780	2700913	514
487	6497	157	07	6499	157	130,7201959	2689821	513
488	6654	157	06	6656	157	130,4523162	2678797	512
489	6811	157	05	6813	157	130,1855321	2667841	511
0,00490	6968	157	04	6971	158	129,9198369	2656952	0,99510
491	7125	157	03	7128	157	129,6552239	2646130	509
492	7282	157	01	7285	157	129,3916866	2635373	508
493	7439	157	0,9999700	7442	157	129,1292183	2624683	507
494	7597	158	0,9999699	7599	157	128,8678127	2614056	506
495	7754	157	98	7756	157	128,6074632	2603495	505
496	7911	157	96	7913	157	128,3481635	2592997	504
497	8068	157	95	8070	157	128,0899072	2582563	503
498	8225	157	94	8227	157	127,8326881	2572191	502
499	8382	157	93	8384	157	127,5764999	2561882	501
0,00500	0,0078539	157	0,9999692	0,0078541	157	127,3213365	2551634	0,99500
Arc.	Cofinus.	D.	Sinus.	Cotang.	D.	Tang.	Diff.	Arc.
0,995								

0,004

Arc.	Log. Sin.	D.	Log.Cosin.	Log. Tang.	D.	Log. Cot.	Arc.
0,00450	7,8493288		9,9999892	7,8493396		12,1506604	0,99550
451	7,8502928	9640	1	7,8503037	9641	12,1496963	549
452	12547	9619	1	12656	9619	87344	548
453	22144	9597	0	22254	9598	77746	547
454	31720	9576	9,9999890	31831	9577	68169	546
455	41276	9556	9,9999889	41387	9556	58613	545
456	50810	9534	9	50921	9534	49079	544
457	60323	9513	8	60435	9514	39565	543
458	69816	9493	8	69928	9493	30072	542
459	79288	9472	7	79401	9473	20599	541
0,00460	88739	9451	7	88853	9452	11147	0,99540
461	7,8598170	9431	6	7,8598284	9431	12,1401716	539
462	7,8607580	9410	6	7,8607695	9411	12,1392305	538
463	16970	9390	5	17085	9390	82915	537
464	26340	9370	5	26455	9370	73545	536
465	35690	9350	4	35806	9351	64194	535
466	45019	9329	4	45136	9330	54864	534
467	54329	9310	3	54445	9309	45555	533
468	63618	9289	3	63736	9291	36264	532
469	72888	9270	2	73006	9270	26994	531
0,00470	82138	9250	2	82256	9250	17744	0,99530
471	7,8691368	9230	1	7,8691487	9231	12,1308513	529
472	7,8700579	9211	1	7,8700698	9211	12,1299302	528
473	09770	9191	0	09890	9192	90110	527
474	18942	9172	9,9999880	19062	9172	80938	526
475	28095	9153	9,9999879	28215	9153	71785	525
476	37228	9133	9	37349	9134	62651	524
477	46342	9114	8	46464	9115	53536	523
478	55437	9095	8	55559	9095	44441	522
479	64513	9076	7	64636	9077	35364	521
0,00480	73570	9057	7	73693	9057	26307	0,99520
481	82608	9038	6	82732	9039	17268	519
482	7,8791628	9020	6	7,8791752	9020	12,1208248	518
483	7,8800628	9000	5	7,8800753	9001	12,1199247	517
484	09611	8983	4	09736	8983	90264	516
485	18574	8963	4	18700	8964	81300	515
486	27519	8945	3	27646	8946	72354	514
487	36446	8927	3	36573	8927	63427	513
488	45354	8908	2	45482	8909	54518	512
489	54245	8891	2	54373	8891	45627	511
0,00490	63117	8872	1	63245	8872	36755	0,99510
491	71971	8854	1	72100	8855	27900	509
492	80807	8836	0	80936	8836	19064	508
493	89625	8818	9,9999870	89755	8819	10245	507
494	7,8898425	8800	9,9999869	7,8898555	8800	12,1101445	506
495	7,8907207	8782	9	7,8907338	8783	12,1092662	505
496	15972	8765	8	16103	8765	83897	504
497	24719	8747	8	24851	8748	75149	503
498	33448	8729	7	33581	8730	66419	502
499	42160	8712	7	42293	8712	57707	501
0,00500	7,8950854	8694	9,9999866	7,8950988	8695	12,1049012	0,99500
Arc.	Log.Cosin.	D.	Log. Sin.	Log. Cot.	D.	Log. Tang.	Arc.

0,995

0,005

Arc.	Sinus.	D.	Cofinus.	Tang.	D.	Cotang.	Diff.	Arc.
0,00500	0,0078539		0,9999692	0,0078541		127,3213365		0,99500
501	8696	157	90	8699	158	127,0671916	2541449	499
502	8853	157	89	8856	157	126,8140592	2531324	498
503	9010	157	83	9013	157	126,5619334	2521258	497
504	9167	157	87	9170	157	126,3108079	2511255	496
505	9324	157	85	9327	157	126,0606771	2501308	495
506	9481	157	84	9484	157	125,8115348	2491423	494
507	9639	158	83	9641	157	125,5633754	2481594	493
508	9796	157	82	9798	157	125,3161929	2471825	492
509	0,0079953	157	80	0,0079955	157	125,0699817	2462112	491
0,00510	0,0080110	157	79	0,0080112	157	124,8247360	2452457	0,99490
511	0267	157	78	0269	157	124,5804501	2442859	489
512	0424	157	77	0427	158	124,3371185	2433316	488
513	0581	157	75	0584	157	124,0947354	2423831	487
514	0738	157	74	0741	157	123,8532955	2414399	486
515	0895	157	73	0898	157	123,6127932	2405023	485
516	1052	157	72	1055	157	123,3732231	2395701	484
517	1209	157	70	1212	157	123,1345797	2386434	483
518	1366	157	69	1369	157	122,8968577	2377220	482
519	1523	157	68	1526	157	122,6600518	2368059	481
0,00520	1681	158	66	1683	157	122,4241566	2358952	0,99480
521	1838	157	65	1840	157	122,1891669	2349897	479
522	1995	157	64	1997	157	121,9550776	2340893	478
523	2152	157	63	2154	157	121,7218334	2331942	477
524	2309	157	61	2312	158	121,4895793	2323041	476
525	0,0082466	157	0,9999660	0,0082469	157	121,2581601	2314192	475
526	2623	157	59	2626	157	121,0276208	2305393	474
527	2780	157	57	2783	157	120,7979564	2296644	473
528	2937	157	56	2940	157	120,5691620	2287944	472
529	3094	157	55	3097	157	120,3412325	2279295	471
0,00530	3251	157	53	3254	157	120,1141631	2270694	0,99470
531	3408	157	52	3411	157	119,8879489	2262142	469
532	3565	157	51	3568	157	119,6625852	2253637	468
533	3722	157	50	3725	157	119,4380671	2245181	467
534	3880	158	48	3882	157	119,2143898	2236773	466
535	4037	157	47	4040	158	118,9915487	2228411	465
536	4194	157	46	4197	157	118,7695391	2220096	464
537	4351	157	44	4354	157	118,5483563	2211828	463
538	4508	157	43	4511	157	118,3279957	2203606	462
539	4665	157	42	4668	157	118,1084528	2195429	461
0,00540	4822	157	40	4825	157	117,8897230	2187298	0,99460
541	4979	157	39	4982	157	117,6718018	2179212	459
542	5136	157	38	5139	157	117,4546847	2171171	458
543	5293	157	36	5296	157	117,2383672	2163175	457
544	5450	157	35	5453	157	117,0228451	2155221	456
545	5607	157	34	5610	157	116,8081138	2147313	455
546	5764	157	32	5768	158	116,5941690	2139448	454
547	5922	158	31	5925	157	116,3810065	2131625	453
548	6079	157	30	6082	157	116,1686220	2123845	452
549	6236	157	28	6239	157	115,9570111	2116109	451
0,00550	0,0086393	157	0,9999627	0,0086396	157	115,7461697	2108414	0,99450
Arc.	Cofinus.	D.	Sinus.	Cotang.	D.	Tang.	Diff.	Arc.

0,994

0,005							
Arc.	Log. Sin.	D.	Log. Cosin.	Log. Tang.	D.	Log. Cot.	Arc.
0,00500	7,8950854		9,9999866	7,8950988		12,1049012	0,99500
501	59531	8677	6	59666	8678	40334	499
502	68191	8660	5	68326	8660	31674	498
503	76833	8642	4	76969	8643	23031	497
504	85459	8626	4	85595	8626	14405	496
505	7,8994067	8608	3	7,8994204	8609	12,1005796	495
506	7,9002658	8591	3	7,9002795	8591	12,0997205	494
507	11232	8574	2	11370	8575	88630	493
508	19790	8558	2	19928	8558	80072	492
509	28330	8540	1	28469	8541	71531	491
0,00510	36854	8524	1	36993	8524	63007	0,99490
511	45361	8507	0	45501	8508	54499	489
512	53852	8491	9,9999860	53992	8491	46008	488
513	62325	8473	9,9999859	62466	8474	37534	487
514	70783	8458	8	70924	8458	29076	486
515	79224	8441	8	79366	8442	20634	485
516	87648	8424	7	87791	8425	12209	484
517	7,9096056	8408	7	7,9096200	8409	12,0903800	483
518	7,9104448	8392	6	7,9104592	8392	12,0895408	482
519	12824	8376	6	12969	8377	87031	481
0,00520	21184	8360	5	21329	8360	78671	0,99480
521	29528	8344	5	29673	8344	70327	479
522	37855	8327	4	38001	8328	61999	478
523	46167	8312	3	46313	8312	53687	477
524	54463	8296	3	54610	8297	45390	476
525	62743	8280	2	62890	8280	37110	475
526	71007	8264	2	71155	8265	28845	474
527	79255	8248	1	79404	8249	20596	473
528	87488	8233	1	87638	8234	12362	472
529	7,9195706	8218	9,9999850	7,9195855	8217	12,0804145	471
0,00530	7,9203907	8201	9,9999849	7,9204058	8203	12,0795942	0,99470
531	12094	8187	9	12245	8187	87755	469
532	20265	8171	8	20416	8171	79584	468
533	28420	8155	8	28572	8156	71428	467
534	36560	8140	7	36713	8141	63287	466
535	44685	8125	7	44839	8126	55161	465
536	52795	8110	6	52949	8110	47051	464
537	60890	8095	5	61045	8096	38955	463
538	68970	8080	5	69125	8080	30875	462
539	77035	8065	4	77190	8065	22810	461
0,00540	85084	8049	4	85241	8051	14759	0,99460
541	7,9293119	8035	3	7,9293276	8035	12,0706724	459
542	7,9301139	8020	3	7,9301297	8021	12,0698703	458
543	09144	8005	2	09302	8005	90698	457
544	17135	7991	1	17293	7991	82707	456
545	25111	7976	1	25270	7977	74730	455
546	33072	7961	0	33232	7962	66768	454
547	41019	7947	9,9999840	41179	7947	58821	453
548	48951	7932	9,9999839	49112	7933	50888	452
549	56868	7917	9	57030	7918	42971	451
0,00550	7,9364772	7904	9,9999838	7,9364934	7904	12,0635066	0,99450
Arc.	Log. Cosin.	D.	Log. Sin.	Log. Cot.	D.	Log. Tang.	Arc.
0,994							

0,005

Arc.	Sinus.	D.	Cosinus.	Tang.	D.	Cotang.	Diff.	Arc.
0,00550	0,0086393		0,9999627	0,0086396		115,7461697		0,99450
551	6550	157	25	6553	157	115,5360936	2100761	449
552	6707	157	24	6710	157	115,3267786	2093150	448
553	6864	157	23	6867	157	115,1182206	2085580	447
554	7021	157	21	7024	157	114,9104156	2078050	446
555	7178	157	20	7181	157	114,7033593	2070563	445
556	7335	157	19	7338	157	114,4970478	2063115	444
557	7492	157	17	7496	158	114,2914771	2055707	443
558	7649	157	16	7653	157	114,0866432	2048339	442
559	7806	157	14	7810	157	113,8825422	2041010	441
0,00560	7963	157	13	7967	157	113,6791700	2033722	0,99440
561	8121	158	12	8124	157	113,4765229	2026471	439
562	8278	157	10	8281	157	113,2745969	2019260	438
563	8435	157	09	8438	157	113,0733882	2012087	437
564	8592	157	08	8595	157	112,8728931	2004951	436
565	8749	157	06	8752	157	112,6731076	1997855	435
566	8906	157	05	8909	157	112,4740280	1990796	434
567	9063	157	03	9067	158	112,2756506	1983774	433
568	9220	157	02	9224	157	112,0779718	1976788	432
569	9377	157	0,9999601	9381	157	111,8809877	1969841	431
0,00570	9534	157	0,9999599	9538	157	111,6846948	1962929	0,99430
571	9691	157	98	9695	157	111,4890895	1956053	429
572	0,0089848	157	96	0,0089852	157	111,2941680	1949215	428
573	0,0090005	157	95	0,0090009	157	111,0999269	1942411	427
574	0162	157	94	0166	157	110,9063625	1935644	426
575	0320	158	92	0323	157	110,7134714	1928911	425
576	0477	157	91	0480	157	110,5212501	1922213	424
577	0634	157	89	0637	157	110,3296950	1915551	423
578	0791	157	88	0795	158	110,1388027	1908923	422
579	0948	157	86	0952	157	109,9485698	1902329	421
0,00580	1105	157	85	1109	157	109,7589928	1895770	0,99420
581	1262	157	84	1266	157	109,5700684	1889244	419
582	1419	157	82	1423	157	109,3817933	1882751	418
583	1576	157	81	1580	157	109,1941639	1876294	417
584	1733	157	79	1737	157	109,0071772	1869867	416
585	1890	157	78	1894	157	108,8208296	1863476	415
586	2047	157	76	2051	157	108,6351181	1857115	414
587	2204	157	75	2208	157	108,4500393	1850788	413
588	2362	158	73	2365	157	108,2655900	1844493	412
589	2519	157	72	2523	158	108,0817670	1838230	411
0,00590	2676	157	71	2680	157	107,8985671	1831999	0,99410
591	2833	157	69	2837	157	107,7159871	1825800	409
592	2990	157	68	2994	157	107,5340240	1819631	408
593	3147	157	66	3151	157	107,3526745	1813495	407
594	3304	157	65	3308	157	107,1719357	1807388	406
595	3461	157	63	3465	157	106,9918043	1801314	405
596	3618	157	62	3622	157	106,8122774	1795269	404
597	3775	157	60	3779	157	106,6333519	1789255	403
598	3932	157	59	3936	157	106,4550248	1783271	402
599	4089	157	57	4093	157	106,2772931	1777317	401
0,00600	0,0094246	157	0,9999556	0,0094251	158	106,1001538	1771393	0,99400
Arc.	Cosinus.	D.	Sinus.	Cotang.	D.	Tang.	Diff.	Arc.

0,994

0,005							
Arc.	Log. Sin.	D.	Log. Cosin.	Log. Tang.	D.	Log. Cot.	Arc.
0,00550	7,9364772		9,9999838	7,9364934		12,0635066	0,99450
551	72661	7889	7	72823	7889	27177	449
552	80535	7874	7	80698	7875	19302	448
553	88395	7860	6	88559	7861	11441	447
554	7,9396242	7847	6	7,9396406	7847	12,0603594	446
555	7,9404074	7832	5	7,9404239	7833	12,0595761	445
556	11891	7817	4	12057	7818	87943	444
557	19695	7804	4	19862	7805	80138	443
558	27485	7790	3	27652	7790	72348	442
559	35261	7776	3	35428	7776	64572	441
0,00560	43023	7762	2	43191	7763	56809	0,99440
561	50771	7748	1	50940	7749	49060	439
562	58506	7735	1	58675	7735	41325	438
563	66226	7720	0	66396	7721	33604	437
564	73933	7707	9,9999830	74103	7707	25897	436
565	81626	7693	9,9999829	81797	7694	18203	435
566	89306	7680	8	89478	7681	10522	434
567	7,9496972	7666	8	7,9497144	7666	12,0502856	433
568	7,9504625	7653	7	7,9504797	7653	12,0495203	432
569	12264	7639	7	12437	7640	87563	431
0,00570	19889	7625	6	20063	7626	79937	0,99430
571	27502	7613	5	27676	7613	72324	429
572	35101	7599	5	35276	7600	64724	428
573	42686	7585	4	42862	7586	57138	427
574	50259	7573	3	50435	7573	49565	426
575	57818	7559	3	57995	7560	42005	425
576	65364	7546	2	65542	7547	34458	424
577	72897	7533	2	73076	7534	26924	423
578	80417	7520	1	80596	7520	19404	422
579	87925	7508	0	88104	7508	11896	421
0,00580	7,9595419	7494	9,9999820	7,9595599	7495	12,0404401	0,99420
581	7,9602900	7481	9,9999819	7,9603081	7482	12,0396919	419
582	10368	7468	9	10550	7469	89450	418
583	17824	7456	8	18006	7456	81994	417
584	25266	7442	7	25449	7443	74551	416
585	32696	7430	7	32880	7431	67120	415
586	40114	7418	6	40298	7418	59702	414
587	47518	7404	5	47703	7405	52297	413
588	54910	7392	5	55096	7393	44904	412
589	62290	7380	4	62476	7380	37524	411
0,00590	69657	7367	3	69843	7367	30157	0,99410
591	77011	7354	3	77198	7355	22802	409
592	84353	7342	2	84541	7343	15459	408
593	91683	7330	2	91871	7330	08129	407
594	7,9699000	7317	1	7,9699189	7318	12,0300811	406
595	7,9706305	7305	0	7,9706495	7306	12,0293505	405
596	13598	7293	9,9999810	13788	7293	86212	404
597	20878	7280	9,9999809	21069	7281	78931	403
598	28147	7269	8	28338	7269	71662	402
599	35403	7256	8	35595	7257	64405	401
0,00600	7,9742647	7244	9,9999807	7,9742840	7245	12,0257160	0,99400
Arc.	Log. Cosin.	D.	Log. Sin.	Log. Cot.	D.	Log. Tang.	Arc.
0,994							

0,006

Arc.	Sinus.	D.	Cofinus.	Tang.	D.	Cotang.	Diff.	Arc.
0, 00600	0, 0094246		0, 9999556	0, 0094251		106, 1001538		0, 99400
601	4403	157	54	4408	157	105, 9236040	1765498	399
602	4561	158	53	4565	157	7476407	1759633	398
603	4718	157	51	4722	157	5722610	1753797	397
604	4875	157	50	4879	157	3974620	1747990	396
605	5032	157	48	5036	157	2232409	1742211	395
606	5189	157	47	5193	157	105, 0495947	1736462	394
607	5346	157	45	5350	157	104, 8765206	1730741	393
608	5503	157	44	5507	157	7040159	1725047	392
609	5660	157	42	5664	157	5320777	1719382	391
0, 00610	5817	157	41	5822	158	3607031	1713746	0, 99390
611	5974	157	39	5979	157	1898896	1708135	389
612	6131	157	38	6136	157	104, 0196342	1702554	388
613	6238	157	36	6293	157	103, 8499343	1696999	387
614	6445	157	35	6450	157	6807871	1691472	386
615	6602	157	33	6607	157	5121900	1685971	385
616	6760	158	32	6764	157	3441403	1680497	384
617	6917	157	30	6921	157	1766352	1675051	383
618	7074	157	29	7078	157	103, 0096723	1669629	382
619	7231	157	27	7235	157	102, 8432488	1664235	381
0, 00620	7388	157	26	7392	157	6773621	1658867	0, 99380
621	7545	157	24	7550	158	5120097	1653524	379
622	7702	157	23	7707	157	3471889	1648208	378
623	7859	157	21	7864	157	1828972	1642917	377
624	8016	157	20	8021	157	102, 0191321	1637651	376
625	0, 0098173	157	0, 9999518	0, 0098178	157	101, 8558911	1632410	375
626	8330	157	17	8335	157	6931715	1627196	374
627	8487	157	15	8492	157	5309710	1622005	373
628	8644	157	13	8649	157	3692870	1616840	372
629	8801	157	12	8806	157	2081171	1611699	371
0, 00630	8959	158	10	8963	157	101, 0474588	1606583	0, 99370
631	9116	157	09	9120	157	100, 8873098	1601490	369
632	9273	157	07	9278	158	7276675	1596423	368
633	9430	157	06	9435	157	5685296	1591379	367
634	9587	157	04	9592	157	4098937	1586359	366
635	9744	157	03	9749	157	2517574	1581363	365
636	0, 0099901	157	0, 9999501	0, 0099906	157	100, 0941184	1576390	364
637	0, 0100058	157	0, 9999499	0, 0100063	157	99, 9369743	1571441	363
638	0215	157	98	0220	157	7803228	1566515	362
639	0372	157	96	0377	157	6241616	1561612	361
0, 00640	0529	157	95	0534	157	4684884	1556732	0, 99360
641	0686	157	93	0691	157	3133009	1551875	359
642	0843	157	92	0849	158	1585968	1547041	358
643	1000	157	90	1006	157	99, 0043739	1542229	357
644	1158	158	88	1163	157	98, 8506299	1537440	356
645	1315	157	87	1320	157	6973627	1532672	355
646	1472	157	85	1477	157	5445699	1527928	354
647	1629	157	84	1634	157	3922494	1523205	353
648	1786	157	82	1791	157	2403991	1518503	352
649	1943	157	80	1948	157	98, 0890167	1513824	351
0, 00650	0, 0102100	157	0, 9999479	0, 0102105	157	97, 9381000	1509167	0, 99350
Arc.	Cofinus.	D.	Sinus.	Cotang.	D.	Tang.	Diff.	Arc.

0,993

0,006							
Arc.	**Log. Sin.**	**D.**	**Log. Cosin.**	**Log. Tang.**	**D.**	**Log. Cot.**	**Arc.**
0,00600	7,9742647		9,9999807	7,9742840		12,0257160	0,99400
601	49879	7232	6	50073	7233	49927	399
602	57099	7220	6	57293	7220	42707	398
603	64307	7208	5	64502	7209	35498	397
604	71503	7196	5	71698	7196	28302	396
605	78687	7184	4	78883	7185	21117	395
606	85859	7172	3	86056	7173	13944	394
607	7,9793020	7161	3	7,9793217	7161	12,0206783	393
608	7,9800169	7149	2	7,9800367	7150	12,0199633	392
609	07305	7136	1	07504	7137	92496	391
0,00610	14431	7126	1	14630	7126	85370	0,99390
611	21544	7113	9,9999800	21744	7114	78256	389
612	28646	7102	9,9999799	28847	7103	71153	388
613	35736	7090	9	35938	7091	64062	387
614	42815	7079	8	43017	7079	56983	386
615	49882	7067	7	50085	7068	49915	385
616	56938	7056	7	57141	7056	42859	384
617	63982	7044	6	64186	7045	35814	383
618	71015	7033	5	71220	7034	28780	382
619	78037	7022	5	78242	7022	21758	381
0,00620	85047	7010	4	85253	7011	14747	0,99380
621	92046	6999	3	92253	7000	07747	379
622	7,9899034	6988	3	7,9899241	6988	12,0100759	378
623	7,9906010	6976	2	7,9906218	6977	12,0093782	377
624	12975	6965	1	13184	6966	86816	376
625	19929	6954	1	20138	6954	79862	375
626	26872	6943	9,9999790	27082	6944	72918	374
627	33804	6932	9,9999789	34015	6933	65985	373
628	40725	6921	9	40936	6921	59064	372
629	47635	6910	8	47847	6911	52153	371
0,00630	54533	6898	7	54746	6899	45254	0,99370
631	61421	6888	7	61635	6889	38365	369
632	68298	6877	6	68512	6877	31488	368
633	75164	6866	5	75379	6867	24621	367
634	82020	6856	5	82235	6856	17765	366
635	88864	6844	4	89080	6845	10920	365
636	7,9995698	6834	3	7,9995914	6834	12,0004086	364
637	8,0002521	6823	3	8,0002738	6824	11,9997262	363
638	09333	6812	2	09551	6813	90449	362
639	16134	6801	1	16353	6802	83647	361
0,00640	22925	6791	1	23145	6792	76855	0,99360
641	29706	6781	9,9999780	29926	6781	70074	359
642	36475	6769	9,9999779	36696	6770	63304	358
643	43235	6760	8	43456	6760	56544	357
644	49983	6748	8	50206	6750	49794	356
645	56722	6739	7	56945	6739	43055	355
646	63449	6727	6	63673	6728	36327	354
647	70167	6718	6	70391	6718	29609	353
648	76874	6707	5	77099	6708	22901	352
649	83571	6697	4	83796	6697	16204	351
0,00650	8,0090257	6686	9,9999774	8,0090483	6687	11,9909517	0,99350
Arc.	**Log. Cosin.**	**D.**	**Log. Sin.**	**Log. Cot.**	**D.**	**Log. Tang.**	**Arc.**
0,993							

0,006								
Arc.	Sinus.	D.	Cosinus.	Tang.	D.	Cotang.	Diff.	Arc.
0,00650	0,0102100		0,9999479	0,0102105		97,9381000		0,99350
651	2257	157	77	2262	157	7876470	1504530	349
652	2414	157	76	2420	158	6376555	1499915	348
653	2571	157	74	2577	157	4881234	1495321	347
654	2728	157	72	2734	157	3390485	1490749	346
655	2885	157	71	2891	157	1904288	1486197	345
656	3042	157	69	3048	157	97,0422622	1481666	344
657	3199	157	67	3205	157	96,8945466	1477156	343
658	3357	158	66	3362	157	7472800	1472566	342
659	3514	157	64	3519	157	6004603	1468197	341
0,00660	3671	157	63	3676	157	4540855	1463748	0,99340
661	3828	157	61	3833	157	3081536	1459319	339
662	3985	157	59	3990	157	1626625	1454911	338
663	4142	157	58	4148	158	96,0176103	1450522	337
664	4299	157	56	4305	157	95,8729950	1446153	336
665	4456	157	54	4462	157	7288146	1441804	335
666	4613	157	53	4619	157	5850672	1437474	334
667	4770	157	51	4776	157	4417508	1433164	333
668	4927	157	49	4933	157	2988635	1428873	332
669	5084	157	48	5090	157	1564033	1424602	331
0,00670	5241	157	46	5247	157	95,0143683	1420350	0,99330
671	5398	157	45	5404	157	94,8727567	1416116	329
672	5556	158	43	5561	157	7315666	1411901	328
673	5713	157	41	5719	158	5907960	1407706	327
674	5870	157	40	5876	157	4504431	1403529	326
675	0,0106027	157	0,9999438	0,0106033	157	3105060	1399371	325
676	6184	157	36	6190	157	1709830	1395230	324
677	6341	157	35	6347	157	94,0318721	1391109	323
678	6498	157	33	6504	157	93,8931716	1387005	322
679	6655	157	31	6661	157	7543795	1382921	321
0,00680	6812	157	30	6818	157	6169943	1378852	0,99320
681	6969	157	28	6975	157	4795139	1374804	319
682	7126	157	26	7132	157	3424367	1370772	318
683	7283	157	24	7290	158	2057609	1366758	317
684	7440	157	23	7447	157	93,0694847	1362762	316
685	7597	157	21	7604	157	92,9336064	1358783	315
686	7755	158	19	7761	157	7981242	1354822	314
687	7912	157	18	7918	157	6630364	1350878	313
688	8069	157	16	8075	157	5283413	1346951	312
689	8226	157	14	8232	157	3940371	1343042	311
0,00690	8383	157	13	8389	157	2601223	1339148	0,99310
691	8540	157	11	8546	157	92,1265950	1335273	309
692	8697	157	09	8703	157	91,9934536	1331414	308
693	8854	157	08	8860	157	8606964	1327572	307
694	9011	157	06	9018	158	7283219	1323745	306
695	9168	157	04	9175	157	5963282	1319937	305
696	9325	157	02	9332	157	4647138	1316144	304
697	9482	157	0,9999401	9489	157	3334771	1312367	303
698	9639	157	0,9999399	9646	157	2026164	1308607	302
699	9796	157	97	9803	157	91,0721301	1304863	301
0,00700	0,0109954	158	0,9999395	0,0109960	157	90,9420165	1301136	0,99300
Arc.	Cosinus.	D.	Sinus.	Cotang.	D.	Tang.	Diff.	Arc.
0,993								

0,006

Arc.	Log. Sin.	D.	Log. Cofin.	Log. Tang.	D.	Log. Cot.	Arc.
0,00650	8,0090257		9,9999774	8,0090483		11,9909517	0,99350
651	8,0096933	6676	3	8,0097160	6677	11,9902840	349
652	8,0103599	6666	2	8,0103827	6667	11,9896173	348
653	10254	6655	2	10483	6656	89517	347
654	16900	6646	1	17129	6646	82871	346
655	23535	6635	9,9999770	23765	6636	76235	345
656	30160	6625	9,9999769	30391	6626	69609	344
657	36775	6615	9	37007	6616	62993	343
658	43380	6605	8	43612	6605	56388	342
659	49975	6595	7	50208	6596	49792	341
0,00660	56560	6585	7	56794	6586	43206	0,99340
661	63135	6575	6	63369	6575	36631	339
662	69700	6565	5	69935	6566	30065	338
663	76256	6556	4	76491	6556	23509	337
664	82801	6545	4	83037	6546	16963	336
665	89336	6535	3	89573	6536	10427	335
666	8,0195862	6526	2	8,0196100	6527	11,9803900	334
667	8,0202378	6516	2	8,0202616	6516	11,9797384	333
668	08884	6506	1	09123	6507	90877	332
669	15380	6496	9,9999760	15620	6497	84380	331
0,00670	21867	6487	9,9999759	22107	6487	77893	0,99330
671	28344	6477	9	28585	6478	71415	329
672	34811	6467	8	35053	6468	64947	328
673	41269	6458	7	41511	6458	58489	327
674	47717	6448	7	47960	6449	52040	326
675	54155	6438	6	54399	6439	45601	325
676	60584	6429	5	60829	6430	39171	324
677	67004	6420	4	67249	6420	32751	323
678	73414	6410	4	73660	6411	26340	322
679	79814	6400	3	80061	6401	19939	321
0,00680	86205	6391	2	86453	6392	13547	0,99320
681	92587	6382	2	92836	6383	07164	319
682	8,0298959	6372	1	8,0299209	6373	11,9700791	318
683	8,0305322	6363	9,9999750	8,0305572	6363	11,9694428	317
684	11676	6354	9,9999749	11927	6355	88073	316
685	18021	6345	9	18272	6345	81728	315
686	24356	6335	8	24608	6336	75392	314
687	30682	6326	7	30935	6327	69065	313
688	36999	6317	6	37252	6317	62748	312
689	43306	6307	6	43561	6309	56439	311
0,00690	49605	6299	5	49860	6299	50140	0,99310
691	55894	6289	4	56150	6290	43850	309
692	62174	6280	3	62431	6281	37569	308
693	68445	6271	3	68703	6272	31297	307
694	74707	6262	2	74966	6263	25034	306
695	80961	6254	1	81219	6253	18781	305
696	87205	6244	0	87464	6245	12536	304
697	93440	6235	9,9999740	93700	6236	06300	303
698	8,0399666	6226	9,9999739	8,0399927	6227	11,9600073	302
699	8,0405883	6217	8	8,0406145	6218	11,9593855	301
0,00700	8,0412092	6209	9,9999737	8,0412354	6209	11,9587646	0,99300
Arc.	Log. Cofin.	D.	Log. Sin.	Log. Cot.	D.	Log. Tang.	Arc.

0,993

0,007

Arc.	Sinus.	D.	Cosinus.	Tang.	D.	Cotang.	Diff.	Arc.
0,00700	0,0109954		0,9999395	0,0109960		90,9420165		0,99300
701	0,0110111	157	94	0,0110117	157	8122742	1297423	299
702	0268	157	92	0274	157	6829016	1293726	298
703	0425	157	90	0431	157	5538969	1290047	297
704	0582	157	89	0589	158	4252588	1286381	296
705	0739	157	87	0746	157	2969855	1282733	295
706	0896	157	85	0903	157	1690757	1279098	294
707	1053	157	83	1060	157	90,0415276	1275481	293
708	1210	157	82	1217	157	89,9143398	1271878	292
709	1367	157	80	1374	157	7875108	1268290	291
0,00710	1524	157	78	1531	157	6610391	1264717	0,99290
711	1681	157	76	1688	157	5349231	1261160	289
712	1838	157	75	1845	157	4091613	1257618	288
713	1995	157	73	2002	157	2837523	1254090	287
714	2153	158	71	2160	158	1586946	1250577	286
715	2310	157	69	2317	157	89,0339866	1247080	285
716	2467	157	68	2474	157	88,9096270	1243596	284
717	2624	157	66	2631	157	7856143	1240127	283
718	2781	157	64	2788	157	6619470	1236673	282
719	2938	157	62	2945	157	5386237	1233233	281
0,00720	3095	157	60	3102	157	4156429	1229808	0,99280
721	3252	157	59	3259	157	2930032	1225397	279
722	3409	157	57	3416	157	1707033	1222999	278
723	3566	157	55	3573	157	88,0487416	1219617	277
724	3723	157	53	3731	158	87,9271169	1216247	276
725	0,0113880	157	0,9999352	0,0113888	157	8058277	1212892	275
726	4037	157	50	4045	157	6848725	1209552	274
727	4194	157	48	4202	157	5642501	1206224	273
728	4351	157	46	4359	157	4439591	1202910	272
729	4509	158	44	4516	157	3239981	1199610	271
0,00730	4666	157	43	4673	157	2043657	1196324	0,99270
731	4823	157	41	4830	157	87,0850606	1193051	269
732	4980	157	39	4987	157	86,9660815	1189791	268
733	5137	157	37	5144	157	8474270	1186545	267
734	5294	157	35	5302	158	7290958	1183312	266
735	5451	157	34	5459	157	6110865	1180093	265
736	5608	157	32	5616	157	4933980	1176885	264
737	5765	157	30	5773	157	3760287	1173693	263
738	5922	157	28	5930	157	2589776	1170511	262
739	6079	157	26	6087	157	1422432	1167344	261
0,00740	6236	157	24	6244	157	86,0258243	1164189	0,99260
741	6393	157	23	6401	157	85,9097196	1161047	259
742	6550	157	21	6558	157	7939278	1157918	258
743	6708	158	19	6715	157	6784478	1154800	257
744	6865	157	17	6873	158	5632781	1151697	256
745	7022	157	15	7030	157	4484176	1148605	255
746	7179	157	13	7187	157	3338650	1145526	254
747	7336	157	12	7344	157	2196191	1142459	253
748	7493	157	10	7501	157	85,1056787	1139404	252
749	7650	157	08	7658	157	84,9920425	1136362	251
0,00750	0,0117807	157	0,9999306	0,0117815	157	84,8787093	1133332	0,99250
Arc.	Cosinus.	D.	Sinus.	Cotang.	D.	Tang.	Diff.	Arc.

0,992

0,007

Arc.	Log. Sin.	D.	Log. Cosin.	Log. Tang.	D.	Log. Cot.	Arc.
0,00700	8,0412092		9,9999737	8,0412354		11,9587646	0,99300
701	18291	6199	7	18554	6200	81446	299
702	24482	6191	6	24746	6192	75254	298
703	30664	6182	5	30929	6183	69071	297
704	36837	6173	4	37102	6173	62898	296
705	43001	6164	4	43267	6165	56733	295
706	49157	6156	3	49424	6157	50576	294
707	55304	6147	2	55571	6147	44429	293
708	61442	6138	1	61710	6139	38290	292
709	67571	6129	1	67841	6131	32159	291
0,00710	73692	6121	9,9999730	73962	6121	26038	0,99290
711	79804	6112	9,9999729	80075	6113	19925	289
712	85908	6104	8	86180	6105	13820	288
713	92003	6095	8	92276	6096	07724	287
714	8,0498090	6087	7	8,0498363	6087	11,9501637	286
715	8,0504168	6078	6	8,0504442	6079	11,9495558	285
716	10237	6069	5	10512	6070	89488	284
717	16299	6062	5	16574	6062	83426	283
718	22351	6052	4	22627	6053	77373	282
719	28395	6044	3	28672	6045	71328	281
0,00720	34431	6036	2	34709	6037	65291	0,99280
721	40459	6028	1	40737	6028	59263	279
722	46478	6019	1	46757	6020	53243	278
723	52488	6010	9,9999720	52768	6011	47232	277
724	58491	6003	9,9999719	58772	6004	41228	276
725	64485	5994	8	64767	5995	35233	275
726	70471	5986	8	70753	5986	29247	274
727	76448	5977	7	76732	5979	23268	273
728	82418	5970	6	82702	5970	17298	272
729	88379	5961	5	88664	5962	11336	271
0,00730	8,0594332	5953	4	8,0594618	5954	11,9405382	0,99270
731	8,0600277	5945	4	8,0600563	5945	11,9399437	269
732	06214	5937	3	06501	5938	93499	268
733	12143	5929	2	12430	5929	87570	267
734	18063	5920	1	18352	5922	81648	266
735	23976	5913	1	24265	5913	75735	265
736	29880	5904	9,9999710	30170	5905	69830	264
737	35777	5897	9,9999709	36068	5898	63932	263
738	41665	5888	8	41957	5889	58043	262
739	47546	5881	7	47838	5881	52162	261
0,00740	53418	5872	7	53712	5874	46288	0,99260
741	59283	5865	6	59577	5865	40423	259
742	65139	5856	5	65434	5857	34566	258
743	70988	5849	4	71284	5850	28716	257
744	76829	5841	3	77126	5842	22874	256
745	82662	5833	3	82960	5834	17040	255
746	88488	5826	2	88786	5826	11214	254
747	8,0694305	5817	1	8,0694604	5818	11,9305396	253
748	8,0700115	5810	9,9999700	8,0700415	5811	11,9299585	252
749	05917	5802	9,9999699	06217	5802	93783	251
0,00750	8,0711711	5794	9,9999699	8,0712012	5795	11,9287988	0,99250
Arc.	Log. Cosin.	D.	Log. Sin.	Log. Cot.	D.	Log. Tang.	Arc.

0,992

0,007

Arc.	Sinus.	D.	Cosinus.	Tang.	D.	Cotang.	Diff.	Arc.
0, 00750	0, 0117807		0, 9999306	0, 0117815		84, 8787093		0, 99250
751	7964	157	04	7972	157	7656779	1130314	249
752	8121	157	02	8129	157	6529471	1127308	248
753	8278	157	0, 9999300	8286	157	5405157	1124314	247
754	8435	157	0, 9999299	8444	158	4283826	1121331	246
755	8592	157	97	8601	157	3165464	1118362	245
756	8749	157	95	8758	157	2050062	1115402	244
757	8906	157	93	8915	157	84, 0937605	1112457	243
758	9064	158	91	9072	157	83, 9828084	1109521	242
759	9221	157	89	9229	157	8721487	1106597	241
0, 00760	9378	157	87	9386	157	7617801	1103686	0, 99240
761	9535	157	86	9543	157	6517016	1100785	239
762	9692	157	84	9700	157	5419120	1097896	238
763	0, 0119849	157	82	0, 0119857	157	4324102	1095018	237
764	0, 0120006	157	80	0, 0120015	158	3231950	1092152	236
765	0163	157	78	0172	157	2142653	1089297	235
766	0320	157	76	0329	157	83, 1056201	1086452	234
767	0477	157	74	0486	157	82, 9972581	1083620	233
768	0634	157	72	0643	157	8891782	1080799	232
769	0791	157	70	0800	157	7813795	1077987	231
0, 00770	0948	157	69	0957	157	6738608	1075187	0, 99230
771	1105	157	67	1114	157	5666209	1072399	229
772	1263	158	65	1271	157	4596589	1069620	228
773	1420	157	63	1429	158	3529735	1066854	227
774	1577	157	61	1586	157	2465639	1064096	226
775	0, 0121734	157	0, 9999259	0, 0121743	157	1404288	1061351	225
776	1891	157	57	1900	157	82, 0345673	1058615	224
777	2048	157	55	2057	157	81, 9289782	1055891	223
778	2205	157	53	2214	157	8236606	1053176	222
779	2362	157	51	2371	157	7186133	1050473	221
0, 00780	2519	157	49	2528	157	6138354	1047779	0, 99220
781	2676	157	48	2685	157	5093258	1045096	219
782	2833	157	46	2842	157	4050835	1042423	218
783	2990	157	44	3000	158	3011074	1039761	217
784	3147	157	42	3157	157	1973965	1037109	216
785	3304	157	40	3314	157	81, 0939499	1034466	215
786	3461	157	38	3471	157	80, 9907665	1031834	214
787	3619	158	36	3628	157	8878452	1029213	213
788	3776	157	34	3785	157	7851852	1026600	212
789	3933	157	32	3942	157	6827854	1023998	211
0, 00790	4090	157	30	4099	157	5806448	1021406	0, 99210
791	4247	157	28	4256	157	4787625	1018823	209
792	4404	157	26	4413	157	3771374	1016251	208
793	4561	157	24	4571	158	2757687	1013687	207
794	4718	157	22	4728	157	1746552	1011135	206
795	4875	157	20	4885	157	80, 0737961	1008591	205
796	5032	157	18	5042	157	79, 9731904	1006057	204
797	5189	157	16	5199	157	8728372	1003532	203
798	5346	157	14	5356	157	7727355	1001017	202
799	5503	157	12	5513	157	6728843	998512	201
0, 00800	0, 0125660	157	0, 9999210	0, 0125670	157	79, 5732827	996016	0, 99200
Arc.	Cosinus.	D.	Sinus.	Cotang.	D.	Tang.	Diff.	Arc.

0,992

0,007

Arc.	Log. Sin.	D.	Log. Cosin.	Log. Tang.	D.	Log. Cot.	Arc.
0,00750	8,0711711		9,9999699	8,0712012		11,9287988	0,99250
751	17497	5786	8	17800	5788	82200	249
752	23276	5779	7	23579	5779	76421	248
753	29047	5771	6	29351	5772	70649	247
754	34811	5764	5	35115	5764	64885	246
755	40566	5755	5	40872	5757	59128	245
756	46315	5749	4	46621	5749	53379	244
757	52055	5740	3	52362	5741	47638	243
758	57788	5733	2	58096	5734	41904	242
759	63514	5726	1	63822	5726	36178	241
0,00760	69232	5718	1	69541	5719	30459	0,99240
761	74942	5710	9,9999690	75252	5711	24748	239
762	80645	5703	9,9999689	80956	5704	19044	238
763	86340	5695	8	86652	5696	13348	237
764	92028	5688	7	92341	5689	07659	236
765	8,0797709	5681	6	8,0798022	5681	11,9201978	235
766	8,0803382	5673	6	8,0803696	5674	11,9196304	234
767	09047	5665	5	09363	5667	90637	233
768	14706	5659	4	15022	5659	84978	232
769	20357	5651	3	20673	5651	79327	231
0,00770	26000	5643	2	26318	5645	73682	0,99230
771	31636	5636	1	31955	5637	68045	229
772	37265	5629	1	37585	5630	62415	228
773	42887	5622	9,9999680	43207	5622	56793	227
774	48501	5614	9,9999679	48822	5615	51178	226
775	54109	5608	8	54430	5608	45570	225
776	59708	5599	7	60031	5601	39969	224
777	65301	5593	7	65625	5594	34375	223
778	70887	5586	6	71211	5586	28789	222
779	76465	5578	5	76790	5579	23210	221
0,00780	82036	5571	4	82362	5572	17638	0,99220
781	87600	5564	3	87927	5565	12073	219
782	93157	5557	2	93485	5558	06515	218
783	8,0898707	5550	2	8,0899035	5550	11,9100965	217
784	8,0904250	5543	1	8,0904579	5544	11,9095421	216
785	09785	5535	9,9999670	10115	5536	89885	215
786	15314	5529	9,9999669	15645	5530	84355	214
787	20835	5521	8	21167	5522	78833	213
788	26350	5515	7	26683	5516	73317	212
789	31858	5508	6	32191	5508	67809	211
0,00790	37358	5500	6	37693	5502	62307	0,99210
791	42852	5494	5	43187	5494	56813	209
792	48339	5487	4	48675	5488	51325	208
793	53818	5479	3	54155	5480	45845	207
794	59291	5473	2	59629	5474	40371	206
795	64757	5466	1	65096	5467	34904	205
796	70216	5459	1	70556	5460	29444	204
797	75669	5453	9,9999660	76009	5453	23991	203
798	81114	5445	9,9999659	81455	5446	18545	202
799	86553	5439	8	86895	5440	13105	201
0,00800	8,0991984	5431	9,9999657	8,0992327	5432	11,9007673	0,99200
Arc.	Log. Cosin.	D.	Log. Sin.	Log. Cot.	D.	Log. Tang.	Arc.

0,992

0,008

Arc.	Sinus.	D.	Cosinus.	Tang.	D.	Cotang.	Diff.	Arc.
0,00800	0,0125660		0,9999210	0,0125670		79,5732827		0,99200
801	5817	157	08	5827	157	4739298	993529	199
802	5975	158	06	5985	158	3748247	991051	198
803	6132	157	05	6142	157	2759664	988583	197
804	6289	157	03	6259	157	1773539	986125	196
805	6446	157	0,9999201	6456	157	79,0789865	983674	195
806	6603	157	0,9999199	6613	157	78,9808632	981233	194
807	6760	157	97	6770	157	8829830	978802	193
808	6917	157	95	6927	157	7853451	976379	192
809	7074	157	93	7084	157	6879485	973966	191
0,00810	7231	157	91	7241	157	5907924	971561	0,99190
811	7388	157	89	7398	157	4938759	969165	189
812	7545	157	87	7556	158	3971981	966778	188
813	7702	157	85	7713	157	3007581	964400	187
814	7859	157	83	7870	157	2045551	962030	186
815	8016	157	81	8027	157	1085881	959670	185
816	8173	157	79	8184	157	78,0128564	957317	184
817	8331	158	77	8341	157	77,9173589	954975	183
818	8488	157	75	8498	157	8220950	952639	182
819	8645	157	72	8655	157	7270636	950314	181
0,00820	8802	157	70	8812	157	6322640	947996	0,99180
821	8959	157	68	8970	158	5376954	945686	179
822	9116	157	66	9127	157	4433568	943386	178
823	9273	157	64	9284	157	3492475	941093	177
824	9430	157	62	9441	157	2553666	938809	176
825	9587	157	0,9999160	9598	157	1617133	936533	175
826	9744	157	58	9755	157	77,0682867	934266	174
827	0,0129901	157	56	0,0129912	157	76,9750860	932007	173
828	0,0130058	157	54	0,0130069	157	8821105	929755	172
829	0215	157	52	0226	157	7893592	927513	171
0,00830	0372	157	50	0383	157	6968315	925277	0,99170
831	0529	157	48	0541	158	6045264	923051	169
832	0687	158	46	0698	157	5124432	920832	168
833	0844	157	44	0855	157	4205810	918622	167
834	1001	157	42	1012	157	3289392	916418	166
835	1158	157	40	1169	157	2375168	914224	165
836	1315	157	38	1326	157	1463131	912037	164
837	1472	157	36	1483	157	76,0553274	909857	163
838	1629	157	34	1640	157	75,9645588	907686	162
839	1786	157	32	1797	157	8740065	905523	161
0,00840	1943	157	30	1955	158	7836699	903366	0,99160
841	2100	157	27	2112	157	6935480	901219	159
842	2257	157	25	2269	157	6036402	899078	158
843	2414	157	23	2426	157	5139457	896945	157
844	2571	157	21	2583	157	4244638	894819	156
845	2728	157	19	2740	157	3351936	892702	155
846	2885	157	17	2897	157	2461344	890592	154
847	3043	158	15	3054	157	1572855	888489	153
848	3200	157	13	3211	157	75,0686462	886393	152
849	3357	157	11	3369	158	74,9802156	884306	151
0,00850	0,0133514	157	0,9999109	0,0133526	157	74,8919932	882224	0,99150
Arc.	Cofinus.	D.	Sinus.	Cotang.	D.	Tang.	Diff.	Arc.

0,991

0,008

Arc.	Log. Sin.	D.	Log. Cosin.	Log. Tang.	D.	Log. Cot.	Arc.
0,00800	8,0991984		9,9999657	8,0992327		11,9007673	0,99200
801	8,0997409	5425	6	8,0997753	5426	11,9002247	199
802	8,1002828	5419	5	8,1003172	5419	11,8996828	198
803	08239	5411	5	08585	5413	91415	197
804	13644	5405	4	13990	5405	86010	196
805	19042	5398	3	19389	5399	80611	195
806	24433	5391	2	24781	5392	75219	194
807	29818	5385	1	30167	5386	69833	193
808	35196	5378	9,9999650	35546	5379	64454	192
809	40567	5371	9,9999649	40918	5372	59082	191
0,00810	45932	5365	8	46283	5365	53717	0,99190
811	51290	5358	8	51642	5359	48358	189
812	56641	5351	7	56995	5353	43005	188
813	61986	5345	6	62340	5345	37660	187
814	67324	5338	5	67680	5340	32320	186
815	72656	5332	4	73012	5332	26988	185
816	77981	5325	3	78338	5326	21662	184
817	83300	5319	2	83658	5320	16342	183
818	88612	5312	1	88971	5313	11029	182
819	93918	5306	1	94277	5306	05723	181
0,00820	8,1099217	5299	9,9999640	8,1099577	5300	11,8900423	0,99180
821	8,1104510	5293	9,9999639	8,1104871	5294	11,8895129	179
822	09796	5286	8	10158	5287	89842	178
823	15076	5280	7	15439	5281	84561	177
824	20350	5274	6	20713	5274	79287	176
825	25617	5267	5	25981	5268	74019	175
826	30877	5260	4	31243	5262	68757	174
827	36132	5255	4	36498	5255	63502	173
828	41380	5248	3	41747	5249	58253	172
829	46621	5241	2	46990	5243	53010	171
0,00830	51857	5236	1	52226	5236	47774	0,99170
831	57086	5229	9,9999630	57456	5230	42544	169
832	62308	5222	9,9999629	62679	5223	37321	168
833	67525	5217	8	67897	5218	32103	167
834	72735	5210	7	73108	5211	26892	166
835	77939	5204	6	78313	5205	21687	165
836	83137	5198	6	83511	5198	16489	164
837	88328	5191	5	88704	5193	11296	163
838	93514	5186	4	93890	5186	06110	162
839	8,1198693	5179	3	8,1199070	5180	11,8800930	161
0,00840	8,1203866	5173	2	8,1204244	5174	11,8795756	0,99160
841	09032	5166	1	09411	5167	90589	159
842	14193	5161	9,9999620	14573	5162	85427	158
843	19348	5155	9,9999619	19728	5155	80272	157
844	24496	5148	8	24878	5150	75122	156
845	29638	5142	7	30021	5143	69979	155
846	34775	5137	7	35158	5137	64842	154
847	39905	5130	6	40289	5131	59711	153
848	45029	5124	5	45414	5125	54586	152
849	50147	5118	4	50533	5119	49467	151
0,00850	8,1255259	5112	9,9999613	8,1255646	5113	11,8744354	0,99150
Arc.	Log. Cosin.	D.	Log. Sin.	Log. Cot.	D.	Log. Tang.	Arc.

0,991

0,008

Arc.	Sinus.	D.	Cofinus.	Tang.	D.	Cotang.	Diff.	Arc.
0,00850	0,0133514		0,9999109	0,0133526		74,8919932		0,99150
851	3671	157	07	3683	157	8039780	880152	149
852	3828	157	04	3840	157	7161694	878086	148
853	3985	157	02	3997	157	6285668	876026	147
854	4142	157	0,9999100	4154	157	5411692	873976	146
855	4299	157	0,9999098	4311	157	4539761	871931	145
856	4456	157	96	4468	157	3669867	869894	144
857	4613	157	94	4625	157	2802003	867864	143
858	4770	157	92	4782	157	1936161	865842	142
859	4927	157	90	4940	158	1072336	863825	141
0,00860	5084	157	88	5097	157	74,0210519	861817	0,99140
861	5241	157	85	5254	157	73,9350704	859815	139
862	5399	158	83	5411	157	8492884	857820	138
863	5556	157	81	5568	157	7637052	855832	137
864	5713	157	79	5725	157	6783201	853851	136
865	5870	157	77	5882	157	5931324	851877	135
866	6027	157	75	6039	157	5081414	849910	134
867	6184	157	73	6196	157	4233464	847950	133
868	6341	157	71	6354	158	3387469	845995	132
869	6498	157	68	6511	157	2543420	844049	131
0,00870	6655	157	66	6668	157	1701311	842109	0,99130
871	6812	157	64	6825	157	0861136	840175	129
872	6969	157	62	6982	157	73,0022888	838248	128
873	7126	157	60	7139	157	72,9186560	836328	127
874	7283	157	58	7296	157	8352146	834414	126
875	0,0137440	157	0,9999055	0,0137453	157	7519639	832507	125
876	7597	157	53	7610	157	6689032	830607	124
877	7754	157	51	7768	158	5860320	828712	123
878	7912	158	49	7925	157	5033495	826825	122
879	8069	157	47	8082	157	4208551	824944	121
0,00880	8226	157	45	8239	157	3385482	823069	0,99120
881	8383	157	42	8396	157	2564282	821200	119
882	8540	157	40	8553	157	1744943	819339	118
883	8697	157	38	8710	157	0927460	817483	117
884	8854	157	36	8867	157	72,0111827	815633	116
885	9011	157	34	9024	157	71,9298036	813791	115
886	9168	157	32	9182	158	8486083	811953	114
887	9325	157	29	9339	157	7675960	810123	113
888	9482	157	27	9496	157	6867662	808298	112
889	9639	157	25	9653	157	6061182	806480	111
0,00890	9796	157	23	9810	157	5256514	804668	0,99110
891	0,0139953	157	21	0,0139967	157	4453652	802862	109
892	0,0140110	157	18	0,0140124	157	3652591	801061	108
893	0268	158	16	0281	157	2853323	799268	107
894	0425	157	14	0438	157	2055843	797480	106
895	0582	157	12	0596	158	1260146	795697	105
896	0739	157	10	0753	157	71,0466224	793922	104
897	0896	157	07	0910	157	70,9674072	792152	103
898	1053	157	05	1067	157	8883684	790388	102
899	1210	157	03	1224	157	8095055	788629	101
0,00900	0,0141367	157	0,9999001	0,0141381	157	70,7308178	786877	0,99100
Arc.	Cofinus.	D.	Sinus.	Cotang.	D.	Tang.	Diff.	Arc.

0,991

0,008							
Arc.	Log. Sin.	D.	Log.Cosin.	Log. Tang.	D.	Log. Cot.	Arc.
0,00850	8,1255259		9,9999613	8,1255646		11,8744354	0,99150
851	60365	5106	2	60753	5107	39247	149
852	65465	5100	1	65854	5101	34146	148
853	70559	5094	9,9999610	70949	5095	29051	147
854	75647	5088	9,9999609	76038	5089	23962	146
855	80729	5082	8	81121	5083	18879	145
856	85806	5077	7	86198	5077	13802	144
857	90876	5070	6	91269	5071	08731	143
858	8,1295940	5064	6	8,1296335	5066	11,8703665	142
859	8,1300999	5059	5	8,1301394	5059	11,8698606	141
0,00860	06051	5052	4	06447	5053	93553	0,99140
861	11098	5047	3	11495	5048	88505	139
862	16139	5041	2	16537	5042	83463	138
863	21174	5035	1	21573	5036	78427	137
864	26203	5029	9,9999600	26603	5030	73397	136
865	31226	5023	9,9999599	31627	5024	68373	135
866	36244	5018	8	36646	5019	63354	134
867	41255	5011	7	41658	5012	58342	133
868	46261	5006	6	46665	5007	53335	132
869	51262	5001	5	51666	5001	48334	131
0,00870	56256	4994	4	56662	4996	43338	0,99130
871	61245	4989	4	61651	4989	38349	129
872	66228	4983	3	66635	4984	33365	128
873	71205	4977	2	71613	4978	28387	127
874	76177	4972	1	76586	4973	23414	126
875	81143	4966	9,9999590	81553	4967	18447	125
876	86103	4960	9,9999589	86514	4961	13486	124
877	91057	4954	8	91469	4955	08531	123
878	8,1396006	4949	7	8,1396419	4950	11,8603581	122
879	8,1400950	4944	6	8,1401364	4945	11,8598636	121
0,00880	05887	4937	5	06302	4938	93698	0,99120
881	10819	4932	4	11235	4933	88765	119
882	15746	4927	3	16163	4928	83837	118
883	20667	4921	2	21084	4921	78916	117
884	25582	4915	1	26001	4917	73999	116
885	30492	4910	9,9999580	30911	4910	69089	115
886	35396	4904	9,9999579	35816	4905	64184	114
887	40294	4898	8	40716	4900	59284	113
888	45188	4894	7	45610	4894	54390	112
889	50075	4887	7	50499	4889	49501	111
0,00890	54957	4882	6	55382	4883	44618	0,99110
891	59834	4877	5	60259	4877	39741	109
892	64705	4871	4	65132	4873	34868	108
893	69571	4866	3	69998	4866	30002	107
894	74431	4860	2	74859	4861	25141	106
895	79286	4855	1	79715	4856	20285	105
896	84135	4849	9,9999570	84566	4851	15434	104
897	88979	4844	9,9999569	89411	4845	10589	103
898	93818	4839	8	94250	4839	05750	102
899	8,1498651	4833	7	8,1499084	4834	11,8500916	101
0,00900	8,1503479	4828	9,9999566	8,1503913	4829	11,8496087	0,99100
Arc.	Log.Cosin.	D.	Log. Sin.	Log. Cot.	D.	Log. Tang.	Arc.
0,991							

0,009								
Arc.	Sinus.	D.	Cosinus.	Tang.	D.	Cotang.	Diff.	Arc.
0,00900	0,0141367		0,9999001	0,0141381		70,7308178		0,99100
901	1524	157	0,9998998	1538	157	6523048	785130	099
902	1681	157	96	1695	157	5739658	783390	098
903	1838	157	94	1852	157	4958003	781655	097
904	1995	157	92	2010	158	4178078	779925	096
905	2152	157	90	2167	157	3399876	778202	095
906	2309	157	87	2324	157	2623392	776484	094
907	2466	157	85	2481	157	1848620	774772	093
908	2623	157	83	2638	157	1075554	773066	092
909	2781	158	81	2795	157	70,0304189	771365	091
0,00910	2938	157	78	2952	157	69,9534519	769670	0,99090
911	3095	157	76	3109	157	8766539	767980	089
912	3252	157	74	3266	157	8000243	766296	088
913	3409	157	72	3424	158	7235626	764617	087
914	3566	157	69	3581	157	6472681	762945	086
915	3723	157	67	3738	157	5711404	761277	085
916	3880	157	65	3895	157	4951789	759615	084
917	4037	157	63	4052	157	4193831	757958	083
918	4194	157	60	4209	157	3437524	756307	082
919	4351	157	58	4366	157	2682863	754661	081
0,00920	4508	157	56	4523	157	1929842	753021	0,99080
921	4665	157	54	4680	157	1178456	751386	079
922	4822	157	51	4838	158	69,0428700	749756	078
923	4979	157	49	4995	157	68,9680569	748131	077
924	5136	157	47	5152	157	8934056	746513	076
925	0,0145294	158	0,9998944	0,0145309	157	8189158	744898	075
926	5451	157	42	5466	157	7445869	743289	074
927	5608	157	40	5623	157	6704183	741686	073
928	5765	157	38	5780	157	5964095	740088	072
929	5922	157	35	5937	157	5225601	738494	071
0,00930	6079	157	33	6094	157	4488694	736907	0,99070
931	6236	157	31	6252	158	3753371	735323	069
932	6393	157	28	6409	157	3019625	733746	068
933	6550	157	26	6566	157	2287452	732173	067
934	6707	157	24	6723	157	1556847	730605	066
935	6864	157	21	6880	157	0827805	729042	065
936	7021	157	19	7037	157	68,0100320	727485	064
937	7178	157	17	7194	157	67,9374388	725932	063
938	7335	157	15	7351	157	8650003	724385	062
939	7492	157	12	7508	157	7927162	722841	061
0,00940	7649	157	10	7666	158	7205858	721304	0,99060
941	7807	158	08	7823	157	6486087	719771	059
942	7964	157	05	7980	157	5767844	718243	058
943	8121	157	03	8137	157	5051125	716719	057
944	8278	157	0,9998901	8294	157	4335924	715201	056
945	8435	157	0,9998898	8451	157	3622236	713688	055
946	8592	157	96	8608	157	2910057	712179	054
947	8749	157	94	8765	157	2199382	710675	053
948	8906	157	91	8922	157	1490206	709176	052
949	9063	157	89	9080	158	0782525	707681	051
0,00950	0,0149220	157	0,9998887	0,0149237	157	67,0076334	706191	0,99050
Arc.	Cosinus.	D.	Sinus.	Cotang.	D.	Tang.	Diff.	Arc.
0,990								

0,009							
Arc.	Log. Sin.	D.	Log. Cofin.	Log. Tang.	D.	Log. Cot.	Arc.
0,00900	8,1503479		9,9999566	8,1503913		11,8496087	0,99100
901	08302	4823	5	08737	4824	91263	099
902	13119	4817	4	13555	4818	86445	098
903	17931	4812	3	18368	4813	81632	097
904	22737	4806	2	23175	4807	76825	096
905	27538	4801	1	27977	4802	72023	095
906	32334	4796	9,9999560	32774	4797	67226	094
907	37125	4791	9,9999559	37565	4791	62435	093
908	41910	4785	8	42352	4787	57648	092
909	46690	4780	7	47133	4781	52867	091
0,00910	51465	4775	6	51908	4775	48092	0,99090
911	56234	4769	5	56679	4771	43321	089
912	60999	4765	4	61444	4765	38556	088
913	65758	4759	3	66204	4760	33796	087
914	70512	4754	2	70959	4755	29041	086
915	75260	4748	1	75709	4750	24291	085
916	80004	4744	9,9999550	80453	4744	19547	084
917	84742	4738	9,9999549	85193	4740	14807	083
918	89475	4733	8	89927	4734	10073	082
919	94203	4728	7	94656	4729	05344	081
0,00920	8,1598926	4723	6	8,1599379	4723	11,8400621	0,99080
921	8,1603044	4718	6	8,1604098	4719	11,8395902	079
922	08356	4712	5	08812	4714	91188	078
923	13064	4708	4	13520	4708	86480	077
924	17766	4702	3	18223	4703	81777	076
925	22463	4697	2	22922	4699	77078	075
926	27155	4692	1	27615	4693	72385	074
927	31843	4688	9,9999540	32303	4688	67697	073
928	36525	4682	9,9999539	36986	4683	63014	072
929	41202	4677	8	41664	4678	58336	071
0,00930	45874	4672	7	46337	4673	53663	0,99070
931	50541	4667	6	51005	4668	48995	069
932	55203	4662	5	55668	4663	44332	068
933	59860	4657	4	60326	4658	39674	067
934	64512	4652	3	64979	4653	35021	066
935	69159	4647	2	69627	4648	30373	065
936	73801	4642	1	74270	4643	25730	064
937	78438	4637	9,9999530	78908	4638	21092	063
938	83070	4632	9,9999529	83541	4633	16459	062
939	87697	4627	8	88170	4629	11830	061
0,00940	92319	4622	7	92793	4623	07207	0,99060
941	8,1696937	4618	6	8,1697411	4618	11,8302589	059
942	8,1701549	4612	5	8,1702025	4614	11,8297975	058
943	06157	4608	4	06633	4608	93367	057
944	10760	4603	3	11237	4604	88763	056
945	15357	4597	2	15836	4599	84164	055
946	19950	4593	9,9999520	20430	4594	79570	054
947	24538	4588	9,9999519	25019	4589	74981	053
948	29122	4584	8	29603	4584	70397	052
949	33700	4578	7	34183	4580	65817	051
0,00950	8,1738274	4574	9,9999516	8,1738757	4574	11,8261243	0,99050
Arc.	Log. Cofin.	D.	Log. Sin.	Log. Cot.	D.	Log. Tang.	Arc.
0,990							

0,009

Arc.	Sinus.	D.	Cosinus.	Tang.	D.	Cotang.	Diff.	Arc.
0,00950	0,0149220		0,9998887	0,0149237		67,0076334		0,99050
951	9377	157	84	9394	157	66,9371627	704707	049
952	9534	157	82	9551	157	8668401	703226	048
953	9691	157	80	9708	157	7966651	701750	047
954	0,0149848	157	77	0,0149865	157	7266371	700280	046
955	0,0150005	157	75	0,0150022	157	6567558	698813	045
956	0162	157	78	0179	157	5870207	697351	044
957	0320	158	70	0337	158	5174313	695894	043
958	0477	157	68	0494	157	4479872	694441	042
959	0634	157	65	0651	157	3786879	692993	041
0,00960	0791	157	63	0808	157	3095330	691549	0,99040
961	0948	157	61	0965	157	2405220	690110	039
962	1105	157	58	1122	157	1716544	688676	038
963	1262	157	56	1279	157	1029299	687245	037
964	1419	157	54	1436	157	66,0343479	685820	036
965	1576	157	51	1593	157	65,9659081	684398	035
966	1733	157	49	1751	158	8976099	682982	034
967	1890	157	46	1908	157	8294530	681569	033
968	2047	157	44	2065	157	7614369	680161	032
969	2204	157	42	2222	157	6935612	678757	031
0,00970	2361	157	39	2379	157	6258254	677358	0,99030
971	2518	157	37	2536	157	5582291	675963	029
972	2675	157	34	2693	157	4907719	674572	028
973	2833	158	32	2850	157	4234533	673186	027
974	2990	157	30	3008	158	3562730	671803	026
975	0,0153147	157	0,9998827	0,0153165	157	2892305	670425	025
976	3304	157	25	3322	157	2223253	669052	024
977	3461	157	22	3479	157	1555571	667682	023
978	3618	157	20	3636	157	0889254	666317	022
979	3775	157	18	3793	157	65,0224298	664956	021
0,00980	3932	157	15	3950	157	64,9560699	663599	0,99020
981	4089	157	13	4107	157	8898453	662246	019
982	4246	157	10	4264	157	8237556	660897	018
983	4403	157	08	4422	158	7578003	659553	017
984	4560	157	05	4579	157	6919790	658213	016
985	4717	157	03	4736	157	6262914	656876	015
986	4874	157	0,9998801	4893	157	5607371	655543	014
987	5031	157	0,9998798	5050	157	4953155	654216	013
988	5188	157	96	5207	157	4300264	652891	012
989	5346	158	93	5364	157	3648693	651571	011
0,00990	5503	157	91	5521	157	2998438	650255	0,99010
991	5660	157	88	5678	157	2349495	648943	009
992	5817	157	86	5836	158	1701861	647634	008
993	5974	157	84	5993	157	1055531	646330	007
994	6131	157	81	6150	157	64,0410501	645030	006
995	6288	157	79	6307	157	63,9766768	643733	005
996	6445	157	76	6464	157	9124327	642441	004
997	6602	157	74	6621	157	8483175	641152	003
998	6759	157	71	6778	157	7843307	639868	002
0,00999	6916	157	69	6935	157	7204721	638586	001
0,01000	0,0157073	157	0,9998766	0,0157093	158	63,6567412	637309	0,99000
Arc.	Cosinus.	D.	Sinus.	Cotang.	D.	Tang.	Diff.	Arc.

0,990

0,009							
Arc.	Log. Sin.	D.	Log. Cosin.	Log. Tang.	D.	Log. Cot.	Arc.
0,00950	8,1738274		9,9999516	8,1738757		11,8261243	0,99050
951	42842	4568	5	43327	4570	56673	049
952	47406	4564	4	47892	4565	52108	048
953	51966	4560	3	52452	4560	47548	047
954	56520	4554	2	57008	4556	42992	046
955	61070	4550	1	61558	4550	38442	045
956	65614	4544	9,9999510	66104	4546	33896	044
957	70155	4541	9,9999509	70645	4541	29355	043
958	74690	4535	8	75182	4537	24818	042
959	79221	4531	7	79713	4531	20287	041
0,00960	83747	4526	6	84240	4527	15760	0,99040
961	88268	4521	5	88763	4523	11237	039
962	92784	4516	4	93280	4517	06720	038
963	8,1797296	4512	3	8,1797793	4513	11,8202207	037
964	8,1801803	4507	2	8,1802301	4508	11,8197699	036
965	06306	4503	1	06805	4504	93195	035
966	10803	4497	9,9999500	11303	4498	88697	034
967	15297	4494	9,9999499	15798	4495	84202	033
968	19785	4488	8	20287	4489	79713	032
969	24269	4484	7	24772	4485	75228	031
0,00970	28748	4479	6	29252	4480	70748	0,99030
971	33223	4475	5	33728	4476	66272	029
972	37693	4470	4	38199	4471	61801	028
973	42158	4465	3	42665	4466	57335	027
974	46619	4461	2	47127	4462	52873	026
975	8,1851075	4456	1	8,1851585	4458	11,8148415	025
976	55527	4452	9,9999490	56037	4452	43963	024
977	59974	4447	9,9999489	60485	4448	39515	023
978	64416	4442	8	64929	4444	35071	022
979	68855	4439	6	69368	4439	30632	021
0,00980	73288	4433	5	73803	4435	26197	0,99020
981	77717	4429	4	78233	4430	21767	019
982	82141	4424	3	82658	4425	17342	018
983	86561	4420	2	87079	4421	12921	017
984	90977	4416	1	91496	4417	08504	016
985	95388	4411	9,9999480	8,1895908	4412	11,8104092	015
986	8,1899794	4406	9,9999479	8,1900315	4407	11,8099685	014
987	8,1904196	4402	8	04718	4403	95282	013
988	08594	4398	7	09117	4399	90883	012
989	12987	4393	6	13511	4394	86489	011
0,00990	17376	4389	5	17901	4390	82099	0,99010
991	21760	4384	4	22286	4385	77714	009
992	26140	4380	3	26667	4381	73333	008
993	30515	4375	2	31043	4376	68957	007
994	34886	4371	1	35416	4373	64584	006
995	39253	4367	9,9999470	39783	4367	60217	005
996	43615	4362	9,9999468	44147	4364	55853	004
997	47973	4358	7	48505	4358	51495	003
998	52326	4353	6	52860	4355	47140	002
0,00999	56675	4349	5	57210	4350	42790	001
0,01000	8,1961020	4345	9,9999464	8,1961556	4346	11,8038444	0,99000
Arc.	Log. Cosin.	D.	Log. Sin.	Log. Cot.	D.	Log. Tang.	Arc.
0,990							

0,010

Arc.	Sinus.	D.	Cosinus.	Tang.	D.	Cotang.	Diff.	Arc.
0,01000	0,0157073		0,9998766	0,0157093		63,6567412		0,99000
001	7230	157	64	7250	157	5931375	636037	0,98999
002	7387	157	61	7407	157	5296609	634766	998
003	7544	157	59	7564	157	4663108	633501	997
004	7701	157	56	7721	157	4030868	632240	996
005	7858	157	54	7878	157	3399887	630981	995
006	8016	158	51	8035	157	2770160	629727	994
007	8173	157	49	8192	157	2141634	628476	993
008	8330	157	47	8350	158	1514455	627229	992
009	8487	157	44	8507	157	0888469	625986	991
0,01010	8644	157	42	8664	157	63,0263722	624747	0,98990
011	8801	157	39	8821	157	62,9640211	623511	989
012	8958	157	37	8978	157	9017932	622279	988
013	9115	157	34	9135	157	8396882	621050	987
014	9272	157	32	9292	157	7777056	619826	986
015	9429	157	29	9449	157	7158452	618604	985
016	9586	157	27	9606	157	6541066	617386	984
017	9743	157	24	9764	158	5924893	616173	983
018	0,0159900	157	22	0,0159921	157	5309931	614962	982
019	0,0160057	157	19	0,0160078	157	4696176	613755	981
0,01020	0214	157	16	0235	157	4083624	612552	0,98980
021	0371	157	14	0392	157	3472272	611352	979
022	0528	157	11	0549	157	2862116	610156	978
023	0686	158	09	0706	157	2253153	608963	977
024	0843	157	06	0863	157	1645379	607774	976
025	0,0161000	157	04	0,0161021	158	1038791	606588	975
026	1157	157	0,9998701	1178	157	62,0433385	605406	974
027	1314	157	0,9998699	1335	157	61,9829159	604226	973
028	1471	157	96	1492	157	9226107	603052	972
029	1628	157	94	1649	157	8624228	601879	971
0,01030	1785	157	91	1806	157	8023517	600711	0,98970
031	1942	157	89	1963	157	7423972	599545	969
032	2099	157	86	2120	157	6825588	598384	968
033	2256	157	84	2278	158	6228363	597225	967
034	2413	157	81	2435	157	5632293	596070	966
035	2570	157	78	2592	157	5037374	594919	965
036	2727	157	76	2749	157	4443604	593770	964
037	2884	157	73	2906	157	3850979	592625	963
038	3041	157	71	3063	157	3259496	591483	962
039	3198	157	68	3220	157	2669151	590345	961
0,01040	3356	158	66	3377	157	2079941	589210	0,98960
041	3513	157	63	3534	157	1491864	588077	959
042	3670	157	61	3692	158	0904914	586950	958
043	3827	157	58	3849	157	61,0319091	585823	957
044	3984	157	55	4006	157	60,9734389	584702	956
045	4141	157	53	4163	157	9150807	583582	955
046	4298	157	50	4320	157	8568340	582467	954
047	4455	157	48	4477	157	7986986	581354	953
048	4612	157	45	4634	157	7406741	580245	952
049	4769	157	42	4791	157	6827602	579139	951
0,01050	0,0164926	157	0,9998640	0,0164949	158	60,6249566	578036	0,98950
Arc.	Cosinus.	D.	Sinus.	Cotang.	D.	Tang.	Diff.	Arc.

0,989

0,010

Arc.	Log. Sin.	D.	Log. Cosin.	Log. Tang.	D.	Log. Cot.	Arc.
0,01000	8,1961020		9,9999464	8,1961556		11,8038444	0,99000
001	65361	4341	3	65897	4341	34103	0,98999
002	69697	4336	2	70235	4338	29765	998
003	74028	4331	1	74567	4332	25433	997
004	78356	4328	9,9999460	78896	4329	21104	996
005	82679	4323	9,9999459	83220	4324	16780	995
006	86998	4319	8	87540	4320	12460	994
007	91312	4314	7	91856	4316	08144	993
008	95623	4311	6	8,1996167	4311	11,8003833	992
009	8,1999929	4306	5	8,2000474	4307	11,7999526	991
0,01010	8,2004230	4301	3	04777	4303	95223	0,98990
011	08528	4298	2	09075	4298	90925	989
012	12821	4293	1	13370	4295	86630	988
013	17110	4289	9,9999450	17660	4290	82340	987
014	21395	4285	9,9999449	21946	4286	78054	986
015	25675	4280	8	26227	4281	73773	985
016	29951	4276	7	30505	4278	69495	984
017	34224	4273	6	34778	4273	65222	983
018	38491	4267	5	39047	4269	60953	982
019	42755	4264	4	43312	4265	56688	981
0,01020	47015	4260	3	47572	4260	52428	0,98980
021	51270	4255	1	51829	4257	48171	979
022	55521	4251	9,9999440	56081	4252	43919	978
023	59768	4247	9,9999439	60329	4248	39671	977
024	64011	4243	8	64573	4244	35427	976
025	8,2068250	4239	7	8,2068813	4240	11,7931187	975
026	72484	4234	6	73048	4235	26952	974
027	76715	4231	5	77280	4232	22720	973
028	80941	4226	4	81507	4227	18493	972
029	85163	4222	3	85731	4224	14269	971
0,01030	89382	4219	2	89950	4219	10050	0,98970
031	93596	4214	9,9999430	94165	4215	05835	969
032	8,2097806	4210	9,9999429	8,2098376	4211	11,7901624	968
033	8,2102011	4205	8	8,2102583	4207	11,7897417	967
034	06213	4202	7	06786	4203	93214	966
035	10411	4198	6	10985	4199	89015	965
036	14605	4194	5	15180	4195	84820	964
037	18794	4189	4	19370	4190	80630	963
038	22980	4186	3	23557	4187	76443	962
039	27161	4181	2	27740	4183	72260	961
0,01040	31339	4178	9,9999420	31919	4179	68081	0,98960
041	35513	4174	9,9999419	36093	4174	63907	959
042	39682	4169	8	40264	4171	59736	958
043	43848	4166	7	44430	4166	55570	957
044	48009	4161	6	48593	4163	51407	956
045	52167	4158	5	52752	4159	47248	955
046	56320	4153	4	56906	4154	43094	954
047	60470	4150	3	61057	4151	38943	953
048	64615	4145	2	65204	4147	34796	952
049	68757	4142	9,9999410	69347	4143	30653	951
0,01050	8,2172895	4138	9,9999409	8,2173486	4139	11,7826514	0,98950
Arc.	Log. Cosin.	D.	Log. Sin.	Log. Cot.	D.	Log. Tang.	Arc.

0,989

0,010

Arc.	Sinus.	D.	Cosinus.	Tang.	D.	Cotang.	Diff.	Arc.
0,01050	0,0164926		0,9998640	0,0164949		60,6249566		0,98950
051	5083	157	37	5106	157	5672630	576936	949
052	5240	157	35	5263	157	5096791	575839	948
053	5397	157	32	5420	157	4522046	574745	947
054	5554	157	29	5577	157	3948391	573655	946
055	5711	157	27	5734	157	3375823	572568	945
056	5868	157	24	5891	157	2804340	571483	944
057	6026	158	22	6048	157	2233938	570402	943
058	6183	157	19	6206	158	1664614	569324	942
059	6340	157	16	6363	157	1096365	568249	941
0,01060	6497	157	14	6520	157	60,0529188	567177	0,98940
061	6654	157	11	6677	157	59,9963081	566107	939
062	6811	157	09	6834	157	9398039	565042	938
063	6968	157	06	6991	157	8834060	563979	937
064	7125	157	03	7148	157	8271142	562918	936
065	7282	157	0,9998601	7305	157	7709280	561862	935
066	7439	157	0,9998598	7463	158	7148473	560807	934
067	7596	157	95	7620	157	6588716	559757	933
068	7753	157	93	7777	157	6030008	558708	932
069	7910	157	90	7934	157	5472345	557663	931
0,01070	8067	157	88	8091	157	4915724	556621	0,98930
071	8224	157	85	8248	157	4360142	555582	929
072	8381	157	82	8405	157	3805597	554545	928
073	8538	157	80	8562	157	3252086	553511	927
074	8696	158	77	8720	158	2699605	552481	926
075	0,0168853	157	0,9998574	0,0168877	157	2148151	551454	925
076	9010	157	72	9034	157	1597723	550428	924
077	9167	157	69	9191	157	1048317	549406	923
078	9324	157	66	9348	157	59,0499930	548387	922
079	9481	157	64	9505	157	58,9952559	547371	921
0,01080	9638	157	61	9662	157	9406202	546357	0,98920
081	9795	157	58	9819	157	8860856	545346	919
082	0,0169952	157	56	0,0169977	158	8316518	544338	918
083	0,0170109	157	53	0,0170134	157	7773185	543333	917
084	0266	157	50	0291	157	7230854	542331	916
085	0423	157	48	0448	157	6689522	541332	915
086	0580	157	45	0605	157	6149188	540334	914
087	0737	157	42	0762	157	5609848	539340	913
088	0894	157	40	0919	157	5071499	538349	912
089	1051	157	37	1076	157	4534138	537361	911
0,01090	1208	157	34	1234	158	3997764	536374	0,98910
091	1365	157	32	1391	157	3462372	535392	909
092	1523	158	29	1548	157	2927961	534411	908
093	1680	157	26	1705	157	2394528	533433	907
094	1837	157	23	1862	157	1862070	532458	906
095	1994	157	21	2019	157	1330585	531485	905
096	2151	157	18	2176	157	0800069	530516	904
097	2308	157	15	2333	157	58,0270520	529549	903
098	2465	157	13	2491	158	57,9741936	528584	902
099	2622	157	10	2648	157	9214314	527622	901
0,01100	0,0172779	157	0,9998507	0,0172805	157	57,8687651	526663	0,98900
Arc.	Cosinus.	D.	Sinus.	Cotang.	D.	Tang.	Diff.	Arc.

0,989

0,010							
Arc.	Log. Sin.	D.	Log. Cosin.	Log. Tang.	D.	Log. Cot.	Arc.
0,01050	8,2172895		9,9999409	8,2173486		11,7826514	0,98950
051	77029	4134	8	77621	4135	22379	949
052	81159	4130	7	81752	4131	18248	948
053	85284	4125	6	85879	4127	14121	947
054	89406	4122	5	90002	4123	09998	946
055	93525	4119	4	94121	4119	05879	945
056	8,2197639	4114	2	8,2198236	4115	11,7801764	944
057	8,2201749	4110	1	8,2202348	4112	11,7797652	943
058	05850	4107	9,9999400	06455	4107	93545	942
059	09958	4102	9,9999399	10559	4104	89441	941
0,01060	14057	4099	8	14659	4100	85341	0,98940
061	18152	4095	7	18755	4096	81245	939
062	22243	4091	6	22847	4092	77153	938
063	26330	4087	5	26935	4088	73065	937
064	30413	4083	3	31019	4084	68981	936
065	34492	4079	2	35100	4081	64900	935
066	38568	4076	1	39177	4077	60823	934
067	42640	4072	9,9999390	43250	4073	56750	933
068	46708	4068	9,9999389	47319	4069	52681	932
069	50772	4064	8	51384	4065	48616	931
0,01070	54832	4060	7	55446	4062	44554	0,98930
071	58889	4057	5	59503	4057	40497	929
072	62941	4052	4	63557	4054	36443	928
073	66990	4049	3	67607	4050	32393	927
074	71036	4046	2	71654	4047	28346	926
075	8,2275077	4041	1	8,2275696	4042	11,7724304	925
076	79115	4038	9,9999380	79735	4039	20265	924
077	83149	4034	9,9999378	83770	4035	16230	923
078	87179	4030	7	87801	4031	12199	922
079	91205	4026	6	91829	4028	08171	921
0,01080	95228	4023	5	95853	4024	04147	0,98920
081	8,2299247	4019	4	8,2299873	4020	11,7700127	919
082	8,2303262	4015	3	8,2303890	4017	11,7696110	918
083	07274	4012	2	07902	4012	92098	917
084	11282	4008	9,9999370	11911	4009	88089	916
085	15286	4004	9,9999369	15917	4006	84083	915
086	19280	4000	8	19918	4001	80082	914
087	23283	3997	7	23916	3998	76084	913
088	27276	3993	6	27911	3995	72089	912
089	31266	3990	5	31901	3990	68099	911
0,01090	35252	3986	3	35888	3987	64112	0,98910
091	39234	3982	2	39871	3983	60129	909
092	43212	3978	1	43851	3980	56149	908
093	47187	3975	9,9999360	47827	3976	52173	907
094	51158	3971	9,9999359	51800	3973	48200	906
095	55126	3968	8	55768	3968	44232	905
096	59090	3964	6	59733	3965	40267	904
097	63050	3960	5	63695	3962	36305	903
098	67007	3957	4	67653	3958	32347	902
099	70960	3953	3	71607	3954	28393	501
0,01100	8,2374910	3950	9,9999352	8,2375558	3951	11,7624442	0,98900
Arc.	Log. Cosin.	D.	Log. Sin.	Log. Cot.	D.	Log. Tang.	Arc.
0,989							

0,011								
Arc.	Sinus.	D.	Cofinus.	Tang.	D.	Cotang.	Diff.	Arc.
0,01100	0,0172779		0,9998507	0,0172805		57,8687651		0,98900
101	2936	157	05	2962	157	8161944	525707	899
102	3093	157	0,9998502	3119	157	7637192	524752	898
103	3250	157	0,9998499	3276	157	7113390	523802	897
104	3407	157	96	3433	157	6590538	522852	896
105	3564	157	94	3590	157	6068632	521906	895
106	3721	157	91	3748	158	5547670	520962	894
107	3878	157	88	3905	157	5027648	520022	893
108	4035	157	85	4062	157	4508566	519082	892
109	4193	158	83	4219	157	3990419	518147	891
0,01110	4350	157	80	4376	157	3473206	517213	0,98890
111	4507	157	77	4533	157	2956924	516282	889
112	4664	157	75	4690	157	2441570	515354	888
113	4821	157	72	4847	157	1927142	514428	887
114	4978	157	69	5005	158	1413638	513504	886
115	5135	157	66	5162	157	0901055	512583	885
116	5292	157	64	5319	157	57,0389390	511665	884
117	5449	157	61	5476	157	56,9878641	510749	883
118	5606	157	58	5633	157	9368806	509835	882
119	5763	157	55	5790	157	8859882	508924	881
0,01120	5920	157	52	5947	157	8351867	508015	0,98880
121	6077	157	50	6104	157	7844758	507109	879
122	6234	157	47	6262	158	7338553	506205	878
123	6391	157	44	6419	157	6833249	505304	877
124	6548	157	41	6576	157	6328844	504405	876
125	0,0176705	157	0,9998439	0,0176733	157	5825336	503508	875
126	6862	157	36	6890	157	5322722	502614	874
127	7019	157	33	7047	157	4821000	501722	873
128	7177	158	30	7204	157	4320168	500832	872
129	7334	157	28	7361	157	3820222	499946	871
0,01130	7491	157	25	7519	158	3321162	499060	0,98870
131	7648	157	22	7676	157	2822983	498179	869
132	7805	157	19	7833	157	2325685	497298	868
133	7962	157	16	7990	157	1829265	496420	867
134	8119	157	14	8147	157	1333720	495545	866
135	8276	157	11	8304	157	0839048	494672	865
136	8433	157	08	8461	157	56,0345247	493801	864
137	8590	157	05	8619	158	55,9852315	492932	863
138	8747	157	02	8776	157	9360248	492067	862
139	8904	157	0,9998400	8933	157	8869046	491202	861
0,01140	9061	157	0,9998397	9090	157	8378705	490341	0,98860
141	9218	157	94	9247	157	7889224	489481	859
142	9375	157	91	9404	157	7400600	488624	858
143	9532	157	88	9561	157	6912831	487769	857
144	9689	157	85	9718	157	6425914	486917	856
145	0,0179846	157	83	0,0179876	158	5939848	486066	855
146	0,0180004	158	80	0,0180033	157	5454630	485218	854
147	0161	157	77	0190	157	4970258	484372	853
148	0318	157	74	0347	157	4486730	483528	852
149	0475	157	71	0504	157	4004043	482687	851
0,01150	0,0180632	157	0,9998368	0,0180661	157	55,3522196	481847	0,98850
Arc.	Cofinus.	D.	Sinus.	Cotang.	D.	Tang.	Diff.	Arc.
0,988								

0,011							
Arc.	Log. Sin.	D.	Log. Cofin.	Log. Tang.	D.	Log. Cot.	Arc.
0,01100	8,2374910		9,9999352	8,2375558		11,7624442	0,98900
101	78855	3945	9,9999350	79505	3947	20495	899
102	82798	3943	9,9999349	83449	3944	16551	898
103	86737	3939	8	87388	3939	12612	897
104	90672	3935	7	91325	3937	08675	896
105	94603	3931	6	95258	3933	04742	895
106	8,2398532	3929	5	8,2399187	3929	11,7600813	894
107	8,2402456	3924	3	8,2403113	3926	11,7596887	893
108	06377	3921	2	07035	3922	92965	892
109	10295	3918	1	10954	3919	89046	891
0,01110	14209	3914	9,9999340	14869	3915	85131	0,98890
111	18119	3910	9,9999339	18780	3911	81220	889
112	22026	3907	7	22688	3908	77312	888
113	25929	3903	6	26593	3905	73407	887
114	29829	3900	5	30494	3901	69506	886
115	33725	3896	4	34392	3898	65608	885
116	37618	3893	3	38286	3894	61714	884
117	41508	3890	1	42176	3890	57824	883
118	45394	3886	9,9999330	46063	3887	53937	882
119	49276	3882	9,9999329	49947	3884	50053	881
0,01120	53155	3879	8	53827	3880	46173	0,98880
121	57030	3875	7	57704	3877	42296	879
122	60903	3873	5	61577	3873	38423	878
123	64771	3868	4	65447	3870	34553	877
124	68636	3865	3	69313	3866	30687	876
125	8,2472498	3862	2	8,2473176	3863	11,7526824	875
126	76356	3858	9,9999321	77036	3860	22964	874
127	80211	3855	9,9999319	80892	3856	19108	873
128	84063	3852	8	84744	3852	15256	872
129	87911	3848	7	88594	3850	11406	871
0,01130	91755	3844	6	92439	3845	07561	0,98870
131	95596	3841	5	8,2496282	3843	11,7503718	869
132	8,2499434	3838	3	8,2500121	3839	11,7499879	868
133	8,2503269	3835	2	03956	3835	96044	867
134	07100	3831	1	07789	3833	92211	866
135	10927	3827	9,9999310	11618	3829	88382	855
136	14752	3825	9,9999309	15443	3825	84557	864
137	18573	3821	7	19265	3822	80735	863
138	22390	3817	6	23084	3819	76916	862
139	26204	3814	5	26859	3815	73161	861
0,01140	30015	3811	4	30712	3813	69288	0,98860
141	33823	3808	2	34520	3808	65480	859
142	37627	3804	1	38326	3806	61674	858
143	41428	3801	9,9999300	42128	3802	57872	857
144	45225	3797	9,9999299	45927	3799	54073	856
145	49019	3794	8	49722	3795	50278	855
146	52810	3791	6	53514	3792	46486	854
147	56598	3788	5	57303	3789	42697	853
148	60382	3784	4	61088	3785	38912	852
149	64163	3781	3	64871	3783	35129	851
0,01150	8,2567941	3778	9,9999291	8,2568650	3779	11,7431350	0,98850
Arc.	Log. Cofin.	D.	Log. Sin.	Log. Cot.	D.	Log. Tang.	Arc.
0,988							

0,011								
Arc.	Sinus.	D.	Cosinus.	Tang.	D.	Cotang.	Diff.	Arc.
0,01150	0,0180632		0,9998368	0,0180661		55,3522196		0,98850
151	0789	157	66	0818	157	3041185	481011	849
152	0946	157	63	0975	157	2561010	480175	848
153	1103	157	60	1133	158	2081668	479342	847
154	1260	157	57	1290	157	1603156	478512	846
155	1417	157	54	1447	157	1125473	477683	845
156	1574	157	51	1604	157	0648616	476857	844
157	1731	157	49	1761	157	55,0172584	476032	843
158	1888	157	46	1918	157	54,9697373	475211	842
159	2045	157	43	2075	157	9222983	474390	841
0,01160	2202	157	40	2233	158	8749410	473573	0,98840
161	2359	157	37	2390	157	8276653	472757	839
162	2516	157	34	2547	157	7804709	471944	838
163	2673	157	31	2704	157	7333577	471132	837
164	2831	158	29	2861	157	6863255	470322	836
165	2988	157	26	3018	157	6393740	469515	835
166	3145	157	23	3175	157	5925030	468710	834
167	3302	157	20	3332	157	5457123	467907	833
168	3459	157	17	3490	158	4990017	467106	832
169	3616	157	14	3647	157	4523711	466306	831
0,01170	3773	157	11	3804	157	4058201	465510	0,98830
171	3930	157	08	3961	157	3593487	464714	829
172	4087	157	05	4118	157	3129565	463922	828
173	4244	157	03	4275	157	2666434	463131	827
174	4401	157	0,9998300	4432	157	2204092	462342	826
175	0,0184558	157	0,9998297	0,0184590	158	1742537	461555	825
176	4715	157	94	4747	157	1281767	460770	824
177	4872	157	91	4904	157	0821780	459987	823
178	5029	157	88	5061	157	54,0362574	459206	822
179	5186	157	85	5218	157	53,9904146	458428	821
0,01180	5343	157	82	5375	157	9446496	457650	0,98820
181	5500	157	79	5532	157	8989620	456876	819
182	5657	157	76	5689	157	8533517	456103	818
183	5815	158	73	5847	158	8078186	455331	817
184	5972	157	71	6004	157	7623623	454563	816
185	6129	157	68	6161	157	7169828	453795	815
186	6286	157	65	6318	157	6716797	453031	814
187	6443	157	62	6475	157	6254530	452267	813
188	6600	157	59	6632	157	5813024	451506	812
189	6757	157	56	6789	157	5362278	450746	811
0,01190	6914	157	53	6947	158	4912289	449989	0,98810
191	7071	157	50	7104	157	4463056	449233	809
192	7228	157	47	7261	157	4014576	448480	808
193	7385	157	44	7418	157	3566848	447728	807
194	7542	157	41	7575	157	3119870	446978	806
195	7699	157	38	7732	157	2673640	446230	805
196	7856	157	35	7889	157	2228156	445484	804
197	8013	157	32	8046	157	1783416	444740	803
198	8170	157	29	8204	158	1339419	443997	802
199	8327	157	26	8361	157	0896162	443257	801
0,01200	0,0188484	157	0,9998224	0,0188518	157	53,0453644	442518	0,98800
Arc.	Cofinus.	D.	Sinus.	Cotang.	D.	Tang.	Diff.	Arc.
0,988								

0,011.

Arc.	Log. Sin.	D.	Log. Cosin.	Log. Tang.	D.	Log. Cot.	Arc.
0,01150	8,2567941		9,9999291	8,2568650		11,7431350	0,98850
151	71715	3774	9,9999290	72425	3775	27575	849
152	75487	3772	9,9999289	76198	3773	23802	848
153	79254	3767	8	79967	3769	20033	847
154	83019	3765	6	83733	3766	16267	846
155	86780	3761	5	87495	3762	12505	845
156	90538	3758	4	91254	3759	08746	844
157	94293	3755	3	95011	3757	04989	843
158	8,2598045	3752	1	8,2598763	3752	11,7401237	842
159	8,2601793	3748	9,9999280	8,2602513	3750	11,7397487	841
0,01160	05538	3745	9,9999279	06259	3746	93741	0,98840
161	09280	3742	8	10002	3743	89998	839
162	13019	3739	7	13742	3740	86258	838
163	16754	3735	5	17479	3737	82521	837
164	20487	3733	4	21213	3734	78787	836
165	24216	3729	3	24943	3730	75057	835
166	27941	3725	2	28670	3727	71330	834
167	31664	3723	9,9999270	32394	3724	67606	833
168	35384	3720	9,9999269	36115	3721	63885	832
169	39100	3716	8	39832	3717	60168	831
0,01170	42813	3713	7	43546	3714	56454	0,98830
171	46523	3710	5	47258	3712	52742	829
172	50230	3707	4	50966	3708	49034	828
173	53933	3703	3	54670	3704	45330	827
174	57634	3701	1	58372	3702	41628	826
175	8,2661331	3097	9,9999260	8,2662071	3699	11,7337929	825
176	65025	3694	9,9999259	65766	3695	34234	824
177	68716	3691	8	69458	3692	30542	823
178	72404	3688	6	73147	3689	26853	822
179	76089	3685	5	76833	3686	23167	821
0,01180	79770	3681	4	80516	3683	19484	0,98820
181	83449	3679	3	84196	3680	15804	819
182	87124	3675	1	87873	3677	12127	818
183	90796	3672	9,9999250	91546	3673	08454	817
184	94465	3669	9,9999249	95217	3671	04783	816
185	8,2698131	3666	8	8,2698884	3667	11,7301116	815
186	8,2701794	3663	6	8,2702548	3664	11,7297452	814
187	05454	3660	5	06209	3661	93791	813
188	09111	3657	4	09867	3658	90133	812
189	12765	3654	2	13522	3655	86478	811
0,01190	16415	3650	1	17174	3652	82826	0,98810
191	20063	3648	9,9999240	20823	3649	79177	809
192	23708	3645	9,9999239	24469	3646	75531	808
193	27349	3641	7	28112	3643	71888	807
194	30987	3638	6	31751	3639	68249	806
195	34623	3636	5	35388	3637	64612	805
196	38255	3632	4	39022	3634	60978	804
197	41884	3629	2	42652	3630	57348	803
198	45511	3627	1	46280	3628	53720	802
199	49134	3623	9,9999230	49904	3624	50096	801
0,01200	8,2752754	3620	9,9999228	8,2753526	3622	11,7246474	0,98800
Arc.	Log. Cosin.	D.	Log. Sin.	Log. Cot.	D.	Log. Tang.	Arc.

0,988

0,012

Arc.	Sinus.	D.	Cosinus.	Tang.	D.	Cotang.	Diff.	Arc.
0,01200	0,0188484		0,9998224	0,0188518		53,0453644		0,98800
201	8641	157	21	8675	157	53,0011862	441782	799
202	8799	158	18	8832	157	52,9570816	441046	798
203	8956	157	15	8989	157	9130503	440313	797
204	9113	157	12	9146	157	8690921	439582	796
205	9270	157	09	9304	158	8252069	438852	795
206	9427	157	06	9461	157	7813944	438125	794
207	9584	157	03	9618	157	7376545	437399	793
208	9741	157	0,9998200	9775	157	6939871	436674	792
209	0,0189898	157	0,9998197	0,0189932	157	6503918	435953	791
0,01210	0,0190055	157	94	0,0190089	157	6068686	435232	0,98790
211	0212	157	91	0246	157	5634173	434513	789
212	0369	157	88	0404	158	5200377	433796	788
213	0526	157	85	0561	157	4767296	433081	787
214	0683	157	82	0718	157	4334928	432368	786
215	0840	157	79	0875	157	3903272	431656	785
216	0997	157	76	1032	157	3472326	430946	784
217	1154	157	73	1189	157	3042088	430238	783
218	1311	157	70	1346	157	2612556	429532	782
219	1468	157	67	1503	157	2183729	428827	781
0,01220	1625	157	64	1661	158	1755605	428124	0,98780
221	1782	157	61	1818	157	1328182	427423	779
222	1940	158	58	1975	157	0901458	426724	778
223	2097	157	55	2132	157	0475433	426025	777
224	2254	157	52	2289	157	52,0050103	425330	776
225	0,0192411	157	0,9998149	0,0192446	157	51,9625468	424635	775
226	2568	157	46	2603	157	9201525	423943	774
227	2725	157	43	2761	158	8778273	423252	773
228	2882	157	40	2918	157	8355711	422562	772
229	3039	157	37	3075	157	7933836	421875	771
0,01230	3196	157	34	3232	157	7512646	421190	0,98770
231	3353	157	31	3389	157	7092142	420504	769
232	3510	157	28	3546	157	6672319	419823	768
233	3667	157	24	3703	157	6253178	419141	767
234	3824	157	21	3861	158	5834716	418462	766
235	3981	157	18	4018	157	5416931	417785	765
236	4138	157	15	4175	157	4999822	417109	764
237	4295	157	12	4332	157	4583388	416434	763
238	4452	157	09	4489	157	4167626	415762	762
239	4609	157	06	4646	157	3752536	415090	761
0,01240	4766	157	03	4803	157	3338114	414422	0,98760
241	4923	157	0,9998100	4961	158	2924361	413753	759
242	5081	158	0,9998097	5118	157	2511274	413087	758
243	5238	157	94	5275	157	2098851	412423	757
244	5395	157	91	5432	157	1687091	411760	756
245	5552	157	88	5589	157	1275993	411098	755
246	5709	157	85	5746	157	0865554	410439	754
247	5866	157	82	5903	157	0455774	409780	753
248	6023	157	79	6060	157	51,0046650	409124	752
249	6180	157	75	6218	158	50,9638182	408468	751
0,01250	0,0196337	157	0,9998072	0,0196375	157	50,9230366	407816	0,98750
Arc.	Cosinus.	D.	Sinus.	Cotang.	D.	Tang.	Diff.	Arc.

0,987

0,012

Arc.	Log. Sin.	D.	Log. Cofin.	Log. Tang.	D.	Log. Cot.	Arc.
0,01200	8,2752754		9,9999228	8,2753526		11,7246474	0,98800
201	56371	3617	7	57144	3618	42856	799
202	59985	3614	6	60760	3616	39240	798
203	63597	3612	5	64372	3612	35628	797
204	67205	3608	3	67981	3609	32019	796
205	70810	3605	2	71588	3607	28412	795
206	74412	3602	9,9999221	75191	3603	24809	794
207	78011	3599	9,9999219	78792	3601	21208	793
208	81607	3596	8	82389	3597	17611	792
209	85201	3594	7	85984	3595	14016	791
0,01210	88791	3590	6	89575	3591	10425	0,98790
211	92378	3587	4	93164	3589	06836	789
212	95963	3585	3	8,2796750	3586	11,7203250	788
213	8,2799544	3581	2	8,2800332	3582	11,7199668	787
214	8,2803122	3578	9,9999210	03912	3580	96088	786
215	06698	3576	9,9999209	07489	3577	92511	785
216	10270	3572	8	11063	3574	88937	784
217	13840	3570	6	14634	3571	85366	783
218	17407	3567	5	18202	3568	81798	782
219	20970	3563	4	21767	3565	78233	781
0,01220	24531	3561	2	25329	3562	74671	0,98780
221	28089	3558	1	28888	3559	71112	779
222	31644	3555	9,9999200	32444	3556	67556	778
223	35196	3552	9,9999199	35998	3554	64002	777
224	38745	3549	7	39548	3550	60452	776
225	8,2842292	3547	6	8,2843096	3548	11,7156904	775
226	45835	3543	5	46640	3544	53360	774
227	49376	3541	3	50182	3542	49818	773
228	52913	3537	2	53721	3539	46279	772
229	56448	3535	9,9999191	57257	3536	42743	771
0,01230	59980	3532	9,9999189	60790	3533	39210	0,98770
231	63509	3529	8	64321	3531	35679	769
232	67035	3526	7	67848	3527	32152	768
233	70558	3523	5	71373	3525	28627	767
234	74078	3520	4	74894	3521	25106	766
235	77596	3518	3	78413	3519	21587	765
236	81111	3515	1	81929	3516	18071	764
237	84622	3511	9,9999180	85442	3513	14558	763
238	88131	3509	9,9999179	88953	3511	11047	762
239	91638	3507	7	92460	3507	07540	761
0,01240	95141	3503	6	95965	3505	04035	0,98760
241	8,2898642	3501	5	8,2899467	3502	11,7100533	759
242	8,2902139	3497	3	8,2902966	3499	11,7097034	758
243	05634	3495	2	06462	3496	93538	757
244	09126	3492	9,9999171	09955	3493	90045	756
245	12615	3489	9,9999169	13446	3491	86554	755
246	16102	3487	8	16934	3488	83066	754
247	19586	3484	7	20419	3485	79581	753
248	23066	3480	5	23901	3482	76099	752
249	26545	3479	4	27380	3479	72620	751
0,01250	8,2930020	3475	9,9999163	8,2930857	3477	11,7069143	0,98750
Arc.	Log. Cofin.	D.	Log. Sin.	Log. Cot.	D.	Log. Tang.	Arc.

0,987

0,012

Arc.	Sinus.	D.	Cofinus.	Tang.	D.	Cotang.	Diff.	Arc.
0,01250	0,0196337		0,9998072	0,0196375		50,9230366		0,98750
251	6494	157	69	6532	157	8823203	407163	749
252	6651	157	66	6689	157	8416690	406513	748
253	6808	157	63	6846	157	8010826	405864	747
254	6965	157	60	7003	157	7605609	405217	746
255	7122	157	57	7160	157	7201038	404571	745
256	7279	157	54	7318	158	6797110	403928	744
257	7436	157	51	7475	157	6393826	403284	743
258	7593	157	48	7632	157	5991182	402644	742
259	7750	157	45	7789	157	5589178	402004	741
0,01260	7907	157	41	7946	157	5187812	401366	0,98740
261	8064	157	38	8103	157	4787083	400729	739
262	8222	158	35	8260	157	4386989	400094	738
263	8379	157	32	8418	158	3987528	399461	737
264	8536	157	29	8575	157	3588699	398829	736
265	8693	157	26	8732	157	3190500	398199	735
266	8850	157	23	8889	157	2792931	397569	734
267	9007	157	20	9046	157	2395988	396943	733
268	9164	157	16	9203	157	1999672	396316	732
269	9321	157	13	9360	157	1603981	395691	731
0,01270	9478	157	10	9518	158	1208913	395068	0,98730
271	9635	157	07	9675	157	0814466	394447	729
272	9792	157	04	9832	157	0420639	393827	728
273	0,0199949	157	0,9998001	0,0199989	157	50,0027431	393208	727
274	0,0200106	157	0,9997998	0,0200146	157	49,9634840	392591	726
275	0263	157	95	0303	157	9242865	391975	725
276	0420	157	91	0460	157	8851504	391361	724
277	0577	157	88	0618	158	8460756	390748	723
278	0734	157	85	0775	157	8070619	390137	722
279	0891	157	82	0932	157	7681093	389526	721
0,01280	1048	157	79	1089	157	7292175	388918	0,98720
281	1205	157	76	1246	157	6903864	388311	719
282	1362	157	72	1403	157	6516159	387705	718
283	1520	158	69	1560	157	6129058	387101	717
284	1677	157	66	1718	158	5742560	386498	716
285	1834	157	63	1875	157	5356663	385897	715
286	1991	157	60	2032	157	4971367	385296	714
287	2148	157	57	2189	157	4586669	384698	713
288	2305	157	53	2346	157	4202568	384101	712
289	2462	157	50	2503	157	3819064	383504	711
0,01290	2619	157	47	2660	157	3436153	382911	0,98710
291	2776	157	44	2818	158	3053836	382317	709
292	2933	157	41	2975	157	2672111	381725	708
293	3090	157	38	3132	157	2290976	381135	707
294	3247	157	34	3289	157	1910430	380546	706
295	3404	157	31	3446	157	1530472	379958	705
296	3561	157	28	3603	157	1151100	379372	704
297	3718	157	25	3760	157	0772313	378787	703
298	3875	157	22	3918	158	0394109	378204	702
299	4032	157	18	4075	157	49,0016488	377621	701
0,01300	0,0204189	157	0,9997915	0,0204232	157	48,9639447	377041	0,98700
Arc.	Cofinus.	D.	Sinus.	Cotang.	D.	Tang.	Diff.	Arc.

0,987

0,012							
Arc.	Log. Sin.	D.	Log.Cosin.	Log. Tang.	D.	Log. Cot.	Arc.
0,01250	8,2930020		9,9999163	8,2930857		11,7069143	0,98750
251	33492	3472	1	34331	3474	65669	749
252	36962	3470	9,9999160	37802	3471	62198	748
253	40429	3467	9,9999159	41270	3468	58730	747
254	43893	3464	7	44736	3466	55264	746
255	47355	3462	6	48199	3463	51801	745
256	50813	3458	5	51659	3460	48341	744
257	54269	3456	3	55116	3457	44884	743
258	57723	3454	2	58571	3455	41429	742
259	61173	3450	9,9999151	62022	3451	37978	741
0,01260	64621	3448	9,9999149	65471	3449	34529	0,98740
261	68066	3445	8	68918	3447	31082	739
262	71508	3442	7	72361	3443	27639	738
263	74947	3439	5	75802	3441	24198	737
264	78384	3437	4	79240	3438	20760	736
265	81818	3434	3	82676	3436	17324	735
266	85250	3432	1	86108	3432	13892	734
267	83678	3428	9,9999140	89538	3430	10462	733
268	92104	3426	9,9999138	92966	3428	07034	732
269	95527	3423	7	96390	3424	03610	731
0,01270	8,2998948	3421	6	8,2999812	3422	11,7000188	0,98730
271	8,3002366	3418	4	8,3003231	3419	11,6996769	729
272	05781	3415	3	06648	3417	93352	728
273	09193	3412	2	10062	3414	89938	727
274	12603	3410	9,9999130	13473	3411	86527	726
275	16010	3407	9,9999129	16881	3408	83119	725
276	19415	3405	8	20287	3406	79713	724
277	22816	3401	6	23690	3403	76310	723
278	26216	3400	5	27091	3401	72909	722
279	29612	3396	3	30489	3398	69511	721
0,01280	33006	3394	2	33884	3395	66116	0,98720
281	36397	3391	9,9999121	37276	3392	62724	719
282	39785	3388	9,9999119	40666	3390	59334	718
283	43171	3386	8	44053	3387	55947	717
284	46555	3384	7	47438	3385	52562	716
285	49935	3380	5	50820	3382	49180	715
286	53313	3378	4	54199	3379	45801	714
287	56688	3375	2	57576	3377	42424	713
288	60061	3373	1	60950	3374	39050	712
289	63431	3370	9,9999110	64321	3371	35679	711
0,01290	66799	3368	9,9999108	67690	3369	32310	0,98710
291	70164	3365	7	71057	3367	28943	709
292	73526	3362	6	74420	3363	25580	708
293	76885	3359	4	77781	3361	22219	707
294	80242	3357	3	81140	3359	18860	706
295	83597	3355	1	84496	3356	15504	705
296	86949	3352	9,9999100	87849	3353	12151	704
297	90298	3349	9,9999099	91199	3350	08801	703
298	93645	3347	7	94548	3349	05452	702
299	8,3096989	3344	6	8,3097893	3345	11,6902107	701
0,01300	8,3100330	3341	9,9999094	8,3101236	3343	11,6898764	0,98700
Arc.	Log.Cosin.	D.	Log. Sin.	Log. Cot.	D.	Log. Tang.	Arc.
0,987							

0,013								
Arc.	Sinus.	D.	Cofinus.	Tang.	D.	Cotang.	Diff.	Arc.
0,01300	0,0204189		0,9997915	0,0204232		48,9639447		0,98700
301	4346	157	12	4389	157	9262987	376460	699
302	4503	157	09	4546	157	8887104	375883	698
303	4660	157	05	4703	157	8511798	375306	697
304	4818	158	0,9997902	4860	157	8137068	374730	696
305	4975	157	0,9997899	5018	158	7762912	374156	695
306	5132	157	96	5175	157	7389328	373584	694
307	5289	157	93	5332	157	7016317	373011	693
308	5446	157	89	5489	157	6643876	372441	692
309	5603	157	86	5646	157	6272003	371873	691
0,01310	5760	157	83	5803	157	5900699	371304	0,98690
311	5917	157	80	5961	158	5529960	370739	689
312	6074	157	76	6118	157	5159787	370173	688
313	6231	157	73	6275	157	4790177	369610	687
314	6388	157	70	6432	157	4421130	369047	686
315	6545	157	67	6589	157	4052645	368485	685
316	6702	157	63	6746	157	3684719	367926	684
317	6859	157	60	6903	157	3317352	367367	683
318	7016	157	57	7061	158	2950542	366810	682
319	7173	157	54	7218	157	2584288	366254	681
0,01320	7330	157	50	7375	157	2218589	365699	0,98680
321	7487	157	47	7532	157	1853444	365145	679
322	7644	157	44	7689	157	1488851	364593	678
323	7801	157	41	7846	157	1124809	364042	677
324	7958	157	37	8003	157	0761317	363492	676
325	0,0208115	157	0,9997834	0,0208161	158	0398374	362943	675
326	8273	158	31	8318	157	48,0035978	362396	674
327	8430	157	28	8475	157	47,9674128	361850	673
328	8587	157	24	8632	157	9312823	361305	672
329	8744	157	21	8789	157	8952061	360762	671
0,01330	8901	157	18	8946	157	8591842	360219	0,98670
331	9058	157	15	9103	157	8232164	359678	669
332	9215	157	11	9261	158	7873027	359137	668
333	9372	157	08	9418	157	7514428	358599	667
334	9529	157	05	9575	157	7156366	358062	666
335	9686	157	0,9997801	9732	157	6798841	357525	665
336	0,0209843	157	0,9997798	0,0209889	157	6441851	356990	664
337	0,0210000	157	95	0,0210046	157	6085395	356456	663
338	0157	157	91	0204	158	5729471	355924	662
339	0314	157	88	0361	157	5374080	355391	661
0,01340	0471	157	85	0518	157	5019218	354862	0,98660
341	0628	157	82	0675	157	4664886	354332	659
342	0785	157	78	0832	157	4311081	353805	658
343	0942	157	75	0989	157	3957804	353277	657
344	1099	157	72	1146	157	3605052	352752	656
345	1256	157	68	1304	158	3252825	352227	655
346	1413	157	65	1461	157	2901121	351704	654
347	1570	157	62	1618	157	2549939	351182	653
348	1728	158	58	1775	157	2199278	350661	652
349	1885	157	55	1932	157	1849136	350142	651
0,01350	0,0212042	157	0,9997752	0,0212089	157	47,1499514	349622	0,98650
Arc.	Cofinus.	D.	Sinus.	Cotang.	D.	Tang.	Diff.	Arc.
0,986								

0,013							
Arc.	Log. Sin.	D.	Log. Cosin.	Log. Tang.	D.	Log. Cot.	Arc.
0,01300	8,3100330		9,9999094	8,3101236		11,6898764	0,98700
301	03669	3339	3	04576	3340	95424	699
302	07006	3337	2	07914	3338	92086	698
303	10340	3334	9,9999090	11249	3335	88751	697
304	13671	3331	9,9999089	14582	3333	85418	696
305	17000	3329	7	17912	3330	82088	695
306	20326	3326	6	21240	3328	78760	694
307	23650	3324	5	24565	3325	75435	693
308	26971	3321	3	27887	3322	72113	692
309	30289	3318	2	31207	3320	68793	691
0,01310	33605	3316	9,9999080	34525	3318	65475	0,98690
311	36919	3314	9,9999079	37840	3315	62160	689
312	40230	3311	8	41152	3312	58848	688
313	43538	3308	6	44462	3310	55538	687
314	46844	3306	5	47769	3307	52231	686
315	50147	3303	3	51074	3305	48926	685
316	53448	3301	2	54376	3302	45624	684
317	56747	3299	9,9999071	57676	3300	42324	683
318	60043	3296	9,9999069	60973	3297	39027	682
319	63336	3293	8	64268	3295	35732	681
0,01320	66627	3291	6	67561	3293	32439	0,98680
321	69915	3288	5	70850	3289	29150	679
322	73201	3286	4	74138	3288	25862	678
323	76485	3284	2	77422	3284	22578	677
324	79766	3281	9,9999061	80705	3283	19295	676
325	8,3183044	3278	9,9999059	8,3183985	3280	11,6816015	675
326	86320	3276	8	87262	3277	12738	674
327	89593	3273	6	90537	3275	09463	673
328	92865	3272	5	93810	3273	06190	672
329	96133	3268	4	8,3197080	3270	11,6802920	671
0,01330	8,3199399	3266	2	8,3200347	3267	11,6799653	0,98670
331	8,3202663	3264	9,9999051	03612	3265	96388	669
332	05924	3261	9,9999049	06875	3263	93125	668
333	09183	3259	8	10135	3260	89865	667
334	12439	3256	6	13393	3258	86607	666
335	15693	3254	5	16648	3255	83352	665
336	18945	3252	4	19901	3253	80099	664
337	22194	3249	2	23151	3250	76849	663
338	25440	3246	9,9999041	26399	3248	73601	662
339	28684	3244	9,9999039	29645	3246	70355	661
0,01340	31926	3242	8	32888	3243	67112	0,98660
341	35165	3239	6	36129	3241	63871	659
342	38402	3237	5	39367	3238	60633	658
343	41637	3235	4	42603	3236	57397	657
344	44869	3232	2	45837	3234	54163	656
345	48099	3230	9,9999031	49068	3231	50932	655
346	51326	3227	9,9999029	52297	3229	47703	654
347	54551	3225	8	55523	3226	44477	653
348	57773	3222	6	58747	3224	41253	652
349	60993	3220	5	61968	3221	38032	651
0,01350	8,3264211	3218	9,9999023	8,3265188	3220	11,6734812	0,98650
Arc.	Log. Cosin.	D.	Log. Sin.	Log. Cot.	D.	Log. Tang.	Arc.
0,986							

0,013								
Arc.	Sinus	D.	Cofinus.	Tang.	D.	Cotang.	Diff.	Arc.
0,01350	0,0212042		0,9997752	0,0212089		47,1499514		0,98650
351	2199	157	48	2246	157	1150409	349105	649
352	2356	157	45	2404	158	0801820	348589	648
353	2513	157	42	2561	157	0453747	348073	647
354	2670	157	38	2718	157	47,0106187	347560	646
355	2827	157	35	2875	157	46,9759141	347046	645
356	2984	157	32	3032	157	9412606	346535	644
357	3141	157	28	3189	157	9066582	346024	643
358	3298	157	25	3347	158	8721067	345515	642
359	3455	157	22	3504	157	8376061	345006	641
0,01360	3612	157	18	3661	157	8031562	344499	0,98640
361	3769	157	15	3818	157	7687570	343992	639
362	3926	157	12	3975	157	7344082	343488	638
363	4083	157	08	4132	157	7001098	342984	637
364	4240	157	05	4289	157	6658617	342481	636
365	4397	157	0,9997701	4447	158	6316638	341979	635
366	4554	157	0,9997698	4604	157	5975160	341478	634
367	4711	157	95	4761	157	5634181	340979	633
368	4868	157	91	4918	157	5293700	340481	632
369	5025	157	88	5075	157	4953717	339983	631
0,01370	5182	157	85	5232	157	4614230	339487	0,98630
371	5340	158	81	5389	157	4275238	338992	629
372	5497	157	78	5547	158	3936740	338498	628
373	5654	157	74	5704	157	3598736	338004	627
374	5811	157	71	5861	157	3261223	337513	626
375	0,0215968	157	0,9997668	0,0216018	157	46,2924201	337022	625
376	6125	157	64	6175	157	2587669	336532	624
377	6282	157	61	6332	157	2251625	336044	623
378	6439	157	57	6490	158	1916070	335555	622
379	6596	157	54	6647	157	1581000	335070	621
0,01380	6753	157	51	6804	157	1246417	334583	0,98620
381	6910	157	47	6961	157	0912318	334099	619
382	7067	157	44	7118	157	0578702	333616	618
383	7224	157	40	7275	157	46,0245568	333134	617
384	7381	157	37	7432	157	45,9912916	332652	616
385	7538	157	34	7590	158	9580745	332171	615
386	7695	157	30	7747	157	9249052	331693	614
387	7852	157	27	7904	157	8917838	331214	613
388	8009	157	23	8061	157	8587101	330737	612
389	8166	157	20	8218	157	8256840	330261	611
0,01390	8323	157	16	8375	157	7927054	329786	0,98610
391	8480	157	13	8533	158	7597742	329312	609
392	8637	157	10	8690	157	7268903	328839	608
393	8794	157	06	8847	157	6940537	328366	607
394	8952	158	0,9997603	9004	157	6612641	327896	606
395	9109	157	0,9997599	9161	157	6285215	327426	605
396	9266	157	96	9318	157	5958259	326956	604
397	9423	157	92	9475	157	5631770	326489	603
398	9580	157	89	9633	158	5305749	326021	602
399	9737	157	85	9790	157	4980193	325556	601
0,01400	0,0219894	157	0,9997582	0,0219947	157	45,4655103	325090	0,98600
Arc.	Cofinus.	D.	Sinus.	Cotang.	D.	Tang.	Diff.	Arc.
0,986								

0,013

Arc.	Log. Sin.	D.	Log. Cosin.	Log. Tang.	D.	Log. Cot.	Arc.
0,01350	8,3264211		9,9999023	8,3265188		11,6734812	0,98650
351	67426	3215	2	68404	3216	31596	649
352	70639	3213	9,9999021	71619	3215	28381	648
353	73850	3211	9,9999019	74831	3212	25169	647
354	77058	3208	8	78040	3209	21960	646
355	80264	3206	6	81248	3208	18752	645
356	83467	3203	5	84453	3205	15547	644
357	86668	3201	3	87655	3202	12345	643
358	89867	3199	2	90855	3200	09145	642
359	93063	3196	9,9999010	94053	3198	05947	641
0,01360	96258	3195	9,9999009	8,3297249	3196	11,6702751	0,98640
361	8,3299449	3191	7	8,3300442	3193	11,6699558	639
362	8,3302039	3190	6	03033	3191	96367	638
363	05326	3187	5	06821	3188	93179	637
364	09010	3184	3	10007	3186	89993	636
365	12193	3183	2	13191	3184	86809	635
366	15373	3180	9,9999000	16372	3181	83628	634
367	18550	3177	9,9998999	19551	3179	80449	633
368	21726	3176	7	22728	3177	77272	632
369	24809	3173	6	25903	3175	74097	631
0,01370	28069	3170	4	29075	3172	70925	0,98630
371	31238	3169	3	32245	3170	67755	629
372	34404	3166	1	35412	3167	64588	628
373	37567	3163	9,9998990	38578	3166	61422	627
374	40729	3162	9,9998988	41741	3163	58259	626
375	8,3343888	3159	7	8,3344901	3160	11,6655099	625
376	47045	3157	5	48059	3158	51941	624
377	50200	3155	4	51216	3157	48784	623
378	53352	3152	3	54369	3153	45631	622
379	56502	3150	1	57521	3152	42479	621
0,01380	59650	3148	9,9998980	60670	3149	39330	0,98620
381	62795	3145	9,9998978	63817	3147	36183	619
382	65938	3143	7	66961	3144	33039	618
383	69079	3141	5	70104	3143	29896	617
384	72218	3139	4	73244	3140	26756	616
385	75354	3136	2	76382	3138	23618	615
386	78488	3134	9,9998971	79517	3135	20483	614
387	81620	3132	9,9998969	82651	3134	17349	613
388	84749	3129	8	85782	3131	14218	612
389	87877	3128	6	88910	3128	11090	611
0,01390	91002	3125	5	92037	3127	07963	0,98610
391	94125	3123	3	95161	3124	04839	609
392	8,3397245	3120	2	8,3398283	3122	11,6601717	608
393	8,3400363	3118	9,9998960	8,3401403	3120	11,6598597	607
394	03479	3116	9,9998959	04521	3118	95479	606
395	06593	3114	7	07636	3115	92364	605
396	09705	3112	6	10749	3113	89251	604
397	12814	3109	4	13860	3111	86140	603
398	15921	3107	3	16969	3109	83031	602
399	19026	3105	1	20075	3106	79925	601
0,01400	8,3422129	3103	9,9998950	8,3423179	3104	11,6576821	0,98600
Arc.	Log. Cosin.	D.	Log. Sin.	Log. Cot.	D.	Log. Tang.	Arc.

0,986

0,014

Arc.	Sinus.	D.	Cofinus.	Tang.	D.	Cotang.	Diff.	Arc.
0,01400	0,0219894		0,9997582	0,0219947		45,4655103		0,98600
401	0,0220051	157	79	0,0220104	157	4330476	324627	599
402	0208	157	75	0261	157	4006313	324163	598
403	0365	157	72	0418	157	3682611	323702	597
404	0522	157	68	0576	158	3359371	323240	596
405	0679	157	65	0733	157	3036590	322781	595
406	0836	157	61	0890	157	2714269	322321	594
407	0993	157	58	1047	157	2392406	321863	593
408	1150	157	54	1204	157	2071000	321406	592
409	1307	157	51	1361	157	1750050	320950	591
0,01410	1464	157	47	1519	158	1429555	320495	0,98590
411	1621	157	44	1676	157	1109514	320041	589
412	1778	157	40	1833	157	0789927	319587	588
413	1935	157	37	1990	157	0470792	319135	587
414	2092	157	33	2147	157	45,0152108	318684	586
415	2249	157	30	2304	157	44,9833875	318233	585
416	2406	157	26	2461	157	9516091	317784	584
417	2563	157	23	2619	158	9198755	317336	583
418	2721	158	19	2776	157	8881867	316888	582
419	2878	157	16	2933	157	8565426	316441	581
0,01420	3035	157	12	3090	157	8249430	315996	0,98580
421	3192	157	09	3247	157	7933879	315551	579
422	3349	157	05	3404	157	7618771	315108	578
423	3506	157	0,9997502	3562	158	7304107	314664	577
424	3663	157	0,9997498	3719	157	6989884	314223	576
425	0,0223820	157	95	0,0223876	157	44,6676102	313782	575
426	3977	157	91	4033	157	6362760	313342	574
427	4134	157	88	4190	157	6049858	312902	573
428	4291	157	84	4347	157	5737393	312465	572
429	4448	157	81	4505	158	5425366	312027	571
0,01430	4605	157	77	4662	157	5113775	311591	0,98570
431	4762	157	74	4819	157	4802619	311156	569
432	4919	157	70	4976	157	4491898	310721	568
433	5076	157	67	5133	157	4181611	310287	567
434	5233	157	63	5290	157	3871756	309855	566
435	5390	157	60	5447	157	3562333	309423	565
436	5547	157	56	5605	158	3253341	308992	564
437	5704	157	53	5762	157	2944779	308562	563
438	5861	157	49	5919	157	2636646	308133	562
439	6018	157	45	6076	157	2328941	307705	561
0,01440	6175	157	42	6233	157	2021663	307278	0,98560
441	6332	157	38	6390	157	1714812	306851	559
442	6489	157	35	6548	158	1408387	306425	558
443	6647	158	31	6705	157	1102386	306001	557
444	6804	157	28	6862	157	0796808	305578	556
445	6961	157	24	7019	157	0491654	305154	555
446	7118	157	21	7176	157	44,0186922	304732	554
447	7275	157	17	7333	157	43,9882610	304312	553
448	7432	157	13	7491	158	9578719	303891	552
449	7589	157	10	7648	157	9275248	303471	551
0,01450	0,0227746	157	0,9997406	0,0227805	157	43,8972194	303054	0,98550
Arc.	Cofinus.	D.	Sinus.	Cotang.	D.	Tang.	Diff.	Arc.

0,985

0,014							
Arc.	Log. Sin.	D.	Log. Cofin.	Log. Taug.	D.	Log. Cot.	Arc.
0,01400	8,3422129		9,9998950	8,3423179		11,6576821	0,98600
401	25230	3101	48	26281	3102	73719	599
402	28328	3098	47	29381	3100	70619	598
403	31424	3096	45	32479	3098	67521	597
404	34518	3094	44	35574	3095	64426	596
405	37609	3091	42	38667	3093	61333	595
406	40699	3090	41	41758	3091	58242	594
407	43786	3087	39	44847	3089	55153	593
408	46871	3085	38	47934	3087	52066	592
409	49954	3083	36	51018	3084	48982	591
0,01410	53035	3081	35	54100	3082	45900	0,98590
411	56113	3078	33	57180	3080	42820	589
412	59190	3077	32	60258	3078	39742	588
413	62264	3074	30	63334	3076	36666	587
414	65336	3072	29	66407	3073	33593	586
415	68406	3070	27	69478	3071	30522	585
416	71473	3067	26	72548	3070	27452	584
417	74539	3066	24	75615	3067	24385	583
418	77602	3063	23	78679	3064	21321	582
419	80663	3061	21	81742	3063	18258	581
0,01420	83722	3059	20	84803	3061	15197	0,98580
421	86779	3057	18	87861	3058	12139	579
422	89834	3055	16	90917	3056	09083	578
423	92886	3052	15	93971	3054	06029	577
424	95937	3051	13	8,3497023	3052	11,6502977	576
425	8,3498985	3048	9,9998912	8,3500073	3050	11,6499927	575
426	8,3502031	3046	10	03120	3047	96880	574
427	05075	3044	09	06166	3046	93834	573
428	08117	3042	07	09209	3043	90791	572
429	11156	3039	06	12251	3042	87749	571
0,01430	14194	3038	04	15290	3039	84710	0,98570
431	17229	3035	03	18327	3037	81673	569
432	20263	3034	01	21362	3035	78638	568
433	23294	3031	9,9998900	24394	3032	75606	567
434	26323	3029	9,9998898	27425	3031	72575	566
435	29350	3027	97	30453	3028	69547	565
436	32375	3025	95	33480	3027	66520	564
437	35398	3023	94	36504	3024	63496	563
438	38418	3020	92	39526	3022	60474	562
439	41437	3019	90	42546	3020	57454	561
0,01440	44453	3016	89	45564	3018	54436	0,98560
441	47468	3015	87	48580	3016	51420	559
442	50480	3012	86	51594	3014	48406	558
443	53490	3010	84	54606	3012	45394	557
444	56498	3008	83	57616	3010	42384	556
445	59504	3006	81	60623	3007	39377	555
446	62508	3004	80	63629	3006	36371	554
447	65510	3002	78	66632	3003	33368	553
448	68510	3000	77	69633	3001	30367	552
449	71508	2998	75	72633	3000	27367	551
0,01450	8,3574503	2995	9,9998873	8,3575630	2997	11,6424370	0,98550
Arc.	Log. Cofin.	D.	Log. Sin.	Log. Cot.	D.	Log. Tang.	Arc.
0,985							

0,014

Arc.	Sinus.	D.	Cosinus.	Tang.	D.	Cotang.	Diff.	Arc.
0,01450	0,0227746		0,9997406	0,0227805		43,8972194		0,98550
451	7903	157	0,9997403	7962	157	8669559	302635	549
452	8060	157	0,9997399	8119	157	8367340	302219	548
453	8217	157	96	8276	157	8065537	301803	547
454	8374	157	92	8434	158	7764150	301387	546
455	8531	157	88	8591	157	7463176	300974	545
456	8688	157	85	8748	157	7162616	300560	544
457	8845	157	81	8905	157	6862408	300148	543
458	9002	157	78	9062	157	6562732	299736	542
459	9159	157	74	9219	157	6263407	299325	541
0,01460	9316	157	70	9376	157	5964492	298915	0,98540
461	9473	157	67	9534	158	5665986	298506	539
462	9630	157	63	9691	157	5367888	298098	538
463	9787	157	60	0,0229848	157	5070198	297690	537
464	0,0229944	157	56	0,0230005	157	4772914	297284	536
465	0,0230101	157	52	0162	157	4476036	296878	535
466	0258	157	49	0319	157	4179563	296473	534
467	0415	157	45	0477	158	3883494	296069	533
468	0572	157	41	0634	157	3587828	295666	532
469	0730	158	38	0791	157	3292565	295263	531
0,01470	0887	157	34	0948	157	2997703	294862	0,98530
471	1044	157	31	1105	157	2703243	294460	529
472	1201	157	27	1262	157	2409182	294061	528
473	1358	157	23	1420	158	2115520	293662	527
474	1515	157	20	1577	157	1822257	293263	526
475	0,0231672	157	16	0,0231734	157	1529392	292865	525
476	1829	157	12	1891	157	1236923	292469	524
477	1986	157	09	2048	157	0944850	292073	523
478	2143	157	05	2205	157	0653172	291678	522
479	2300	157	0,9997301	2363	158	0361889	291283	521
0,01480	2457	157	0,9997298	2520	157	43,0070999	290890	0,98520
481	2614	157	94	2677	157	42,9780502	290497	519
482	2771	157	91	2834	157	9490397	290105	518
483	2928	157	87	2991	157	9200684	289713	517
484	3085	157	83	3148	157	8911360	289324	516
485	3242	157	80	3306	158	8622426	288934	515
486	3399	157	76	3463	157	8333881	288545	514
487	3556	157	72	3620	157	8045724	288157	513
488	3713	157	69	3777	157	7757954	287770	512
489	3870	157	65	3934	157	7470571	287383	511
0,01490	4027	157	61	4091	157	7183573	286998	0,98510
491	4184	157	58	4249	158	6896960	286613	509
492	4341	157	54	4406	157	6610732	286228	508
493	4498	157	50	4563	157	6324886	285846	507
494	4655	157	46	4720	157	6039424	285462	506
495	4812	157	43	4877	157	5754343	285081	505
496	4970	158	39	5034	157	5469643	284700	504
497	5127	157	35	5192	158	5185323	284320	503
498	5284	157	32	5349	157	4901383	283940	502
499	5441	157	28	5506	157	4617822	283561	501
0,01500	0,0235598	157	0,9997224	0,0235663	157	42,4334639	283183	0,98500
Arc.	Cosinus.	D.	Sinus.	Cotang.	D.	Tang.	Diff.	Arc.

0,985

0,014							
Arc.	Log. Sin.	D.	Log. Cosin.	Log. Tang.	D.	Log. Cot.	Arc.
0,01450	8,3574503		9,9998873	8,3575630		11,6424370	0,98550
451	77497	2994	72	78625	2995	21375	549
452	80488	2991	70	81618	2993	18382	548
453	83478	2990	69	84609	2991	15391	547
454	86465	2987	67	87598	2989	12402	546
455	89451	2986	66	90585	2987	09415	545
456	92434	2983	64	93570	2985	06430	544
457	95415	2981	63	96553	2983	03447	543
458	8,3598394	2979	61	8,3599533	2980	11,6400467	542
459	8,3601372	2978	59	8,3602512	2979	11,6397488	541
0,01460	04347	2975	58	05489	2977	94511	0,98540
461	07320	2973	56	08463	2974	91537	539
462	10291	2971	55	11436	2973	88564	538
463	13260	2969	53	14407	2971	85593	537
464	16227	2967	52	17375	2968	82625	536
465	19192	2965	50	20342	2967	79658	535
466	22155	2963	48	23306	2964	76694	534
467	25116	2961	47	26269	2963	73731	533
468	28074	2958	45	29229	2960	70771	532
469	31031	2957	44	32188	2959	67812	531
0,01470	33986	2955	42	35144	2956	64856	0,98530
471	36939	2953	41	38099	2955	61901	529
472	39890	2951	39	41051	2952	58949	528
473	42839	2949	37	44001	2950	55999	527
474	45786	2947	36	46950	2949	53050	526
475	8,3648730	2944	9,9998834	8,3649896	2946	11,6350104	525
476	51673	2943	33	52841	2945	47159	524
477	54614	2941	31	55783	2942	44217	523
478	57553	2939	29	58723	2940	41277	522
479	60490	2937	28	61662	2939	38338	521
0,01480	63425	2935	26	64598	2936	35402	0,98520
481	66358	2933	25	67533	2935	32467	519
482	69289	2931	23	70465	2932	29535	518
483	72217	2928	22	73396	2931	26604	517
484	75144	2927	20	76325	2929	23075	516
485	78069	2925	18	79251	2926	20749	515
486	80992	2923	17	82176	2925	17824	514
487	83914	2922	15	85098	2922	14902	513
488	86833	2919	14	88019	2921	11981	512
489	89750	2917	12	90938	2919	09062	511
0,01490	92665	2915	10	93855	2917	06145	0,98510
491	95578	2913	09	96769	2914	03231	509
492	8,3698489	2911	07	8,3699682	2913	11,6300318	508
493	8,3701399	2910	06	8,3702593	2911	11,6297407	507
494	04306	2907	04	05502	2909	94498	506
495	07212	2906	02	08409	2907	91591	505
496	10115	2903	9,9998801	11314	2905	88686	504
497	13017	2902	9,9998799	14217	2903	85783	503
498	15916	2899	98	17119	2902	82881	502
499	18814	2898	96	20018	2899	79982	501
0,01500	8,3721710	2896	9,9998794	8,3722915	2897	11,6277085	0,98500
Arc.	Log. Cosin.	D.	Log. Sin.	Log. Cot.	D.	Log. Tang.	Arc.
0,985							

0,015

Arc.	Sinus.	D.	Cosinus.	Tang.	D.	Cotang.	Diff.	Arc.
0,01500	0,0235598		0,9997224	0,0235663		42,4334639		0,98500
501	5755	157	21	5820	157	4051833	282806	499
502	5912	157	17	5977	157	3769403	282430	498
503	6069	157	13	6135	158	3487350	282053	497
504	6226	157	09	6292	157	3205071	281679	496
505	6383	157	06	6449	157	2924306	281305	495
506	6540	157	0,9997202	6606	157	2643435	280931	494
507	6697	157	0,9997198	6763	157	2362877	280558	493
508	6854	157	95	6920	157	2082691	280186	492
509	7011	157	91	7078	158	1802876	279815	491
0,01510	7168	157	87	7235	157	1523432	279444	0,98490
511	7325	157	83	7392	157	1244357	279075	489
512	7482	157	80	7549	157	0965652	278705	488
513	7639	157	76	7706	157	0687315	278337	487
514	7796	157	72	7863	157	0409345	277970	486
515	7953	157	69	8021	158	42,0131743	277602	485
516	8110	157	65	8178	157	41,9854506	277237	484
517	8267	157	61	8335	157	9577635	276871	483
518	8424	157	57	8492	157	9301129	276506	482
519	8581	157	54	8649	157	9024987	276142	481
0,01520	8738	157	50	8806	157	8749208	275779	0,98480
521	8895	157	46	8964	158	8473791	275417	479
522	9052	157	42	9121	157	8198736	275055	478
523	9209	157	39	9278	157	7924043	274693	477
524	9366	157	35	9435	157	7649710	274333	476
525	9524	158	0,9997131	9592	157	41,7375737	273973	475
526	9681	157	27	9749	157	7102122	273615	474
527	9838	157	23	0,0239907	158	6828866	273256	473
528	0,0239995	157	20	0,0240064	157	6555968	272898	472
529	0,0240152	157	16	0221	157	6283426	272542	471
0,01530	0309	157	12	0378	157	6011241	272185	0,98470
531	0466	157	08	0535	157	5739411	271830	469
532	0623	157	05	0692	157	5467936	271475	468
533	0780	157	0,9997101	0850	158	5196815	271121	467
534	0937	157	0,9997097	1007	157	4926047	270768	466
535	1094	157	93	1164	157	4655633	270414	465
536	1251	157	89	1321	157	4385570	270063	464
537	1408	157	86	1478	157	4115858	269712	463
538	1565	157	82	1635	157	3846498	269360	462
539	1722	157	78	1793	158	3577487	269011	461
0,01540	1879	157	74	1950	157	3308825	268662	0,98460
541	2036	157	70	2107	157	3040512	268313	459
542	2193	157	67	2264	157	2772547	267965	458
543	2350	157	63	2421	157	2504930	267617	457
544	2507	157	59	2579	158	2237659	267271	456
545	2664	157	55	2736	157	1970733	266926	455
546	2821	157	51	2893	157	1704153	266580	454
547	2978	157	48	3050	157	1437918	266235	453
548	3135	157	44	3207	157	1172027	265891	452
549	3292	157	40	3364	157	0906478	265549	451
0,01550	0,0243449	157	0,9997036	0,0243522	158	41,0641273	265205	0,98450
Arc.	Cosinus.	D.	Sinus.	Cotang.	D.	Tang.	Diff.	Arc.

0,984

0,015							
Arc.	Log. Sin.	D.	Log. Cosin.	Log. Tang.	D.	Log. Cot.	Arc.
0,01500	8,3721710		9,9998794	8,3722915		11,6277085	0,98500
501	24603	2893	93	25811	2896	74189	499
502	27495	2892	91	28704	2893	71296	498
503	30385	2890	90	31596	2892	68404	497
504	33273	2888	88	34485	2889	65515	496
505	36159	2880	86	37373	2888	62627	495
506	39043	2884	85	40259	2886	59741	494
507	41926	2883	83	43143	2884	56857	493
508	44806	2880	81	46025	2882	53975	492
509	47084	2878	80	48905	2880	51095	491
0,01510	50501	2877	78	51783	2878	48217	0,98490
511	53436	2875	77	54659	2876	45341	489
512	56308	2872	75	57533	2874	42467	488
513	59179	2871	73	60406	2873	39594	487
514	62048	2869	72	63276	2870	36724	486
515	64915	2867	70	66145	2869	33855	485
516	67780	2865	69	69012	2867	30988	484
517	70644	2864	67	71877	2865	28123	483
518	73505	2861	65	74740	2863	25260	482
519	76304	2859	64	77601	2861	22399	481
0,01520	79222	2858	62	80460	2859	19540	0,98480
521	82078	2856	60	83317	2857	16683	479
522	84932	2854	59	86173	2856	13827	478
523	87784	2852	57	89026	2853	10974	477
524	90034	2850	55	91878	2852	08122	476
525	93482	2848	9,9998754	94728	2850	05272	475
526	96328	2846	52	8,3797576	2848	11,6202424	474
527	8,3799173	2845	51	8,3800422	2846	11,6199578	473
528	8,3802015	2842	49	03266	2844	96734	472
529	04856	2841	47	06109	2843	93891	471
0,01530	07095	2839	46	08949	2840	91051	0,98470
531	10532	2837	44	11788	2839	88212	469
532	13367	2835	42	14625	2837	85375	468
533	16201	2834	41	17460	2835	82540	467
534	19032	2831	39	20293	2833	79707	466
535	21862	2830	37	23124	2831	76876	465
536	24690	2828	36	25954	2830	74046	464
537	27516	2826	34	28781	2827	71219	463
538	30340	2824	32	31607	2826	68393	462
539	33162	2822	31	34431	2824	65569	461
0,01540	35982	2820	29	37253	2822	62747	0,98460
541	38801	2819	28	40073	2820	59927	459
542	41618	2817	26	42892	2819	57108	458
543	44433	2815	24	45709	2817	54291	457
544	47246	2813	23	48523	2814	51477	456
545	50057	2811	21	51336	2813	48664	455
546	52867	2810	19	54148	2812	45852	454
547	55674	2807	18	56957	2809	43043	453
548	58480	2806	16	59764	2807	40236	452
549	61284	2804	14	62570	2806	37430	451
0,01550	8,3864087	2803	9,9998713	8,3865374	2804	11,6134626	0,98450
Arc.	Log. Cosin.	D.	Log. Sin.	Log. Cot.	D.	Log. Tang.	Arc.
0,984							

0,015

Arc.	Sinus.	D.	Cosinus.	Tang.	D.	Cotang.	Diff.	Arc.
0,01550	0,0243449		0,9997036	0,0243522		41,0641273		0,98450
551	3606	157	32	3679	157	0376409	264864	449
552	3763	157	29	3836	157	41,0111887	264522	448
553	3920	157	25	3993	157	40,9847705	264182	447
554	4078	158	21	4150	157	9583863	263842	446
555	4235	157	17	4307	157	9320360	263503	445
556	4392	157	13	4465	158	9057196	263164	444
557	4549	157	09	4622	157	8794370	262826	443
558	4706	157	06	4779	157	8531881	262489	442
559	4863	157	0,9997002	4936	157	8269729	262152	441
0,01560	5020	157	0,9996998	5093	157	8007913	261816	0,98440
561	5177	157	94	5250	157	7746432	261481	439
562	5334	157	90	5408	158	7485286	261146	438
563	5491	157	86	5565	157	7224475	260811	437
564	5648	157	82	5722	157	6963996	260479	436
565	5805	157	79	5879	157	6703851	260145	435
566	5962	157	75	6036	157	6444037	259814	434
567	6119	157	71	6194	158	6184555	259482	433
568	6276	157	67	6351	157	5925404	259151	432
569	6433	157	63	6508	157	5666584	258820	431
0,01570	6590	157	59	6665	157	5408093	258491	0,98430
571	6747	157	55	6822	157	5149930	258163	429
572	6904	157	51	6979	157	4892097	257833	428
573	7061	157	48	7137	158	4634591	257506	427
574	7218	157	44	7294	157	4377412	257179	426
575	0,0247375	157	0,9996940	0,0247451	157	40,4120560	256852	425
576	7532	157	36	7608	157	3864034	256526	424
577	7689	157	32	7765	157	3607832	256202	423
578	7846	157	28	7922	157	3351956	255876	422
579	8003	157	24	8080	158	3096404	255552	421
0,01580	8160	157	20	8237	157	2841175	255229	0,98420
581	8317	157	16	8394	157	2586268	254907	419
582	8474	157	13	8551	157	2331684	254584	418
583	8631	157	09	8708	157	2077422	254262	417
584	8788	157	05	8865	157	1823480	253942	416
585	8945	157	0,9996901	9023	158	1569859	253621	415
586	9103	158	0,9996897	9180	157	1316558	253301	414
587	9260	157	93	9337	157	1063576	252982	413
588	9417	157	89	9494	157	0810912	252664	412
589	9574	157	85	9651	157	0558567	252345	411
0,01590	9731	157	81	9809	158	0306538	252029	0,98410
591	0,0249888	157	77	0,0249966	157	40,0054827	251711	409
592	0,0250045	157	73	0,0250123	157	39,9803431	251396	408
593	0202	157	69	0280	157	9552351	251080	407
594	0359	157	66	0437	157	9301587	250764	406
595	0516	157	62	0594	157	9051136	250451	405
596	0673	157	58	0752	158	8800999	250137	404
597	0830	157	54	0909	157	8551176	249823	403
598	0987	157	50	1066	157	8301665	249511	402
599	1144	157	46	1223	157	8052466	249199	401
0,01600	0,0251301	157	0,9996842	0,0251380	157	39,7803578	248888	0,98400
Arc.	Cosinus.	D.	Sinus.	Cotang.	D.	Tang.	Diff.	Arc.

0,984

0,015							
Arc.	Log. Sin.	D.	Log. Cosin.	Log. Tang.	D.	Log. Cot.	Arc.
0,01550	8,3864087		9,9998713	8,3865374		11,6134626	0,98450
551	66887	2800	11	68176	2802	31824	449
552	69686	2799	09	70976	2800	29024	448
553	72483	2797	08	73775	2799	26225	447
554	75278	2795	06	76572	2797	23428	446
555	78071	2793	04	79367	2795	20633	445
556	80862	2791	03	82160	2793	17840	444
557	83652	2790	9,9998701	84951	2791	15049	443
558	86440	2788	9,9998699	87740	2789	12260	442
559	89226	2786	98	90528	2788	09472	441
0,01560	92010	2784	96	93314	2786	06686	0,98440
561	94793	2783	94	96098	2784	03902	439
562	8,3897573	2780	93	8,3898881	2783	11,6101119	438
563	8,3900352	2779	91	8,3901661	2780	11,6098339	437
564	03129	2777	89	04440	2779	95560	436
565	05905	2776	88	07217	2777	92783	435
566	08678	2773	86	09992	2775	90008	434
567	11450	2772	84	12766	2774	87234	433
568	14220	2770	83	15538	2772	84462	432
569	16989	2769	81	18308	2770	81692	431
0,01570	19755	2766	79	21076	2768	78924	0,98430
571	22520	2765	78	23842	2766	76158	429
572	25283	2763	76	26607	2765	73393	428
573	28044	2761	74	29370	2763	70630	427
574	30804	2760	72	32131	2761	67869	426
575	8,3933561	2757	9,9998671	8,3934891	2760	11,6065109	425
576	36317	2756	69	37648	2757	62352	424
577	39072	2755	67	40404	2756	59596	423
578	41824	2752	66	43158	2754	56842	422
579	44575	2751	64	45911	2753	54089	421
0,01580	47324	2749	62	48661	2750	51339	0,98420
581	50071	2747	61	51410	2749	48590	419
582	52817	2746	59	54158	2748	45842	418
583	55560	2743	57	56903	2745	43097	417
584	58302	2742	56	59647	2744	40353	416
585	61043	2741	54	62389	2742	37611	415
586	63781	2738	52	65129	2740	34871	414
587	66518	2737	50	67868	2739	32132	413
588	69253	2735	49	70605	2737	29395	412
589	71987	2734	47	73340	2735	26660	411
0,01590	74718	2731	45	76073	2733	23927	0,98410
591	77448	2730	44	78805	2732	21195	409
592	80177	2729	42	81535	2730	18465	408
593	82903	2726	40	84263	2728	15737	407
594	85628	2725	39	86990	2727	13010	406
595	88351	2723	37	89714	2724	10286	405
596	91073	2722	35	92438	2724	07562	404
597	93792	2719	33	95159	2721	04841	403
598	96510	2718	32	8,3997879	2720	11,6002121	402
599	8,3999227	2717	30	8,4000597	2718	11,5999403	401
0,01600	8,4001941	2714	9,9998628	8,4003313	2716	11,5996687	0,98400
Arc.	Log. Cosin.	D.	Log. Sin.	Log. Cot.	D.	Log. Tang.	Arc.
0,984							

0,016

Arc.	Sinus.	D.	Cofinus.	Tang.	D.	Cotang.	Diff.	Arc.
0,01600	0,0251301		0,9996842	0,0251380		39,7803578		0,98400
601	1458	157	38	1538	158	7555002	248576	399
602	1615	157	34	1695	157	7306735	248267	398
603	1772	157	30	1852	157	7058779	247956	397
604	1929	157	26	2009	157	6811131	247648	396
605	2086	157	22	2166	157	6563792	247339	395
606	2243	157	18	2323	157	6316761	247031	394
607	2400	157	14	2481	158	6070037	246724	393
608	2557	157	10	2638	157	5823020	246417	392
609	2714	157	06	2795	157	5577510	246110	391
0,01610	2871	157	0,9996802	2952	157	5331705	245805	0,98390
611	3028	157	0,9996798	3109	157	5086205	245500	389
612	3185	157	94	3266	157	4841009	245196	388
613	3342	157	90	3424	158	4596118	244891	387
614	3499	157	86	3581	157	4351530	244588	386
615	3656	157	82	3738	157	4107245	244285	385
616	3813	157	78	3895	157	3863262	243983	384
617	3970	157	74	4052	157	3619581	243681	383
618	4127	157	70	4210	158	3376200	243381	382
619	4285	158	66	4367	157	3133121	243079	381
0,01620	4442	157	62	4524	157	2890341	242780	0,98380
621	4599	157	58	4681	157	2647861	242480	379
622	4756	157	54	4838	157	2405680	242181	378
623	4913	157	50	4995	157	2163798	241882	377
624	5070	157	46	5153	158	1922213	241585	376
625	0,0255227	157	0,9996742	0,0255310	157	39,1680925	241288	375
626	5384	157	38	5467	157	1439934	240991	374
627	5541	157	34	5624	157	1199240	240694	373
628	5698	157	30	5781	157	0958841	240399	372
629	5855	157	26	5939	158	0718737	240104	371
0,01630	6012	157	22	6096	157	0478927	239810	0,98370
631	6169	157	18	6253	157	0239412	239515	369
632	6326	157	14	6410	157	39,0000190	239222	368
633	6483	157	10	6567	157	38,9761261	238929	367
634	6640	157	06	6724	157	9522624	238637	366
635	6797	157	0,9996702	6882	158	9284279	238345	365
636	6954	157	0,9996698	7039	157	9046226	238053	364
637	7111	157	94	7196	157	8808463	237763	363
638	7268	157	90	7353	157	8570990	237473	362
639	7425	157	86	7510	157	8333808	237182	361
0,01640	7582	157	82	7668	158	8096914	236894	0,98360
641	7739	157	78	7825	157	7860309	236605	359
642	7896	157	74	7982	157	7623992	236317	358
643	8053	157	70	8139	157	7387963	236029	357
644	8210	157	66	8296	157	7152221	235742	356
645	8367	157	62	8454	158	6916765	235456	355
646	8524	157	58	8611	157	6681596	235169	354
647	8681	157	54	8768	157	6446712	234884	353
648	8838	157	50	8925	157	6212113	234599	352
649	8995	157	46	9082	157	5977798	234315	351
0,01650	0,0259152	157	0,9996641	0,0259239	157	38,5743767	234031	0,98350
Arc.	Cofinus.	D.	Sinus.	Cotang.	D.	Tang.	Diff.	Arc.

0,983

0,016							
Arc.	Log. Sin.	D.	Log. Cofin.	Log. Tang.	D.	Log. Cot.	Arc.
0, 01600	8, 4001941		9, 9998628	8, 4003313		11, 5996687	0, 98400
601	04654	2713	27	06028	2715	93972	399
602	07366	2712	25	08741	2713	91259	398
603	10075	2709	23	11452	2711	88548	397
604	12783	2708	21	14162	2710	85838	396
605	15489	2706	20	16869	2707	83131	395
606	18194	2705	18	19576	2707	80424	394
607	20896	2702	16	22280	2704	77720	393
608	23597	2701	14	24983	2703	75017	392
609	26297	2700	13	27684	2701	72316	391
0, 01610	28995	2698	11	30384	2700	69616	0, 98390
611	31691	2696	09	33081	2697	66919	389
612	34385	2694	08	35777	2696	64223	388
613	37078	2693	06	38472	2695	61528	387
614	39769	2691	04	41165	2693	58835	386
615	42458	2689	02	43856	2691	56144	385
616	45146	2688	9, 9998601	46545	2689	53455	384
617	47832	2686	9, 9998599	49233	2688	50767	383
618	50516	2684	97	51[illegible]	2686	48081	382
619	53199	2683	95	54604	2685	45396	381
0, 01620	55880	2681	94	57286	2682	42714	0, 98380
621	58560	2680	92	59968	2682	40032	379
622	61237	2677	90	62647	2679	37353	378
623	63914	2677	89	65325	2678	34675	377
624	66588	2674	87	68001	2676	31999	376
625	8, 4069261	2673	9, 9998585	8, 4070676	2675	11, 5929324	375
626	71932	2671	83	73349	2673	26651	374
627	74602	2670	82	76020	2671	23980	373
628	77269	2667	80	78690	2670	21310	372
629	79936	2667	78	81358	2668	18642	371
0, 01630	82600	2664	76	84024	2666	15976	0, 98370
631	85263	2663	75	86689	2665	13311	369
632	87925	2662	73	89352	2663	10648	368
633	90584	2659	71	92013	2661	07987	367
634	93242	2658	69	94673	2660	05327	366
635	95899	2657	68	97331	2658	02669	365
636	8, 4098554	2655	66	8, 4099988	2657	11, 5900012	364
637	8, 4101207	2653	64	8, 4102643	2655	11, 5897357	363
638	03859	2652	62	05296	2653	94704	362
639	06509	2650	61	07948	2652	92052	361
0, 01640	09157	2648	59	10598	2650	89402	0, 98360
641	11804	2647	57	13247	2649	86753	359
642	14449	2645	55	15893	2646	84107	358
643	17092	2643	54	18539	2646	81461	357
644	19734	2642	52	21182	2643	78818	356
645	22374	2640	50	23825	2643	76175	355
646	25013	2639	48	26465	2640	73535	354
647	27650	2637	46	29104	2639	70896	353
648	30286	2636	45	31741	2637	68259	352
649	32920	2634	43	34377	2636	65623	351
0, 01650	8, 4135552	2632	9, 9998541	8, 4137011	2634	11, 5862989	0, 98350
Arc.	Log. Cofin.	D.	Log. Sin.	Log. Cot.	D.	Log. Tang.	Arc.
0,983							

0,016								
Arc.	Sinus.	D.	Cofinus.	Tang.	D.	Cotang.	Diff.	Arc.
0,01650	0,0259152		0,9996641	0,0259239		38,5743767		0,98350
651	9309	157	37	9397	158	5510020	233747	349
652	9466	157	33	9554	157	5276556	233464	348
653	9623	157	29	9711	157	5043374	233182	347
654	9780	157	25	0,0259368	157	4810474	232900	346
655	0,0259938	158	21	0,0260025	157	4577856	232618	345
656	0,0260095	157	17	0183	158	4345518	232338	344
657	0252	157	13	0340	157	4113460	232058	343
658	0409	157	09	0497	157	3881683	231777	342
659	0566	157	05	0654	157	3650185	231498	341
0,01660	0723	157	0,9996601	0811	157	3418966	231219	0,98340
661	0880	157	0,9996597	0968	157	3188025	230941	339
662	1037	157	92	1126	158	2957362	230663	338
663	1194	157	88	1283	157	2726976	230386	337
664	1351	157	84	1440	157	2496867	230109	336
665	1508	157	80	1597	157	2267034	229833	335
666	1665	157	76	1754	157	2037478	229556	334
667	1822	157	72	1912	158	1808196	229282	333
668	1979	157	68	2069	157	1579190	229006	332
669	2136	157	64	2226	157	1350458	228732	331
0,01670	2293	157	60	2383	157	1122000	228458	0,98330
671	2450	157	55	2540	157	0893815	228185	329
672	2607	157	51	2698	158	0665903	227912	328
673	2764	157	47	2855	157	0438263	227640	327
674	2921	157	43	3012	157	38,0210895	227368	326
675	0,0263078	157	0,9996539	0,0263169	157	37,9983799	227096	325
676	3235	157	35	3326	157	9756974	226825	324
677	3392	157	31	3483	157	9530419	226555	323
678	3549	157	26	3641	158	9304134	226285	322
679	3706	157	22	3798	157	9078118	226016	321
0,01680	3863	157	18	3955	157	8852372	225746	0,98320
681	4020	157	14	4112	157	8626894	225478	319
682	4177	157	10	4269	157	8401684	225210	318
683	4334	157	06	4427	158	8176742	224942	317
684	4491	157	0,9996502	4584	157	7952067	224675	316
685	4648	157	0,9996497	4741	157	7727658	224409	315
686	4805	157	93	4898	157	7503516	224142	314
687	4962	157	89	5055	157	7279639	223877	313
688	5119	157	85	5213	158	7056027	223612	312
689	5276	157	81	5370	157	6832680	223347	311
0,01690	5433	157	77	5527	157	6609598	223082	0,98310
691	5590	157	72	5684	157	6386779	222819	309
692	5747	157	68	5841	157	6164223	222556	308
693	5904	157	64	5999	158	5941931	222292	307
694	6061	157	60	6156	157	5719901	222030	306
695	6219	158	56	6313	157	5498132	221769	305
696	6376	157	52	6470	157	5276625	221507	304
697	6533	157	47	6627	157	5055379	221246	303
698	6690	157	43	6784	157	4834394	220985	302
699	6847	157	39	6942	158	4613669	220725	301
0,01700	0,0267004	157	0,9996435	0,0267099	157	37,4393203	220466	0,98300
Arc.	Cofinus.	D.	Sinus.	Cotang.	D.	Tang.	Diff.	Arc.
0,983								

0,016

Arc.	Log. Sin.	D.	Log. Cofin.	Log. Tang.	D.	Log. Cot.	Arc.
0,01650	8,4135552		9,9998541	8,4137011		11,5862989	0,98350
651	38183	2631	39	39643	2632	60357	349
652	40812	2629	38	42274	2631	57726	348
653	43439	2627	36	44903	2629	55097	347
654	46065	2626	34	47531	2628	52469	346
655	48690	2625	32	50157	2626	49843	345
656	51312	2622	31	52782	2625	47218	344
657	53933	2621	29	55405	2623	44595	343
658	56553	2620	27	58026	2621	41974	342
659	59171	2618	25	60646	2620	39354	341
0,01660	61787	2616	23	63264	2618	36736	0,98340
661	64402	2615	22	65881	2617	34119	339
662	67016	2614	20	68496	2615	31504	338
663	69627	2611	18	71109	2613	28891	337
664	72237	2610	16	73721	2612	26279	336
665	74846	2609	15	76332	2611	23668	335
666	77453	2607	13	78940	2608	21060	334
667	80058	2605	11	81548	2608	18452	333
668	82662	2604	09	84153	2605	15847	332
669	85265	2603	07	86757	2604	13243	331
0,01670	87865	2600	06	89360	2603	10640	0,98300
671	90465	2600	04	91961	2601	08039	329
672	93062	2597	02	94560	2599	05440	328
673	95658	2596	9,9998500	97158	2598	02842	327
674	8,4198253	2595	9,9998498	8,4199754	2596	11,5800246	326
675	8,4200846	2593	97	8,4202349	2595	11,5797651	325
676	03437	2591	95	04942	2593	95058	324
677	06027	2590	93	07534	2592	92466	323
678	08615	2588	91	10124	2590	89876	322
679	11202	2587	89	12713	2589	87287	321
0,01680	13788	2586	88	15300	2587	84700	0,98320
681	16371	2583	86	17885	2585	82115	319
682	18953	2582	84	20469	2584	79531	318
683	21534	2581	82	23052	2583	76948	317
684	24113	2579	80	25633	2581	74367	316
685	26691	2578	79	28212	2579	71788	315
686	29267	2576	77	30790	2578	69210	314
687	31841	2574	75	33366	2576	66634	313
688	34414	2573	73	35941	2575	64059	312
689	36986	2572	71	38514	2573	61486	311
0,01690	39556	2570	70	41086	2572	58914	0,98310
691	42124	2568	68	43656	2570	56344	309
692	44691	2567	66	46225	2569	53775	308
693	47256	2565	64	48792	2567	51208	307
694	49820	2564	62	51358	2566	48642	306
695	52383	2563	60	53922	2564	46078	305
696	54944	2561	59	56485	2563	43515	304
697	57503	2559	57	59046	2561	40954	303
698	60061	2558	55	61606	2560	38394	302
699	62617	2556	53	64164	2558	35836	301
0,01700	8,4265172	2555	9,9998451	8,4266720	2556	11,5733280	0,98300
Arc.	Log. Cofin.	D.	Log. Sin.	Log. Cot.	D.	Log. Tang.	Arc.

0,983

0,017

Arc.	Sinus.	D.	Cosinus.	Tang.	D.	Cotang.	Diff.	Arc.
0,01700	0,0267004		0,9996435	0,0267099		37,4393203		0,98300
701	7161	157	31	7256	157	4172996	220207	299
702	7318	157	26	7413	157	3953049	219947	298
703	7475	157	22	7570	157	3733359	219690	297
704	7632	157	18	7728	158	3513927	219432	296
705	7789	157	14	7885	157	3294753	219174	295
706	7946	157	10	8042	157	3075835	218918	294
707	8103	157	05	8199	157	2857174	218661	293
708	8260	157	0,9996401	8356	157	2638769	218405	292
709	8417	157	0,9996397	8514	158	2420619	218150	291
0,01710	8574	157	93	8671	157	2202725	217894	0,98290
711	8731	157	89	8828	157	1985085	217640	289
712	8888	157	84	8985	157	1767699	217386	288
713	9045	157	80	9142	157	1550567	217132	287
714	9202	157	76	9300	158	1333689	216878	286
715	9359	157	72	9457	157	1117063	216626	285
716	9516	157	67	9614	157	0900689	216374	284
717	9673	157	63	9771	157	0684568	216121	283
718	9830	157	59	0,0269928	157	0468098	215870	282
719	0,0269987	157	55	0,0270086	158	0253079	215619	281
0,01720	0,0270144	157	50	0243	157	37,0037711	215368	0,98280
721	0301	157	46	0400	157	36,9822593	215118	279
722	0458	157	42	0557	157	9607725	214868	278
723	0615	157	38	0714	157	9393105	214619	277
724	0772	157	33	0872	158	9178737	214369	276
725	0,0270929	157	0,9996329	0,0271029	157	8964615	214122	275
726	1086	157	25	1186	157	8750742	213873	274
727	1243	157	21	1343	157	8537116	213626	273
728	1400	157	16	1500	157	8323738	213378	272
729	1557	157	12	1657	157	8110606	213132	271
0,01730	1714	157	08	1815	158	7897721	212885	0,98270
731	1871	157	0,9996304	1972	157	7685081	212640	269
732	2028	157	0,9996299	2129	157	7472687	212394	268
733	2185	157	95	2286	157	7260538	212149	267
734	2342	157	91	2443	157	7048634	211904	266
735	2499	157	87	2601	158	6836974	211660	265
736	2656	157	82	2758	157	6625557	211417	264
737	2813	157	78	2915	157	6414385	211172	263
738	2970	157	74	3072	157	6203455	210930	262
739	3128	158	69	3229	157	5992767	210688	261
0,01740	3285	157	65	3387	158	5782322	210445	0,98260
741	3442	157	61	3544	157	5572118	210204	259
742	3599	157	56	3701	157	5362156	209962	258
743	3756	157	52	3858	157	5152434	209722	257
744	3913	157	48	4015	157	4942953	209481	256
745	4070	157	44	4173	158	4733712	209241	255
746	4227	157	39	4330	157	4524710	209002	254
747	4384	157	35	4487	157	4315948	208762	253
748	4541	157	31	4644	157	4107425	208523	252
749	4698	157	26	4801	157	3899140	208285	251
0,01750	0,0274855	157	0,9996222	0,0274959	158	36,3691093	208047	0,98250
Arc.	Cosinus.	D.	Sinus.	Cotang.	D.	Tang.	Diff.	Arc.

0,982

0,017							
Arc.	Log. Sin.	D.	Log. Cosin.	Log. Tang.	D.	Log. Cot.	Arc.
0,01700	8,4265172		9,9998451	8,4266720		11,5733280	0,98300
701	67725	2553	50	69276	2556	30724	299
702	70277	2552	48	71829	2553	28171	298
703	72827	2550	46	74381	2552	25619	297
704	75376	2549	44	76932	2551	23068	296
705	77923	2547	42	79481	2549	20519	295
706	80469	2546	40	82029	2548	17971	294
707	83014	2545	39	84575	2546	15425	293
708	85556	2542	37	87120	2545	12880	292
709	88098	2542	35	89663	2543	10337	291
0,01710	90638	2540	33	92205	2542	07795	0,98290
711	93176	2538	31	94745	2540	05255	289
712	95713	2537	29	97283	2538	02717	288
713	8,4298248	2535	28	8,4299821	2538	11,5700179	287
714	8,4300782	2534	26	8,4302356	2535	11,5697644	286
715	03315	2533	24	04891	2535	95109	285
716	05846	2531	22	07424	2533	92576	284
717	08375	2529	20	09955	2531	90045	283
718	10903	2528	18	12485	2530	87515	282
719	13430	2527	17	15013	2528	84987	281
0,01720	15955	2525	15	17540	2527	82460	0,98280
721	18478	2523	13	20066	2526	79934	279
722	21001	2523	11	22590	2524	77410	278
723	23521	2520	09	25112	2522	74888	277
724	26041	2520	07	27633	2521	72367	276
725	8,4328558	2517	05	8,4330153	2520	11,5669847	275
726	31075	2517	04	32671	2518	67329	274
727	33589	2514	02	35188	2517	64812	273
728	36103	2514	9,9998400	37703	2515	62297	272
729	38615	2512	9,9998398	40217	2514	59783	271
0,01730	41125	2510	96	42729	2512	57271	0,98270
731	43634	2509	94	45240	2511	54760	269
732	46142	2508	93	47749	2509	52251	268
733	48648	2506	91	50257	2508	49743	267
734	51153	2505	89	52764	2507	47236	266
735	53656	2503	87	55269	2505	44731	265
736	56158	2502	85	57773	2504	42227	264
737	58658	2500	83	60275	2502	39725	263
738	61157	2499	81	62776	2501	37224	262
739	63654	2497	80	65275	2499	34725	261
0,01740	66151	2497	78	67773	2498	32227	0,98260
741	68645	2494	76	70269	2496	29731	259
742	71138	2493	74	72764	2495	27236	258
743	73630	2492	72	75258	2494	24742	257
744	76120	2490	70	77750	2492	22250	256
745	78609	2489	68	80241	2491	19759	255
746	81097	2488	66	82730	2489	17270	254
747	83583	2486	65	85218	2488	14782	253
748	86067	2484	63	87705	2487	12295	252
749	88551	2484	61	90190	2485	09810	251
0,01750	8,4391032	2481	9,9998359	8,4392673	2483	11,5607327	0,98250
Arc.	Log. Cosin.	D.	Log. Sin.	Log. Cot.	D.	Log. Tang.	Arc.
0,982							

0,017

Arc.	Sinus.	D.	Cosinus.	Tang.	D.	Cotang.	Diff.	Arc.
0,01750	0,0274855		0,9996222	0,0274959		36,3691093		0,98250
751	5012	157	18	5116	157	3483283	207810	249
752	5169	157	13	5273	157	3275711	207572	248
753	5326	157	09	5430	157	3068375	207336	247
754	5483	157	05	5587	157	2861276	207099	246
755	5640	157	0,9996200	5745	158	2654413	206863	245
756	5797	157	0,9996196	5902	157	2447785	206628	244
757	5954	157	92	6059	157	2241393	206392	243
758	6111	157	87	6216	157	2035235	206158	242
759	6268	157	83	6373	157	1829311	205924	241
0,01760	6425	157	79	6531	158	1623622	205689	0,98240
761	6582	157	74	6688	157	1418166	205456	239
762	6739	157	70	6845	157	1212943	205223	238
763	6896	157	66	7002	157	1007953	204990	237
764	7053	157	61	7159	157	0803195	204758	236
765	7210	157	57	7317	158	0598669	204526	235
766	7367	157	53	7474	157	0394375	204294	234
767	7524	157	48	7631	157	36,0190312	204063	233
768	7681	157	44	7788	157	35,9986480	203832	232
769	7838	157	40	7945	157	9782878	203602	231
0,01770	7995	157	35	8103	158	9579506	203372	0,98230
771	8152	157	31	8260	157	9376364	203142	229
772	8309	157	26	8417	157	9173451	202913	228
773	8466	157	22	8574	157	8970767	202684	227
774	8623	157	18	8731	157	8768311	202456	226
775	0,0278780	157	13	0,0278889	158	35,8566083	202228	225
776	8937	157	09	9046	157	8364083	202000	224
777	9094	157	05	9203	157	8162310	201773	223
778	9251	157	0,9996100	9360	157	7960765	201545	222
779	9408	157	0,9996096	9517	157	7759445	201320	221
0,01780	9565	157	91	9675	158	7558352	201093	0,98220
781	9722	157	87	9832	157	7357485	200867	219
782	0,0279879	157	83	0,0279989	157	7156843	200642	218
783	0,0280036	157	78	0,0280146	157	6956426	200417	217
784	0193	157	74	0303	157	6756233	200193	216
785	0350	157	69	0461	158	6556265	199968	215
786	0507	157	65	0618	157	6356521	199744	214
787	0664	157	61	0775	157	6157000	199521	213
788	0821	157	56	0932	157	5957702	199298	212
789	0978	157	52	1089	157	5758628	199074	211
0,01790	1135	157	47	1247	158	5559775	198853	0,98210
791	1293	158	43	1404	157	5361144	198631	209
792	1450	157	39	1561	157	5162736	198408	208
793	1607	157	34	1718	157	4964548	198188	207
794	1764	157	30	1875	157	4766581	197967	206
795	1921	157	25	2033	158	4568835	197746	205
796	2078	157	21	2190	157	4371309	197526	204
797	2235	157	16	2347	157	4174002	197307	203
798	2392	157	12	2504	157	3976916	197086	202
799	2549	157	08	2662	158	3780048	196868	201
0,01800	0,0282706	157	0,9996003	0,0282819	157	35,3583399	196649	0,98200
Arc.	Cosinus.	D.	Sinus.	Cotang.	D.	Tang.	Diff.	Arc.

0,982

0,017

Arc.	Log. Sin.	D.	Log. Cofin.	Log. Tang.	D.	Log. Cot.	Arc.
0,01750	8,4391032		9,9998359	8,4392673		11,5607327	0,98250
751	93513	2481	57	95156	2483	04844	249
752	95992	2479	55	8,4397636	2480	11,5602364	248
753	8,4398469	2477	53	8,4400116	2480	11,5599884	247
754	8,4400945	2476	51	02594	2478	97406	246
755	03420	2475	50	05070	2476	94930	245
756	05893	2473	48	07545	2475	92455	244
757	08365	2472	46	10019	2474	89981	243
758	10835	2470	44	12492	2473	87508	242
759	13305	2470	42	14963	2471	85037	241
0,01760	15772	2467	40	17432	2469	82568	0,98240
761	18238	2466	38	19900	2468	80100	239
762	20703	2465	36	22367	2467	77633	238
763	23167	2464	34	24832	2465	75168	237
764	25629	2462	33	27296	2464	72704	236
765	28089	2460	31	29759	2463	70241	235
766	30549	2460	29	32220	2461	67780	234
767	33007	2458	27	34680	2460	65320	233
768	35463	2456	25	37138	2458	62862	232
769	37918	2455	23	39595	2457	60405	231
0,01770	40372	2454	21	42051	2456	57949	0,98230
771	42824	2452	19	44505	2454	55495	229
772	45275	2451	17	46958	2453	53042	228
773	47725	2450	16	49409	2451	50591	227
774	50173	2448	14	51859	2450	48141	226
775	8,4452620	2447	9,9998312	8,4454308	2449	11,5545692	225
776	55065	2445	10	56755	2447	43245	224
777	57509	2444	08	59201	2446	40799	223
778	59952	2443	06	61646	2445	38354	222
779	62393	2441	04	64089	2443	35911	221
0,01780	64833	2440	02	66531	2442	33460	0,98220
781	67271	2438	9,9998300	68971	2440	31029	219
782	69709	2438	9,9998298	71410	2439	28590	218
783	72144	2435	96	73848	2438	26152	217
784	74579	2435	95	76284	2436	23716	216
785	77012	2433	93	78719	2435	21281	215
786	79444	2432	91	81153	2434	18847	214
787	81874	2430	89	83585	2432	16415	213
788	84303	2429	87	86016	2431	13984	212
789	86731	2428	85	88446	2430	11554	211
0,01790	89157	2426	83	90874	2428	09126	0,98210
791	91582	2425	81	93301	2427	06699	209
792	94005	2423	79	95726	2425	04274	208
793	96427	2422	77	8,4498150	2424	11,5501850	207
794	8,4498848	2421	75	8,4500573	2423	11,5499427	206
795	8,4501268	2420	73	02994	2421	97006	205
796	03686	2418	72	05414	2420	94586	204
797	06103	2417	70	07833	2419	92167	203
798	08518	2415	68	10251	2418	89749	202
799	10932	2414	66	12667	2416	87333	201
0,01800	8,4513345	2413	9,9998264	8,4515081	2414	11,5484919	0,98200
Arc.	Log. Cofin.	D.	Log. Sin.	Log. Cot.	D.	Log. Tang.	Arc.

0,982

0,018

Arc.	Sinus.	D.	Cosinus.	Tang.	D.	Cotang.	Diff.	Arc.
0,01800	0,0282706		0,9996003	0,0282819		35,3583399		0,98200
801	2863	157	0,9995999	2976	157	3386968	196431	199
802	3020	157	94	3133	157	3190755	196213	198
803	3177	157	90	3290	157	2994759	195996	197
804	3334	157	85	3448	158	2798981	195778	196
805	3491	157	81	3605	157	2603420	195561	195
806	3648	157	76	3762	157	2408075	195345	194
807	3805	157	72	3919	157	2212947	195128	193
808	3962	157	67	4076	157	2018034	194913	192
809	4119	157	63	4234	158	1823337	194697	191
0,01810	4276	157	59	4391	157	1628855	194482	0,98190
811	4433	157	54	4548	157	1434587	194268	189
812	4590	157	50	4705	157	1240534	194053	188
813	4747	157	45	4862	157	1046695	193839	187
814	4904	157	41	5020	158	0853069	193626	186
815	5061	157	36	5177	157	0659657	193412	185
816	5218	157	32	5334	157	0466458	193199	134
817	5375	157	27	5491	157	0273471	192987	183
818	5532	157	23	5648	157	35,0080697	192774	182
819	5689	157	18	5806	158	34,9888134	192563	181
0,01820	5846	157	14	5963	157	9695784	192350	0,98180
821	6003	157	09	6120	157	9503644	192140	179
822	6160	157	05	6277	157	9311715	191929	178
823	6317	157	0,9995900	6434	157	9119997	191718	177
824	6474	157	0,9995896	6592	158	8928488	191509	176
825	0,0286631	157	91	0,0286749	157	34,8737190	191298	175
826	6788	157	87	6906	157	8546101	191089	174
827	6945	157	82	7063	157	8355221	190880	173
828	7102	157	78	7221	158	8164550	190671	172
829	7259	157	73	7378	157	7974088	190462	171
0,01830	7416	157	69	7535	157	7783833	190255	0,98170
831	7573	157	64	7692	157	7593786	190047	169
832	7730	157	60	7849	157	7403947	189839	168
833	7887	157	55	8007	158	7214315	189632	167
834	8044	157	51	8164	157	7024889	189426	166
835	8201	157	46	8321	157	6835670	189219	165
836	8358	157	42	8478	157	6646657	189013	164
837	8515	157	37	8635	157	6457850	188807	163
838	8672	157	33	8793	158	6269248	188602	162
839	8829	157	28	8950	157	6080851	188397	161
0,01840	8986	157	23	9107	157	5892659	188192	0,98160
841	9143	157	19	9264	157	5704671	187988	159
842	9300	157	14	9421	157	5516888	187783	158
843	9457	157	10	9579	158	5329308	187580	157
844	9614	157	05	9736	157	5141931	187377	156
845	9771	157	0,9995801	0,0289893	157	4954758	187173	155
846	0,0289928	157	0,9995796	0,0290050	157	4767787	186971	154
847	0,0290085	157	92	0208	158	4581019	186768	153
848	0242	157	87	0365	157	4394452	186567	152
849	0399	157	83	0522	157	4208088	186364	151
0,01850	0,0290556	157	0,9995778	0,0290679	157	34,4021925	186163	0,98150
Arc.	Cosinus.	D.	Sinus.	Cotang.	D.	Tang.	Diff.	Arc.

0,981

0,018							
Arc.	Log. Sin.	D.	Log. Cofin.	Log. Tang.	D.	Log. Cot.	Arc.
0,01800	8,4513345		9,9998264	8,4515081		11,5484919	0,98200
801	15757	2412	62	17495	2414	82505	199
802	18167	2410	60	19907	2412	80093	198
803	20575	2408	58	22317	2410	77683	197
804	22983	2408	56	24727	2410	75273	196
805	25389	2406	54	27135	2408	72865	195
806	27794	2405	52	29541	2406	70459	194
807	30197	2403	50	31947	2405	68053	193
808	32599	2402	48	34351	2404	65649	192
809	35000	2401	46	36754	2403	63246	191
0,01810	37399	2399	44	39155	2401	60845	0,98190
811	39798	2399	43	41555	2400	58445	189
812	42194	2396	41	43954	2399	56046	188
813	44590	2396	39	46351	2397	53649	187
814	46984	2394	37	48747	2396	51253	186
815	49377	2393	35	51142	2395	48858	185
816	51768	2391	33	53535	2393	46465	184
817	54158	2390	31	55928	2393	44072	183
818	56547	2389	29	58318	2390	41682	182
819	58935	2388	27	60708	2390	39292	181
0,01820	61321	2386	25	63096	2388	36904	0,98180
821	63706	2385	23	65483	2387	34517	179
822	66090	2384	21	67868	2385	32132	178
823	68472	2382	19	70253	2385	29747	177
824	70853	2381	17	72636	2383	27364	176
825	8,4573233	2380	9,9998215	8,4575017	2381	11,5424983	175
826	75611	2378	13	77398	2381	22602	174
827	77988	2377	11	79777	2379	20223	173
828	80364	2376	09	82155	2378	17845	172
829	82738	2374	07	84531	2375	15469	171
0,01830	85112	2374	05	86906	2375	13094	0,98170
831	87483	2371	03	89280	2374	10720	169
832	89854	2371	02	91653	2373	08347	168
833	92223	2369	9,9998200	94024	2371	05976	167
834	94591	2368	9,9998198	96394	2370	03606	166
835	96958	2367	96	8,4598762	2368	11,5401238	165
836	8,4599323	2365	94	8,4601130	2368	11,5398870	164
837	8,4601688	2365	92	03496	2366	96504	163
838	04050	2362	90	05861	2365	94139	162
839	06412	2362	88	08224	2363	91776	161
0,01840	08772	2360	86	10587	2363	89413	0,98160
841	11131	2359	84	12948	2361	87052	159
842	13489	2358	82	15307	2359	84693	158
843	15845	2356	80	17666	2359	82334	157
844	18201	2356	78	20023	2357	79977	156
845	20555	2354	76	22379	2356	77621	155
846	22907	2352	74	24733	2354	75267	154
847	25258	2351	72	27086	2353	72914	153
848	27608	2350	70	29439	2353	70561	152
849	29957	2349	68	31789	2350	68211	151
0,01850	8,4632305	2348	9,9998166	8,4634139	2350	11,5365861	0,98150
Arc.	Log. Cofin.	D.	Log. Sin.	Log. Cot.	D.	Log. Tang.	Arc.
0,981							

0,018								
Arc.	Sinus.	D.	Cofinus.	Tang.	D.	Cotang.	Diff.	Arc.
0,01850	0,0290556		0,9995778	0,0290679		34,4021925		0,98150
851	0713	157	73	0836	157	3835963	185962	149
852	0870	157	69	0994	158	3650201	185762	148
853	1027	157	64	1151	157	3464641	185560	147
854	1184	157	60	1308	157	3279280	185361	146
855	1341	157	55	1465	157	3094119	185161	145
856	1499	158	51	1622	157	2909157	184962	144
857	1656	157	46	1780	158	2724395	184762	143
858	1813	157	41	1937	157	2539832	184563	142
859	1970	157	37	2094	157	2355467	184365	141
0,01860	2127	157	32	2251	157	2171300	184167	0,98140
861	2284	157	28	2408	157	1987331	183969	139
862	2441	157	23	2566	158	1803560	183771	138
863	2598	157	18	2723	157	1619985	183575	137
864	2755	157	14	2880	157	1436608	183377	136
865	2912	157	09	3037	157	1253428	183180	135
866	3069	157	05	3195	158	1070443	182985	134
867	3226	157	0,9995700	3352	157	0887655	182788	133
868	3383	157	0,9995695	3509	157	0705062	182593	132
869	3540	157	91	3666	157	0522665	182397	131
0,01870	3697	157	86	3823	157	0340462	182203	0,98130
871	3854	157	82	3981	158	34,0158455	182007	129
872	4011	157	77	4138	157	33,9976641	181814	128
873	4168	157	72	4295	157	9795022	181619	127
874	4325	157	68	4452	157	9613597	181425	126
875	0,0294482	157	0,9995663	0,0294610	158	9432365	181232	125
876	4639	157	58	4767	157	9251326	181039	124
877	4796	157	54	4924	157	9070480	180846	123
878	4953	157	49	5081	157	8889827	180653	122
879	5110	157	45	5238	157	8709365	180462	121
0,01880	5267	157	40	5396	158	8529096	180269	0,98120
881	5424	157	35	5553	157	8349019	180077	119
882	5581	157	31	5710	157	8169132	179887	118
883	5738	157	26	5867	157	7989437	179695	117
884	5895	157	21	6024	157	7809932	179505	116
885	6052	157	17	6182	158	7630618	179314	115
886	6209	157	12	6339	157	7451494	179124	114
887	6366	157	07	6496	157	7272560	178934	113
888	6523	157	0,9995603	6653	157	7093315	178745	112
889	6680	157	0,9995598	6811	158	6915259	178556	111
0,01890	6837	157	93	6968	157	6736892	178367	0,98110
891	6994	157	89	7125	157	6558714	178178	109
892	7151	157	84	7282	157	6380724	177990	108
893	7308	157	79	7439	157	6202923	177801	107
894	7465	157	75	7597	158	6025308	177615	106
895	7622	157	70	7754	157	5847882	177426	105
896	7779	157	65	7911	157	5670642	177240	104
897	7936	157	61	8068	157	5493589	177053	103
898	8093	157	56	8226	158	5316723	176866	102
899	8250	157	51	8383	157	5140043	176680	101
0,01900	0,0298407	157	0,9995547	0,0298540	157	33,4963548	176495	0,98100
Arc.	Cofinus.	D.	Sinus.	Cotang.	D.	Tang.	Diff.	Arc.
0,981								

0,018

Arc.	Log. Sin.	D.	Log. Cofin.	Log. Tang.	D.	Log. Cot.	Arc.
0,01850	8,4632305		9,9998166	8,4634139		11,5365861	0,98150
851	34651	2346	64	36487	2348	63513	149
852	36996	2345	62	38834	2347	61166	148
853	39340	2344	60	41180	2346	58820	147
854	41682	2342	58	43524	2344	56476	146
855	44023	2341	56	45867	2343	54133	145
856	46363	2340	54	48209	2342	51791	144
857	48702	2339	52	50550	2341	49450	143
858	51039	2337	50	52889	2339	47111	142
859	53375	2336	48	55227	2338	44773	141
0,01860	55710	2335	46	57564	2337	42436	0,98140
861	58044	2334	44	59900	2336	40100	139
862	60376	2332	42	62234	2334	37766	138
863	62707	2331	40	64567	2333	35433	137
864	65037	2330	38	66899	2332	33101	136
865	67366	2329	36	69230	2331	30770	135
866	69693	2327	34	71559	2329	28441	134
867	72019	2326	32	73887	2328	26113	133
868	74344	2325	30	76214	2327	23786	132
869	76668	2324	28	78540	2326	21460	131
0,01870	78990	2322	26	80864	2324	19136	0,98130
871	81311	2321	24	83187	2323	16813	129
872	83631	2320	22	85509	2322	14491	128
873	85950	2319	20	87830	2321	12170	127
874	88267	2317	18	90149	2319	09851	126
875	8,4690584	2317	9,9998116	8,4692468	2319	11,5307532	125
876	92899	2315	14	94784	2316	05216	124
877	95212	2313	12	97100	2316	02900	123
878	97525	2313	10	8,4699415	2315	11,5300585	122
879	8,4699836	2311	08	8,4701728	2313	11,5298272	121
0,01880	8,4702146	2310	06	04040	2312	95960	0,98120
881	04455	2309	04	06351	2311	93649	119
882	06762	2307	02	08660	2309	91340	118
883	09069	2307	9,9998100	10969	2309	89031	117
884	11374	2305	9,9998098	13276	2307	86724	116
885	13678	2304	96	15582	2306	84418	115
886	15980	2302	94	17886	2304	82114	114
887	18282	2302	92	20190	2304	79810	113
888	20582	2300	90	22492	2302	77508	112
889	22881	2299	88	24793	2301	75207	111
0,01890	25179	2298	86	27093	2300	72907	0,98110
891	27475	2296	84	29392	2299	70608	109
892	29771	2296	82	31689	2297	68311	108
893	32065	2294	80	33985	2296	66015	107
894	34358	2293	78	36280	2295	63720	106
895	36650	2292	76	38574	2294	61426	105
896	38940	2290	74	40866	2292	59134	104
897	41229	2289	72	43158	2292	56842	103
898	43517	2288	70	45448	2290	54552	102
899	45804	2287	68	47737	2289	52263	101
0,01900	8,4748090	2286	9,9998066	8,4750025	2288	11,5249975	0,98100
Arc.	Log. Cofin.	D.	Log. Sin.	Log. Cot.	D.	Log. Tang.	Arc.

0,981

0,019

Arc.	Sinus.	D.	Cofinus.	Tang.	D.	Cotang.	Diff.	Arc.
0,01900	0,0298407		0,9995547	0,0298540		33,4963548		0,98100
901	8564	157	42	8697	157	4787240	176308	099
902	8721	157	37	8854	157	4611117	176123	098
903	8878	157	33	9012	158	4435178	175939	097
904	9035	157	28	9169	157	4259425	175753	096
905	9192	157	23	9326	157	4083856	175569	095
906	9349	157	19	9483	157	3908471	175385	094
907	9506	157	14	9640	157	3733270	175201	093
908	9663	157	09	9798	158	3558253	175017	092
909	9820	157	04	0,0299955	157	3383419	174834	091
0,01910	0,0299977	157	0,9995500	0,0300112	157	3208768	174651	0,98090
911	0,0300134	157	0,9995495	0269	157	3034300	174468	089
912	0291	157	90	0427	158	2860014	174286	088
913	0448	157	86	0584	157	2685910	174104	087
914	0605	157	81	0741	157	2511988	173922	086
915	0762	157	76	0898	157	2338248	173740	085
916	0919	157	71	1055	157	2164689	173559	084
917	1076	157	67	1213	158	1991311	173378	083
918	1233	157	62	1370	157	1818114	173197	082
919	1390	157	57	1527	157	1645098	173016	081
0,01920	1547	157	52	1684	157	1472261	172837	0,98080
921	1704	157	48	1842	158	1299604	172657	079
922	1861	157	43	1999	157	1127127	172477	078
923	2018	157	38	2156	157	0954830	172297	077
924	2175	157	33	2313	157	0782711	172119	076
925	0,0302332	157	0,9995429	0,0302470	157	33,0610771	171940	075
926	2489	157	24	2628	158	0439010	171761	074
927	2646	157	19	2785	157	0267427	171583	073
928	2803	157	14	2942	157	33,0096021	171406	072
929	2960	157	10	3099	157	32,9924794	171227	071
0,01930	3117	157	05	3257	158	9753744	171050	0,98070
931	3274	157	0,9995400	3414	157	9582870	170874	069
932	3431	157	0,9995395	3571	157	9412174	170696	068
933	3588	157	91	3728	157	9241655	170519	067
934	3745	157	86	3886	158	9071311	170344	066
935	3902	157	81	4043	157	8901144	170167	065
936	4059	157	76	4200	157	8731152	169992	064
937	4216	157	72	4357	157	8561336	169816	063
938	4373	157	67	4514	157	8391695	169641	062
939	4530	157	62	4672	158	8222229	169466	061
0,01940	4687	157	57	4829	157	8052937	169292	0,98060
941	4844	157	52	4986	157	7883820	169117	059
942	5001	157	48	5143	157	7714877	168943	058
943	5158	157	43	5301	158	7546108	168769	057
944	5315	157	38	5458	157	7377513	168595	056
945	5472	157	33	5615	157	7209091	168422	055
946	5629	157	28	5772	157	7040841	168250	054
947	5786	157	24	5929	157	6872765	168076	053
948	5943	157	19	6087	158	6704861	167904	052
949	6100	157	14	6244	157	6537130	167731	051
0,01950	0,0306257	157	0,9995309	0,0306401	157	32,6369570	167560	0,98050
Arc.	Cofinus.	D.	Sinus.	Cotang.	D.	Tang.	Diff.	Arc.

0,980

0,019							
Arc.	Log. Sin.	D.	Log. Cofin.	Log. Tang.	D.	Log. Cot.	Arc.
0,01900	8,4748090		9,9998066	8,4750025		11,5249975	0,98100
901	50375	2285	63	52311	2286	47689	099
902	52658	2283	61	54596	2285	45404	098
903	54940	2282	59	56880	2284	43120	097
904	57221	2281	57	59163	2283	40837	096
905	59500	2279	55	61445	2282	38555	095
906	61779	2279	53	63726	2281	36274	094
907	64056	2277	51	66005	2279	33995	093
908	66332	2276	49	68283	2278	31717	092
909	68607	2275	47	70560	2277	29440	091
0,01910	70881	2274	45	72836	2276	27164	0,98090
911	73153	2272	43	75110	2274	24890	089
912	75425	2272	41	77384	2274	22616	088
913	77695	2270	39	79656	2272	20344	087
914	79964	2269	37	81927	2271	18073	086
915	82232	2268	35	84197	2270	15803	085
916	84498	2266	33	86465	2268	13535	084
917	86764	2266	31	88733	2268	11267	083
918	89028	2264	29	90999	2266	09001	082
919	91291	2263	27	93264	2265	06736	081
0,01920	93553	2262	25	95528	2264	04472	0,98080
921	95813	2260	23	8,4797791	2263	11,5202209	079
922	8,4798073	2260	20	8,4800052	2261	11,5199948	078
923	8,4800331	2258	18	02313	2261	97687	077
924	02588	2257	16	04572	2259	95428	076
925	04844	2256	9,9998014	06830	2258	93170	075
926	07099	2255	12	09087	2257	90913	074
927	09353	2254	10	11343	2256	88657	073
928	11605	2252	08	13597	2254	86403	072
929	13856	2251	06	15850	2253	84150	071
0,01930	16107	2251	04	18103	2253	81897	0,98070
931	18356	2249	02	20354	2251	79646	069
932	20603	2247	9,9998000	22604	2250	77396	068
933	22850	2247	9,9997998	24852	2248	75148	067
934	25095	2245	96	27100	2248	72900	066
935	27340	2245	94	29346	2246	70654	065
936	29583	2243	92	31591	2245	68409	064
937	31825	2242	89	33835	2244	66165	063
938	34066	2241	87	36078	2243	63922	062
939	36305	2239	85	38320	2242	61680	061
0,01940	38544	2239	83	40561	2241	59439	0,98060
941	40781	2237	81	42800	2239	57200	059
942	43017	2236	79	45038	2238	54962	058
943	45253	2236	77	47276	2238	52724	057
944	47486	2233	75	49512	2236	50488	056
945	49719	2233	73	51746	2234	48254	055
946	51951	2232	71	53980	2234	46020	054
947	54181	2230	69	56213	2233	43787	053
948	56411	2230	67	58444	2231	41556	052
949	58639	2228	64	60674	2230	39326	051
0,01950	8,4860866	2227	9,9997962	8,4862903	2229	11,5137097	0,98050
Arc.	Log. Cofin.	D.	Log. Sin.	Log. Cot.	D.	Log. Tang.	Arc.
0,980							

0,019								
Arc.	Sinus.	D.	Cosinus.	Tang.	D.	Cotang.	Diff.	Arc.
0,01950	0,0306257		0,9995309	0,0306401		32,6369570		0,98050
951	6414	157	04	6558	157	6202182	167388	049
952	6571	157	0,9995300	6716	158	6034966	167216	048
953	6728	157	0,9995295	6873	157	5867920	167046	047
954	6885	157	90	7030	157	5701046	166874	046
955	7042	157	85	7187	157	5534342	166704	045
956	7199	157	80	7344	157	5367809	166533	044
957	7356	157	75	7502	158	5201446	166363	043
958	7513	157	71	7659	157	5035252	166194	042
959	7670	157	66	7816	157	4869229	166023	041
0,01960	7827	157	61	7973	157	4703374	165855	0,98040
961	7984	157	56	8131	158	4537689	165685	039
962	8141	157	51	8288	157	4372173	165516	038
963	8298	157	46	8445	157	4206825	165348	037
964	8455	157	42	8602	157	4041646	165179	036
965	8612	157	37	8760	158	3876634	165012	035
966	8769	157	32	8917	157	3711791	164843	034
967	8926	157	27	9074	157	3547115	164676	033
968	9083	157	22	9231	157	3382606	164509	032
969	9240	157	17	9388	157	3218264	164342	031
0,01970	9397	157	13	9546	158	3054089	164175	0,98030
971	9554	157	08	9703	157	2890081	164008	029
972	9712	158	0,9995203	0,0309860	157	2726239	163842	028
973	0,0309869	157	0,9995198	0,0310017	157	2562563	163676	027
974	0,0310026	157	93	0175	158	2399053	163510	026
975	0183	157	88	0332	157	32,2235708	163345	025
976	0340	157	83	0489	157	2072528	163180	024
977	0497	157	78	0646	157	1909514	163014	023
978	0654	157	74	0804	158	1746664	162850	022
979	0811	157	69	0961	157	1583979	162685	021
0,01980	0968	157	64	1118	157	1421458	162521	0,98020
981	1125	157	59	1275	157	1259101	162357	019
982	1282	157	54	1432	157	1096908	162193	018
983	1439	157	49	1590	158	0934879	162029	017
984	1596	157	44	1747	157	0773013	161866	016
985	1753	157	39	1904	157	0611309	161704	015
986	1910	157	34	2061	157	0449769	161540	014
987	2067	157	30	2219	158	0288391	161378	013
988	2224	157	25	2376	157	32,0127176	161215	012
989	2381	157	20	2533	157	31,9966122	161054	011
0,01990	2538	157	15	2690	157	9805230	160892	0,98010
991	2695	157	10	2848	158	9644500	160730	009
992	2852	157	05	3005	157	9483931	160569	008
993	3009	157	0,9995100	3162	157	9323524	160407	007
994	3166	157	0,9995095	3319	157	9163277	160247	006
995	3323	157	90	3476	157	9003191	160086	005
996	3480	157	85	3634	158	8843265	159926	004
997	3637	157	80	3791	157	8683499	159766	003
998	3794	157	75	3948	157	8523893	159606	002
0,01999	3951	157	71	4105	157	8364446	159447	001
0,02000	0,0314108	157	0,9995066	0,0314263	158	31,8205160	159286	0,98000
Arc.	Cosinus.	D.	Sinus.	Cotang.	D.	Tang.	Diff.	Arc.
0,980								

0,019							
Arc.	Log. Sin.	D.	Log. Cofin.	Log. Tang.	D.	Log. Cot.	Arc.
0,01950	8,4860866		9,9997962	8,4862903		11,5137097	0,98050
951	63092	2226	60	65131	2228	34869	049
952	65316	2224	58	67358	2227	32642	048
953	67540	2224	56	69584	2226	30416	047
954	69762	2222	54	71808	2224	28192	046
955	71984	2222	52	74032	2224	25968	045
956	74204	2220	50	76254	2222	23746	044
957	76423	2219	48	78475	2221	21525	043
958	78641	2218	46	80695	2220	19305	042
959	80858	2217	43	82914	2219	17086	041
0,01960	83073	2215	41	85132	2218	14868	0,98040
961	85288	2215	39	87349	2217	12651	039
962	87501	2213	37	89564	2215	10436	038
963	89714	2213	35	91778	2214	08222	037
964	91925	2211	33	93992	2214	06008	036
965	94135	2210	31	96204	2212	03796	035
966	96344	2209	29	8,4898415	2211	11,5101585	034
967	8,4898551	2207	27	8,4900625	2210	11,5099375	033
968	8,4900758	2207	25	02833	2208	97167	032
969	02963	2205	22	05041	2208	94959	031
0,01970	05168	2205	20	07248	2207	92752	0,98030
971	07371	2203	18	09453	2205	90547	029
972	09573	2202	16	11657	2204	88343	028
973	11774	2201	14	13860	2203	86140	027
974	13974	2200	12	16062	2202	83938	026
975	8,4916173	2199	10	8,4918263	2201	11,5081737	025
976	18371	2198	08	20463	2200	79537	024
977	20567	2196	06	22662	2199	77338	023
978	22763	2196	03	24859	2197	75141	022
979	24957	2194	9,9997901	27056	2197	72944	021
0,01980	27150	2193	9,9997899	29251	2195	70749	0,98020
981	29343	2193	97	31446	2195	68554	019
982	31534	2191	95	33639	2193	66361	018
983	33724	2190	93	35831	2192	64169	017
984	35912	2188	91	38022	2191	61978	016
985	38100	2188	89	40212	2190	59788	015
986	40287	2187	86	42400	2188	57600	014
987	42472	2185	84	44588	2188	55412	013
988	44657	2185	82	46775	2187	53225	012
989	46840	2183	80	48960	2185	51040	011
0,01990	49022	2182	78	51144	2184	48856	0,98010
991	51203	2181	76	53328	2184	46672	009
992	53383	2180	74	55510	2182	44490	008
993	55562	2179	71	57691	2181	42309	007
994	57740	2178	69	59871	2180	40129	006
995	59917	2177	67	62050	2179	37950	005
996	62093	2176	65	64228	2178	35772	004
997	64267	2174	63	66404	2176	33596	003
998	66441	2174	61	68580	2176	31420	002
0,01999	68613	2172	59	70754	2174	29246	001
0,02000	8,4970784	2171	9,9997856	8,4972928	2174	11,5027072	0,98000
Arc.	Log. Cofin.	D.	Log. Sin.	Log. Cot.	D.	Log. Tang.	Arc.
0,980							

0,020								
Arc.	Sinus.	D.	Cofinus.	Tang.	D.	Cotang.	Diff.	Arc.
0,02000	0,0314108		0,9995066	0,0314263		31,8205160		0,98000
001	4265	157	61	4420	157	8046032	159128	0,97999
002	4422	157	56	4577	157	7887063	158969	998
003	4579	157	51	4734	157	7728253	158810	997
004	4736	157	46	4892	158	7569601	158652	996
005	4893	157	41	5049	157	7411107	158494	995
006	5050	157	36	5206	157	7252772	158335	994
007	5207	157	31	5363	157	7094594	158178	993
008	5364	157	26	5521	158	6936574	158020	992
009	5521	157	21	5678	157	6778711	157863	991
0,02010	5678	157	16	5835	157	6621005	157706	0,97990
011	5835	157	11	5992	157	6463455	157550	989
012	5992	157	06	6149	157	6306063	157392	988
013	6149	157	0,9995001	6307	158	6148826	157237	987
014	6306	157	0,9994996	6464	157	5991746	157080	986
015	6463	157	91	6621	157	5834821	156925	985
016	6620	157	86	6778	157	5678053	156768	984
017	6777	157	81	6936	158	5521439	156614	983
018	6934	157	76	7093	157	5364981	156458	982
019	7091	157	71	7250	157	5208678	156303	981
0,02020	7248	157	66	7407	157	5052529	156149	0,97980
021	7405	157	61	7565	158	4896535	155994	979
022	7562	157	56	7722	157	4740695	155840	978
023	7719	157	51	7879	157	4585009	155686	977
024	7876	157	46	8036	157	4429477	155532	976
025	0,0318033	157	41	0,0318194	158	31,4274099	155378	975
026	8190	157	36	8351	157	4118873	155226	974
027	8347	157	31	8508	157	3963801	155072	973
028	8504	157	26	8665	157	3808882	154919	972
029	8661	157	21	8823	158	3654116	154766	971
0,02030	8818	157	16	8980	157	3499501	154615	0,97970
031	8975	157	11	9137	157	3345040	154461	969
032	9132	157	06	9294	157	3190730	154310	968
033	9289	157	0,9994901	9451	157	3036571	154159	967
034	9446	157	0,9994896	9609	158	2882565	154006	966
035	9603	157	91	9766	157	2728709	153856	965
036	9760	157	86	0,0319923	157	2575005	153704	964
037	0,0319917	157	81	0,0320080	157	2421452	153553	963
038	0,0320074	157	76	0238	158	2268049	153403	962
039	0231	157	71	0395	157	2114797	153252	961
0,02040	0388	157	66	0552	157	1961694	153103	0,97960
041	0545	157	61	0709	157	1808742	152952	959
042	0702	157	56	0867	158	1655940	152802	958
043	0859	157	51	1024	157	1503287	152653	957
044	1016	157	46	1181	157	1350783	152504	956
045	1173	157	41	1338	157	1198429	152354	955
046	1330	157	36	1496	158	1046223	152206	954
047	1487	157	31	1653	157	0894165	152057	953
048	1644	157	26	1810	157	0742258	151908	952
049	1801	157	21	1967	157	0590498	151760	951
0,02050	0,0321958	157	0,9994816	0,0322125	158	31,0438885	151613	0,97950
Arc.	Cofinus.	D.	Sinus.	Cotang.	D.	Tang.	Diff.	Arc.
0,979								

0,020

Arc.	Log. Sin.	D.	Log. Cofin.	Log. Tang.	D.	Log. Cot.	Arc.
0,02000	8,4970784		9,9997856	8,4972928		11,5027072	0,98000
001	72955	2171	54	75100	2172	24900	0,97999
002	75124	2169	52	77271	2171	22729	998
003	77292	2168	50	79442	2171	20558	997
004	79459	2167	48	81611	2169	18389	996
005	81625	2166	46	83779	2168	16221	995
006	83789	2164	44	85946	2167	14054	994
007	85953	2164	41	88112	2166	11888	993
008	88116	2163	39	90276	2164	09724	992
009	90277	2161	37	92440	2164	07560	991
0,02010	92438	2161	35	94603	2163	05397	0,97990
011	94597	2159	33	96764	2161	03236	989
012	96756	2159	31	8,4998925	2161	11,5001075	988
013	8,4998913	2157	29	8,5001084	2159	11,4998916	987
014	8,5001069	2156	26	03243	2159	96757	986
015	03224	2155	24	05400	2157	94600	985
016	05378	2154	22	07556	2156	92444	984
017	07531	2153	20	09711	2155	90289	983
018	09683	2152	18	11865	2154	88135	982
019	11834	2151	16	14018	2153	85982	981
0,02020	13984	2150	13	16170	2152	83830	0,97980
021	16132	2148	11	18321	2151	81679	979
022	18280	2148	09	20471	2150	79529	978
023	20427	2147	07	22620	2149	77380	977
024	22572	2145	05	24767	2147	75233	976
025	8,5024717	2145	03	8,5026914	2147	11,4973086	975
026	26860	2143	9,9997800	29060	2146	70940	974
027	29002	2142	9,9997798	31204	2144	68796	973
028	31144	2142	96	33348	2144	66652	972
029	33284	2140	94	35490	2142	64510	971
0,02030	35423	2139	92	37631	2141	62369	0,97970
031	37561	2138	90	39772	2141	60228	969
032	39698	2137	87	41911	2139	58089	968
033	41834	2136	85	44049	2138	55951	967
034	43969	2135	83	46186	2137	53814	966
035	46103	2134	81	48322	2136	51678	965
036	48236	2133	79	50458	2136	49542	964
037	50368	2132	76	52592	2134	47408	963
038	52499	2131	74	54725	2133	45275	962
039	54628	2129	72	56856	2131	43144	961
0,02040	56757	2129	70	58987	2131	41013	0,97960
041	58885	2128	68	61117	2130	38883	959
042	61011	2126	66	63246	2129	36754	958
043	63137	2126	63	65374	2128	34626	957
044	65261	2124	61	67500	2126	32500	956
045	67385	2124	59	69626	2126	30374	955
046	69507	2122	57	71751	2125	28249	954
047	71629	2122	55	73874	2123	26126	953
048	73749	2120	52	75997	2123	24003	952
049	75869	2120	50	78118	2121	21882	951
0,02050	8,5077987	2118	9,9997748	8,5080239	2121	11,4919761	0,97950
Arc.	Log. Cofin.	D.	Log. Sin.	Log. Cot.	D.	Log. Tang.	Arc.

0,979

0,020

Arc.	Sinus.	D.	Cofinus.	Tang.	D.	Cotang.	Diff.	Arc.
0,02050	0,0321958		0,9994816	0,0322125		31,0438885		0,97950
051	2115	157	11	2282	157	0287421	151464	949
052	2272	157	06	2439	157	31,0136104	151317	948
053	2429	157	0,9994801	2596	157	30,9984934	151170	947
054	2586	157	0,9994796	2754	158	9833912	151022	946
055	2743	157	91	2911	157	9683036	150876	945
056	2900	157	85	3068	157	9532308	150728	944
057	3057	157	80	3225	157	9381725	150583	943
058	3214	157	75	3383	158	9231289	150436	942
059	3371	157	70	3540	157	9081000	150289	941
0,02060	3528	157	65	3697	157	8930856	150144	0,97940
061	3685	157	60	3854	157	8780857	149999	939
062	3842	157	55	4012	158	8631004	149853	938
063	3999	157	50	4169	157	8481297	149707	937
064	4156	157	45	4326	157	8331734	149563	936
065	4313	157	40	4483	157	8182316	149418	935
066	4470	157	35	4640	157	8033043	149273	934
067	4627	157	29	4798	158	7883914	149129	933
068	4784	157	24	4955	157	7734929	148985	932
069	4941	157	19	5112	157	7586088	148841	931
0,02070	5098	157	14	5269	157	7437391	148697	0,97930
071	5255	157	09	5427	158	7288838	148553	929
072	5412	157	0,9994704	5584	157	7140428	148410	928
073	5569	157	0,9994699	5741	157	6992161	148267	927
074	5726	157	94	5898	157	6844036	148125	926
075	0,0325883	157	89	0,0326056	158	30,6696055	147981	925
076	6040	157	83	6213	157	6548216	147839	924
077	6197	157	78	6370	157	6400520	147696	923
078	6354	157	73	6527	157	6252965	147555	922
079	6511	157	68	6685	158	6105553	147412	921
0,02080	6668	157	63	6842	157	5958282	147271	0,97920
081	6825	157	58	6999	157	5811153	147129	919
082	6982	157	53	7156	157	5664165	146988	918
083	7158	156	48	7314	158	5517318	146847	917
084	7295	157	42	7471	157	5370611	146707	916
085	7452	157	37	7628	157	5224046	146565	915
086	7609	157	32	7785	157	5077621	146425	914
087	7766	157	27	7943	158	4931336	146285	913
088	7923	157	22	8100	157	4785192	146144	912
089	8080	157	17	8257	157	4639187	146005	911
0,02090	8237	157	12	8414	157	4493322	145865	0,97910
091	8394	157	06	8572	158	4347596	145726	909
092	8551	157	0,9994601	8729	157	4202010	145586	908
093	8708	157	0,9994596	8886	157	4056563	145447	907
094	8865	157	91	9043	157	3911254	145309	906
095	9022	157	86	9201	158	3766084	145170	905
096	9179	157	81	9358	157	3621053	145031	904
097	9336	157	75	9515	157	3476160	144893	903
098	9493	157	70	9672	157	3331405	144755	902
099	9650	157	65	9830	158	3186788	144617	901
0,02100	0,0329807	157	0,9994560	0,0329987	157	30,3042309	144479	0,97900
Arc.	Cofinus.	D.	Sinus.	Cotang.	D.	Tang.	Diff.	Arc.

0,979

0,020							
Arc.	Log. Sin.	D.	Log. Cosin.	Log. Tang.	D.	Log. Cot.	Arc.
0,02050	8,5077987		9,9997748	8,5080239		11,4919761	0,97950
051	80104	2117	46	82358	2119	17642	949
052	82220	2116	44	84477	2119	15523	948
053	84335	2115	41	86594	2117	13406	947
054	86450	2115	39	88710	2116	11290	946
055	88563	2113	37	90826	2116	09174	945
056	90675	2112	35	92940	2114	07060	944
057	92786	2111	33	95053	2113	04947	943
058	94896	2110	30	97166	2113	02834	942
059	97005	2109	28	8,5099277	2111	11,4900723	941
0,02060	8,5099113	2108	26	8,5101387	2110	11,4898613	0,97940
061	8,5101220	2107	24	03496	2109	96504	939
062	03326	2106	22	05604	2108	94396	938
063	05431	2105	19	07712	2108	92288	937
064	07535	2104	17	09818	2106	90182	936
065	09638	2103	15	11923	2105	88077	935
066	11740	2102	13	14027	2104	85973	934
067	13840	2100	10	16130	2103	83870	933
068	15940	2100	08	18232	2102	81768	932
069	18039	2099	06	20333	2101	79667	931
0,02070	20137	2098	04	22433	2100	77567	0,97930
071	22234	2097	9,9997702	24532	2099	75468	929
072	24330	2096	9,9997699	26630	2098	73370	928
073	26424	2094	97	28727	2097	71273	927
074	28518	2094	95	30823	2096	69177	926
075	8,5130611	2093	93	8,5132918	2095	11,4867082	925
076	32703	2092	90	35012	2094	64988	924
077	34793	2090	88	37105	2093	62895	923
078	36883	2090	86	39197	2092	60803	922
079	38972	2089	84	41288	2091	58712	921
0,02080	41059	2087	82	43378	2090	56622	0,97920
081	43146	2087	79	45467	2089	54533	919
082	45232	2086	77	47555	2088	52445	918
083	47317	2085	75	49642	2087	50358	917
084	49400	2083	73	51728	2086	48272	916
085	51483	2083	70	53813	2085	46187	915
086	53565	2082	68	55896	2083	44104	914
087	55645	2080	66	57979	2083	42021	913
088	57725	2080	64	60061	2082	39939	912
089	59804	2079	61	62142	2081	37858	911
0,02090	61881	2077	59	64222	2080	35778	0,97910
091	63958	2077	57	66301	2079	33699	909
092	66034	2076	55	68379	2078	31621	908
093	68109	2075	52	70456	2077	29544	907
094	70182	2073	50	72532	2076	27468	906
095	72255	2073	48	74607	2075	25393	905
096	74327	2072	46	76681	2074	23319	904
097	76398	2071	43	78754	2073	21246	903
098	78467	2069	41	80826	2072	19174	902
099	80536	2069	39	82897	2071	17103	901
0,02100	8,5182604	2068	9,9997637	8,5184967	2070	11,4815033	0,97900
Arc.	Log. Cosin.	D.	Log. Sin.	Log. Cot.	D.	Log. Tang.	Arc.
0,979							

0,021								
Arc.	Sinus.	D.	Cofinus.	Tang.	D.	Cotang.	Diff.	Arc.
0,02100	0,0329807		0,9994560	0,0329987		30,3042309		0,97900
101	0,0329964	157	55	0,0330144	157	2897967	144342	899
102	0,0330121	157	50	0301	157	2753762	144205	898
103	0278	157	44	0459	158	2609695	144067	897
104	0435	157	39	0616	157	2465764	143931	896
105	0592	157	34	0773	157	2321970	143794	895
106	0749	157	29	0930	157	2178313	143657	894
107	0906	157	24	1088	158	2034792	143521	893
108	1063	157	18	1245	157	1891407	143385	892
109	1220	157	13	1402	157	1748158	143249	891
0,02110	1377	157	08	1559	157	1605044	143114	0,97890
111	1534	157	0,9994503	1717	158	1462067	142977	889
112	1691	157	0,9994498	1874	157	1319224	142843	888
113	1848	157	92	2031	157	1176517	142707	887
114	2005	157	87	2188	157	1033945	142572	886
115	2162	157	82	2346	158	0891507	142438	885
116	2319	157	77	2503	157	0749204	142303	884
117	2476	157	71	2660	157	0607036	142168	883
118	2633	157	66	2817	157	0465001	142035	882
119	2790	157	61	2975	158	0323101	141900	881
0,02120	2947	157	56	3132	157	0181334	141767	0,97880
121	3104	157	51	3289	157	30,0039701	141633	879
122	3261	157	45	3446	157	29,9898202	141499	878
123	3418	157	40	3604	158	9756836	141366	877
124	3575	157	35	3761	157	9615603	141233	876
125	0,0333732	157	30	0,0333918	157	9474502	141101	875
126	3889	157	24	4075	157	9333535	140967	874
127	4046	157	19	4233	158	9192700	140835	873
128	4203	157	14	4390	157	9051997	140703	872
129	4360	157	09	4547	157	8911426	140571	871
0,02130	4517	157	0,9994403	4705	158	8770987	140439	0,97870
131	4674	157	0,9994398	4862	157	8630680	140307	869
132	4831	157	93	5019	157	8490505	140175	868
133	4988	157	88	5176	157	8350461	140044	867
134	5145	157	82	5334	158	8210548	139913	866
135	5302	157	77	5491	157	8070766	139782	865
136	5459	157	72	5648	157	7931115	139651	864
137	5616	157	67	5805	157	7791595	139520	863
138	5773	157	61	5963	158	7652205	139390	862
139	5930	157	56	6120	157	7512946	139259	861
0,02140	6087	157	51	6277	157	7373816	139130	0,97860
141	6244	157	45	6434	157	7234817	138999	859
142	6401	157	40	6592	158	7095947	138870	858
143	6558	157	35	6749	157	6957207	138740	857
144	6715	157	30	6906	157	6818596	138611	856
145	6872	157	24	7063	157	6680114	138482	855
146	7029	157	19	7221	158	6541762	138352	854
147	7186	157	14	7378	157	6403538	138224	853
148	7343	157	08	7535	157	6265443	138095	852
149	7500	157	0,9994303	7692	157	6127476	137967	851
0,02150	0,0337657	157	0,9994298	0,0337850	158	29,5989637	137839	0,97850
Arc.	Cofinus.	D.	Sinus.	Cotang.	D.	Tang.	Diff.	Arc.
0,978								

0,021							
Arc.	Log. Sin.	D.	Log.Cofin.	Log. Tang.	D.	Log. Cot.	Arc.
0,02100	8,5182604		9,9997637	8,5184967		11,4815033	0,97900
101	84671	2067	34	87036	2069	12964	899
102	86737	2066	32	89105	2069	10895	898
103	88802	2065	30	91172	2067	08828	897
104	90865	2063	28	93238	2066	06762	896
105	92928	2063	25	95303	2065	04697	895
106	94990	2062	23	97367	2064	02633	894
107	97051	2061	21	8,5199430	2063	11,4800570	893
108	8,5199111	2060	19	8,5201492	2062	11,4798508	892
109	8,5201170	2059	16	03554	2062	96446	891
0,02110	03228	2058	14	05614	2060	94386	0,97890
111	05285	2057	12	07673	2059	92327	889
112	07341	2056	10	09732	2059	90268	888
113	09396	2055	07	11789	2057	88211	887
114	11450	2054	05	13845	2056	86155	886
115	13504	2054	03	15901	2056	84099	885
116	15556	2052	9,9997601	17955	2054	82045	884
117	17607	2051	9,9997598	20009	2054	79991	883
118	19657	2050	96	22061	2052	77939	882
119	21706	2049	94	24113	2052	75887	881
0,02120	23755	2049	92	26163	2050	73837	0,97880
121	25802	2047	89	28213	2050	71787	879
122	27848	2046	87	30261	2048	69739	878
123	29894	2046	85	32309	2048	67691	877
124	31938	2044	82	34356	2047	65644	876
125	8,5233982	2044	9,9997580	8,5236401	2045	11,4763599	875
126	36024	2042	78	38446	2045	61554	874
127	38066	2042	76	40490	2044	59510	873
128	40106	2040	73	42533	2043	57467	872
129	42146	2040	71	44575	2042	55425	871
0,02130	44185	2039	69	46616	2041	53384	0,97870
131	46222	2037	66	48656	2040	51344	869
132	48259	2037	64	50695	2039	49305	868
133	50295	2036	62	52733	2038	47267	867
134	52330	2035	60	54770	2037	45230	866
135	54363	2033	57	56806	2036	43194	865
136	56396	2033	55	58841	2035	41159	864
137	58428	2032	53	60876	2035	39124	863
138	60459	2031	50	62909	2033	37091	862
139	62489	2030	48	64941	2032	35059	861
0,02140	64519	2030	46	66973	2032	33027	0,97860
141	66547	2028	44	69003	2030	30997	859
142	68574	2027	41	71033	2030	28967	858
143	70600	2026	39	73061	2028	26939	857
144	72626	2036	37	75089	2028	24911	856
145	74650	2024	34	77116	2027	22884	855
146	76673	2023	32	79141	2025	20859	854
147	78696	2023	30	81166	2025	18834	853
148	80717	2021	27	83190	2024	16810	852
149	82738	2021	25	85213	2023	14787	851
0,02150	8,5284758	2020	9,9997523	8,5287235	2022	11,4712765	0,97850
Arc.	Log. Cofin.	D.	Log. Sin.	Log. Cot.	D.	Log. Tang.	Arc.
0,978							

0,021

Arc.	Sinus.	D.	Cosinus.	Tang.	D.	Cotang.	Diff.	Arc.
0,02150	0,0337657		0,9994298	0,0337850		29,5989637		0,97850
151	7814	157	92	8007	157	5851927	137710	849
152	7971	157	87	8164	157	5714345	137582	848
153	8128	157	82	8321	157	5576890	137455	847
154	8285	157	77	8479	158	5439563	137327	846
155	8442	157	71	8636	157	5302363	137200	845
156	8599	157	66	8793	157	5165291	137072	844
157	8756	157	61	8950	157	5028346	136945	843
158	8913	157	55	9108	158	4891527	136819	842
159	9070	157	50	9265	157	4754835	136692	841
0,02160	9227	157	45	9422	157	4618270	136565	0,97840
161	9384	157	39	9580	158	4481831	136439	839
162	9541	157	34	9737	157	4345518	136313	838
163	9698	157	29	0,0339894	157	4209332	136186	837
164	0,0339855	157	23	0,0340051	157	4073271	136061	836
165	0,0340012	157	18	0209	158	3937335	135936	835
166	0169	157	13	0366	157	3801525	135810	834
167	0326	157	07	0523	157	3665841	135684	833
168	0483	157	0,9994202	0680	157	3530281	135560	832
169	0640	157	0,9994197	0838	158	3394847	135434	831
0,02170	0797	157	91	0995	157	3259537	135310	0,97830
171	0954	157	86	1152	157	3124352	135185	829
172	1111	157	80	1309	157	2989291	135061	828
173	1268	157	75	1467	158	2854355	134936	827
174	1425	157	70	1624	157	2719543	134812	826
175	0,0341582	157	64	0,0341781	157	29,2584854	134689	825
176	1739	157	59	1938	157	2450290	134564	824
177	1896	157	54	2096	158	2315849	134441	823
178	2053	157	48	2253	157	2181531	134318	822
179	2210	157	43	2410	157	2047336	134195	821
0,02180	2367	157	38	2568	158	1913265	134071	0,97820
181	2524	157	32	2725	157	1779317	133948	819
182	2681	157	27	2882	157	1645491	133826	818
183	2838	157	21	3039	157	1511788	133703	817
184	2995	157	16	3197	158	1378207	133581	816
185	3152	157	11	3354	157	1244748	133459	815
186	3309	157	05	3511	157	1111412	133336	814
187	3466	157	0,9994100	3668	157	0978197	133215	813
188	3623	157	0,9994094	3826	158	0845104	133093	812
189	3780	157	89	3983	157	0712133	132971	811
0,02190	3937	157	84	4140	157	0579283	132850	0,97810
191	4094	157	78	4297	157	0446554	132729	809
192	4251	157	73	4455	158	0313946	132608	808
193	4408	157	67	4612	157	0181460	132486	807
194	4564	156	62	4769	157	29,0049093	132367	806
195	4721	157	57	4926	157	28,9916848	132245	805
196	4878	157	51	5084	158	9784723	132125	804
197	5035	157	46	5241	157	9652718	132005	803
198	5192	157	40	5398	157	9520833	131885	802
199	5349	157	35	5556	158	9389068	131765	801
0,02200	0,0345506	157	0,9994029	0,0345713	157	28,9257423	131645	0,97800
Arc.	Cosinus.	D.	Sinus.	Cotang.	D.	Tang.	Diff.	Arc.

0,978

0,021							
Arc.	Log. Sin.	D.	Log. Cosin.	Log. Tang.	D.	Log. Cot.	Arc.
0,02150	8,5284758		9,9997523	8,5287235		11,4712765	0,97850
151	86777	2019	21	89256	2021	10744	849
152	88794	2017	18	91276	2020	08724	848
153	90811	2017	16	93295	2019	06705	847
154	92827	2016	14	95313	2018	04687	846
155	94842	2015	11	97331	2018	02669	845
156	96856	2014	09	8,5299347	2016	11,4700653	844
157	8,5298869	2013	07	8,5301363	2016	11,4698637	843
158	8,5300881	2012	04	03377	2014	96623	842
159	02893	2012	02	05391	2014	94609	841
0,02160	04903	2010	9,9997500	07403	2012	92597	0,97840
161	06912	2009	9,9997497	09415	2012	90585	839
162	08921	2009	95	11426	2011	88574	838
163	10928	2007	93	13436	2010	86564	837
164	12935	2007	90	15444	2008	84556	836
165	14941	2006	88	17452	2008	82548	835
166	16945	2004	86	19460	2008	80540	834
167	18949	2004	84	21466	2006	78534	833
168	20952	2003	81	23471	2005	76529	832
169	22954	2002	79	25475	2004	74525	831
0,02170	24955	2001	77	27479	2004	72521	0,97830
171	26955	2000	74	29481	2002	70519	829
172	28954	1999	72	31483	2002	68517	828
173	30953	1999	70	33483	2000	66517	827
174	32950	1997	67	35483	2000	64517	826
175	8,5334946	1996	9,9997465	8,5337482	1999	11,4662518	825
176	36942	1996	63	39479	1997	60521	824
177	38937	1995	60	41476	1997	58524	823
178	40930	1993	58	43472	1996	56528	822
179	42923	1993	56	45468	1996	54532	821
0,02180	44915	1992	53	47462	1994	52538	0,97820
181	46906	1991	51	49455	1993	50545	819
182	48896	1990	49	51447	1992	48553	818
183	50885	1989	46	53439	1992	46561	817
184	52873	1988	44	55429	1990	44571	816
185	54860	1987	42	57419	1990	42581	815
186	56847	1987	39	59408	1989	40592	814
187	58832	1985	37	61396	1988	38604	813
188	60817	1985	34	63382	1986	36618	812
189	62801	1984	32	65368	1986	34632	811
0,02190	64783	1982	30	67354	1986	32646	0,97810
191	66765	1982	27	69338	1984	30662	809
192	68746	1981	25	71321	1983	28679	808
193	70726	1980	23	73303	1982	26697	807
194	72705	1979	20	75285	1982	24715	806
195	74683	1978	18	77265	1980	22735	805
196	76661	1978	16	79245	1980	20755	804
197	78637	1976	13	81224	1979	18776	803
198	80613	1976	11	83202	1978	16798	802
199	82587	1974	09	85179	1977	14821	801
0,02200	8,5384561	1974	9,9997406	8,5387155	1976	11,4612845	0,97800
Arc.	Log. Cosin.	D.	Log. Sin.	Log. Cot.	D.	Log. Tang.	Arc.
0,978							

0,022

Arc.	Sinus.	D.	Cosinus.	Tang.	D.	Cotang.	Diff.	Arc.
0,02200	0,0345506		0,9994029	0,0345713		28,9257423		0,97800
201	5663	157	24	5870	157	9125897	131526	799
202	5820	157	19	6027	157	8994491	131406	798
203	5977	157	13	6185	158	8863204	131287	797
204	6134	157	08	6342	157	8732036	131168	796
205	6291	157	0,9994002	6499	157	8600987	131049	795
206	6448	157	0,9993997	6656	157	8470057	130930	794
207	6605	157	91	6814	158	8339246	130811	793
208	6762	157	86	6971	157	8208552	130694	792
209	6919	157	81	7128	157	8077978	130574	791
0,02210	7076	157	75	7286	158	7947521	130457	0,97790
211	7233	157	70	7443	157	7817182	130339	789
212	7390	157	64	7600	157	7686961	130221	788
213	7547	157	59	7757	157	7556858	130103	787
214	7704	157	53	7915	158	7426872	129986	786
215	7861	157	48	8072	157	7297003	129869	785
216	8018	157	42	8229	157	7167252	129751	784
217	8175	157	37	8386	157	7037618	129634	783
218	8332	157	31	8544	158	6908100	129518	782
219	8489	157	26	8701	157	6778699	129401	781
0,02220	8646	157	20	8858	157	6649415	129284	0,97780
221	8803	157	15	9015	157	6520247	129168	779
222	8960	157	09	9173	158	6391195	129052	778
223	9117	157	0,9993904	9330	157	6262260	128935	777
224	9274	157	0,9993899	9487	157	6133440	128820	776
225	9431	157	93	9645	158	28,6004736	128704	775
226	9588	157	88	9802	157	5876147	128589	774
227	9745	157	82	0,0349959	157	5747674	128473	773
228	0,0349902	157	77	0,0350116	157	5619317	128357	772
229	0,0350059	157	71	0274	158	5491074	128243	771
0,02230	0216	157	66	0431	157	5362946	128128	0,97770
231	0373	157	60	0588	157	5234934	128012	769
232	0530	157	55	0745	157	5107036	127898	768
233	0687	157	49	0903	158	4979252	127784	767
234	0844	157	44	1060	157	4851583	127669	766
235	1001	157	38	1217	157	4724028	127555	765
236	1158	157	33	1375	158	4596586	127442	764
237	1315	157	27	1532	157	4469259	127327	763
238	1472	157	21	1689	157	4342046	127213	762
239	1629	157	16	1846	157	4214946	127100	761
0,02240	1786	157	10	2004	158	4087960	126986	0,97760
241	1943	157	0,9993805	2161	157	3961087	126873	759
242	2100	157	0,9993799	2318	157	3834327	126760	758
243	2257	157	94	2475	157	3707680	126647	757
244	2414	157	88	2633	158	3581145	126535	756
245	2571	157	83	2790	157	3454724	126421	755
246	2728	157	77	2947	157	3328415	126309	754
247	2885	157	72	3105	158	3202218	126197	753
248	3042	157	66	3262	157	3076134	126084	752
249	3199	157	61	3419	157	2950162	125972	751
0,02250	0,0353356	157	0,9993755	0,0353576	157	28,2824302	125860	0,97750
Arc.	Cosinus.	D.	Sinus.	Cotang.	D.	Tang.	Diff.	Arc.

0,977

0,022

Arc.	Log. Sin.	D.	Log. Cosin.	Log. Tang.	D.	Log. Cot.	Arc.
0,02200	8,5384561		9,9997406	8,5387155		11,4612845	0,97800
201	86534	1973	04	89130	1975	10870	799
202	88506	1972	9,9997402	91104	1974	08896	798
203	90477	1971	9,9997399	93078	1974	06922	797
204	92447	1970	97	95050	1972	04950	796
205	94416	1969	94	97022	1972	02978	795
206	96385	1969	92	8,5398993	1971	11,4601007	794
207	8,5398352	1967	90	8,5400962	1969	11,4599038	793
208	8,5400319	1967	87	02931	1969	97069	792
209	02284	1965	85	04899	1968	95101	791
0,02210	04249	1965	83	06867	1968	93133	0,97790
211	06213	1964	80	08833	1966	91167	789
212	08176	1963	78	10798	1965	89202	788
213	10138	1962	76	12763	1965	87237	787
214	12099	1961	73	14726	1963	85274	786
215	14060	1961	71	16689	1963	83311	785
216	16019	1959	68	18651	1962	81349	784
217	17978	1959	66	20612	1961	79388	783
218	19936	1958	64	22572	1960	77428	782
219	21892	1956	61	24531	1959	75469	781
0,02220	23848	1956	59	26489	1958	73511	0,97780
221	25803	1955	57	28447	1958	71553	779
222	27757	1954	54	30403	1956	69597	778
223	29711	1954	52	32359	1956	67641	777
224	31663	1952	49	34314	1955	65686	776
225	8,5433615	1952	9,9997347	8,5436268	1954	11,4563732	775
226	35565	1950	45	38221	1953	61779	774
227	37515	1950	42	40173	1952	59827	773
228	39464	1949	40	42124	1951	57876	772
229	41412	1948	37	44075	1951	55925	771
0,02230	43359	1947	35	46024	1949	53976	0,97770
231	45305	1946	33	47973	1949	52027	769
232	47251	1946	30	49921	1948	50079	768
233	49195	1944	28	51868	1947	48132	767
234	51139	1944	25	53814	1946	46186	766
235	53082	1943	23	55759	1945	44241	765
236	55024	1942	21	57703	1944	42297	764
237	56965	1941	18	59647	1944	40353	763
238	58905	1940	16	61589	1942	38411	762
239	60844	1939	13	63531	1942	36469	761
0,02240	62783	1939	11	65472	1941	34528	0,97760
241	64720	1937	09	67412	1940	32588	759
242	66657	1937	06	69351	1939	30649	758
243	68593	1936	04	71289	1938	28711	757
244	70528	1935	9,9997301	73226	1937	26774	756
245	72462	1934	9,9997299	75163	1937	24837	755
246	74395	1933	97	77099	1936	22901	754
247	76328	1933	94	79033	1934	20967	753
248	78259	1931	92	80967	1934	19033	752
249	80190	1931	89	82901	1934	17099	751
0,02250	8,5482120	1930	9,9997287	8,5484833	1932	11,4515167	0,97750
Arc.	Log. Cosin.	D.	Log. Sin.	Log. Cot.	D.	Log. Tang.	Arc.

0,977

0,022

Arc.	Sinus.	D.	Cosinus.	Tang.	D.	Cotang.	Diff.	Arc.
0,02250	0,0353356		0,9993755	0,0353576		28,2824302		0,97750
251	3513	157	49	3734	158	2698553	125749	749
252	3670	157	44	3891	157	2572916	125637	748
253	3827	157	38	4048	157	2447391	125525	747
254	3984	157	33	4206	158	2321976	125415	746
255	4141	157	27	4363	157	2196674	125302	745
256	4297	156	22	4520	157	2071482	125192	744
257	4454	157	16	4677	157	1946401	125081	743
258	4611	157	11	4835	158	1821430	124971	742
259	4768	157	0,9993705	4992	157	1696571	124859	741
0,02260	4925	157	0,9993699	5149	157	1571821	124750	0,97740
261	5082	157	94	5306	157	1447183	124638	739
262	5239	157	88	5464	158	1322654	124529	738
263	5396	157	83	5621	157	1198235	124419	737
264	5553	157	77	5778	157	1073926	124309	736
265	5710	157	72	5936	158	0949727	124199	735
266	5867	157	66	6093	157	0825637	124090	734
267	6024	157	60	6250	157	0701657	123980	733
268	6181	157	55	6407	157	0577786	123871	732
269	6338	157	49	6565	158	0454025	123761	731
0,02270	6495	157	44	6722	157	0330372	123653	0,97730
271	6652	157	38	6879	157	0206828	123544	729
272	6809	157	32	7037	158	28,0083393	123435	728
273	6966	157	27	7194	157	27,9960066	123327	727
274	7123	157	21	7351	157	9836848	123218	726
275	0,0357280	157	16	0,0357508	157	9713738	123110	725
276	7437	157	10	7666	158	9590736	123002	724
277	7594	157	0,9993604	7823	157	9467843	122893	723
278	7751	157	0,9993599	7980	157	9345057	122786	722
279	7908	157	93	8137	157	9222378	122679	721
0,02280	8065	157	87	8295	158	9099808	122570	0,97720
281	8222	157	82	8452	157	8977344	122464	719
282	8379	157	76	8609	157	8854988	122356	718
283	8536	157	71	8767	158	8732740	122248	717
284	8693	157	65	8924	157	8610598	122142	716
285	8850	157	59	9081	157	8488563	122035	715
286	9007	157	54	9238	157	8366635	121928	714
287	9164	157	48	9396	158	8244813	121822	713
288	9321	157	42	9553	157	8123098	121715	712
289	9478	157	37	9710	157	8001489	121609	711
0,02290	9635	157	31	0,0359868	158	7879986	121503	0,97710
291	9792	157	25	0,0360025	157	7758589	121397	709
292	0,0359949	157	20	0182	157	7637299	121290	708
293	0,0360106	157	14	0339	157	7516113	121186	707
294	0263	157	08	0497	158	7395034	121079	706
295	0420	157	0,9993503	0654	157	7274060	120974	705
296	0577	157	0,9993497	0811	157	7153191	120869	704
297	0734	157	91	0969	158	7032428	120763	703
298	0891	157	86	1126	157	6911769	120659	702
299	1048	157	80	1283	157	6791216	120553	701
0,02300	0,0361205	157	0,9993474	0,0361440	157	27,6670767	120449	0,97700
Arc.	Cosinus.	D.	Sinus.	Cotang.	D.	Tang.	Diff.	Arc.

0,977

0,022							
Arc.	Log. Sin.	D.	Log. Cosin.	Log. Tang.	D.	Log. Cot.	Arc.
0,02250	8,5482120		9,9997287	8,5484833		11,4515167	0,97750
251	84049	1929	85	86764	1931	13236	749
252	85977	1928	82	88695	1931	11305	748
253	87904	1927	80	90624	1929	09376	747
254	89830	1926	77	92553	1929	07447	746
255	91756	1926	75	9[illegible]481	1928	05519	745
256	93681	1925	73	96408	1927	03592	744
257	95605	1924	70	8,5498334	1926	11,4501666	743
258	97528	1923	68	8,5500260	1926	11,4499740	742
259	8,5499450	1922	65	02184	1924	97816	741
0,02260	8,5501371	1921	63	04108	1924	95892	0,97740
261	03291	1920	60	06031	1923	93969	739
262	05211	1920	58	07953	1922	92047	738
263	07130	1919	56	09874	1921	90126	737
264	09048	1918	53	11794	1920	88206	736
265	10965	1917	51	13714	1920	86286	735
266	12881	1916	48	15632	1918	84368	734
267	14796	1915	46	17550	1918	82450	733
268	16711	1915	43	19467	1917	80533	732
269	18624	1913	41	21383	1916	78617	731
0,02270	20537	1913	39	23298	1915	76702	0,97730
271	22449	1912	36	25213	1915	74787	729
272	24360	1911	34	27126	1913	72874	728
273	26270	1910	31	29039	1913	70961	727
274	28180	1910	29	30951	1912	69049	726
275	8,5530088	1908	9,9997226	8,5532862	1911	11,4467138	725
276	31996	1908	24	34772	1910	65228	724
277	33903	1907	21	36682	1910	63318	723
278	35809	1906	19	38590	1908	61410	722
279	37714	1905	17	40498	1908	59502	721
0,02280	39619	1905	14	42405	1907	57595	0,97720
281	41522	1903	12	44311	1906	55689	719
282	43425	1903	09	46216	1905	53784	718
283	45327	1902	07	48120	1904	51880	717
284	47228	1901	04	50024	1904	49976	716
285	49128	1900	9,9997202	51926	1902	48074	715
286	51028	1900	9,9997199	53828	1902	46172	714
287	52926	1898	97	55729	1901	44271	713
288	54824	1898	95	57629	1900	42371	712
289	56721	1897	92	59529	1900	40471	711
0,02290	58617	1896	90	61427	1898	38573	0,97710
291	60512	1895	87	63325	1898	36675	709
292	62407	1895	85	65222	1897	34778	708
293	64300	1893	82	67118	1896	32882	707
294	66193	1893	80	69013	1895	30987	706
295	68085	1892	77	70908	1895	29092	705
296	69976	1891	75	72801	1893	27199	704
297	71866	1890	72	74694	1893	25306	703
298	73756	1890	70	76586	1892	23414	702
299	75644	1888	68	78477	1891	21523	701
0,02300	8,5577532	1888	9,9997165	8,5580367	1890	11,4419633	0,97700
Arc.	Log. Cosin.	D.	Log. Sin.	Log. Cot.	D.	Log. Tang.	Arc.
0,977							

0,023								
Arc.	Sinus.	D.	Cosinus.	Tang.	D.	Cotang.	Diff.	Arc.
0,02300	0,0361205		0,9993474	0,0361440		27,6670767	·	0,97700
301	1362	157	69	1598	158	6550423	120344	699
302	1519	157	63	1755	157	6430184	120239	698
303	1675	156	57	1912	157	6310048	120136	697
304	1832	157	52	2070	158	6190017	120031	696
305	1989	157	46	2227	157	6070091	119926	695
306	2146	157	40	2384	157	5950268	119823	694
307	2303	157	35	2541	157	5830549	119719	693
308	2460	157	29	2699	158	5710933	119616	692
309	2617	157	23	2856	157	5591421	119512	691
0,02310	2774	157	18	3013	157	5472013	119408	0,97690
311	2931	157	12	3171	158	5352708	119305	689
312	3088	157	06	3328	157	5233506	119202	688
313	3245	157	0,9993400	3485	157	5114407	119099	687
314	3402	157	0,9993395	3642	157	4995411	118996	686
315	3559	157	89	3800	158	4876518	118893	685
316	3716	157	83	3957	157	4757727	118791	684
317	3873	157	78	4114	157	4639039	118688	683
318	4030	157	72	4272	158	4520454	118585	682
319	4187	157	66	4429	157	4401970	118484	681
0,02320	4344	157	60	4586	157	4283589	118381	0,97680
321	4501	157	55	4743	157	4165309	118230	679
322	4658	157	49	4901	158	4047132	118177	678
323	4815	157	43	5058	157	3929056	118076	677
324	4972	157	38	5215	157	3811081	117975	676
325	0,0365129	157	32	0,0365373	158	27,3693208	117873	675
326	5286	157	26	5530	157	3575437	117771	674
327	5443	157	20	5687	157	3457706	117671	673
328	5600	157	15	5844	157	3340197	117569	672
329	5757	157	09	6002	158	3222728	117469	671
0,02330	5914	157	0,9993303	6159	157	3105361	117367	0,97670
331	6071	157	0,9993297	6316	157	2988094	117267	669
332	6228	157	92	6474	158	2870927	117167	668
333	6385	157	86	6631	157	2753861	117066	667
334	6542	157	80	6788	157	2636895	116966	666
335	6699	157	74	6946	158	2520030	116865	665
336	6856	157	69	7103	157	2403264	116766	664
337	7013	157	63	7260	157	2286598	116666	663
338	7170	157	57	7417	157	2170032	116566	662
339	7327	157	51	7575	158	2053566	116466	661
0,02340	7484	157	46	7732	157	1937199	116367	0,97660
341	7641	157	40	7889	157	1820931	116268	659
342	7798	157	34	8047	158	1704763	116168	658
343	7954	156	28	8204	157	1588694	116069	657
344	8111	157	22	8361	157	1472723	115971	656
345	8268	157	17	8518	157	1356852	115871	655
346	8425	157	11	8676	158	1241079	115773	654
347	8582	157	0,9993205	8833	157	1125405	115674	653
348	8739	157	0,9993199	8990	157	1009830	115575	652
349	8896	157	93	9148	158	0894353	115477	651
0,02350	0,0369053	157	0,9993188	0,0369305	157	27,0778974	115379	0,97650
Arc.	Cosinus.	D.	Sinus.	Cotang.	D.	Tang.	Diff.	Arc.
0,976								

0,023							
Arc.	Log. Sin.	D.	Log. Cosin.	Log. Tang.	D.	Log. Cot.	Arc.
0,02300	8,5577532		9,9997165	8,5580367		11,4419633	0,97700
301	79419	1887	63	82257	1890	17743	699
302	81306	1887	60	84145	1888	15855	698
303	83191	1885	58	86033	1888	13967	697
304	85075	1884	55	87920	1887	12080	696
305	86959	1884	53	89806	1886	10194	695
306	88842	1883	50	91692	1886	08308	694
307	90724	1882	48	93576	1884	06424	693
308	92605	1881	45	95460	1884	04540	692
309	94486	1881	43	97343	1883	02657	691
0,02310	96366	1880	40	8,5599225	1882	11,4400775	0,97690
311	8,5598244	1878	38	8,5601106	1881	11,4398894	689
312	8,5600122	1878	35	02987	1881	97013	688
313	02000	1878	33	04867	1880	95133	687
314	03876	1876	30	06746	1879	93254	686
315	05752	1876	28	08624	1878	91376	685
316	07626	1874	25	10501	1877	89499	684
317	09500	1874	23	12377	1876	87623	683
318	11373	1873	21	14253	1876	85747	682
319	13246	1873	18	16128	1875	83872	681
0,02320	15117	1871	16	18002	1874	81998	0,97680
321	16988	1871	13	19875	1873	80125	679
322	18858	1870	11	21747	1872	78253	678
323	20727	1869	08	23619	1872	76381	677
324	22595	1868	06	25490	1871	74510	676
325	8,5624463	1868	03	8,5627360	1870	11,4372640	675
326	26330	1867	9,9997101	29229	1869	70771	674
327	28195	1865	9,9997098	31097	1868	68903	673
328	30061	1866	96	32965	1868	67035	672
329	31925	1864	93	34832	1867	65168	671
0,02330	33788	1863	91	36698	1866	63302	0,97670
331	35651	1863	88	38563	1865	61437	669
332	37513	1862	86	40427	1864	59573	668
333	39374	1861	83	42291	1864	57709	667
334	41234	1860	81	44154	1863	55846	666
335	43094	1860	78	46016	1862	53984	665
336	44953	1859	76	47877	1861	52123	664
337	46810	1857	73	49737	1860	50263	663
338	48668	1858	71	51597	1860	48403	662
339	50524	1856	68	53456	1859	46544	661
0,02340	52379	1855	66	55314	1858	44686	0,97660
341	54234	1855	63	57171	1857	42829	659
342	56088	1854	61	59027	1856	40973	658
343	57941	1853	58	60883	1856	39117	657
344	59794	1853	56	62738	1855	37262	656
345	61645	1851	53	64592	1854	35408	655
346	63496	1851	50	66445	1853	33555	654
347	65346	1850	48	68298	1853	31702	653
348	67195	1849	45	70150	1852	29850	652
349	69043	1848	43	72000	1850	28000	651
0,02350	8,5670891	1848	9,9997040	8,5673851	1851	11,4326149	0,97650
Arc.	Log. Cosin.	D.	Log. Sin.	Log. Cot.	D.	Log. Tang.	Arc.
0,976							

0,023

Arc.	Sinus.	D.	Cofinus.	Tang.	D.	Cotang.	Diff.	Arc.
0,02350	0,0369053		0,9993188	0,0369305		27,0778974		0,97650
351	9210	157	82	9462	157	0663693	115281	649
352	9367	157	76	9619	157	0548510	115183	648
353	9524	157	70	9777	158	0433425	115085	647
354	9681	157	64	0,0369934	157	0318438	114987	646
355	9838	157	59	0,0370091	157	0203548	114890	645
356	0,0369995	157	53	0249	158	27,0088756	114792	644
357	0,0370152	157	47	0406	157	26,9974062	114694	643
358	0309	157	41	0563	157	9859464	114598	642
359	0466	157	35	0721	158	9744964	114500	641
0,02360	0623	157	30	0878	157	9630560	114404	0,97640
361	0780	157	24	1035	157	9516254	114306	639
362	0937	157	18	1192	157	9402044	114210	638
363	1094	157	12	1350	158	9287931	114113	637
364	1251	157	06	1507	157	9173914	114017	636
365	1408	157	0,9993100	1664	157	9059994	113920	635
366	1565	157	0,9953095	1822	158	8946170	113824	634
367	1722	157	89	1979	157	8832442	113728	633
368	1879	157	83	2136	157	8718810	113632	632
369	2036	157	77	2294	158	8605274	113536	631
0,02370	2193	157	71	2451	157	8491833	113441	0,97630
371	2350	157	65	2608	157	8378489	113344	629
372	2507	157	60	2765	157	8265240	113249	628
373	2664	157	54	2923	158	8152086	113154	627
374	2821	157	48	3080	157	8039027	113059	626
375	0,0372978	157	42	0,0373237	157	26,7926064	112963	625
376	3135	157	36	3395	158	7813196	112868	624
377	3292	157	30	3552	157	7700423	112773	623
378	3449	157	24	3709	157	7587744	112679	622
379	3605	156	19	3866	157	7475160	112584	621
0,02380	3762	157	13	4024	158	7362671	112489	0,97620
381	3919	157	07	4181	157	7250276	112395	619
382	4076	157	0,9993001	4338	157	7137976	112300	618
383	4233	157	0,9992995	4496	158	7025770	112205	617
384	4390	157	89	4653	157	6913658	112112	616
385	4547	157	83	4810	157	6801639	112019	615
386	4704	157	77	4968	158	6689715	111924	614
387	4861	157	71	5125	157	6577884	111831	613
388	5018	157	66	5282	157	6466147	111737	612
389	5175	157	60	5439	157	6354504	111643	611
0,02390	5332	157	54	5597	158	6242954	111550	0,97610
391	5489	157	48	5754	157	6131497	111457	609
392	5646	157	42	5911	157	6020133	111364	608
393	5803	157	36	6069	158	5908862	111271	607
394	5960	157	30	6226	157	5797685	111177	606
395	6117	157	24	6383	157	5686600	111085	605
396	6274	157	18	6541	158	5575607	110993	604
397	6431	157	12	6698	157	5464708	110899	603
398	6588	157	07	6855	157	5353901	110807	602
399	6745	157	0,9992901	7013	158	5243186	110715	601
0,02400	0,0376902	157	0,9992895	0,0377170	157	26,5132563	110623	0,97600
Arc.	Cofinus.	D.	Sinus.	Cotang.	D.	Tang.	Diff.	Arc.

0,976

0,023							
Arc.	Log. Sin.	D.	Log. Cosin.	Log. Tang.	D.	Log. Cot.	Arc.
0,02350	8,5670891		9,9997040	8,5673851		11,4326149	0,97650
351	72738	1847	38	75700	1849	24300	649
352	74584	1846	35	77549	1849	22451	648
353	76429	1845	33	79396	1847	20604	647
354	78274	1845	30	81243	1847	18757	646
355	80117	1843	28	83090	1847	16910	645
356	81960	1843	25	84935	1845	15065	644
357	83802	1842	23	86780	1845	13220	643
358	85644	1842	20	88623	1843	11377	642
359	87484	1840	18	90467	1844	09533	641
0,02360	89324	1840	15	92309	1842	07591	0,97640
361	91163	1839	13	94150	1841	05850	639
362	93001	1838	10	95991	1841	04009	638
363	94839	1838	08	97831	1840	02169	637
364	96675	1836	05	8,5699670	1839	11,4300330	636
365	8,5698511	1836	03	8,5701509	1839	11,4298491	635
366	8,5700346	1835	9,9997000	03346	1837	96654	634
367	02181	1835	9,9996997	05183	1837	94817	633
368	04014	1833	95	07019	1836	92981	632
369	05847	1833	92	08855	1836	91145	631
0,02370	07679	1832	90	10689	1834	89311	0,97630
371	09510	1831	87	12523	1834	87477	629
372	11341	1831	85	14356	1833	85644	628
373	13170	1829	82	16188	1832	83812	627
374	14999	1829	80	18020	1832	81980	626
375	8,5716827	1828	9,9996977	8,5719850	1830	11,4280150	625
376	18655	1828	75	21680	1830	78320	624
377	20481	1826	72	23509	1829	76491	623
378	22307	1826	69	25338	1829	74662	622
379	24132	1825	67	27165	1827	72835	621
0,02380	25957	1825	64	28992	1827	71008	0,97620
381	27780	1823	62	30818	1826	69182	619
382	29603	1823	59	32644	1826	67356	618
383	31425	1822	57	34468	1824	65532	617
384	33246	1821	54	36292	1824	63708	616
385	35067	1821	52	38115	1823	61885	615
386	36886	1819	49	39937	1822	60063	614
387	38705	1819	46	41759	1822	58241	613
388	40523	1818	44	43580	1821	56420	612
389	42341	1818	41	45400	1820	54600	611
0,02390	44158	1817	39	47219	1819	52781	0,97610
391	45973	1815	36	49037	1818	50963	609
392	47789	1816	34	50855	1818	49145	608
393	49603	1814	31	52672	1817	47328	607
394	51417	1814	29	54488	1816	45512	606
395	53229	1812	26	56303	1815	43697	605
396	55042	1813	23	58118	1815	41882	604
397	56853	1811	21	59932	1814	40068	603
398	58664	1811	18	61745	1813	38255	602
399	60473	1809	16	63558	1813	36442	601
0,02400	8,5762282	1809	9,9996913	8,5765369	1811	11,4234631	0,97600
Arc.	Log. Cosin.	D.	Log. Sin.	Log. Cot.	D.	Log. Tang.	Arc.
0,976							

0,024								
Arc.	Sinus.	D.	Cosinus.	Tang.	D.	Cotang.	Diff.	Arc.
0,02400	0,0376902		0,9992895	0,0377170		26,5132563		0,97600
401	7059	157	89	7327	157	5022032	110531	599
402	7216	157	83	7484	157	4911594	110438	598
403	7373	157	77	7642	158	4801247	110347	597
404	7530	157	71	7799	157	4690992	110255	596
405	7687	157	65	7956	157	4580829	110163	595
406	7844	157	59	8114	158	4470757	110072	594
407	8001	157	53	8271	157	4360776	109981	593
408	8158	157	47	8428	157	4250887	109889	592
409	8315	157	41	8586	158	4141089	109798	591
0,02410	8472	157	35	8743	157	4031383	109706	0,97590
411	8628	156	29	8900	157	3921767	109616	589
412	8785	157	24	9057	157	3812242	109525	588
413	8942	157	18	9215	158	3702807	109435	587
414	9099	157	12	9372	157	3593464	109343	586
415	9256	157	06	9529	157	3484211	109253	585
416	9413	157	0,9992800	9687	158	3375048	109163	584
417	9570	157	0,9992794	0,0379844	157	3265975	109073	583
418	9727	157	88	0,0380001	157	3156993	108982	582
419	0,0379884	157	82	0159	158	3048101	108892	581
0,02420	0,0380041	157	76	0316	157	2939299	108802	0,97580
421	0198	157	70	0473	157	2830586	108713	579
422	0355	157	64	0631	158	2721963	108623	578
423	0512	157	58	0788	157	2613430	108533	577
424	0669	157	52	0945	157	2504987	108443	576
425	0,0380826	157	46	0,0381102	157	26,2396632	108355	575
426	0983	157	40	1260	158	2288368	108264	574
427	1140	157	34	1417	157	2180192	108176	573
428	1297	157	28	1574	157	2072105	108087	572
429	1454	157	22	1732	158	1964107	107998	571
0,02430	1611	157	16	1889	157	1856199	107908	0,97570
431	1768	157	10	2046	157	1748378	107821	569
432	1925	157	0,9992704	2204	158	1640647	107731	568
433	2082	157	0,9992698	2361	157	1533004	107643	567
434	2239	157	92	2518	157	1425449	107555	566
435	2396	157	86	2676	158	1317983	107466	565
436	2553	157	80	2833	157	1210605	107378	564
437	2710	157	74	2990	157	1103315	107290	563
438	2867	157	68	3147	157	0996113	107202	562
439	3024	157	62	3305	158	0888999	107114	561
0,02440	3180	156	56	3462	157	0781972	107027	0,97560
441	3337	157	50	3619	157	0675033	106939	559
442	3494	157	44	3777	158	0568182	106851	558
443	3651	157	38	3934	157	0461418	106764	557
444	3808	157	32	4091	157	0354742	106676	556
445	3965	157	26	4249	158	0248153	106589	555
446	4122	157	20	4406	157	0141650	106503	554
447	4279	157	14	4563	157	26,0035235	106415	553
448	4436	157	08	4721	158	25,9928907	106328	552
449	4593	157	0,9992602	4878	157	9822665	106242	551
0,02450	0,0384750	157	0,9992596	0,0385035	157	25,9716511	106154	0,97550
Arc.	Cosinus.	D.	Sinus.	Cotang.	D.	Tang.	Diff.	Arc.
0,975								

0,024

Arc.	Log. Sin.	D.	Log.Cosin.	Log. Tang.	D.	Log. Cot.	Arc.
0,02400	8,5762282		9,9996913	8,5765369		11,4234631	0,97600
401	64091	1809	11	67180	1811	32820	599
402	65898	1807	08	68990	1810	31010	598
403	67705	1807	05	70800	1810	29200	597
404	69511	1806	03	72608	1808	27392	596
405	71317	1806	9,9996900	74416	1808	25584	595
406	73121	1804	9,9996898	76223	1807	23777	594
407	74925	1804	95	78030	1807	21970	593
408	76728	1803	93	79835	1805	20165	592
409	78530	1802	90	81640	1805	18360	591
0,02410	80332	1802	87	83445	1805	16555	0,97590
411	82133	1801	85	85248	1803	14752	589
412	83933	1800	82	87051	1803	12949	588
413	85732	1799	80	88852	1801	11148	587
414	87531	1799	77	90654	1802	09346	586
415	89328	1797	74	92454	1800	07546	585
416	91126	1798	72	94254	1800	05746	584
417	92922	1796	69	96053	1799	03947	583
418	94717	1795	67	97851	1798	02149	582
419	96512	1795	64	8,5799648	1797	11,4200352	581
0,02420	8,5798306	1794	61	8,5801445	1797	11,4198555	0,97580
421	8,5800100	1794	59	03241	1796	96759	579
422	01892	1792	56	05036	1795	94964	578
423	03684	1792	54	06831	1795	93169	577
424	05475	1791	51	08624	1793	91376	576
425	07266	1791	9,9996848	8,5810417	1793	11,4189583	575
426	09056	1790	46	12210	1793	87790	574
427	10844	1788	43	14001	1791	85999	573
428	12633	1789	41	15792	1791	84208	572
429	14420	1787	38	17582	1790	82418	571
0,02430	16207	1787	35	19371	1789	80629	0,97570
431	17993	1786	33	21160	1789	78840	569
432	19778	1785	30	22948	1788	77052	568
433	21563	1785	28	24735	1787	75265	567
434	23346	1783	25	26521	1786	73479	566
435	25129	1783	22	28307	1786	71693	565
436	26912	1783	20	30092	1785	69908	564
437	28693	1781	17	31876	1784	68124	563
438	30474	1781	15	33660	1784	66340	562
439	32254	1780	12	35442	1782	64558	561
0,02440	34034	1780	09	37224	1782	62776	0,97560
441	35812	1778	07	39006	1782	60994	559
442	37590	1778	04	40786	1780	59214	558
443	39367	1777	9,9996801	42566	1780	57434	557
444	41144	1777	9,9996799	44345	1779	55655	556
445	42920	1776	96	46123	1778	53877	555
446	44695	1775	94	47901	1778	52099	554
447	46469	1774	91	49678	1777	50322	553
448	48243	1774	88	51454	1776	48546	552
449	50015	1772	86	53230	1776	46770	551
0,02450	8,5851788	1773	9,9996783	8,5855004	1774	11,4144996	0,97550
Arc.	Log.Cosin.	D.	Log. Sin.	Log. Cot.	D.	Log.Tang.	Arc.

0,975

0,024

Arc.	Sinus.	D.	Cosinus.	Tang.	D.	Cotang.	Diff.	Arc.
0,02450	0,0384750		0,9992596	0,0385035		25,9716511		0,97550
451	4907	157	90	5193	158	9610442	106069	549
452	5064	157	84	5350	157	9504461	105981	548
453	5221	157	77	5507	157	9398565	105896	547
454	5378	157	71	5664	157	9292756	105809	546
455	5535	157	65	5822	158	9187033	105723	545
456	5692	157	59	5979	157	9081396	105637	544
457	5849	157	53	6136	157	8975845	105551	543
458	6006	157	47	6294	158	8870380	105465	542
459	6163	157	41	6451	157	8765001	105379	541
0,02460	6320	157	35	6608	157	8659707	105294	0,97540
461	6477	157	29	6766	158	8554499	105208	539
462	6634	157	23	6923	157	8449376	105123	538
463	6791	157	17	7080	157	8344339	105037	537
464	6948	157	11	7238	158	8239386	104953	536
465	7105	157	0,9992505	7395	157	8134519	104867	535
466	7262	157	0,9992499	7552	157	8029737	104782	534
467	7418	156	93	7710	158	7925040	104697	533
468	7575	157	86	7867	157	7820428	104612	532
469	7732	157	80	8024	157	7715900	104528	531
0,02470	7889	157	74	8181	157	7611457	104443	0,97530
471	8046	157	68	8339	158	7507098	104359	529
472	8203	157	62	8496	157	7402824	104274	528
473	8360	157	56	8653	157	7298634	104190	527
474	8517	157	50	8811	158	7194528	104106	526
475	0,0388674	157	44	0,0388968	157	25,7090506	104022	525
476	8831	157	38	9125	157	6986569	103937	524
477	8988	157	32	9283	158	6882715	103854	523
478	9145	157	25	9440	157	6778945	103770	522
479	9302	157	19	9597	157	6675258	103687	521
0,02480	9459	157	13	9755	158	6571655	103603	0,97520
481	9616	157	07	0,0389912	157	6468136	103519	519
482	9773	157	0,9992401	0,0390069	157	6364700	103436	518
483	0,0389930	157	0,9992395	0227	158	6261348	103352	517
484	0,0390087	157	89	0384	157	6158078	103270	516
485	0244	157	83	0541	157	6054892	103186	515
486	0401	157	76	0699	158	5951788	103104	514
487	0558	157	70	0856	157	5848767	103021	513
488	0715	157	64	1013	157	5745830	102937	512
489	0872	157	58	1171	158	5642974	102856	511
0,02490	1029	157	52	1328	157	5540202	102772	0,97510
491	1186	157	46	1485	157	5437512	102690	509
492	1342	156	40	1642	157	5334904	102608	508
493	1499	157	33	1800	158	5232379	102525	507
494	1656	157	27	1957	157	5129935	102444	506
495	1813	157	21	2114	157	5027574	102361	505
496	1970	157	15	2272	158	4925295	102279	504
497	2127	157	09	2429	157	4823098	102197	503
498	2284	157	0,9992303	2586	157	4720982	102116	502
499	2441	157	0,9992297	2744	158	4618948	102034	501
0,02500	0,0392598	157	0,9992290	0,0392901	157	25,4516996	101952	0,97500
Arc.	Cosinus.	D.	Sinus.	Cotang.	D.	Tang.	Diff.	Arc.

0,975

0,024

Arc.	Log. Sin.	D.	Log. Cosin.	Log. Tang.	D.	Log. Cot.	Arc.
0,02450	8,5851788		9,9996783	8,5855004		11,4144996	0,97550
451	53559	1771	81	56778	1774	43222	549
452	55330	1771	78	58552	1774	41448	548
453	57100	1770	75	60324	1772	39676	547
454	58869	1769	73	62096	1772	37904	546
455	60637	1768	70	63867	1771	36133	545
456	62405	1768	67	65638	1771	34362	544
457	64172	1767	65	67407	1769	32593	543
458	65938	1766	62	69176	1769	30824	542
459	67704	1766	59	70945	1769	29055	541
0,02460	69469	1765	57	72712	1767	27288	0,97540
461	71233	1764	54	74479	1767	25521	539
462	72997	1764	52	76245	1766	23755	538
463	74759	1762	49	78011	1766	21989	537
464	76521	1762	46	79775	1764	20225	536
465	78283	1762	44	81539	1764	18461	535
466	80043	1760	41	83302	1763	16698	534
467	81803	1760	38	85065	1763	14935	533
468	83562	1759	36	86827	1762	13173	532
469	85321	1759	33	88588	1761	11412	531
0,02470	87079	1758	30	90348	1760	09652	0,97530
471	88836	1757	28	92108	1760	07892	529
472	90592	1756	25	93867	1759	06133	528
473	92348	1756	22	95625	1758	04375	527
474	94103	1755	20	97383	1758	02617	526
475	95857	1754	9,9996717	8,5899140	1757	11,4100860	525
476	97610	1753	14	8,5900896	1756	11,4099104	524
477	8,5899363	1753	12	02651	1755	97349	523
478	8,5901115	1752	09	04406	1755	95594	522
479	02866	1751	07	06160	1754	93840	521
0,02480	04617	1751	04	07913	1753	92087	0,97520
481	06367	1750	9,9996701	09666	1753	90334	519
482	08116	1749	9,9996699	11418	1752	88582	518
483	09865	1749	96	13169	1751	86831	517
484	11613	1748	93	14919	1750	85081	516
485	13360	1747	91	16669	1750	83331	515
486	15106	1746	88	18418	1749	81582	514
487	16852	1746	85	20167	1749	79833	513
488	18597	1745	83	21914	1747	78086	512
489	20341	1744	80	23661	1747	76339	511
0,02490	22085	1744	77	25408	1747	74592	0,97510
491	23828	1743	75	27153	1745	72847	509
492	25570	1742	72	28898	1745	71102	508
493	27312	1742	69	30642	1744	69358	507
494	29052	1740	67	32386	1744	67614	506
495	30792	1740	64	34129	1743	65871	505
496	32532	1740	61	35871	1742	64129	504
497	34271	1739	58	37612	1741	62388	503
498	36009	1738	56	39353	1741	60647	502
499	37746	1737	53	41093	1740	58907	501
0,02500	8,5939483	1737	9,9996650	8,5942832	1739	11,4057168	0,97500
Arc.	Log. Cosin.	D.	Log. Sin.	Log. Cot.	D.	Log. Tang.	Arc.

0,975

0,025								
Arc.	Sinus.	D.	Cofinus.	Tang.	D.	Cotang.	Diff.	Arc.
0,02500	0,0392598		0,9992290	0,0392901		25,4516996		0,97500
501	2755	157	84	3058	157	4415125	101871	499
502	2912	157	78	3216	158	4313336	101789	498
503	3069	157	72	3373	157	4211627	101709	497
504	3226	157	66	3530	157	4110000	101627	496
505	3383	157	59	3688	158	4008455	101545	495
506	3540	157	53	3845	157	3906990	101465	494
507	3697	157	47	4002	157	3805606	101384	493
508	3854	157	41	4160	158	3704303	101303	492
509	4011	157	35	4317	157	3603080	101223	491
0,02510	4168	157	29	4474	157	3501939	101141	0,97490
511	4325	157	22	4632	158	3400877	101062	489
512	4482	157	16	4789	157	3299896	100981	488
513	4639	157	10	4946	157	3198996	100900	487
514	4796	157	0,9992204	5104	158	3098176	100820	486
515	4953	157	0,9992198	5261	157	2997435	100741	485
516	5109	156	91	5418	157	2896775	100660	484
517	5266	157	85	5576	158	2796195	100580	483
518	5423	157	79	5733	157	2695695	100500	482
519	5580	157	73	5890	157	2595274	100421	481
0,02520	5737	157	67	6048	158	2494933	100341	0,97480
521	5894	157	60	6205	157	2394672	100261	479
522	6051	157	54	6362	157	2294490	100182	478
523	6208	157	48	6520	158	2194387	100103	477
524	6365	157	42	6677	157	2094364	100023	476
525	0,0396522	157	35	0,0396834	157	25,1994420	99944	475
526	6679	157	29	6992	158	1894555	99865	474
527	6836	157	23	7149	157	1794769	99786	473
528	6993	157	17	7306	157	1695062	99707	472
529	7150	157	10	7463	157	1595434	99628	471
0,02530	7307	157	0,9992104	7621	158	1495884	99550	0,97470
531	7464	157	0,9992098	7778	157	1396413	99471	469
532	7621	157	92	7935	157	1297021	99392	468
533	7778	157	86	8093	158	1197707	99314	467
534	7935	157	79	8250	157	1098471	99236	466
535	8092	157	73	8407	157	0999314	99157	465
536	8249	157	67	8565	158	0900235	99079	464
537	8406	157	60	8722	157	0801233	99002	463
538	8563	157	54	8879	157	0702310	98923	462
539	8719	156	48	9037	158	0603465	98845	461
0,02540	8876	157	42	9194	157	0504697	98768	0,97460
541	9033	157	35	9351	157	0406008	98689	459
542	9190	157	29	9509	158	0307395	98613	458
543	9347	157	23	9666	257	0208861	98534	457
544	9504	157	17	9823	157	0110404	98457	456
545	9661	157	10	0,0399981	158	25,0012024	98380	455
546	9818	157	0,9992004	0,0400138	157	24,9913721	98303	454
547	0,0399975	157	0,9991998	0295	157	9815495	98226	453
548	0,0400132	157	92	0453	158	9717347	98148	452
549	0289	157	85	0610	157	9619275	98072	451
0,02550	0,0400446	157	0,9991979	0,0400767	157	24,9521281	97994	0,97450
Arc.	Cofinus.	D.	Sinus.	Cotang.	D.	Tang.	Diff.	Arc.
0,974								

0,025							
Arc.	Log. Sin.	D.	Log. Cosin.	Log. Tang.	D.	Log. Cot.	Arc.
0,02500	8,5939483		9,9996650	8,5942832		11,4057168	0,97500
501	41219	1736	48	44571	1739	55429	499
502	42954	1735	45	46309	1738	53691	498
503	44688	1734	42	48046	1737	51954	497
504	46422	1734	40	49782	1736	50218	496
505	48155	1733	37	51518	1736	48482	495
506	49888	1733	34	53253	1735	46747	494
507	51620	1732	32	54988	1735	45012	493
508	53351	1731	29	56722	1734	43278	492
509	55081	1730	26	58455	1733	41545	491
0,02510	56811	1730	24	60187	1732	39813	0,97490
511	58540	1729	21	61919	1732	38081	489
512	60268	1728	18	63650	1731	36350	488
513	61996	1728	16	65380	1730	34620	487
514	63723	1727	13	67110	1730	32890	486
515	65449	1726	10	68839	1729	31161	485
516	67175	1726	07	70567	1728	29433	484
517	68899	1724	05	72295	1728	27705	483
518	70624	1725	9,9996602	74022	1727	25978	482
519	72347	1723	9,9996599	75748	1726	24252	481
0,02520	74070	1723	97	77473	1725	22527	0,97480
521	75792	1722	94	79198	1725	20802	479
522	77514	1722	91	80922	1724	19078	478
523	79234	1720	89	82646	1724	17354	477
524	80954	1720	86	84369	1723	15631	476
525	8,5982674	1720	9,9996583	8,5986091	1722	11,4013909	475
526	84393	1719	80	87812	1721	12188	474
527	86111	1718	78	89533	1721	10467	473
528	87828	1717	75	91253	1720	08747	472
529	89545	1717	72	92972	1719	07028	471
0,02530	91261	1716	70	94691	1719	05309	0,97470
531	92976	1715	67	96409	1718	03591	469
532	94691	1715	64	98127	1718	01873	468
533	96405	1714	61	8,5999843	1716	11,4000157	467
534	98118	1713	59	8,6001559	1716	11,3998441	466
535	8,5999831	1713	56	03275	1716	96725	465
536	8,6001543	1712	53	04989	1714	95011	464
537	03254	1711	51	06703	1714	93297	463
538	04964	1710	48	08417	1714	91583	462
539	06674	1710	45	10129	1712	89871	461
0,02540	08384	1710	42	11841	1712	88159	0,97460
541	10092	1708	40	13553	1712	86447	459
542	11800	1708	37	15263	1710	84737	458
543	13507	1707	34	16973	1710	83027	457
544	15214	1707	31	18682	1709	81318	456
545	16920	1706	29	20391	1709	79609	455
546	18625	1705	26	22099	1708	77901	454
547	20330	1705	23	23806	1707	76194	453
548	22033	1703	21	25513	1707	74487	452
549	23737	1704	18	27219	1706	72781	451
0,02550	8,6025439	1702	9,9996515	8,6028924	1705	11,3971076	0,97450
Arc.	Log. Cosin.	D.	Log. Sin.	Log. Cot.	D.	Log. Tang.	Arc.
0,974							

0,025								
Arc.	Sinus.	D.	Cosinus.	Tang.	D.	Cotang.	Diff.	Arc.
0,02550	0,0400446		0,9991979	0,0400767		24,9521281		0,97450
551	0603	157	73	0925	158	9423363	97918	449
552	0760	157	66	1082	157	9325522	97841	448
553	0917	157	60	1239	157	9227757	97765	447
554	1074	157	54	1397	158	9130069	97688	446
555	1231	157	47	1554	157	9032458	97611	445
556	1388	157	41	1711	157	8934922	97536	444
557	1545	157	35	1869	158	8837463	97459	443
558	1702	157	29	2026	157	8740080	97383	442
559	1859	157	22	2183	157	8642774	97306	441
0,02560	2015	156	16	2341	158	8545543	97231	0,97440
561	2172	157	10	2498	157	8448388	97155	439
562	2329	157	0,9991903	2655	157	8351309	97079	438
563	2486	157	0,9991897	2813	158	8254305	97004	437
564	2643	157	91	2970	157	8157378	96927	436
565	2800	157	84	3127	157	8060525	96853	435
566	2957	157	78	3285	158	7963749	96776	434
567	3114	157	72	3442	157	7867047	96702	433
568	3271	157	65	3599	157	7770421	96626	432
569	3428	157	59	3757	158	7673870	96551	431
0,02570	3585	157	53	3914	157	7577394	96476	0,97430
571	3742	157	46	4071	157	7480993	96401	429
572	3899	157	40	4229	158	7384667	96326	428
573	4056	157	34	4386	157	7288416	96251	427
574	4213	157	27	4543	157	7192240	96176	426
575	0,0404370	157	21	0,0404701	158	24,7096138	96102	425
576	4527	157	15	4858	157	7000111	96027	424
577	4684	157	08	5015	157	6904158	95953	423
578	4841	157	0,9991802	5173	158	6808280	95878	422
579	4998	157	0,9991795	5330	157	6712476	95804	421
0,02580	5155	157	89	5487	157	6616746	95730	0,97420
581	5311	156	83	5645	158	6521091	95655	419
582	5468	157	76	5802	157	6425509	95582	418
583	5625	157	70	5959	157	6330002	95507	417
584	5782	157	64	6117	158	6234568	95434	416
585	5939	157	57	6274	157	6139208	95360	415
586	6096	157	51	6431	157	6043922	95286	414
587	6253	157	45	6589	158	5948710	95212	413
588	6410	157	38	6746	157	5853571	95139	412
589	6567	157	32	6904	158	5758505	95066	411
0,02590	6724	157	25	7061	157	5663513	94992	0,97410
591	6881	157	19	7218	157	5568594	94919	409
592	7038	157	13	7376	158	5473748	94846	408
593	7195	157	06	7533	157	5378976	94772	407
594	7352	157	0,9991700	7690	157	5284276	94700	406
595	7509	157	0,9991693	7848	158	5189650	94626	405
596	7666	157	87	8005	157	5095096	94554	404
597	7823	157	81	8162	157	5000615	94481	403
598	7980	157	74	8320	158	4906207	94408	402
599	8137	157	68	8477	157	4811871	94336	401
0,02600	0,0408294	157	0,9991661	0,0408634	157	24,4717608	94263	0,97400
Arc.	Cosinus.	D.	Sinus.	Cotang.	D.	Tang.	Diff.	Arc.
0,974								

0,025							
Arc.	Log. Sin.	D.	Log. Cosin.	Log. Tang.	D.	Log. Cot.	Arc.
0,02550	8,6025439		9,9996515	8,6028924		11,3971076	0,97450
551	27141	1702	12	30629	1705	69371	449
552	28842	1701	10	32333	1704	67667	448
553	30543	1701	07	34036	1703	65964	447
554	32243	1700	04	35739	1703	64261	446
555	33942	1699	9,9996501	37440	1701	62560	445
556	35640	1698	9,9996499	39142	1702	60858	444
557	37338	1698	96	40842	1700	59158	443
558	39035	1697	93	42542	1700	57458	442
559	40732	1697	90	44242	1700	55758	441
0,02560	42428	1696	88	45940	1698	54060	0,97440
561	44123	1695	85	47638	1698	52362	439
562	45818	1695	82	49335	1697	50665	438
563	47512	1694	79	51032	1697	48968	437
564	49205	1693	77	52728	1696	47272	436
565	50897	1692	74	54423	1695	45577	435
566	52589	1692	71	56118	1695	43882	434
567	54281	1692	68	57812	1694	42188	433
568	55971	1690	66	59505	1693	40495	432
569	57061	1690	63	61198	1693	38802	431
0,02570	59350	1689	60	62890	1692	37110	0,97430
571	61039	1689	57	64581	1691	35419	429
572	62727	1688	55	66272	1691	33728	428
573	64414	1687	52	67962	1690	32038	427
574	66101	1687	49	69652	1690	30348	426
575	8,6067787	1686	9,9996446	8,6071340	1688	11,3928660	425
576	69472	1685	44	73029	1689	26971	424
577	71157	1685	41	74716	1687	25284	423
578	72841	1684	38	76403	1687	23597	422
579	74524	1683	35	78089	1686	21911	421
0,02580	76207	1683	33	79774	1685	20226	0,97420
581	77889	1682	30	81459	1685	18541	419
582	79570	1681	27	83143	1684	16857	418
583	81251	1681	24	84827	1684	15173	417
584	82931	1680	22	86510	1683	13490	416
585	84611	1680	19	88192	1682	11808	415
586	86290	1679	16	89874	1682	10126	414
587	87968	1678	13	91555	1681	08445	413
588	89645	1677	10	93235	1680	06765	412
589	91322	1677	08	94914	1679	05086	411
0,02590	92998	1676	05	96593	1679	03407	0,97410
591	94674	1676	9,9996402	98272	1679	01728	409
592	96349	1675	9,9996399	8,6099949	1677	11,3900051	408
593	98023	1674	97	8,6101627	1678	11,3898373	407
594	8,6099697	1674	94	03303	1676	96697	406
595	8,6101370	1673	91	04979	1676	95021	405
596	03042	1672	88	06654	1675	93346	404
597	04714	1672	85	08328	1674	91672	403
598	06385	1671	83	10002	1674	89998	402
599	08055	1670	80	11675	1673	88325	401
0,02600	8,6109725	1670	9,9996377	8,6113348	1673	11,3886652	0,97400
Arc.	Log. Cosin.	D.	Log. Sin.	Log. Cot.	D.	Log. Tang.	Arc.
0,974							

0,026

Arc.	Sinus.	D.	Cofinus.	Tang.	D.	Cotang.	Diff.	Arc.
0,02600	0,0408294		0,9991661	0,0408634		24,4717608		0,97400
601	8450	156	55	8792	158	4623417	94191	399
602	8607	157	49	8949	157	4529299	94118	398
603	8764	157	42	9106	157	4435253	94046	397
604	8921	157	36	9264	158	4341279	93974	396
605	9078	157	29	9421	157	4247377	93902	395
606	9235	157	23	9578	157	4153547	93830	394
607	9392	157	16	9736	158	4059790	93757	393
608	9549	157	10	0,0409893	157	3966104	93686	392
609	9706	157	0,9991604	0,0410050	157	3872489	93615	391
0,02610	0,0409863	157	0,9991597	0208	158	3778947	93542	0,97390
611	0,0410020	157	91	0365	157	3685476	93471	389
612	0177	157	84	0522	157	3592077	93399	388
613	0334	157	78	0680	158	3498749	93328	387
614	0491	157	71	0837	157	3405492	93257	386
615	0648	157	65	0994	157	3312307	93185	385
616	0805	157	58	1152	158	3219193	93114	384
617	0962	157	52	1309	157	3126150	93043	383
618	1119	157	46	1466	157	3033178	92972	382
619	1276	157	39	1624	158	2940278	92900	381
0,02620	1432	156	33	1781	157	2847448	92830	0,97380
621	1589	157	26	1938	157	2754688	92760	379
622	1746	157	20	2096	158	2662000	92688	378
623	1903	157	13	2253	157	2569382	92618	377
624	2060	157	07	2411	158	2476835	92547	376
625	0,0412217	157	0,9991500	0,0412568	157	24,2384358	92477	375
626	2374	157	0,9991494	2725	157	2291951	92407	374
627	2531	157	87	2883	158	2199615	92336	373
628	2688	157	81	3040	157	2107349	92266	372
629	2845	157	74	3197	157	2015153	92196	371
0,02630	3002	157	68	3355	158	1923028	92125	0,97370
631	3159	157	61	3512	157	1830972	92056	369
632	3316	157	55	3669	157	1738986	91986	368
633	3473	157	48	3827	158	1647070	91916	367
634	3630	157	42	3984	157	1555224	91846	366
635	3787	157	35	4141	157	1463448	91776	365
636	3944	157	29	4299	158	1371741	91707	364
637	4101	157	22	4456	157	1280103	91638	363
638	4257	156	16	4613	157	1188535	91568	362
639	4414	157	09	4771	158	1097037	91498	361
0,02640	4571	157	0,9991403	4928	157	1005607	91430	0,97360
641	4728	157	0,9991396	5085	157	0914247	91360	359
642	4885	157	90	5243	158	0822956	91291	358
643	5042	157	83	5400	157	0731734	91222	357
644	5199	157	77	5558	158	0640581	91153	356
645	5356	157	70	5715	157	0549497	91084	355
646	5513	157	64	5872	157	0458482	91015	354
647	5670	157	57	6030	158	0367535	90947	353
648	5827	157	51	6187	157	0276657	90878	352
649	5984	157	44	6344	157	0185848	90809	351
0,02650	0,0416141	157	0,9991338	0,0416502	158	24,0095107	90741	0,97350
Arc.	Cofinus.	D.	Sinus.	Cotang.	D.	Tang.	Diff.	Arc.

0,973

0,026							
Arc.	Log. Sin.	D.	Log. Cosin.	Log. Tang.	D.	Log. Cot.	Arc.
0,02600	8,6109725		9,9996377	8,6113348		11,3886652	0,97400
601	11394	1669	74	15020	1672	84980	399
602	13062	1668	71	16691	1671	83309	398
603	14730	1668	69	18362	1671	81638	397
604	16397	1667	66	20032	1670	79968	396
605	18064	1667	63	21701	1669	78299	395
606	19730	1666	60	23370	1669	76630	394
607	21395	1665	58	25038	1668	74962	393
608	23060	1665	55	26705	1667	73295	392
609	24724	1664	52	28372	1667	71628	391
0,02610	26387	1663	49	30038	1666	69962	0,97390
611	28050	1663	46	31704	1666	68296	389
612	29712	1662	44	33368	1664	66632	388
613	31373	1661	41	35033	1665	64967	387
614	33034	1661	38	36696	1663	63304	386
615	34694	1660	35	38359	1663	61641	385
616	36354	1660	32	40022	1663	59978	384
617	38013	1659	30	41683	1661	58317	383
618	39671	1658	27	43344	1661	56656	382
619	41329	1658	24	45005	1661	54995	381
0,02620	42986	1657	21	46665	1660	53335	0,97380
621	44642	1656	18	48324	1659	51676	379
622	46298	1656	15	49982	1658	50018	378
623	47953	1655	13	51640	1658	48360	377
624	49607	1654	10	53297	1657	46703	376
625	8,6151261	1654	07	8,6154954	1657	11,3845046	375
626	52914	1653	04	56610	1656	43390	374
627	54567	1653	9,9996301	58266	1656	41734	373
628	56219	1652	9,9996299	59920	1654	40080	372
629	57870	1651	96	61574	1654	38426	371
0,02630	59521	1651	93	63228	1654	36772	0,97370
631	61171	1650	90	64881	1653	35119	369
632	62820	1649	87	66533	1652	33467	368
633	64469	1649	84	68185	1652	31815	367
634	66117	1648	82	69836	1651	30164	366
635	67765	1648	79	71486	1650	28514	365
636	69412	1647	76	73136	1650	26864	364
637	71058	1646	73	74785	1649	25215	363
638	72704	1646	70	76433	1648	23567	362
639	74349	1645	68	78081	1648	21919	361
0,02640	75993	1644	65	79729	1648	20271	0,97360
641	77637	1644	62	81375	1646	18625	359
642	79280	1643	59	83021	1646	16979	358
643	80923	1643	56	84667	1646	15333	357
644	82565	1642	53	86311	1644	13689	356
645	84206	1641	51	87955	1644	12045	355
646	85847	1641	48	89599	1644	10401	354
647	87487	1640	45	91242	1643	08758	353
648	89126	1639	42	92884	1642	07116	352
649	90765	1639	39	94526	1642	05474	351
0,02650	8,6192403	1638	9,9996236	8,6196167	1641	11,3803833	0,97350
Arc.	Log. Cosin.	D.	Log. Sin.	Log. Cot.	D.	Log. Tang.	Arc.
0,973							

0,026								
Arc.	Sinus.	D.	Cofinus.	Tang.	D.	Cotang.	Diff.	Arc.
0,02650	0,0416141		0,9991338	0,0416502		24,0095107		0,97350
651	6298	157	31	6659	157	24,0004434	90673	349
652	6455	157	25	6816	157	23,9913830	90604	348
653	6612	157	18	6974	158	9823294	90536	347
654	6769	157	11	7131	157	9732826	90468	346
655	6926	157	0,9991305	7288	157	9642427	90399	345
656	7082	156	0,9991298	7446	158	9552095	90332	344
657	7239	157	92	7603	157	9461832	90263	343
658	7396	157	85	7760	157	9371636	90196	342
659	7553	157	79	7918	158	9281508	90128	341
0,02660	7710	157	72	8075	157	9191448	90060	0,97340
661	7867	157	66	8233	158	9101455	89993	339
662	8024	157	59	8390	157	9011531	89924	338
663	8181	157	52	8547	157	8921673	89858	337
664	8338	157	46	8705	158	8831883	89790	336
665	8495	157	39	8862	157	8742160	89723	335
666	8652	157	33	9019	157	8652505	89655	334
667	8809	157	26	9177	158	8562917	89588	333
668	8966	157	20	9334	157	8473396	89521	332
669	9123	157	13	9491	157	8383942	89454	331
0,02670	9280	157	06	9649	158	8294554	89388	0,97330
671	9437	157	0,9991200	9806	157	8205234	89320	329
672	9594	157	0,9991193	0,0419963	157	8115981	89253	328
673	9751	157	87	0,0420121	158	8026794	89187	327
674	0,0419907	156	80	0278	157	7937674	89120	326
675	0,0420064	157	73	0435	157	23,7848621	89053	325
676	0221	157	67	0593	158	7759634	88987	324
677	0378	157	60	0750	157	7670713	88921	323
678	0535	157	54	0908	158	7581859	88854	322
679	0692	157	47	1065	157	7493072	88787	321
0,02680	0849	157	40	1222	157	7404350	88722	0,97320
681	1006	157	34	1380	158	7315695	88655	319
682	1163	157	27	1537	157	7227105	88590	318
683	1320	157	21	1694	157	7138582	88523	317
684	1477	157	14	1852	158	7050125	88457	316
685	1634	157	07	2009	157	6961733	88392	315
686	1791	157	0,9991101	2166	157	6873407	88326	314
687	1948	157	0,9991094	2324	158	6785147	88260	313
688	2105	157	87	2481	157	6696953	88194	312
689	2262	157	81	2639	158	6608824	88129	311
0,02690	2418	156	74	2796	157	6520761	88063	0,97310
691	2575	157	68	2953	157	6432763	87998	309
692	2732	157	61	3111	158	6344830	87933	308
693	2889	157	54	3268	157	6256963	87867	307
694	3046	157	48	3425	157	6169160	87803	306
695	3203	157	41	3583	158	6081423	87737	305
696	3360	157	34	3740	157	5993751	87672	304
697	3517	157	28	3897	157	5906144	87607	303
698	3674	157	21	4055	158	5818602	87542	302
699	3831	157	14	4212	157	5731125	87477	301
0,02700	0,0423988	157	0,9991008	0,0424369	157	23,5643712	87413	0,97300
Arc.	Cofinus.	D.	Sinus.	Cotang.	D.	Tang.	Diff.	Arc.
0,973								

0,026

Arc.	Log. Sin.	D.	Log. Cosin.	Log. Tang.	D.	Log. Cot.	Arc.
0, 02650	8, 6192403		9, 9996236	8, 6196167		11, 3803833	0, 97350
651	94041	1638	33	97807	1640	02193	349
652	95678	1637	31	8, 6199447	1640	11, 3800553	348
653	97314	1636	28	8, 6201086	1639	11, 3798914	347
654	8, 6198950	1636	25	02725	1639	97275	346
655	8, 6200585	1635	22	04363	1638	95637	345
656	02220	1635	19	06000	1637	94000	344
657	03853	1633	16	07637	1637	92363	343
658	05487	1634	14	09273	1636	90727	342
659	07119	1632	11	10909	1636	89091	341
0, 02660	08751	1632	08	12544	1635	87456	0, 97340
661	10383	1632	05	14178	1634	85822	339
662	12014	1631	9, 9996202	15811	1633	84189	338
663	13644	1630	9, 9996199	17445	1634	82555	337
664	15273	1629	96	19077	1632	80923	336
665	16902	1629	94	20709	1632	79291	335
666	18531	1629	91	22340	1631	77660	334
667	20159	1628	88	23971	1631	76029	333
668	21786	1627	85	25601	1630	74399	332
669	23412	1626	82	27230	1629	72770	331
0, 02670	25038	1626	79	28859	1629	71141	0, 97330
671	26663	1625	76	30487	1628	69513	329
672	28288	1625	74	32115	1628	67885	328
673	29912	1624	71	33742	1627	66258	327
674	31536	1624	68	35368	1626	64632	326
675	8, 6233159	1623	9, 9996165	8, 6236994	1626	11, 3763006	325
676	34781	1622	62	38619	1625	61381	324
677	36403	1622	59	40243	1624	59757	323
678	38024	1621	56	41867	1624	58133	322
679	39644	1620	53	43491	1624	56509	321
0, 02680	41264	1620	51	45113	1622	54887	0, 97320
681	42883	1619	48	46735	1622	53265	319
682	44502	1619	45	48357	1622	51643	318
683	46120	1618	42	49978	1621	50022	317
684	47737	1617	39	51598	1620	48402	316
685	49354	1617	36	53218	1620	46782	315
686	50970	1616	33	54837	1619	45163	314
687	52586	1616	30	56455	1618	43545	313
688	54201	1615	28	58073	1618	41927	312
689	55815	1614	25	59691	1618	40309	311
0, 02690	57429	1614	22	61307	1616	38693	0, 97310
691	59042	1613	19	62923	1616	37077	309
692	60655	1613	16	64539	1616	35461	308
693	62267	1612	13	66154	1615	33846	307
694	63878	1611	10	67768	1614	32232	306
695	65489	1611	07	69382	1614	30618	305
696	67099	1610	04	70995	1613	29005	304
697	68709	1610	9, 9996102	72607	1612	27393	303
698	70318	1609	9, 9996099	74219	1612	25781	302
699	71927	1609	96	75831	1612	24169	301
0, 02700	8, 6273534	1607	9, 9996093	8, 6277441	1610	11, 3722559	0, 97300
Arc.	Log. Cosin.	D.	Log. Sin.	Log. Cot.	D.	Log. Tang.	Arc.

0,973

0,027

Arc.	Sinus.	D.	Cosinus.	Tang.	D.	Cotang.	Diff.	Arc.
0,02700	0,0423988		0,9991008	0,0424369		23,5643712		0,97300
701	4145	157	0,9991001	4527	158	5556364	87348	299
702	4302	157	0,9990994	4684	157	5469081	87283	298
703	4459	157	88	4842	158	5381862	87219	297
704	4616	157	81	4999	157	5294708	87154	296
705	4773	157	74	5156	157	5207618	87090	295
706	4930	157	68	5314	158	5120593	87025	294
707	5086	156	61	5471	157	5033632	86961	293
708	5243	157	54	5628	157	4946735	86897	292
709	5400	157	48	5786	158	4859902	86833	291
0,02710	5557	157	41	5943	157	4773133	86769	0,97290
711	5714	157	34	6100	157	4686428	86705	289
712	5871	157	28	6258	158	4599787	86641	288
713	6028	157	21	6415	157	4513210	86577	287
714	6185	157	14	6573	158	4426696	86514	286
715	6342	157	07	6730	157	4340246	86450	285
716	6499	157	0,9990901	6887	157	4253860	86386	284
717	6656	157	0,9990894	7045	158	4167538	86322	283
718	6813	157	87	7202	157	4081279	86259	282
719	6970	157	81	7359	157	3995083	86196	281
0,02720	7127	157	74	7517	158	3908951	86132	0,97280
721	7284	157	67	7674	157	3822882	86069	279
722	7440	156	61	7832	158	3736876	86006	278
723	7597	157	54	7989	157	3650933	85943	277
724	7754	157	47	8146	157	3565053	85880	276
725	0,0427911	157	40	0,0428304	158	23,3479237	85816	275
726	8068	157	34	8461	157	3393483	85754	274
727	8225	157	27	8618	157	3307792	85691	273
728	8382	157	20	8776	158	3222164	85628	272
729	8539	157	13	8933	157	3136599	85565	271
0,02730	8696	157	07	9090	157	3051096	85503	0,97270
731	8853	157	0,9990800	9248	158	2965656	85440	269
732	9010	157	0,9990793	9405	157	2880278	85378	268
733	9167	157	87	9563	158	2794963	85315	267
734	9324	157	80	9720	157	2709710	85253	266
735	9481	157	73	0,0429877	157	2624519	85191	265
736	9638	157	66	0,0430035	158	2539391	85128	264
737	9795	157	60	0192	157	2454325	85066	263
738	0,0429951	156	53	0349	157	2369321	85004	262
739	0,0430108	157	46	0507	158	2284379	84942	261
0,02740	0265	157	39	0664	157	2199499	84880	0,97260
741	0422	157	33	0822	158	2114681	84818	259
742	0579	157	26	0979	157	2029924	84757	258
743	0736	157	19	1136	157	1945230	84694	257
744	0893	157	12	1294	158	1860597	84633	256
745	1050	157	0,9990705	1451	157	1776026	84571	255
746	1207	157	0,9990699	1608	157	1691516	84510	254
747	1364	157	92	1766	158	1607068	84448	253
748	1521	157	85	1923	157	1522681	84387	252
749	1678	157	78	2080	157	1438356	84325	251
0,02750	0,0431835	157	0,9990672	0,0432238	158	23,1354091	84265	0,97250
Arc.	Cosinus.	D.	Sinus.	Cotang.	D.	Tang.	Diff.	Arc.

0,972

0,027

Arc.	Log. Sin.	D.	Log. Cosin.	Log. Tang.	D.	Log. Cot.	Arc.
0,02700	8,6273534		9,9996093	8,6277441		11,3722559	0,97300
701	75142	1608	90	79052	1611	20948	299
702	76748	1606	87	80661	1609	19339	298
703	78354	1606	84	82270	1609	17730	297
704	79960	1606	81	83878	1608	16122	296
705	81565	1605	78	85486	1608	14514	295
706	83169	1604	76	87093	1607	12907	294
707	84773	1604	73	88700	1607	11300	293
708	86376	1603	70	90306	1606	09694	292
709	87978	1602	67	91911	1605	08089	291
0,02710	89580	1602	64	93516	1605	06484	0,97290
711	91181	1601	61	95120	1604	04880	289
712	92782	1601	58	96724	1604	03276	288
713	94382	1600	55	98327	1603	01673	287
714	95982	1600	52	8,6299929	1602	11,3700071	286
715	97581	1599	49	8,6301531	1602	11,3698469	285
716	8,6299179	1598	46	03132	1601	96868	284
717	8,6300777	1598	44	04733	1601	95267	283
718	02374	1597	41	06333	1600	93667	282
719	03970	1596	38	07933	1600	92067	281
0,02720	05566	1596	35	09532	1599	90468	0,97280
721	07162	1596	32	11130	1598	88870	279
722	08757	1595	29	12728	1598	87272	278
723	10351	1594	26	14325	1597	85675	277
724	11945	1594	23	15921	1596	84079	276
725	8,6313538	1593	9,9996020	8,6317517	1596	11,3682483	275
726	15130	1592	17	19113	1596	80887	274
727	16722	1592	14	20708	1595	79292	273
728	18313	1591	11	22302	1594	77698	272
729	19904	1591	09	23895	1593	76105	271
0,02730	21494	1590	06	25489	1594	74511	0,97270
731	23084	1590	03	27081	1592	72919	269
732	24673	1589	9,9996000	28673	1592	71327	268
733	26261	1588	9,9995997	30264	1591	69736	267
734	27849	1588	94	31855	1591	68145	266
735	29436	1587	91	33445	1590	66555	265
736	31023	1587	88	35035	1590	64965	264
737	32609	1586	85	36624	1589	63376	263
738	34194	1585	82	38212	1588	61788	262
739	35779	1585	79	39800	1588	60200	261
0,02740	37363	1584	76	41387	1587	58613	0,97260
741	38947	1584	73	42974	1587	57026	259
742	40530	1583	70	44560	1586	55440	258
743	42113	1583	67	46146	1586	53854	257
744	43695	1582	65	47731	1585	52269	256
745	45276	1581	62	49315	1584	50685	255
746	46857	1581	59	50899	1584	49101	254
747	48438	1581	56	52482	1583	47518	253
748	50017	1579	53	54065	1583	45935	252
749	51596	1579	50	55647	1582	44353	251
0,02750	8,6353175	1579	9,9995947	8,6357228	1581	11,3642772	0,97250
Arc.	Log. Cosin.	D.	Log. Sin.	Log. Cot.	D.	Log. Tang.	Arc.

0,972

0,027

Arc.	Sinus.	D.	Cofinus.	Tang.	D.	Cotang.	Diff.	Arc.
0,02750	0,0431835		0,9990672	0,0432238		23,1354091		0,97250
751	1992	157	65	2395	157	1269889	84202	249
752	2149	157	58	2553	158	1185747	84142	248
753	2305	156	51	2710	157	1101666	84081	247
754	2462	157	44	2867	157	1017647	84019	246
755	2619	157	38	3025	158	0933688	83959	245
756	2776	157	31	3182	157	0849790	83898	244
757	2933	157	24	3339	157	0765953	83837	243
758	3090	157	17	3497	158	0682177	83776	242
759	3247	157	10	3654	157	0598461	83716	241
0,02760	3404	157	0,9990604	3812	158	0514806	83655	0,97240
761	3561	157	0,9990597	3969	157	0431212	83594	239
762	3718	157	90	4126	157	0347678	83534	238
763	3875	157	83	4284	158	0264205	83473	237
764	4032	157	76	4441	157	0180792	83413	236
765	4189	157	70	4598	157	0097439	83353	235
766	4346	157	63	4756	158	23,0014147	83292	234
767	4503	157	56	4913	157	22,9930914	83233	233
768	4659	156	49	5071	158	9847742	83172	232
769	4816	157	42	5228	157	9764630	83112	231
0,02770	4973	157	35	5385	157	9681577	83053	0,97230
771	5130	157	29	5543	158	9598585	82992	229
772	5287	157	22	5700	157	9515653	82932	228
773	5444	157	15	5858	158	9432780	82873	227
774	5601	157	08	6015	157	9349967	82813	226
775	0,0435758	157	0,9990501	0,0436172	157	22,9267214	82753	225
776	5915	157	0,9990494	6330	158	9184520	82694	224
777	6072	157	88	6487	157	9101885	82635	223
778	6229	157	81	6644	157	9019311	82574	222
779	6386	157	74	6802	158	8936795	82516	221
0,02780	6543	157	67	6959	157	8854339	82456	0,97220
781	6700	157	60	7117	158	8771942	82397	219
782	6856	156	53	7274	157	8689605	82337	218
783	7013	157	46	7431	157	8607326	82279	217
784	7170	157	40	7589	158	8525107	82219	216
785	7327	157	33	7746	157	8442946	82161	215
786	7484	157	26	7903	157	8360845	82101	214
787	7641	157	19	8061	158	8278802	82043	213
788	7798	157	12	8218	157	8196818	81984	212
789	7955	157	0,9990405	8376	158	8114893	81925	211
0,02790	8112	157	0,9990398	8533	157	8033027	81866	0,97210
791	8269	157	91	8690	157	7951219	81808	209
792	8426	157	85	8848	158	7869470	81749	208
793	8583	157	78	9005	157	7787780	81690	207
794	8740	157	71	9162	157	7706147	81633	206
795	8897	157	64	9320	158	7624574	81573	205
796	9053	156	57	9477	157	7543058	81516	204
797	9210	157	50	9635	158	7461601	81457	203
798	9367	157	43	9792	157	7380202	81399	202
799	9524	157	36	0,0439949	157	7298861	81341	201
0,02800	0,0439681	157	0,9990329	0,0440107	158	22,7217578	81283	0,97200
Arc.	Cofinus.	D.	Sinus.	Cotang.	D.	Tang.	Diff.	Arc.

0,972

0,027

Arc.	Log. Sin.	D.	Log. Cofin.	Log. Tang.	D.	Log. Cot.	Arc.
0,02750	8,6353175		9,9995947	8,6357228		11,3642772	0,97250
751	54753	1578	44	58809	1581	41191	249
752	56330	1577	41	60389	1580	39611	248
753	57907	1577	38	61969	1580	38031	247
754	59483	1576	35	63548	1579	36452	246
755	61059	1576	32	65127	1579	34873	245
756	62634	1575	29	66705	1578	33295	244
757	64209	1575	26	68283	1578	31717	243
758	65783	1574	23	69860	1577	30140	242
759	67356	1573	20	71436	1576	28564	241
0,02760	68929	1573	17	73012	1576	26988	0,97240
761	70501	1572	14	74587	1575	25413	239
762	72073	1572	11	76162	1575	23838	238
763	73644	1571	08	77736	1574	22264	237
764	75215	1571	05	79309	1573	20691	236
765	76785	1570	02	80882	1573	19118	235
766	78354	1569	9,9995900	82455	1573	17545	234
767	79923	1569	9,9995897	84026	1571	15974	233
768	81491	1568	94	85598	1572	14402	232
769	83059	1568	91	87168	1570	12832	231
0,02770	84626	1567	88	88738	1570	11262	0,97230
771	86193	1567	85	90308	1570	09692	229
772	87759	1566	82	91877	1569	08123	228
773	89324	1565	79	93445	1568	06555	227
774	90889	1565	76	95013	1568	04987	226
775	92453	1564	9,9995873	96580	1567	03420	225
776	94017	1564	70	98147	1567	01853	224
777	95580	1563	67	8,6399713	1566	11,3600287	223
778	97143	1563	64	8,6401279	1566	11,3598721	222
779	8,6398705	1562	61	02844	1565	97156	221
0,02780	8,6400266	1561	58	04408	1564	95592	0,97220
781	01827	1561	55	05972	1564	94028	219
782	03388	1561	52	07536	1564	92464	218
783	04948	1560	49	09099	1563	90901	217
784	06507	1559	46	10661	1562	89339	216
785	08065	1558	43	12222	1561	87778	215
786	09624	1559	40	13784	1562	86216	214
787	11181	1557	37	15344	1560	84656	213
788	12738	1557	34	16904	1560	83096	212
789	14295	1557	31	18464	1560	81536	211
0,02790	15851	1556	28	20022	1558	79978	0,97210
791	17406	1555	25	21581	1559	78419	209
792	18961	1555	22	23139	1558	76861	208
793	20515	1554	19	24696	1557	75304	207
794	22068	1553	16	26252	1556	73748	206
795	23622	1554	13	27809	1557	72191	205
796	25174	1552	10	29364	1555	70636	204
797	26726	1552	07	30919	1555	69081	203
798	28278	1552	04	32474	1555	67526	202
799	29828	1550	9,9995801	34027	1553	65973	201
0,02800	8,6431379	1551	9,9995798	8,6435581	1554	11,3564419	0,97200
Arc.	Log. Cofin.	D.	Log. Sin.	Log. Cot.	D.	Log. Tang.	Arc.

0,972

0,028

Arc.	Sinus.	D.	Cosinus.	Tang.	D.	Cotang.	Diff.	Arc.
0,02800	0,0439681		0,9990329	0,0440107		22,7217578		0,97200
801	9838	157	22	0264	157	7136353	81225	199
802	0,0439995	157	16	0422	158	7055186	81167	198
803	0,0440152	157	09	0579	157	6974077	81109	197
804	0309	157	0,9990302	0736	157	6893026	81051	196
805	0466	157	0,9990295	0894	158	6812032	80994	195
806	0623	157	88	1051	157	6731096	80936	194
807	0780	157	81	1208	157	6650218	80878	193
808	0937	157	74	1366	158	6569398	80820	192
809	1094	157	67	1523	157	6488634	80764	191
0,02810	1250	156	60	1681	158	6407929	80705	0,97190
811	1407	157	53	1838	157	6327280	80649	189
812	1564	157	46	1995	157	6246690	80590	188
813	1721	157	39	2153	158	6166156	80534	187
814	1878	157	32	2310	157	6085679	80477	186
815	2035	157	25	2468	158	6005260	80419	185
816	2192	157	19	2625	157	5924898	80362	184
817	2349	157	12	2782	157	5844592	80306	183
818	2506	157	0,9990205	2940	158	5764344	80248	182
819	2663	157	0,9990198	3097	157	5684153	80191	181
0,02820	2820	157	91	3255	158	5604018	80135	0,97180
821	2977	157	84	3412	157	5523940	80078	179
822	3134	157	77	3569	157	5443919	80021	178
823	3290	156	70	3727	158	5363955	79964	177
824	3447	157	63	3884	157	5284047	79908	176
825	0,0443604	157	56	0,0444041	157	22,5204196	79851	175
826	3761	157	49	4199	158	5124401	79795	174
827	3918	157	42	4356	157	5044663	79738	173
828	4075	157	35	4514	158	4964980	79683	172
829	4232	157	28	4671	157	4885355	79625	171
0,02830	4389	157	21	4828	157	4805785	79570	0,97170
831	4546	157	14	4986	158	4726272	79513	169
832	4703	157	07	5143	157	4646815	79457	168
833	4860	157	0,9990100	5301	158	4567413	79402	167
834	5017	157	0,9990093	5458	157	4488068	79345	166
835	5174	157	86	5615	157	4408779	79289	165
836	5331	157	79	5773	158	4329546	79233	164
837	5487	156	72	5930	157	4250368	79178	163
838	5644	157	65	6088	158	4171246	79122	162
839	5801	157	58	6245	157	4092180	79066	161
0,02840	5958	157	51	6402	157	4013170	79010	0,97160
841	6115	157	44	6560	158	3934215	78955	159
842	6272	157	37	6717	157	3855316	78899	158
843	6429	157	30	6875	158	3776472	78844	157
844	6586	157	23	7032	157	3697683	78789	156
845	6743	157	16	7189	157	3618950	78733	155
846	6900	157	09	7347	158	3540273	78677	154
847	7057	157	0,9990002	7504	157	3461650	78623	153
848	7214	157	0,9989995	7661	157	3383083	78567	152
849	7371	157	88	7819	158	3304570	78513	151
0,02850	0,0447527	156	0,9989981	0,0447976	157	22,3226113	78457	0,97150
Arc.	Cosinus.	D.	Sinus.	Cotang.	D.	Tang.	Diff.	Arc.

0,971

0,028

Arc.	Log. Sin.	D.	Log. Cosin.	Log. Tang.	D.	Log. Cot.	Arc.
0,02800	8,6431379		9,9995798	8,6435581		11,3564419	0,97200
801	32929	1550	95	37134	1553	62866	199
802	34478	1549	92	38686	1552	61314	198
803	36026	1548	89	40237	1551	59763	197
804	37575	1549	86	41789	1552	58211	196
805	39122	1547	83	43339	1550	56661	195
806	40669	1547	80	44889	1550	55111	194
807	42216	1547	77	46439	1550	53561	193
808	43762	1546	74	47988	1549	52012	192
809	45307	1545	71	49536	1548	50464	191
0,02810	46852	1545	68	51084	1548	48916	0,97190
811	48396	1544	65	52631	1547	47369	189
812	49940	1544	62	54178	1547	45822	188
813	51483	1543	59	55724	1546	44276	187
814	53025	1542	56	57269	1545	42731	186
815	54567	1542	53	58815	1546	41185	185
816	56109	1542	50	60359	1544	39641	184
817	57650	1541	47	61903	1544	38097	183
818	59190	1540	44	63446	1543	36554	182
819	60730	1540	41	64989	1543	35011	181
0,02820	62269	1539	38	66532	1543	33468	0,97180
821	63808	1539	35	68073	1541	31927	179
822	65346	1538	32	69615	1542	30385	178
823	66884	1538	29	71155	1540	28845	177
824	68421	1537	26	72696	1541	27304	176
825	8,6469958	1537	9,9995723	8,6474235	1539	11,3525765	175
826	71494	1536	20	75774	1539	24226	174
827	73029	1535	17	77313	1539	22687	173
828	74564	1535	14	78851	1538	21149	172
829	76099	1535	11	80388	1537	19612	171
0,02830	77633	1534	08	81925	1537	18075	0,97170
831	79166	1533	04	83462	1537	16538	169
832	80699	1533	9,9995701	84997	1535	15003	168
833	82231	1532	9,9995698	86533	1536	13467	167
834	83763	1532	95	88067	1534	11933	166
835	85294	1531	92	89602	1535	10398	165
836	86825	1531	89	91135	1533	08865	164
837	88355	1530	86	92668	1533	07332	163
838	89884	1529	83	94201	1533	05799	162
839	91413	1529	80	95733	1532	04267	161
0,02840	92942	1529	77	97264	1531	02736	0,97160
841	94470	1528	74	8,6498795	1531	11,3501205	159
842	95997	1527	71	8,6500326	1531	11,3499674	158
843	97524	1527	68	01856	1530	98144	157
844	8,6499050	1526	65	03385	1529	96615	156
845	8,6500576	1526	62	04914	1529	95086	155
846	02101	1525	59	06442	1528	93558	154
847	03626	1525	56	07970	1528	92030	153
848	05150	1524	53	09497	1527	90503	152
849	06674	1524	50	11024	1527	88976	151
0,02850	8,6508197	1523	9,9995647	8,6512550	1526	11,3487450	0,97150
Arc.	Log. Cosin.	D.	Log. Sin.	Log. Cot.	D.	Log. Tang.	Arc.

0,971

0,028

Arc.	Sinus.	D.	Cosinus.	Tang.	D.	Cotang.	Diff.	Arc.
0,02850	0,0447527		0,9989981	0,0447976		22,3226113		0,97150
851	7684	157	74	8134	158	3147711	78402	149
852	7841	157	67	8291	157	3069364	78347	148
853	7998	157	60	8448	157	2991071	78293	147
854	8155	157	53	8606	158	2912834	78237	146
855	8312	157	46	8763	157	2834651	78183	145
856	8469	157	39	8921	158	2756523	78128	144
857	8626	157	32	9078	157	2678449	78074	143
858	8783	157	25	9235	157	2600431	78018	142
859	8940	157	18	9393	158	2522466	77965	141
0,02860	9097	157	11	9550	157	2444557	77909	0,97140
861	9254	157	0,9989903	9708	158	2366701	77856	139
862	9410	156	0,9989896	0,0449865	157	2288900	77801	138
863	9567	157	89	0,0450022	157	2211154	77746	137
864	9724	157	82	0180	158	2133461	77693	136
865	0,0449881	157	75	0337	157	2055823	77638	135
866	0,0450038	157	68	0495	158	1978239	77584	134
867	0195	157	61	0652	157	1900709	77530	133
868	0352	157	54	0809	157	1823233	77476	132
869	0509	157	47	0967	158	1745811	77422	131
0,02870	0666	157	40	1124	157	1668443	77368	0,97130
871	0823	157	33	1282	158	1591129	77314	129
872	0980	157	26	1439	157	1513868	77261	128
873	1137	157	19	1596	157	1436662	77206	127
874	1294	157	12	1754	158	1359509	77153	126
875	0,0451450	156	0,9989804	0,0451911	157	22,1282409	77100	125
876	1607	157	0,9989797	2069	158	1205363	77046	124
877	1764	157	90	2226	157	1128371	76992	123
878	1921	157	83	2383	157	1051432	76939	122
879	2078	157	76	2541	158	0974547	76885	121
0,02880	2235	157	69	2698	157	0897715	76832	0,97120
881	2392	157	62	2856	158	0820936	76779	119
882	2549	157	55	3013	157	0744211	76725	118
883	2706	157	48	3170	157	0667539	76672	117
884	2863	157	41	3328	158	0590919	76620	116
885	3020	157	33	3485	157	0514353	76566	115
886	3177	157	26	3643	158	0437840	76513	114
887	3333	156	19	3800	157	0361380	76460	113
888	3490	157	12	3957	157	0284973	76407	112
889	3647	157	0,9989705	4115	158	0208619	76354	111
0,02890	3804	157	0,9989698	4272	157	0132317	76302	0,97110
891	3961	157	91	4430	158	22,0056069	76248	109
892	4118	157	84	4587	157	21,9979873	76196	108
893	4275	157	76	4744	157	9903729	76144	107
894	4432	157	69	4902	158	9827638	76091	106
895	4589	157	62	5059	157	9751600	76038	105
896	4746	157	55	5217	158	9675614	75986	104
897	4903	157	48	5374	157	9599681	75933	103
898	5060	157	41	5531	157	9523800	75881	102
899	5216	156	34	5689	158	9447971	75829	101
0,02900	0,0455373	157	0,9989626	0,0455846	157	21,9372195	75776	0,97100
Arc.	Cosinus.	D.	Sinus.	Cotang.	D.	Tang.	Diff.	Arc.

0,971

0,028

Arc.	Log. Sin.	D.	Log. Cosin.	Log. Tang.	D.	Log. Cot.	Arc.
0,02850	8,6508197		9,9995647	8,6512550		11,3487450	0,97150
851	09719	1522	44	14076	1526	85924	149
852	11241	1522	40	15601	1525	84399	148
853	12763	1522	37	17125	1524	82875	147
854	14284	1521	34	18649	1524	81351	146
855	15804	1520	31	20173	1524	79827	145
856	17324	1520	28	21696	1523	78304	144
857	18843	1519	25	23218	1522	76782	143
858	20362	1519	22	24740	1522	75260	142
859	21880	1518	19	26261	1521	73739	141
0,02860	23398	1518	16	27782	1521	72218	0,97140
861	24915	1517	13	29302	1520	70698	139
862	26432	1517	10	30822	1520	69178	138
863	27948	1516	07	32341	1519	67659	137
864	29464	1516	04	33860	1519	66140	136
865	30979	1515	9,9995601	35378	1518	64622	135
866	32494	1515	9,9995598	36896	1518	63104	134
867	34008	1514	94	38413	1517	61587	133
868	35521	1513	91	39930	1517	60070	132
869	37034	1513	88	41446	1516	58554	131
0,02870	38547	1513	85	42961	1515	57039	0,97130
871	40058	1511	82	44476	1515	55524	129
872	41570	1512	79	45991	1515	54009	128
873	43081	1511	76	47505	1514	52495	127
874	44591	1510	73	49018	1513	50982	126
875	8,6546101	1510	9,9995570	8,6550531	1513	11,3449469	125
876	47610	1509	67	52043	1512	47957	124
877	49119	1509	64	53555	1512	46445	123
878	50627	1508	61	55067	1512	44933	122
879	52135	1508	58	56577	1510	43423	121
0,02880	53642	1507	54	58088	1511	41912	0,97120
881	55149	1507	51	59598	1510	40402	119
882	56655	1506	48	61107	1509	38893	118
883	58161	1506	45	62615	1508	37385	117
884	59666	1505	42	64124	1509	35876	116
885	61170	1504	39	65631	1507	34369	115
886	62674	1504	36	67139	1508	32861	114
887	64178	1504	33	68645	1506	31355	113
888	65681	1503	30	70151	1506	29849	112
889	67183	1502	27	71657	1506	28343	111
0,02890	68685	1502	23	73162	1505	26838	0,97110
891	70187	1502	20	74667	1505	25333	109
892	71688	1501	17	76171	1504	23829	108
893	73188	1500	14	77674	1503	22326	107
894	74688	1500	11	79177	1503	20823	106
895	76188	1500	08	80680	1503	19320	105
896	77686	1498	05	82182	1502	17818	104
897	79185	1499	9,9995502	83683	1501	16317	103
898	80683	1498	9,9995499	85184	1501	14816	102
899	82180	1497	96	86684	1500	13316	101
0,02900	8,6583677	1497	9,9995492	8,6588184	1500	11,3411816	0,97100
Arc.	Log. Cosin.	D.	Log. Sin.	Log. Cot.	D.	Log. Tang.	Arc.

0,971

0,029

Arc.	Sinus.	D.	Cofinus.	Tang.	D.	Cotang.	Diff.	Arc.
0,02900	0,0455373		0,9989626	0,0455846		21,9372195		0,97100
901	5530	157	19	6004	158	9296471	75724	099
902	5687	157	12	6161	157	9220798	75673	098
903	5844	157	0,9989605	6319	158	9145178	75620	097
904	6001	157	0,9989598	6476	157	9069611	75567	096
905	6158	157	91	6633	157	8994095	75516	095
906	6315	157	83	6791	158	8918631	75464	094
907	6472	157	76	6948	157	8843218	75413	093
908	6629	157	69	7106	158	8767858	75360	092
909	6786	157	62	7263	157	8692550	75308	091
0,02910	6943	157	55	7420	157	8617293	75257	0,97090
911	7099	156	48	7578	158	8542088	75205	089
912	7256	157	40	7735	157	8466954	75154	088
913	7413	157	33	7893	158	8391832	75102	087
914	7570	157	26	8050	157	8316782	75050	086
915	7727	157	19	8207	157	8241783	74999	085
916	7884	157	12	8365	158	8166835	74948	084
917	8041	157	0,9989504	8522	157	8091939	74896	083
918	8198	157	0,9989497	8680	158	8017094	74845	082
919	8355	157	90	8837	157	7942300	74794	081
0,02920	8512	157	83	8994	157	7867558	74742	0,97080
921	8669	157	76	9152	158	7792866	74692	079
922	8826	157	68	9309	157	7718226	74640	078
923	8982	156	61	9467	158	7643637	74589	077
924	9139	157	54	9624	157	7569099	74538	076
925	9296	157	47	9782	158	21,7494611	74488	075
926	9453	157	40	0,0459939	157	7420175	74436	074
927	9610	157	32	0,0460096	157	7345789	74386	073
928	9767	157	25	0254	158	7271454	74335	072
929	0,0459924	157	18	0411	157	7197170	74284	071
0,02930	0,0460081	157	11	0569	158	7122937	74233	0,97070
931	0238	157	0,9989403	0726	157	7048754	74183	069
932	0395	157	0,9989396	0883	157	6974622	74132	068
933	0552	157	89	1041	158	6900540	74082	067
934	0709	157	82	1198	157	6826509	74031	066
935	0865	156	75	1356	158	6752528	73981	065
936	1022	157	67	1513	157	6678597	73931	064
937	1179	157	60	1670	157	6604717	73880	063
938	1336	157	53	1828	158	6530887	73830	062
939	1493	157	46	1985	157	6457107	73780	061
0,02940	1650	157	38	2143	158	6383378	73729	0,97060
941	1807	157	31	2300	157	6309698	73680	059
942	1964	157	24	2458	158	6236069	73629	058
943	2121	157	17	2615	157	6162489	73580	057
944	2278	157	09	2772	157	6088960	73529	056
945	2435	157	0,9989302	2930	158	6015480	73480	055
946	2591	156	0,9989295	3087	157	5942050	73430	054
947	2748	157	87	3245	158	5868670	73380	053
948	2905	157	80	3402	157	5795340	73330	052
949	3062	157	73	3559	157	5722060	73280	051
0,02950	0,0463219	157	0,9989266	0,0463717	158	21,5648829	73231	0,97050
Arc.	Cofinus.	D.	Sinus.	Cotang.	D.	Tang.	Diff.	Arc.

0,970

0,029							
Arc.	Log. Sin.	D.	Log.Cofin.	Log. Tang.	D.	Log. Cot.	Arc.
0,02900	8,6583677		9,9995492	8,6588184		11,3411816	0,97100
901	85173	1496	89	89684	1500	10316	099
902	86669	1496	86	91182	1498	08818	098
903	88164	1495	83	92681	1499	07319	097
904	89659	1495	80	94179	1498	05821	096
905	91153	1494	77	95674	1497	04324	095
906	92647	1494	74	97173	1497	02827	094
907	94140	1493	71	8,6598669	1496	11,3401331	093
908	95632	1492	68	8,6600165	1496	11,3399835	092
909	97125	1493	64	01660	1495	98340	091
0,02910	8,6598616	1492	61	03155	1495	96345	0,97090
911	8,6600107	1491	58	04649	1494	95351	089
912	01598	1491	55	06143	1494	93857	088
913	03088	1490	52	07636	1493	92364	087
914	04578	1490	49	09129	1493	90871	086
915	06067	1489	46	10621	1492	89379	085
916	07555	1488	43	12113	1492	87887	084
917	09043	1488	39	13604	1491	86396	083
918	10531	1488	36	15095	1491	84905	082
919	12018	1487	33	16585	1490	83415	081
0,02920	13504	1486	30	18074	1489	81926	0,97080
921	14990	1486	27	19563	1489	80437	079
922	16476	1486	24	21052	1489	78948	078
923	17961	1485	21	22540	1488	77460	077
924	19445	1484	18	24028	1488	75972	076
925	8,6620929	1484	14	8,6625515	1487	11,3374485	075
926	22413	1484	11	27002	1487	72998	074
927	23896	1483	08	28488	1486	71512	073
928	25378	1482	05	29973	1485	70027	072
929	26860	1482	9,9995402	31458	1485	68542	071
0,02930	28342	1482	9,9995399	32943	1485	67057	0,97070
931	29823	1481	96	34427	1484	65573	069
932	31303	1480	92	35911	1484	64089	068
933	32783	1480	89	37394	1483	62606	067
934	34262	1479	86	38876	1482	61124	066
935	35741	1479	83	40358	1482	59642	065
936	37220	1479	80	41840	1482	58160	064
937	38698	1478	77	43321	1481	56679	063
938	40175	1477	74	44801	1480	55199	062
939	41652	1477	70	46281	1480	53719	061
0,02940	43128	1476	67	47761	1480	52239	0,97060
941	44604	1476	64	49240	1479	50760	059
942	46080	1476	61	50719	1479	49281	058
943	47554	1474	58	52197	1478	47803	057
944	49029	1475	55	53674	1477	46326	056
945	50503	1474	51	55151	1477	44849	055
946	51976	1473	48	56628	1477	43372	054
947	53449	1473	45	58104	1476	41896	053
948	54921	1472	42	59579	1475	40421	052
949	56393	1472	39	61054	1475	38946	051
0,02950	8,6657865	1472	9,9995330	8,6662529	1475	11,3337471	0,97050
Arc.	Log.Cofin.	D.	Log. Sin.	Log. Cot.	D.	Log. Tang.	Arc.
0,970							

0,029

Arc.	Sinus.	D.	Cosinus.	Tang.	D.	Cotang.	Diff.	Arc.
0,02950	0,0463219		0,9989266	0,0463717		21,5648829		0,97050
951	3376	157	58	3874	157	5575648	73181	049
952	3533	157	51	4032	158	5502516	73132	048
953	3690	157	44	4189	157	5429434	73082	047
954	3847	157	37	4347	158	5356401	73033	046
955	4004	157	29	4504	157	5283418	72983	045
956	4161	157	22	4661	157	5210484	72934	044
957	4317	156	15	4819	158	5137599	72885	043
958	4474	157	07	4976	157	5064763	72836	042
959	4631	157	0,9989200	5134	158	4991977	72786	041
0,02960	4788	157	0,9989193	5291	157	4919240	72737	0,97040
961	4945	157	85	5448	157	4846552	72688	039
962	5102	157	78	5606	158	4773913	72639	038
963	5259	157	71	5763	157	4701323	72590	037
964	5416	157	64	5921	158	4628782	72541	036
965	5573	157	56	6078	157	4556289	72493	035
966	5730	157	49	6236	158	4483846	72443	034
967	5887	157	42	6393	157	4411452	72394	033
968	6043	156	34	6550	157	4339106	72346	032
969	6200	157	27	6708	158	4266809	72297	031
0,02970	6357	157	20	6865	157	4194560	72249	0,97030
971	6514	157	12	7023	158	4122360	72200	029
972	6671	157	0,9989105	7180	157	4050209	72151	028
973	6828	157	0,9989098	7338	158	3978106	72103	027
974	6985	157	90	7495	157	3906052	72054	026
975	0,0467142	157	83	0,0467652	157	21,3834046	72006	025
976	7299	157	76	7810	158	3762089	71957	024
977	7456	157	68	7967	157	3690179	71910	023
978	7613	157	61	8125	158	3618318	71861	022
979	7769	156	54	8282	157	3546505	71813	021
0,02980	7926	157	46	8439	157	3474741	71764	0,97020
981	8083	157	39	8597	158	3403024	71717	019
982	8240	157	32	8754	157	3331356	71668	018
983	8397	157	24	8912	158	3259735	71621	017
984	8554	157	17	9069	157	3188163	71572	016
985	8711	157	09	9227	158	3116638	71525	015
986	8868	157	0,9989002	9384	157	3045162	71476	014
987	9025	157	0,9988995	9541	157	2973733	71429	013
988	9182	157	87	9699	158	2902352	71381	012
989	9339	157	80	0,0469856	157	2831018	71334	011
0,02990	9495	156	73	0,0470014	158	2759733	71285	0,97010
991	9652	157	65	0171	157	2688495	71238	009
992	9809	157	58	0329	158	2617304	71191	008
993	0,0469966	157	50	0486	157	2546161	71143	007
994	0,0470123	157	43	0643	157	2475066	71095	006
995	0280	157	36	0801	158	2404018	71048	005
996	0437	157	28	0958	157	2333017	71001	004
997	0594	157	21	1116	158	2262064	70953	003
998	0751	157	14	1273	157	2191158	70906	002
0,02999	0908	157	0,9988906	1431	158	2120299	70859	001
0,03000	0,0471065	157	0,9988899	0,0471588	157	21,2049488	70811	0,97000
Arc.	Cofinus.	D.	Sinus.	Cotang.	D.	Tang.	Diff.	Arc.

0,970

0,029

Arc.	Log. Sin.	D.	Log. Cosin.	Log. Tang.	D.	Log. Cot.	Arc.
0,02950	8,6657865		9,9995336	8,6662529		11,3337471	0,97050
951	59335	1470	32	64003	1474	35997	049
952	60806	1471	29	65477	1474	34523	048
953	62276	1470	26	66950	1473	33050	047
954	63745	1469	23	68422	1472	31578	046
955	65214	1469	20	69894	1472	30106	045
956	66682	1468	17	71366	1472	28634	044
957	68150	1468	13	72837	1471	27163	043
958	69618	1468	10	74307	1470	25693	042
959	71085	1467	07	75777	1470	24223	041
0,02960	72551	1466	04	77247	1470	22753	0,97040
961	74017	1466	9,9995301	78716	1469	21284	039
962	75482	1465	9,9995298	80185	1469	19815	038
963	76947	1465	94	81653	1468	18347	037
964	78412	1465	91	83120	1467	16880	036
965	79876	1464	88	84588	1468	15412	035
966	81339	1463	85	86054	1466	13946	034
967	82802	1463	82	87520	1466	12480	033
968	84264	1462	79	88986	1466	11014	032
969	85726	1462	75	90451	1465	09549	031
0,02970	87188	1462	72	91916	1465	08084	0,97030
971	88649	1461	69	93380	1464	06620	029
972	90109	1460	66	94843	1463	05157	028
973	91569	1460	63	96307	1464	03693	027
974	93029	1460	59	97769	1462	02231	026
975	94488	1459	9,9995256	8,6699231	1462	11,3300769	025
976	95946	1458	53	8,6700693	1462	11,3299307	024
977	97404	1458	50	02154	1461	97846	023
978	8,6698862	1458	47	03615	1461	96385	022
979	8,6700319	1457	43	05075	1460	94925	021
0,02980	01775	1456	40	06535	1460	93465	0,97020
981	03231	1456	37	07994	1459	92006	019
982	04687	1456	34	09453	1459	90547	018
983	06142	1455	31	10911	1458	89089	017
984	07597	1455	27	12369	1458	87631	016
985	09051	1454	24	13826	1457	86174	015
986	10504	1453	21	15283	1457	84717	014
987	11957	1453	18	16740	1457	83260	013
988	13410	1453	15	18195	1455	81805	012
989	14862	1452	11	19651	1456	80349	011
0,02990	16314	1452	08	21106	1455	78894	0,97010
991	17765	1451	05	22560	1454	77440	009
992	19216	1451	9,9995202	24014	1454	75986	008
993	20666	1450	9,9995199	25467	1453	74533	007
994	22116	1450	95	26920	1453	73080	006
995	23565	1449	92	28373	1453	71627	005
996	25014	1449	89	29825	1452	70175	004
997	26462	1448	86	31276	1451	68724	003
998	27910	1448	83	32727	1451	67273	002
0,02999	29357	1447	79	34178	1451	65822	001
0,03000	8,6730804	1447	9,9995176	8,6735628	1450	11,3264372	0,97000
Arc.	Log. Cosin.	D.	Log. Sin.	Log. Cot.	D.	Log. Tang.	Arc.

0,970

0,030

Arc.	Sinus.	D.	Cofinus.	D.	Tang.	D.	Cotang.	D.	Arc.
0,0300	0,0471065		0,9988899		0,0471588		21,2049488		0,9700
01	72634	1569	825	74	73162	1574	1343959	705529	0,9699
02	74203	1569	750	75	74737	1575	21,0643099	700860	98
03	75772	1569	676	74	76311	1574	20,9946861	696238	97
04	77341	1569	601	75	77885	1574	9255201	691660	96
05	78910	1569	526	75	79460	1575	8568072	687129	95
06	80479	1569	450	76	81034	1574	7885431	682641	94
07	82048	1569	375	75	82609	1575	7207234	678197	93
08	83617	1569	299	76	84183	1574	6533438	673796	92
09	85186	1569	223	76	85758	1575	5863999	669439	91
0,0310	86754	1568	146	77	87332	1574	5198876	665123	0,9690
11	88323	1569	0,9988070	76	88907	1575	4538026	660850	89
12	89892	1569	0,9987993	77	90481	1574	3881410	656616	88
13	91461	1569	916	77	92056	1575	3228986	652424	87
14	93030	1569	839	77	93630	1574	2580714	648272	86
15	94599	1569	761	78	95205	1575	1936554	644160	85
16	96168	1569	683	78	96780	1575	1296469	640085	84
17	97737	1569	605	78	98354	1574	0660418	636051	83
18	0,0499306	1569	527	78	0,0499929	1575	20,0028365	632053	82
19	0,0500874	1568	448	79	0,0501504	1575	19,9400271	628094	81
0,0320	02443	1569	370	78	03079	1575	8776099	624172	0,9680
21	04012	1569	291	79	04653	1574	8155813	620286	79
22	05581	1569	211	80	06228	1575	7539376	616437	78
23	07150	1569	132	79	07803	1575	6926753	612623	77
24	08718	1568	0,9987052	80	09378	1575	6317909	608844	76
25	0,0510287	1569	0,9986972	80	10953	1575	5712808	605101	75
26	11856	1569	892	80	12528	1575	5111416	601392	74
27	13425	1569	811	81	14103	1575	4513699	597717	73
28	14993	1568	730	81	15678	1575	3919623	594076	72
29	16562	1569	649	81	17253	1575	3329156	590467	71
0,0330	18131	1569	568	81	18828	1575	2742264	586892	0,9670
31	19699	1568	486	82	20403	1575	2158915	583349	69
32	21268	1569	405	81	21978	1575	1579077	579838	68
33	22837	1569	323	82	23553	1575	1002719	576358	67
34	24405	1568	240	83	25128	1575	19,0429808	572911	66
35	25974	1569	158	82	26703	1575	18,9860315	569493	65
36	27543	1569	0,9986075	83	28278	1575	9294208	566107	64
37	29111	1568	0,9985992	83	29853	1575	8731459	562749	63
38	30680	1569	909	83	31429	1576	8172035	559424	62
39	32248	1568	826	83	33004	1575	7615910	556125	61
0,0340	33817	1569	742	84	34579	1575	7063052	552858	0,9660
41	35385	1568	658	84	36154	1575	6513434	549618	59
42	36954	1569	574	84	37730	1576	5967027	546407	58
43	38523	1569	489	85	39305	1575	5423803	543224	57
44	40091	1568	404	85	40880	1575	4883734	540069	56
45	41660	1569	319	85	42456	1576	4346793	536941	55
46	43228	1568	234	85	44031	1575	3812953	533840	54
47	44796	1568	149	85	45607	1576	3282187	530766	53
48	46365	1569	0,9985063	86	47182	1575	2754468	527719	52
49	47933	1568	0,9984977	86	48758	1576	2229770	524698	51
0,0350	0,0549502	1569	0,9984891	86	0,0550333	1575	18,1708067	521703	0,9650
Arc.	Cofinus.	D.	Sinus.	D.	Cotang.	D.	Tang.	D.	Arc.

0,965

0,030

Arc.	Log. Sin.	D.	Log. Cosin.	D.	Log. Tang.	D.	Log. Cot.	Arc.
0,0300	8,6730804		9,9995176		8,6735628		11,3264372	0,9700
01	45246	14442	144	32	50102	14474	49898	0,9699
02	59639	14393	112	32	64528	14426	35472	98
03	73985	14346	079	33	78906	14378	21094	97
04	8,6788284	14299	047	32	8,6793237	14331	11,3206763	96
05	8,6802,36	14252	9,9995014	33	8,6807522	14285	11,3192478	95
06	16741	14205	9,9994981	33	21759	14237	78241	94
07	30859	14158	948	33	35951	14192	64049	93
08	45012	14113	915	33	50096	14145	49904	92
09	59078	14066	882	33	64196	14100	35804	91
0,0310	73099	14021	849	33	78250	14054	21750	0,9690
11	8,6887075	13976	816	33	8,6892259	14009	11,3107741	89
12	8,6901006	13931	782	34	8,6906224	13965	11,3093776	88
13	14892	13886	749	33	20144	13920	79856	87
14	28734	13842	715	34	34019	13875	65981	86
15	42532	13798	681	34	47851	13832	52149	85
16	56286	13754	648	33	61638	13787	38362	84
17	69997	13711	614	34	75383	13745	24617	83
18	83664	13667	580	34	8,6989084	13701	11,3010916	82
19	8,6997288	13624	545	35	8,7002743	13659	11,2997257	81
0,0320	8,7010870	13582	511	34	16358	13615	83642	0,9680
21	24409	13539	477	34	29932	13574	70068	79
22	37906	13497	442	35	43463	13531	56537	78
23	51361	13455	408	34	56953	13490	43047	77
24	64774	13413	373	35	70401	13448	29599	76
25	78146	13372	9,9994338	35	83808	13407	16192	75
26	8,7091477	13331	303	35	8,7097173	13365	11,2902827	74
27	8,7104766	13289	268	35	8,7110498	13325	11,2889502	73
28	18016	13250	233	35	23782	13284	76218	72
29	31224	13208	198	35	37026	13244	62974	71
0,0330	44393	13169	163	35	50230	13204	49770	0,9670
31	57522	13129	127	36	63395	13165	36605	69
32	70611	13089	092	35	76519	13124	23481	68
33	83660	13049	056	36	8,7189605	13086	11,2810395	67
34	8,7196671	13011	9,9994020	36	8,7202651	13046	11,2797349	66
35	8,7209642	12971	9,9993984	36	15658	13007	84342	65
36	22575	12933	948	36	28627	12969	71373	64
37	35469	12894	912	36	41557	12930	58443	63
38	48325	12856	876	36	54449	12892	45551	62
39	61143	12818	840	36	67303	12854	32697	61
0,0340	73923	12780	803	37	80120	12817	19880	0,9660
41	86666	12743	767	36	8,7292899	12779	11,2707101	59
42	8,7299371	12705	730	37	8,7305641	12742	11,2694359	58
43	8,7312039	12668	693	37	18345	12704	81655	57
44	24670	12631	657	36	31013	12668	68987	56
45	37264	12594	620	37	43644	12631	56356	55
46	49821	12557	583	37	56239	12595	43761	54
47	62343	12522	545	38	68797	12558	31203	53
48	74828	12485	508	37	81320	12523	18680	52
49	87277	12449	471	37	8,7393807	12487	11,2606193	51
0,0350	8,7399691	12414	9,9993433	38	8,7406258	12451	11,2593742	0,9650
Arc.	Log. Cosin.	D.	Log. Sin.	D.	Log. Cot.	D.	Log. Tang.	Arc.

0,965

0,035

Arc.	Sinus.	D.	Cofinus.	D.	Tang.	D.	Cotang.	D.	Arc.
0,0350	0,0549502		0,9984891		0,0550333		18,1708067		0,9650
51	51070	1568	805	86	51909	1576	1189334	518733	49
52	52639	1569	718	87	53484	1575	0673546	515788	48
53	54207	1568	631	87	55060	1576	18,0160676	512870	47
54	55775	1568	544	87	56636	1576	17,9650702	509974	46
55	57344	1569	456	88	58211	1575	9143597	507105	45
56	58912	1568	369	87	59787	1576	8639339	504258	44
57	60480	1568	281	88	61363	1576	8137902	501437	43
58	62049	1569	193	88	62939	1576	7639264	498638	42
59	63617	1568	104	89	64514	1575	7143401	495863	41
0,0360	65185	1568	0,9984016	88	66090	1576	6650290	493111	0,9640
61	66754	1569	0,9983927	89	67666	1576	6159908	490382	39
62	68322	1568	837	90	69242	1576	5672232	487676	38
63	69890	1568	748	89	70818	1576	5187240	484992	37
64	71458	1568	658	90	72394	1576	4704910	482330	36
65	73027	1569	569	89	73970	1576	4225221	479689	35
66	74595	1568	478	91	75546	1576	3748149	477072	34
67	76163	1568	388	90	77122	1576	3273675	474474	33
68	77731	1568	297	91	78698	1576	2801776	471899	32
69	79299	1568	207	90	80274	1576	2332432	469344	31
0,0370	80867	1568	115	92	81850	1576	1865623	466809	0,9630
71	82436	1569	0,9983024	91	83426	1576	1401327	464296	29
72	84004	1568	0,9982932	92	85002	1576	0939524	461803	28
73	85572	1568	841	91	86578	1576	0480195	459329	27
74	87140	1568	748	93	88155	1577	17,0023319	456876	26
75	0,0588708	1568	656	92	0,0589731	1576	16,9568878	454441	25
76	90276	1568	564	92	91307	1576	9116850	452028	24
77	91844	1568	471	93	92883	1576	8667218	449632	23
78	93412	1568	378	93	94460	1577	8219962	447256	22
79	94980	1568	284	94	96036	1576	7775064	444898	21
0,0380	96548	1568	191	93	97613	1577	7332504	442560	0,9620
81	98116	1568	097	94	0,0599189	1576	6892265	440239	19
82	0,0599684	1568	0,9982003	94	0,0600765	1576	6454328	437937	18
83	0,0601252	1568	0,9981908	95	02342	1577	6918675	435653	17
84	02820	1568	814	94	03918	1576	5585288	433387	16
85	04388	1568	719	95	05495	1577	5154150	431138	15
86	05956	1568	624	95	07071	1576	4725243	428907	14
87	07524	1568	529	95	08648	1577	4298551	426692	13
88	09092	1568	433	96	10225	1577	3874054	424497	12
89	10660	1568	337	96	11801	1576	3451738	422316	11
0,0390	12227	1567	241	96	13378	1577	3031584	420154	0,9610
91	13795	1568	145	96	14955	1577	2613577	418007	09
92	15303	1568	0,9981048	97	16532	1577	2197701	415876	08
93	16931	1568	0,9980952	96	18108	1576	1783937	413764	07
94	18499	1568	855	97	19685	1577	1372272	411665	06
95	20067	1568	757	98	21262	1577	0962688	409584	05
96	21634	1567	660	97	22839	1577	0555170	407518	04
97	23202	1568	562	98	24416	1577	16,0149703	405467	03
98	24770	1568	464	98	25993	1577	15,9746270	403433	02
0,0399	26337	1567	366	98	27570	1577	9344857	401413	01
0,0400	0,0627505	1568	0,9980267	99	0,0629147	1577	15,8945448	399409	0,9600
Arc.	Cofinus.	D.	Sinus.	D.	Cotang.	D.	Tang.	D.	Arc.

0,960

0,035

Arc.	Log. Sin.	D.	Log. Cofin.	D.	Log. Tang.	D.	Log. Cot.	Arc.
0,0350	8,7399691		9,9993433		8,7406258		11,2593742	0,9650
51	8,7412069	12378	396	37	18674	12416	81326	49
52	24412	12343	358	38	31054	12380	68946	48
53	36720	12308	320	38	43400	12346	56600	47
54	48993	12273	282	38	55711	12311	44289	46
55	61231	12238	244	38	67987	12276	32013	45
56	73435	12204	206	38	80229	12242	19771	44
57	85604	12169	168	38	8,7492437	12208	11,2507563	43
58	8,7497740	12136	129	39	8,7504610	12173	11,2495390	42
59	8,7509841	12101	091	38	16750	12140	83250	41
0,0360	21909	12068	052	39	28856	12106	71144	0,9640
61	33943	12034	9,9993014	38	40929	12073	59071	39
62	45944	12001	9,9992975	39	52969	12040	47031	38
63	57911	11967	936	39	64975	12006	35025	37
64	69845	11935	897	39	76949	11974	23051	36
65	81748	11902	858	39	8,7588890	11941	11,2411110	35
66	8,7593617	11869	819	39	8,7600798	11908	11,2399202	34
67	8,7605454	11837	780	39	12674	11876	87326	33
68	17258	11804	740	40	24518	11844	75482	32
69	29030	11772	701	39	36330	11812	63670	31
0,0370	4077	11741	661	40	48110	11780	51890	0,9630
71	52479	11708	621	40	59858	11748	40142	29
72	64156	11677	581	40	71575	11717	28425	28
73	75802	11646	541	40	83261	11686	16739	27
74	87416	11614	501	40	8,7694915	11654	11,2305085	26
75	8,7699000	11584	461	40	8,7706539	11624	11,2293461	25
76	8,7710552	11552	421	40	18131	11592	81869	24
77	22074	11522	380	41	29693	11562	70307	23
78	33565	11491	340	40	41225	11532	58775	22
79	45025	11460	299	41	52726	11501	47274	21
0,0380	56455	11430	259	40	64197	11471	35803	0,9620
81	67856	11401	218	41	75638	11441	24362	19
82	79226	11370	177	41	87049	11411	12951	18
83	8,7790566	11340	136	41	8,7798431	11382	11,2201569	17
84	8,7801877	11311	095	41	8,7809783	11352	11,2190217	16
85	13158	11281	053	42	21105	11322	78895	15
86	24410	11252	9,9992012	41	32398	11293	67602	14
87	35633	11223	9,9991971	41	43653	11265	56337	13
88	46827	11194	929	42	54898	11235	45102	12
89	57992	11165	887	42	66105	11207	33895	11
0,0390	69128	11136	846	41	77283	11178	22717	0,9610
91	80236	11108	804	42	88432	11149	11568	09
92	8,7891315	11079	762	42	8,7899553	11121	11,2100447	08
93	8,7902366	11051	720	42	8,7910646	11093	11,2089354	07
94	13388	11022	677	43	21711	11065	78289	06
95	24383	10995	635	42	32748	11037	67252	05
96	35350	10967	593	42	43757	11009	56243	04
97	46289	10939	550	43	54739	10982	45261	03
98	57200	10911	507	43	65693	10954	34307	02
0,0399	68084	10884	465	42	76619	10926	23381	01
0,0400	8,7978941	10857	9,9991422	43	8,7987519	10900	11,2012481	0,9600
Arc.	Log. Cofin.	D.	Log. Sin.	D.	Log. Cot.	D.	Log. Tang.	Arc.

0,960

0,040

Arc.	Sinus.	D.	Cofinus.	D.	Tang.	D.	Cotang.	D.	Arc.
0,0400	0,0627905		0,9980267		0,0629147		15,8945448		0,9600
01	29473	1568	169	98	30724	1577	8548029	397419	0,9599
02	31041	1568	0,9980070	99	32301	1577	8152585	395444	98
03	32608	1567	0,9979970	100	33878	1577	7759100	393485	97
04	34176	1568	871	99	35455	1577	7367561	391539	96
05	35743	1567	771	100	37032	1577	6977953	389608	95
06	37311	1568	671	100	38609	1577	6590261	387692	94
07	38879	1568	571	100	40187	1578	6204472	385789	93
08	40446	1567	470	101	41764	1577	5820571	383901	92
09	42014	1568	370	100	43341	1577	5438545	382026	91
0,0410	43581	1567	269	101	44918	1577	5058380	380165	0,9590
11	45149	1568	167	102	46496	1578	4680063	378317	89
12	46716	1567	0,9979066	101	48073	1577	4303579	376484	88
13	48284	1568	0,9978964	102	49651	1578	3928916	374663	87
14	49851	1567	862	102	51228	1577	3556061	372855	86
15	51419	1568	760	102	52805	1577	3185000	371061	85
16	52986	1567	658	102	54383	1578	2815720	369280	84
17	54554	1568	555	103	55960	1577	2448209	367511	83
18	56121	1567	452	103	57538	1578	2082454	365755	82
19	57689	1568	349	103	59116	1578	1718442	364012	81
0,0420	5925[illegible]	1567	245	104	60693	1577	1356161	362281	0,9580
21	60823	1567	142	103	62271	1578	0995599	360562	79
22	62391	1568	0,9978038	104	63849	1578	0636743	358856	78
23	63958	1567	0,9977934	104	65426	1577	15,0279581	357162	77
24	65[illegible]25	1567	829	105	67004	1578	14,9924101	355480	76
25	0,0667093	1568	725	104	0,0668582	1578	9570292	353809	75
26	68[illegible]60	1567	620	105	70160	1578	9218141	352151	74
27	70227	1567	514	106	71738	1578	8867638	350503	73
28	71794	1567	409	105	73316	1578	8518770	348868	72
29	73362	1568	303	106	74894	1578	8171525	347245	71
0,0430	74929	1567	198	105	76471	1577	7825894	345631	0,9570
31	76496	1567	0,9977091	107	78049	1578	7481864	344030	69
32	78063	1567	0,9976985	106	79628	1579	7139424	342440	68
33	79631	1568	878	107	81206	1578	6798563	340861	67
34	81198	1567	772	106	82784	1578	6459271	339292	66
35	82765	1567	664	108	84362	1578	6121537	337734	65
36	84332	1567	557	107	85940	1578	5785349	336188	64
37	85899	1567	449	108	87518	1578	5450697	334652	63
38	87466	1567	342	107	89096	1578	5117571	333126	62
39	89033	1567	233	109	90675	1579	4785961	331610	61
0,0440	90600	1567	125	108	92253	1578	4455855	330106	0,9560
41	92167	1567	0,9976016	109	93831	1578	4127244	328611	59
42	93734	1567	0,9975908	108	95410	1579	3800118	327126	58
43	95301	1567	799	109	96988	1578	3474466	325652	57
44	96868	1567	689	110	0,0698567	1579	3150278	324188	56
45	0,0698435	1567	580	109	0,0700145	1578	2827546	322732	55
46	0,0700002	1567	470	110	01724	1579	2506258	321288	54
47	01569	1567	360	110	03302	1578	2186405	319853	53
48	03136	1567	249	111	04881	1579	1867978	318427	52
49	04703	1567	139	110	06459	1578	1550967	317011	51
0,0450	0,0706270	1567	0,9975028	111	0,0708038	1579	14,1235363	315604	0,9550
Arc.	Cofinus.	D.	Sinus.	D.	Cotang.	D.	Tang.	D.	Arc.

0,955

0,040

Arc.	Log. Sin.	D.	Log. Cosin.	D.	Log. Tang.	D.	Log. Cot.	Arc.
0,0400	8,7978941		9,9991422		8,7987519		11,2012481	0,9600
01	8,7989770	10829	379	43	8,7998392	10873	11,2001608	0,9599
02	8,8000573	10803	336	43	8,8009237	10845	11,1990763	98
03	11348	10775	292	44	20056	10819	79944	97
04	22097	10749	249	43	30848	10792	69152	96
05	32819	10722	206	43	41613	10765	58387	95
06	43515	10696	162	44	52353	10740	47647	94
07	54184	10669	119	43	63065	10712	36935	93
08	64827	10643	075	44	73752	10687	26248	92
09	75444	10617	9,9991031	44	84413	10661	15587	91
0,0410	86035	10591	9,9990987	44	8,8095048	10635	11,1904952	0,9590
11	8,8096600	10565	943	44	8,8105657	10609	11,1894343	89
12	8,8107139	10539	899	44	16240	10583	83760	88
13	17653	10514	855	44	26798	10558	73202	87
14	28141	10488	810	45	37330	10532	62670	86
15	38603	10462	766	44	47838	10508	52162	85
16	49041	10438	721	45	58320	10482	41680	84
17	59453	10412	677	44	68777	10457	31223	83
18	69841	10388	632	45	79209	10432	20791	82
19	80203	10362	587	45	89616	10407	10384	81
0,0420	8,8190541	10338	542	45	8,8199999	10383	11,1800001	0,9580
21	8,8200854	10313	497	45	8,8210357	10358	11,1789643	79
22	11142	10288	451	46	20691	10334	79309	78
23	21406	10264	406	45	31000	10309	69000	77
24	31646	10240	361	45	41285	10285	58715	76
25	41862	10216	315	46	51547	10262	48453	75
26	52053	10191	269	46	61784	10237	38216	74
27	62221	10168	224	45	71997	10213	28003	73
28	72364	10143	178	46	82187	10190	17813	72
29	82484	10120	132	46	8,8292352	10165	11,1707648	71
0,0430	8,8292581	10097	086	46	8,8302495	10143	11,1697505	0,9570
31	8,8302653	10072	9,9990040	46	12614	10119	87386	69
32	12703	10050	9,9989993	47	22709	10095	77291	68
33	22729	10026	947	46	32782	10073	67218	67
34	32732	10003	900	47	42831	10049	57169	66
35	42711	9979	854	46	52858	10027	47142	65
36	52668	9957	807	47	62861	10003	37139	64
37	62602	9934	760	47	72842	9981	27158	63
38	72513	9911	713	47	82800	9958	17200	62
39	82401	9888	666	47	8,8392735	9935	11,1607265	61
0,0440	8,8392267	9866	619	47	8,8402649	9914	11,1597351	0,9560
41	8,8402111	9844	572	47	12539	9890	87461	59
42	11932	9821	524	48	22408	9869	77592	58
43	21731	9799	477	47	32254	9846	67746	57
44	31507	9776	429	48	42078	9824	57922	56
45	41262	9755	381	48	51880	9802	48120	55
46	50994	9732	334	47	61661	9781	38339	54
47	60705	9711	286	48	71419	9758	28581	53
48	70394	9689	238	48	81156	9737	18844	52
49	80061	9667	189	49	8,8490872	9716	11,1509128	51
0,0450	8,8489707	9646	9,9989141	48	8,8500566	9694	11,1499434	0,9550
Arc.	Log. Cosin.	D.	Log. Sin.	D.	Log. Cot.	D.	Log. Tang.	Arc.

0,955

0,045									
Arc.	Sinus.	D.	Cosinus.	D.	Tang.	D.	Cotang.	D.	Arc.
0,0450	0,0706270		0,9975028		0,0708038		14,1235363		0,9550
51	07837	1567	0,9974917	111	09617	1579	0921155	314208	49
52	09404	1567	806	111	11195	1578	0608336	312819	48
53	10970	1566	694	112	12774	1579	14,0296896	311440	47
54	12537	1567	582	112	14353	1579	13,9986825	310071	46
55	14104	1567	470	112	15932	1579	9678115	308710	45
56	15671	1567	358	112	17511	1579	9370756	307359	44
57	17238	1567	245	113	19090	1579	9004741	306015	43
58	18804	1566	133	112	20668	1578	8700059	304682	42
59	20371	1567	0,9974020	113	22247	1579	8456703	303356	41
0,0460	21938	1567	0,9973906	114	23826	1579	8154663	302040	0,9540
61	23504	1566	793	113	25405	1579	7853932	300731	39
62	25071	1567	679	114	26985	1580	7554500	299432	38
63	26638	1567	565	114	28564	1579	7256359	298141	37
64	28204	1566	451	114	30143	1579	6959501	296858	36
65	29771	1567	336	115	31722	1579	6663918	295583	35
66	31338	1567	221	115	33301	1579	6369601	294317	34
67	32904	1566	0,9973106	115	34881	1580	6076542	293059	33
68	34471	1567	0,9972991	115	36460	1579	5784733	291809	32
69	36037	1566	876	115	38039	1579	5494167	290566	31
0,0470	37604	1567	760	116	39619	1580	5204835	289332	0,9530
71	39170	1566	644	116	41198	1579	4916729	288106	29
72	40737	1567	528	116	42777	1579	4629841	286888	28
73	42303	1566	411	117	44357	1580	4344165	285676	27
74	43870	1567	295	116	45936	1579	4059691	284474	26
75	0,0745436	1566	178	117	0,0747516	1580	13,3776413	283278	25
76	47003	1567	0,9972060	118	49096	1580	3494324	282089	24
77	48569	1566	0,9971943	117	50675	1579	3213415	280909	23
78	50135	1566	825	118	52255	1580	2933678	279737	22
79	51702	1567	707	118	53835	1580	2655108	278570	21
0,0480	53268	1566	589	118	55414	1579	2377697	277411	0,9520
81	54834	1566	471	118	56994	1580	2101436	276261	19
82	56401	1567	352	119	58574	1580	1826320	275116	18
83	57967	1566	233	119	60154	1580	1552341	273979	17
84	59533	1566	0,9971114	119	61734	1580	1279491	272850	16
85	61099	1566	0,9970994	120	63314	1580	1007765	271726	15
86	62666	1567	875	119	64894	1580	0737155	270610	14
87	64232	1566	755	120	66474	1580	0467654	269501	13
88	65798	1566	635	120	68054	1580	13,0199255	268399	12
89	67364	1566	514	121	69634	1580	12,9931952	267303	11
0,0490	68930	1566	393	121	71214	1580	9665738	266214	0,9510
91	70497	1567	273	120	72794	1580	9400606	265132	09
92	72063	1566	151	122	74374	1580	9136549	264057	08
93	73629	1566	0,9970030	121	75954	1580	8873562	262987	07
94	75195	1566	0,9969908	122	77535	1581	8611638	261924	06
95	76761	1566	786	122	79115	1580	8350769	260869	05
96	78327	1566	664	122	80695	1580	8090950	259819	04
97	79893	1566	542	122	82276	1581	7832175	258775	03
98	81459	1566	419	123	83856	1580	7574437	257738	02
0,0499	83025	1566	296	123	85437	1581	7317730	256707	01
0,0500	0,0784591	1566	0,9969173	123	0,0787017	1580	12,7062047	255683	0,9500
Arc.	Cosinus.	D.	Sinus.	D.	Cotang.	D.	Tang.	D.	Arc.
0,950									

0,045

Arc.	Log. Sin.	D.	Log. Cosin.	D.	Log. Tang.	D.	Log. Cot.	Arc.
0,0450	8,8489707		9,9989141		8,8500566		11,1499434	0,9550
51	8,8499331	9624	093	48	10238	9672	89762	49
52	8,8508934	9603	9,9989044	49	19889	9651	80111	48
53	18515	9581	9,9988996	48	29519	9630	70481	47
54	28076	9561	947	49	39128	9609	60872	46
55	37615	9539	898	49	48716	9588	51284	45
56	47133	9518	849	49	58283	9567	41717	44
57	56630	9497	800	49	67830	9547	32170	43
58	66107	9477	751	49	77355	9525	22645	42
59	75562	9455	702	49	86860	9505	13140	41
0,0460	84997	9435	653	49	8,8596345	9485	11,1403655	0,9540
61	8,8594412	9415	603	50	8,8605808	9463	11,1394192	39
62	8,8603806	9394	554	49	15252	9444	84748	38
63	13179	9373	504	50	24675	9423	75325	37
64	22533	9354	454	50	34078	9403	65922	36
65	31866	9333	405	49	43461	9383	56539	35
66	41179	9313	355	50	52824	9363	47176	34
67	50472	9293	305	50	62167	9343	37833	33
68	59745	9273	254	51	71491	9324	28509	32
69	68998	9253	204	50	80794	9303	19206	31
0,0470	78231	9233	154	50	90078	9284	09922	0,9530
71	87445	9214	103	51	8,8699342	9264	11,1300658	29
72	8,8696639	9194	053	50	8,8708587	9245	11,1291413	28
73	8,8705814	9175	9,9988002	51	17812	9225	82188	27
74	14969	9155	9,9987951	51	27018	9206	72982	26
75	24105	9136	900	51	36205	9187	63795	25
76	33221	9116	849	51	45372	9167	54628	24
77	42318	9097	798	51	54520	9148	45480	23
78	51396	9078	747	51	63650	9130	36350	22
79	60455	9059	695	52	72760	9110	27240	21
0,0480	69496	9041	644	51	81852	9092	18148	0,9520
81	78517	9021	592	52	90925	9073	09075	19
82	87519	9002	540	52	8,8799979	9054	11,1200021	18
83	8,8796503	8984	489	51	8,8809014	9035	11,1190986	17
84	8,8805468	8965	437	52	18031	9017	81969	16
85	14414	8946	385	52	27030	8999	72970	15
86	23342	8928	333	52	36010	8980	63990	14
87	32252	8910	280	53	44971	8961	55029	13
88	41143	8891	228	52	53915	8944	46085	12
89	50016	8873	176	52	62840	8925	37160	11
0,0490	58871	8855	123	53	71748	8908	28252	0,9510
91	67707	8836	070	53	80637	8889	19363	09
92	76526	8819	9,9987018	52	89508	8871	10492	08
93	85326	8800	9,9986965	53	8,8898362	8854	11,1101638	07
94	8,8894109	8783	912	53	8,8907197	8835	11,1092803	06
95	8,8902874	8765	859	53	16015	8818	83985	05
96	11621	8747	805	54	24816	8801	75184	04
97	20350	8729	752	53	33598	8782	66402	03
98	29062	8712	699	53	42363	8765	57637	02
0,0499	37756	8694	645	54	51111	8748	48889	01
0,0500	8,8946433	8677	9,9986591	54	8,8959842	8731	11,1040158	0,9500
Arc.	Log. Cosin.	D.	Log. Sin.	D.	Log. Cot.	D.	Log. Tang.	Arc.

0,950

0,050

Arc.	Sinus.	D.	Cofinus.	D.	Tang.	D.	Cotang.	D.	Arc.
0,0500	0,0784591		0,9969173		0,0787017		12,7062047		0,9500
01	86157	1566	0,9969050	123	88598	1581	6807383	254664	0,9499
02	87723	1566	0,9968926	124	90178	1580	6553732	253651	98
03	89289	1566	803	123	91759	1581	6301087	252645	97
04	90855	1566	678	125	93339	1580	6049443	251644	96
05	92420	1565	554	124	94920	1581	5798793	250650	95
06	93986	1566	429	125	96501	1581	5549132	249661	94
07	95552	1566	305	124	98082	1581	5300453	248679	93
08	97118	1566	180	125	0,0799663	1581	5052752	247701	92
09	0,0798684	1566	0,9968054	126	0,0801243	1580	4806021	246731	91
0,0510	0,0800250	1566	0,9967929	125	02824	1581	4560257	245764	0,9490
11	01815	1565	803	126	04405	1581	4315452	244805	89
12	03381	1566	677	126	05986	1581	4071601	243851	88
13	04947	1566	550	127	07567	1581	3828699	242902	87
14	06512	1565	424	126	09148	1581	3586740	241959	86
15	08078	1566	297	127	10729	1581	3345719	241021	85
16	09644	1566	170	127	12311	1582	3105630	240089	84
17	11209	1565	0,9967043	127	13892	1581	2866467	239163	83
18	12775	1566	0,9966915	128	15473	1581	2628226	238241	82
19	14341	1566	787	128	17054	1581	2390901	237325	81
0,0520	15906	1565	659	128	18635	1582	2154487	236414	0,9480
21	17472	1566	531	128	20217	1581	1918978	235509	79
22	19037	1565	402	129	21798	1581	1684370	234608	78
23	20603	1566	274	128	23380	1582	1450656	233714	77
24	22168	1565	145	129	24961	1581	1217833	232823	76
25	0,0823734	1566	0,9966015	130	0,0826543	1582	0985895	231938	75
26	25299	1565	0,9965886	129	28124	1581	0754837	231058	74
27	26865	1566	756	130	29706	1582	0524653	230184	73
28	28430	1565	626	130	31287	1581	0295340	229313	72
29	29995	1565	496	130	32869	1582	12,0066891	228449	71
0,0530	31561	1566	365	131	34451	1582	11,9839303	227588	0,9470
31	33126	1565	235	130	36033	1582	9612569	226734	69
32	34691	1565	0,9965104	131	37614	1581	9386686	225883	68
33	36257	1566	0,9964972	132	39196	1582	9161649	225037	67
34	37822	1565	841	131	40778	1582	8937453	224196	66
35	39387	1565	709	132	42360	1582	8714093	223360	65
36	40952	1565	577	132	43942	1582	8491564	222529	64
37	42518	1566	445	132	45524	1582	8269862	221702	63
38	44083	1565	313	132	47106	1582	8048982	220880	62
39	45648	1565	180	133	48688	1582	7828920	220062	61
0,0540	47213	1565	0,9964047	133	50270	1582	7609671	219249	0,9460
41	48778	1565	0,9963914	133	51852	1582	7391231	218440	59
42	50343	1565	780	134	53435	1583	7173595	217636	58
43	51909	1566	647	133	55017	1582	6956758	216837	57
44	53474	1565	513	134	56599	1582	6740717	216041	56
45	55039	1565	378	135	58182	1583	6525467	215250	55
46	56604	1565	244	134	59764	1582	6311003	214464	54
47	58169	1565	0,9963109	135	61346	1582	6097321	213682	53
48	59734	1565	0,9962974	135	62929	1583	5884417	212904	52
49	61299	1565	839	135	64511	1582	5672287	212130	51
0,0550	0,0862864	1565	0,9962704	135	0,0866094	1583	11,5460927	211360	0,9450
Arc.	Cofinus.	D.	Sinus.	D.	Cotang.	D.	Tang.	D.	Arc.

0,945

0,050

Arc.	Log. Sin.	D.	Log. Cosin.	D.	Log. Tang.	D.	Log. Cot.	Arc.
0,0500	8,8946433		9,9986591		8,8959842		11,1040158	0,9500
01	55092	8659	538	53	68555	8713	31445	0,9499
02	63734	8642	484	54	77250	8695	22750	98
03	72359	8625	430	54	85929	8679	14071	97
04	80967	8608	376	54	8,8994591	8662	11,1005409	96
05	89557	8590	322	54	8,9003235	8644	11,0996765	95
06	8,8998130	8573	267	55	11863	8628	88137	94
07	8,9006687	8557	213	54	20474	8611	79526	93
08	15226	8539	159	54	29067	8593	70933	92
09	23749	8523	104	55	37645	8578	62355	91
0,0510	32254	8505	9,9986049	55	46205	8560	53795	0,9490
11	40743	8489	9,9985994	55	54749	8544	45251	89
12	49216	8473	939	55	63276	8527	36724	88
13	57671	8455	884	55	71787	8511	28213	87
14	66110	8439	829	55	80281	8494	19719	86
15	74533	8423	774	55	88759	8478	11241	85
16	82940	8407	719	55	8,9097221	8462	11,0902779	84
17	91329	8389	663	56	8,9105666	8445	11,0894334	83
18	8,9099703	8374	608	55	14096	8430	85904	82
19	8,9108061	8358	552	56	22509	8413	77491	81
0,0520	16402	8341	496	56	30906	8397	69094	0,9480
21	24727	8325	440	56	39287	8381	60713	79
22	33036	8309	384	56	47652	8365	52348	78
23	41329	8293	328	56	56001	8349	43999	77
24	49607	8278	272	56	64335	8334	35665	76
25	57868	8261	216	56	72653	8318	27347	75
26	66114	8246	159	57	80955	8302	19045	74
27	74344	8230	103	56	89241	8286	10759	73
28	82558	8214	9,9985046	57	8,9197512	8271	11,0802488	72
29	90756	8198	9,9984989	57	8,9205767	8255	10,0794233	71
0,0530	8,9198940	8184	932	57	14007	8240	85993	0,9470
31	8,9207107	8167	875	57	22232	8225	77768	69
32	15259	8152	818	57	30441	8209	69559	68
33	23396	8137	761	57	38635	8194	61365	67
34	31517	8121	704	57	46814	8179	53186	66
35	39624	8107	646	58	54977	8163	45023	65
36	47714	8090	589	57	63126	8149	36874	64
37	55790	8076	531	58	71259	8133	28741	63
38	63851	8061	473	58	79378	8119	20622	62
39	71897	8046	416	57	87481	8103	12519	61
0,0540	79927	8030	358	58	8,9295570	8089	11,0704430	0,9460
41	87943	8016	300	58	8,9303643	8073	11,0696357	59
42	8,9295944	8001	241	59	11702	8059	88298	58
43	8,9303930	7986	183	58	19747	8045	80253	57
44	11901	7971	125	58	27776	8029	72224	56
45	19858	7957	066	59	35791	8015	64209	55
46	27800	7942	9,9984008	58	43792	8001	56208	54
47	35727	7927	9,9983949	59	51778	7986	48222	53
48	43640	7913	890	59	59750	7972	40250	52
49	51538	7898	831	59	67707	7957	32293	51
0,0550	8,9359422	7884	9,9983772	59	8,9375650	7943	11,0624350	0,9450
Arc.	Log. Cosin.	D.	Log. Sin.	D.	Log. Cot.	D.	Log. Tang.	Arc

0,945

0,055									
Arc.	Sinus.	D.	Cosinus.	D.	Tang.	D.	Cotang.	D.	Arc.
0,0550	0,0862864		0,9962704		0,0866094		11,5460927		0,9450
51	64429	1565	568	136	67676	1582	5250332	210595	49
52	65993	1564	432	136	69259	1583	5040497	209835	48
53	67558	1565	296	136	70842	1583	4831420	209077	47
54	69123	1565	160	136	72425	1583	4623096	208324	46
55	70688	1565	0,9962023	137	74007	1582	4415521	207575	45
56	72253	1565	0,9961886	137	75590	1583	4208690	206831	44
57	73818	1565	749	137	77173	1583	4002600	206090	43
58	75382	1564	612	137	78756	1583	3797247	205353	42
59	76947	1565	474	138	80339	1583	3592627	204620	41
0,0560	78512	1565	336	138	81922	1583	3388736	203891	0,9440
61	80077	1565	198	138	83505	1583	3185569	203167	39
62	81641	1564	0,9961060	138	85088	1583	2983124	202445	38
63	83206	1565	0,9960921	139	86671	1583	2781396	201728	37
64	84771	1565	782	139	88254	1583	2580382	201014	36
65	86335	1564	643	139	89837	1583	2380077	200305	35
66	87900	1565	504	139	91421	1584	2180478	199599	34
67	89464	1564	364	140	93004	1583	1981582	198896	33
68	91029	1565	224	140	94587	1583	1783384	198198	32
69	92594	1565	0,9960084	140	96171	1584	1585881	197503	31
0,0570	94158	1564	0,9959944	140	97754	1583	1389068	196813	0,9430
71	95723	1565	803	141	0,0899338	1584	1192944	196124	29
72	97287	1564	662	141	0,0900921	1583	0997503	195441	28
73	0,0898852	1565	521	141	02505	1584	0802743	194760	27
74	0,0900416	1564	380	141	04088	1583	0608659	194084	26
75	01980	1564	238	142	05672	1584	0415249	193410	25
76	03545	1565	0,9959097	141	07256	1584	0222508	192741	24
77	05109	1564	0,9958955	142	08839	1583	11,0030434	192074	23
78	06673	1564	812	143	10423	1584	10,9839023	191411	22
79	08238	1565	670	142	12007	1584	9648270	190753	21
0,0580	09802	1564	527	143	13591	1584	9458174	190096	0,9420
81	11366	1564	384	143	15175	1584	9268731	189443	19
82	12931	1565	241	143	16759	1584	9079936	188795	18
83	14495	1564	0,9958097	144	18343	1584	8891788	188148	17
84	16059	1564	0,9957953	144	19927	1584	8704282	187506	16
85	17623	1564	809	144	21511	1584	8517415	186867	15
86	19187	1564	665	144	23095	1584	8331184	186231	14
87	20751	1564	521	144	24679	1584	8145586	185598	13
88	22316	1565	376	145	26264	1585	7960617	184969	12
89	23880	1564	231	145	27848	1584	7776275	184342	11
0,0590	25444	1564	0,9957086	145	29432	1584	7592556	183719	0,9410
91	27008	1564	0,9956940	146	31017	1585	7409457	183099	09
92	28572	1564	794	146	32601	1584	7226974	182483	08
93	30136	1564	648	146	34186	1585	7045106	181868	07
94	31700	1564	502	146	35770	1584	6863848	181258	06
95	33264	1564	356	146	37355	1585	6683197	180651	05
96	34828	1564	209	147	38939	1584	6503151	180046	04
97	36392	1564	0,9956062	147	40524	1585	6323706	179445	03
98	37955	1563	0,9955915	147	42109	1585	6144860	178846	02
0,0599	39519	1564	767	148	43694	1585	5966609	178251	01
0,0600	0,0941083	1564	0,9955620	147	0,0945278	1584	10,5788950	177659	0,9400
Arc.	Cosinus.	D.	Sinus.	D.	Cotang.	D.	Tang.	D.	Arc.
0,940									

0,055

Arc.	Log. Sin.	D.	Log. Cosin.	D.	Log. Tang.	D.	Log. Cot.	Arc.
0,0550	8,9359422		9,9983772		8,9375650		11,0624350	0,9450
51	67291	7869	713	59	83578	7928	16422	49
52	75146	7855	654	59	91492	7914	08508	48
53	82987	7841	594	60	8,9399393	7901	11,0600607	47
54	90814	7827	535	59	8,9407279	7886	11,0592721	46
55	8,9398626	7812	475	60	15151	7872	84849	45
56	8,9406424	7798	416	59	23008	7857	76992	44
57	14208	7784	356	60	30852	7844	69148	43
58	21978	7770	296	60	38682	7830	61318	42
59	29735	7757	236	60	46499	7817	53501	41
0,0560	37477	7742	176	60	54301	7802	45699	0,9440
61	45205	7728	116	60	62089	7788	37911	39
62	52920	7715	9,9983055	61	69864	7775	30136	38
63	60620	7700	9,9982995	60	77625	7761	22375	37
64	68307	7687	934	61	85373	7748	14627	36
65	75981	7674	874	60	8,9493107	7734	11,0506893	35
66	83640	7659	813	61	8,9500827	7720	11,0499173	34
67	91286	7646	752	61	08534	7707	91466	33
68	8,9498919	7633	691	61	16227	7693	83773	32
69	8,9506538	7619	630	61	23908	7681	76092	31
0,0570	14143	7605	569	61	31574	7666	68426	0,9430
71	21735	7592	508	61	39228	7654	60772	29
72	29314	7579	446	62	46868	7640	53132	28
73	36880	7566	385	61	54495	7627	45505	27
74	44432	7552	323	62	62109	7614	37891	26
75	51971	7539	261	62	69709	7600	30291	25
76	59497	7526	199	62	77297	7588	22703	24
77	67009	7512	138	61	84872	7575	15128	23
78	74509	7500	075	63	92433	7561	07567	22
79	81995	7486	9,9982013	62	8,9599982	7549	11,0400018	21
0,0580	89469	7474	9,9981951	62	8,9607518	7536	11,0392482	0,9420
81	8,9596930	7461	889	62	15041	7523	84959	19
82	8,9604377	7447	826	63	22551	7510	77449	18
83	11812	7435	764	62	30049	7498	69951	17
84	19234	7422	701	63	37533	7484	62467	16
85	26644	7410	638	63	45006	7473	54994	15
86	34040	7396	575	63	52465	7459	47535	14
87	41424	7384	512	63	59912	7447	40088	13
88	48795	7371	449	63	67346	7434	32654	12
89	56154	7359	386	63	74768	7422	25232	11
0,0590	63500	7346	322	64	82178	7410	17822	0,9410
91	70834	7334	259	63	89575	7397	10425	09
92	78155	7321	195	64	8,9696959	7384	11,0303041	08
93	85464	7309	132	63	8,9704332	7373	11,0295668	07
94	8,9692760	7296	068	64	11692	7360	88308	06
95	8,9700044	7284	9,9981004	64	19040	7348	80960	05
96	07315	7271	9,9980940	64	26375	7335	73625	04
97	14575	7260	876	64	33699	7324	66301	03
98	21822	7247	812	64	41010	7311	58990	02
0,0599	29057	7235	747	65	48310	7300	51690	01
0,0600	8,9736280	7223	9,9980683	64	8,9755597	7287	11,0244403	0,9400
Arc.	Log. Cosin.	D.	Log. Sin.	D.	Log. Cot.	D.	Log. Tang.	Arc.

0,940

0,060

Arc.	Sinus.	D.	Cosinus.	D.	Tang.	D.	Cotang.	D.	Arc.
0,0600	0,0941083		0,9955620		0,0945278		10,5788950		0,9400
01	42647	1564	5472	148	46863	1585	5611881	177069	0,9399
02	44211	1564	5324	148	48448	1585	5435398	176483	98
03	45775	1564	5175	149	50033	1585	5259499	175899	97
04	47338	1563	5026	149	51618	1585	5084181	175318	96
05	48902	1564	4877	149	53203	1585	4909441	174740	95
06	50466	1564	4728	149	54788	1585	4735275	174166	94
07	52029	1563	4579	149	56373	1585	4561682	173593	93
08	53593	1564	4429	150	57958	1585	4388658	173024	92
09	55157	1564	4279	150	59544	1586	4216200	172458	91
0,0610	56720	1563	4129	150	61129	1585	4044306	171894	0,9390
11	58284	1564	3979	150	62714	1585	3872973	171333	89
12	59847	1563	3828	151	64300	1586	3702199	170774	88
13	61411	1564	3677	151	65885	1585	3531979	170220	87
14	62974	1563	3526	151	67471	1586	3362313	169666	86
15	64538	1564	3375	151	69056	1585	3193196	169117	85
16	66101	1563	3223	152	70642	1586	3024627	168569	84
17	67665	1564	3071	152	72227	1585	2856603	168024	83
18	69228	1563	2919	152	73813	1586	2689121	167482	82
19	70792	1564	2767	152	75399	1586	2522178	166943	81
0,0620	72355	1563	2614	153	76984	1585	2355772	166406	0,9380
21	73918	1563	2461	153	78570	1586	2189900	165872	79
22	75482	1564	2308	153	80156	1586	2024560	165340	78
23	77045	1563	2155	153	81742	1586	1859749	164811	77
24	78608	1563	2001	154	83328	1586	1695464	164285	76
25	0,0980171	1563	0,9951847	154	0,0984914	1586	10,1531704	163760	75
26	81735	1564	1693	154	86500	1586	1368465	163239	74
27	83298	1563	1539	154	88086	1586	1205745	162720	73
28	84861	1563	1384	155	89672	1586	1043542	162203	72
29	86424	1563	1229	155	91259	1587	0881852	161690	71
0,0630	87987	1563	1074	155	92845	1586	0720675	161177	0,9370
31	89550	1563	0919	155	94431	1586	0560006	160669	69
32	91113	1563	0763	156	96017	1586	0399845	160161	68
33	92676	1563	0604	155	97604	1587	0240187	159658	67
34	94240	1564	0451	156	0,0999190	1586	10,0081032	159155	66
35	95803	1563	0295	157	0,1000777	1587	9,9922376	158656	65
36	97365	1562	0,9950139	156	02363	1586	9764218	158158	64
37	0,0998928	1563	0,9949982	157	03950	1587	9606554	157664	63
38	0,1000491	1563	9825	157	05537	1587	9449383	157171	62
39	02054	1563	9668	157	07123	1586	9292703	156680	61
0,0640	03617	1563	9510	158	08710	1587	9136510	156193	0,9360
41	05180	1563	9352	158	10297	1587	8980803	155707	59
42	06743	1563	9194	158	11884	1587	8825580	155223	58
43	08306	1563	9036	158	13471	1587	8670837	154743	57
44	09868	1562	8878	158	15058	1587	8516574	154263	56
45	11431	1563	8719	159	16645	1587	8362787	153787	55
46	12994	1563	8560	159	18232	1587	8209475	153312	54
47	14557	1563	8401	159	19819	1587	8056635	152840	53
48	16119	1562	8241	160	21406	1587	7904265	152370	52
49	17682	1563	8081	160	22993	1587	7752364	151901	51
0,0650	0,1019245	1563	0,9947921	160	0,1024580	1587	9,7600927	151437	0,9350
Arc.	Cosinus.	D.	Sinus.	D.	Cotang.	D.	Tang.	D.	Arc.

0,935

0,060

Arc.	Log. Sin.	D.	Log. Cosin.	D.	Log. Tang.	D.	Log. Cot.	Arc.
0,0600	8,9736280		9,9980683		8,9755597		11,0244403	0,9400
01	43491	7211	618	65	62872	7275	37128	0,9399
02	50689	7198	554	64	70136	7264	29864	98
03	57876	7187	489	65	77387	7251	22613	97
04	65051	7175	424	65	84627	7240	15373	96
05	72213	7162	359	65	91854	7227	08146	95
06	79364	7151	294	65	8,9799070	7216	11,0200930	94
07	86503	7139	229	65	8,9806274	7204	11,0193726	93
08	8,9793630	7127	164	65	13467	7193	86533	92
09	8,9800746	7116	098	66	20648	7181	79352	91
0,0610	07850	7104	9,9980033	65	27817	7169	72183	0,9390
11	14941	7091	9,9979967	66	34974	7157	65026	89
12	22022	7081	901	66	42120	7146	57880	88
13	29090	7068	836	65	49255	7135	50745	87
14	36147	7057	770	66	56378	7123	43622	86
15	43193	7046	704	66	63489	7111	36511	85
16	50227	7034	637	67	70589	7100	29411	84
17	57249	7022	571	66	77678	7089	22322	83
18	64260	7011	505	66	84756	7078	15244	82
19	71260	7000	438	67	91822	7066	08178	81
0,0620	78248	6988	372	66	8,9898877	7055	11,0101123	0,9380
21	85225	6977	305	67	8,9905920	7043	11,0094080	79
22	92191	6966	238	67	12953	7033	87047	78
23	8,9899145	6954	171	67	19974	7021	80026	77
24	8,9906088	6943	104	67	26984	7010	73016	76
25	13020	6932	9,9979037	67	33983	6999	66017	75
26	19941	6921	9,9978970	67	40971	6988	59029	74
27	26851	6910	902	68	47948	6977	52052	73
28	33749	6898	835	67	54914	6966	45086	72
29	40637	6888	767	68	61870	6956	38130	71
0,0630	47513	6876	700	67	68814	6944	31186	0,9370
31	54379	6866	632	68	75747	6933	24253	69
32	61234	6855	564	68	82670	6923	17330	68
33	68077	6843	496	68	89581	6911	10419	67
34	74910	6833	428	68	8,9996482	6901	11,0003518	66
35	81732	6822	360	68	9,0003372	6890	10,9996628	65
36	88543	6811	291	69	10252	6880	89748	64
37	8,9995344	6801	223	68	17121	6869	82879	63
38	9,0002133	6789	154	69	23979	6858	76021	62
39	08912	6779	086	68	30827	6848	69173	61
0,0640	15681	6769	9,9978017	69	37664	6837	62336	0,9360
41	22438	6757	9,9977948	69	44490	6826	55510	59
42	29185	6747	879	69	51306	6816	48694	58
43	35922	6737	810	69	58112	6806	41888	57
44	42648	6726	741	69	64907	6795	35093	56
45	49363	6715	672	69	71692	6785	28308	55
46	56068	6705	602	70	78466	6774	21534	54
47	62763	6695	533	69	85230	6764	14770	53
48	69447	6684	463	70	91984	6754	08016	52
49	76121	6674	393	70	9,0098727	6743	10,9901273	51
0,0650	9,0082784	6663	9,9977323	70	9,0105461	6734	10,9894539	0,9350
Arc.	Log. Cosin.	D.	Log. Sin.	D.	Log. Cot.	D.	Log. Tang.	Arc.

0,935

0,065									
Arc.	Sinus.	D.	Cosinus.	D.	Tang.	D.	Cotang.	D.	Arc.
0,0650	0,1019245		0,9947921		0,1024580		9,7600927		0,9350
51	20807	1562	7761	160	26168	1588	7449955	150972	49
52	22370	1563	7601	160	27755	1587	7299444	150511	48
53	23932	1562	7440	161	29343	1588	7149392	150052	47
54	25495	1563	7279	161	30930	1587	6999798	149594	46
55	27057	1562	7118	161	32517	1587	6850659	149139	45
56	28620	1563	6956	162	34105	1588	6701973	148686	44
57	30182	1562	6795	161	35693	1588	6553738	148235	43
58	31745	1563	6633	162	37280	1587	6405952	147786	42
59	33307	1562	6471	162	38868	1588	6258612	147340	41
0,0660	34869	1562	6308	163	40456	1588	6111718	146894	0,9340
61	36432	1563	6145	163	42044	1588	5965267	146451	39
62	37994	1562	5983	162	43632	1588	5819256	146011	38
63	39556	1562	5819	164	45219	1587	5673685	145571	37
64	41119	1563	5656	163	46807	1588	5528550	145135	36
65	42681	1562	5492	164	48396	1589	5383850	144700	35
66	44243	1562	5328	164	49984	1588	5239583	144267	34
67	45805	1562	5164	164	51572	1588	5095747	143836	33
68	47368	1563	5000	164	53160	1588	4952340	143407	32
69	48930	1562	4835	165	54748	1588	4809360	142980	31
0,0670	50492	1562	4670	165	56336	1588	4666806	142554	0,9330
71	52054	1562	4505	165	57925	1589	4524675	142131	29
72	53616	1562	4340	165	59513	1588	4382965	141710	28
73	55178	1562	4174	166	61102	1589	4241675	141290	27
74	56740	1562	4008	166	62690	1588	4100803	140872	26
75	0,1058302	1562	0,9943842	166	0,1064279	1589	9,3960346	140457	25
76	59864	1562	3676	166	65867	1588	3820303	140043	24
77	61426	1562	3509	167	67456	1589	3680673	139630	23
78	62988	1562	3342	167	69045	1589	3541453	139220	22
79	64550	1562	3175	167	70634	1589	3402641	138812	21
0,0680	66112	1562	3008	167	72222	1588	3264236	138405	0,9320
81	67673	1561	2840	168	73811	1589	3126237	137999	19
82	69235	1562	2672	168	75400	1589	2988640	137597	18
83	70797	1562	2504	168	76989	1589	2851444	137196	17
84	72359	1562	2336	168	78578	1589	2714649	136795	16
85	73920	1561	2168	168	80167	1589	2578251	136398	15
86	75482	1562	1999	169	81756	1589	2442249	136002	14
87	77044	1562	1830	169	83346	1590	2306642	135607	13
88	78605	1561	1660	170	84935	1589	2171427	135215	12
89	80167	1562	1491	169	86524	1589	2036603	134824	11
0,0690	81729	1562	1321	170	88114	1590	1902169	134434	0,9310
91	83290	1561	1151	170	89703	1589	1768122	134047	09
92	84852	1562	0981	170	91293	1590	1634461	133661	08
93	86413	1561	0810	171	92882	1589	1501184	133277	07
94	87975	1562	0639	171	94472	1590	1368290	132894	06
95	89536	1561	0468	171	96061	1589	1235777	132513	05
96	91098	1562	0297	171	97651	1590	1103643	132134	04
97	92659	1561	0,9940126	171	0,1099241	1590	0971886	131757	03
98	94220	1561	0,9939954	172	0,1100831	1590	0840506	131380	02
0,0699	95782	1562	9782	172	02420	1589	0709500	131006	01
0,0700	0,1097343	1561	0,9939610	172	0,1104010	1590	9,0578867	130633	0,9300
Arc.	Cosinus.	D.	Sinus.	D.	Cotang.	D.	Tang.	D.	Arc.
0,930									

0,065

Arc.	Log. Sin.	D.	Log. Cosin.	D.	Log. Tang.	D.	Log. Cot.	Arc.
0,0650	9,0082784		9,9977323		9,0105461		10,9894539	0,9350
51	89437	6653	254	69	12184	6723	87816	49
52	9,0096080	6643	183	71	18896	6712	81104	48
53	9,0102712	6632	113	70	25599	6703	74401	47
54	09335	6623	9,9977043	70	32292	6693	67708	46
55	15947	6612	9,9976973	70	38974	6682	61026	45
56	22549	6602	902	71	45647	6673	54353	44
57	29141	6592	832	70	52309	6662	47691	43
58	35722	6581	761	71	58962	6653	41038	42
59	42294	6572	690	71	65604	6642	34396	41
0,0660	48856	6562	619	71	72237	6633	27763	0,9340
61	55407	6551	548	71	78859	6622	21141	39
62	61949	6542	477	71	85472	6613	14528	38
63	68481	6532	406	71	92075	6603	07925	37
64	75002	6521	334	72	9,0198668	6593	10,9801332	36
65	81514	6512	263	71	9,0205252	6584	10,9794748	35
66	88016	6502	191	72	11825	6573	88175	34
67	9,0194509	6493	120	71	18389	6564	81[illegible]11	33
68	9,0200991	6482	9,9976048	72	24943	6554	75057	32
69	07464	6473	9,9975976	72	31488	6545	68512	31
0,0670	13927	6463	904	72	38023	6535	61977	0,9330
71	20380	6453	832	72	44548	6525	55452	29
72	26823	6443	760	72	51064	6516	48936	28
73	33257	6434	687	73	57570	6506	42430	27
74	39681	6424	615	72	64067	6497	35933	26
75	46096	6415	542	73	70554	6487	29446	25
76	52501	6405	470	72	77032	6478	22968	24
77	58897	6396	397	73	83500	6468	16500	23
78	65283	6386	324	73	89959	6459	10041	22
79	71659	6376	251	73	9,0296408	6449	10,9703592	21
0,0680	78026	6367	178	73	9,0302849	6441	10,9697151	0,9320
81	84384	6358	105	73	09279	6430	90721	19
82	90732	6348	9,9975031	74	15701	6422	84299	18
83	9,0297071	6339	9,9974958	73	22113	6412	77887	17
84	9,0303401	6330	884	74	28516	6403	71484	16
85	09721	6320	811	73	34910	6394	65090	15
86	16032	6311	737	74	41295	6385	58705	14
87	22334	6302	663	74	47670	6375	52330	13
88	28626	6292	589	74	54037	6367	45963	12
89	34909	6283	515	74	60394	6357	39606	11
0,0690	41183	6274	441	74	66742	6348	33258	0,9310
91	47448	6265	367	74	73082	6340	26918	09
92	53704	6256	292	75	79412	6330	20588	08
93	59951	6247	218	74	85733	6321	14267	07
94	66188	6237	143	75	92045	6312	07955	06
95	72417	6229	9,9974068	75	9,0398348	6303	10,9601652	05
96	78636	6219	9,9973994	74	9,0404643	6295	10,9595357	04
97	84847	6211	919	75	10928	6285	89072	03
98	91048	6201	844	75	17205	6277	82795	02
0,0699	9,0397241	6193	769	75	23472	6267	76528	01
0,0700	9,0403424	6183	9,9973693	76	9,0429731	6259	10,9570269	0,9300
Arc.	Log. Cosin.	D.	Log. Sin.	D.	Log. Cot.	D.	Log. Tang.	Arc.

0,930

0,070

Arc.	Sinus.	D.	Cofinus.	D.	Tang.	D.	Cotang.	D.	Arc.
0,0700	0,1097343		0,9939610		0,1104010		9,0578867		0,9300
01	0,1098904	1561	9437	173	05600	1590	448605	130262	0,9299
02	0,1100466	1562	9264	173	07190	1590	318713	129892	98
03	02027	1561	9091	173	08780	1590	189188	129525	97
04	03588	1561	8918	173	10370	1590	9,0060031	129157	96
05	05149	1561	8745	173	11961	1591	8,9931238	128793	95
06	06710	1561	8571	174	13551	1590	802808	128430	94
07	08272	1562	8397	174	15141	1590	674740	128068	93
08	09833	1561	8223	174	16732	1591	547033	127707	92
09	11394	1561	8048	175	18322	1590	419684	127349	91
0,0710	12955	1561	7874	174	19912	1590	292693	12699[illegible]	0,9290
11	14516	1561	7699	175	21503	1591	166057	126636	89
12	16077	1561	7523	176	23094	1591	8,9039776	126281	88
13	17638	1561	7348	175	24684	1590	8,8913847	125929	87
14	19199	1561	7172	176	26275	1591	788270	125577	86
15	20760	1561	6996	176	27866	1591	663042	125228	85
16	22321	1561	6820	176	29456	1590	538163	124879	84
17	23881	1560	6644	176	31047	1591	413630	124533	83
18	25442	1561	6467	177	32638	1591	289443	124187	82
19	27003	1561	6290	177	34229	1591	165600	123843	81
0,0720	28564	1561	6113	177	35820	1591	8,8042100	123500	0,9280
21	30125	1561	5936	177	37411	1591	8,7918940	123160	79
22	31685	1560	5758	178	39002	1591	796121	122819	78
23	33246	1561	5580	178	40594	1592	673639	122482	77
24	34807	1561	5402	178	42185	1591	551495	122144	76
25	0,1136367	1560	0,9935224	178	0,1143776	1591	429686	121809	75
26	37928	1561	5045	179	45368	1592	308211	121475	74
27	39488	1560	4866	179	46959	1591	187069	121142	73
28	41049	1561	4687	179	48551	1592	8,7066258	120811	72
29	42610	1561	4508	179	50142	1591	8,6945778	120480	71
0,0730	44170	1560	4328	180	51734	1592	825625	120153	0,9270
31	45731	1561	4148	180	53325	1591	705801	119824	69
32	47291	1560	3968	180	54917	1592	586302	119499	68
33	48851	1560	3788	180	56509	1592	467127	119175	67
34	50412	1561	3607	181	58101	1592	348276	118851	66
35	51972	1560	3426	181	59693	1592	229747	118529	65
36	53532	1560	3245	181	61285	1592	8,6111539	118208	64
37	55093	1561	3064	181	62877	1592	8,5993650	117889	63
38	56653	1560	2882	182	64469	1592	876079	117571	62
39	58213	1560	2701	181	66061	1592	758825	117254	61
0,0740	59773	1560	2519	182	67653	1592	641886	116939	0,9260
41	61334	1561	2336	183	69245	1592	525262	116624	59
42	62894	1560	2154	182	70837	1592	408950	116312	58
43	64454	1560	1971	183	72430	1593	292951	115999	57
44	66014	1560	1788	183	74022	1592	177261	115690	56
45	67574	1560	1605	183	75615	1593	8,5061881	115380	55
46	69134	1560	1421	184	77207	1592	8,4946808	115073	54
47	70694	1560	1237	184	78800	1593	832043	114765	53
48	72254	1560	1053	184	80393	1593	717582	114461	52
49	73814	1560	0869	184	81985	1592	603426	114156	51
0,0750	0,1175374	1560	0,9930685	184	0,1183578	1593	8,4489573	113853	0,9250
Arc.	Cofinus.	D.	Sinus.	D.	Cotang.	D.	Tang.	D.	Arc.

0,925

0,070

Arc.	Log. Sin.	D.	Log. Cosin.	D.	Log. Tang.	D.	Log. Cot.	Arc.
0,0700	9,0403424		9,9973693		9,0429731		10,9570269	0,9300
01	09599	6175	618	75	35981	6250	64019	0,9299
02	15765	6166	542	76	42223	6242	57777	98
03	21922	6157	467	75	48455	6232	51545	97
04	28070	6148	391	76	54679	6224	45321	96
05	34210	6140	315	76	60894	6215	39106	95
06	40340	6130	239	76	67101	6207	32899	94
07	46462	6122	163	76	73299	6198	26701	93
08	52575	6113	087	76	79488	6189	20512	92
09	58680	6105	9,9973011	76	85669	6181	14331	91
0,0710	64775	6095	9,9972935	76	91841	6172	08159	0,9290
11	70863	6088	858	77	9,0498004	6163	10,9501996	89
12	76941	6078	782	76	9,0504159	6155	10,9495841	88
13	83011	6070	705	77	10306	6147	89694	87
14	89072	6061	628	77	16444	6138	83556	86
15	9,0495125	6053	551	77	22574	6130	77426	85
16	9,0501169	6044	474	77	28695	6121	71305	84
17	07205	6036	397	77	34808	6113	65192	83
18	13232	6027	320	77	40912	6104	59088	82
19	19251	6019	243	77	47008	6096	52992	81
0,0720	25261	6010	165	78	53096	6088	46904	0,9280
21	31263	6002	088	77	59176	6080	40824	79
22	37257	5994	9,9972010	78	65247	6071	34753	78
23	43242	5985	9,9971932	78	71310	6063	28690	77
24	49219	5977	854	78	77364	6054	22636	76
25	55187	5968	776	78	83411	6047	16589	75
26	61148	5961	698	78	89449	6038	10551	74
27	67099	5951	620	78	9,0595479	6030	10,9404521	73
28	73043	5944	542	78	9,0601501	6022	10,9398499	72
29	78979	5936	464	78	07515	6014	92485	71
0,0730	84906	5927	385	79	13521	6006	86479	0,9270
31	90825	5919	306	79	19518	5997	80482	69
32	9,0596736	5911	228	78	25508	5990	74492	68
33	9,0602638	5902	149	79	31490	5982	68510	67
34	08533	5895	9,9971070	79	37463	5973	62537	66
35	14420	5887	9,9970991	79	43429	5966	56571	65
36	20298	5878	912	79	49386	5957	50614	64
37	26169	5871	832	80	55336	5950	44664	63
38	32031	5862	753	79	61278	5942	38722	62
39	37885	5854	673	80	67212	5934	32788	61
0,0740	43732	5847	594	79	73138	5926	26862	0,9260
41	49570	5838	514	80	79056	5918	20944	59
42	55400	5830	434	80	84966	5910	15034	58
43	61223	5823	354	80	90869	5903	09131	57
44	67038	5815	274	80	9,0696763	5894	10,9303237	56
45	72844	5806	194	80	9,0702650	5887	10,9297350	55
46	78643	5799	114	80	08529	5879	91471	54
47	84434	5791	9,9970034	80	14401	5872	85599	53
48	90218	5784	9,9969953	81	20264	5863	79736	52
49	9,0695993	5775	873	80	26120	5856	73880	51
0,0750	9,0701761	5768	9,9969792	81	9,0731969	5849	10,9268031	0,9250
Arc.	Log. Cosin.	D.	Log. Sin.	D.	Log. Cot.	D.	Log. Tang.	Arc.

0,925

0,075

Arc.	Sinus.	D.	Cosinus.	D.	Tang.	D.	Cotang.	D.	Arc.
0,0750	0,1175374		0,9930685		0,1183578		8,4489573		0,9250
51	76934	1560	0500	185	85171	1593	376022	113551	49
52	78494	1560	0315	185	86764	1593	262772	113250	48
53	80054	1560	0,9930130	185	88357	1593	149820	112952	47
54	81613	1559	0,9929944	186	89950	1593	8,4037167	112653	46
55	83173	1560	9758	186	91543	1593	8,3924811	112356	45
56	84733	1560	9572	186	93136	1593	812751	112060	44
57	86293	1560	9386	186	94729	1593	700986	111765	43
58	87852	1559	9200	186	96322	1593	589514	111472	42
59	89412	1560	9013	187	97916	1594	478334	111180	41
0,0760	90972	1560	8826	187	0,1199509	1593	367446	110888	0,9240
61	92531	1559	8639	187	0,1201102	1593	256847	110599	39
62	94091	1560	8451	188	02696	1594	146538	110309	38
63	95650	1559	8264	187	04289	1593	8,3036516	110022	37
64	97210	1560	8076	188	05883	1594	8,2926781	109735	36
65	0,1198769	1559	7888	188	07477	1594	817332	109449	35
66	0,1200329	1560	7699	189	09070	1593	708167	109165	34
67	01888	1559	7511	188	10664	1594	599285	108882	33
68	03448	1560	7322	189	12258	1594	490685	108600	32
69	05007	1559	7132	190	13852	1594	382366	108319	31
0,0770	06566	1559	6943	189	15446	1594	274328	108038	0,9230
71	08126	1560	6753	190	17040	1594	166568	107760	29
72	09685	1559	6563	190	18634	1594	8,2059086	107482	28
73	11244	1559	6373	190	20228	1594	8,1951881	107205	27
74	12803	1559	6183	190	21822	1594	844951	106930	26
75	0,1214363	1560	0,9925992	191	0,1223417	1595	738296	106655	25
76	15922	1559	5801	191	25011	1594	631915	106381	24
77	17481	1559	5610	191	26605	1594	525806	106109	23
78	19040	1559	5419	191	28200	1595	419968	105838	22
79	20599	1559	5227	192	29794	1594	314401	105567	21
0,0780	22158	1559	5036	191	31389	1595	209103	105298	0,9220
81	23717	1559	4843	193	32984	1595	8,1104074	105029	19
82	25276	1559	4651	192	34578	1594	8,0999311	104763	18
83	26835	1559	4458	193	36173	1595	894815	104496	17
84	28394	1559	4266	192	37768	1595	790584	104231	16
85	29953	1559	4073	193	39363	1595	686618	103966	15
86	31512	1559	3879	194	40958	1595	582915	103703	14
87	33070	1558	3686	193	42553	1595	479473	103442	13
88	34629	1559	3492	194	44148	1595	376293	103180	12
89	36188	1559	3298	194	45743	1595	273374	102919	11
0,0790	37747	1559	3104	194	47338	1595	170713	102661	0,9210
91	39305	1558	2909	195	48934	1596	8,0068311	102402	09
92	40864	1559	2714	195	50529	1595	7,9966166	102145	08
93	42423	1559	2519	195	52124	1595	864277	101889	07
94	43981	1558	2324	195	53720	1596	762643	101634	06
95	45540	1559	2128	196	55315	1595	661264	101379	05
96	47098	1558	1933	195	56911	1596	560139	101125	04
97	48657	1559	1737	196	58506	1595	459265	100874	03
98	50215	1558	1540	197	60102	1596	358644	100621	02
0,0799	51774	1559	1344	196	61698	1596	258272	100372	01
0,0800	0,1253332	1558	0,9921147	197	0,1263294	1596	7,9158151	100121	0,9200
Arc.	Cosinus.	D.	Sinus.	D.	Cotang.	D.	Tang.	D.	Arc.

0,920

0,075								
Arc.	Log. Sin.	D.	Log. Cofin.	D.	Log. Tang.	D.	Log. Cot.	Arc.
0,0750	9,0701761		9,9969792		9,0731969		10,9268031	0,9250
51	07521	5760	711	81	37810	5841	62190	49
52	13273	5752	630	81	43643	5833	56357	48
53	19017	5744	549	81	49468	5825	50532	47
54	24754	5737	468	81	55286	5818	44714	46
55	30483	5729	387	81	61096	5810	38904	45
56	36204	5721	305	82	66899	5803	33101	44
57	41918	5714	224	81	72694	5795	27306	43
58	47624	5706	142	82	78482	5788	21518	42
59	53323	5699	9,9969061	81	84262	5780	15738	41
0,0760	59014	5691	9,9968979	82	90035	5773	09965	0,9240
61	64698	5684	897	82	9,0795800	5765	10,9204200	39
62	70373	5675	815	82	9,0801558	5758	10,9198442	38
63	76042	5669	733	82	07309	5751	92691	37
64	81703	5661	651	82	13052	5743	86948	36
65	87356	5653	569	82	18788	5736	81212	35
66	93002	5646	486	83	24516	5728	75484	34
67	9,0798641	5639	404	82	30237	5721	69763	33
68	9,0804272	5631	321	83	35951	5714	64049	32
69	09896	5624	238	83	41657	5706	58343	31
0,0770	15512	5616	155	83	47357	5700	52643	0,9230
71	21121	5609	9,9968072	83	53049	5692	46951	29
72	26722	5601	9,9967989	83	58733	5684	41267	28
73	32317	5595	906	83	64411	5678	35589	27
74	37904	5587	823	83	70081	5670	29919	26
75	43484	5580	739	84	75744	5663	24256	25
76	49056	5572	656	83	81400	5656	18600	24
77	54621	5565	572	84	87049	5649	12951	23
78	60179	5558	488	84	92691	5642	07309	22
79	65730	5551	405	83	9,0898325	5634	10,9101675	21
0,0780	71274	5544	321	84	9,0903953	5628	10,9096047	0,9220
81	76810	5536	237	84	09573	5620	90427	19
82	82339	5529	152	85	15187	5614	84813	18
83	87861	5522	9,9967068	84	20793	5606	79207	17
84	93376	5515	9,9966984	84	26392	5599	73608	16
85	9,0898884	5508	899	85	31985	5593	68015	15
86	9,0904385	5501	815	84	37570	5585	62430	14
87	09879	5494	730	85	43149	5579	56851	13
88	15365	5486	645	85	48720	5571	51280	12
89	20845	5480	560	85	54285	5565	45715	11
0,0790	26318	5473	475	85	59843	5558	40157	0,9210
91	31783	5465	390	85	65393	5550	34607	09
92	37242	5459	305	85	70937	5544	29063	08
93	42694	5452	219	86	76474	5537	23526	07
94	48139	5445	134	85	82005	5531	17995	06
95	53576	5437	9,9966048	86	87528	5523	12472	05
96	59007	5431	9,9965963	85	93045	5517	06955	04
97	64431	5424	877	86	9,0998555	5510	10,9001445	03
98	69849	5418	791	86	9,1004058	5503	10,8995942	02
0,0799	75259	5410	705	86	09554	5496	90446	01
0,0800	9,0980662	5403	9,9965619	86	9,1015044	5490	10,8984956	0,9200
Arc.	Log. Cofin.	D.	Log. Sin.	D.	Log. Cot.	D.	Log. Tang.	Arc.
0,920								

0,080									
Arc.	Sinus.	D.	Cofinus.	D.	Tang.	D.	Cotang.	D.	Arc.
0,0800	0,1253332		0,9921147		0,1263294		7,9158151		0,9200
01	54891	1559	0950	197	64890	1596	7,9058278	99873	0,9199
02	56449	1558	0753	197	66486	1596	7,8958653	99625	98
03	58007	1558	0555	198	68082	1596	859274	99379	97
04	59566	1559	0358	197	69678	1596	760142	99132	96
05	61124	1558	0,9920160	198	71274	1596	661255	98887	95
06	62682	1558	0,9919961	199	72870	1596	562611	98644	94
07	64240	1558	9763	198	74466	1596	464211	98400	93
08	65799	1559	9564	199	76063	1597	366053	98158	92
09	67357	1558	9365	199	77659	1596	268136	97917	91
0,0810	68915	1558	9166	199	79256	1597	170460	97676	0,9190
11	70473	1558	8967	199	80852	1596	7,8073024	97436	89
12	72031	1558	8767	200	82449	1597	7,7975826	97198	88
13	73589	1558	8567	200	84045	1596	878866	96960	87
14	75147	1558	8367	200	85642	1597	782143	96723	86
15	76705	1558	8166	201	87239	1597	685656	96487	85
16	78263	1558	7966	200	88836	1597	589404	96252	84
17	79821	1558	7765	201	90433	1597	493386	96018	83
18	81379	1558	7564	201	92030	1597	397602	95784	82
19	82937	1558	7362	202	93627	1597	302051	95551	81
0,0820	84494	1557	7161	201	95224	1597	206731	95320	0,9180
21	86052	1558	6959	202	96821	1597	111642	95089	79
22	87610	1558	6757	202	0,1298418	1597	7,7016784	94858	78
23	89168	1558	6554	203	0,1300016	1598	7,6922154	94630	77
24	90725	1557	6352	202	01613	1597	827753	94401	76
25	0,1292283	1558	0,9916149	203	03210	1597	733580	94173	75
26	93840	1557	5946	203	04808	1598	639633	93947	74
27	95398	1558	5742	204	06405	1597	545912	93721	73
28	96956	1558	5539	203	08003	1598	452416	93496	72
29	0,1298513	1557	5335	204	09601	1598	359145	93271	71
0,0830	0,1300071	1558	5131	204	11199	1598	266097	93048	0,9170
31	01628	1557	4926	205	12796	1597	173272	92825	69
32	03185	1557	4722	204	14394	1598	7,6080669	92603	68
33	04743	1558	4517	205	15992	1598	7,5988286	92383	67
34	06300	1557	4312	205	17590	1598	896124	92162	66
35	07857	1557	4107	205	19188	1598	804182	91942	65
36	09415	1558	3901	206	20787	1599	712458	91724	64
37	10972	1557	3695	206	22385	1598	620952	91506	63
38	12529	1557	3489	206	23983	1598	529663	91289	62
39	14086	1557	3283	206	25581	1598	438591	91072	61
0,0840	15644	1558	3076	207	27180	1599	347734	90857	0,9160
41	17201	1557	2870	206	28778	1598	257092	90642	59
42	18758	1557	2662	208	30377	1599	166664	90428	58
43	20315	1557	2455	207	31976	1599	7,5076449	90215	57
44	21872	1557	2248	207	33574	1598	7,4986447	90002	56
45	23429	1557	2040	208	35173	1599	896657	89790	55
46	24986	1557	1832	208	36772	1599	807077	89580	54
47	26543	1557	1624	208	38371	1599	717708	89369	53
48	28100	1557	1415	209	39970	1599	628549	89159	52
49	29657	1557	1206	209	41569	1599	539598	88951	51
0,0850	0,1331213	1556	0,9910997	209	0,1343168	1599	7,4450855	88743	0,9150
Arc.	Cofinus.	D.	Sinus.	D.	Cotang.	D.	Tang.	D.	Arc.
0,915									

0,080

Arc.	Log. Sin.	D.	Log. Cosin.	D.	Log. Tang.	D.	Log. Cot.	Arc.
0,0800	9,0980662		9,9965619		9,1015044		10,8984956	0,9200
01	86059	5397	533	86	20526	5482	79474	0,9199
02	91449	5390	446	87	26003	5477	73997	98
03	9,0996832	5383	360	86	31472	5469	68528	97
04	9,1002208	5376	273	87	36935	5463	63065	96
05	07578	5370	187	86	42391	5456	57609	95
06	12941	5363	100	87	47841	5450	52159	94
07	18297	5356	9,9965013	87	53284	5443	46716	93
08	23646	5349	9,9964926	87	58720	5436	41280	92
09	28989	5343	839	87	64150	5430	35850	91
0,0810	34325	5336	752	87	69573	5423	30427	0,9190
11	39654	5329	664	88	74990	5417	25010	89
12	44977	5323	577	87	80400	5410	19600	88
13	50293	5316	489	88	85804	5404	14196	87
14	55603	5310	402	87	91201	5397	08799	86
15	60906	5303	314	88	9,1096592	5391	10,8903408	85
16	66202	5296	226	88	9,1101976	5384	10,8898024	84
17	71492	5290	138	88	07354	5378	92646	83
18	76775	5283	9,9964050	88	12725	5371	87275	82
19	82052	5277	9,9963962	88	18090	5365	81910	81
0,0820	87322	5270	873	89	23448	5358	76552	0,9180
21	92586	5264	785	88	28800	5352	71200	79
22	9,1097843	5257	697	88	34146	5346	65854	78
23	9,1103094	5251	608	89	39486	5340	60514	77
24	08338	5244	519	89	44819	5333	55181	76
25	13576	5238	430	89	50145	5326	49855	75
26	18807	5231	341	89	55466	5321	44534	74
27	24032	5225	252	89	60780	5314	39220	73
28	29251	5219	163	89	66088	5308	33912	72
29	34463	5212	9,9963074	89	71389	5301	28611	71
0,0830	39669	5206	9,9962984	90	76685	5296	23315	0,9170
31	44869	5200	895	89	81974	5289	18026	69
32	50062	5193	805	90	87257	5283	12743	68
33	55249	5187	716	89	92534	5277	07466	67
34	60430	5181	626	90	9,1197804	5270	10,8802196	66
35	65604	5174	536	90	9,1203068	5264	10,8796932	65
36	70772	5168	446	90	08327	5259	91673	64
37	75934	5162	356	90	13579	5252	86421	63
38	81090	5156	265	91	18825	5246	81175	62
39	86239	5149	175	90	24064	5239	75936	61
0,0840	91383	5144	9,9962084	91	29298	5234	70702	0,9160
41	9,1196520	5137	9,9961994	90	34526	5228	65474	59
42	9,1201650	5130	903	91	39747	5221	60253	58
43	06775	5125	812	91	44963	5216	55037	57
44	11894	5119	721	91	50172	5209	49828	56
45	17006	5112	630	91	55376	5204	44624	55
46	22112	5106	539	91	60573	5197	39427	54
47	27213	5101	448	91	65765	5192	34235	53
48	32307	5094	357	21	70950	5185	29050	52
49	37395	5088	265	92	76130	5180	23870	51
0,0850	9,1242477	5082	9,9961174	91	9,1281303	5173	10,8718697	0,9150
Arc.	Log. Cosin.	D.	Log. Sin.	D.	Log. Cot.	D.	Log. Tang.	Arc.

0,915

0,085

Arc.	Sinus.	D.	Cofinus.	D.	Tang.	D.	Cotang.	D.	Arc.
0,0850	0,1331213		0,9910997		0,1343168		7,4450855		0,9150
51	32770	1557	0788	209	44767	1599	362320	88535	49
52	34327	1557	0579	209	46366	1599	273991	88329	48
53	35884	1557	0369	210	47966	1600	185868	88123	47
54	37440	1556	0,9910159	210	49565	1599	097950	87918	46
55	38997	1557	0,9909949	210	51164	1599	7,4010237	87713	45
56	40554	1557	9738	211	52764	1600	7,3922727	87510	44
57	42110	1556	9528	210	54364	1600	835420	87307	43
58	43667	1557	9317	211	55963	1599	748316	87104	42
59	45223	1556	9106	211	57563	1600	661413	86903	41
0,0860	46780	1557	8894	212	59163	1600	574711	86702	0,9140
61	48336	1556	8683	211	60763	1600	488209	86502	39
62	49893	1557	8471	212	62362	1599	401907	86302	38
63	51449	1556	8258	213	63962	1600	315804	86103	37
64	53006	1557	8046	212	65562	1600	229898	85906	36
65	54562	1556	7833	213	67163	1601	144190	85708	35
66	56118	1556	7620	213	68763	1600	7,3058679	85511	34
67	57674	1556	7407	213	70363	1600	7,2973364	85315	33
68	59231	1557	7194	213	71963	1600	888244	85120	32
69	60787	1556	6980	214	73564	1601	803319	84925	31
0,0870	62343	1556	6766	214	75164	1600	718587	84732	0,9130
71	63899	1556	6552	214	76765	1601	634050	84537	29
72	65455	1556	6338	214	78365	1600	549704	84345	28
73	67011	1556	6123	215	79966	1601	465551	84153	27
74	68567	1556	5909	214	81567	1601	381590	83961	26
75	0,1370123	1556	0,9905693	216	0,1383168	1601	297818	83772	25
76	71679	1556	5478	215	84768	1600	214237	83581	24
77	73235	1556	5262	216	86369	1601	130846	83391	23
78	74791	1556	5047	215	87970	1601	7,2047643	83203	22
79	76347	1556	4831	216	89572	1602	7,1964628	83015	21
0,0880	77903	1556	4614	217	91173	1601	881801	82827	0,9120
81	79459	1556	4398	216	92774	1601	799161	82640	19
82	81014	1555	4181	217	94375	1601	716706	82455	18
83	82570	1556	3964	217	95977	1602	634438	82268	17
84	84126	1556	3747	217	97578	1601	552354	82084	16
85	85682	1556	3529	218	0,1399180	1602	470455	81899	15
86	87237	1555	3311	218	0,1400781	1601	388739	81716	14
87	88793	1556	3093	218	02383	1602	307206	81533	13
88	90348	1555	2875	218	03985	1602	225856	81350	12
89	91904	1556	2656	219	05586	1601	144687	81169	11
0,0890	93459	1555	2438	218	07188	1602	7,1063700	80987	0,9110
91	95015	1556	2219	219	08790	1602	7,0982894	80806	09
92	96570	1555	1999	220	10392	1602	902267	80627	08
93	98126	1556	1780	219	11994	1602	821820	80447	07
94	0,1399681	1555	1560	220	13596	1602	741551	80269	06
95	0,1401236	1555	1340	220	15199	1603	661461	80090	05
96	02792	1556	1120	220	16801	1602	581549	79912	04
97	04347	1555	0899	221	18403	1602	501813	79736	03
98	05902	1555	0679	220	20006	1603	422254	79559	02
0,0899	07457	1555	0458	221	21608	1602	342870	79384	01
0,0900	0,1409012	1555	0,9900237	221	0,1423211	1603	7,0263662	79208	0,9100
Arc.	Cofinus.	D.	Sinus.	D.	Cotang.	D.	Tang.	D.	Arc.

0,910

0,085

Arc.	Log. Sin.	D.	Log.Cosin.	D.	Log. Tang.	D.	Log. Cot.	Arc.
0,0850	9,1242477		9,9961174		9,1281303		10,8718697	0,9150
51	47553	5076	9,9961082	92	86471	5168	13529	49
52	52623	5070	9,9960990	92	91632	5161	08368	48
53	57686	5063	898	92	9,1296788	5156	10,8703212	47
54	62744	5058	806	92	9,1301938	5150	10,8698062	46
55	67796	5052	714	92	07082	5144	92918	45
56	72842	5046	622	92	12220	5138	87780	44
57	77882	5040	530	92	17352	5132	82648	43
58	82916	5034	437	93	22479	5127	77521	42
59	87944	5028	345	92	27600	5121	72400	41
0,0860	92966	5022	252	93	32714	5114	67286	0,9140
61	9,1297982	5016	159	93	37823	5109	62177	39
62	9,1302993	5011	9,9960066	93	42927	5104	57073	38
63	07997	5004	9,9959973	93	48024	5097	51976	37
64	12996	4999	880	93	53116	5092	46884	36
65	17989	4993	787	93	58202	5086	41798	35
66	22975	4986	694	93	63282	5080	36718	34
67	27957	4982	600	94	68356	5074	31644	33
68	32932	4975	507	93	73425	5069	26575	32
69	37901	4969	413	94	78488	5063	21512	31
0,0870	42865	4964	319	94	83546	5058	16454	0,9130
71	47823	4958	225	94	88597	5051	11403	29
72	52775	4952	131	94	93644	5047	06356	28
73	57721	4946	9,9959037	94	9,1398684	5040	10,8601316	27
74	62662	4941	9,9958943	94	9,1403719	5035	10,8596281	26
75	9,1367597	4935	849	94	08748	5029	91252	25
76	72526	4929	754	95	13772	5024	86228	24
77	77450	4924	660	94	18790	5018	81210	23
78	82367	4917	565	95	23802	5012	76198	22
79	87280	4913	471	94	28809	5007	71191	21
0,0880	92186	4906	376	95	33811	5002	66180	0,9120
81	9,1397087	4901	281	95	38806	4995	61194	19
82	9,1401982	4895	186	95	43797	4991	56203	18
83	06872	4890	9,9958090	96	48781	4984	51219	17
84	11756	4884	9,9957995	95	53761	4980	46239	16
85	16634	4878	900	95	58735	4974	41265	15
86	21507	4873	804	96	63703	4968	36297	14
87	26374	4867	709	95	68666	4963	31334	13
88	31236	4862	613	96	73623	4957	26377	12
89	36092	4856	517	96	78575	4952	21425	11
0,0890	40943	4851	421	96	83522	4947	16478	0,9110
91	45788	4845	325	96	88463	4941	11537	09
92	50628	4840	229	96	93399	4936	06601	08
93	55462	4834	133	96	9,1498329	4930	10,8501671	07
94	60290	4828	9,9957036	97	9,1503254	4925	10,8496746	06
95	65114	4824	9,9956940	96	08174	4920	91826	05
96	69931	4817	843	97	13088	4914	86912	04
97	74744	4813	747	96	17997	4909	82003	03
98	79550	4806	650	97	22901	4904	77099	02
0,0899	84352	4802	553	97	27799	4898	72201	01
0,0900	9,1489148	4796	9,9956456	97	9,1532692	4893	10,8467308	0,9100
Arc.	Log. Cosin.	D.	Log. Sin.	D.	Log. Cot.	D.	Log. Tang.	Arc.

0,910

0,090

Arc.	Sinus.	D.	Cofinus.	D.	Tang.	D.	Cotang.	D.	Arc.
0,0900	0,1409012		0,9900237		0,1423211		7,0263662		0,9100
01	10567	1555	0,9900015	222	24813	1602	184629	79033	0,9099
02	12123	1556	0,9899793	222	26416	1603	105769	78860	98
03	13678	1555	9571	222	28019	1603	7,0027083	78686	97
04	15233	1555	9349	222	29622	1603	6,9948570	78513	96
05	16788	1555	9127	222	31225	1603	870230	78340	95
06	18342	1554	8904	223	32828	1603	792061	78169	94
07	19897	1555	8681	223	34431	1603	714063	77998	93
08	21452	1555	8458	223	36034	1603	636236	77827	92
09	23007	1555	8235	223	37637	1603	558579	77657	91
0,0910	24562	1555	8011	224	39240	1603	481092	77487	0,9090
11	26117	1555	7787	224	40844	1604	403773	77319	89
12	27671	1554	7563	224	42447	1603	326623	77150	88
13	29226	1555	7339	224	44051	1604	249641	76982	87
14	30781	1555	7114	225	45654	1603	172826	76815	86
15	32335	1554	6889	225	47258	1604	096177	76649	85
16	33890	1555	6664	225	48862	1604	6,9019695	76482	84
17	35444	1554	6439	225	50466	1604	6,8943379	76316	83
18	36999	1555	6213	226	52069	1603	867228	76151	82
19	38553	1554	5987	226	53673	1604	791241	75987	81
0,0920	40108	1555	5761	226	55277	1604	715418	75823	0,9080
21	41662	1554	5535	226	56882	1605	639759	75659	79
22	43217	1555	5308	227	58486	1604	564263	75496	78
23	44771	1554	5081	227	60090	1604	488929	75334	77
24	46325	1554	4854	227	61694	1604	413758	75171	76
25	0,1447879	1554	0,9894627	227	0,1463299	1605	338747	75011	75
26	49434	1555	4400	227	64903	1604	263898	74849	74
27	50988	1554	4172	228	66508	1605	189209	74689	73
28	52542	1554	3944	228	68112	1604	114679	74530	72
29	54096	1554	3715	229	69717	1605	6,8040309	74370	71
0,0930	55650	1554	3487	228	71322	1605	6,7966098	74211	0,9070
31	57204	1554	3258	229	72927	1605	892045	74053	69
32	58758	1554	3029	229	74532	1605	818150	73895	68
33	60312	1554	2800	229	76137	1605	744412	73738	67
34	61866	1554	2570	230	77742	1605	670831	73581	66
35	63420	1554	2341	229	79347	1605	597406	73425	65
36	64974	1554	2111	230	80952	1605	524137	73269	64
37	66528	1554	1880	231	82557	1605	451023	73114	63
38	68082	1554	1650	230	84163	1606	378064	72959	62
39	69635	1553	1419	231	85768	1605	305259	72805	61
0,0940	71189	1554	1188	231	87374	1606	232608	72651	0,9060
41	72743	1554	0957	231	88979	1605	160110	72498	59
42	74296	1553	0725	232	90585	1606	087765	72345	58
43	75850	1554	0494	231	92190	1605	6,7015573	72192	57
44	77404	1554	0262	232	93796	1606	6,6943532	72041	56
45	78957	1553	0,9890030	232	95402	1606	871642	71890	55
46	80511	1554	0,9889797	233	97008	1606	799904	71738	54
47	82064	1553	9564	233	0,1498614	1606	728316	71588	53
48	83618	1554	9332	232	0,1500220	1606	656877	71439	52
49	85171	1553	9098	234	01826	1606	585589	71288	51
0,0950	0,1486724	1553	0,9888865	233	0,1503433	1607	6,6514449	71140	0,9050
Arc.	Cofinus.	D.	Sinus.	D.	Cotang.	D.	Tang.	D.	Arc.

0,905

0,090

Arc.	Log. Sin.	D.	Log. Cofin.	D.	Log. Tang.	D.	Log. Cot.	Arc.
0,0900	9,1489148		9,9956456		9,1532692		10,8467308	0,9100
01	93939	4791	359	97	37580	4888	62420	0,9099
02	9,1498724	4785	261	98	42462	4882	57538	98
03	9,1503504	4780	164	97	47340	4878	52660	97
04	08278	4774	9,9956066	98	52212	4872	47788	96
05	13047	4769	9,9955969	97	57078	4866	42922	95
06	17811	4764	871	98	61940	4862	38060	94
07	22569	4758	773	98	66796	4856	33204	93
08	27323	4754	676	97	71647	4851	28353	92
09	32070	4747	577	99	76493	4846	23507	91
0,0910	36812	4743	479	98	81334	4841	18666	0,9090
11	41550	4737	381	98	86169	4835	13831	89
12	40282	4732	283	98	91000	4831	09000	88
13	51009	4727	184	99	9,1595825	4825	10,8404175	87
14	55731	4722	9,9955086	98	9,1600645	4820	10,8399355	86
15	60447	4716	9,9954987	99	05460	4815	94540	85
16	65158	4711	888	99	10270	4810	89730	84
17	69864	4706	789	99	15074	4804	84926	83
18	74564	4700	690	99	19874	4800	80126	82
19	79260	4696	591	99	24669	4795	75331	81
0,0920	83950	4690	492	99	29458	4789	70542	0,9080
21	88635	4685	393	99	34242	4784	65758	79
22	93315	4680	293	100	39022	4780	60978	78
23	9,1597990	4675	194	99	43796	4774	56204	77
24	9,1602660	4670	9,9954094	100	48566	4770	51434	76
25	07324	4664	9,9953994	100	9,1653330	4764	10,8346670	75
26	11984	4660	894	100	58089	4759	41911	74
27	16638	4654	794	100	62844	4755	37156	73
28	21287	4649	694	100	67593	4749	32407	72
29	25931	4644	594	100	72337	4744	27663	71
0,0930	30570	4639	494	100	77077	4740	22923	0,9070
31	35204	4634	393	101	81811	4734	18189	69
32	39833	4629	293	100	86541	4730	13459	68
33	44457	4624	192	101	91265	4724	08735	67
34	49076	4619	9,9953091	101	9,1695985	4720	10,8304015	66
35	53690	4614	9,9952991	100	9,1700700	4715	10,8299300	65
36	58299	4609	890	101	05410	4710	94590	64
37	62903	4604	789	101	10115	4705	89885	63
38	67502	4599	687	102	14815	4700	85185	62
39	72096	4594	586	101	19510	4695	80490	61
0,0940	76685	4589	485	101	24200	4690	75800	0,9060
41	81269	4584	383	102	28886	4686	71114	59
42	85848	4579	281	102	33567	4681	66433	58
43	90422	4574	180	101	38243	4676	61757	57
44	94992	4570	9,9952078	102	42914	4671	57086	56
45	9,1699556	4564	9,9951976	102	47580	4666	52420	55
46	9,1704115	4559	874	102	52242	4662	47758	54
47	08670	4555	772	102	56898	4656	43102	53
48	13220	4550	669	103	61550	4652	38450	52
49	17765	4545	567	102	66198	4648	33802	51
0,0950	9,1722305	4540	9,9951464	103	9,1770840	4642	10,8229160	0,9050
Arc.	Log. Cofin.	D.	Log. Sin.	D.	Log. Cot.	D.	Log. Tang.	Arc.

0,905

0,095

Arc.	Sinus.	D.	Cosinus.	D.	Tang.	D.	Cotang.	D.	Arc.
0,0950	0,1486724		0,9888865		0,1503433		6,6514449		0,9050
51	88278	1554	8631	234	05039	1606	443457	70992	49
52	89831	1553	8397	234	06645	1606	372614	70843	48
53	91384	1553	8163	234	08252	1607	301918	70696	47
54	92937	1553	7929	234	09859	1607	231370	70548	46
55	94491	1554	7694	235	11465	1606	160968	70402	45
56	96044	1553	7459	235	13072	1607	090712	70256	44
57	97597	1553	7224	235	14679	1607	6,6020602	70110	43
58	0,1499150	1553	6989	235	16286	1607	6,5950637	69965	42
59	0,1500703	1553	6753	236	17893	1607	880817	69820	41
0,0960	02256	1553	6517	236	19500	1607	811141	69676	0,9040
61	03809	1553	6281	236	21107	1607	741609	69532	39
62	05362	1553	6045	236	22714	1607	672221	69388	38
63	06915	1553	5808	237	24321	1607	602976	69245	37
64	08467	1552	5572	236	25928	1607	533873	69103	36
65	10020	1553	5335	237	27536	1608	464912	68961	35
66	11573	1553	5097	238	29143	1607	396093	68819	34
67	13126	1553	4860	237	30751	1608	327416	68677	33
68	14678	1552	4622	238	32359	1608	258879	68537	32
69	16231	1553	4384	238	33966	1607	190482	68397	31
0,0970	17784	1553	4146	238	35574	1608	122226	68256	0,9030
71	19336	1552	3907	239	37182	1608	6,5054109	68117	29
72	20889	1553	3668	239	38790	1608	6,4986131	67978	28
73	22441	1552	3429	239	40398	1608	918291	67840	27
74	23994	1553	3190	239	42006	1608	850590	67701	26
75	0,1525546	1552	0,9882950	240	0,1543614	1608	783027	67563	25
76	27099	1553	2711	239	45222	1608	715601	67426	24
77	28651	1552	2471	240	46831	1609	648312	67289	23
78	30203	1552	2230	241	48439	1608	581159	67153	22
79	31756	1553	1990	240	50048	1609	514143	67016	21
0,0980	33308	1552	1749	241	51656	1608	447262	66881	0,9020
81	34860	1552	1508	241	53265	1609	380517	66745	19
82	36412	1552	1267	241	54874	1609	313906	66611	18
83	37964	1552	1026	241	56482	1608	247430	66476	17
84	39516	1552	0784	242	58091	1609	181088	66342	16
85	41068	1552	0542	242	59700	1609	114879	66209	15
86	42620	1552	0300	242	61309	1609	6,4048804	66075	14
87	44172	1552	0,9880057	243	62919	1610	6,3982862	65942	13
88	45724	1552	0,9879815	242	64528	1609	917051	65811	12
89	47276	1552	9572	243	66137	1609	851373	65678	11
0,0990	48828	1552	9328	244	67746	1609	785827	65546	0,9010
91	50380	1552	9085	243	69356	1610	720412	65415	09
92	51932	1552	8841	244	70965	1609	655128	65284	08
93	53484	1552	8598	243	72575	1610	589974	65154	07
94	55035	1551	8353	245	74185	1610	524950	65024	06
95	56587	1552	8109	244	75794	1609	460055	64895	05
96	58139	1552	7864	245	77404	1610	395290	64765	04
97	59690	1551	7619	245	79014	1610	330654	64636	03
98	61242	1552	7374	245	80624	1610	266147	64507	02
0,0999	62793	1551	7129	245	82234	1610	201767	64380	01
0,1000	0,1564345	1552	0,9876883	246	0,1583844	1610	6,3137515	64252	0,9000
Arc.	Cosinus.	D.	Sinus.	D.	Cotang.	D.	Tang.	D.	Arc.

0,900

0,095

Arc.	Log. Sin.	D.	Log. Cosin.	D.	Log. Tang.	D.	Log. Cot.	Arc.
0,0950	9,1722305		9,9951464		9,1770840		10,8229160	0,9050
51	26840	4535	362	102	75478	4638	24522	49
52	31370	4530	259	103	80111	4633	19889	48
53	35895	4525	156	103	84739	4628	15261	47
54	40416	4521	9,9951053	103	89363	4624	10637	46
55	44932	4515	9,9950950	103	93982	4619	06018	45
56	49443	4511	847	103	9,1798596	4614	10,8201404	44
57	53949	4506	744	103	9,1803205	4609	10,8196795	43
58	58451	4502	640	104	07810	4605	92190	42
59	62947	4496	537	103	12410	4600	87590	41
0,0960	67439	4492	433	104	17006	4596	82994	0,9040
61	71926	4487	330	103	21597	4591	78403	39
62	76409	4483	226	104	26183	4586	73817	38
63	80887	4478	122	104	30765	4582	69235	37
64	85360	4473	9,9950018	104	35342	4577	64658	36
65	89828	4468	9,9949914	104	39914	4572	60086	35
66	94291	4463	809	105	44482	4568	55518	34
67	9,1798750	4459	705	104	49045	4563	50955	33
68	9,1803205	4455	601	104	53604	4559	46396	32
69	07654	4449	496	105	58158	4554	41842	31
0,0970	12099	4445	391	105	62708	4550	37292	0,9030
71	16539	4440	286	105	67253	4545	32747	29
72	20975	4436	182	104	71793	4540	28207	28
73	25406	4431	9,9949077	105	76329	4536	23671	27
74	29832	4426	9,9948971	106	80861	4532	19139	26
75	9,1834254	4422	866	105	85388	4527	14612	25
76	38671	4417	761	105	89910	4522	10090	24
77	43083	4412	655	106	94428	4518	05572	23
78	47491	4408	550	105	9,1898942	4514	10,8101058	22
79	51895	4404	444	106	9,1903451	4509	10,8096549	21
0,0980	56294	4399	338	106	07955	4504	92045	0,9020
81	60688	4394	232	106	12455	4500	87545	19
82	65077	4389	126	106	16951	4496	83049	18
83	69463	4386	9,9948020	106	21442	4491	78558	17
84	73843	4380	9,9947914	106	25929	4487	74071	16
85	78219	4376	808	106	30412	4483	69588	15
86	82591	4372	701	107	34890	4478	65110	14
87	86958	4367	595	106	39363	4473	60637	13
88	91321	4363	488	107	43833	4470	56167	12
89	9,1895679	4358	381	107	48298	4465	51702	11
0,0990	9,1900032	4353	274	107	52758	4460	47242	0,9010
91	04382	4350	167	107	57214	4456	42786	09
92	08726	4344	9,9947060	107	61666	4452	38334	08
93	13066	4340	9,9946953	107	66114	4448	33886	07
94	17402	4336	846	107	70557	4443	29443	06
95	21734	4332	738	108	74996	4439	25004	05
96	26061	4327	631	107	79430	4434	20570	04
97	30383	4322	523	108	83860	4430	16140	03
98	34701	4318	415	108	88286	4426	11714	02
0,0999	39015	4314	307	108	92708	4422	07292	01
0,1000	9,1943324	4309	9,9946199	108	9,1997125	4417	10,8002875	0,9000
Arc.	Log. Cosin.	D.	Log. Sin.	D.	Log. Cot.	D.	Log. Tang.	Arc.

0,900

0,100									
Arc.	Sinus.	D.	Cosinus.	D.	Tang.	D.	Cotang.	D.	Arc.
0, 1000	0, 1564345		0, 9876883		0, 1583844		6, 3137515		0, 9000
01	65896	1551	6638	245	85455	1611	073391	64124	0, 8999
02	67447	1551	6391	247	87065	1610	6, 3009393	63998	98
03	68999	1552	6145	246	88675	1610	6, 2945522	63871	97
04	70550	1551	5899	246	90286	1611	881777	63745	96
05	72101	1551	5652	247	91896	1610	818158	63619	95
06	73653	1552	5405	247	93507	1611	754664	63494	94
07	75204	1551	5157	248	95118	1611	691296	63368	93
08	76755	1551	4910	247	96729	1611	628052	63244	92
09	78306	1551	4662	248	98339	1610	564932	63120	91
0, 1010	79857	1551	4414	248	0, 1599950	1611	501936	62996	0, 8990
11	81408	1551	4166	248	0, 1601561	1611	439064	62872	89
12	82959	1551	3917	249	03173	1612	376315	62749	88
13	84510	1551	3668	249	04784	1611	313689	62626	87
14	86061	1551	3419	249	06395	1611	251186	62503	86
15	87612	1551	3170	249	08006	1611	188804	62382	85
16	89163	1551	2921	249	09618	1612	126545	62259	84
17	90714	1551	2671	250	11229	1611	064406	62139	83
18	92265	1551	2421	250	12841	1612	6, 2002389	62017	82
19	93815	1550	2171	250	14453	1612	6, 1940492	61897	81
0, 1020	95366	1551	1920	251	16065	1612	878716	61776	0, 8980
21	96917	1551	1669	251	17676	1611	817060	61656	79
22	0, 1598467	1550	1418	251	19288	1612	755523	61537	78
23	0, 1600018	1551	1167	251	20900	1612	694106	61417	77
24	01568	1550	0916	251	22512	1612	632807	61299	76
25	03119	1551	0664	252	0, 1624125	1613	571628	61179	75
26	04669	1550	0412	252	25737	1612	510566	61062	74
27	06220	1551	0, 9870160	252	27349	1612	449622	60944	73
28	07770	1550	0, 9869908	252	28962	1613	388796	60826	72
29	09321	1551	9655	253	30574	1612	328087	60709	71
0, 1030	10871	1550	9402	253	32187	1613	267495	60592	0, 8970
31	12421	1550	9149	253	33800	1613	207019	60476	69
32	13971	1550	8895	254	35412	1612	146659	60360	68
33	15521	1550	8642	253	37025	1613	086416	60243	67
34	17072	1551	8388	254	38638	1613	6, 1026288	60128	66
35	18622	1550	8134	254	40251	1613	6, 0966275	60013	65
36	20172	1550	7879	255	41864	1613	906377	59898	64
37	21722	1550	7625	254	43477	1613	846593	59784	63
38	23272	1550	7370	255	45091	1614	786923	59670	62
39	24822	1550	7115	255	46704	1613	727368	59555	61
0, 1040	26372	1550	6859	256	48317	1613	667926	59442	0, 8960
41	27922	1550	6604	255	49931	1614	608597	59329	59
42	29471	1549	6348	256	51545	1614	549381	59216	58
43	31021	1550	6092	256	53158	1613	490277	59104	57
44	32571	1550	5836	256	54772	1614	431286	58991	56
45	34121	1550	5579	257	56386	1614	372406	58880	55
46	35670	1549	5322	257	58000	1614	313638	58768	54
47	37220	1550	5065	257	59614	1614	254982	58656	53
48	38709	1549	4808	257	61228	1614	196436	58546	52
49	40319	1550	4550	258	62842	1614	138001	58435	51
0, 1050	0, 1641868	1549	0, 9864293	257	0, 1664456	1614	6, 0079676	58325	0, 8950
Arc.	Cosinus.	D.	Sinus.	D.	Cotang.	D.	Tang.	D.	Arc.
0,895									

0,100

Arc.	Log. Sin.	D.	Log. Cosin.	D.	Log. Tang.	D.	Log. Cot.	Arc.
0,1000	9,1943324		9,9946199		9,1997125		10,8002875	0,9000
01	47629	4305	9,9946091	108	9,2001538	4413	10,7998462	0,8999
02	51930	4301	9,9945983	108	05947	4409	94053	98
03	56226	4296	875	108	10352	4405	89648	97
04	60518	4292	766	109	14752	4400	85248	96
05	64806	4288	658	108	19148	4396	80852	95
06	69089	4283	549	109	23540	4392	76460	94
07	73368	4279	440	109	27928	4388	72072	93
08	77642	4274	331	109	32311	4383	67689	92
09	81913	4271	222	109	36690	4379	63310	91
0,1010	86179	4266	113	109	41065	4375	58935	0,8990
11	90440	4261	9,9945004	109	45436	4371	54564	89
12	94698	4258	9,9944895	109	49803	4367	50197	88
13	9,1998951	4253	785	110	54165	4362	45835	87
14	9,2003200	4249	676	109	58524	4359	41476	86
15	07444	4244	566	110	62878	4354	37122	85
16	11684	4240	456	110	67228	4350	32772	84
17	15921	4237	347	109	71574	4346	28426	83
18	20152	4231	237	110	75916	4342	24084	82
19	24380	4228	127	110	80253	4337	19747	81
0,1020	28603	4223	9,9944016	111	84587	4334	15413	0,8980
21	32823	4220	9,9943906	110	88917	4330	11083	79
22	37038	4215	796	110	93242	4325	06758	78
23	41248	4210	685	111	9,2097563	4321	10,7902437	77
24	45455	4207	574	111	9,2101880	4317	10,7898120	76
25	9,2049657	4202	464	110	06194	4314	93806	75
26	53856	4199	353	111	10503	4309	89497	74
27	58050	4194	242	111	14808	4305	85192	73
28	62240	4190	131	111	19109	4301	80891	72
29	66425	4185	9,9943020	111	23406	4297	76594	71
0,1030	70607	4182	9,9942908	112	27699	4293	72301	0,8970
31	74785	4178	797	111	31988	4289	68012	69
32	78958	4173	685	112	36273	4285	63727	68
33	83127	4169	574	111	40554	4281	59446	67
34	87293	4166	462	112	44830	4276	55170	66
35	91454	4161	350	112	49103	4273	50897	65
36	95611	4157	238	112	53372	4269	46628	64
37	9,2099764	4153	126	112	57637	4265	42363	63
38	9,2103912	4148	9,9942014	112	61898	4261	38102	62
39	08057	4145	9,9941902	112	66155	4257	33845	61
0,1040	12198	4141	789	113	70409	4254	29591	0,8960
41	16335	4137	677	112	74658	4249	25342	59
42	20467	4132	564	113	78903	4245	21097	58
43	24596	4129	452	112	83144	4241	16856	57
44	28720	4124	339	113	87382	4238	12618	56
45	32841	4121	226	113	91615	4233	08385	55
46	36957	4116	113	113	9,2195845	4230	10,7804155	54
47	41070	4113	9,9941000	113	9,2200070	4225	10,7799930	53
48	45179	4109	9,9940886	114	04292	4222	95708	52
49	49283	4104	773	113	08510	4218	91490	51
0,1050	9,2153384	4101	9,9940659	114	9,2212724	4214	10,7787276	0,8950
Arc.	Log. Cosin.	D.	Log. Sin.	D.	Log. Cot.	D.	Log. Tang.	Arc.

0,895

0,105									
Arc.	Sinus.	D.	Cosinus.	D.	Tang.	D.	Cotang.	D.	Arc.
0,1050	0,1641868		0,9864293		0,1664456		6,0079676		0,8950
51	43418	1550	4035	258	66071	1615	6,0021461	58215	49
52	44967	1549	3776	259	67685	1614	5,9963356	58105	48
53	46517	1550	3518	258	69300	1615	905360	57996	47
54	48066	1549	3259	259	70914	1614	847474	57886	46
55	49615	1549	3000	259	72529	1615	789696	57778	45
56	51165	1550	2741	259	74144	1615	732026	57670	44
57	52714	1549	2481	260	75759	1615	674465	57561	43
58	54263	1549	2222	259	77374	1615	617011	57454	42
59	55812	1549	1962	260	78989	1615	559665	57346	41
0,1060	57361	1549	1701	261	80604	1615	502426	57239	0,8940
61	58910	1549	1441	260	82219	1615	445294	57132	39
62	60459	1549	1180	261	83834	1615	388268	57026	38
63	62008	1549	0919	261	85450	1616	331349	56919	37
64	63557	1549	0658	261	87065	1615	274536	56813	36
65	65106	1549	0397	261	88681	1616	217829	56707	35
66	66655	1549	0,9860135	262	90296	1615	161227	56602	34
67	68204	1549	0,9859873	262	91912	1616	104730	56497	33
68	69752	1548	9611	262	93528	1616	5,9048337	56393	32
69	71301	1549	9348	263	95144	1616	5,8992050	56287	31
0,1070	72850	1549	9086	262	96760	1616	935866	56184	0,8930
71	74399	1549	8823	263	98376	1616	879787	56079	29
72	75947	1548	8560	263	0,1699992	1616	823811	55976	28
73	77496	1549	8296	264	0,1701608	1616	767938	55873	27
74	79044	1548	8033	263	03224	1616	712169	55769	26
75	0,1680593	1549	0,9857769	264	04841	1617	656502	55667	25
76	82141	1548	7505	264	06457	1616	600938	55564	24
77	83690	1549	7240	265	08074	1617	545476	55462	23
78	85238	1548	6976	264	09691	1617	490116	55360	22
79	86786	1548	6711	265	11307	1616	434858	55258	21
0,1080	88334	1548	6446	265	12924	1617	379701	55157	0,8920
81	89883	1549	6181	265	14541	1617	324645	55056	19
82	91431	1548	5915	266	16158	1617	269689	54956	18
83	92979	1548	5649	266	17775	1617	214835	54854	17
84	94527	1548	5383	266	19392	1617	160080	54755	16
85	96075	1548	5117	266	21010	1618	105426	54654	15
86	97623	1548	4850	267	22627	1617	5,8050871	54555	14
87	0,1699171	1548	4584	266	24245	1618	5,7996415	54456	13
88	0,1700719	1548	4317	267	25862	1617	942059	54356	12
89	02267	1548	4049	268	27480	1618	887801	54258	11
0,1090	03815	1548	3782	267	29097	1617	833643	54158	0,8910
91	05363	1548	3514	268	30715	1618	779582	54061	09
92	06910	1547	3246	268	32333	1618	725619	53963	08
93	08458	1548	2978	268	33951	1618	671755	53864	07
94	10006	1548	2709	269	35569	1618	617987	53768	06
95	11553	1547	2441	268	37187	1618	564317	53670	05
96	13101	1548	2172	269	38806	1619	510744	53573	04
97	14649	1548	1902	270	40424	1618	457268	53476	03
98	16196	1547	1633	269	42042	1618	403888	53380	02
0,1099	17744	1548	1363	270	43661	1619	350604	53284	01
0,1100	0,1719291	1547	0,9851093	270	0,1745279	1618	5,7297416	53188	0,8900
Arc.	Cosinus.	D.	Sinus.	D.	Cotang.	D.	Tang.	D.	Arc.
0,890									

0,105

Arc.	Log. Sin.	D.	Log. Cosin.	D.	Log. Tang.	D.	Log. Cot.	Arc.
0, 1050	9, 2153384		9, 9940659		9, 2212724		10, 7787276	0, 8950
51	57480	4096	546	113	16934	4210	83066	49
52	61573	4093	432	114	21141	4207	78859	48
53	65661	4088	318	114	25343	4202	74657	47
54	69746	4085	204	114	29542	4199	70458	46
55	73827	4081	9, 9940090	114	33737	4195	66263	45
56	77904	4077	9, 9939976	114	37928	4191	62072	44
57	81977	4073	862	114	42115	4187	57885	43
58	86046	4069	748	114	46298	4183	53702	42
59	90111	4065	633	115	50478	4180	49522	41
0, 1060	94172	4061	518	115	54653	4175	45347	0, 8940
61	9, 2198229	4057	404	114	58825	4172	41175	39
62	9, 2202282	4053	289	115	62993	4168	37007	38
63	06332	4050	174	115	67158	4165	32842	37
64	10377	4045	9, 9939059	115	71318	4160	28682	36
65	14419	4042	9, 9938944	115	75475	4157	24525	35
66	18457	4038	829	115	79628	4153	20372	34
67	22491	4034	713	116	83778	4150	16222	33
68	26521	4030	598	115	87923	4145	12077	32
69	30547	4026	482	116	92065	4142	07935	31
0, 1070	34570	4023	366	116	9, 2296203	4138	10, 7703797	0, 8930
71	38588	4018	251	115	9, 2300338	4135	10, 7699662	29
72	42603	4015	135	116	04468	4130	95532	28
73	46614	4011	9, 9938019	116	08595	4127	91405	27
74	50621	4007	9, 9937903	116	12719	4124	87281	26
75	9, 2254625	4004	786	117	9, 2316838	4119	10, 7683162	25
76	58624	3999	670	116	20954	4116	79046	24
77	62620	3996	554	116	25067	4113	74933	23
78	66612	3992	437	117	29175	4108	70825	22
79	70600	3988	320	117	33280	4105	66720	21
0, 1080	74585	3985	203	117	37381	4101	62619	0, 8920
81	78566	3981	9, 9937087	116	41479	4098	58521	19
82	82542	3976	9, 9936970	117	45573	4094	54427	18
83	86516	3974	852	118	49663	4090	50337	17
84	90485	3969	735	117	53750	4087	46250	16
85	94451	3966	618	117	57833	4083	42167	15
86	9, 2298413	3962	500	118	61913	4080	38087	14
87	9, 2302371	3958	383	117	65988	4075	34012	13
88	06326	3955	265	118	70061	4073	29939	12
89	10277	3951	147	118	74129	4068	25871	11
0, 1090	14224	3947	9, 9936029	118	78195	4066	21805	0, 8910
91	18167	3943	9, 9935911	118	82256	4061	17744	09
92	22107	3940	793	118	86314	4058	13686	08
93	26043	3936	675	118	90368	4054	09632	07
94	29976	3933	557	118	94419	4051	05581	06
95	33905	3929	438	119	9, 2398466	4047	10, 7601534	05
96	37830	3925	320	118	9, 2402510	4044	10, 7597490	04
97	41751	3921	201	119	06550	4040	93450	03
98	45669	3918	9, 9935082	119	10587	4037	89413	02
0, 1099	49583	3914	9, 9934963	119	14620	4033	85380	01
0, 1100	9, 2353494	3911	9, 9934844	119	9, 2418650	4030	10, 7581350	0, 8900
Arc.	Log. Cosin.	D.	Log. Sin.	D.	Log. Cot.	D.	Log. Tang.	Arc.

0,890

0,110

Arc.	Sinus.	D.	Cofinus.	D.	Tang.	D.	Cotang.	D.	Arc.
0, 1100	0, 1719291		0, 9851093		0, 1745279		5, 7297416		0, 8900
01	20838	1547	0823	270	46898	1619	244324	53092	0, 8899
02	22386	1548	0553	270	48517	1619	191328	52996	98
03	23933	1547	0282	271	50136	1619	138426	52902	97
04	25480	1547	0, 9850011	271	51755	1619	085619	52807	96
05	27028	1548	0, 9849740	271	53374	1619	5, 7032907	52712	95
06	28575	1547	9468	272	54993	1619	5, 6980289	52618	94
07	30122	1547	9197	271	56612	1619	927766	52523	93
08	31669	1547	8925	272	58231	1619	875336	52430	92
09	33216	1547	8653	272	59851	1620	823000	52336	91
0, 1110	34763	1547	8380	273	61470	1619	770757	52243	0, 8890
11	36310	1547	8108	272	63090	1620	718607	52150	89
12	37857	1547	7835	273	64710	1620	666550	52057	88
13	39404	1547	7562	273	66329	1619	614586	51964	87
14	40951	1547	7289	273	67949	1620	562714	51872	86
15	42497	1546	7015	274	69569	1620	510934	51780	85
16	44044	1547	6741	274	71189	1620	459246	51688	84
17	45591	1547	6467	274	72809	1620	407649	51597	83
18	47137	1546	6193	274	74429	1620	356144	51505	82
19	48684	1547	5918	275	76050	1621	304730	51414	81
0, 1120	50231	1547	5643	275	77670	1620	253407	51323	0, 8880
21	51777	1546	5368	275	79291	1621	202174	51233	79
22	53324	1547	5093	275	80911	1620	151032	51142	78
23	54870	1546	4817	276	82532	1621	099980	51052	77
24	56416	1546	4542	275	84153	1621	5, 6049018	50962	76
25	0, 1757963	1547	0, 9844266	276	0, 1785773	1620	5, 5998146	50872	75
26	59509	1546	3989	277	87394	1621	947363	50783	74
27	61055	1546	3713	276	89015	1621	896669	50694	73
28	62602	1547	3436	277	90636	1621	846064	50605	72
29	64148	1546	3159	277	92258	1622	795548	50516	71
0, 1130	65694	1546	2882	277	93879	1621	745120	50428	0, 8870
31	67240	1546	2604	278	95500	1621	694780	50340	69
32	68786	1546	2327	277	97122	1622	644529	50251	68
33	70332	1546	2049	278	0, 1798743	1621	594365	50164	67
34	71878	1546	1771	278	0, 1800365	1622	544289	50076	66
35	73424	1546	1492	279	01987	1622	494300	49989	65
36	74970	1546	1213	279	03609	1622	444398	49902	64
37	76516	1546	0935	278	05231	1622	394583	49815	63
38	78061	1545	0655	280	06853	1622	344855	49728	62
39	79607	1546	0376	279	08475	1622	295213	49642	61
0, 1140	81153	1546	0, 9840096	280	10097	1622	245657	49556	0, 8860
41	82699	1546	0, 9839816	280	11719	1622	196187	49470	59
42	84244	1545	9536	280	13342	1623	146803	49384	58
43	85790	1546	9256	280	14964	1622	097504	49299	57
44	87335	1545	8975	281	16587	1623	5, 5048291	49213	56
45	88881	1546	8694	281	18210	1623	5, 4999163	49128	55
46	90426	1545	8413	281	19832	1622	950119	49044	54
47	91972	1546	8132	281	21455	1623	901160	48959	53
48	93517	1545	7850	282	23078	1623	852285	48875	52
49	95062	1545	7568	282	24701	1623	803495	48790	51
0, 1150	0, 1796607	1545	0, 9837286	282	0, 1826324	1623	5, 4754788	48707	0, 8850
Arc.	Cofinus.	D.	Sinus.	D.	Cotang.	D.	Tang.	D.	Arc.

0,885

0,110								
Arc.	Log. Sin.	D.	Log. Cofin.	D.	Log. Tang.	D.	Log. Cot.	Arc.
0, 1100	9, 2353494		9, 9934844		9, 2418650		10, 7581350	0, 8900
01	57401	3907	725	119	22676	4026	77324	0, 8899
02	61304	3903	606	119	26698	4022	73302	98
03	65204	3900	487	119	30717	4019	69283	97
04	69100	3896	367	120	34733	4016	65267	96
05	72993	3893	248	119	38745	4012	61255	95
06	76881	3888	128	120	42754	4009	57246	94
07	80767	3886	9, 9934008	120	46759	4005	53241	93
08	84649	3882	9, 9933888	120	50760	4001	49240	92
09	88527	3878	768	120	54758	3998	45242	91
0, 1110	92401	3874	648	120	58753	3995	41247	0, 8890
11	9, 2396272	3871	528	120	62744	3991	37256	89
12	9, 2400140	3868	408	120	66732	3988	33268	88
13	04004	3864	287	121	70717	3985	29283	87
14	07864	3860	167	120	74698	3981	25302	86
15	11721	3857	9, 9933046	121	78675	3977	21325	85
16	15574	3853	9, 9932925	121	82649	3974	17351	84
17	19424	3850	804	121	86620	3971	13380	83
18	23271	3847	683	121	90587	3967	09413	82
19	27113	3842	562	121	94551	3964	05449	81
0, 1120	30953	3840	441	121	9, 2498512	3961	10, 7501488	0, 8880
21	34788	3835	320	121	9, 2502469	3957	10, 7497531	79
22	38621	3833	198	122	06423	3954	93577	78
23	42450	3829	9, 9932077	121	10373	3950	89627	77
24	46275	3825	9, 9931955	122	14320	3947	85680	76
25	9, 2450097	3822	833	122	18264	3944	81736	75
26	53915	3818	711	122	22204	3940	77796	74
27	57730	3815	589	122	26141	3937	73859	73
28	61542	3812	467	122	30074	3933	69926	72
29	65350	3808	345	122	34005	3931	65995	71
0, 1130	69154	3804	223	122	37931	3926	62069	0, 8870
31	72955	3801	9, 9931100	123	41855	3924	58145	69
32	76753	3798	9, 9930978	122	45775	3920	54225	68
33	80547	3794	855	123	49692	3917	50308	67
34	84338	3791	732	123	53606	3914	46394	66
35	88126	3788	609	123	57516	3910	42484	65
36	91910	3784	487	122	61423	3907	38577	64
37	95690	3780	363	124	65327	3904	34673	63
38	9, 2499468	3778	240	123	69227	3900	30773	62
39	9, 2503242	3774	9, 9930117	123	73125	3898	26875	61
0, 1140	07012	3770	9, 9929993	124	77019	3894	22981	0, 8860
41	10779	3767	870	123	80909	3890	19091	59
42	14543	3764	746	124	84797	3888	15203	58
43	18303	3760	623	123	88681	3884	11319	57
44	22060	3757	499	124	92562	3881	07438	56
45	25814	3754	375	124	9, 2596439	3877	10, 7403561	55
46	29564	3750	251	124	9, 2600314	3875	10, 7399686	54
47	33311	3747	126	125	04185	3871	95815	53
48	37055	3744	9, 9929002	124	08053	3868	91947	52
49	40795	3740	9, 9928878	124	11917	3864	88083	51
0, 1150	9, 2544532	3737	9, 9928753	125	9, 2615779	3862	10, 7384221	0, 8850
Arc.	Log. Cofin.	D.	Log. Sin.	D.	Log. Cot.	D.	Log. Tang.	Arc.
0,885								

0,115									
Arc.	Sinus.	D.	Cosinus.	D.	Tang.	D.	Cotang.	D.	Arc.
0,1150	0,1796607		0,9837286		0,1826324		5,4754788		0,8850
51	98153	1546	7004	282	27948	1624	706166	48622	49
52	0,1799698	1545	6721	283	29571	1623	657626	48540	48
53	0,1801243	1545	6439	282	31194	1623	609170	48456	47
54	02788	1545	6156	283	32818	1624	560797	48373	46
55	04333	1545	5872	284	34441	1623	512507	48290	45
56	05878	1545	5589	283	36065	1624	464300	48207	44
57	07423	1545	5305	284	37689	1624	416175	48125	43
58	08968	1545	5021	284	39313	1624	368132	48043	42
59	10513	1545	4737	284	40937	1624	320171	47961	41
0,1160	12058	1545	4452	285	42561	1624	272292	47879	0,8840
61	13602	1544	4167	285	44185	1624	224494	47798	39
62	15147	1545	3882	285	45809	1624	176778	47716	38
63	16692	1545	3597	285	47434	1625	129143	47635	37
64	18236	1544	3312	285	49058	1624	081589	47554	36
65	19781	1545	3026	286	50683	1625	5,4034115	47474	35
66	21326	1545	2740	286	52307	1624	5,3986722	47393	34
67	22870	1544	2454	286	53932	1625	939410	47312	33
68	24415	1545	2167	287	55557	1625	892177	47233	32
69	25959	1544	1880	287	57182	1625	845025	47152	31
0,1170	27503	1544	1594	286	58807	1625	797952	47073	0,8830
71	29048	1545	1306	288	60432	1625	750959	46993	29
72	30592	1544	1019	287	62057	1625	704044	46915	28
73	32136	1544	0731	288	63682	1625	657209	46835	27
74	33680	1544	0443	288	65308	1626	610453	46756	26
75	0,1835224	1544	0,9830155	288	0,1866933	1625	5,3563776	46677	25
76	36769	1545	0,9829867	288	68559	1626	517177	46599	24
77	38313	1544	9578	289	70185	1626	470656	46521	23
78	39857	1544	9289	289	71810	1625	424214	46442	22
79	41401	1544	9000	289	73436	1626	377849	46365	21
0,1180	42944	1543	8711	289	75062	1626	331562	46287	0,8820
81	44488	1544	8421	290	76688	1626	285352	46210	19
82	46032	1544	8131	290	78315	1627	239220	46132	18
83	47576	1544	7841	290	79941	1626	193165	46055	17
84	49120	1544	7551	290	81567	1626	147187	45978	16
85	50663	1543	7260	291	83194	1627	101285	45902	15
86	52207	1544	6969	291	84820	1626	055460	45825	14
87	53751	1544	6678	291	86447	1627	5,3009711	45749	13
88	55294	1543	6387	291	88074	1627	5,2964039	45672	12
89	56838	1544	6096	291	89700	1626	918442	45597	11
0,1190	58381	1543	5804	292	91327	1627	872921	45521	0,8810
91	59925	1544	5512	292	92954	1627	827476	45445	09
92	61468	1543	5219	293	94581	1627	782106	45370	08
93	63011	1543	4927	292	96209	1628	736811	45295	07
94	64554	1543	4634	293	97836	1627	691591	45220	06
95	66098	1544	4341	293	0,1899463	1627	646446	45145	05
96	67641	1543	4048	293	0,1901091	1628	601375	45071	04
97	69184	1543	3754	294	02719	1628	556379	44996	03
98	70727	1543	3461	293	04346	1627	511458	44921	02
0,1199	72270	1543	3167	294	05974	1628	466610	44848	01
0,1200	0,1873813	1543	0,9822873	294	0,1907602	1628	5,2421836	44774	0,8800
Arc.	Cosinus.	D.	Sinus.	D.	Cotang.	D.	Tang.	D.	Arc.
0,880									

0,115

Arc.	Log. Sin.	D.	Log. Coſin.	D.	Log. Tang.	D.	Log. Cot.	Arc.
0,1150	9,2544532		9,9928753		9,2615779		10,7384221	0,8850
51	48266	3734	628	125	19637	3858	80363	49
52	51996	3730	504	124	23492	3855	76508	48
53	55723	3727	379	125	27344	3852	72656	47
54	59447	3724	254	125	31193	3849	68807	46
55	63167	3720	129	125	35038	3845	64962	45
56	66884	3717	9,9928004	125	38881	3843	61119	44
57	70598	3714	9,9927878	126	42720	3839	57280	43
58	74309	3711	753	125	46556	3836	53444	42
59	78016	3707	627	126	50389	3833	49611	41
0,1160	81720	3704	502	125	54218	3829	45782	0,8840
61	85421	3701	376	126	58045	3827	41955	39
62	89118	3697	250	126	61868	3823	38132	38
63	92813	3695	9,9927124	126	65689	3821	34311	37
64	9,2596504	3691	9,9926998	126	69506	3817	30494	36
65	9,2600191	3687	872	126	73320	3814	26680	35
66	03876	3685	745	127	77130	3810	22870	34
67	07557	3681	619	126	80938	3808	19062	33
68	11235	3678	493	126	84743	3805	15257	32
69	14910	3675	366	127	88544	3801	11456	31
0,1170	18582	3672	239	127	92343	3799	07657	0,8830
71	22250	3668	9,9926112	127	96138	3795	03862	29
72	25915	3665	9,9925985	127	9,2699930	3792	10,7300070	28
73	29577	3662	858	127	9,2703719	3789	10,7296281	27
74	33236	3659	731	127	07505	3786	92495	26
75	9,2636892	3656	604	127	11288	3783	88712	25
76	40544	3652	476	128	15068	3780	84932	24
77	44194	3650	349	127	18845	3777	81155	23
78	47840	3646	221	128	22619	3774	77381	22
79	51483	3543	9,9925093	128	26389	3770	73611	21
0,1180	55123	3640	9,9924966	127	30157	3768	69843	0,8820
81	58759	3636	838	128	33922	3765	66078	19
82	62393	3634	710	128	37683	3761	62317	18
83	66023	3630	581	129	41442	3759	58558	17
84	69650	3627	453	128	45197	3755	54803	16
85	73274	3624	325	128	48950	3753	51050	15
86	76895	3621	196	129	52699	3749	47301	14
87	80513	3618	9,9924067	129	56446	3747	43554	13
88	84128	3615	9,9923939	128	60189	3743	39811	12
89	87739	3611	810	129	63930	3741	36070	11
0,1190	91348	3609	681	129	67667	3737	32333	0,8810
91	94953	3605	552	129	71401	3734	28599	09
92	9,2698555	3602	423	129	75133	3732	24867	08
93	9,2702155	3600	293	130	78861	3728	21139	07
94	05751	3596	164	129	82587	3726	17413	06
95	09344	3593	9,9923034	130	86309	3722	13691	05
96	12934	3590	9,9922905	129	90029	3720	09971	04
97	16521	3587	775	130	93746	3717	06254	03
98	20104	3583	645	130	9,2797459	3713	10,7202541	02
0,1199	23685	3581	515	130	9,2801170	3711	10,7198830	01
0,1200	9,2727263	3578	9,9922385	130	9,2804878	3708	10,7195122	0,8800
Arc.	Log. Coſin.	D.	Log. Sin.	D.	Log. Cot.	D.	Log. Tang.	Arc.

0,880

0,120									
Arc.	Sinus.	D.	Cofinus.	D.	Tang.	D.	Cotang.	D.	Arc.
0,1200	0,1873813		0,9822873		0,1907602		5,2421836		0,8800
01	75356	1543	2578	295	09230	1628	377136	44700	0,8799
02	76899	1543	2283	295	10858	1628	332509	44627	98
03	78442	1543	1988	295	12486	1628	287955	44554	97
04	79985	1543	1693	295	14115	1629	243475	44480	96
05	81527	1542	1398	295	15743	1628	199068	44407	95
06	83070	1543	1102	296	17372	1629	154733	44335	94
07	84613	1543	0806	296	19000	1628	110471	44262	93
08	86155	1542	0510	296	20629	1629	066281	44190	92
09	87698	1543	0,9820214	296	22258	1629	5,2022164	44117	91
0,1210	89241	1543	0,9819917	297	23886	1628	5,1978119	44045	0,8790
11	90783	1542	9620	297	25515	1629	934145	43974	89
12	92325	1542	9323	297	27145	1630	890243	43902	88
13	93868	1543	9026	297	28774	1629	846413	43830	87
14	95410	1542	8728	298	30403	1629	802654	43759	86
15	96953	1543	8430	298	32032	1629	758966	43688	85
16	0,1898495	1542	8132	298	33662	1630	715350	43616	84
17	0,1900037	1542	7834	298	35291	1629	671804	43546	83
18	01579	1542	7535	299	36921	1630	628328	43476	82
19	03121	1542	7236	299	38551	1630	584923	43405	81
0,1220	04663	1542	6937	299	40181	1630	541589	43334	0,8780
21	06205	1542	6638	299	41811	1630	498324	43265	79
22	07747	1542	6338	300	43441	1630	455129	43195	78
23	09289	1542	6039	299	45071	1630	412005	43124	77
24	10831	1542	5739	300	46701	1630	368949	43056	76
25	0,1912373	1542	0,9815438	301	0,1948332	1631	5,1325964	42985	75
26	13915	1542	5138	300	49962	1630	283047	42917	74
27	15456	1541	4837	301	51593	1631	240200	42847	73
28	16998	1542	4536	301	53223	1630	197421	42779	72
29	18540	1542	4235	301	54854	1631	154711	42710	71
0,1230	20081	1541	3933	302	56485	1631	112070	42641	0,8770
31	21623	1542	3632	301	58116	1631	069497	42573	69
32	23164	1541	3330	302	59747	1631	5,1026993	42504	68
33	24706	1542	3027	303	61378	1631	5,0984556	42437	67
34	26247	1541	2725	302	63010	1632	942188	42368	66
35	27789	1542	2422	303	64641	1631	899887	42301	65
36	29330	1541	2119	303	66272	1631	857654	42233	64
37	30871	1541	1816	303	67904	1632	815488	42166	63
38	32412	1541	1513	303	69536	1632	773390	42098	62
39	33954	1542	1209	304	71167	1631	731358	42032	61
0,1240	35495	1541	0905	304	72799	1632	689394	41964	0,8760
41	37036	1541	0601	304	74431	1632	647496	41898	59
42	38577	1541	0,9810297	304	76063	1632	605665	41831	58
43	40118	1541	0,9809992	305	77696	1633	563900	41765	57
44	41659	1541	9687	305	79328	1632	522202	41698	56
45	43200	1541	9382	305	80960	1632	480570	41632	55
46	44740	1540	9077	305	82593	1633	439003	41567	54
47	46281	1541	8771	306	84225	1632	397503	41500	53
48	47822	1541	8465	306	85858	1633	356068	41435	52
49	49363	1541	8159	306	87491	1633	314699	41369	51
0,1250	0,1950903	1540	0,9807853	306	0,1989124	1633	5,0273395	41304	0,8750
Arc.	Cofinus.	D.	Sinus.	D.	Cotang.	D.	Tang.	D.	Arc.
0,875									

0,120

Arc.	Log. Sin.	D.	Log. Cofin.	D.	Log. Tang.	D.	Log. Cot.	Arc.
0,1200	9,2727263		9,9922385		9,2804878		10,7195122	0,8800
01	30837	3574	2255	130	08583	3705	91417	0,8799
02	34409	3572	2125	130	12284	3701	87716	98
03	37978	3569	1994	131	15983	3699	84017	97
04	41543	3565	1864	130	19679	3696	80321	96
05	45106	3563	1733	131	23373	3694	76627	95
06	48665	3559	1602	131	27063	3690	72937	94
07	52221	3556	1471	131	30750	3687	69250	93
08	55775	3554	1340	131	34434	3684	65566	92
09	59325	3550	1209	131	38116	3682	61884	91
0,1210	62873	3548	1078	131	41794	3678	58206	0,8790
11	66417	3544	0947	131	45470	3676	54530	89
12	69958	3541	0815	132	49143	3673	50857	88
13	73497	3539	0684	131	52813	3670	47187	87
14	77032	3535	0552	132	56480	3667	43520	86
15	80565	3533	0421	131	60144	3664	39856	85
16	84094	3529	0289	132	63805	3661	36195	84
17	87621	3527	0157	132	67464	3659	32536	83
18	91144	3523	9,9920025	132	71119	3655	28881	82
19	94665	3521	9,9919892	133	74772	3653	25228	81
0,1220	9,2798182	3517	9760	132	78422	3650	21578	0,8780
21	9,2801697	3515	9628	132	82069	3647	17931	79
22	05208	3511	9495	133	85713	3644	14287	78
23	08717	3509	9363	132	89355	3642	10645	77
24	12223	3506	9230	133	92993	3638	07007	76
25	15726	3503	9,9919097	133	9,2896629	3636	10,7103371	75
26	19226	3500	8964	133	9,2900262	3633	10,7099738	74
27	22723	3497	8831	133	03892	3630	96108	73
28	26217	3494	8698	133	07519	3627	92481	72
29	29708	3491	8564	134	11144	3625	88856	71
0,1230	33196	3488	8431	133	14765	3621	85235	0,8770
31	36682	3486	8298	133	18384	3619	81616	69
32	40164	3482	8164	134	22000	3616	78000	68
33	43644	3480	8030	134	25614	3614	74386	67
34	47120	3476	7896	134	29224	3610	70776	66
35	50594	3474	7762	134	32832	3608	67168	65
36	54065	3471	7628	134	36437	3605	63563	64
37	57533	3468	7494	134	40039	3602	59961	63
38	60998	3465	7360	134	43638	3599	56362	62
39	64460	3462	7225	135	47235	3597	52765	61
0,1240	67920	3460	7091	134	50829	3594	49171	0,8760
41	71376	3456	6956	135	54420	3591	45580	59
42	74830	3454	6821	135	58009	3589	41991	58
43	78281	3451	6687	134	61594	3585	38406	57
44	81729	3448	6552	135	65177	3583	34823	56
45	85174	3445	6416	136	68758	3581	31242	55
46	88616	3442	6281	135	72335	3577	27665	54
47	92056	3440	6146	135	75910	3575	24090	53
48	95492	3436	6011	135	79482	3572	20518	52
49	9,2898926	3434	5875	136	83051	3569	16949	51
0,1250	9,2902357	3431	9,9915739	136	9,2986618	3567	10,7013382	0,8750
Arc.	Log. Cofin.	D.	Log. Sin.	D.	Log. Cot.	D.	Log. Tang.	Arc.

0,875

0,125

Arc.	Sinus.	D.	Cofinus.	D.	Tang.	D.	Cotang.	D.	Arc.
0, 1250	0, 1950903		0, 9807853		0, 1989124		5, 0273395		0, 8750
51	52444	1541	7546	307	90757	1633	232156	41239	49
52	53984	1540	7239	307	92390	1633	190982	41174	48
53	55525	1541	6932	307	94023	1633	149874	41108	47
54	57065	1540	6625	307	95656	1633	108829	41045	46
55	58606	1541	6318	307	97290	1634	067850	40979	45
56	60146	1540	6010	308	0, 1998923	1633	5, 0026935	40915	44
57	61686	1540	5702	308	0, 2000557	1634	4, 9986084	40851	43
58	63227	1541	5393	309	02191	1634	945297	40787	42
59	64767	1540	5085	308	03824	1633	904574	40723	41
0, 1260	66307	1540	4776	309	05458	1634	863915	40659	0, 8740
61	67847	1540	4467	309	07092	1634	823320	40595	39
62	69387	1540	4158	309	08726	1634	782788	40532	38
63	70927	1540	3849	309	10361	1635	742319	40469	37
64	72467	1540	3539	310	11995	1634	701914	40405	36
65	74007	1540	3229	310	13629	1634	661571	40343	35
66	75547	1540	2919	310	15264	1635	621292	40279	34
67	77087	1540	2608	311	16899	1635	581075	40217	33
68	78626	1539	2298	310	18533	1634	540921	40154	32
69	80166	1540	1987	311	20168	1635	500829	40092	31
0, 1270	81706	1540	1675	312	21803	1635	460800	40029	0, 8730
71	83245	1539	1364	311	23438	1635	420832	39968	29
72	84785	1540	1052	312	25073	1635	380927	39905	28
73	86325	1540	0741	311	26709	1636	341084	39843	27
74	87864	1539	0428	313	28344	1635	301302	39782	26
75	0, 1989403	1539	0, 9800116	312	0, 2029979	1635	4, 9261582	39720	25
76	90943	1540	0, 9799803	313	31615	1636	221923	39659	24
77	92482	1539	9491	312	33251	1636	182326	39597	23
78	94021	1539	9177	314	34887	1636	142790	39536	22
79	95561	1540	8864	313	36522	1635	103314	39476	21
0, 1280	97100	1539	8551	313	38158	1636	063900	39414	0, 8720
81	0, 1998639	1539	8237	314	39795	1637	4, 9024546	39354	19
82	0, 2000178	1539	7923	314	41431	1636	4, 8985253	39293	18
83	01717	1539	7608	315	43067	1636	946020	39233	17
84	03256	1539	7294	314	44703	1636	906848	39172	16
85	04795	1539	6979	315	46340	1637	867736	39112	15
86	06334	1539	6664	315	47977	1637	828683	39053	14
87	07873	1539	6349	315	49613	1636	789691	38992	13
88	09411	1538	6033	316	51250	1637	750758	38933	12
89	10950	1539	5717	316	52887	1637	711885	38873	11
0, 1290	12489	1539	5401	316	54524	1637	673071	38814	0, 8710
91	14027	1538	5085	316	56161	1637	634317	38754	09
92	15566	1539	4769	316	57799	1638	595622	38695	08
93	17105	1539	4452	317	59435	1637	556986	38636	07
94	18643	1538	4135	317	61073	1637	518408	38578	06
95	20182	1539	3818	317	62711	1638	479890	38518	05
96	21720	1538	3500	318	64349	1638	441430	38460	04
97	23258	1538	3183	317	65986	1637	403028	38402	03
98	24797	1539	2865	318	67624	1638	364685	38343	02
0, 1299	26335	1538	2547	318	69262	1638	326400	38285	01
0, 1300	0, 2027873	1538	0, 9792228	319	0, 2070900	1638	4, 8288174	38226	0, 8700
Arc.	Cofinus.	D.	Sinus.	D.	Cotang.	D.	Tang.	D.	Arc.

0,870

0,125

Arc.	Log. Sin.	D.	Log. Cosin.	D.	Log. Tang.	D.	Log. Cot.	Arc.
0, 1250	9, 2902357		9, 9915739		9, 2986618		10, 7013382	0, 8750
51	05785	3428	5604	135	90182	3564	00818	49
52	09211	3426	5468	136	93743	3561	06257	48
53	12633	3422	5332	136	9, 2997302	3559	10, 7002698	47
54	16053	3420	5196	136	9, 3000857	3555	10, 6999143	46
55	19470	3417	5060	136	04411	3554	95589	45
56	22884	3414	4923	137	07961	3550	92039	44
57	26296	3412	4787	136	11509	3548	88491	43
58	29704	3408	4650	137	15054	3545	84946	42
59	33110	3406	4514	136	18596	3542	81404	41
0, 1260	36513	3403	4377	137	22136	3540	77864	0, 8740
61	39913	3400	4240	137	25673	3537	74327	39
62	43311	3398	4103	137	29208	3535	70792	38
63	46706	3395	3966	137	32740	3532	67260	37
64	50098	3392	3829	137	36269	3529	63731	36
65	53487	3389	3691	138	39795	3526	60205	35
66	56873	3386	3554	137	43319	3524	56681	34
67	60257	3384	3416	138	46841	3522	53159	33
68	63638	3381	3279	137	50359	3518	49641	32
69	67016	3378	3141	138	53875	3516	46125	31
0, 1270	70392	3376	3003	138	57389	3514	42611	0, 8730
71	73765	3373	2865	138	60899	3510	39101	29
72	77135	3370	2727	138	64408	3509	35592	28
73	80502	3367	2589	138	67913	3505	32087	27
74	83867	3365	2451	138	71416	3503	28584	26
75	9, 2987229	3362	9, 9912312	139	9, 3074916	3500	10, 6925084	25
76	90588	3359	2174	138	78414	3498	21586	24
77	93944	3356	2035	139	81909	3495	18091	23
78	9, 2997298	3354	1896	139	85402	3493	14598	22
79	9, 3000649	3351	1757	139	88892	3490	11108	21
0, 1280	03998	3349	1618	139	92379	3487	07621	0, 8720
81	07343	3345	1479	139	95864	3485	04136	19
82	10686	3343	1340	139	9, 3099346	3482	10, 6900654	18
83	14027	3341	1201	139	9, 3102826	3480	10, 6897174	17
84	17365	3338	1061	140	06303	3477	93697	16
85	20700	3335	0922	139	09778	3475	90222	15
86	24032	3332	0782	140	13250	3472	86750	14
87	27362	3330	0642	140	16719	3469	83281	13
88	30689	3327	0502	140	20186	3467	79814	12
89	34013	3324	0362	140	23651	3465	76349	11
0, 1290	37335	3322	0222	140	27112	3461	72888	0, 8710
91	40654	3319	9, 9910082	140	30572	3460	69428	09
92	43970	3316	9, 9909942	140	34029	3457	65971	08
93	47284	3314	9801	141	37483	3454	62517	07
94	50595	3311	9661	140	40935	3452	59065	06
95	53904	3309	9520	141	44384	3449	55616	05
96	57210	3306	9379	141	47830	3446	52170	04
97	60513	3303	9239	140	51275	3445	48725	03
98	63814	3301	9098	141	54716	3441	45284	02
0, 1299	67112	3298	8956	142	58156	3440	41844	01
0, 1300	9, 3070407	3295	9, 9908815	141	9, 3161592	3436	10, 6838408	0, 8700
Arc.	Log. Cosin.	D.	Log. Sin.	D.	Log. Cot.	D.	Log. Tang.	Arc.

0,870

0,130

Arc.	Sinus.	D.	Cofinus.	D.	Tang.	D.	Cotang.	D.	Arc.
0, 1300	0, 2027873		0, 9792228		0, 2070900		4, 8288174		0, 8700
01	29411	1538	1909	319	72539	1639	250005	38169	0, 8699
02	30949	1538	1591	318	74177	1638	211894	38111	98
03	32487	1538	1271	320	75815	1638	173840	38054	97
04	34025	1538	0952	319	77454	1639	135844	37996	96
05	35563	1538	0632	320	79093	1639	097906	37938	95
06	37101	1538	0, 9790313	319	80731	1638	060025	37881	94
07	38639	1538	0, 9789992	321	82370	1639	4, 8022201	37824	93
08	40177	1538	9672	320	84009	1639	4, 7984434	37767	92
09	41714	1537	9351	321	85648	1639	946724	37710	91
0, 1310	43252	1538	9031	320	87287	1639	909071	37653	0, 8690
11	44790	1538	8710	321	88927	1640	871474	37597	89
12	46327	1537	8388	322	90566	1639	833934	37540	88
13	47865	1538	8067	321	92206	1640	796450	37484	87
14	49402	1537	7745	322	93845	1639	759023	37427	86
15	50940	1538	7423	322	95485	1640	721651	37372	85
16	52477	1537	7101	322	97125	1640	684336	37315	84
17	54014	1537	6778	323	0, 2098765	1640	647076	37260	83
18	55552	1538	6455	323	0, 2100405	1640	609872	37204	82
19	57089	1537	6152	323	02045	1640	572724	37148	81
0, 1320	58626	1537	5809	323	03685	1640	535631	37093	0, 8680
21	60163	1537	5486	323	05325	1640	498594	37037	79
22	61700	1537	5162	324	06966	1641	461612	36982	78
23	63237	1537	4838	324	08607	1641	424684	36928	77
24	64774	1537	4514	324	10247	1640	387812	36872	76
25	0, 2066311	1537	0, 9784189	325	0, 2111888	1641	4, 7350995	36817	75
26	67848	1537	3864	325	13529	1641	314233	36762	74
27	69385	1537	3540	324	15170	1641	277525	36708	73
28	70922	1537	3214	326	16811	1641	240871	36654	72
29	72458	1536	2889	325	18452	1641	204272	36599	71
0, 1330	73995	1537	2563	326	20094	1642	167727	36545	0, 8670
31	75532	1537	2237	326	21735	1641	131236	36491	69
32	77068	1536	1911	326	23377	1642	094800	36436	68
33	78605	1537	1585	326	25018	1641	058417	36383	67
34	80141	1536	1258	327	26660	1642	4, 7022088	36329	66
35	81678	1537	0931	327	28302	1642	4, 6985812	36276	65
36	83214	1536	0604	327	29944	1642	949590	36222	64
37	84750	1536	0, 9780277	327	31586	1642	913421	36169	63
38	86287	1537	0, 9779949	328	33228	1642	877306	36115	62
39	87823	1536	9621	328	34871	1643	841244	36062	61
0, 1340	89359	1536	9293	328	36513	1642	805235	36009	0, 8660
41	90895	1536	8965	328	38156	1643	769278	35957	59
42	92431	1536	8637	328	39798	1642	733375	35903	58
43	93967	1536	8308	329	41441	1643	697524	35851	57
44	95503	1536	7979	329	43084	1643	661726	35798	56
45	97039	1536	7649	330	44727	1643	625980	35746	55
46	0, 2098575	1536	7320	329	46370	1643	590287	35693	54
47	0, 2100111	1536	6990	330	48013	1643	554645	35642	53
48	01646	1535	6660	330	49657	1644	519056	35589	52
49	03182	1536	6330	330	51300	1643	483519	35537	51
0, 1350	0, 2104718	1536	0, 9775999	331	0, 2152944	1644	4, 6448034	35485	0, 8650
Arc.	Cofinus.	D.	Sinus.	D.	Cotang.	D.	Tang.	D.	Arc.

0,865

0,130								
Arc.	Log. Sin.	D.	Log. Cosin.	D.	Log. Tang.	D.	Log. Cot.	Arc.
0,1300	9,3070407		9,9908815		9,3161592		10,6838408	0,8700
01	73700	3293	8674	141	65026	3434	34974	0,8699
02	76991	3291	8532	142	68458	3432	31542	98
03	80278	3287	8391	141	71887	3429	28113	97
04	83563	3285	8249	142	75314	3427	24686	96
05	86846	3283	8107	142	78738	3424	21262	95
06	90126	3280	7966	141	82160	3422	17840	94
07	93403	3277	7824	142	85579	3419	14421	93
08	96678	3275	7681	143	88996	3417	11004	92
09	9,3099950	3272	7539	142	92411	3415	07589	91
0,1310	9,3103219	3269	7397	142	95823	3412	04177	0,8690
11	06486	3267	7254	143	9,3199232	3409	10,6800768	89
12	09751	3265	7112	142	9,3202639	3407	10,6797361	88
13	13013	3262	6969	143	06044	3405	93956	87
14	16272	3259	6826	143	09446	3402	90554	86
15	19529	3257	6684	142	12845	3399	87155	85
16	22783	3254	6541	143	16243	3398	83757	84
17	26035	3252	6397	144	19637	3394	80363	83
18	29284	3249	6254	143	23030	3393	76970	82
19	32531	3247	6111	143	26420	3390	73580	81
0,1320	35775	3244	5967	144	29807	3387	70193	0,8680
21	39016	3241	5824	143	33192	3385	66808	79
22	42255	3239	5680	144	36575	3383	63425	78
23	45492	3237	5536	144	39956	3381	60044	77
24	48726	3234	5392	144	43333	3377	56667	76
25	9,3151957	3231	9,9905248	144	9,3246709	3376	10,6753291	75
26	55186	3229	5104	144	50082	3373	49918	74
27	58413	3227	4960	144	53453	3371	46547	73
28	61637	3224	4816	144	56821	3368	43179	72
29	64858	3221	4671	145	60187	3366	39813	71
0,1330	68077	3219	4527	144	63551	3364	36449	0,8670
31	71294	3217	4382	145	66912	3361	33088	69
32	74508	3214	4237	145	70270	3358	29730	68
33	77719	3211	4092	145	73627	3357	26373	67
34	80928	3209	3947	145	76981	3354	23019	66
35	84135	3207	3802	145	80333	3352	19667	65
36	87339	3204	3657	145	83682	3349	16318	64
37	90540	3201	3512	145	87029	3347	12971	63
38	93740	3200	3366	146	90374	3345	09626	62
39	9,3196936	3196	3220	146	93716	3342	06284	61
0,1340	9,3200130	3194	3075	145	9,3297056	3340	10,6702944	0,8660
41	03322	3192	2929	146	9,3300393	3337	10,6699607	59
42	06512	3190	2783	146	03729	3336	96271	58
43	09698	3186	2637	146	07061	3332	92939	57
44	12883	3185	2491	146	10392	3331	89608	56
45	16065	3182	2345	146	13720	3328	86280	55
46	19244	3179	2198	147	17046	3326	82954	54
47	22422	3178	2052	146	20370	3324	79630	53
48	25596	3174	1905	147	23691	3321	76309	52
49	28768	3172	1758	147	27010	3319	72990	51
0,1350	9,3231938	3170	9,9901612	146	9,3330327	3317	10,6669673	0,8650
Arc.	Log. Cosin.	D.	Log. Sin.	D.	Log. Cot.	D.	Log. Tang.	Arc.
0,865								

0,135

Arc.	Sinus.	D.	Cosinus.	D.	Tang.	D.	Cotang.	D.	Arc.
0,1350	0,2104718		0,9775999		0,2152944		4,6448034		0,8650
51	06253	1535	5669	330	54587	1643	412600	35434	49
52	07789	1536	5338	331	56231	1644	377218	35382	48
53	09324	1535	5006	332	57875	1644	341888	35330	47
54	10860	1536	4675	331	59519	1644	306608	35280	46
55	12395	1535	4343	332	61163	1644	271381	35227	45
56	13930	1535	4011	332	62807	1644	236204	35177	44
57	15466	1536	3679	332	64452	1645	201079	35125	43
58	17001	1535	3347	332	66096	1644	166004	35075	42
59	18536	1535	3014	333	67741	1645	130980	35024	41
0,1360	20071	1535	2681	333	69385	1644	096007	34973	0,8640
61	21606	1535	2348	333	71030	1645	061085	34922	39
62	23141	1535	2015	333	72675	1645	4,6026213	34872	38
63	24676	1535	1681	334	74320	1645	4,5991391	34822	37
64	26211	1535	1347	334	75965	1645	956620	34771	36
65	27746	1535	1013	334	77610	1645	921899	34721	35
66	29281	1535	0679	334	79256	1646	887228	34671	34
67	30815	1534	0344	335	80901	1645	852607	34621	33
68	32350	1535	0,9770009	335	82547	1646	818035	34572	32
69	33885	1535	0,9769674	335	84192	1645	783514	34521	31
0,1370	35419	1534	9339	335	85838	1646	749042	34472	0,8630
71	36954	1535	9003	336	87484	1646	714619	34423	29
72	38488	1534	8668	335	89130	1646	680246	34373	28
73	40023	1535	8332	336	90776	1646	645923	34323	27
74	41557	1534	7995	337	92422	1646	611648	34275	26
75	0,2143092	1535	0,9767659	336	94069	1647	4,5577422	34226	25
76	44626	1534	7322	337	95715	1646	543246	34176	24
77	46160	1534	6985	337	97362	1647	509118	34128	23
78	47694	1534	6648	337	0,2199009	1647	475039	34079	22
79	49228	1534	6310	338	0,2200655	1646	441009	34030	21
0,1380	50762	1534	5973	337	02302	1647	407028	33981	0,8620
81	52296	1534	5635	338	03949	1647	373094	33934	19
82	53830	1534	5296	339	05596	1647	339209	33885	18
83	55364	1534	4958	338	07244	1648	305373	33836	17
84	56898	1534	4619	339	08891	1647	271584	33789	16
85	58432	1534	4280	339	10539	1648	237844	33740	15
86	59966	1534	3941	339	12186	1647	204151	33693	14
87	61499	1533	3602	339	13834	1648	170506	33645	13
88	63033	1534	3262	340	15482	1648	136909	33597	12
89	64567	1534	2922	340	17130	1648	103360	33549	11
0,1390	66100	1533	2582	340	18778	1648	069858	33502	0,8610
91	67634	1534	2242	340	20426	1648	036403	33455	09
92	69167	1533	1901	341	22074	1648	4,5002996	33407	08
93	70700	1533	1560	341	23723	1649	4,4969636	33360	07
94	72234	1534	1219	341	25371	1648	936323	33313	06
95	73767	1533	0878	341	27020	1649	903057	33266	05
96	75300	1533	0536	342	28669	1649	869838	33219	04
97	76833	1533	0,9760195	341	30318	1649	836665	33173	03
98	78366	1533	0,9759852	343	31967	1649	803540	33125	02
0,1399	79899	1533	9510	342	33616	1649	770461	33079	01
0,1400	0,2181432	1533	0,9759168	342	0,2235265	1649	4,4737428	33033	0,8600
Arc.	Cosinus.	D.	Sinus.	D.	Cotang.	D.	Tang.	D.	Arc.

0,860

0,135								
Arc.	Log. Sin.	D.	Log.Cofin.	D.	Log. Tang.	D.	Log. Cot.	Arc.
0, 1350	9, 3231938		9, 9901612		9, 3330327		10, 6669673	0, 8650
51	35106	3168	1465	147	33641	3314	66359	49
52	38271	3165	1318	147	36953	3312	63047	48
53	41433	3162	1171	147	40263	3310	59737	47
54	44594	3161	1023	148	43570	3307	56430	46
55	47751	3157	0876	147	46875	3305	53125	45
56	50907	3156	0728	148	50178	3303	49822	44
57	54060	3153	0581	147	53479	3301	46521	43
58	57210	3150	0433	148	56777	3298	43223	42
59	60358	3148	0285	148	60073	3296	39927	41
0, 1360	63504	3146	9, 9900137	148	63367	3294	36633	0, 8640
61	66648	3144	9, 9899989	148	66658	3291	33342	39
62	69789	3141	9841	148	69948	3290	30052	38
63	72927	3138	9693	148	73235	3287	26765	37
64	76054	3137	9544	149	76519	3284	23481	36
65	79198	3134	9396	148	79802	3283	20198	35
66	82329	3131	9247	149	83082	3280	16918	34
67	85458	3129	9099	148	86360	3278	13640	33
68	88585	3127	8950	149	89635	3275	10365	32
69	91710	3125	8801	149	92909	3274	07091	31
0, 1370	94832	3122	8652	149	96180	3271	03820	0, 8630
71	9, 3297952	3120	8503	149	9, 3399449	3269	10, 6600551	29
72	9, 3301069	3117	8353	150	9, 3402716	3267	10, 6597284	28
73	04184	3115	8204	149	05980	3264	94020	27
74	07297	3113	8054	150	09242	3262	90758	26
75	10407	3110	9, 9897905	149	12502	3260	87498	25
76	13515	3108	7755	150	15760	3258	84240	24
77	16621	3106	7605	150	19016	3256	80984	23
78	19724	3103	7455	150	22269	3253	77731	22
79	22826	3102	7305	150	25520	3251	74480	21
0, 1380	25924	3098	7155	150	28769	3249	71231	0, 8620
81	29021	3097	7005	150	32016	3247	67984	19
82	32115	3094	6854	151	35261	3245	64739	18
83	35207	3092	6704	150	38503	3242	61497	17
84	38296	3089	6553	151	41743	3240	58257	16
85	41383	3087	6402	151	44981	3238	55019	15
86	44468	3085	6252	150	48217	3236	51783	14
87	47551	3083	6101	151	51450	3233	48550	13
88	50631	3080	5950	151	54682	3232	45318	12
89	53709	3078	5798	152	57911	3229	42089	11
0, 1390	56785	3076	5647	151	61138	3227	38862	0, 8610
91	59859	3074	5496	151	64363	3225	35637	09
92	62930	3071	5344	152	67586	3223	32414	08
93	65999	3069	5192	152	70806	3220	29194	07
94	69065	3066	5041	151	74025	3219	25975	06
95	72130	3065	4889	152	77241	3216	22759	05
96	75192	3062	4737	152	80455	3214	19545	04
97	78252	3060	4585	152	83667	3212	16333	03
98	81309	3057	4433	152	86877	3210	13123	02
0, 1399	84365	3056	4280	153	90084	3207	09916	01
0, 1400	9, 3387418	3053	9, 9894128	152	9, 3493290	3206	10, 6506710	0, 8600
Arc.	Log.Cofin.	D.	Log. Sin.	D.	Log. Cot.	D.	Log. Tang.	Arc.
0,860								

0,140

Arc.	Sinus.	D.	Cosinus.	D.	Tang.	D.	Cotang.	D.	Arc.
0,1400	0,2181432		0,9759168		0,2235265		4,4737428		0,8600
01	82965	1533	8825	343	36914	1649	704442	32986	0,8599
02	84498	1533	8482	343	38564	1650	671502	32940	98
03	86031	1533	8139	343	40213	1649	638609	32893	97
04	87564	1533	7795	344	41863	1650	605761	32848	96
05	89097	1533	7451	344	43513	1650	572960	32801	95
06	90629	1532	7107	344	45163	1650	540204	32756	94
07	92162	1533	6763	344	46813	1650	507494	32710	93
08	93694	1532	6419	344	48463	1650	474830	32664	92
09	95227	1533	6074	345	50113	1650	442211	32619	91
0,1410	96759	1532	5729	345	51763	1650	409638	32573	0,8590
11	98292	1533	5384	345	53414	1651	377111	32527	89
12	0,2199824	1532	5038	346	55065	1651	344629	32482	88
13	0,2201356	1532	4693	345	56715	1650	312192	32437	87
14	02889	1533	4347	346	58366	1651	279800	32392	86
15	04421	1532	4001	346	60017	1651	247453	32347	85
16	05953	1532	3654	347	61668	1651	215151	32302	84
17	07485	1532	3308	346	63319	1651	182894	32257	83
18	09017	1532	2961	347	64971	1652	150681	32213	82
19	10549	1532	2614	347	66622	1651	118513	32168	81
0,1420	12081	1532	2266	348	68274	1652	086390	32123	0,8580
21	13613	1532	1919	347	69925	1651	054311	32079	79
22	15145	1532	1571	348	71577	1652	4,4022277	32034	78
23	16676	1531	1223	348	73229	1652	4,3990287	31990	77
24	18208	1532	0874	349	74881	1652	958341	31946	76
25	0,2219740	1532	0526	348	0,2276533	1652	926439	31902	75
26	21271	1531	0,9750177	349	78186	1653	894581	31858	74
27	22803	1532	0,9749828	349	79838	1652	862768	31813	73
28	24334	1531	9479	349	81490	1652	830997	31771	72
29	25866	1532	9129	350	83143	1653	799271	31726	71
0,1430	27397	1531	8780	349	84796	1653	767588	31683	0,8570
31	28928	1531	8430	350	86449	1653	735949	31639	69
32	30460	1532	8079	351	88102	1653	704353	31596	68
33	31991	1531	7729	350	89755	1653	672801	31552	67
34	33522	1531	7378	351	91408	1653	641292	31509	66
35	35053	1531	7027	351	93061	1653	609825	31467	65
36	36584	1531	6676	351	94715	1654	578403	31422	64
37	38115	1531	6324	352	96368	1653	547023	31380	63
38	39646	1531	5973	351	98022	1654	515686	31337	62
39	41177	1531	5621	352	0,2299676	1654	484391	31295	61
0,1440	42708	1531	5269	352	0,2301330	1654	453140	31251	0,8560
41	44238	1530	4916	353	02984	1654	421931	31209	59
42	45769	1531	4564	352	04638	1654	390765	31166	58
43	47300	1531	4211	353	06292	1654	359641	31124	57
44	48830	1530	3858	353	07947	1655	328559	31082	56
45	50361	1531	3504	354	09601	1654	297520	31039	55
46	51891	1530	3151	353	11256	1655	266523	30997	54
47	53422	1531	2797	354	12911	1655	235568	30955	53
48	54952	1530	2443	354	14565	1654	204655	30913	52
49	56482	1530	2088	355	16220	1655	173784	30871	51
0,1450	0,2258013	1531	0,9741734	354	0,2317876	1656	4,3142955	30829	0,8550
Arc.	Cosinus.	D.	Sinus.	D.	Cotang.	D.	Tang.	D.	Arc.

0,855

0,135

Arc.	Log. Sin.	D.	Log.Cosin.	D.	Log. Tang.	D.	Log. Cot.	Arc.
0,1350	9,3231938		9,9901612		9,3330327		10,6669673	0,8650
51	35106	3168	1465	147	33641	3314	66359	49
52	38271	3165	1318	147	36953	3312	63047	48
53	41433	3162	1171	147	40263	3310	59737	47
54	44594	3161	1023	148	43570	3307	56430	46
55	47751	3157	0876	147	46875	3305	53125	45
56	50907	3156	0728	148	50178	3303	49822	44
57	54060	3153	0581	147	53479	3301	46521	43
58	57210	3150	0433	148	56777	3298	43223	42
59	60358	3148	0285	148	60073	3296	39927	41
0,1360	63504	3146	9,9900137	148	63367	3294	36633	0,8640
61	66648	3144	9,9899989	148	66658	3291	33342	39
62	69789	3141	9841	148	69948	3290	30052	38
63	72927	3138	9693	148	73235	3287	26765	37
64	76064	3137	9544	149	76519	3284	23481	36
65	79198	3134	9396	148	79802	3283	20198	35
66	82329	3131	9247	149	83082	3280	16918	34
67	85458	3129	9099	148	86360	3278	13640	33
68	88585	3127	8950	149	89635	3275	10365	32
69	91710	3125	8801	149	92909	3274	07091	31
0,1370	94832	3122	8652	149	96180	3271	03820	0,8630
71	9,3297952	3120	8503	149	9,3399449	3269	10,6600551	29
72	9,3301069	3117	8353	150	9,3402716	3267	10,6597284	28
73	04184	3115	8204	149	05980	3264	94020	27
74	07297	3113	8054	150	09242	3262	90758	26
75	10407	3110	9,9897905	149	12502	3260	87498	25
76	13515	3108	7755	150	15760	3258	84240	24
77	16621	3106	7605	150	19016	3256	80984	23
78	19724	3103	7455	150	22269	3253	77731	22
79	22826	3102	7305	150	25520	3251	74480	21
0,1380	25924	3098	7155	150	28769	3249	71231	0,8620
81	29021	3097	7005	150	32016	3247	67984	19
82	32115	3094	6854	151	35261	3245	64739	18
83	35207	3092	6704	150	38503	3242	61497	17
84	38296	3089	6553	151	41743	3240	58257	16
85	41383	3087	6402	151	44981	3238	55019	15
86	44468	3085	6252	150	48217	3236	51783	14
87	47551	3083	6101	151	51450	3233	48550	13
88	50631	3080	5950	151	54682	3232	45318	12
89	53709	3078	5798	152	57911	3229	42089	11
0,1390	56785	3076	5647	151	61138	3227	38862	0,8610
91	59859	3074	5496	151	64363	3225	35637	09
92	62930	3071	5344	152	67586	3223	32414	08
93	65999	3069	5192	152	70806	3220	29194	07
94	69065	3066	5041	151	74025	3219	25975	06
95	72130	3065	4889	152	77241	3216	22759	05
96	75192	3062	4737	152	80455	3214	19545	04
97	78252	3060	4585	152	83667	3212	16333	03
98	81309	3057	4433	152	86877	3210	13123	02
0,1399	84365	3056	4280	153	90084	3207	09916	01
0,1400	9,3387418	3053	9,9894128	152	9,3493290	3206	10,6506710	0,8600
Arc.	Log.Cosin.	D.	Log. Sin.	D.	Log. Cot.	D.	Log. Tang.	Arc.

0,860

0,145									
Arc.	Sinus.	D.	Cofinus.	D.	Tang.	D.	Cotang.	D.	Arc.
0, 1450	0, 2258013		0, 9741734		0, 2317876		4, 3142955		0, 8550
51	59543	1530	1379	355	19531	1655	112167	30788	49
52	61073	1530	1024	355	21186	1655	081422	30745	48
53	62603	1530	0669	355	22842	1656	050718	30704	47
54	64133	1530	0, 9740313	356	24497	1655	4, 3020055	30663	46
55	65663	1530	0, 9739957	356	26153	1656	4, 2989434	30621	45
56	67193	1530	9601	356	27809	1656	958854	30580	44
57	68723	1530	9245	356	29465	1656	928315	30539	43
58	70253	1530	8889	356	31121	1656	897818	30497	42
59	71782	1529	8532	357	32777	1656	867361	30457	41
0, 1460	73312	1530	8175	357	34433	1656	836946	30415	0, 8540
61	74842	1530	7818	357	36090	1657	806571	30375	39
62	76371	1529	7460	358	37747	1657	776238	30333	38
63	77901	1530	7103	357	39403	1656	745945	30293	37
64	79430	1529	6745	358	41060	1657	715692	30253	36
65	80960	1530	6387	358	42717	1657	685481	30211	35
66	82489	1529	6028	359	44374	1657	655309	30172	34
67	84018	1529	5669	359	46031	1657	625178	30131	33
68	85548	1530	5311	358	47689	1658	595088	30090	32
69	87077	1529	4951	360	49346	1657	565038	30050	31
0, 1470	88606	1529	4592	359	51004	1658	535027	30011	0, 8530
71	90135	1529	4232	360	52661	1657	505057	29970	29
72	91664	1529	3873	359	54319	1658	475127	29930	28
73	93193	1529	3512	361	55977	1658	445237	29890	27
74	94722	1529	3152	360	57635	1658	415387	29850	26
75	96251	1529	0, 9732792	360	0, 2359293	1658	4, 2385576	29811	25
76	97780	1529	2431	361	60951	1658	355805	29771	24
77	0, 2299308	1528	2070	361	62610	1659	326074	29731	23
78	0, 2300837	1529	1708	362	64268	1658	296382	29692	22
79	02366	1529	1347	361	65927	1659	266730	29652	21
0, 1480	03894	1528	0985	362	67586	1659	237117	29613	0, 8520
81	05423	1529	0623	362	69245	1659	207543	29574	19
82	06951	1528	0, 9730261	362	70904	1659	178008	29535	18
83	08480	1529	0, 9729898	363	72563	1659	148513	29495	17
84	10008	1528	9536	362	74222	1659	119056	29457	16
85	11536	1528	9173	363	75882	1660	089639	29417	15
86	13064	1528	8809	364	77541	1659	060260	29379	14
87	14593	1529	8446	363	79201	1660	030921	29339	13
88	16121	1528	8082	364	80861	1660	4, 2001619	29302	12
89	17649	1528	7718	364	82520	1659	4, 1972357	29262	11
0, 1490	19177	1528	7354	364	84181	1661	943133	29224	0, 8510
91	20705	1528	6990	364	85841	1660	913948	29185	09
92	22233	1528	6625	365	87501	1660	884801	29147	08
93	23760	1527	6260	365	89161	1660	855692	29109	07
94	25288	1528	5895	365	90822	1661	826621	29071	06
95	26816	1528	5530	365	92482	1660	797589	29032	05
96	28344	1528	5164	366	94143	1661	768595	28994	04
97	29871	1527	4798	366	95804	1661	739639	28956	03
98	31399	1528	4432	366	97465	1661	710721	28918	02
0, 1499	32926	1527	4066	366	0, 2399126	1661	681840	28881	01
0, 1500	0, 2334454	1528	0, 9723699	367	0, 2400788	1662	4, 1652998	28842	0, 8500
Arc.	Cofinus.	D.	Sinus.	D.	Cotang.	D.	Tang.	D.	Arc.
0,850									

0,145								
Arc.	Log. Sin.	D.	Log. Cosin.	D.	Log. Tang.	D.	Log. Cot.	Arc.
0,1450	9,3537264		9,9886363		9,3650901		10,6349099	0,8550
51	40206	2942	6204	159	54001	3100	45999	49
52	43146	2940	6046	158	57100	3099	42900	48
53	46084	2938	5888	158	60196	3096	39804	47
54	49020	2936	5729	159	63290	3094	36710	46
55	51953	2933	5571	158	66383	3093	33617	45
56	54885	2932	5412	159	69473	3090	30527	44
57	57815	2930	5253	159	72562	3089	27438	43
58	60742	2927	5094	159	75648	3086	24352	42
59	63667	2925	4935	159	78732	3084	21268	41
0,1460	66591	2924	4776	159	81815	3083	18185	0,8540
61	69512	2921	4616	160	84896	3081	15104	39
62	72431	2919	4457	159	87974	3078	12026	38
63	75348	2917	4297	160	91051	3077	08949	37
64	78263	2915	4138	159	94126	3075	05874	36
65	81176	2913	3978	160	9,3697198	3072	10,6302802	35
66	84087	2911	3818	160	9,3700269	3071	10,6299731	34
67	86996	2909	3658	160	03338	3069	96662	33
68	89903	2907	3498	160	06405	3067	93595	32
69	92808	2905	3338	160	09470	3065	90530	31
0,1470	95710	2902	3178	160	12533	3063	87467	0,8530
71	9,3598611	2901	3017	161	15594	3061	84406	29
72	9,3601510	2899	2857	160	18653	3059	81347	28
73	04406	2896	2696	161	21710	3057	78290	27
74	07301	2895	2535	161	24766	3056	75234	26
75	10193	2892	9,9882374	161	9,3727819	3053	10,6272181	25
76	13084	2891	2213	161	30871	3052	69129	24
77	15972	2888	2052	161	33920	3049	66080	23
78	18859	2887	1891	161	36968	3048	63032	22
79	21743	2884	1730	161	40014	3046	59986	21
0,1480	24625	2882	1568	162	43057	3043	56943	0,8520
81	27506	2881	1407	161	46099	3042	53901	19
82	30384	2878	1245	162	49139	3040	50861	18
83	33260	2876	1083	162	52177	3038	47823	17
84	36135	2875	0921	162	55214	3037	44786	16
85	39007	2872	0759	162	58248	3034	41752	15
86	41877	2870	0597	162	61280	3032	38720	14
87	44746	2869	0435	162	64311	3031	35689	13
88	47612	2866	0272	163	67340	3029	32660	12
89	50476	2864	9,9880110	162	70366	3026	29634	11
0,1490	53339	2863	9,9879947	163	73391	3025	26609	0,8510
91	56199	2860	9785	162	76414	3023	23586	09
92	59057	2858	9622	163	79435	3021	20565	08
93	61914	2857	9459	163	82455	3020	17545	07
94	64768	2854	9296	163	85472	3017	14528	06
95	67620	2852	9133	163	88488	3016	11512	05
96	70471	2851	8969	164	91501	3013	08499	04
97	73319	2848	8806	163	94513	3012	05487	03
98	76166	2847	8642	164	9,3797523	3010	10,6202477	02
0,1499	79010	2844	8479	163	9,3800531	3008	10,6199469	01
0,1500	9,3681853	2843	9,9878315	164	9,3803537	3006	10,6196463	0,8500
Arc.	Log. Cosin.	D.	Log. Sin.	D.	Log. Cot.	D.	Log. Tang.	Arc.
0,850								

0,150									
Arc.	Sinus.	D.	Cofinus.	D.	Tang.	D.	Cotang.	D.	Arc.
0, 1500	0, 2334454		0, 9723699		0, 2400788		4, 1652998		0, 8500
01	35981	1527	3332	367	02449	1661	624193	28805	0, 8499
02	37508	1527	2965	367	04111	1662	595426	28767	98
03	39036	1528	2598	367	05772	1661	566696	28730	97
04	40563	1527	2231	367	07434	1662	538004	28692	96
05	42090	1527	1863	368	09096	1662	509349	28655	95
06	43617	1527	1495	368	10758	1662	480732	28617	94
07	45144	1527	1126	369	12420	1662	452152	28580	93
08	46671	1527	0758	368	14082	1662	423609	28543	92
09	48198	1527	0389	369	15745	1663	395103	28506	91
0, 1510	49725	1527	0, 9720020	369	17407	1662	366634	28469	0, 8490
11	51251	1526	0, 9719651	369	19070	1663	338203	28431	89
12	52778	1527	9282	369	20733	1663	309808	28395	88
13	54305	1527	8912	370	22396	1663	281450	28358	87
14	55832	1527	8542	370	24059	1663	253128	28322	86
15	57358	1526	8172	370	25722	1663	224844	28284	85
16	58885	1527	7801	371	27385	1663	196596	28248	84
17	60411	1526	7431	370	29048	1663	168384	28212	83
18	61937	1526	7060	371	30712	1664	140209	28175	82
19	63464	1527	6689	371	32376	1664	112071	28138	81
0, 1520	64990	1526	6317	372	34039	1663	083968	28103	0, 8480
21	66516	1526	5946	371	35703	1664	055902	28066	79
22	68042	1526	5574	372	37367	1664	4, 1027873	28029	78
23	69568	1526	5202	372	39032	1665	4, 0999879	27994	77
24	71094	1526	4829	373	40696	1664	971921	27958	76
25	0, 2372620	1526	0, 9714457	372	0, 2442360	1664	943999	27922	75
26	74146	1526	4084	373	44025	1665	916113	27886	74
27	75672	1526	3711	373	45690	1665	888263	27850	73
28	77198	1526	3338	373	47354	1664	860449	27814	72
29	78724	1526	2964	374	49019	1665	832670	27779	71
0, 1530	80249	1525	2590	374	50684	1665	804927	27743	0, 8470
31	81775	1526	2216	374	52350	1666	777220	27707	69
32	83301	1526	1842	374	54015	1665	749548	27672	68
33	84826	1525	1468	374	55680	1665	721911	27637	67
34	86352	1526	1093	375	57346	1666	694310	27601	66
35	87877	1525	0718	375	59012	1666	666744	27566	65
36	89402	1525	0, 9710343	375	60678	1666	639213	27531	64
37	90928	1526	0, 9709967	376	62344	1666	611718	27495	63
38	92453	1525	9592	375	64010	1666	584257	27461	62
39	93978	1525	9216	376	65676	1666	556832	27425	61
0, 1540	95503	1525	8840	376	67342	1666	529441	27391	0, 8460
41	97028	1525	8463	377	69009	1667	502085	27356	59
42	0, 2398553	1525	8087	376	70675	1666	474764	27321	58
43	0, 2400078	1525	7710	377	72342	1667	447478	27286	57
44	01603	1525	7333	377	74009	1667	420226	27252	56
45	03128	1525	6955	378	75676	1667	393009	27217	55
46	04652	1524	6578	377	77343	1667	365826	27183	54
47	06177	1525	6200	378	79010	1667	338678	27148	53
48	07702	1525	5822	378	80678	1668	311564	27114	52
49	09226	1524	5443	379	82345	1667	284485	27079	51
0, 1550	0, 2410751	1525	0, 9705065	378	0, 2484013	1668	4, 0257440	27045	0, 8450
Arc.	Cofinus.	D.	Sinus.	D.	Cotang.	D.	Tang.	D.	Arc.

0,845

0,150								
Arc.	Log. Sin.	D.	Log. Cosin.	D.	Log. Tang.	D.	Log. Cot.	Arc.
0, 1500	9, 3681853		9, 9878315		9, 3803537		10, 6196463	0, 8500
01	84693	2840	8151	164	06542	3005	93458	0, 8499
02	87532	2839	7987	164	09544	3002	90456	98
03	90368	2836	7823	164	12545	3001	87455	97
04	93203	2835	7659	164	15544	2999	84456	96
05	96036	2833	7495	164	18541	2997	81459	95
06	9, 3698866	2830	7330	165	21536	2995	78464	94
07	9, 3701695	2829	7166	164	24529	2993	75471	93
08	04522	2827	7001	165	27521	2992	72479	92
09	07347	2825	6837	164	30510	2989	69490	91
0, 1510	10170	2823	6672	165	33498	2988	66502	0, 8490
11	12991	2821	6507	165	36484	2986	63516	89
12	15810	2819	6342	165	39468	2984	60532	88
13	18627	2817	6176	166	42451	2983	57549	87
14	21442	2815	6011	165	45431	2980	54569	86
15	24256	2814	5846	165	48410	2979	51590	85
16	27067	2811	5680	166	51387	2977	48613	84
17	29876	2809	5515	165	54362	2975	45638	83
18	32684	2808	5349	166	57335	2973	42665	82
19	35489	2805	5183	166	60306	2971	39694	81
0, 1520	38293	2804	5017	166	63276	2970	36724	0, 8480
21	41095	2802	4851	166	66244	2968	33756	79
22	43895	2800	4685	166	69210	2966	30790	78
23	46693	2798	4518	167	72174	2964	27826	77
24	49489	2796	4352	166	75137	2963	24863	76
25	9, 3752283	2794	9, 9874185	167	9, 3878097	2960	10, 6121903	75
26	55075	2792	4019	166	81056	2959	18944	74
27	57865	2790	3852	167	84013	2957	15987	73
28	60654	2789	3685	167	86969	2956	13031	72
29	63440	2786	3518	167	89922	2953	10078	71
0, 1530	66225	2785	3351	167	92874	2952	07126	0, 8470
31	69007	2782	3184	167	95824	2950	04176	69
32	71788	2781	3016	168	9, 3898772	2948	10, 6101228	68
33	74567	2779	2849	167	9, 3901718	2946	10, 6098282	67
34	77344	2777	2681	168	04663	2945	95337	66
35	80119	2775	2513	168	07606	2943	92394	65
36	82893	2774	2346	167	10547	2941	89453	64
37	85664	2771	2178	168	13486	2939	86514	63
38	88434	2770	2010	168	16424	2938	83576	62
39	91201	2767	1842	168	19360	2936	80640	61
0, 1540	93967	2766	1673	169	22294	2934	77706	0, 8460
41	96731	2764	1505	168	25226	2932	74774	59
42	9, 3799493	2762	1336	169	28157	2931	71843	58
43	9, 3802253	2760	1168	168	31086	2929	68914	57
44	05012	2759	0999	169	34013	2927	65987	56
45	07768	2756	0830	169	36938	2925	63062	55
46	10523	2755	0661	169	39862	2924	60138	54
47	13276	2753	0492	169	42783	2921	57217	53
48	16027	2751	0323	169	45703	2920	54297	52
49	18776	2749	9, 9870154	169	48622	2919	51378	51
0, 1550	9, 3821523	2747	9, 9869984	170	9, 3951538	2916	10, 6048462	0, 8450
Arc.	Log. Cosin.	D.	Log. Sin.	D.	Log. Cot.	D.	Log. Tang.	Arc.
0,845								

0,155

Arc.	Sinus.	D.	Cofinus.	D.	Tang.	D.	Cotang.	D.	Arc.
0, 1550	0, 2410751		0, 9705065		0, 2484013		4, 0257440		0, 8450
51	12275	1524	4686	379	85681	1668	230429	27011	49
52	13799	1524	4307	379	87349	1668	203452	26977	48
53	15324	1525	3928	379	89017	1668	176509	26943	47
54	16848	1524	3548	380	90685	1668	149600	26909	46
55	18372	1524	3168	380	92353	1668	122725	26875	45
56	19896	1524	2788	380	94022	1669	095884	26841	44
57	21420	1524	2408	380	95690	1668	069077	26807	43
58	22944	1524	2028	380	97359	1669	042303	26774	42
59	24468	1524	1647	381	0, 2499028	1669	4, 0015563	26740	41
0, 1560	25992	1524	1266	381	0, 2500697	1669	3, 9988857	26706	0, 8440
61	27516	1524	0885	381	02366	1669	962184	26673	39
62	29040	1524	0503	382	04035	1669	935545	26639	38
63	30564	1524	0, 9700122	381	05704	1669	908939	26606	37
64	32087	1523	0, 9699740	382	07374	1670	882366	26573	36
65	33611	1524	9358	382	09043	1669	855827	26539	35
66	35134	1523	8975	383	10713	1670	829321	26506	34
67	36658	1524	8593	382	12383	1670	802848	26473	33
68	38181	1523	8210	383	14053	1670	776408	26440	32
69	39705	1524	7827	383	15723	1670	750001	26407	31
0, 1570	41228	1523	7443	384	17393	1670	723628	26373	0, 8430
71	42751	1523	7060	383	19064	1671	697287	26341	29
72	44274	1523	6676	384	20734	1670	670978	26309	28
73	45798	1524	6292	384	22405	1671	644703	26275	27
74	47321	1523	5907	385	24076	1671	618460	26243	26
75	0, 2448844	1523	0, 9695523	384	0, 2525747	1671	3, 9592250	26210	25
76	50367	1523	5138	385	27418	1671	566073	26177	24
77	51889	1522	4753	385	29089	1671	539928	26145	23
78	53412	1523	4368	385	30760	1671	513815	26113	22
79	54935	1523	3982	386	32432	1672	487735	26080	21
0, 1580	56458	1523	3597	385	34103	1671	461687	26048	0, 8420
81	57980	1522	3211	386	35775	1672	435672	26015	19
82	59503	1523	2824	387	37447	1672	409689	25983	18
83	61025	1522	2438	386	39119	1672	383737	25952	17
84	62548	1523	2051	387	40791	1672	357818	25919	16
85	64070	1522	1664	387	42464	1673	331931	25887	15
86	65593	1523	1277	387	44136	1672	306076	25855	14
87	67115	1522	0890	387	45808	1672	280253	25823	13
88	68637	1522	0502	388	47481	1673	254462	25791	12
89	70159	1522	0, 9690114	388	49154	1673	228702	25760	11
0, 1590	71681	1522	0, 9689726	388	50827	1673	202975	25727	0, 8410
91	73203	1522	9338	388	52500	1673	177278	25697	09
92	74725	1522	8949	389	54173	1673	151614	25664	08
93	76247	1522	8560	389	55846	1673	125981	25633	07
94	77769	1522	8171	389	57520	1674	100379	25602	06
95	79291	1522	7782	389	59194	1674	074809	25570	05
96	80813	1522	7392	390	60867	1673	049271	25538	04
97	82334	1521	7002	390	62541	1674	3, 9023763	25508	03
98	83856	1522	6612	390	64215	1674	3, 8998287	25476	02
0, 1599	85377	1521	6222	390	65889	1674	972842	25445	01
0, 1600	0, 2486899	1522	0, 9685832	390	0, 2567564	1675	3, 8947429	25413	0, 8400
Arc.	Cofinus.	D.	Sinus.	D.	Cotang.	D.	Tang.	D.	Arc.

0,840

0,155

Arc.	Log. Sin.	D.	Log. Cofin.	D.	Log. Tang.	D.	Log. Cot.	Arc.
0,1550	9,3321523		9,9869984		9,3951538		10,6048462	0,8450
51	24268	2745	9815	169	54453	2915	45547	49
52	27012	2744	9645	170	57367	2914	42633	48
53	29754	2742	9475	170	60278	2911	39722	47
54	32493	2739	9306	169	63188	2910	36812	46
55	35231	2738	9136	170	66096	2908	33904	45
56	37968	2737	8966	170	69002	2906	30998	44
57	40702	2734	8795	171	71907	2905	28093	43
58	43435	2733	8625	170	74809	2902	25191	42
59	46165	2730	8455	170	77711	2902	22289	41
0,1560	48894	2729	8284	171	80610	2899	19390	0,8440
61	51621	2727	8113	171	83508	2898	16492	39
62	54347	2726	7943	170	86404	2896	13596	38
63	57070	2723	7772	171	89298	2894	10702	37
64	59792	2722	7601	171	92191	2893	07809	36
65	62511	2719	7430	171	95082	2891	04918	35
66	65229	2718	7258	172	9,3997971	2889	10,6002029	34
67	67946	2717	7087	171	9,4000859	2888	10,5999141	33
68	70660	2714	6916	171	03744	2885	96256	32
69	73373	2713	6744	172	06629	2885	93371	31
0,1570	76083	2710	6572	172	09511	2882	90489	0,8430
71	78792	2709	6401	171	12392	2881	87608	29
72	81500	2708	6229	172	15271	2879	84729	28
73	84205	2705	6057	172	18148	2877	81852	27
74	86909	2704	5885	172	21024	2876	78976	26
75	89611	2702	9,9865712	173	9,4023898	2874	10,5976102	25
76	92311	2700	5540	172	26771	2873	73229	24
77	95009	2698	5368	172	29641	2870	70359	23
78	9,3897705	2696	5195	173	32510	2869	67490	22
79	9,3900400	2695	5022	173	35378	2868	64622	21
0,1580	03093	2693	4849	173	38243	2865	61757	0,8420
81	05784	2691	4677	172	41108	2865	58892	19
82	08473	2689	4503	174	43970	2862	56030	18
83	11161	2688	4330	173	46831	2861	53169	17
84	13847	2686	4157	173	49690	2859	50310	16
85	16531	2684	3984	173	52547	2857	47453	15
86	19213	2682	3810	174	55403	2856	44597	14
87	21894	2681	3637	173	58257	2854	41743	13
88	24573	2679	3463	174	61110	2853	38890	12
89	27250	2677	3289	174	63961	2851	36039	11
0,1590	29925	2675	3115	174	66810	2849	33190	0,8410
91	32598	2673	2941	174	69657	2847	30343	09
92	35270	2672	2767	174	72503	2846	27497	08
93	37940	2670	2592	175	75348	2845	24652	07
94	40608	2668	2418	174	78190	2842	21810	06
95	43275	2667	2243	175	81031	2841	18969	05
96	45940	2665	2069	174	83871	2840	16129	04
97	48603	2663	1894	175	86709	2838	13291	03
98	51264	2661	1719	175	89545	2836	10455	02
0,1599	53923	2659	1544	175	92379	2834	07621	01
0,1600	9,3956581	2658	9,9861369	175	9,4095212	2833	10,5904788	0,8400
Arc.	Log.Cofin.	D.	Log. Sin.	D.	Log. Cot.	D.	Log. Tang.	Arc.

0,840

0,160

Arc.	Sinus.	D.	Cosinus.	D.	Tang.	D.	Cotang.	D.	Arc.
0,1600	0,2486899		0,9685832		0,2567564		3,8947429		0,8400
01	88420	1521	5441	391	69238	1674	922046	25383	0,8399
02	89942	1522	5050	391	70913	1675	896694	25352	98
03	91463	1521	4659	391	72587	1674	871373	25321	97
04	92984	1521	4267	392	74262	1675	846084	25289	96
05	94505	1521	3875	392	75937	1675	820825	25259	95
06	96026	1521	3483	392	77612	1675	795596	25229	94
07	97547	1521	3091	392	79287	1675	770399	25197	93
08	0,2499068	1521	2699	392	80963	1676	745232	25167	92
09	0,2500589	1521	2306	393	82638	1675	720096	25136	91
0,1610	02110	1521	1913	393	84314	1676	694990	25106	0,8390
11	03631	1521	1520	393	85990	1676	669915	25075	89
12	05152	1521	1127	393	87666	1676	644871	25044	88
13	06672	1520	0733	394	89342	1676	619856	25015	87
14	08193	1521	0,9680339	394	91018	1676	594872	24984	86
15	09714	1521	0,9679945	394	92694	1676	569919	24953	85
16	11234	1520	9551	394	94371	1677	544995	24924	84
17	12755	1521	9156	395	96047	1676	520102	24893	83
18	14275	1520	8761	395	97724	1677	495239	24863	82
19	15795	1520	8366	395	0,2599401	1677	470405	24834	81
0,1620	17315	1520	7971	395	0,2601078	1677	445602	24803	0,8380
21	18836	1521	7575	396	02755	1677	420829	24773	79
22	20356	1520	7180	395	04432	1677	396086	24743	78
23	21876	1520	6784	396	06110	1678	371372	24714	77
24	23396	1520	6387	397	07787	1677	346689	24683	76
25	0,2524916	1520	0,9675991	396	0,2609465	1678	3,8322034	24655	75
26	26436	1520	5594	397	11143	1678	297410	24624	74
27	27955	1519	5197	397	12821	1678	272815	24595	73
28	29475	1520	4800	397	14499	1678	248250	24565	72
29	30995	1520	4403	397	16177	1678	223715	24535	71
0,1630	32514	1519	4005	398	17855	1678	199208	24507	0,8370
31	34034	1520	3607	398	19534	1679	174731	24477	69
32	35554	1520	3209	398	21212	1678	150284	24447	68
33	37073	1519	2810	399	22891	1679	125866	24418	67
34	38592	1519	2412	398	24570	1679	101477	24389	66
35	40112	1520	2013	399	26249	1679	077117	24360	65
36	41631	1519	1614	399	27928	1679	052786	24331	64
37	43150	1519	1214	400	29608	1680	028485	24301	63
38	44669	1519	0815	399	31287	1679	3,8004212	24273	62
39	46188	1519	0415	400	32967	1680	3,7979968	24244	61
0,1640	47707	1519	0,9670015	400	34647	1680	955754	24214	0,8360
41	49226	1519	0,9669615	400	36327	1680	931568	24186	59
42	50745	1519	9214	401	38007	1680	907411	24157	58
43	52264	1519	8813	401	39687	1680	883282	24129	57
44	53783	1519	8412	401	41367	1680	859183	24099	56
45	55301	1518	8011	401	43048	1681	835112	24071	55
46	56820	1519	7609	402	44728	1680	811069	24043	54
47	58338	1518	7208	401	46409	1681	787055	24014	53
48	59857	1519	6806	402	48090	1681	763070	23985	52
49	61375	1518	6403	403	49771	1681	739113	23957	51
0,1650	0,2562894	1519	0,9666001	402	0,2651452	1681	3,7715185	23928	0,8350
Arc.	Cosinus.	D.	Sinus.	D.	Cotang.	D.	Tang.	D.	Arc.

0,835

0,160

Arc.	Log. Sin.	D.	Log. Cosin.	D.	Log. Tang.	D.	Log. Cot.	Arc.
0, 1600	9, 3956581		9, 9861369		9, 4095212		10, 5904788	0, 8400
01	59237	2656	1194	175	9, 4098043	2831	10, 5901957	0, 8399
02	61892	2655	1019	175	9, 4100873	2830	10, 5899127	98
03	64544	2652	0843	176	03701	2828	96299	97
04	67195	2651	0668	175	06528	2827	93472	96
05	69844	2649	0492	176	09352	2824	90648	95
06	72492	2648	0316	176	12176	2824	87824	94
07	75138	2646	9, 9860140	176	14997	2821	85003	93
08	77782	2644	9, 9859964	176	17817	2820	82183	92
09	80424	2642	9788	176	20636	2819	79364	91
0, 1610	83064	2640	9612	176	23453	2817	76547	0, 8390
11	85703	2639	9436	176	26268	2815	73732	89
12	88340	2637	9259	177	29081	2813	70919	88
13	90976	2636	9082	177	31893	2812	68107	87
14	93610	2634	8906	176	34704	2811	65296	86
15	96242	2632	8729	177	37513	2809	62487	85
16	9, 3998872	2630	8552	177	40320	2807	59680	84
17	9, 4001501	2629	8375	177	43126	2806	56874	83
18	04128	2627	8198	177	45930	2804	54070	82
19	06753	2625	8021	177	48732	2802	51268	81
0, 1620	09376	2623	7843	178	51533	2801	48467	0, 8380
21	11998	2622	7666	177	54333	2800	45667	79
22	14619	2621	7488	178	57130	2797	42870	78
23	17237	2618	7310	178	59927	2797	40073	77
24	19854	2617	7132	178	62721	2794	37279	76
25	9, 4022469	2615	9, 9856955	177	9, 4165514	2793	10, 5834486	75
26	25082	2613	6776	179	68306	2792	31694	74
27	27694	2612	6598	178	71096	2790	28904	73
28	30304	2610	6420	178	73884	2788	26116	72
29	32913	2609	6242	178	76671	2787	23329	71
0, 1630	35519	2606	6063	179	79456	2785	20544	0, 8370
31	38124	2605	5884	179	82240	2784	17760	69
32	40728	2604	5706	178	85022	2782	14978	68
33	43330	2602	5527	179	87803	2781	12197	67
34	45930	2600	5348	179	90582	2779	09418	66
35	48528	2598	5169	179	93359	2777	06641	65
36	51125	2597	4989	180	96135	2776	03865	64
37	53720	2595	4810	179	9, 4198910	2775	10, 5801090	63
38	56313	2593	4631	179	9, 4201683	2773	10, 5798317	62
39	58905	2592	4451	180	04454	2771	95546	61
0, 1640	61495	2590	4271	180	07224	2770	92776	0, 8360
41	64084	2589	4092	179	09992	2768	90008	59
42	66671	2587	3912	180	12759	2767	87241	58
43	69256	2585	3732	180	15524	2765	84476	57
44	71839	2583	3552	180	18288	2764	81712	56
45	74421	2582	3371	181	21050	2762	78950	55
46	77001	2580	3191	180	23810	2760	76190	54
47	79580	2579	3010	181	26569	2759	73431	53
48	82157	2577	2830	180	29327	2758	70673	52
49	84732	2575	2649	181	32083	2756	67917	51
0, 1650	9, 4087306	2574	9, 9852468	181	9, 4234838	2755	10, 5765162	0, 8350
Arc.	Log. Cosin.	D.	Log. Sin.	D.	Log. Cot.	D.	Log. Tang.	Arc.

0,835

0,165

Arc.	Sinus.	D.	Cosinus.	D.	Tang.	D.	Cotang.	D.	Arc.
0,1650	0,2562894		0,9666001		0,2651452		3,7715185		0,8350
51	64412	1518	5598	403	53133	1681	691284	23901	49
52	65930	1518	5195	403	54815	1682	667412	23872	48
53	67448	1518	4792	403	56496	1681	643569	23843	47
54	68967	1519	4389	403	58178	1682	619753	23816	46
55	70485	1518	3985	404	59860	1682	595966	23787	45
56	72003	1518	3581	404	61542	1682	572207	23759	44
57	73521	1518	3177	404	63224	1682	548475	23732	43
58	75038	1517	2773	404	64906	1682	524772	23703	42
59	76556	1518	2368	405	66589	1683	501097	23675	41
0,1660	78074	1518	1963	405	68271	1682	477449	23648	0,8340
61	79592	1518	1558	405	69954	1683	453830	23619	39
62	81109	1517	1153	405	71637	1683	430238	23592	38
63	82627	1518	0747	406	73320	1683	406674	23564	37
64	84144	1517	0,9660342	405	75003	1683	383137	23537	36
65	85662	1518	0,9659936	406	76686	1683	359628	23509	35
66	87179	1517	9529	407	78370	1684	336147	23481	34
67	88696	1517	9123	406	80053	1683	312693	23454	33
68	90213	1517	8716	407	81737	1684	289267	23426	32
69	91731	1518	8309	407	83421	1684	265868	23399	31
0,1670	93248	1517	7902	407	85105	1684	242497	23371	0,8330
71	94765	1517	7494	408	86789	1684	219152	23345	29
72	96282	1517	7087	407	88473	1684	195836	23316	28
73	97799	1517	6679	408	90157	1684	172546	23290	27
74	0,2599315	1516	6270	409	91842	1685	149284	23262	26
75	0,2600832	1517	0,9655862	408	93527	1685	3,7126048	23236	25
76	02349	1517	5453	409	95211	1684	102840	23208	24
77	03866	1517	5045	408	96896	1685	079659	23181	23
78	05382	1516	4635	410	0,2698582	1686	056505	23154	22
79	06899	1517	4226	409	0,2700267	1685	033377	23128	21
0,1680	08415	1516	3816	410	01952	1685	3,7010277	23100	0,8320
81	09931	1516	3407	409	03638	1686	3,6987203	23074	19
82	11448	1517	2996	411	05323	1685	964157	23046	18
83	12964	1516	2586	410	07009	1686	941137	23020	17
84	14480	1516	2176	410	08695	1686	918143	22994	16
85	15996	1516	1765	411	10381	1686	895177	22966	15
86	17512	1516	1354	411	12068	1687	872237	22940	14
87	19028	1516	0942	412	13754	1686	849323	22914	13
88	20544	1516	0531	411	15441	1687	826436	22887	12
89	22060	1516	0,9650119	412	17127	1686	803576	22860	11
0,1690	23576	1516	0,9649707	412	18814	1687	780742	22834	0,8310
91	25092	1516	9295	412	20501	1687	757934	22808	09
92	26607	1515	8882	413	22188	1687	735153	22781	08
93	28123	1516	8470	412	23875	1687	712398	22755	07
94	29639	1516	8057	413	25563	1688	689669	22729	06
95	31154	1515	7644	413	27250	1687	666966	22703	05
96	32669	1515	7230	414	28938	1688	644289	22677	04
97	34185	1516	6817	413	30626	1688	621639	22650	03
98	35700	1515	6403	414	32314	1688	599014	22625	02
0,1699	37215	1515	5989	414	34002	1688	576416	22598	01
0,1700	0,2638730	1515	0,9645574	415	0,2735690	1688	3,6553844	22572	0,8300
Arc.	Cosinus.	D.	Sinus.	D.	Cotang.	D.	Tang.	D.	Arc.

0,830

0,165

Arc.	Log. Sin.	D.	Log. Cosin.	D.	Log. Tang.	D.	Log. Cot.	Arc.
0,1650	9,4087306		9,9852468		9,4234838		10,5765162	0,8350
51	89878	2572	2287	181	37591	2753	62409	49
52	92448	2570	2106	181	40342	2751	59658	48
53	95017	2569	1925	181	43092	2750	56908	47
54	9,4097584	2567	1744	181	45841	2749	54159	46
55	9,4100150	2566	1563	181	48588	2747	51412	45
56	02714	2564	1381	182	51333	2745	48667	44
57	05276	2562	1199	182	54077	2744	45923	43
58	07837	2561	1018	181	56819	2742	43181	42
59	10396	2559	0836	182	59560	2741	40440	41
0,1660	12954	2558	0654	182	62300	2740	37700	0,8340
61	15509	2555	0472	182	65038	2738	34962	39
62	18064	2555	0290	182	67774	2736	32226	38
63	20616	2552	9,9850107	183	70509	2735	29491	37
64	23167	2551	9,9849925	182	73243	2734	26757	36
65	25717	2550	9742	183	75975	2732	24025	35
66	28265	2548	9560	182	78705	2730	21295	34
67	30811	2546	9377	183	81434	2729	18566	33
68	33355	2544	9194	183	84162	2728	15838	32
69	35899	2544	9011	183	86888	2726	13112	31
0,1670	38440	2541	8828	183	89612	2724	10388	0,8330
71	40980	2540	8645	183	92335	2723	07665	29
72	43518	2538	8461	184	95057	2722	04943	28
73	46055	2537	8278	183	9,4297777	2720	10,5702223	27
74	48590	2535	8094	184	9,4300496	2719	10,5699504	26
75	9,4151123	2533	9,9847911	183	03213	2717	96787	25
76	53655	2532	7727	184	05928	2715	94072	24
77	56186	2531	7543	184	08643	2715	91357	23
78	58714	2528	7359	184	11355	2712	88645	22
79	61241	2527	7175	184	14067	2712	85933	21
0,1680	63767	2526	6990	185	16777	2710	83223	0,8320
81	66291	2524	6806	184	19485	2708	80515	19
82	68813	2522	6621	185	22192	2707	77808	18
83	71334	2521	6437	184	24897	2705	75103	17
84	73854	2520	6252	185	27601	2704	72399	16
85	76371	2517	6067	185	30304	2703	69696	15
86	78887	2516	5882	185	33005	2701	66995	14
87	81402	2515	5697	185	35705	2700	64295	13
88	83915	2513	5512	185	38403	2698	61597	12
89	86427	2512	5327	185	41100	2697	58900	11
0,1690	88937	2510	5141	186	43795	2695	56205	0,8310
91	91445	2508	4956	185	46489	2694	53511	09
92	93952	2507	4770	186	49182	2693	50818	08
93	96457	2505	4584	186	51873	2691	48127	07
94	9,4198961	2504	4399	185	54562	2689	45438	06
95	9,4201463	2502	4213	186	57250	2688	42750	05
96	03963	2500	4026	187	59937	2687	40063	04
97	06462	2499	3840	186	62622	2685	37378	03
98	08960	2498	3654	186	65306	2684	34694	02
0,1699	11456	2496	3467	187	67989	2683	32011	01
0,1700	9,4213950	2494	9,9843281	186	9,4370670	2681	10,5629330	0,8300
Arc.	Log. Cosin.	D.	Log. Sin.	D.	Log. Cot.	D.	Log. Tang.	Arc.

0,830

0,170									
Arc.	Sinus.	D.	Cofinus.	D.	Tang.	D.	Cotang.	D.	Arc.
0, 1700	0, 2638730		0, 9645574		0, 2735690		3, 6553844		0, 8300
01	40246	1516	5160	414	37379	1689	531297	22547	0, 8299
02	41761	1515	4745	415	39067	1688	508776	22521	98
03	43276	1515	4330	415	40756	1689	486281	22495	97
04	44790	1514	3914	416	42445	1689	463812	22469	96
05	46305	1515	3499	415	44134	1689	441369	22443	95
06	47820	1515	3083	416	45823	1689	418951	22418	94
07	49335	1515	2667	416	47512	1689	396559	22392	93
08	50849	1514	2251	416	49202	1690	374193	22366	92
09	52364	1515	1834	417	50892	1690	351852	22341	91
0, 1710	53878	1514	1417	417	52581	1689	329536	22316	0, 8290
11	55393	1515	1000	417	54271	1690	307246	22290	89
12	56907	1514	0583	417	55961	1690	284982	22264	88
13	58422	1515	0, 9640166	417	57651	1690	262742	22240	87
14	59936	1514	0, 9639748	418	59342	1691	240528	22214	86
15	61450	1514	9330	418	61032	1690	218340	22188	85
16	62964	1514	8912	418	62723	1691	196176	22164	84
17	64478	1514	8493	419	64414	1691	174038	22138	83
18	65992	1514	8075	418	66104	1690	151925	22113	82
19	67506	1514	7656	419	67795	1691	129837	22088	81
0, 1720	69020	1514	7237	419	69487	1692	107774	22063	0, 8280
21	70534	1514	6817	420	71178	1691	085736	22038	79
22	72047	1513	6398	419	72870	1692	063723	22013	78
23	73561	1514	5978	420	74561	1691	041735	21988	77
24	75075	1514	5558	420	76253	1692	3, 6019772	21963	76
25	0, 2676588	1513	0, 9635138	420	0, 2777945	1692	3, 5997834	21938	75
26	78102	1514	4717	421	79637	1692	975921	21913	74
27	79615	1513	4296	421	81329	1692	954032	21889	73
28	81128	1513	3875	421	83022	1693	932168	21864	72
29	82642	1514	3454	421	84714	1692	910329	21839	71
0, 1730	84155	1513	3032	422	86407	1693	888514	21815	0, 8270
31	85668	1513	2611	421	88100	1693	866724	21790	69
32	87181	1513	2189	422	89793	1693	844958	21766	68
33	88694	1513	1766	423	91486	1693	823217	21741	67
34	90207	1513	1344	422	93179	1693	801500	21717	66
35	91720	1513	0921	423	94872	1693	779808	21692	65
36	93232	1512	0498	423	96566	1694	758140	21668	64
37	94745	1513	0, 9630075	423	98260	1694	736497	21643	63
38	96258	1513	0, 9629652	423	0, 2799954	1694	714877	21620	62
39	97770	1512	9228	424	0, 2801648	1694	693282	21595	61
0, 1740	0, 2699283	1513	8804	424	03342	1694	671712	21570	0, 8260
41	0, 2700795	1512	8380	424	05036	1694	650165	21547	59
42	02308	1513	7956	424	06731	1695	628642	21523	58
43	03820	1512	7531	425	08425	1694	607144	21498	57
44	05332	1512	7106	425	10120	1695	585670	21474	56
45	06845	1513	6681	425	11815	1695	564219	21451	55
46	08357	1512	6256	425	13510	1695	542793	21426	54
47	09869	1512	5830	426	15205	1695	521390	21403	53
48	11381	1512	5405	425	16901	1696	500011	21379	52
49	12893	1512	4979	426	18596	1695	478656	21355	51
0, 1750	0, 2714404	1511	0, 9624552	427	0, 2820292	1696	3, 5457325	21331	0, 8250
Arc.	Cofinus.	D.	Sinus.	D.	Cotang.	D.	Tang.	D.	Arc.
0,825									

0,170

Arc.	Log. Sin.	D.	Log. Cosin.	D.	Log. Tang.	D.	Log. Cot.	Arc.
0,1700	9,4213950		9,9843281		9,4370670		10,5629330	0,8300
01	16443	2493	3094	187	73349	2679	26651	0,8299
02	18935	2492	2907	187	76027	2678	23973	98
03	21424	2489	2720	187	78704	2677	21296	97
04	23913	2489	2533	187	81379	2675	18621	96
05	26399	2486	2346	187	84053	2674	15947	95
06	28885	2486	2159	187	86726	2673	13274	94
07	31368	2483	1972	187	89397	2671	10603	93
08	33851	2483	1784	188	92066	2669	07934	92
09	36331	2480	1597	187	94735	2669	05265	91
0,1710	38810	2479	1409	188	9,4397401	2666	10,5602599	0,8290
11	41288	2478	1221	188	9,4400067	2666	10,5599933	89
12	43764	2476	1033	188	02731	2664	97269	88
13	46239	2475	0845	188	05394	2663	94606	87
14	48712	2473	0657	188	08055	2661	91945	86
15	51183	2471	0469	188	10715	2660	89285	85
16	53653	2470	0280	189	13373	2658	86627	84
17	56122	2469	9,9840092	188	16030	2657	83970	83
18	58589	2467	9,9839903	189	18686	2656	81314	82
19	61054	2465	9714	189	21340	2654	78660	81
0,1720	63518	2464	9525	189	23993	2653	76007	0,8280
21	65981	2463	9336	189	26644	2651	73356	79
22	68442	2461	9147	189	29294	2650	70706	78
23	70901	2459	8958	189	31943	2649	68057	77
24	73359	2458	8769	189	34590	2647	65410	76
25	9,4275815	2456	9,9838579	190	9,4437236	2646	10,5562764	75
26	78270	2455	8390	189	39881	2645	60119	74
27	80724	2454	8200	190	42524	2643	57476	73
28	83176	2452	8010	190	45166	2642	54834	72
29	85626	2450	7820	190	47806	2640	52194	71
0,1730	88075	2449	7630	190	50445	2639	49555	0,8270
31	90523	2448	7440	190	53083	2638	46917	69
32	92969	2446	7250	190	55719	2636	44281	68
33	95414	2445	7059	191	58354	2635	41646	67
34	9,4297857	2443	6869	190	60988	2634	39012	66
35	9,4300298	2441	6678	191	63620	2632	36380	65
36	02738	2440	6488	190	66251	2631	33749	64
37	05177	2439	6297	191	68880	2629	31120	63
38	07614	2437	6106	191	71508	2628	28492	62
39	10050	2436	5915	191	74135	2627	25865	61
0,1740	12484	2434	5724	191	76761	2626	23239	0,8260
41	14917	2433	5532	192	79385	2624	20615	59
42	17348	2431	5341	191	82007	2622	17993	58
43	19778	2430	5149	192	84629	2622	15371	57
44	22206	2428	4958	191	87249	2620	12751	56
45	24633	2427	4766	192	89867	2618	10133	55
46	27059	2426	4574	192	92485	2618	07515	54
47	29483	2424	4382	192	95100	2615	04900	53
48	31905	2422	4190	192	97715	2615	02285	52
49	34326	2421	3998	192	9,4400328	2613	10,5599672	51
0,1750	9,4336746	2420	9,9833805	193	9,4502940	2612	10,5497060	0,8250
Arc.	Log. Cosin.	D.	Log. Sin.	D.	Log. Cot.	D.	Log. Tang.	Arc.

0,825

0,175

Arc.	Sinus.	D.	Cosinus.	D.	Tang.	D.	Cotang.	D.	Arc.
0, 1750	0, 2714404		0, 9624552		0, 2820292		3, 5457325		0, 8250
51	15916	1512	4126	426	21987	1695	436018	21307	49
52	17428	1512	3699	427	23683	1696	414734	21284	48
53	18940	1512	3272	427	25380	1697	393475	21259	47
54	20451	1511	2845	427	27076	1696	372238	21237	46
55	21963	1512	2418	427	28772	1696	351025	21213	45
56	23474	1511	1990	428	30469	1697	329836	21189	44
57	24986	1512	1562	428	32166	1697	308671	21165	43
58	26497	1511	1134	428	33862	1696	287528	21143	42
59	28008	1511	0705	429	35559	1697	266410	21118	41
0, 1760	29519	1511	0, 9620277	428	37257	1698	245314	21096	0, 8240
61	31030	1511	0, 9619848	429	38954	1697	224242	21072	39
62	32542	1512	9419	429	40651	1697	203193	21049	38
63	34053	1511	8989	430	42349	1698	182168	21025	37
64	35563	1510	8560	429	44047	1698	161166	21002	36
65	37074	1511	8130	430	45745	1698	140186	20980	35
66	38585	1511	7700	430	47443	1698	119231	20955	34
67	40096	1511	7270	430	49141	1698	098298	20933	33
68	41606	1510	6839	431	50839	1698	077388	20910	32
69	43117	1511	6408	431	52538	1699	056501	20887	31
0, 1770	44627	1510	5977	431	54237	1699	035637	20864	0, 8230
71	46138	1511	5546	431	55935	1698	3, 5014797	20840	29
72	47648	1510	5115	431	57634	1699	3, 4993979	20818	28
73	49159	1511	4683	432	59334	1700	973184	20795	27
74	50669	1510	4251	432	61033	1699	952412	20772	26
75	0, 2752179	1510	0, 9613819	432	0, 2862732	1699	931662	20750	25
76	53689	1510	3386	433	64452	1700	910936	20726	24
77	55199	1510	2954	432	66132	1700	890232	20704	23
78	56709	1510	2521	433	67832	1700	869551	20681	22
79	58219	1510	2088	433	69532	1700	848892	20659	21
0, 1780	59729	1510	1654	434	71232	1700	828256	20636	0, 8220
81	61239	1510	1221	433	72932	1700	807643	20613	19
82	62748	1509	0787	434	74633	1701	787052	20591	18
83	64258	1510	0, 9610353	434	76333	1700	766483	20569	17
84	65767	1509	0, 9609918	435	78034	1701	745937	20546	16
85	67277	1510	9484	434	79735	1701	725414	20523	15
86	68786	1509	9049	435	81436	1701	704913	20501	14
87	70296	1510	8614	435	83138	1702	684434	20479	13
88	71805	1509	8179	435	84839	1701	663978	20456	12
89	73314	1509	7743	436	86541	1702	643543	20435	11
0, 1790	74823	1509	7307	436	88243	1702	623131	20412	0, 8210
91	76332	1509	6871	436	89944	1701	602742	20389	09
92	77841	1509	6435	436	91646	1702	582374	20368	08
93	79350	1509	5999	436	93349	1703	562028	20346	07
94	80859	1509	5562	437	95051	1702	541705	20323	06
95	82368	1509	5125	437	96754	1703	521403	20302	05
96	83877	1509	4688	437	0, 2898456	1702	501124	20279	04
97	85385	1508	4251	437	0, 2900159	1703	480867	20257	03
98	86894	1509	3813	438	01862	1703	460531	20236	02
0, 1799	88403	1509	3375	438	03565	1703	440418	20213	01
0, 1800	0, 2789911	1508	0, 9602937	438	0, 2905269	1704	3, 4420226	20192	0, 8200
Arc.	Cosinus.	D.	Sinus.	D.	Cotang.	D.	Tang.	D.	Arc.

0,820

0,175

Arc.	Log. Sin.	D.	Log. Cosin.	D.	Log. Tang.	D.	Log. Cot.	Arc.
0,1750	9,4336746		9,9833805		9,4502940		10,5497060	0,8250
51	39164	2418	3613	192	05551	2611	94449	49
52	41580	2416	3420	193	08160	2609	91840	48
53	43996	2416	3228	192	10768	2608	89232	47
54	46409	2413	3035	193	13375	2607	86625	46
55	48822	2413	2842	193	15980	2605	84020	45
56	51233	2411	2649	193	18584	2604	81416	44
57	53642	2409	2456	193	21186	2602	78814	43
58	56050	2408	2263	193	23788	2602	76212	42
59	58457	2407	2069	194	26388	2600	73612	41
0,1760	60862	2405	1876	193	28986	2598	71014	0,8240
61	63205	2403	1682	194	31583	2597	68417	39
62	65668	2403	1488	194	34179	2596	65821	38
63	68068	2400	1294	194	36774	2595	63226	37
64	70468	2400	1100	194	39367	2593	60633	36
65	72866	2398	0906	194	41959	2592	58041	35
66	75262	2396	0712	194	44550	2591	55450	34
67	77657	2395	0518	194	47139	2589	52861	33
68	80051	2394	0324	194	49728	2589	50272	32
69	82443	2392	9,9830129	195	52314	2586	47686	31
0,1770	84834	2391	9,9829934	195	54900	2586	45100	0,8230
71	87223	2389	9740	194	57484	2584	42516	29
72	89611	2388	9545	195	60067	2583	39933	28
73	91998	2387	9350	195	62648	2581	37352	27
74	94383	2385	9155	195	65229	2581	34771	26
75	96767	2384	9,9828959	196	9,4567807	2578	10,5432193	25
76	9,4399149	2382	8764	195	70385	2578	29615	24
77	9,4401530	2381	8568	196	72961	2576	27039	23
78	03909	2379	8373	195	75537	2576	24463	22
79	06287	2378	8177	196	78110	2573	21890	21
0,1780	08664	2377	7981	196	80683	2573	19317	0,8220
81	11039	2375	7785	196	83254	2571	16746	19
82	13413	2374	7589	196	85824	2570	14176	18
83	15786	2373	7393	196	88392	2568	11608	17
84	18157	2371	7197	196	90960	2568	09040	16
85	20526	2369	7001	196	93526	2566	06474	15
86	22894	2368	6804	197	96090	2564	03910	14
87	25261	2367	6607	197	9,4598654	2564	10,5401346	13
88	27627	2366	6411	196	9,4601216	2562	10,5398784	12
89	29991	2364	6214	197	03777	2561	96223	11
0,1790	32353	2362	6017	197	06337	2560	93663	0,8210
91	34715	2362	5820	197	08895	2558	91105	09
92	37075	2360	5623	197	11452	2557	88548	08
93	39433	2358	5425	198	14008	2556	85992	07
94	41790	2357	5228	197	16562	2554	83438	06
95	44145	2356	5030	198	19116	2554	80884	05
96	46500	2354	4833	197	21668	2552	78332	04
97	48853	2353	4635	198	24218	2550	75782	03
98	51205	2352	4437	198	26768	2550	73232	02
0,1799	53555	2350	4239	198	29316	2548	70684	01
0,1800	9,4455904	2349	9,9824041	198	9,4631863	2547	10,5368137	0,8200
Arc.	Log. Cosin.	D.	Log. Sin.	D.	Log. Cot.	D.	Log. Tang.	Arc.

0,820

0,180

Arc.	Sinus.	D.	Cofinus.	D.	Tang.	D.	Cotang.	D.	Arc.
0, 1800	0, 2789911		0, 9602937		0, 2905269		3, 4420226		0, 8200
01	91419	1508	2499	438	06972	1703	400056	20170	0, 8199
02	92928	1509	2060	439	08676	1704	379908	20148	98
03	94436	1508	1621	439	10379	1703	359781	20127	97
04	95944	1508	1182	439	12083	1704	339577	20104	96
05	97452	1508	0743	439	13787	1704	319594	20083	95
06	0, 2798960	1508	0, 9600303	440	15492	1705	299532	20062	94
07	0, 2800468	1508	0, 9599863	440	17196	1704	279492	20040	93
08	01976	1508	9423	440	18901	1705	259474	20018	92
09	03484	1508	8983	440	20605	1704	239478	19996	91
0, 1810	04992	1508	8543	440	22310	1705	219502	19976	0, 8190
11	06500	1508	8102	441	24015	1705	199549	19953	89
12	08007	1507	7661	441	25720	1705	179617	19932	88
13	09515	1508	7220	441	27426	1706	159706	19911	87
14	11022	1507	6778	442	29131	1705	139816	19890	86
15	12530	1508	6337	441	30837	1706	119948	19868	85
16	14037	1507	5895	442	32543	1706	100101	19847	84
17	15544	1507	5453	442	34249	1706	080275	19826	83
18	17052	1508	5010	443	35955	1706	060471	19804	82
19	18559	1507	4568	442	37661	1706	040688	19783	81
0, 1820	20066	1507	4125	443	39367	1706	020926	19762	0, 8180
21	21573	1507	3682	443	41074	1707	3, 4001185	19741	79
22	23080	1507	3238	444	42781	1707	3, 3981465	19720	78
23	24587	1507	2795	443	44488	1707	961766	19699	77
24	26093	1506	2351	444	46195	1707	942088	19678	76
25	0, 2827600	1507	1907	444	0, 2947902	1707	922431	19657	75
26	29107	1507	1463	444	49609	1707	902795	19636	74
27	30613	1506	1018	445	51317	1708	883180	19615	73
28	32120	1507	0573	445	53025	1708	863586	19594	72
29	33626	1506	0, 9590128	445	54732	1707	844012	19574	71
0, 1830	35133	1507	0, 9589683	445	56440	1708	824460	19552	0, 8170
31	36639	1506	9238	445	58149	1709	804928	19532	69
32	38145	1506	8792	446	59857	1708	785417	19511	68
33	39651	1506	8346	446	61565	1708	765926	19491	67
34	41158	1507	7900	446	63274	1709	746457	19469	66
35	42664	1506	7453	447	64983	1709	727008	19449	65
36	44169	1505	7007	446	66692	1709	707579	19429	64
37	45675	1506	6560	447	68401	1709	688171	19408	63
38	47181	1506	6113	447	70110	1709	668784	19387	62
39	48687	1506	5665	448	71820	1710	649417	19367	61
0, 1840	50193	1506	5218	447	73529	1709	630070	19347	0, 8160
41	51698	1505	4770	448	75239	1710	610744	19326	59
42	53204	1506	4322	448	76949	1710	591439	19305	58
43	54709	1505	3874	448	78659	1710	572154	19285	57
44	56215	1506	3425	449	80369	1710	552889	19265	56
45	57720	1505	2976	449	82080	1711	533644	19245	55
46	59225	1505	2527	449	83790	1710	514420	19224	54
47	60730	1505	2078	449	85501	1711	495216	19204	53
48	62236	1506	1629	449	87212	1711	476032	19184	52
49	63741	1505	1179	450	88923	1711	456868	19164	51
0, 1850	0, 2865246	1505	0, 9580729	450	0, 2990634	1711	3, 3437724	19144	0, 8150
Arc.	Cofinus.	D.	Sinus.	D.	Cotang.	D.	Tang.	D.	Arc.

0,815

0,180

Arc.	Log. Sin.	D.	Log. Cosin.	D.	Log. Tang.	D.	Log. Cot.	Arc.
0, 1800	9, 4455904		9, 9824041		9, 4631863		10, 5368137	0, 8200
01	58251	2347	3842	199	34409	2546	65591	0, 8199
02	60597	2346	3644	198	36953	2544	63047	98
03	62942	2345	3446	198	39496	2543	60504	97
04	65285	2343	3247	199	42038	2542	57962	96
05	67627	2342	3048	199	44579	2541	55421	95
06	69968	2341	2849	199	47118	2539	52882	94
07	72307	2339	2651	198	49656	2538	50344	93
08	74645	2338	2451	200	52193	2537	47807	92
09	76981	2336	2252	199	54729	2536	45271	91
0, 1810	79316	2335	2053	199	57263	2534	42737	0, 8190
11	81650	2334	1854	199	59796	2533	40204	89
12	83982	2332	1654	200	62328	2532	37672	88
13	86313	2331	1454	200	64859	2531	35141	87
14	88643	2330	1255	199	67388	2529	32612	86
15	90971	2328	1055	200	69916	2528	30084	85
16	93298	2327	0855	200	72443	2527	27557	84
17	95624	2326	0655	200	74969	2526	25031	83
18	9, 4497948	2324	0454	201	77494	2525	22506	82
19	9, 4500271	2323	0254	200	80017	2523	19983	81
0, 1820	02592	2321	9, 9820054	200	82539	2522	17461	0, 8180
21	04913	2321	9, 9819853	201	85060	2521	14940	79
22	07231	2318	9652	201	87579	2519	12421	78
23	09549	2318	9452	200	90097	2518	09903	77
24	11865	2316	9251	201	92614	2517	07386	76
25	9, 4514180	2315	9050	201	95130	2516	04870	75
26	16493	2313	8848	202	9, 4697645	2515	10, 5302355	74
27	18805	2312	8647	201	9, 4700158	2513	10, 5299842	73
28	21116	2311	8446	201	02671	2513	97329	72
29	23426	2310	8244	202	05182	2511	94818	71
0, 1830	25734	2308	8043	201	07691	2509	92309	0, 8170
31	28041	2307	7841	202	10200	2509	89800	69
32	30346	2305	7639	202	12707	2507	87293	68
33	32650	2304	7437	202	15213	2506	84787	67
34	34953	2303	7235	202	17718	2505	82282	66
35	37255	2302	7033	202	20222	2504	79778	65
36	39555	2300	6830	203	22724	2502	77276	64
37	41854	2299	6628	202	25226	2502	74774	63
38	44151	2297	6425	203	27726	2500	72274	62
39	46447	2296	6223	202	30225	2499	69775	61
0, 1840	48742	2295	6020	203	32722	2497	67278	0, 8160
41	51036	2294	5817	203	35219	2497	64781	59
42	53328	2292	5614	203	37714	2495	62286	58
43	55619	2291	5411	203	40208	2494	59792	57
44	57908	2289	5208	203	42701	2493	57299	56
45	60197	2289	5004	204	45192	2491	54808	55
46	62484	2287	4801	203	47683	2491	52317	54
47	64769	2285	4597	204	50172	2489	49828	53
48	67054	2285	4393	204	52660	2488	47340	52
49	69337	2283	4190	203	55147	2487	44853	51
0, 1850	9, 4571618	2281	9, 9813986	204	9, 4757633	2486	10, 5242367	0, 8150
Arc.	Log. Cosin.	D.	Log. Sin.	D.	Log. Cot.	D.	Log. Tang.	Arc.

0,815

0,185									
Arc.	Sinus.	D.	Cosinus.	D.	Tang.	D.	Cotang.	D.	Arc.
0, 1850	0, 2865246		0, 9580729		0, 2990634		3, 3437724		0, 8150
51	66750	1504	0, 9580279	450	92345	1712	418601	19123	49
52	68255	1505	0, 9579828	451	94057	1711	399497	19104	48
53	69760	1505	9378	450	95769	1712	380414	19083	47
54	71265	1505	8927	451	97481	1712	361350	19064	46
55	72769	1504	8476	451	0, 2999193	1712	342307	19043	45
56	74274	1505	8024	452	0, 3000905	1712	323283	19024	44
57	75778	1504	7573	451	02617	1712	304280	19003	43
58	77283	1505	7121	452	04330	1713	285296	18984	42
59	78787	1504	6669	452	06042	1712	266332	18964	41
0, 1860	80291	1504	6216	453	07755	1713	247388	18944	0, 8140
61	81796	1505	5764	452	09468	1713	228464	18924	39
62	83300	1504	5311	453	11181	1713	209559	18905	38
63	84804	1504	4858	453	12894	1713	190674	18885	37
64	86308	1504	4405	453	14608	1714	171809	18865	36
65	87812	1504	3951	454	16322	1714	152964	18845	35
66	89315	1503	3498	453	18035	1713	134138	18826	34
67	90819	1504	3044	454	19749	1714	115331	18807	33
68	92323	1504	2589	455	21463	1714	096545	18786	32
69	93827	1504	2135	454	23178	1715	077777	18768	31
0, 1870	95330	1503	1680	455	24892	1714	059030	18747	0, 8130
71	96834	1504	1225	455	26607	1715	040301	18729	29
72	98337	1503	0770	455	28322	1715	021592	18709	28
73	0, 2899840	1503	0, 9570315	455	30036	1714	3, 3002903	18689	27
74	0, 2901344	1504	0, 9569859	456	31752	1716	3, 2984233	18670	26
75	02847	1503	9403	456	0, 3033467	1715	965582	18651	25
76	04350	1503	8947	456	35182	1715	946951	18631	24
77	05853	1503	8491	456	36898	1716	928338	18613	23
78	07356	1503	8034	457	38614	1716	909746	18592	22
79	08859	1503	7578	456	40330	1716	891172	18574	21
0, 1880	10362	1503	7121	457	42046	1716	872617	18555	0, 8120
81	11864	1502	6663	458	43762	1716	854082	18535	19
82	13367	1503	6206	457	45478	1716	835566	18516	18
83	14870	1503	5748	458	47195	1717	817068	18498	17
84	16372	1502	5290	458	48912	1717	798590	18478	16
85	17875	1503	4832	458	50628	1716	780131	18459	15
86	19377	1502	4373	459	52345	1717	761691	18440	14
87	20880	1503	3915	458	54063	1718	743270	18421	13
88	22382	1502	3456	459	55780	1717	724868	18402	12
89	23884	1502	2997	459	57498	1718	706485	18383	11
0, 1890	25386	1502	2537	460	59215	1717	688120	18365	0, 8110
91	26888	1502	2077	460	60933	1718	669775	18345	09
92	28390	1502	1618	459	62651	1718	651448	18327	08
93	29892	1502	1158	460	64370	1719	633140	18308	07
94	31394	1502	0697	461	66088	1718	614851	18289	06
95	32895	1502	0, 9560237	460	67806	1718	596580	18271	05
96	34397	1501	0, 9559776	461	69525	1719	578329	18251	04
97	35899	1502	9315	461	71244	1719	560096	18233	03
98	37400	1501	8853	462	72963	1719	541881	18215	02
0, 1899	38902	1502	8392	461	74682	1719	523685	18196	01
0, 1900	0, 2940403	1501	0, 9557930	462	0, 3076402	1720	3, 2505508	18177	0, 8100
Arc.	Cosinus.	D.	Sinus.	D.	Cotang.	D.	Tang.	D.	Arc.
0,810									

0,185

Arc.	Log. Sin.	D.	Log. Cosin.	D.	Log. Tang.	D.	Log. Cot.	Arc.
0,1850	9,4571618		9,9813986		9,4757633		10,5242367	0,8150
51	73899	2281	3781	205	60117	2484	39883	49
52	76178	2279	3577	204	62601	2484	37399	48
53	78456	2278	3373	204	65083	2482	34917	47
54	80732	2276	3169	204	67564	2481	32436	46
55	83008	2276	2964	205	70044	2480	29956	45
56	85281	2273	2759	205	72522	2478	27478	44
57	87554	2273	2555	204	75000	2478	25000	43
58	89825	2271	2350	205	77476	2476	22524	42
59	92095	2270	2145	205	79951	2475	20049	41
0,1860	94364	2269	1940	205	82425	2474	17575	0,8140
61	96632	2268	1734	206	84897	2472	15103	39
62	9,4598898	2266	1529	205	87369	2472	12631	38
63	9,4601163	2265	1323	206	89839	2470	10161	37
64	03426	2263	1118	205	92308	2469	07692	36
65	05689	2263	0912	206	94776	2468	05224	35
66	07950	2261	0706	206	97243	2467	02757	34
67	10209	2259	0500	206	9,4799709	2466	10,5200291	33
68	12468	2259	0294	206	9,4802173	2464	10,5197827	32
69	14725	2257	9,9810088	206	04637	2464	95363	31
0,1870	16981	2256	9,9809882	206	07099	2462	92901	0,8130
71	19235	2254	9675	207	09560	2461	90440	29
72	21489	2254	9469	206	12020	2460	87980	28
73	23741	2252	9262	207	14479	2459	85521	27
74	25992	2251	9055	207	16936	2457	83064	26
75	9,4628241	2249	9,9808849	206	9,4819393	2457	10,5180607	25
76	30489	2248	8642	207	21848	2455	78152	24
77	32736	2247	8434	208	24302	2454	75698	23
78	34982	2246	8227	207	26755	2453	73245	22
79	37226	2244	8020	207	29207	2452	70793	21
0,1880	39470	2244	7812	208	31657	2450	68343	0,8120
81	41712	2242	7605	207	34107	2450	65893	19
82	43952	2240	7397	208	36555	2448	63445	18
83	46192	2240	7189	208	39002	2447	60998	17
84	48430	2238	6981	208	41448	2446	58552	16
85	50666	2236	6773	208	43893	2445	56107	15
86	52902	2236	6565	208	46337	2444	53663	14
87	55136	2234	6357	208	48780	2443	51220	13
88	57369	2233	6149	208	51221	2441	48779	12
89	59601	2232	5940	209	53661	2440	46339	11
0,1890	61832	2231	5731	209	56101	2440	43899	0,8110
91	64061	2229	5523	208	58539	2438	41461	09
92	66289	2228	5314	209	60976	2437	39024	08
93	68516	2227	5105	209	63411	2435	36589	07
94	70742	2226	4896	209	65846	2435	34154	06
95	72966	2224	4686	210	68280	2434	31720	05
96	75189	2223	4477	209	70712	2432	29288	04
97	77411	2222	4268	209	73143	2431	26857	03
98	79631	2220	4058	210	75573	2430	24427	02
0,1899	81851	2220	3848	210	78003	2430	21997	01
0,1900	9,4684069	2218	9,9803639	209	9,4880430	2427	10,5119570	0,8100
Arc.	Log. Cosin.	D.	Log. Sin.	D.	Log. Cot.	D.	Log. Tang.	Arc.

0,810

0,190

Arc.	Sinus.	D.	Cosinus.	D.	Tang.	D.	Cotang.	D.	Arc.
0,1900	0,2940403		0,9557930		0,3076402		3,2505508		0,8100
01	41905	1502	7468	462	78121	1719	487349	18159	0,8099
02	43406	1501	7006	462	79841	1720	469209	18140	98
03	44907	1501	6543	463	81561	1720	451087	18122	97
04	46408	1501	6081	462	83281	1720	432984	18103	96
05	47909	1501	5618	463	85001	1720	414900	18084	95
06	49410	1501	5155	463	86721	1720	396833	18067	94
07	50911	1501	4691	464	88442	1721	378785	18048	93
08	52412	1501	4228	463	90163	1721	360756	18029	92
09	53913	1501	3764	464	91884	1721	342744	18012	91
0,1910	55413	1500	3300	464	93605	1721	324751	17993	0,8090
11	56914	1501	2835	465	95326	1721	306776	17975	89
12	58414	1500	2371	464	97047	1721	288820	17956	88
13	59915	1501	1906	465	0,3098769	1722	270882	17938	87
14	61415	1500	1441	465	0,3100490	1721	252961	17921	86
15	62915	1500	0975	466	02212	1722	235060	17901	85
16	64416	1501	0510	465	03934	1722	217176	17884	84
17	65916	1500	0,9550044	466	05657	1723	199310	17866	83
18	67416	1500	0,9549578	466	07379	1722	181462	17848	82
19	68916	1500	9112	466	09102	1723	163632	17830	81
0,1920	70416	1500	8645	467	10824	1722	145821	17811	0,8080
21	71916	1500	8179	466	12547	1723	128027	17794	79
22	73415	1499	7712	467	14270	1723	110251	17776	78
23	74915	1500	7245	467	15993	1723	092494	17757	77
24	76415	1500	6777	468	17717	1724	074754	17740	76
25	0,2977914	1499	0,9546310	467	0,3119440	1723	057032	17722	75
26	79414	1500	5842	468	21164	1724	039327	17705	74
27	80913	1499	5374	468	22888	1724	021641	17686	73
28	82413	1500	4905	469	24612	1724	3,2003972	17669	72
29	83912	1499	4437	468	26336	1724	3,1986321	17651	71
0,1930	85411	1499	3968	469	28061	1725	968688	17633	0,8070
31	86910	1499	3499	469	29785	1724	951073	17615	69
32	88409	1499	3029	470	31510	1725	933475	17598	68
33	89908	1499	2560	469	33235	1725	915895	17580	67
34	91407	1499	2090	470	34960	1725	898332	17563	66
35	92906	1499	1620	470	36685	1725	880788	17544	65
36	94405	1499	1150	470	38411	1726	863260	17528	64
37	95903	1498	0679	471	40136	1725	845750	17510	63
38	97402	1499	0,9540209	470	41862	1726	828258	17492	62
39	0,2998901	1499	0,9539738	471	43588	1726	810783	17475	61
0,1940	0,3000399	1498	9267	471	45314	1726	793326	17457	0,8060
41	01897	1498	8795	472	47041	1727	775886	17440	59
42	03396	1499	8323	472	48767	1726	758463	17423	58
43	04894	1498	7852	471	50494	1727	741058	17405	57
44	06392	1498	7379	473	52220	1726	723670	17388	56
45	07890	1498	6907	472	53947	1727	706300	17370	55
46	09388	1498	6434	473	55674	1727	688947	17353	54
47	10886	1498	5962	472	57402	1728	671611	17336	53
48	12384	1498	5489	473	59129	1727	654292	17319	52
49	13882	1498	5015	474	60857	1728	636991	17301	51
0,1950	0,3015380	1498	0,9534542	473	0,3162585	1728	3,1619706	17285	0,8050
Arc.	Cosinus.	D.	Sinus.	D.	Cotang.	D.	Tang.	D.	Arc.

0,805

0,190

Arc.	Log. Sin.	D.	Log. Cosin.	D.	Log. Tang.	D.	Log. Cot.	Arc.
0, 1900	9, 4684069		9, 9803639		9, 4880430		10, 5119570	0, 8100
01	86286	2217	3429	210	82857	2427	17143	0, 8099
02	88501	2215	3219	210	85283	2426	14717	98
03	90716	2215	3008	211	87707	2424	12293	97
04	92929	2213	2798	210	90131	2424	09869	96
05	95141	2212	2588	210	92553	2422	07447	95
06	97352	2211	2377	211	94974	2421	05026	94
07	9, 4699561	2209	2167	210	97394	2420	02606	93
08	9, 4701769	2208	1956	211	9, 4899813	2419	10, 5100187	92
09	03976	2207	1745	211	9, 4902231	2418	10, 5097769	91
0, 1910	06182	2206	1534	211	04648	2417	95352	0, 8090
11	08387	2205	1323	211	07064	2416	92936	89
12	10590	2203	1112	211	09478	2414	90522	88
13	12792	2202	0900	212	11892	2414	88108	87
14	14993	2201	0689	211	14304	2412	85696	86
15	17193	2200	0477	212	16715	2411	83285	85
16	19391	2198	0266	211	19125	2410	80875	84
17	21588	2197	9, 9800054	212	21534	2409	78466	83
18	23784	2196	9, 9799842	212	23942	2408	76058	82
19	25979	2195	9630	212	26349	2407	73651	81
0, 1920	28172	2193	9418	212	28755	2406	71245	0, 8080
21	30365	2193	9205	213	31159	2404	68841	79
22	32556	2191	8993	212	33563	2404	66437	78
23	34746	2190	8780	213	35965	2402	64035	77
24	36935	2189	8568	212	38367	2402	61633	76
25	9, 4739122	2187	9, 9798355	213	9, 4940767	2400	10, 5059233	75
26	41308	2186	8142	213	43166	2399	56834	74
27	43493	2185	7929	213	45564	2398	54436	73
28	45677	2184	7716	213	47961	2397	52039	72
29	47860	2183	7503	213	50357	2396	49643	71
0, 1930	50041	2181	7290	213	52752	2395	47248	0, 8070
31	52222	2181	7076	214	55146	2394	44854	69
32	54401	2179	6863	213	57538	2392	42462	68
33	56579	2178	6649	214	59930	2392	40070	67
34	58755	2176	6435	214	62320	2390	37680	66
35	60931	2176	6221	214	64710	2390	35290	65
36	63105	2174	6007	214	67098	2388	32902	64
37	65278	2173	5793	214	69485	2387	30515	63
38	67450	2172	5579	214	71871	2386	28129	62
39	69621	2171	5364	215	74256	2385	25744	61
0, 1940	71790	2169	5150	214	76640	2384	23360	0, 8060
41	73959	2169	4935	215	79023	2383	20977	59
42	76126	2167	4720	215	81405	2382	18595	58
43	78292	2166	4506	214	83786	2381	16214	57
44	80456	2164	4291	215	86166	2380	13834	56
45	82620	2164	4076	215	88544	2378	11456	55
46	84782	2162	3860	216	90922	2378	09078	54
47	86943	2161	3645	215	93298	2376	06702	53
48	89103	2160	3429	216	95674	2376	04326	52
49	91262	2159	3214	215	9, 4998048	2374	10, 5001952	51
0, 1950	9, 4793420	2158	9, 9792998	216	9, 5000422	2374	10, 4999578	0, 8050
Arc.	Log. Cosin.	D.	Log. Sin.	D.	Log. Cot.	D.	Log. Tang.	Arc.

0,805

0,195

Arc.	Sinus.	D.	Cofinus.	D.	Tang.	D.	Cotang.	D.	Arc.
0, 1950	0, 3015380		0, 9534542		0, 3162585		3, 1619706		0, 8050
51	16877	1497	4068	474	64313	1728	602439	17267	49
52	18375	1498	3594	474	66041	1728	585189	17250	48
53	19872	1497	3120	474	67769	1728	567956	17233	47
54	21370	1498	2645	475	69498	1729	550740	17216	46
55	22867	1497	2171	474	71226	1728	533542	17198	45
56	24364	1497	1696	475	72955	1729	516360	17182	44
57	25862	1498	1220	476	74684	1729	499195	17165	43
58	27359	1497	0745	475	76413	1729	482048	17147	42
59	28856	1497	0, 9530269	476	78143	1730	464917	17131	41
0, 1960	30353	1497	0, 9529793	476	79872	1729	447803	17114	0, 8040
61	31850	1497	9317	476	81602	1730	430706	17097	39
62	33346	1496	8841	476	83332	1730	413626	17080	38
63	34843	1497	8364	477	85062	1730	396563	17063	37
64	36340	1497	7888	476	86792	1730	379516	17047	36
65	37836	1496	7410	478	88523	1731	362486	17030	35
66	39333	1497	6933	477	90253	1730	345474	17012	34
67	40829	1496	6456	477	91984	1731	328478	16996	33
68	42326	1497	5978	478	93715	1731	311498	16980	32
69	43822	1496	5500	478	95446	1731	294535	16963	31
0, 1970	45318	1496	5022	478	97177	1731	277589	16946	0, 8030
71	46814	1496	4543	479	0, 3198909	1732	260660	16929	29
72	48311	1497	4064	479	0, 3200640	1731	243747	16913	28
73	49807	1496	3585	479	02372	1732	226851	16896	27
74	51302	1495	3106	479	04104	1732	209971	16880	26
75	0, 3052798	1496	0, 9522627	479	05836	1732	3, 1193108	16863	25
76	54294	1496	2147	480	07569	1733	176262	16846	24
77	55790	1496	1667	480	09301	1732	159432	16830	23
78	57285	1495	1187	480	11034	1733	142618	16814	22
79	58781	1496	0707	480	12767	1733	125821	16797	21
0, 1980	60276	1495	0, 9520226	481	14500	1733	109040	16781	0, 8020
81	61772	1496	0, 9519745	481	16233	1733	092276	16764	19
82	63267	1495	9264	481	17966	1733	075528	16748	18
83	64762	1495	8783	481	19700	1734	058796	16732	17
84	66258	1496	8302	481	21434	1734	042081	16715	16
85	67753	1495	7820	482	23167	1733	025382	16699	15
86	69248	1495	7338	482	24901	1734	3, 1008699	16683	14
87	70743	1495	6856	482	26636	1735	3, 0992033	16666	13
88	72237	1494	6373	483	28370	1734	975383	16650	12
89	73732	1495	5890	483	30105	1735	958748	16635	11
0, 1990	75227	1495	5407	483	31840	1735	942131	16617	0, 8010
91	76722	1495	4924	483	33574	1734	925529	16602	09
92	78216	1494	4441	483	35310	1736	908943	16586	08
93	79711	1495	3957	484	37045	1735	892374	16569	07
94	81205	1494	3473	484	38780	1735	875820	16554	06
95	82699	1494	2989	484	40516	1736	859283	16537	05
96	84194	1495	2505	484	42252	1736	842761	16522	04
97	85688	1494	2020	485	43988	1736	826256	16505	03
98	87182	1494	1535	485	45724	1736	809766	16490	02
0, 1999	88676	1494	1050	485	47460	1736	793293	16473	01
0, 2000	0, 3090170	1494	0, 9510565	485	0, 3249197	1737	3, 0776835	16458	0, 8000
Arc.	Cofinus.	D.	Sinus.	D.	Cotang.	D.	Tang.	D.	Arc.

0,800

0,195								
Arc.	Log. Sin.	D.	Log. Cosin.	D.	Log. Tang.	D.	Log. Cot.	Arc.
0,1950	9,4793420		9,9792998		9,5000422		10,4999578	0,8050
51	95576	2156	2782	216	02794	2372	97206	49
52	97732	2156	2567	215	05165	2371	94835	48
53	9,4799886	2154	2350	217	07535	2370	92465	47
54	9,4802039	2153	2134	216	09904	2369	90096	46
55	04191	2152	1918	216	12272	2368	87728	45
56	06341	2150	1702	216	14639	2367	85361	44
57	08491	2150	1485	217	17005	2366	82995	43
58	10639	2148	1268	217	19370	2365	80630	42
59	12786	2147	1052	216	21734	2364	78266	41
0,1960	14932	2146	0835	217	24097	2363	75903	0,8040
61	17077	2145	0618	217	26459	2362	73541	39
62	19220	2143	0401	217	28819	2360	71181	38
63	21363	2143	9,9790184	217	31179	2360	68821	37
64	23504	2141	9,9789966	218	33538	2359	66462	36
65	25644	2140	9749	217	35895	2357	64105	35
66	27783	2139	9531	218	38252	2357	61748	34
67	29921	2138	9313	218	40607	2355	59393	33
68	32057	2136	9096	217	42962	2355	57038	32
69	34193	2136	8878	218	45315	2353	54685	31
0,1970	36327	2134	8660	218	47667	2352	52333	0,8030
71	38460	2133	8442	218	50019	2352	49981	29
72	40592	2132	8223	219	52369	2350	47631	28
73	42723	2131	8005	218	54718	2349	45282	27
74	44853	2130	7786	219	57066	2348	42934	26
75	9,4846981	2128	9,9787568	218	9,5059413	2347	10,4940587	25
76	49109	2128	7349	219	61760	2347	38240	24
77	51235	2126	7130	219	64105	2345	35895	23
78	53360	2125	6911	219	66449	2344	33551	22
79	55484	2124	6692	219	68792	2343	31208	21
0,1980	57607	2123	6473	219	71134	2342	28866	0,8020
81	59728	2121	6253	220	73475	2341	26525	19
82	61849	2121	6034	219	75815	2340	24185	18
83	63968	2119	5814	220	78154	2339	21846	17
84	66086	2118	5595	219	80492	2338	19508	16
85	68203	2117	5375	220	82829	2337	17171	15
86	70319	2116	5155	220	85164	2335	14836	14
87	72434	2115	4935	220	87499	2335	12501	13
88	74548	2114	4715	220	89833	2334	10167	12
89	76660	2112	4494	221	92166	2333	07834	11
0,1990	78772	2112	4274	220	94498	2332	05502	0,8010
91	80882	2110	4053	221	96829	2331	03171	09
92	82991	2109	3833	220	9,5099158	2329	10,4900842	08
93	85099	2108	3612	221	9,5101487	2329	10,4898513	07
94	87206	2107	3391	221	03815	2328	96185	06
95	89312	2106	3170	221	06142	2327	93858	05
96	91416	2104	2949	221	08467	2325	91533	04
97	93520	2104	2728	221	10792	2325	89208	03
98	95622	2102	2506	222	13116	2324	86884	02
0,1999	97724	2102	2285	221	15439	2323	84561	01
0,2000	9,4899824	2100	9,9782063	222	9,5117760	2321	10,4882240	0,8000
Arc.	Log. Cosin.	D.	Log. Sin.	D.	Log. Cot.	D.	Log. Tang.	Arc.
0,800								

0,200									
Arc.	Sinus.	D.	Cosinus.	D.	Tang.	D.	Cotang.	D.	Arc.
0, 2000	0, 3090170		0, 9510565		0, 3249197		3, 0776835		0, 8000
01	91664	1494	0, 9510080	485	50934	1737	760394	16441	0, 7999
02	93158	1494	0, 9509594	486	52671	1737	743968	16426	98
03	94651	1493	9108	486	54408	1737	727558	16410	97
04	95145	1494	8622	486	56145	1737	711164	16394	96
05	97639	1494	8135	487	57882	1737	694786	16378	95
06	0, 3099132	1493	7649	486	59620	1738	678423	16363	94
07	0, 3100625	1493	7162	487	61358	1738	662077	16346	93
08	02119	1494	6674	488	63096	1738	645746	16331	92
09	03612	1493	6187	487	64834	1738	629430	16316	91
0, 2010	05105	1493	5699	488	66572	1738	613131	16299	0, 7990
11	06598	1493	5212	487	68311	1739	596847	16284	89
12	08091	1493	4723	489	70049	1738	580579	16268	88
13	09584	1493	4235	488	71788	1739	564326	16253	87
14	11077	1493	3747	488	73527	1739	548089	16237	86
15	12570	1493	3258	489	75266	1739	531867	16222	85
16	14063	1493	2769	489	77006	1740	515662	16205	84
17	15555	1492	2279	490	78745	1739	499471	16191	83
18	17048	1493	1790	489	80485	1740	483296	16175	82
19	18541	1493	1300	490	82225	1740	467137	16159	81
0, 2020	20033	1492	0810	490	83965	1740	450993	16144	0, 7980
21	21525	1492	0, 9500320	490	85705	1740	434864	16129	79
22	23018	1493	0, 9499830	490	87446	1741	418751	16113	78
23	24510	1492	9339	491	89187	1741	402654	16097	77
24	26002	1492	8848	491	90927	1740	386571	16083	76
25	0, 3127494	1492	8357	491	0, 3292668	1741	3, 0370504	16067	75
26	28986	1492	7865	492	94410	1742	354453	16051	74
27	30478	1492	7374	491	96151	1741	338416	16037	73
28	31970	1492	6882	492	97892	1741	322395	16021	72
29	33461	1491	6390	492	0, 3299634	1742	306389	16006	71
0, 2030	34953	1492	5898	492	0, 3301376	1742	290399	15990	0, 7970
31	36445	1492	5405	493	03118	1742	274424	15975	69
32	37936	1491	4912	493	04860	1742	258463	15961	68
33	39427	1491	4419	493	06603	1743	242518	15945	67
34	40919	1492	3926	493	08346	1743	226588	15930	66
35	42410	1491	3432	494	10088	1742	210674	15914	65
36	43901	1491	2939	493	11831	1743	194774	15900	64
37	45392	1491	2445	494	13575	1744	178889	15885	63
38	46883	1491	1951	494	15318	1743	163020	15869	62
39	48374	1491	1456	495	17061	1743	147165	15855	61
0, 2040	49865	1491	0961	495	18805	1744	131326	15839	0, 7960
41	51356	1491	0, 9490467	494	20549	1744	115501	15825	59
42	52847	1491	0, 9489971	496	22293	1744	099692	15809	58
43	54337	1490	9476	495	24037	1744	083897	15795	57
44	55828	1491	8980	496	25782	1745	068117	15780	56
45	57318	1490	8485	495	27527	1745	052353	15764	55
46	58809	1491	7989	496	29271	1744	036603	15750	54
47	60299	1490	7492	497	31016	1745	020868	15735	53
48	61789	1490	6996	496	32761	1745	3, 0005147	15721	52
49	63280	1491	6499	497	34507	1746	2, 9989442	15705	51
0, 2050	0, 3164770	1490	0, 9486002	497	0, 3336252	1745	2, 9973751	15691	0, 7950
Arc.	Cosinus.	D.	Sinus.	D.	Cotang.	D.	Tang.	D.	Arc.
0,795									

0,200

Arc.	Log. Sin.	D.	Log. Cosin.	D.	Log. Tang.	D.	Log. Cot.	Arc.
0,2000	9,4899824		9,9782063		9,5117760		10,4882240	0,8000
01	9,4901923	2099	1842	221	20081	2321	79919	0,7999
02	04021	2098	1620	222	22401	2320	77599	98
03	06117	2096	1398	222	24720	2319	75280	97
04	08213	2096	1176	222	27037	2317	72963	96
05	10307	2094	0953	223	29354	2317	70646	95
06	12401	2094	0731	222	31670	2316	68330	94
07	14493	2092	0509	222	33984	2314	66016	93
08	16584	2091	0286	223	36298	2314	63702	92
09	18674	2090	9,9780064	222	38611	2313	61389	91
0,2010	20763	2089	9,9779841	223	40923	2312	59077	0,7990
11	22851	2088	9618	223	43233	2310	56767	89
12	24938	2087	9395	223	45543	2310	54457	88
13	27023	2085	9172	223	47852	2309	52148	87
14	29108	2085	8948	224	50160	2308	49840	86
15	31191	2083	8725	223	52466	2306	47534	85
16	33274	2083	8502	223	54772	2306	45228	84
17	35355	2081	8278	224	57077	2305	42923	83
18	37435	2080	8054	224	59381	2304	40619	82
19	39514	2079	7830	224	61684	2303	38316	81
0,2020	41592	2078	7606	224	63985	2301	36015	0,7980
21	43669	2077	7382	224	66286	2301	33714	79
22	45744	2075	7158	224	68586	2300	31414	78
23	47819	2075	6934	224	70885	2299	29115	77
24	49892	2073	6709	225	73183	2298	26817	76
25	9,4951965	2073	9,9776485	224	9,5175480	2297	10,4824520	75
26	54036	2071	6260	225	77776	2296	22224	74
27	56106	2070	6035	225	80071	2295	19929	73
28	58175	2069	5810	225	82365	2294	17635	72
29	60243	2068	5585	225	84658	2293	15342	71
0,2030	62310	2067	5360	225	86950	2292	13050	0,7970
31	64376	2066	5135	225	89241	2291	10759	69
32	66441	2065	4910	225	91531	2290	08469	68
33	68504	2063	4684	226	93820	2289	06180	67
34	70567	2063	4458	226	96109	2289	03891	66
35	72629	2062	4233	225	9,5198396	2287	10,4801604	65
36	74689	2060	4007	226	9,5200682	2286	10,4799318	64
37	76748	2059	3781	226	02967	2285	97033	63
38	78806	2058	3555	226	05252	2285	94748	62
39	80864	2058	3328	227	07535	2283	92465	61
0,2040	82920	2056	3102	226	09818	2283	90182	0,7960
41	84975	2055	2876	226	12099	2281	87901	59
42	87029	2054	2649	227	14380	2281	85620	58
43	89081	2052	2422	227	16659	2279	83341	57
44	91133	2052	2196	226	18938	2279	81062	56
45	93184	2051	1969	227	21215	2277	78785	55
46	95233	2049	1742	227	23492	2277	76508	54
47	97282	2049	1514	228	25768	2276	74232	53
48	9,4999329	2047	1287	227	28042	2274	71958	52
49	9,5001376	2047	1060	227	30316	2274	69684	51
0,2050	9,5003421	2045	9,9770832	228	9,5232589	2273	10,4767411	0,7950
Arc.	Log. Cosin.	D.	Log. Sin.	D.	Log. Cot.	D.	Log. Tang.	Arc.

0,795

0,205

Arc.	Sinus.	D.	Cofinus.	D.	Tang.	D.	Cotang.	D.	Arc.
0,2050	0,3164770		0,9486002		0,3336252		2,9973751		0,7950
51	66260	1490	5505	497	37998	1746	958076	15675	49
52	67750	1490	5007	498	39744	1746	942414	15662	48
53	69239	1489	4510	497	41490	1746	926768	15646	47
54	70729	1490	4012	498	43236	1746	911136	15632	46
55	72219	1490	3513	499	44983	1747	895519	15617	45
56	73709	1490	3015	498	46730	1747	879917	15602	44
57	75198	1489	2516	499	48476	1746	864329	15588	43
58	76688	1490	2017	499	50223	1747	848756	15573	42
59	78177	1489	1518	499	51971	1748	833198	15558	41
0,2060	79666	1489	1019	499	53718	1747	817654	15544	0,7940
61	81156	1490	0519	500	55465	1747	802125	15529	39
62	82645	1489	0,9480020	499	57213	1748	786610	15515	38
63	84134	1489	0,9479520	500	58961	1748	771109	15501	37
64	85623	1489	9019	501	60709	1748	755624	15485	36
65	87112	1489	8519	500	62458	1749	740152	15472	35
66	88601	1489	8018	501	64206	1748	724695	15457	34
67	90089	1488	7517	501	65955	1749	709253	15442	33
68	91578	1489	7016	501	67704	1749	693825	15428	32
69	93067	1489	6514	502	69453	1749	678411	15414	31
0,2070	94555	1488	6013	501	71202	1749	663012	15399	0,7930
71	96044	1489	5511	502	72951	1749	647627	15385	29
72	97532	1488	5009	502	74701	1750	632256	15371	28
73	0,3199020	1488	4506	503	76451	1750	616900	15356	27
74	0,3200508	1488	4004	502	78201	1750	601558	15342	26
75	01997	1489	0,9473501	503	0,3379951	1750	2,9586230	15328	25
76	03485	1488	2998	503	81701	1750	570916	15314	24
77	04973	1488	2494	504	83452	1751	555617	15299	23
78	06461	1488	1991	503	85202	1750	540332	15285	22
79	07948	1487	1487	504	86953	1751	525061	15271	21
0,2080	09436	1488	0983	504	88704	1751	509804	15257	0,7920
81	10924	1488	0,9470479	504	90456	1752	494561	15243	19
82	12411	1487	0,9469974	505	92207	1751	479333	15228	18
83	13899	1488	9470	504	93959	1752	464118	15215	17
84	15386	1487	8965	505	95710	1751	448918	15200	16
85	16874	1488	8459	506	97463	1753	433732	15186	15
86	18361	1487	7954	505	0,3399215	1752	418559	15173	14
87	19848	1487	7448	506	0,3400967	1752	403401	15158	13
88	21335	1487	6942	506	02720	1753	388257	15144	12
89	22822	1487	6436	506	04472	1752	373127	15130	11
0,2090	24309	1487	5930	506	06225	1753	358010	15117	0,7910
91	25796	1487	5423	507	07979	1754	342908	15102	09
92	27283	1487	4917	506	09732	1753	327819	15089	08
93	28769	1486	4410	507	11485	1753	312745	15074	07
94	30256	1487	3902	508	13239	1754	297684	15061	06
95	31743	1487	3395	507	14993	1754	282637	15047	05
96	33229	1486	2887	508	16747	1754	267604	15033	04
97	34716	1487	2379	508	18501	1754	252585	15019	03
98	36202	1486	1871	508	20256	1755	237579	15006	02
0,2099	37688	1486	1362	509	22010	1754	222588	14991	01
0,2100	0,3239174	1486	0,9460854	508	0,3423765	1755	2,9207610	14978	0,7900
Arc.	Cofinus.	D.	Sinus.	D.	Cotang.	D.	Tang.	D.	Arc.

0,790

0,205

Arc.	Log. Sin.	D.	Log.Cosin.	D.	Log. Tang.	D.	Log. Cot.	Arc.
0,2050	9,5003421		9,9770832		9,5232589		10,4767411	0,7950
51	05465	2044	0604	228	34861	2272	65139	49
52	07508	2043	0377	227	37132	2271	62868	48
53	09551	2043	9,9770149	228	39402	2270	60598	47
54	11592	2041	9,9769921	228	41671	2269	58329	46
55	13632	2040	9693	228	43939	2268	56061	45
56	15671	2039	9464	229	46206	2267	53794	44
57	17708	2037	9236	228	48472	2266	51528	43
58	19745	2037	9008	228	50738	2266	49262	42
59	21781	2036	8779	229	53002	2264	46998	41
0,2060	23815	2034	8550	229	55265	2263	44735	0,7940
61	25849	2034	8321	229	57528	2263	42472	39
62	27882	2033	8092	229	59789	2261	40211	38
63	29913	2031	7863	229	62050	2261	37950	37
64	31944	2031	7634	229	64309	2259	35691	36
65	33973	2029	7405	229	66568	2259	33432	35
66	36001	2028	7175	230	68826	2258	31174	34
67	38028	2027	6946	229	71083	2257	28917	33
68	40055	2027	6716	230	73339	2256	26661	32
69	42080	2025	6486	230	75594	2255	24406	31
0,2070	44104	2024	6256	230	77848	2254	22152	0,7930
71	46127	2023	6026	230	80101	2253	19899	29
72	48149	2022	5796	230	82353	2252	17647	28
73	50170	2021	5566	230	84604	2251	15396	27
74	52190	2020	5335	231	86854	2250	13146	26
75	9,5054209	2019	9,9765105	230	9,5289104	2250	10,4710896	25
76	56227	2018	4874	231	91352	2248	08648	24
77	58243	2016	4644	230	93600	2248	06400	23
78	60259	2016	4413	231	95846	2246	04154	22
79	62274	2015	4182	231	9,5298092	2246	10,4701908	21
0,2080	64287	2013	3951	231	9,5300337	2245	10,4699663	0,7920
81	66300	2013	3719	232	02581	2244	97419	19
82	68311	2011	3488	231	04823	2242	95177	18
83	70322	2011	3257	231	07065	2242	92935	17
84	72332	2010	3025	232	09307	2242	90693	16
85	74340	2008	2793	232	11547	2240	88453	15
86	76347	2007	2561	232	13786	2239	86214	14
87	78354	2007	2329	232	16024	2238	83976	13
88	80359	2005	2097	232	18262	2238	81738	12
89	82363	2004	1865	232	20498	2236	79502	11
0,2090	84367	2004	1633	232	22734	2236	77266	0,7910
91	86369	2002	1400	233	24969	2235	75031	09
92	88370	2001	1168	232	27202	2233	72798	08
93	90370	2000	0935	233	29435	2233	70565	07
94	92370	2000	0702	233	31667	2232	68333	06
95	94368	1998	0470	232	33898	2231	66102	05
96	96365	1997	0237	233	36128	2230	63872	04
97	9,5098361	1996	9,9760003	234	38358	2230	61642	03
98	9,5100356	1995	9,9759770	233	40586	2228	59414	02
0,2099	02350	1994	9537	233	42813	2227	57187	01
0,2100	9,5104343	1993	9,9759303	234	9,5345040	2227	10,4654960	0,7900
Arc.	Log.Cosin.	D.	Log. Sin.	D.	Log. Cot.	D.	Log. Tang.	Arc.

0,790

0,210

Arc.	Sinus.	D.	Cosinus.	D.	Tang.	D.	Cotang.	D.	Arc.
0,2100	0,3239174		0,9460854		0,3423765		2,9207610		0,7900
01	40660	1486	0,9460345	509	25520	1755	2,9192646	14964	0,7899
02	42146	1486	0,9459836	509	27275	1755	77695	14951	98
03	43632	1486	9326	510	29031	1756	62759	14936	97
04	45118	1486	8816	510	30786	1755	47836	14923	96
05	46604	1486	8307	509	32542	1756	32926	14910	95
06	48089	1485	7797	510	34298	1756	18030	14896	94
07	49575	1486	7286	511	36054	1756	2,9103148	14882	93
08	51060	1485	6776	510	37811	1757	2,9088280	14868	92
09	52546	1486	6265	511	39567	1756	73425	14855	91
0,2110	54031	1485	5754	511	41324	1757	58583	14842	0,7890
11	55517	1486	5243	511	43081	1757	43755	14828	89
12	57002	1485	4731	512	44838	1757	28941	14814	88
13	58487	1485	4219	512	46595	1757	2,9014140	14801	87
14	59972	1485	3707	512	48353	1758	2,8999353	14787	86
15	61457	1485	3195	512	50110	1757	84579	14774	85
16	62942	1485	2683	512	51868	1758	69819	14760	84
17	64426	1484	2170	513	53626	1758	55072	14747	83
18	65911	1485	1657	513	55385	1759	40338	14734	82
19	67396	1485	1144	513	57143	1758	25618	14720	81
0,2120	68880	1484	0631	513	58902	1759	2,8910911	14707	0,7880
21	70365	1485	0,9450117	514	60661	1759	2,8896218	14693	79
22	71849	1484	0,9449603	514	62420	1759	81537	14681	78
23	73333	1484	9089	514	64179	1759	66871	14666	77
24	74818	1485	8575	514	65938	1759	52217	14654	76
25	0,3276302	1484	8060	515	0,3467698	1760	37577	14640	75
26	77786	1484	7546	514	69458	1760	22950	14627	74
27	79270	1484	7031	515	71217	1759	2,8808336	14614	73
28	80754	1484	6515	516	72978	1761	2,8793735	14601	72
29	82238	1484	6000	515	74738	1760	79148	14587	71
0,2130	83721	1483	5484	516	76499	1761	64574	14574	0,7870
31	85205	1484	4968	516	78259	1760	50013	14561	69
32	86688	1483	4452	516	80020	1761	35465	14548	68
33	88172	1484	3936	516	81781	1761	20930	14535	67
34	89655	1483	3419	517	83543	1762	2,8706409	14521	66
35	91139	1484	2902	517	85304	1761	2,8691900	14509	65
36	92622	1483	2385	517	87066	1762	77405	14495	64
37	94105	1483	1868	517	88828	1762	62922	14483	63
38	95588	1483	1350	518	90590	1762	48453	14469	62
39	97071	1483	0833	517	92352	1762	33997	14456	61
0,2140	0,3298554	1483	0,9440315	518	94115	1763	19553	14444	0,7860
41	0,3300037	1483	0,9439796	519	95877	1762	2,8605123	14430	59
42	01520	1483	9278	518	97640	1763	2,8590706	14417	58
43	03002	1482	8759	519	0,3499403	1763	76301	14405	57
44	04485	1483	8240	519	0,3501166	1763	61910	14391	56
45	05968	1483	7721	519	02930	1764	47531	14379	55
46	07450	1482	7202	519	04694	1764	33165	14366	54
47	08932	1482	6682	520	06457	1763	18812	14353	53
48	10415	1483	6162	520	08221	1764	2,8504472	14340	52
49	11897	1482	5642	520	09986	1765	2,8490145	14327	51
0,2150	0,3313379	1482	0,9435122	520	0,3511750	1764	2,8475831	14314	0,7850
Arc.	Cosinus.	D.	Sinus.	D.	Cotang.	D.	Tang.	D.	Arc.

0,785

0,210								
Arc.	Log. Sin.	D.	Log. Cosin.	D.	Log. Tang.	D.	Log. Cot.	Arc.
0,2100	9,5104343		9,9759303		9,5345040		10,4654960	0,7900
01	06335	1992	9070	233	47265	2225	52735	0,7899
02	08326	1991	8836	234	49490	2225	50510	98
03	10316	1990	8602	234	51714	2224	48286	97
04	12305	1989	8368	234	53937	2223	46063	96
05	14293	1988	8134	234	56159	2222	43841	95
06	16280	1987	7900	234	58380	2221	41620	94
07	18266	1986	7665	235	60600	2220	39400	93
08	20250	1984	7431	234	62820	2220	37180	92
09	22234	1984	7196	235	65038	2218	34962	91
0,2110	24217	1983	6962	234	67256	2218	32744	0,7890
11	26199	1982	6727	235	69472	2216	30528	89
12	28180	1981	6492	235	71688	2216	28312	88
13	30160	1980	6257	235	73903	2215	26097	87
14	32138	1978	6022	235	76117	2214	23883	86
15	34116	1978	5786	236	78330	2213	21670	85
16	36093	1977	5551	235	80542	2212	19458	84
17	38069	1976	5315	236	82754	2212	17246	83
18	40044	1975	5080	235	84964	2210	15036	82
19	42017	1973	4844	236	87174	2210	12826	81
0,2120	43990	1973	4608	236	89382	2208	10618	0,7880
21	45962	1972	4372	236	91590	2208	08410	79
22	47933	1971	4136	236	93797	2207	06203	78
23	49902	1969	3900	236	96003	2206	03997	77
24	51871	1969	3663	237	9,5398208	2205	10,4601792	76
25	9,5153839	1968	9,9753427	236	9,5400412	2204	10,4599588	75
26	55806	1967	3190	237	02616	2204	97384	74
27	57772	1966	2953	237	04818	2202	95182	73
28	59736	1964	2716	237	07020	2202	92980	72
29	61700	1964	2479	237	09221	2201	90779	71
0,2130	63663	1963	2242	237	11421	2200	88579	0,7870
31	65625	1962	2005	237	13620	2199	86380	69
32	67585	1960	1768	237	15818	2198	84182	68
33	69545	1960	1530	238	18015	2197	81985	67
34	71504	1959	1293	237	20211	2196	79789	66
35	73462	1958	1055	238	22407	2196	77593	65
36	75419	1957	0817	238	24602	2195	75398	64
37	77375	1956	0579	238	26795	2193	73205	63
38	79329	1954	0341	238	28988	2193	71012	62
39	81283	1954	9,9750103	238	31180	2192	68820	61
0,2140	83236	1953	9,9749865	238	33371	2191	66629	0,7860
41	85188	1952	9626	239	35562	2191	64438	59
42	87139	1951	9388	238	37751	2189	62249	58
43	89089	1950	9149	239	39940	2189	60060	57
44	91038	1949	8910	239	42128	2188	57872	56
45	92986	1948	8671	239	44314	2186	55686	55
46	94933	1947	8432	239	46500	2186	53500	54
47	96879	1946	8193	239	48686	2186	51314	53
48	9,5198824	1945	7954	239	50870	2184	49130	52
49	9,5200768	1944	7715	239	53053	2183	46947	51
0,2150	9,5202711	1943	9,9747475	240	9,5455236	2183	10,4544764	0,7850
Arc.	Log. Cosin.	D.	Log. Sin.	D.	Log. Cot.	D.	Log. Tang.	Arc.
0,785								

0,215

Arc.	Sinus.	D.	Cofinus.	D.	Tang.	D.	Cotang.	D.	Arc.
0,2150	0,3313379		0,9435122		0,3511750		2,8475831		0,7850
51	14861	1482	4601	521	13515	1765	61529	14302	49
52	16343	1482	4080	521	15279	1764	47240	14289	48
53	17825	1482	3559	521	17044	1765	32964	14276	47
54	19306	1481	3038	521	18810	1766	18701	14263	46
55	20788	1482	2516	522	20575	1765	2,8404451	14250	45
56	22270	1482	1995	521	22341	1766	2,8390213	14238	44
57	23751	1481	1473	522	24106	1765	75988	14225	43
58	25233	1482	0950	523	25872	1766	61775	14213	42
59	26714	1481	0,9430428	522	27639	1767	47575	14200	41
0,2160	28195	1481	0,9429905	523	29405	1766	33388	14187	0,7840
61	29677	1482	9382	523	31171	1766	19214	14174	39
62	31158	1481	8859	523	32938	1767	2,8305052	14162	38
63	32639	1481	8336	523	34705	1767	2,8290902	14150	37
64	34120	1481	7812	524	36472	1767	76766	14136	36
65	35601	1481	7288	524	38240	1768	62641	14125	35
66	37081	1480	6764	524	40007	1767	48530	14111	34
67	38562	1481	6240	524	41775	1768	34431	14099	33
68	40043	1481	5716	524	43543	1768	20344	14087	32
69	41523	1480	5191	525	45311	1768	2,8206270	14074	31
0,2170	43004	1481	4666	525	47079	1768	2,8192208	14062	0,7830
71	44484	1480	4141	525	48848	1769	78159	14049	29
72	45964	1480	3615	526	50617	1769	64122	14037	28
73	47445	1481	3089	526	52386	1769	50097	14025	27
74	48925	1480	2563	526	54155	1769	36085	14012	26
75	0,3350405	1480	2037	526	0,3555924	1769	22086	13999	25
76	51885	1480	1511	526	57694	1770	2,8108098	13988	24
77	53365	1480	0984	527	59463	1769	2,8094123	13975	23
78	54845	1480	0,9420457	527	61233	1770	80161	13962	22
79	56324	1479	0,9419930	527	63003	1770	66211	13950	21
0,2180	57804	1480	9403	527	64774	1771	52273	13938	0,7820
81	59283	1479	8875	528	66544	1770	38347	13926	19
82	60763	1480	8348	527	68315	1771	24433	13914	18
83	62242	1479	7820	528	70086	1771	2,8010532	13901	17
84	63722	1480	7291	529	71857	1771	2,7996643	13889	16
85	65201	1479	6763	528	73628	1771	82766	13877	15
86	66680	1479	6234	529	75400	1772	68902	13864	14
87	68159	1479	5705	529	77171	1771	55049	13853	13
88	69638	1479	5176	529	78943	1772	41209	13840	12
89	71117	1479	4647	529	80715	1772	27381	13828	11
0,2190	72596	1479	4117	530	82488	1773	2,7913565	13816	0,7810
91	74074	1478	3587	530	84260	1772	2,7899761	13804	09
92	75553	1479	3057	530	86033	1773	85969	13792	08
93	77032	1479	2527	530	87806	1773	72190	13779	07
94	78510	1478	1996	531	89579	1773	58422	13768	06
95	79988	1478	1465	531	91352	1773	44666	13756	05
96	81467	1479	0934	531	93126	1774	30923	13743	04
97	82945	1478	0,9410403	531	94899	1773	17191	13732	03
98	84423	1478	0,9409871	532	96673	1774	2,7803472	13719	02
0,2199	85901	1478	9340	531	0,3598447	1774	2,7789764	13708	01
0,2200	0,3387379	1478	0,9408808	532	0,3600222	1775	2,7776069	13695	0,7800
Arc.	Cofinus.	D.	Sinus.	D.	Cotang.	D.	Tang.	D.	Arc.

0,780

0,215

Arc.	Log. Sin.	D.	Log. Cofin.	D.	Log. Tang.	D.	Log. Cot.	Arc.
0,2150	9,5202711		9,9747475		9,5455236		10,4544764	0,7850
51	04653	1942	7235	240	57418	2182	42582	49
52	06594	1941	6996	239	59599	2181	40401	48
53	08534	1940	6756	240	61779	2180	38221	47
54	10474	1940	6516	240	63958	2179	36042	46
55	12412	1938	6276	240	66136	2178	33864	45
56	14349	1937	6035	241	68314	2178	31686	44
57	16285	1936	5795	240	70490	2176	29510	43
58	18221	1936	5555	240	72666	2176	27334	42
59	20155	1934	5314	241	74841	2175	25159	41
0,2160	22088	1933	5073	241	77015	2174	22985	0,7840
61	24021	1933	4833	240	79188	2173	20812	39
62	25952	1931	4592	241	81360	2172	18640	38
63	27882	1930	4350	242	83532	2172	16468	37
64	29812	1930	4109	241	85703	2171	14297	36
65	31740	1928	3868	241	87873	2170	12127	35
66	33668	1928	3627	241	90042	2169	09958	34
67	35595	1927	3385	242	92210	2168	07790	33
68	37520	1925	3143	242	94377	2167	05623	32
69	39445	1925	2902	241	96543	2166	03457	31
0,2170	41369	1924	2660	242	9,5498709	2166	10,4501291	0,7830
71	43291	1922	2418	242	9,5500874	2165	10,4499126	29
72	45213	1922	2175	243	03038	2164	96962	28
73	47134	1921	1933	242	05201	2163	94799	27
74	49054	1920	1691	242	07363	2162	92637	26
75	9,5250973	1919	9,9741448	243	09525	2162	90475	25
76	52891	1918	1206	242	11685	2160	88315	24
77	54808	1917	0963	243	13845	2160	86155	23
78	56724	1916	0720	243	16004	2159	83996	22
79	58639	1915	0477	243	18162	2158	81838	21
0,2180	60553	1914	9,9740234	243	20319	2157	79681	0,7820
81	62467	1914	9,9739991	243	22476	2157	77524	19
82	64379	1912	9747	244	24632	2156	75368	18
83	66290	1911	9504	243	26786	2154	73214	17
84	68200	1910	9260	244	28940	2154	71060	16
85	70110	1910	9016	244	31094	2154	68906	15
86	72018	1908	8773	243	33246	2152	66754	14
87	73926	1908	8529	244	35397	2151	64603	13
88	75832	1906	8284	245	37548	2151	62452	12
89	77738	1906	8040	244	39698	2150	60302	11
0,2190	79643	1905	7796	244	41847	2149	58153	0,7810
91	81547	1904	7551	245	43995	2148	56005	09
92	83449	1902	7307	244	46143	2148	53857	08
93	85351	1902	7062	245	48289	2146	51711	07
94	87252	1901	6817	245	50435	2146	49565	06
95	89152	1900	6572	245	52580	2145	47420	05
96	91051	1899	6327	245	54724	2144	45276	04
97	92949	1898	6082	245	56867	2143	43133	03
98	94847	1898	5837	245	59010	2143	40990	02
0,2159	96743	1896	5591	246	61151	2141	38849	01
0,2200	9,5298638	1895	9,9735346	245	9,5563292	2141	10,4436708	0,7800
Arc.	Log. Cofin.	D.	Log. Sin.	D.	Log. Cot.	D.	Log. Tang.	Arc.

0,780

0,220

Arc.	Sinus.	D.	Cosinus.	D.	Tang.	D.	Cotang.	D.	Arc.
0, 2200	0, 3387379		0, 9408808		0, 3600222		2, 7776069		0,7800
01	88857	1478	8275	533	01996	1774	62385	13684	0,7799
02	90335	1478	7743	532	03771	1775	48713	13672	98
03	91813	1478	7210	533	05546	1775	35053	13660	97
04	93290	1477	6677	533	07321	1775	21405	13648	96
05	94768	1478	6144	533	09096	1775	2, 7707769	13636	95
06	96245	1477	5611	533	10872	1776	2, 7694145	13624	94
07	97723	1478	5077	534	12647	1775	80535	13612	93
08	0, 3399200	1477	4544	533	14423	1776	66932	13601	92
09	0, 3400677	1477	4009	535	16199	1776	53344	13588	91
0, 2210	02154	1477	3475	534	17976	1777	39767	13577	0, 7790
11	03631	1477	2941	534	19752	1776	26202	13565	89
12	05108	1477	2406	535	21529	1777	2, 7612648	13554	88
13	06585	1477	1871	535	23306	1777	2, 7599107	13541	87
14	08062	1477	1336	535	25083	1777	85577	13530	86
15	09539	1477	0800	536	26860	1777	72059	13518	85
16	11015	1476	0, 9400265	535	28638	1778	58552	13507	84
17	12492	1477	0, 9399729	536	30415	1777	45057	13495	83
18	13968	1476	9193	536	32193	1778	31574	13483	82
19	15445	1477	8656	537	33971	1778	18103	13471	81
0, 2220	16921	1476	8120	536	35750	1779	2, 7504643	13460	0, 7780
21	18397	1476	7583	537	37528	1778	2, 7491195	13448	79
22	19873	1476	7046	537	39307	1779	77759	13436	78
23	21349	1476	6508	538	41086	1779	64334	13425	77
24	22825	1476	5971	537	42865	1779	50920	13414	76
25	0, 3424301	1476	0, 9395433	538	0, 3644644	1779	37518	13402	75
26	25777	1476	4895	538	46424	1780	24128	13390	74
27	27253	1476	4357	538	48204	1780	2, 7410749	13379	73
28	28728	1475	3818	539	49984	1780	2, 7397382	13367	72
29	30204	1476	3280	538	51764	1780	84027	13355	71
0, 2230	31679	1475	2741	539	53544	1780	70682	13345	0, 7770
31	33155	1476	2201	540	55325	1781	57350	13332	69
32	34630	1475	1662	539	57106	1781	44028	13322	68
33	36105	1475	1122	540	58887	1781	30718	13310	67
34	37580	1475	0583	539	60668	1781	17420	13298	66
35	39055	1475	0, 9390043	540	62449	1781	2, 7304133	13287	65
36	40530	1475	0, 9389502	541	64231	1782	2, 7290857	13276	64
37	42005	1475	8962	540	66013	1782	77593	13264	63
38	43480	1475	8421	541	67795	1782	64340	13253	62
39	44955	1475	7880	541	69577	1782	51099	13241	61
0, 2240	46429	1474	7339	541	71359	1782	37868	13231	0, 7760
41	47904	1475	6797	542	73142	1783	24649	13219	59
42	49378	1474	6255	542	74925	1783	2, 7211442	13207	58
43	50853	1475	5713	542	76708	1783	2, 7198246	13196	57
44	52327	1474	5171	542	78491	1783	85061	13185	56
45	53801	1474	4629	542	80274	1783	71887	13174	55
46	55275	1474	4086	543	82058	1784	58724	13163	54
47	56749	1474	3543	543	83842	1784	45573	13151	53
48	58223	1474	3000	543	85626	1784	32433	13140	52
49	59697	1474	2457	543	87410	1784	19304	13129	51
0, 2250	0, 3461171	1474	0, 9381913	544	0, 3689195	1785	2, 7106186	13118	0, 7750
Arc.	Cosinus.	D.	Sinus.	D.	Cotang.	D.	Tang.	D.	Arc.

0,775

0,220

Arc.	Log. Sin.	D.	Log. Cosin.	D.	Log. Tang.	D.	Log. Cot.	Arc.
0,2200	9,5298638		9,9735346		9,5563292		10,4436708	0,7800
01	9,5300533	1895	5100	246	65432	2140	34568	0,7799
02	02426	1893	4854	246	67572	2140	32428	98
03	04319	1893	4609	245	69710	2138	30290	97
04	06210	1891	4363	246	71848	2138	28152	96
05	08101	1891	4116	247	73984	2136	26016	95
06	09990	1889	3870	246	76120	2136	23880	94
07	11879	1889	3624	246	78256	2136	21744	93
08	13767	1888	3377	247	80390	2134	19610	92
09	15654	1887	3131	246	82524	2134	17476	91
0,2210	17540	1886	2884	247	84656	2132	15344	0,7790
11	19425	1885	2637	247	86788	2132	13212	89
12	21309	1884	2390	247	88919	2131	11081	88
13	23193	1884	2143	247	91050	2131	08950	87
14	25075	1882	1896	247	93179	2129	06821	86
15	26956	1881	1648	248	95308	2129	04692	85
16	28837	1881	1401	247	97436	2128	02564	84
17	30716	1879	1153	248	9,5599563	2127	10,4400437	83
18	32595	1879	0905	248	9,5601690	2127	10,4398310	82
19	34473	1878	0658	247	03815	2125	96185	81
0,2220	36349	1876	0410	248	05940	2125	94060	0,7780
21	38225	1876	9,9730162	248	08064	2124	91936	79
22	40100	1875	9,9729913	249	10187	2123	89813	78
23	41974	1874	9665	248	12309	2122	87691	77
24	43847	1873	9417	248	14431	2122	85569	76
25	9,5345720	1873	9168	249	9,5616552	2121	10,4383448	75
26	47591	1871	8919	249	18672	2120	81328	74
27	49461	1870	8670	249	20791	2119	79209	73
28	51331	1870	8422	248	22909	2118	77091	72
29	53199	1868	8172	250	25027	2118	74973	71
0,2230	55067	1868	7923	249	27144	2117	72856	0,7770
31	56934	1867	7674	249	29260	2116	70740	69
32	58800	1866	7425	249	31375	2115	68625	68
33	60665	1865	7175	250	33490	2115	66510	67
34	62529	1864	6925	250	35603	2113	64397	66
35	64392	1863	6676	249	37716	2113	62284	65
36	66254	1862	6426	250	39828	2112	60172	64
37	68115	1861	6176	250	41940	2112	58060	63
38	69976	1861	5925	251	44050	2110	55950	62
39	71835	1859	5675	250	46160	2110	53840	61
0,2240	73694	1859	5425	250	48269	2109	51731	0,7760
41	75551	1857	5174	251	50377	2108	49623	59
42	77408	1857	4924	250	52484	2107	47516	58
43	79264	1856	4673	251	54591	2107	45409	57
44	81119	1855	4422	251	56697	2106	43303	56
45	82973	1854	4171	251	58802	2105	41198	55
46	84826	1853	3920	251	60906	2104	39094	54
47	86679	1853	3669	251	63010	2104	36990	53
48	88530	1851	3417	252	65113	2103	34887	52
49	90380	1850	3166	251	67215	2102	32785	51
0,2250	9,5392230	1850	9,9722914	252	9,5669316	2101	10,4330684	0,7750
Arc.	Log. Cosin.	D.	Log. Sin.	D.	Log. Cot.	D.	Log. Tang.	Arc.

0,775

0,225

Arc.	Sinus.	D.	Cosinus.	D.	Tang.	D.	Cotang.	D.	Arc.
0,2250	0,3461171		0,9381913		0,3689195		2,7106186		0,7750
51	62644	1473	1370	543	90979	1784	2,7093080	13106	49
52	64118	1474	0826	544	92764	1785	79984	13096	48
53	65591	1473	0,9380281	545	94549	1785	66900	13084	47
54	67065	1474	0,9379737	544	96335	1786	53827	13073	46
55	68538	1473	9192	545	98120	1785	40765	13062	45
56	70011	1473	8647	545	0,3699906	1786	27714	13051	44
57	71484	1473	8102	545	0,3701692	1786	14674	13040	43
58	72957	1473	7557	545	03478	1786	2,7001645	13029	42
59	74430	1473	7011	546	05264	1786	2,6988627	13018	41
0,2260	75903	1473	6465	546	07051	1787	75620	13007	0,7740
61	77376	1473	5919	546	08838	1787	62625	12995	39
62	78849	1473	5373	546	10625	1787	49640	12985	38
63	80322	1473	4826	547	12412	1787	36666	12974	37
64	81794	1472	4279	547	14199	1787	23703	12963	36
65	83267	1473	3732	547	15987	1788	2,6910752	12951	35
66	84739	1472	3185	547	17775	1788	2,6897811	12941	34
67	86211	1472	2637	548	19563	1788	84881	12930	33
68	87683	1472	2090	547	21351	1788	71962	12919	32
69	89156	1473	1542	548	23139	1788	59054	12908	31
0,2270	90628	1472	0993	549	24928	1789	46157	12897	0,7730
71	92100	1472	0,9370445	548	26717	1789	33270	12887	29
72	93571	1471	0,9369896	549	28506	1789	20395	12875	28
73	95043	1472	9348	548	30295	1789	2,6807530	12865	27
74	96515	1472	8798	550	32085	1790	2,6794676	12854	26
75	97986	1471	8249	549	0,3733874	1789	81833	12843	25
76	0,3499458	1472	7699	550	35664	1790	69001	12832	24
77	0,3500929	1471	7150	549	37454	1790	56180	12821	23
78	02401	1472	6600	550	39245	1791	43369	12811	22
79	03872	1471	6049	551	41035	1790	30569	12800	21
0,2280	05343	1471	5499	550	42826	1791	17780	12789	0,7720
81	06814	1471	4948	551	44617	1791	2,6705002	12778	19
82	08285	1471	4397	551	46408	1791	2,6692234	12768	18
83	09756	1471	3846	551	48199	1791	79477	12757	17
84	11227	1471	3295	551	49991	1792	66731	12746	16
85	12698	1471	2743	552	51783	1792	53995	12736	15
86	14168	1470	2191	552	53575	1792	41270	12725	14
87	15639	1471	1639	552	55367	1792	28556	12714	13
88	17109	1470	1087	552	57159	1792	15852	12704	12
89	18580	1471	0,9360534	553	58952	1793	2,6603159	12693	11
0,2290	20050	1470	0,9359981	553	60745	1793	2,6590477	12682	0,7710
91	21520	1470	9428	553	62538	1793	77805	12672	09
92	22991	1471	8875	553	64331	1793	65143	12662	08
93	24461	1470	8321	554	66125	1794	52493	12650	07
94	25931	1470	7768	553	67918	1793	39852	12641	06
95	27400	1469	7214	554	69712	1794	27223	12629	05
96	28870	1470	6659	555	71506	1794	14604	12619	04
97	30340	1470	6105	554	73301	1795	2,6501995	12609	03
98	31809	1469	5550	555	75095	1794	2,6489397	12598	02
0,2299	33279	1470	4995	555	76890	1795	76809	12588	01
0,2300	0,3534748	1469	0,9354440	555	0,3778685	1795	2,6464232	12577	0,7700
Arc.	Cosinus.	D.	Sinus.	D.	Cotang.	D.	Tang.	D.	Arc.

0,770

0,225

Arc.	Log. Sin.	D.	Log. Cofin.	D.	Log. Tang.	D.	Log. Cot.	Arc.
0,2250	9,5392230		9,9722914		9,5669316		10,4330684	0,7750
51	94079	1849	2662	252	71416	2100	28584	49
52	95927	1848	2411	251	73516	2100	26484	48
53	97773	1846	2159	252	75615	2099	24385	47
54	9,5399619	1846	1907	252	77713	2098	22287	46
55	9,5401465	1846	1654	253	79810	2097	20190	45
56	03309	1844	1402	252	81907	2097	18093	44
57	05152	1843	1149	253	84003	2096	15997	43
58	06995	1843	0897	252	86098	2095	13902	42
59	08836	1841	0644	253	88192	2094	11808	41
0,2260	10677	1841	0391	253	90286	2094	09714	0,7740
61	12517	1840	9,9720138	253	92378	2092	07622	39
62	14356	1839	9,9719885	253	94470	2092	05530	38
63	16194	1838	9632	253	96562	2092	03438	37
64	18031	1837	9379	253	9,5698652	2090	10,4301348	36
65	19867	1836	9125	254	9,5700742	2090	10,4299258	35
66	21702	1835	8872	253	02831	2089	97169	34
67	23537	1835	8618	254	04919	2088	95081	33
68	25371	1834	8364	254	07006	2087	92994	32
69	27203	1832	8110	254	09093	2087	90907	31
0,2270	29035	1832	7856	254	11179	2086	88821	0,7730
71	30866	1831	7602	254	13264	2085	86736	29
72	32696	1830	7348	254	15348	2084	84652	28
73	34525	1829	7093	255	17432	2084	82568	27
74	36354	1829	6839	254	19515	2083	80485	26
75	9,5438181	1827	9,9716584	255	9,5721597	2082	10,4278403	25
76	40008	1827	6330	254	23678	2081	76322	24
77	41834	1826	6075	255	25759	2081	74241	23
78	43658	1824	5820	255	27839	2080	72161	22
79	45482	1824	5564	256	29918	2079	70082	21
0,2280	47305	1823	5309	255	31996	2078	68004	0,7720
81	49128	1823	5054	255	34074	2078	65926	19
82	50949	1821	4798	256	36151	2077	63849	18
83	52769	1820	4543	255	38227	2076	61773	17
84	54589	1820	4287	256	40302	2075	59698	16
85	56408	1819	4031	256	42377	2075	57623	15
86	58226	1818	3775	256	44451	2074	55549	14
87	60043	1817	3519	256	46524	2073	53476	13
88	61859	1816	3263	256	48596	2072	51404	12
89	63674	1815	3006	257	50668	2072	49332	11
0,2290	65489	1815	2750	256	52739	2071	47261	0,7710
91	67302	1813	2493	257	54809	2070	45191	09
92	69115	1813	2236	257	56878	2069	43122	08
93	70927	1812	1980	256	58947	2069	41053	07
94	72737	1810	1723	257	61015	2068	38985	06
95	74548	1811	1465	258	63082	2067	36918	05
96	76357	1809	1208	257	65149	2067	34851	04
97	78165	1808	0951	257	67214	2065	32786	03
98	79973	1808	0693	258	69279	2065	30721	02
0,2299	81779	1806	0436	257	71344	2065	28656	01
0,2300	9,5483585	1806	9,9710178	258	9,5773407	2063	10,4226593	0,7700
Arc.	Log. Cofin.	D.	Log. Sin.	D.	Log. Cot.	D.	Log. Tang.	Arc.

0,770

0,230

Arc.	Sinus.	D.	Cosinus.	D.	Tang.	D.	Cotang.	D.	Arc.
0,2300	0,3534748		0,9354440		0,3778685		2,6464232		0,7700
01	36218	1470	3885	555	80480	1795	51665	12567	0,7699
02	37687	1469	3329	556	82276	1796	39109	12556	98
03	39156	1469	2774	555	84071	1795	26563	12546	97
04	40625	1469	2218	556	85867	1796	14028	12535	96
05	42094	1469	1661	557	87663	1796	2,6401503	12525	95
06	43563	1469	1105	556	89459	1796	2,6388988	12515	94
07	45032	1469	0,9350548	557	91256	1797	76484	12504	93
08	46501	1469	0,9349991	557	93053	1797	63990	12494	92
09	47969	1468	9434	557	94850	1797	51506	12484	91
0,2310	49438	1469	8876	558	96647	1797	39033	12473	0,7690
11	50906	1468	8319	557	0,3798444	1797	26570	12463	89
12	52375	1469	7761	558	0,3800241	1797	14117	12453	88
13	53843	1468	7203	558	02039	1798	2,6301675	12442	87
14	55311	1468	6644	559	03837	1798	2,6289243	12432	86
15	56779	1468	6086	558	05635	1798	76821	12422	85
16	58248	1469	5527	559	07434	1799	64409	12412	84
17	59715	1467	4968	559	09232	1798	52008	12401	83
18	61183	1468	4409	559	11031	1799	39617	12391	82
19	62651	1468	3849	560	12830	1799	27236	12381	81
0,2320	64119	1468	3289	560	14630	1800	14865	12371	0,7680
21	65586	1467	2729	560	16429	1799	2,6202505	12360	79
22	67054	1468	2169	560	18229	1800	2,6190155	12350	78
23	68521	1467	1609	560	20029	1800	77814	12341	77
24	69989	1468	1048	561	21829	1800	65484	12330	76
25	0,3571456	1467	0,9340487	561	0,3823629	1800	53164	12320	75
26	72923	1467	0,9339926	561	25430	1801	40855	12309	74
27	74390	1467	9365	561	27230	1800	28555	12300	73
28	75857	1467	8803	562	29031	1801	16265	12290	72
29	77324	1467	8241	562	30833	1802	2,6103986	12279	71
0,2330	78791	1467	7679	562	32634	1801	2,6091716	12270	0,7670
31	80258	1467	7117	562	34436	1802	79457	12259	69
32	81724	1466	6555	562	36238	1802	67208	12249	68
33	83191	1467	5992	563	38040	1802	54968	12240	67
34	84657	1466	5429	563	39842	1802	42739	12229	66
35	86123	1466	4866	563	41644	1802	30520	12219	65
36	87590	1467	4302	564	43447	1803	18310	12210	64
37	89056	1466	3739	563	45250	1803	2,6006111	12199	63
38	90522	1466	3175	564	47053	1803	2,5993921	12190	62
39	91988	1466	2611	564	48857	1804	81742	12179	61
0,2340	93454	1466	2046	565	50660	1803	69573	12169	0,7660
41	94920	1466	1482	564	52464	1804	57413	12160	59
42	96386	1466	0917	565	54268	1804	45263	12150	58
43	97851	1465	0,9330352	565	56072	1804	33124	12139	57
44	0,3599317	1466	0,9329787	565	57877	1805	20994	12130	56
45	0,3600782	1465	9221	566	59681	1804	2,5908874	12120	55
46	02248	1466	8655	566	61486	1805	2,5896763	12111	54
47	03713	1465	8089	566	63292	1806	84663	12100	53
48	05178	1465	7523	566	65097	1805	72573	12090	52
49	06643	1465	6957	566	66902	1805	60492	12081	51
0,2350	0,3608108	1465	0,9326390	567	0,3868708	1806	2,5824841	12071	0,7650
Arc.	Cofinus.	D.	Sinus.	D.	Cotang.	D.	Tang.	D.	Arc.

0,765

0,230

Arc.	Log. Sin.	D.	Log. Cosin.	D.	Log. Tang.	D.	Log. Cot.	Arc.
0,2300	9,5483585		9,9710178		9,5773407		10,4226593	0,7700
01	85390	1805	9,9709920	258	75470	2063	24530	0,7699
02	87194	1804	9662	258	77532	2062	22468	98
03	88997	1803	9404	258	79593	2061	20407	97
04	90800	1803	9146	258	81654	2061	18346	96
05	92601	1801	8888	258	83714	2060	16286	95
06	94402	1801	8629	259	85773	2059	14227	94
07	96202	1800	8371	258	87831	2058	12169	93
08	98001	1799	8112	259	89889	2058	10111	92
09	9,5499799	1798	7853	259	91946	2057	08054	91
0,2310	9,5501596	1797	7594	259	94002	2056	05998	0,7690
11	03392	1796	7335	259	96057	2055	03943	89
12	05188	1796	7076	259	9,5798112	2055	10,4201888	88
13	06983	1795	6817	259	9,5800166	2054	10,4199834	87
14	08776	1793	6557	260	02219	2053	97781	86
15	10569	1793	6298	259	04272	2053	95728	85
16	12362	1793	6038	260	06324	2052	93676	84
17	14153	1791	5778	260	08375	2051	91625	83
18	15943	1790	5518	260	10425	2050	89575	82
19	17733	1790	5258	260	12475	2050	87525	81
0,2320	19522	1789	4998	260	14524	2049	85476	0,7680
21	21310	1788	4738	260	16572	2048	83428	79
22	23097	1787	4477	261	18619	2047	81381	78
23	24883	1786	4217	260	20666	2047	79334	77
24	26668	1785	3956	261	22712	2046	77288	76
25	9,5528453	1785	9,9703695	261	9,5824758	2046	10,4175242	75
26	30237	1784	3434	261	26802	2044	73198	74
27	32020	1783	3173	261	28846	2044	71154	73
28	33802	1782	2912	261	30889	2043	69111	72
29	35583	1781	2651	261	32932	2043	67068	71
0,2330	37363	1780	2390	261	34974	2042	65026	0,7670
31	39143	1780	2128	262	37015	2041	62985	69
32	40921	1778	1866	262	39055	2040	60945	68
33	42699	1778	1605	261	41095	2040	58905	67
34	44476	1777	1343	262	43133	2038	56867	66
35	46252	1776	1081	262	45172	2039	54828	65
36	48028	1776	0819	262	47209	2037	52791	64
37	49802	1774	0556	263	49246	2037	50754	63
38	51576	1774	0294	262	51282	2036	48718	62
39	53349	1773	9,9700031	263	53317	2035	46683	61
0,2340	55121	1772	9,9699769	262	55352	2035	44648	0,7660
41	56892	1771	9506	263	57386	2034	42614	59
42	58662	1770	9243	263	59419	2033	40581	58
43	60432	1770	8980	263	61452	2033	38548	57
44	62201	1769	8717	263	63484	2032	36516	56
45	63969	1768	8454	263	65515	2031	34485	55
46	65736	1767	8191	263	67545	2030	32455	54
47	67502	1766	7927	264	69575	2030	30425	53
48	69267	1765	7663	264	71604	2029	28396	52
49	71032	1765	7400	263	73632	2028	26368	51
0,2350	9,5572796	1764	9,9697136	264	9,5875660	2028	10,4124340	0,7650
Arc.	Log. Cosin.	D.	Log. Sin.	D.	Log. Cot.	D.	Log. Tang.	Arc.

0,765

0,235									
Arc.	Sinus.	D.	Cofinus.	D.	Tang.	D.	Cotang.	D.	Arc.
0, 2350	0, 3608108		0, 9326390		0, 3868708		2, 5848421		0, 7650
51	09573	1465	5823	567	70514	1806	36360	12061	49
52	11038	1465	5256	567	72320	1806	24309	12051	48
53	12503	1465	4689	567	74127	1807	12267	12042	47
54	13967	1464	4121	568	75934	1807	2, 5800236	12031	46
55	15432	1465	3554	567	77740	1806	2, 5788214	12022	45
56	16897	1465	2986	568	79548	1808	76202	12012	44
57	18361	1464	2417	569	81355	1807	64199	12003	43
58	19825	1464	1849	568	83162	1807	52206	11993	42
59	21290	1465	1280	569	84970	1808	40223	11983	41
0, 2360	22754	1464	0711	569	86778	1808	28250	11973	0, 7640
61	24218	1464	0, 9320142	569	88586	1808	16286	11964	39
62	25682	1464	0, 9319573	569	90395	1809	2, 5704332	11954	38
63	27146	1464	9003	570	92203	1808	2, 5692388	11944	37
64	28609	1463	8433	570	94012	1809	80453	11935	36
65	30073	1464	7863	570	95821	1809	68528	11925	35
66	31537	1464	7293	570	97631	1810	56612	11916	34
67	33000	1463	6722	571	0,3899440	1809	44706	11906	33
68	34464	1464	6151	571	0, 3901250	1810	32810	11896	32
69	35927	1463	5580	571	03060	1810	20923	11887	31
0, 2370	37390	1463	5009	571	04870	1810	2, 5609046	11877	0, 7630
71	38853	1463	4438	571	06681	1811	2, 5597178	11868	29
72	40316	1463	3866	572	08491	1810	85320	11858	28
73	41779	1463	3294	572	10302	1811	73471	11849	27
74	43242	1463	2722	572	12113	1811	61632	11839	26
75	0, 3644705	1463	0, 9312149	573	13925	1812	49803	11829	25
76	46168	1463	1577	572	15736	1811	37983	11820	24
77	47630	1462	1004	573	17548	1812	26172	11811	23
78	49093	1463	0, 9310431	573	19360	1812	14371	11801	22
79	50555	1462	0, 9309857	574	21172	1812	2, 5502579	11792	21
0, 2380	52018	1463	9284	573	22984	1812	2, 5490797	11782	0, 7620
81	53480	1462	8710	574	24797	1813	79024	11773	19
82	54942	1462	8136	574	26610	1813	67261	11763	18
83	56404	1462	7562	574	28423	1813	55507	11754	17
84	57866	1462	6987	575	30236	1813	43762	11745	16
85	59328	1462	6413	574	32050	1814	32027	11735	15
86	60790	1462	5838	575	33864	1814	20301	11726	14
87	62252	1462	5263	575	35678	1814	2, 5408585	11716	13
88	63713	1461	4687	576	37492	1814	2, 5396877	11708	12
89	65175	1462	4112	575	39306	1814	85180	11697	11
0, 2390	66636	1461	3536	576	41121	1815	73491	11689	0, 7610
91	68097	1461	2960	576	42936	1815	61812	11679	09
92	69559	1462	2384	576	44751	1815	50142	11670	08
93	71020	1461	1807	577	46566	1815	38482	11660	07
94	72481	1461	1230	577	48382	1816	26830	11652	06
95	73942	1461	0653	577	50198	1816	15188	11642	05
96	75403	1461	0, 9300076	577	52014	1816	2, 5303556	11632	04
97	76864	1461	0, 9299499	577	53830	1816	2, 5291932	11624	03
98	78324	1460	8921	578	55646	1816	80318	11614	02
0, 2399	79785	1461	8343	573	57463	1817	68713	11605	01
0, 2400	0, 3681246	1461	0, 9297765	578	0, 3959280	1817	2, 5257117	11596	0, 7600
Arc.	Cofinus.	D.	Sinus.	D.	Cotang.	D.	Tang.	D.	Arc.
0,760									

0,235

Arc.	Log. Sin.	D.	Log. Cosin.	D.	Log. Tang.	D.	Log. Cot.	Arc.
0, 2350	9, 5572796		9, 9697136		9, 5875660		10, 4124340	0, 7650
51	74559	1763	6872	264	77687	2027	22313	49
52	76321	1762	6608	264	79713	2026	20287	48
53	78082	1761	6344	264	81738	2025	18262	47
54	79842	1760	6079	265	83763	2025	16237	46
55	81602	1760	5815	264	85787	2024	14213	45
56	83361	1759	5550	265	87811	2024	12189	44
57	85119	1758	5285	265	89834	2023	101[illegible]	43
58	86876	1757	5021	264	91856	2022	08144	42
59	88632	1756	4756	265	93877	2021	06123	41
0, 2360	90338	1756	4490	266	95898	2021	04102	0, 7640
61	92143	1755	4225	265	97918	2020	02082	39
62	93897	1754	3960	265	9, 5899937	2019	10, 4100063	38
63	95650	1753	3694	266	9, 5901955	2018	10, 4098045	37
64	97402	1752	3429	265	03973	2018	96027	36
65	9, 5599154	1752	3163	266	05990	2017	94010	35
66	9, 5600904	1750	2897	266	08007	2017	91993	34
67	02654	1750	2631	266	10023	2016	89977	33
68	04403	1749	2365	266	12038	2015	87962	32
69	06151	1748	2099	266	14052	2014	85948	31
0, 2370	07899	1748	1833	266	16066	2014	83934	0, 7630
71	09645	1746	1566	267	18079	2013	81921	29
72	11391	1746	1300	266	20091	2012	79909	28
73	13136	1745	1033	267	22103	2012	77897	27
74	14880	1744	0766	267	24114	2011	75886	26
75	9, 5616624	1744	0499	267	9, 5926124	2010	10, 4073876	25
76	18366	1742	9, 9690232	267	28134	2010	71866	24
77	20108	1742	9, 9689965	267	30143	2009	69857	23
78	21849	1741	9698	267	32151	2008	67849	22
79	23589	1740	9430	268	34159	2008	65841	21
0, 2380	25329	1740	9163	267	36166	2007	63834	0, 7620
81	27067	1738	8895	268	38172	2006	61828	19
82	28805	1738	8627	268	40178	2006	59822	18
83	30542	1737	8359	268	42183	2005	57817	17
84	32278	1736	8091	268	44187	2004	55813	16
85	34013	1735	7823	268	46190	2003	53810	15
86	35748	1735	7555	268	48193	2003	51807	14
87	37482	1734	7286	269	50195	2002	49805	13
88	39215	1733	7018	268	52197	2002	47803	12
89	40947	1732	6749	269	54198	2001	45802	11
0, 2390	42678	1731	6480	269	56198	2000	43802	0, 7610
91	44409	1731	6211	269	58197	1999	41803	09
92	46138	1729	5942	269	60196	1999	39804	08
93	47867	1729	5673	269	62194	1998	37806	07
94	49596	1729	5404	269	64192	1998	35808	06
95	51323	1727	5135	269	66188	1996	33812	05
96	53049	1726	4865	270	68184	1996	31816	04
97	54775	1726	4595	270	70180	1996	29820	03
98	56500	1725	4326	269	72175	1995	27825	02
0, 2399	58224	1724	4056	270	74169	1994	25831	01
0, 2400	9, 5659948	1724	9, 9683786	270	9, 5976162	1993	10, 4023838	0, 7600
Arc.	Log. Cosin.	D.	Log. Sin.	D.	Log. Cot.	D.	Log. Tang.	Arc.

0,760

0,240

Arc.	Sinus.	D.	Cofinus.	D.	Tang.	D.	Cotang.	D.	Arc.
0,2400	0,3681246		0,9297765		0,3959280		2,5257117		0,7600
01	82706	1460	7186	579	61097	1817	45530	11587	0,7599
02	84166	1460	6608	578	62915	1818	33953	11577	98
03	85627	1461	6029	579	64732	1817	22384	11569	97
04	87087	1460	5450	579	66550	1818	2,5210825	11559	96
05	88547	1460	4871	579	68368	1818	2,5199275	11550	95
06	90007	1460	4291	580	70186	1818	87735	11540	94
07	91467	1460	3711	580	72005	1819	76203	11532	93
08	92927	1460	3132	579	73824	1819	64680	11523	92
09	94386	1459	2551	581	75643	1819	53167	11513	91
0,2410	95846	1460	1971	580	77462	1819	41662	11505	0,7590
11	97305	1459	1390	581	79281	1819	30167	11495	89
12	0,3698765	1460	0809	581	81101	1820	18681	11486	88
13	0,3700224	1459	0,9290228	581	82921	1820	2,5107204	11477	87
14	01683	1459	0,9289647	581	84741	1820	2,5095735	11469	86
15	03143	1460	9065	582	86561	1820	84276	11459	85
16	04602	1459	8484	581	88382	1821	72826	11450	84
17	06061	1459	7901	583	90202	1820	61385	11441	83
18	07520	1459	7319	582	92023	1821	49953	11432	82
19	08978	1458	6737	582	93845	1822	38530	11423	81
0,2420	10437	1459	6154	583	95666	1821	27116	11414	0,7580
21	11896	1459	5571	583	97488	1822	15711	11405	79
22	13354	1458	4988	583	0,3999310	1822	2,5004315	11396	78
23	14813	1459	4404	584	0,4001132	1822	2,4992928	11387	77
24	16271	1458	3821	583	02954	1822	81549	11379	76
25	0,3717729	1458	0,9283237	584	04777	1823	70180	11369	75
26	19187	1458	2653	584	06600	1823	58820	11360	74
27	20646	1459	2069	584	08423	1823	47468	11352	73
28	22103	1457	1484	585	10246	1823	36126	11342	72
29	23561	1458	0899	585	12070	1824	24792	11334	71
0,2430	25019	1458	0,9280314	585	13893	1823	13467	11325	0,7570
31	26477	1458	0,9279729	585	15717	1824	2,4902151	11316	69
32	27934	1457	9144	585	17542	1825	2,4890844	11307	68
33	29392	1458	8558	586	19366	1824	79546	11298	67
34	30849	1457	7972	586	21191	1825	68256	11290	66
35	32307	1458	7386	586	23016	1825	56975	11281	65
36	33764	1457	6799	587	24841	1825	45704	11271	64
37	35221	1457	6213	586	26666	1825	34440	11264	63
38	36678	1457	5626	587	28492	1826	23186	11254	62
39	38135	1457	5039	587	30318	1826	11941	11245	61
0,2440	39592	1457	4452	587	32144	1826	2,4800704	11237	0,7560
41	41049	1457	3864	588	33970	1826	2,4789476	11228	59
42	42506	1457	3276	588	35796	1826	78257	11219	58
43	43962	1456	2688	588	37623	1827	67046	11211	57
44	45419	1457	2100	588	39450	1827	55844	11202	56
45	46875	1456	1512	588	41277	1827	44651	11193	55
46	48331	1456	0923	589	43105	1828	33467	11184	54
47	49788	1457	0,9270334	589	44933	1828	22291	11176	53
48	51244	1456	0,9269745	589	46760	1827	2,4711124	11167	52
49	52700	1456	9156	589	48589	1829	2,4699966	11158	51
0,2450	0,3754156	1456	0,9268566	590	0,4050417	1828	2,4688816	11150	0,7550
Arc.	Cofinus.	D.	Sinus.	D.	Cotang.	D.	Tang.	D.	Arc.

0,755

0,240

Arc.	Log. Sin.	D.	Log. Cosin.	D.	Log. Tang.	D.	Log. Cot.	Arc.
0,2400	9,5659948		9,9683786		9,5976162		10,4023838	0,7600
01	61670	1722	3515	271	78155	1993	21845	0,7599
02	63392	1722	3245	270	80147	1992	19853	98
03	65113	1721	2975	270	82139	1992	17861	97
04	66834	1721	2704	271	84129	1990	15871	96
05	68553	1719	2434	270	86119	1990	13881	95
06	70272	1719	2163	271	88109	1990	11891	94
07	71990	1718	1892	271	90098	1989	09902	93
08	73707	1717	1621	271	92086	1988	07914	92
09	75423	1716	1350	271	94073	1987	05927	91
0,2410	77139	1716	1078	272	96060	1987	03940	0,7590
11	78853	1714	0807	271	9,5998046	1986	10,4001954	89
12	80567	1714	0535	272	9,6000032	1986	10,3999968	88
13	82280	1713	9,9680264	271	02017	1985	97983	87
14	83993	1713	9,9679992	272	04001	1984	95999	86
15	85704	1711	9720	272	05984	1983	94016	85
16	87415	1711	9448	272	07967	1983	92033	84
17	89125	1710	9176	272	09949	1982	90051	83
18	90835	1710	8904	272	11931	1982	88069	82
19	92543	1708	8631	273	13912	1981	86088	81
0,2420	94251	1708	8359	272	15892	1980	84108	0,7580
21	95958	1707	8086	273	17871	1979	82129	79
22	97664	1706	7813	273	19850	1979	80150	78
23	9,5699369	1705	7541	272	21829	1979	78171	77
24	9,5701074	1705	7268	273	23806	1977	76194	76
25	02778	1704	9,9676994	274	9,6025783	1977	10,3974217	75
26	04481	1703	6721	273	27760	1977	72240	74
27	06183	1702	6448	273	29735	1975	70265	73
28	07884	1701	6174	274	31710	1975	68290	72
29	09585	1701	5901	273	33685	1975	66315	71
0,2430	11285	1700	5627	274	35658	1973	64342	0,7570
31	12984	1699	5353	274	37631	1973	62369	69
32	14683	1699	5079	274	39604	1973	60396	68
33	16380	1697	4805	274	41576	1972	58424	67
34	18077	1697	4531	274	43547	1971	56453	66
35	19773	1696	4256	275	45517	1970	54483	65
36	21469	1696	3982	274	47487	1970	52513	64
37	23163	1694	3707	275	49456	1969	50544	63
38	24857	1694	3432	275	51425	1969	48575	62
39	26550	1693	3157	275	53393	1968	46607	61
0,2440	28242	1692	2882	275	55360	1967	44640	0,7560
41	29934	1692	2607	275	57327	1967	42673	59
42	31625	1691	2332	275	59293	1966	40707	58
43	33314	1689	2057	275	61258	1965	38742	57
44	35004	1690	1781	276	63223	1965	36777	56
45	36692	1688	1505	276	65187	1964	34813	55
46	38380	1688	1230	275	67150	1963	32850	54
47	40067	1687	0954	276	69113	1963	30887	53
48	41753	1686	0678	276	71075	1962	28925	52
49	43438	1685	0402	276	73036	1961	26964	51
0,2450	9,5745123	1685	9,9670125	277	9,6074997	1961	10,3925003	0,7550
Arc.	Log. Cosin.	D.	Log. Sin.	D.	Log. Cot.	D.	Log. Tang.	Arc.

0,755

0,245

Arc.	Sinus.	D.	Cosinus.	D.	Tang.	D.	Cotang.	D.	Arc.
0, 2450	0, 3754156		0, 9268566		0, 4050417		2, 4688816		0, 7550
51	55612	1456	7976	590	52246	1829	77675	11141	49
52	57067	1455	7386	590	54074	1828	66542	11133	48
53	58523	1456	6796	590	55904	1830	55419	11123	47
54	59979	1456	6205	591	57733	1829	44303	11116	46
55	61434	1455	5615	590	59562	1829	33197	11106	45
56	62889	1455	5024	591	61392	1830	22099	11098	44
57	64345	1456	4432	592	63222	1830	2, 4611009	11090	43
58	65800	1455	3841	591	65052	1830	2, 4599929	11080	42
59	67255	1455	3249	592	66883	1831	88856	11073	41
0, 2460	68710	1455	2658	591	68714	1831	77793	11063	0, 7540
61	70165	1455	2065	593	70545	1831	66737	11056	39
62	71620	1455	1473	592	72376	1831	55691	11046	38
63	73075	1455	0881	592	74207	1831	44653	11038	37
64	74529	1454	0, 9260288	593	76039	1832	33623	11030	36
65	75984	1455	0, 9259695	593	77871	1832	22602	11021	35
66	77438	1454	9101	594	79703	1832	11589	11013	34
67	78893	1455	8508	593	81535	1832	2, 4500585	11004	33
68	80347	1454	7914	594	83368	1833	2, 4489589	10996	32
69	81801	1454	7320	594	85201	1833	78602	10987	31
0, 2470	83255	1454	6726	594	87034	1833	67623	10979	0, 7530
71	84709	1454	6132	594	88867	1833	56653	10970	29
72	86163	1454	5537	595	90701	1834	45691	10962	28
73	87617	1454	4942	595	92534	1833	34737	10954	27
74	89071	1454	4347	595	94368	1834	23792	10945	26
75	0, 3790524	1453	0, 9253752	595	96203	1835	12855	10937	25
76	91978	1454	3156	596	98037	1834	2, 4401927	10928	24
77	93431	1453	2561	595	0, 4099872	1835	2, 4391007	10920	23
78	94885	1454	1965	596	0, 4101707	1835	80095	10912	22
79	96338	1453	1369	596	03542	1835	69192	10903	21
0, 2480	97791	1453	0772	597	05377	1835	58297	10895	0, 7520
81	0, 3799244	1453	0, 9250175	597	07213	1836	47411	10886	19
82	0, 3800697	1453	0, 9249579	596	09049	1836	36532	10879	18
83	02150	1453	8981	598	10885	1836	25662	10870	17
84	03603	1453	8384	597	12721	1836	14801	10861	16
85	05055	1452	7786	598	14558	1837	2, 4303947	10854	15
86	06508	1453	7189	597	16395	1837	2, 4293102	10845	14
87	07960	1452	6591	598	18232	1837	82266	10836	13
88	09413	1453	5992	599	20069	1837	71437	10829	12
89	10865	1452	5394	598	21907	1838	60617	10820	11
0, 2490	12317	1452	4795	599	23745	1838	49805	10812	0, 7510
91	13769	1452	4196	599	25583	1838	39001	10804	09
92	15221	1452	3597	599	27421	1838	28205	10796	08
93	16673	1452	2998	599	29259	1838	17418	10787	07
94	18125	1452	2398	600	31098	1839	2, 4206639	10779	06
95	19577	1452	1798	600	32937	1839	2, 4195868	10771	05
96	21029	1452	1198	600	34776	1839	85105	10763	04
97	22480	1451	0, 9240598	600	36616	1840	74350	10755	03
98	23932	1452	0, 9239997	601	38455	1839	63604	10746	02
0, 2499	25383	1451	9396	601	40295	1840	52860	10738	01
0, 2500	0, 3826834	1451	0, 9238795	601	0, 4142136	1841	2, 4142136	10730	0, 7500
Arc.	Cosinus.	D.	Sinus.	D.	Cotang.	D.	Tang.	D.	Arc.

0,750

0,245

Arc.	Log. Sin.	D.	Log.Cosin.	D.	Log. Tang.	D.	Log. Cot.	Arc.
0,2450	9,5745123		9,9670125		9,6074997		10,3925003	0,7550
51	46807	1684	9,9669849	276	76958	1961	23042	49
52	48490	1683	9573	276	78917	1959	21083	48
53	50172	1682	9296	277	80876	1959	19124	47
54	51854	1682	9019	277	82835	1959	17165	46
55	53535	1681	8742	277	84792	1957	15208	45
56	55215	1680	8465	277	86749	1957	13251	44
57	56894	1679	8188	277	88706	1957	11294	43
58	58572	1678	7911	277	90662	1956	09338	42
59	60250	1678	7634	277	92617	1955	07383	41
0,2460	61927	1677	7356	278	94571	1954	05429	0,7540
61	63604	1677	7078	278	96525	1954	03475	39
62	65279	1675	6801	277	9,6098478	1953	10,3901522	38
63	66954	1675	6523	278	9,6100431	1953	10,3899569	37
64	68628	1674	6245	278	02383	1952	97617	36
65	70301	1673	5967	278	04335	1952	95665	35
66	71974	1673	5688	279	06285	1950	93715	34
67	73646	1672	5410	278	08235	1950	91765	33
68	75317	1671	5132	278	10185	1950	89815	32
69	76987	1670	4853	279	12134	1949	87866	31
0,2470	78656	1669	4574	279	14082	1948	85918	0,7530
71	80325	1669	4295	279	16030	1948	83970	29
72	81993	1668	4016	279	17977	1947	82023	28
73	83660	1667	3737	279	19923	1946	80077	27
74	85327	1667	3458	279	21869	1946	78131	26
75	9,5786993	1666	9,9663179	279	9,6123814	1945	10,3876186	25
76	88658	1665	2899	280	25759	1945	74241	24
77	90322	1664	2619	280	27703	1944	72297	23
78	91986	1664	2340	279	29646	1943	70354	22
79	93648	1662	2060	280	31589	1943	68411	21
0,2480	95311	1663	1780	280	33531	1942	66469	0,7520
81	96972	1661	1500	280	35472	1941	64528	19
82	9,5798632	1660	1219	281	37413	1941	62587	18
83	9,5800292	1660	0939	280	39353	1940	60647	17
84	01951	1659	0659	280	41293	1940	58707	16
85	03610	1659	0378	281	43232	1939	56768	15
86	05267	1657	9,9660097	281	45170	1938	54830	14
87	06924	1657	9,9659816	281	47108	1938	52892	13
88	08580	1656	9535	281	49045	1937	50955	12
89	10236	1656	9254	281	50982	1937	49018	11
0,2490	11890	1654	8973	281	52918	1936	47082	0,7510
91	13544	1654	8692	281	54853	1935	45147	09
92	15198	1654	8410	282	56788	1935	43212	08
93	16850	1652	8128	282	58722	1934	41278	07
94	18502	1652	7847	281	60655	1933	39345	06
95	20153	1651	7565	282	62588	1933	37412	05
96	21803	1650	7283	282	64520	1932	35480	04
97	23452	1649	7001	282	66452	1932	33548	03
98	25101	1649	6718	283	68383	1931	31617	02
0,2499	26749	1648	6436	282	70313	1930	29687	01
0,2500	9,5828397	1648	9,9656153	283	9,6172243	1930	10,3827757	0,7500
Arc.	Log.Cosin.	D.	Log. Sin.	D.	Log. Cot.	D.	Log. Tang.	Arc.

0,750

0,250

Arc.	Sinus.	D.	Cosinus.	D.	Tang.	D.	Cotang.	D.	Arc.
0,2500	0,3826834		0,9238795		0,4142136		2,4142136		0,7500
01	28286	1452	8194	601	43976	1840	31414	10722	0,7499
02	29737	1451	7593	601	45817	1841	20700	10714	98
03	31188	1451	6991	602	47658	1841	2,4109994	10706	97
04	32638	1450	6389	602	49499	1841	2,4099296	10698	96
05	34089	1451	5787	602	51340	1841	88607	10689	95
06	35540	1451	5185	602	53182	1842	77925	10682	94
07	36991	1451	4582	603	55024	1842	67252	10673	93
08	38441	1450	3979	603	56866	1842	56587	10665	92
09	39892	1451	3376	603	58708	1842	45929	10658	91
0,2510	41342	1450	2773	603	60551	1843	35280	10649	0,7490
11	42792	1450	2169	604	62393	1842	24639	10641	89
12	44242	1450	1566	603	64237	1844	14006	10633	88
13	45692	1450	0962	604	66080	1843	2,4003381	10625	87
14	47142	1450	0,9230357	605	67923	1843	2,3992763	10618	86
15	48592	1450	0,9229753	604	69767	1844	82154	10609	85
16	50042	1450	9148	605	71611	1844	71553	10601	84
17	51492	1450	8543	605	73455	1844	60960	10593	83
18	52941	1449	7938	605	75300	1845	50375	10585	82
19	54391	1450	7333	605	77145	1845	39798	10577	81
0,2520	55840	1449	6727	606	78990	1845	29228	10570	0,7480
21	57289	1449	6122	605	80835	1845	18667	10561	79
22	58738	1449	5516	606	82680	1845	2,3908114	10553	78
23	60187	1449	4909	607	84526	1846	2,3897568	10546	77
24	61636	1449	4303	606	86372	1846	87031	10537	76
25	0,3863085	1449	0,9223696	607	0,4188218	1846	76501	10530	75
26	64534	1449	3089	607	90065	1847	65979	10522	74
27	65983	1449	2482	607	91912	1847	55465	10514	73
28	67432	1449	1875	607	93758	1846	44959	10506	72
29	68880	1448	1267	608	95606	1848	34461	10498	71
0,2530	70328	1448	0659	608	97453	1847	23971	10490	0,7470
31	71777	1449	0,9220051	608	0,4199301	1848	13488	10483	69
32	73225	1448	0,9219443	608	0,4201149	1848	2,3803014	10474	68
33	74673	1448	8834	609	02997	1848	2,3792547	10467	67
34	76121	1448	8226	608	04845	1848	82088	10459	66
35	77569	1448	7617	609	06694	1849	71637	10451	65
36	79017	1448	7007	610	08543	1849	61194	10443	64
37	80465	1448	6398	609	10392	1849	50758	10436	63
38	81912	1447	5788	610	12241	1849	40330	10428	62
39	83360	1448	5179	609	14091	1850	29911	10419	61
0,2540	84807	1447	4568	611	15941	1850	19498	10413	0,7460
41	86255	1448	3958	610	17791	1850	2,3709094	10404	59
42	87702	1447	3348	610	19641	1850	2,3698697	10397	58
43	89149	1447	2737	611	21492	1851	88308	10389	57
44	90596	1447	2126	611	23343	1851	77927	10381	56
45	92043	1447	1514	612	25194	1851	67553	10374	55
46	93490	1447	0903	611	27045	1851	57188	10365	54
47	94937	1447	0,9210291	612	28897	1852	46830	10358	53
48	96384	1447	0,9209679	612	30749	1852	36479	10351	52
49	97830	1446	9067	612	32601	1852	26136	10343	51
0,2550	0,3899277	1447	0,9208455	612	0,4234453	1852	2,3615801	10335	0,7450
Arc.	Cosinus.	D.	Sinus.	D.	Cotang.	D.	Tang.	D.	Arc.

0,745

0,250

Arc.	Log. Sin.	D.	Log. Cosin.	D.	Log. Tang.	D.	Log. Cot.	Arc.
0,2500	9,5828397		9,9656153		9,6172243		10,3827757	0,7500
01	30043	1646	5871	282	74172	1929	25828	0,7499
02	31689	1646	5588	283	76101	1929	23899	98
03	33334	1645	5305	283	78029	1928	21971	97
04	34979	1645	5022	283	79956	1927	20044	96
05	36622	1643	4739	283	81883	1927	18117	95
06	38265	1643	4456	283	83809	1926	16191	94
07	39907	1642	4172	284	85735	1926	14265	93
08	41549	1642	3889	283	87660	1925	12340	92
09	43190	1641	3605	284	89584	1924	10416	91
0,2510	44830	1640	3321	284	91508	1924	08492	0,7490
11	46469	1639	3038	283	93431	1923	06569	89
12	48107	1638	2754	284	95354	1923	04646	88
13	49745	1638	2469	285	97276	1922	02724	87
14	51382	1637	2185	284	9,6199197	1921	10,3800803	86
15	53019	1637	1901	284	9,6201118	1921	10,3798882	85
16	54654	1635	1616	285	03038	1920	96962	84
17	56289	1635	1332	284	04958	1920	95042	83
18	57924	1635	1047	285	06877	1919	93123	82
19	59557	1633	0762	285	08795	1918	91205	81
0,2520	61190	1633	0477	285	10713	1918	89287	0,7480
21	62822	1632	9,9650192	285	12630	1917	87370	79
22	64453	1631	9,9649906	286	14547	1917	85453	78
23	66084	1631	9621	285	16463	1916	83537	77
24	67714	1630	9336	285	18378	1915	81622	76
25	9,5869343	1629	9050	286	9,6220293	1915	10,3779707	75
26	70972	1629	8764	286	22207	1914	77793	74
27	72599	1627	8478	286	24121	1914	75879	73
28	74226	1627	8192	286	26034	1913	73966	72
29	75853	1627	7906	286	27947	1913	72053	71
0,2530	77478	1625	7620	286	29859	1912	70141	0,7470
31	79103	1625	7333	287	31770	1911	68230	69
32	80727	1624	7047	286	33681	1911	66319	68
33	82351	1624	6760	287	35591	1910	64409	67
34	83974	1623	6473	287	37500	1909	62500	66
35	85596	1622	6186	287	39409	1909	60591	65
36	87217	1621	5899	287	41317	1908	58683	64
37	88837	1620	5612	287	43225	1908	56775	63
38	90457	1620	5325	287	45132	1907	54868	62
39	92077	1620	5038	287	47039	1907	52961	61
0,2540	93695	1618	4750	288	48945	1906	51055	0,7460
41	95313	1618	4462	288	50850	1905	49150	59
42	96930	1617	4175	287	52755	1905	47245	58
43	9,5898546	1616	3887	288	54660	1905	45340	57
44	9,5900162	1616	3599	288	56563	1903	43437	56
45	01777	1615	3310	289	58466	1903	41534	55
46	03391	1614	3022	288	60369	1903	39631	54
47	05004	1613	2734	288	62271	1902	37729	53
48	06617	1613	2445	289	64172	1901	35828	52
49	08229	1612	2156	289	66073	1901	33927	51
0,2550	9,5909841	1612	9,9641868	288	9,6267973	1900	10,3732027	0,7450
Arc.	Log. Cosin.	D.	Log. Sin.	D.	Log. Cot.	D.	Log. Tang.	Arc.

0,745

0,255

Arc.	Sinus.	D.	Cosinus.	D.	Tang.	D.	Cotang.	D.	Arc.
0,2550	0,3899277		0,9208455		0,4234453		2,3615801		0,7450
51	0,3900723	1446	7842	613	36306	1853	2,3605474	10327	49
52	02170	1447	7229	613	38158	1852	2,3595154	10320	48
53	03616	1446	6616	613	40011	1853	84842	10312	47
54	05062	1446	6003	613	41865	1854	74538	10304	46
55	06508	1446	5389	614	43718	1853	64241	10297	45
56	07954	1446	4776	613	45572	1854	53952	10289	44
57	09400	1446	4162	614	47426	1854	43670	10282	43
58	10845	1445	3548	614	49280	1854	33396	10274	42
59	12291	1446	2933	615	51135	1855	23130	10266	41
0,2560	13737	1446	2318	615	52990	1855	12871	10259	0,7440
61	15182	1445	1704	614	54845	1855	2,3502620	10251	39
62	16627	1445	1088	616	56700	1855	2,3492376	10244	38
63	18073	1446	0,9200473	615	58556	1856	82140	10236	37
64	19518	1445	0,9199858	615	60411	1855	71911	10229	36
65	20963	1445	9242	616	62268	1857	61690	10221	35
66	22408	1445	8626	616	64124	1856	51477	10213	34
67	23853	1445	8010	616	65980	1856	41271	10206	33
68	25298	1445	7393	617	67837	1857	31072	10199	32
69	26742	1444	6776	617	69694	1857	20881	10191	31
0,2570	28187	1445	6159	617	71551	1857	10698	10183	0,7430
71	29631	1444	5542	617	73409	1858	2,3400522	10176	29
72	31076	1445	4925	617	75267	1858	2,3390353	10169	28
73	32520	1444	4307	618	77125	1858	80192	10161	27
74	33964	1444	3689	618	78983	1858	70039	10153	26
75	0,3935408	1444	3071	618	0,4280842	1859	59893	10146	25
76	36852	1444	2453	618	82700	1858	49754	10139	24
77	38296	1444	1835	618	84559	1859	39623	10131	23
78	39740	1444	1216	619	86419	1860	29499	10124	22
79	41184	1444	0,9190597	619	88278	1859	19383	10116	21
0,2580	42627	1443	0,9189978	619	90138	1860	2,3309274	10109	0,7420
81	44071	1444	9358	620	91998	1860	2,3299172	10102	19
82	45514	1443	8739	619	93858	1860	89078	10094	18
83	46957	1443	8119	620	95719	1861	78991	10087	17
84	48401	1444	7499	620	97580	1861	68912	10079	16
85	49844	1443	6878	621	0,4299441	1861	58840	10072	15
86	51287	1443	6258	620	0,4301302	1861	48775	10065	14
87	52730	1443	5637	621	03163	1861	38717	10058	13
88	54173	1443	5016	621	05025	1862	28667	10050	12
89	55615	1442	4395	621	06887	1862	18625	10042	11
0,2590	57058	1443	3773	622	08750	1863	2,3208589	10036	0,7410
91	58500	1442	3152	621	10612	1862	2,3198561	10028	09
92	59943	1443	2530	622	12475	1863	88541	10020	08
93	61385	1442	1908	622	14338	1863	78527	10014	07
94	62828	1443	1285	623	16201	1863	68521	10006	06
95	64270	1442	0663	622	18065	1864	58522	9999	05
96	65712	1442	0,9180040	623	19929	1864	48530	9992	04
97	67154	1442	0,9179417	623	21793	1864	38546	9984	03
98	68595	1441	8793	624	23657	1864	28569	9977	02
0,2599	70037	1442	8170	623	25522	1865	18599	9970	01
0,2600	0,3971479	1442	0,9177546	624	0,4327386	1864	2,3108637	9962	0,7400
Arc.	Cosinus.	D.	Sinus.	D.	Cotang.	D.	Tang.	D.	Arc.

0,740

0,255

Arc.	Log. Sin.	D.	Log. Cosin.	D.	Log. Tang.	D.	Log. Cot.	Arc.
0,2550	9,5909841		9,9641868		9,6267973		10,3732027	0,7450
51	11451	1610	1579	289	69873	1900	30127	49
52	13061	1610	1290	289	71772	1899	28228	48
53	14671	1610	1000	290	73670	1898	26330	47
54	16279	1608	0711	289	75568	1898	24432	46
55	17887	1608	0422	289	77465	1897	22535	45
56	19494	1607	9,9640132	290	79362	1897	20638	44
57	21101	1607	9,9639842	290	81258	1896	18742	43
58	22707	1606	9553	289	83154	1896	16846	42
59	24312	1605	9263	290	85049	1895	14951	41
0,2560	25916	1604	8973	290	86943	1894	13057	0,7440
61	27520	1604	8682	291	88837	1894	11163	39
62	29123	1603	8392	290	90731	1894	09269	38
63	30725	1602	8102	290	92623	1892	07377	37
64	32327	1602	7811	291	94515	1892	05485	36
65	33927	1600	7520	291	96407	1892	03593	35
66	35528	1601	7230	290	9,6298298	1891	10,3701702	34
67	37127	1599	6939	291	9,6300188	1890	10,3699812	33
68	38726	1599	6647	292	02078	1890	97922	32
69	40324	1598	6356	291	03968	1890	96032	31
0,2570	41921	1597	6065	291	05856	1888	94144	0,7430
71	43518	1597	5773	292	07745	1889	92255	29
72	45114	1596	5482	291	09632	1887	90368	28
73	46709	1595	5190	292	11519	1887	88481	27
74	48304	1595	4898	292	13406	1887	86594	26
75	9,5949898	1594	9,9634606	292	9,6315292	1886	10,3684708	25
76	51491	1593	4314	292	17177	1885	82823	24
77	53084	1593	4022	292	19062	1885	80938	23
78	54676	1592	3730	292	20946	1884	79054	22
79	56267	1591	3437	293	22830	1884	77170	21
0,2580	57857	1590	3145	292	24713	1883	75287	0,7420
81	59447	1590	2852	293	26595	1882	73405	19
82	61036	1589	2559	293	28477	1882	71523	18
83	62624	1588	2266	293	30358	1881	69642	17
84	64212	1588	1973	293	32239	1881	67761	16
85	65799	1587	1680	293	34120	1881	65880	15
86	67386	1587	1386	294	35999	1879	64001	14
87	68971	1585	1093	293	37878	1879	62122	13
88	70556	1585	0799	294	39757	1879	60243	12
89	72141	1585	0505	294	41635	1878	58365	11
0,2590	73724	1583	9,9630212	293	43513	1878	56487	0,7410
91	75307	1583	9,9629918	294	45389	1876	54611	09
92	76889	1582	9623	295	47266	1877	52734	08
93	78471	1582	9329	294	49142	1876	50858	07
94	80052	1581	9035	294	51017	1875	48983	06
95	81632	1580	8740	295	52892	1875	47108	05
96	83211	1579	8446	294	54766	1874	45234	04
97	84790	1579	8151	295	56639	1873	43361	03
98	86368	1578	7856	295	58512	1873	41488	02
0,2599	87946	1578	7561	295	60385	1873	39615	01
0,2600	9,5989523	1577	9,9627266	295	9,6362257	1872	10,3637743	0,7400
Arc.	Log. Cosin.	D.	Log. Sin.	D.	Log. Cot.	D.	Log. Tang.	Arc.

0,740

0,260

Arc.	Sinus.	D.	Cosinus.	D.	Tang.	D.	Cotang.	D.	Arc.
0,2600	0,3971479		0,9177546		0,4327386		2,3108637		0,7400
01	72920	1441	6922	624	29251	1865	2,3098681	9956	0,7399
02	74362	1442	6298	624	31117	1866	88733	9948	98
03	75803	1441	5674	624	32982	1865	78792	9941	97
04	77245	1442	5049	625	34848	1866	68858	9934	96
05	78686	1441	4424	625	36714	1866	58932	9926	95
06	80127	1441	3799	625	38581	1867	49012	9920	94
07	81568	1441	3174	625	40447	1866	39100	9912	93
08	83009	1441	2548	626	42314	1867	29195	9905	92
09	84449	1440	1923	625	44181	1867	19297	9898	91
0,2610	85890	1441	1297	626	46049	1868	2,3009407	9890	0,7390
11	87331	1441	0670	627	47916	1867	2,2999523	9884	89
12	88771	1440	0,9170044	626	49784	1868	89647	9876	88
13	90211	1440	0,9169417	627	51652	1868	79778	9869	87
14	91652	1441	8790	627	53521	1869	69915	9863	86
15	93092	1440	8163	627	55389	1868	60060	9855	85
16	94532	1440	7536	627	57258	1869	50212	9848	84
17	95972	1440	6908	628	59127	1869	40372	9840	83
18	97412	1440	6280	628	60997	1870	30538	9834	82
19	0,3998852	1440	5652	628	62866	1869	20711	9827	81
0,2620	0,4000291	1439	5024	628	64736	1870	10892	9819	0,7380
21	01731	1440	4396	628	66606	1870	2,2901079	9813	79
22	03170	1439	3767	629	68477	1871	2,2891274	9805	78
23	04610	1440	3138	629	70348	1871	81475	9799	77
24	06049	1439	2509	629	72219	1871	71684	9791	76
25	0,4007488	1439	1880	629	0,4374090	1871	61900	9784	75
26	08927	1439	1250	630	75961	1871	52122	9778	74
27	10366	1439	0,9160620	630	77833	1872	42352	9770	73
28	11805	1439	0,9159990	630	79705	1872	32589	9763	72
29	13244	1439	9360	630	81577	1872	22832	9757	71
0,2630	14683	1439	8729	631	83450	1873	13083	9749	0,7370
31	16121	1438	8099	630	85322	1872	2,2803341	9742	69
32	17560	1439	7468	631	87195	1873	2,2793605	9736	68
33	18998	1438	6836	632	89069	1874	83877	9728	67
34	20437	1439	6205	631	90942	1873	74156	9721	66
35	21875	1438	5573	632	92816	1874	64441	9715	65
36	23313	1438	4941	632	94690	1874	54734	9707	64
37	24751	1438	4309	632	96564	1874	45033	9701	63
38	26189	1438	3677	632	0,4398439	1875	35340	9693	62
39	27627	1438	3044	633	0,4400314	1875	25653	9687	61
0,2640	29064	1437	2412	632	02189	1875	15973	9680	0,7360
41	30502	1438	1779	633	04064	1875	2,2706300	9673	59
42	31939	1437	1146	633	05940	1876	2,2696634	9666	58
43	33377	1438	0,9150512	634	07815	1875	86975	9659	57
44	34814	1437	0,9149878	634	09692	1877	77323	9652	56
45	36251	1437	9244	634	11568	1876	67677	9646	55
46	37689	1438	8610	634	13445	1877	58039	9638	54
47	39126	1437	7976	634	15322	1877	48407	9632	53
48	40562	1436	7341	635	17199	1877	38783	9624	52
49	41999	1437	6707	634	19076	1877	29165	9618	51
0,2650	0,4043436	1437	0,9146072	635	0,4420954	1878	2,2619554	9611	0,7350
Arc.	Cosinus.	D.	Sinus.	D.	Cotang.	D.	Tang.	D.	Arc.

0,735

0,260

Arc.	Log. Sin.	D.	Log. Cosin.	D.	Log. Tang.	D.	Log. Cot.	Arc.
0,2600	9,5989523		9,9627266		9,6362257		10,3637743	0,7400
01	91099	1576	6971	295	64128	1871	35872	0,7399
02	92674	1575	6675	296	65999	1871	34001	98
03	94249	1575	6380	295	67869	1870	32131	97
04	95823	1574	6084	296	69739	1870	30261	96
05	97396	1573	5788	296	71608	1869	28392	95
06	9,5998969	1573	5492	296	73477	1869	26523	94
07	9,6000541	1572	5196	296	75345	1868	24655	93
08	02112	1571	4900	296	77212	1867	22788	92
09	03683	1571	4604	296	79079	1867	20921	91
0,2610	05253	1570	4307	297	80946	1867	19054	0,7390
11	06822	1569	4011	296	82812	1866	17188	89
12	08391	1569	3714	297	84677	1865	15323	88
13	09959	1568	3417	297	86542	1865	13458	87
14	11526	1567	3120	297	88406	1864	11594	86
15	13093	1567	2823	297	90270	1864	09730	85
16	14659	1566	2526	297	92133	1863	07867	84
17	16224	1565	2229	297	93996	1863	06004	83
18	17789	1565	1931	298	95858	1862	04142	82
19	19353	1564	1634	297	97719	1861	02281	81
0,2620	20916	1563	1336	298	9,6399580	1861	10,3600420	0,7380
21	22479	1563	1038	298	9,6401441	1861	10,3598559	79
22	24041	1562	0740	298	03300	1859	96700	78
23	25602	1561	0442	298	05160	1860	94840	77
24	27163	1561	9,9620144	298	07019	1859	92981	76
25	9,6028723	1560	9,9619846	298	08877	1858	91123	75
26	30282	1559	9547	299	10735	1858	89265	74
27	31841	1559	9249	298	12592	1857	87408	73
28	33398	1557	8950	299	14448	1856	85552	72
29	34956	1558	8651	299	16305	1857	83695	71
0,2630	36512	1556	8352	299	18160	1855	81840	0,7370
31	38068	1556	8053	299	20015	1855	79985	69
32	39624	1556	7754	299	21870	1855	78130	68
33	41178	1554	7455	299	23724	1854	76276	67
34	42732	1554	7155	300	25577	1853	74423	66
35	44285	1553	6855	300	27430	1853	72570	65
36	45838	1553	6556	299	29282	1852	70718	64
37	47390	1552	6256	300	31134	1852	68866	63
38	48941	1551	5956	300	32986	1852	67014	62
39	50492	1551	5656	300	34836	1850	65164	61
0,2640	52042	1550	5355	301	36687	1851	63313	0,7360
41	53591	1549	5055	300	38536	1849	61464	59
42	55140	1549	4755	300	40385	1849	59615	58
43	56688	1548	4454	301	42234	1849	57766	57
44	58235	1547	4153	301	44082	1848	55918	56
45	59782	1547	3852	301	45930	1848	54070	55
46	61328	1546	3551	301	47777	1847	52223	54
47	62873	1545	3250	301	49623	1846	50377	53
48	64418	1545	2949	301	51469	1846	48531	52
49	65962	1544	2647	302	53315	1846	46685	51
0,2650	9,6067506	1544	9,9612346	301	9,6455160	1845	10,3544840	0,7350
Arc.	Log. Cosin.	D.	Log. Sin.	D.	Log. Cot.	D.	Log. Tang.	Arc.

0,735

0,265									
Arc.	Sinus.	D.	Cofinus.	D.	Tang.	D.	Cotang.	D.	Arc.
0,2650	0,4043436		0,9146072		0,4420954		2,2619554		0,7350
51	4873	1437	5436	636	22832	1878	09949	9605	49
52	6309	1436	4801	635	24710	1878	2,2600352	9597	48
53	7745	1436	4165	636	26588	1878	2,2590761	9591	47
54	0,4049182	1437	3529	636	28467	1879	81177	9584	46
55	0,4050618	1436	2893	636	30346	1879	71600	9577	45
56	2054	1436	2257	636	32225	1879	62030	9570	44
57	3490	1436	1620	637	34105	1880	52467	9563	43
58	4926	1436	0983	637	35985	1880	42910	9557	42
59	6362	1436	0,9140346	637	37865	1880	33360	9550	41
0,2660	7798	1436	0,9139709	637	39745	1880	23817	9543	0,7340
61	0,4059233	1435	9071	638	41625	1880	14280	9537	39
62	0,4060669	1436	8434	637	43506	1881	2,2504751	9529	38
63	2104	1435	7796	638	45387	1881	2,2495228	9523	37
64	3539	1435	7158	638	47269	1882	85711	9517	36
65	4975	1436	6519	639	49150	1881	76202	9509	35
66	6410	1435	5880	639	51032	1882	66699	9503	34
67	7845	1435	5242	638	52914	1882	57203	9496	33
68	0,4069280	1435	4603	639	54797	1883	47714	9489	32
69	0,4070714	1434	3963	640	56679	1882	38231	9483	31
0,2670	2149	1435	3324	639	58562	1883	28755	9476	0,7330
71	3584	1435	2684	640	60445	1883	19286	9469	29
72	5018	1434	2044	640	62329	1884	09823	9463	28
73	6453	1435	1404	640	64213	1884	2,2400367	9456	27
74	7887	1434	0763	641	66097	1884	2,2390918	9449	26
75	0,4079321	1434	0,9130123	640	0,4467981	1884	81475	9443	25
76	0,4080755	1434	0,9129482	641	69865	1884	72039	9436	24
77	2189	1434	8841	641	71750	1885	62609	9430	23
78	3623	1434	8199	642	73635	1885	53187	9422	22
79	5057	1434	7558	641	75520	1885	43770	9417	21
0,2680	6491	1434	6916	642	77406	1886	34361	9409	0,7320
81	7924	1433	6274	642	79292	1886	24958	9403	19
82	0,4089358	1434	5632	642	81178	1886	15561	9397	18
83	0,4090791	1433	4989	643	83064	1886	2,2306172	9389	17
84	2225	1434	4346	643	84951	1887	2,2296788	9384	16
85	3658	1433	3704	642	86838	1887	87412	9376	15
86	5091	1433	3060	644	88725	1887	78042	9370	14
87	6524	1433	2417	643	90612	1887	68678	9364	13
88	7957	1433	1773	644	92500	1888	59321	9357	12
89	0,4099390	1433	1130	643	94388	1888	49970	9351	11
0,2690	0,4100822	1432	0,9120486	644	96276	1888	40627	9343	0,7310
91	2255	1433	0,9119841	645	0,4498165	1889	31289	9338	09
92	3687	1432	9197	644	0,4500053	1888	21958	9331	08
93	5120	1433	8552	645	01942	1889	12634	9324	07
94	6552	1432	7907	645	03832	1890	2,2203316	9318	06
95	7984	1432	7262	645	05721	1889	2,2194005	9311	05
96	0,4109416	1432	6617	645	07611	1890	84700	9305	04
97	0,4110848	1432	5971	646	09501	1890	75401	9299	03
98	2280	1432	5325	646	11392	1891	66109	9292	02
0,2699	3712	1432	4679	646	13282	1890	56824	9285	01
0,2700	0,4115144	1432	0,9114033	646	0,4515173	1891	2,2147545	9279	0,7300
Arc.	Cofinus.	D.	Sinus.	D.	Cotang.	D.	Tang.	D.	Arc.
0,730									

0,265								
Arc.	Log. Sin.	D.	Log. Cosin.	D.	Log. Tang.	D.	Log. Cot.	Arc.
0,2650	9,6067506		9,9612346		9,6455160		10,3544840	0,7350
51	69048	1542	2044	302	57004	1844	42996	49
52	70591	1543	1743	301	58848	1844	41152	48
53	72132	1541	1441	302	60691	1843	39309	47
54	73673	1541	1139	302	62534	1843	37406	46
55	75213	1540	0836	303	64376	1842	35624	45
56	76752	1539	0534	302	66218	1842	33782	44
57	78291	1539	9,9610232	302	68060	1842	31940	43
58	79829	1538	9,9609929	303	69900	1840	30100	42
59	81367	1538	9626	303	71740	1840	28260	41
0,2660	82904	1537	9324	302	73580	1840	26420	0,7340
61	84440	1536	9021	303	75419	1839	24581	39
62	85976	1536	8718	303	77258	1839	22742	38
63	87511	1535	8414	304	79096	1838	20904	37
64	89045	1534	8111	303	80934	1838	19066	36
65	90578	1533	7808	303	82771	1837	17229	35
66	92111	1533	7504	304	84607	1836	15393	34
67	93644	1533	7200	304	86443	1836	13557	33
68	95175	1531	6897	303	88279	1836	11721	32
69	96706	1531	6593	304	90114	1835	0988[illegible]	31
0,2670	98237	1531	6288	305	91948	1834	08052	0,7330
71	9,6099767	1530	5984	304	93782	1834	06218	29
72	9,6101296	1529	5680	304	95616	1834	04384	28
73	02824	1528	5375	305	97449	1833	02551	27
74	04352	1528	5071	304	9,6499281	1832	10,3500719	26
75	05879	1527	9,9604766	305	9,6501113	1832	10,3498887	25
76	07406	1527	4461	305	02944	1831	97056	24
77	08931	1525	4156	305	04775	1831	95225	23
78	10457	1526	3851	305	06606	1831	93394	22
79	11981	1524	3546	305	08435	1829	91565	21
0,2680	13505	1524	3240	306	10265	1830	89735	0,7320
81	15029	1524	2935	305	12094	1829	87906	19
82	16551	1522	2629	306	13922	1828	86078	18
83	18073	1522	2324	305	15750	1828	84250	17
84	19595	1522	2018	306	17577	1827	82423	16
85	21115	1520	1712	306	19404	1827	80596	15
86	22635	1520	1405	307	21230	1826	78770	14
87	24155	1520	1099	306	23056	1826	76944	13
88	25674	1519	0793	306	24881	1825	75119	12
89	27192	1518	0486	307	26706	1825	73294	11
0,2690	28709	1517	9,9600180	306	28530	1824	71470	0,7310
91	30226	1517	9,9599873	307	30354	1824	69646	09
92	31743	1517	9566	307	32177	1823	67823	08
93	33258	1515	9259	307	33999	1822	66001	07
94	34773	1515	8952	307	35822	1823	64178	06
95	36288	1515	8644	308	37643	1821	62357	05
96	37801	1513	8337	307	39464	1821	60536	04
97	39314	1513	8029	308	41285	1821	58715	03
98	40827	1513	7722	307	43105	1820	56895	02
0,2699	42339	1512	7414	308	44925	1820	55075	01
0,2700	9,6143850	1511	9,9597106	308	9,6546744	1819	10,3453256	0,7300
Arc.	Log. Cosin.	D.	Log. Sin.	D.	Log. Cot.	D.	Log. Tang.	Arc.
0,730								

0,270									
Arc.	Sinus.	D.	Cofinus.	D.	Tang.	D.	Cotang.	D.	Arc.
0,2700	0,4115144		0,9114033		0,4515173		2,2147545		0,7300
01	6575	1431	3386	647	17064	1891	38272	9273	0,7299
02	8007	1432	2740	646	18956	1892	29006	9266	98
03	0,4119438	1431	2093	647	20847	1891	19747	9259	97
04	0,4120869	1431	1445	648	22739	1892	10493	9254	96
05	2300	1431	0798	647	24632	1893	2,2101247	9246	95
06	3732	1432	0,9110150	648	26524	1892	2,2092006	9241	94
07	5162	1430	0,9109502	648	28417	1893	82772	9234	93
08	6593	1431	8854	648	30310	1893	73545	9227	92
09	8024	1431	8206	648	32203	1893	64324	9221	91
0,2710	0,4129455	1431	7557	649	34097	1894	55109	9215	0,7290
11	0,4130885	1430	6909	648	35991	1894	45900	9209	89
12	2316	1431	6260	649	37885	1894	36698	9202	88
13	3746	1430	5611	649	39779	1894	27503	9195	87
14	5176	1430	4961	650	41674	1895	18313	9190	86
15	6607	1431	4311	650	43569	1895	2,2009130	9183	85
16	8037	1430	3662	649	45464	1895	2,1999954	9176	84
17	0,4139467	1430	3011	651	47360	1896	90784	9170	83
18	0,4140896	1429	2361	650	49255	1895	81620	9164	82
19	2326	1430	1710	651	51151	1896	72462	9158	81
0,2720	3756	1430	1060	650	53048	1897	63311	9151	0,7280
21	5185	1429	0,9100409	651	54944	1896	54166	9145	79
22	6615	1430	0,9099757	652	56841	1897	45027	9139	78
23	8044	1429	9106	651	58738	1897	35895	9132	77
24	0,4149473	1429	8454	652	60635	1897	26769	9126	76
25	0,4150902	1429	7802	652	0,4562533	1898	17649	9120	75
26	2332	1430	7150	652	64431	1898	2,1908536	9113	74
27	3760	1428	6498	652	66329	1898	2,1899428	9108	73
28	5189	1429	5845	653	68228	1899	90327	9101	72
29	6618	1429	5193	652	70126	1898	81233	9094	71
0,2730	8047	1429	4539	654	72025	1899	72144	9089	0,7270
31	0,4159475	1428	3886	653	73925	1900	63062	9082	69
32	0,4160904	1429	3233	653	75824	1899	53986	9076	68
33	2332	1428	2579	654	77724	1900	44916	9070	67
34	3760	1428	1925	654	79624	1900	35853	9063	66
35	5188	1428	1271	654	81525	1901	26795	9058	65
36	6616	1428	0,9090617	654	83425	1900	17744	9051	64
37	8044	1428	0,9089962	655	85326	1901	2,1808699	9045	63
38	0,4169472	1428	9307	655	87227	1901	2,1799661	9038	62
39	0,4170900	1428	8652	655	89129	1902	90628	9033	61
0,2740	2327	1427	7997	655	91031	1902	81602	9026	0,7260
41	3755	1428	7341	656	92933	1902	72582	9020	59
42	5182	1427	6686	655	94835	1902	63568	9014	58
43	6609	1427	6030	656	96737	1902	54560	9008	57
44	8036	1427	5373	657	0,4598640	1903	45558	9002	56
45	0,4179464	1428	4717	656	0,4600543	1903	36563	8995	55
46	0,4180891	1427	4060	657	02447	1904	27573	8990	54
47	2317	1426	3404	656	04350	1903	18590	8983	53
48	3744	1427	2747	657	06254	1904	09613	8977	52
49	5171	1427	2089	658	08159	1905	2,1700642	8971	51
0,2750	0,4186597	1426	0,9081432	657	0,4610063	1904	2,1691677	8965	0,7250
Arc.	Cofinus.	D.	Sinus.	D.	Cotang.	D.	Tang.	D.	Arc.
0,725									

0,270

Arc.	Log. Sin.	D.	Log. Cosin.	D.	Log. Tang.	D.	Log. Cot.	Arc.
0, 2700	9, 6143850		9, 9597106		9, 6546744		10, 3453256	0, 7300
01	5360	1510	6798	308	48563	1819	51437	0, 7299
02	6870	1510	6490	308	50381	1818	49619	98
03	8380	1510	6181	309	52199	1818	47801	97
04	9, 6149888	1508	5873	308	54016	1817	45984	96
05	9, 6151396	1508	5564	309	55832	1816	44168	95
06	2904	1508	5255	309	57648	1816	42352	94
07	4411	1507	4947	308	59464	1816	40536	93
08	5917	1506	4638	309	61279	1815	38721	92
09	7422	1505	4328	310	63094	1815	36906	91
0, 2710	9, 6158927	1505	4019	309	64908	1814	35092	0, 7290
11	9, 6160431	1504	3710	309	66722	1814	33278	89
12	1935	1504	3400	310	68535	1813	31465	88
13	3438	1503	3091	309	70347	1812	29653	87
14	4940	1502	2781	310	72160	1813	27840	86
15	6442	1502	2471	310	73971	1811	26029	85
16	7943	1501	2161	310	75782	1811	24218	84
17	9, 6169444	1501	1851	310	77593	1811	22407	83
18	9, 6170944	1500	1541	310	79403	1810	20597	82
19	2443	1499	1230	311	81213	1810	18787	81
0, 2720	3942	1499	0920	310	83022	1809	16978	0, 7280
21	5440	1498	0609	311	84831	1809	15169	79
22	6937	1497	9, 9590298	311	86639	1808	13361	78
23	8434	1497	9, 9589987	311	88446	1807	11554	77
24	9, 6175930	1496	9676	311	90254	1808	09746	76
25	9, 6181425	1495	9365	311	92060	1806	07940	75
26	2920	1495	9054	311	93867	1807	06133	74
27	4414	1494	8742	312	95672	1805	04328	73
28	5908	1494	8431	311	97477	1805	02523	72
29	7401	1493	8119	312	9, 6599282	1805	10, 3400718	71
0, 2730	9, 6188894	1493	7807	312	9, 6601086	1804	10, 3398914	0, 7270
31	9, 6190385	1491	7495	312	02890	1804	97110	69
32	1876	1491	7183	312	04693	1803	95307	68
33	3367	1491	6871	312	06496	1803	93504	67
34	4857	1490	6558	313	08298	1802	91702	66
35	6346	1489	6246	312	10100	1802	89900	65
36	7835	1489	5933	313	11902	1802	88098	64
37	9, 6199323	1488	5621	312	13702	1800	86298	63
38	9, 6200810	1487	5308	313	15503	1801	84497	62
39	2297	1487	4995	313	17303	1800	82697	61
0, 2740	3784	1487	4682	313	19102	1799	80898	0, 7260
41	5269	1485	4368	314	20901	1799	79099	59
42	6754	1485	4055	313	22699	1798	77301	58
43	8239	1485	3741	314	24497	1798	75503	57
44	9, 6209722	1483	3428	313	26294	1797	73706	56
45	9, 6211205	1483	3114	314	28091	1797	71909	55
46	2688	1483	2800	314	29888	1797	70112	54
47	4170	1482	2486	314	31684	1796	68316	53
48	5651	1481	2172	314	33479	1795	66521	52
49	7132	1481	1858	314	35274	1795	64726	51
0, 2750	9, 6218612	1480	9, 9581543	315	9, 6637069	1795	10, 3362931	0, 7250
Arc.	Log. Cosin.	D.	Log. Sin.	D.	Log. Cot.	D.	Log. Tang.	Arc.

0,725

0,275

Arc.	Sinus.	D.	Coſinus.	D.	Tang.	D.	Cotang.	D.	Arc.
0, 2750	0, 4186597		0, 9081432		0, 4610063		2, 1691677		0, 7250
51	8024	1427	0774	658	11968	1905	82718	8959	49
52	0, 4189450	1426	0, 9080115	658	13873	1905	73765	8953	48
53	0, 4190876	1426	0, 9079458	658	15778	1905	64819	8946	47
54	2303	1427	8799	659	17684	1906	55878	8941	46
55	3729	1426	8141	658	19590	1906	46944	8934	45
56	5155	1426	7482	659	21496	1906	38015	8929	44
57	6580	1425	6823	659	23402	1906	29093	8922	43
58	8005	1426	6164	659	25309	1907	20177	8916	42
59	0, 4199432	1426	5504	660	27216	1907	11267	8910	41
0, 2760	0, 4200857	1425	4844	660	29123	1907	2, 1602363	8904	0, 7240
61	2283	1426	4184	660	31031	1908	2, 1593465	8898	39
62	3708	1425	3524	660	32939	1908	84572	8893	38
63	5133	1425	2864	660	34847	1908	75686	8886	37
64	6558	1425	2203	661	36755	1908	66806	8880	36
65	7983	1425	1542	661	38664	1909	57932	8874	35
66	0, 4209408	1425	0881	661	40573	1909	49064	8868	34
67	0, 4210833	1425	0, 9070220	661	42482	1909	40203	8861	33
68	2258	1425	0, 9069558	662	44391	1909	31347	8856	32
69	3682	1424	8895	662	46301	1910	22497	8850	31
0, 2770	5107	1425	8234	662	48211	1910	13653	8844	0, 7230
71	6531	1424	7572	662	50121	1910	2, 1504814	8839	29
72	7955	1424	6910	662	52032	1911	2, 1495982	8832	28
73	0, 4219380	1425	6247	663	53943	1911	87156	8826	27
74	0, 4220804	1424	5584	663	55854	1911	78336	8820	26
75	2228	1424	4921	663	0, 4657766	1912	69522	8814	25
76	3652	1424	4258	663	59677	1911	60714	8808	24
77	5075	1423	3594	664	61589	1912	51911	8803	23
78	6499	1424	2930	664	63502	1913	43115	8796	22
79	7923	1424	2266	664	65414	1912	34324	8791	21
0, 2780	0, 4229346	1423	1602	664	67327	1913	25540	8784	0, 7220
81	0, 4230769	1423	0938	664	69240	1913	16761	8779	19
82	2193	1424	0, 9060273	665	71153	1913	2, 1407989	8772	18
83	3616	1423	0, 9059608	665	73067	1914	2, 1399222	8767	17
84	5039	1423	8943	665	74981	1914	90461	8761	16
85	6462	1423	8278	665	76895	1914	81706	8755	15
86	7884	1422	7612	666	78810	1915	72957	8749	14
87	0, 4239307	1423	6946	666	80725	1915	64213	8744	13
88	0, 4240730	1423	6280	666	82640	1915	55476	8737	12
89	2152	1422	5614	666	84555	1915	46744	8732	11
0, 2790	3575	1423	4947	667	86471	1916	38018	8726	0, 7210
91	4997	1422	4281	666	88387	1916	29299	8719	09
92	6419	1422	3614	667	90303	1916	20585	8714	08
93	7841	1422	2947	667	92219	1916	11876	8709	07
94	0, 4249263	1422	2279	668	94136	1917	2, 1303174	8702	06
95	0, 4250685	1422	1612	667	96053	1917	2, 1294477	8697	05
96	2107	1422	0944	668	97971	1918	85787	8690	04
97	3529	1422	0, 9050276	668	0, 4699888	1917	77102	8685	03
98	4950	1421	0, 9049608	668	0, 4701806	1918	68423	8679	02
0, 2799	6372	1422	8939	669	03724	1918	59749	8674	01
0, 2800	0, 4257793	1421	0, 9048271	668	0, 4705643	1919	2, 1251082	8667	0, 7200
Arc.	Coſinus.	D.	Sinus.	D.	Cotang.	D.	Tang.	D.	Arc.

0,720

0,275

Arc.	Log. Sin.	D.	Log. Cosin.	D.	Log. Tang.	D.	Log. Cot.	Arc.
0,2750	9,6218612		9,9581543		9,6637069		10,3362931	0,7250
51	9,6220091	1479	1229	314	38863	1794	61137	49
52	1570	1479	0914	315	40656	1793	59344	48
53	3049	1479	0599	315	42449	1793	57551	47
54	4526	1477	9,9580284	315	44242	1793	55758	46
55	6003	1477	9,9579969	315	46034	1792	53966	45
56	7480	1477	9654	315	47826	1792	52174	44
57	9,6228955	1475	9339	315	49617	1791	50383	43
58	9,6230431	1476	9023	316	51408	1791	48592	42
59	1905	1474	8708	315	53198	1790	46802	41
0,2760	3379	1474	8392	316	54987	1789	45013	0,7240
61	4853	1474	8076	316	56777	1790	43223	39
62	6325	1472	7760	316	58565	1788	41435	38
63	7798	1473	7444	316	60354	1789	39646	37
64	9,6239269	1471	7128	316	62142	1788	37858	36
65	9,6240740	1471	6811	317	63929	1787	36071	35
66	2210	1470	6495	316	65716	1787	34284	34
67	3680	1470	6178	317	67502	1786	32498	33
68	5149	1469	5861	317	69288	1786	30712	32
69	6618	1469	5544	317	71074	1786	28926	31
0,2770	8086	1468	5227	317	72859	1785	27141	0,7230
71	9,6249553	1467	4910	317	74643	1784	25357	29
72	9,6251020	1467	4593	317	76427	1784	23573	28
78	2486	1466	4275	318	78211	1784	21789	27
74	3952	1466	3958	317	79994	1783	20006	26
75	5417	1465	9,9573640	318	9,6681776	1782	10,3318224	25
76	6881	1464	3322	318	83558	1782	16442	24
77	8345	1464	3004	318	85340	1782	14660	23
78	9,6259808	1463	2686	318	87121	1781	12879	22
79	9,6261270	1462	2368	318	88902	1781	11098	21
0,2780	2732	1462	2050	318	90682	1780	09318	0,7220
81	4193	1461	1731	319	92462	1780	07538	19
82	5654	1461	1413	318	94241	1779	05759	18
83	7114	1460	1094	319	96020	1779	03980	17
84	9,6268574	1460	0775	319	97799	1779	02201	16
85	9,6270033	1459	0456	319	9,6699577	1778	10,3300423	15
86	1491	1458	9,9570137	319	9,6701354	1777	10,3298646	14
87	2949	1458	9,9569818	319	03131	1777	96869	13
88	4406	1457	9499	319	04907	1776	95093	12
89	5863	1457	9179	320	06684	1777	93316	11
0,2790	7318	1455	8859	320	08459	1775	91541	0,7210
91	9,6278774	1456	8540	319	10234	1775	89766	09
92	9,6280229	1455	8220	320	12009	1775	87991	08
93	1683	1454	7900	320	13783	1774	86217	07
94	3136	1453	7579	321	15557	1774	84443	06
95	4589	1453	7259	320	17330	1773	82670	05
96	6042	1453	6939	320	19103	1773	80897	04
97	7494	1452	6618	321	20875	1772	79125	03
98	9,6288945	1451	6298	320	22647	1772	77353	02
0,2799	9,6290395	1450	5977	321	24419	1772	75581	01
0,2800	9,6291845	1450	9,9565656	321	9,6726190	1771	10,3273810	0,7200
Arc.	Log. Cosin.	D.	Log. Sin.	D.	Log. Cot.	D.	Log. Tang.	Arc.

0,720

0,280									
Arc.	Sinus.	D.	Cosinus.	D.	Tang.	D.	Cotang.	D.	Arc.
0,2800	0,4257793		0,9048271		0,4705643		2,1251082		0,7200
01	0,4259214	1421	7602	669	07562	1919	42420	8662	0,7199
02	0,4260635	1421	6932	670	09481	1919	33764	8656	98
03	2056	1421	6263	669	11400	1919	25114	8650	97
04	3477	1421	5593	670	13320	1920	16469	8645	96
05	4898	1421	4924	669	15239	1919	2,1207831	8638	95
06	6319	1421	4254	670	17160	1921	2,1199198	8633	94
07	7739	1420	3583	671	19080	1920	90571	8627	93
08	0,4269160	1421	2913	670	21001	1921	81949	8622	92
09	0,4270580	1420	2242	671	22922	1921	73333	8616	91
0,2810	2001	1421	1571	671	24843	1921	64723	8610	0,7190
11	3421	1420	0900	671	26765	1922	56119	8604	89
12	4841	1420	0,9040229	671	28687	1922	47521	8598	88
13	6261	1420	0,9039557	672	30609	1922	38928	8593	87
14	7681	1420	8885	672	32531	1922	30341	8587	86
15	0,4279101	1420	8213	672	34454	1923	21759	8582	85
16	0,4280520	1419	7541	672	36377	1923	13184	8575	84
17	1940	1420	6868	673	38300	1923	2,1104614	8570	83
18	3359	1419	6196	672	40224	1924	2,1096049	8565	82
19	4779	1420	5523	673	42148	1924	87491	8558	81
0,2820	6198	1419	4850	673	44072	1924	78938	8553	0,7180
21	7617	1419	4176	674	45997	1925	70390	8548	79
22	0,4289036	1419	3503	673	47921	1924	61848	8542	78
23	0,4290455	1419	2829	674	49846	1925	53312	8536	77
24	1874	1419	2155	674	51772	1926	44782	8530	76
25	3292	1418	1480	675	0,4753697	1925	36257	8525	75
26	4711	1419	0806	674	55623	1926	27738	8519	74
27	6130	1419	0,9030131	675	57549	1926	19225	8513	73
28	7548	1418	0,9029456	675	59476	1927	10717	8508	72
29	0,4298966	1418	8781	675	61403	1927	2,1002214	8503	71
0,2830	0,4300384	1418	8106	675	63330	1927	2,0993718	8496	0,7170
31	1803	1419	7430	676	65257	1927	85227	8491	69
32	3221	1418	6754	676	67185	1928	76741	8486	68
33	4638	1417	6078	676	69113	1928	68261	8480	67
34	6056	1418	5402	676	71041	1928	59787	8474	66
35	7474	1418	4725	677	72969	1928	51318	8469	65
36	0,4308891	1417	4049	676	74898	1929	42855	8463	64
37	0,4310309	1418	3372	677	76827	1929	34398	8457	63
38	1726	1417	2695	677	78757	1930	25946	8452	62
39	3143	1417	2017	678	80686	1929	17499	8447	61
0,2840	4560	1417	1340	677	82616	1930	09058	8441	0,7160
41	5977	1417	0,9020662	678	84546	1930	2,0900623	8435	59
42	7394	1417	0,9019984	678	86477	1931	2,0892193	8430	58
43	0,4318811	1417	9305	679	88408	1931	83769	8424	57
44	0,4320228	1417	8627	678	90339	1931	75350	8419	56
45	1644	1416	7948	679	92270	1931	66937	8413	55
46	3061	1417	7269	679	94202	1932	58529	8408	54
47	4477	1416	6590	679	96134	1932	50127	8402	53
48	5894	1417	5911	679	98066	1932	41730	8397	52
49	7310	1416	5231	680	0,4799999	1933	33339	8391	51
0,2850	0,4328726	1416	0,9014551	680	0,4801932	1933	2,0824953	8386	0,7150
Arc.	Cosinus.	D.	Sinus.	D.	Cotang.	D.	Tang.	D.	Arc.
0,715									

0,280

Arc.	Log. Sin.	D.	Log. Cosin.	D.	Log. Tang.	D.	Log. Cot.	Arc.
0,2800	9,6291845		9,9565656		9,6726190		10,3273810	0,7200
01	3295	1450	5335	321	27960	1770	72040	0,7199
02	4744	1449	5013	322	29730	1770	70270	98
03	6192	1448	4692	321	31500	1770	68500	97
04	7640	1448	4371	321	33269	1769	66731	96
05	9,6299087	1447	4049	322	35038	1769	64962	95
06	9,6300533	1446	3727	322	36806	1768	63194	94
07	1979	1446	3405	322	38573	1767	61427	93
08	3424	1445	3083	322	40341	1768	59659	92
09	4869	1445	2761	322	42108	1767	57892	91
0,2810	6313	1444	2439	322	43874	1766	56126	0,7190
11	7757	1444	2117	322	45640	1766	54360	89
12	9,6309200	1443	1794	323	47405	1765	52595	88
13	9,6310642	1442	1472	322	49170	1765	50830	87
14	2084	1442	1149	323	50935	1765	49065	86
15	3525	1441	0826	323	52699	1764	47301	85
16	4966	1441	0503	323	54463	1764	45537	84
17	6406	1440	9,9560180	323	56226	1763	43774	83
18	7845	1439	9,9559856	324	57989	1763	42011	82
19	9,6319284	1439	9533	323	59751	1762	40249	81
0,2820	9,6320722	1438	9209	324	61513	1762	38487	0,7180
21	2160	1438	8886	323	63274	1761	36726	79
22	3597	1437	8562	324	65035	1761	34965	78
23	5033	1436	8238	324	66796	1761	33204	77
24	6469	1436	7914	324	68556	1760	31444	76
25	7905	1436	9,9557589	325	9,6770315	1759	10,3229685	75
26	9,6329340	1435	7265	324	72074	1759	27926	74
27	9,6330774	1434	6941	324	73833	1759	26167	73
28	2207	1433	6616	325	75591	1758	24409	72
29	3640	1433	6291	325	77349	1758	22651	71
0,2830	5073	1433	5966	325	79106	1757	20894	0,7170
31	6505	1432	5641	325	80863	1757	19137	69
32	7936	1431	5316	325	82620	1757	17380	68
33	9,6339367	1431	4991	325	84376	1756	15624	67
34	9,6340797	1430	4666	325	86131	1755	13869	66
35	2226	1429	4340	326	87886	1755	12114	65
36	3655	1429	4014	326	89641	1755	10359	64
37	5084	1429	3689	325	91395	1754	08605	63
38	6512	1428	3363	326	93149	1754	06851	62
39	7939	1427	3037	326	94902	1753	05098	61
0,2840	9,6349366	1427	2710	327	96655	1753	03345	0,7160
41	9,6350792	1426	2384	326	9,6798408	1753	10,3201592	59
42	2217	1425	2058	326	9,6800160	1752	10,3199840	58
43	3642	1425	1731	327	01911	1751	98089	57
44	5067	1425	1404	327	03662	1751	96338	56
45	6490	1423	1077	327	05413	1751	94587	55
46	7914	1424	0750	327	07163	1750	92837	54
47	9,6359336	1422	0423	327	08913	1750	91087	53
48	9,6360758	1422	9,9550096	327	10662	1749	89338	52
49	2180	1422	9,9549769	327	12411	1749	87589	51
0,2850	9,6363601	1421	9,9549441	328	9,6814160	1749	10,3185840	0,7150
Arc.	Log. Cosin.	D.	Log. Sin.	D.	Log. Cot.	D.	Log. Tang.	Arc.

0,715

0,285

Arc.	Sinus.	D.	Cofinus.	D.	Tang.	D.	Cotang.	D.	Arc.
0,2850	0,4328726		0,9014551		0,4801932		2,0824953		0,7150
51	0,4330142	1416	3871	680	03865	1933	16573	8380	49
52	1558	1416	3191	680	05798	1933	2,0808198	8375	48
53	2973	1415	2510	681	07732	1934	2,0799829	8369	47
54	4389	1416	1830	680	09666	1934	91465	8364	46
55	5804	1415	1149	681	11600	1934	83106	8359	45
56	7220	1416	0,9010467	682	13535	1935	74753	8353	44
57	0,4338635	1415	0,9009786	681	15470	1935	66406	8347	43
58	0,4340050	1415	9104	682	17405	1935	58064	8342	42
59	1466	1416	8423	681	19340	1935	49727	8337	41
0,2860	2880	1414	7741	682	21276	1936	41395	8331	0,7140
61	4295	1415	7058	683	23212	1936	33070	8326	39
62	5710	1415	6376	682	25149	1937	24750	8320	38
63	7125	1415	5693	683	27085	1936	16435	8315	37
64	8539	1414	5010	683	29022	1937	2,0708126	8309	36
65	0,4349954	1415	4327	683	30959	1937	2,0699822	8304	35
66	0,4351368	1414	3643	684	32897	1938	91523	8299	34
67	2782	1414	2960	683	34835	1938	83230	8293	33
68	4197	1415	2276	684	36773	1938	74942	8288	32
69	5611	1414	1592	684	38711	1938	66659	8283	31
0,2870	7024	1413	0908	684	40650	1939	58382	8277	0,7130
71	8438	1414	0,9000223	685	42589	1939	50110	8272	29
72	0,4359852	1414	0,8999538	685	44528	1939	41844	8266	28
73	0,4361266	1414	8853	685	46468	1940	33583	8261	27
74	2679	1413	8168	685	48408	1940	25327	8256	26
75	4092	1413	7483	685	0,4850348	1940	17077	8250	25
76	5506	1414	6797	686	52289	1941	08832	8245	24
77	6919	1413	6111	686	54229	1940	2,0600592	8240	23
78	8332	1413	5425	686	56170	1941	2,0592358	8234	22
79	0,4369745	1413	4739	686	58112	1942	84129	8229	21
0,2880	0,4371158	1413	4053	686	60054	1942	75905	8224	0,7120
81	2570	1412	3366	687	61995	1941	67687	8218	19
82	3983	1413	2679	687	63938	1943	59474	8213	18
83	5396	1413	1992	687	65880	1942	51266	8208	17
84	6808	1412	1304	688	67823	1943	43063	8203	16
85	8220	1412	0,8990617	687	69766	1943	34866	8197	15
86	0,4379632	1412	0,8989929	688	71710	1944	26674	8192	14
87	0,4381044	1412	9241	688	73654	1944	18488	8186	13
88	2456	1412	8552	689	75598	1944	10306	8182	12
89	3868	1412	7864	688	77542	1944	2,0502130	8176	11
0,2890	5280	1412	7175	689	79487	1945	2,0493959	8171	0,7110
91	6692	1412	6486	689	81432	1945	85794	8165	09
92	8103	1411	5797	689	83377	1945	77634	8160	08
93	0,4389515	1412	5108	689	85322	1945	69479	8155	07
94	0,4390926	1411	4418	690	87268	1946	61329	8150	06
95	2337	1411	3728	690	89214	1946	53184	8145	05
96	3748	1411	3038	690	91161	1947	45045	8139	04
97	5159	1411	2348	690	93107	1946	36911	8134	03
98	6570	1411	1657	691	95054	1947	28782	8129	02
0,2899	7981	1411	0967	690	97002	1948	20658	8124	01
0,2900	0,4399392	1411	0,8980276	691	0,4898949	1947	2,0412540	8118	0,7100
Arc.	Cofinus.	D.	Sinus.	D.	Cotang.	D.	Tang.	D.	Arc.

0,710

0,285

Arc.	Log. Sin.	D.	Log. Cosin.	D.	Log. Tang.	D.	Log. Cot.	Arc.
0,2850	9,6363601		9,9549441		9,6814160		10,3185840	0,7150
51	5021	1420	9113	328	15908	1748	84092	49
52	6441	1420	8786	327	17655	1747	82345	48
53	7860	1419	8458	328	19402	1747	80598	47
54	9,6369279	1419	8130	328	21149	1747	78851	46
55	9,6370697	1418	7802	328	22895	1746	77105	45
56	2114	1417	7473	329	24641	1746	75359	44
57	3531	1417	7145	328	26387	1746	73613	43
58	4948	1417	6816	329	28132	1745	71868	42
59	6364	1416	6488	328	29876	1744	70124	41
0,2860	7779	1415	6159	329	31620	1744	68380	0,7140
61	9,6379193	1414	5830	329	33364	1744	66636	39
62	9,6380608	1415	5501	329	35107	1743	64893	38
63	2021	1413	5171	330	36850	1743	63150	37
64	3434	1413	4842	329	38592	1742	61408	36
65	4846	1412	4513	329	40334	1742	59666	35
66	6258	1412	4183	330	42075	1741	57925	34
67	7670	1412	3853	330	43816	1741	56184	33
68	9,6389080	1410	3523	330	45557	1741	54443	32
69	9,6390490	1410	3193	330	47297	1740	52703	31
0,2870	1900	1410	2863	330	49037	1740	50963	0,7130
71	3309	1409	2533	330	50776	1739	49224	29
72	4717	1408	2202	331	52515	1739	47485	28
73	6125	1408	1872	330	54254	1739	45746	27
74	7533	1408	1541	331	55992	1738	44008	26
75	9,6398939	1406	1210	331	9,6857729	1737	10,3142271	25
76	9,6400346	1407	0879	331	59466	1737	40534	24
77	1751	1405	0548	331	61203	1737	38797	23
78	3156	1405	9,9540217	331	62939	1736	37061	22
79	4561	1405	9,9539886	331	64675	1736	35325	21
0,2880	5965	1404	9554	332	66411	1736	33589	0,7120
81	7368	1403	9223	331	68146	1735	31854	19
82	9,6408771	1403	8891	332	69880	1734	30120	18
83	9,6410173	1402	8559	332	71614	1734	28386	17
84	1575	1402	8227	332	73348	1734	26652	16
85	2976	1401	7895	332	75081	1733	24919	15
86	4377	1401	7563	332	76814	1733	23186	14
87	5777	1400	7230	333	78547	1733	21453	13
88	7176	1399	6898	332	80279	1732	19721	12
89	8575	1399	6565	333	82010	1731	17990	11
0,2890	9,6419973	1398	6232	333	83741	1731	16259	0,7110
91	9,6421371	1398	5899	333	85472	1731	14528	09
92	2768	1397	5566	333	87202	1730	12798	08
93	4165	1397	5233	333	88932	1730	11068	07
94	5561	1396	4900	333	90662	1730	09338	06
95	6957	1396	4566	334	92391	1729	07609	05
96	8352	1395	4232	334	94119	1728	05881	04
97	9,6429746	1394	3899	333	95848	1729	04152	03
98	9,6431140	1394	3565	334	97575	1727	02425	02
0,2899	2534	1394	3231	334	9,6899303	1728	10,3100697	01
0,2900	9,6433926	1392	9,9532897	334	9,6901030	1727	10,3098970	0,7100
Arc.	Log. Cosin.	D.	Log. Sin.	D.	Log. Cot.	D.	Log. Tang.	Arc.

0,710

0,290

Arc.	Sinus.	D.	Cosinus.	D.	Tang.	D.	Cotang.	D.	Arc.
0,2900	0,4399392		0,8980276		0,4898949		2,0412540		0,7100
01	0,4400802	1410	0,8979585	691	0,4900897	1948	2,0404426	8114	0,7099
02	2213	1411	8893	692	02846	1949	2,0396318	8108	98
03	3623	1410	8202	691	04794	1948	88215	8103	97
04	5033	1410	7510	692	06743	1949	80118	8097	96
05	6443	1410	6818	692	08692	1949	72025	8093	95
06	7853	1410	6125	693	10642	1950	63938	8087	94
07	0,4409263	1410	5433	692	12591	1949	55856	8082	93
08	0,4410673	1410	4740	693	14541	1950	47779	8077	92
09	2083	1410	4047	693	16492	1951	39707	8072	91
0,2910	3492	1409	3354	693	18442	1950	31640	8067	0,7090
11	4902	1410	2661	693	20393	1951	23579	8061	89
12	6311	1409	1967	694	22344	1951	15523	8056	88
13	7721	1410	1273	694	24296	1952	2,0307471	8052	87
14	0,4419130	1409	0,8970579	694	26248	1952	2,0299425	8046	86
15	0,4420539	1409	0,8969885	694	28200	1952	91384	8041	85
16	1948	1409	9191	694	30152	1952	83348	8036	84
17	3356	1408	8496	695	32105	1953	75318	8030	83
18	4765	1409	7801	695	34058	1953	67292	8026	82
19	6174	1409	7106	695	36012	1954	59272	8020	81
0,2920	7582	1408	6410	696	37965	1953	51256	8016	0,7080
21	0,4428991	1409	5715	695	39919	1954	43246	8010	79
22	0,4430399	1408	5019	696	41874	1955	35241	8005	78
23	1807	1408	4323	696	43828	1954	27241	8000	77
24	3215	1408	3627	696	45783	1955	19246	7995	76
25	4623	1408	2930	697	0,4947738	1955	11256	7990	75
26	6031	1408	2233	697	49694	1956	2,0203271	7985	74
27	7439	1408	1537	696	51649	1955	2,0195291	7980	73
28	0,4438846	1407	0839	698	53605	1956	87316	7975	72
29	0,4440254	1408	0,8960142	697	55562	1957	79346	7970	71
0,2930	1661	1407	0,8959444	698	57519	1957	71382	7964	0,7070
31	3069	1408	8747	697	59476	1957	63422	7960	69
32	4476	1407	8049	698	61433	1957	55468	7954	68
33	5883	1407	7350	699	63391	1958	47518	7950	67
34	7290	1407	6652	698	65348	1957	39574	7944	66
35	0,4448697	1407	5953	699	67307	1959	31634	7940	65
36	0,4450103	1406	5254	699	69265	1958	23700	7934	64
37	1510	1407	4555	699	71224	1959	15770	7930	63
38	2917	1407	3856	699	73183	1959	2,0107846	7924	62
39	4323	1406	3156	700	75143	1960	2,0099926	7920	61
0,2940	5729	1406	2456	700	77102	1959	92012	7914	0,7060
41	7135	1406	1756	700	79062	1960	84103	7909	59
42	8542	1407	1056	700	81023	1961	76198	7905	58
43	0,4459947	1405	0,8950356	700	82983	1960	68299	7899	57
44	0,4461353	1406	0,8949655	701	84944	1961	60404	7895	56
45	2759	1406	8954	701	86906	1962	52515	7889	55
46	4165	1406	8253	701	88867	1961	44630	7885	54
47	5570	1405	7552	701	90829	1962	36751	7879	53
48	6976	1406	6850	702	92791	1962	28876	7875	52
49	8381	1405	6148	702	94754	1963	21006	7870	51
0,2950	0,4469786	1405	0,8945446	702	0,4996717	1963	2,0013142	7864	0,7050
Arc.	Cosinus.	D.	Sinus.	D.	Cotang.	D.	Tang.	D.	Arc.

0,705

0,290

Arc.	Log. Sin.	D.	Log. Cofin.	D.	Log. Tang.	D.	Log. Cot.	Arc.
0, 2900	9, 6433926		9, 9532897		9, 6901030		10, 3098970	0, 7100
01	5319	1393	2562	335	02756	1726	97244	0, 7099
02	6710	1391	2228	334	04482	1726	95518	98
03	8101	1391	1894	334	06208	1726	93792	97
04	9, 6439492	1391	1559	335	07933	1725	92067	96
05	9, 6440882	1390	1224	335	09658	1725	90342	95
06	2271	1389	0889	335	11382	1724	88618	94
07	3660	1389	0554	335	13106	1724	86894	93
08	5049	1389	9, 9530219	335	14830	1724	85170	92
09	6437	1388	9, 9529884	335	16553	1723	83447	91
0, 2910	7824	1387	9548	336	18276	1723	81724	0, 7090
11	9, 6449211	1387	9212	336	19998	1722	80002	89
12	9, 6450597	1386	8877	335	21720	1722	78280	88
13	1982	1385	8541	336	23442	1722	76558	87
14	3367	1385	8205	336	25163	1721	74837	86
15	4752	1385	7869	336	26883	1720	73117	85
16	6136	1384	7532	337	28603	1720	71397	84
17	7519	1383	7196	336	30323	1720	69677	83
18	9, 6458902	1383	6860	336	32043	1720	67957	82
19	9, 6460285	1383	6523	337	33762	1719	66238	81
0, 2920	1666	1381	6186	337	35480	1718	64520	0, 7080
21	3048	1382	5849	337	37198	1718	62802	79
22	4428	1380	5512	337	38916	1718	61084	78
23	5809	1381	5175	337	40634	1718	59366	77
24	7188	1379	4838	337	42351	1717	57649	76
25	8567	1379	9, 9524500	338	9, 6944067	1716	10, 3055933	75
26	9, 6469946	1379	4163	337	45783	1716	54217	74
27	9, 6471324	1378	3825	338	47499	1716	52501	73
28	2701	1377	3487	338	49214	1715	50786	72
29	4078	1377	3149	338	50929	1715	49071	71
0, 2930	5454	1376	2811	338	52644	1715	47356	0, 7070
31	6830	1376	2473	338	54358	1714	45642	69
32	8205	1375	2134	339	56071	1713	43929	68
33	9, 6479580	1375	1796	338	57784	1713	42216	67
34	9, 6480954	1374	1457	339	59497	1713	40503	66
35	2328	1374	1118	339	61210	1713	38790	65
36	3701	1373	0779	339	62922	1712	37078	64
37	5074	1373	0440	339	64633	1711	35367	63
38	6446	1372	9, 9520101	339	66345	1712	33655	62
39	7817	1371	9, 9519762	339	68055	1710	31945	61
0, 2940	9, 6489188	1371	9422	340	69766	1711	30234	0, 7060
41	9, 6490558	1370	9083	339	71476	1710	28524	59
42	1928	1370	8743	340	73185	1709	26815	58
43	3297	1369	8403	340	74894	1709	25106	57
44	4666	1369	8063	340	76603	1709	23397	56
45	6034	1368	7723	340	78312	1709	21688	55
46	7402	1368	7383	340	80020	1708	19980	54
47	9, 6498769	1367	7042	341	81727	1707	18273	53
48	9, 6500136	1367	6702	340	83434	1707	16566	52
49	1502	1366	6361	341	85141	1707	14859	51
0, 2950	9, 6502868	1366	9, 9516020	341	9, 6986847	1706	10, 3013153	0, 7050
Arc.	Log. Cofin.	D.	Log. Sin.	D.	Log. Cot.	D.	Log. Tang.	Arc.

0,705

0,295									
rc.	Sinus.	D.	Cofinus.	D.	Tang.	D.	Cotang.	D.	Arc.
0,2950	0,4469786		0,8945446		0,4996717		2,0013142		0,7050
51	0,4471191	1405	4744	702	0,4998680	1963	2,0005282	7860	49
52	2596	1405	4042	702	0,5000643	1963	1,9997427	7855	48
53	4001	1405	3339	703	02607	1964	89577	7850	47
54	5406	1405	2636	703	04571	1964	81732	7845	46
55	6811	1405	1933	703	06536	1965	73892	7840	45
56	8215	1404	1230	703	08500	1964	66057	7835	44
57	0,4479620	1405	0,8940526	704	10465	1965	58227	7830	43
58	0,4481024	1404	0,8939822	704	12430	1965	50401	7826	42
59	2428	1404	9118	704	14396	1966	42581	7820	41
0,2960	3832	1404	8414	704	16362	1966	34765	7816	0,7040
61	5236	1404	7710	704	18328	1966	26955	7810	39
62	6640	1404	7005	705	20295	1967	19149	7806	38
63	8044	1404	6300	705	22262	1967	11348	7801	37
64	0,4489447	1403	5595	705	24229	1967	1,9903552	7796	36
65	0,4490851	1404	4890	705	26196	1967	1,9895761	7791	35
66	2254	1403	4184	706	28164	1968	87975	7786	34
67	3658	1404	3479	705	30132	1968	80194	7781	33
68	5061	1403	2773	706	32100	1968	72417	7777	32
69	6464	1403	2066	707	34069	1969	64645	7772	31
0,2970	7867	1403	1360	706	36038	1969	56879	7766	0,7030
71	0,4499270	1403	0,8930653	707	38008	1970	49117	7762	29
72	0,4500673	1403	0,8929947	706	39977	1969	41360	7757	28
73	2075	1402	9239	708	41947	1970	33607	7753	27
74	3478	1403	8532	707	43917	1970	25860	7747	26
75	4880	1402	7825	707	0,5045888	1971	18117	7743	25
76	6283	1403	7117	708	47859	1971	10379	7738	24
77	7685	1402	6409	708	49830	1971	1,9802646	7733	23
78	0,4509087	1402	5701	708	51802	1972	1,9794918	7728	22
79	0,4510489	1402	4992	709	53773	1971	87195	7723	21
0,2980	1891	1402	4284	708	55746	1973	79476	7719	0,7020
81	3293	1402	3575	709	57718	1972	71762	7714	19
82	4094	1401	2866	709	59691	1973	64053	7709	18
83	6096	1402	2157	709	61664	1973	56349	7704	17
84	7497	1401	1447	710	63637	1973	48650	7699	16
85	0,4518899	1402	0737	710	65611	1974	40955	7695	15
86	0,4520300	1401	0,8920027	710	67585	1974	33265	7690	14
87	1701	1401	0,8919317	710	69559	1974	25580	7685	13
88	3102	1401	8607	710	71534	1975	17900	7680	12
89	4503	1401	7896	711	73509	1975	10224	7676	11
0,2990	5904	1401	7186	710	75484	1975	1,9702553	7671	0,7010
91	7304	1400	6474	712	77460	1976	1,9694887	7666	09
92	0,4528705	1401	5763	711	79436	1976	87226	7661	08
93	0,4530105	1400	5052	711	81412	1976	79569	7657	07
94	1505	1400	4340	712	83389	1977	71917	7652	06
95	2906	1401	3628	712	85365	1976	64270	7647	05
96	4306	1400	2916	712	87343	1978	56628	7642	04
97	5706	1400	2204	712	89320	1977	48990	7638	03
98	7106	1400	1491	713	91298	1978	41357	7633	02
0,2999	8505	1399	0778	713	93276	1978	33729	7628	01
0,3000	0,4539905	1400	0,8910065	713	0,5095254	1978	1,9626105	7624	0,7000
Arc.	Cofinus.	D.	Sinus.	D.	Cotang.	D.	Tang.	D.	Arc.
0,700									

0,295

Arc.	Log. Sin.	D.	Log. Cosin.	D.	Log. Tang.	D.	Log. Cot.	Arc.
0,2950	9,6502868		9,9516020		9,6986847		10,3013153	0,7050
51	4233	1365	5679	341	88553	1706	11447	49
52	5597	1364	5338	341	90259	1706	09741	48
53	6961	1364	4997	341	91964	1705	08036	47
54	8324	1363	4656	341	93669	1705	06331	46
55	9,6509687	1363	4314	342	95373	1704	04627	45
56	9,6511050	1363	3973	341	97077	1704	02923	44
57	2411	1361	3631	342	9,6998780	1703	10,3001220	43
58	3773	1362	3289	342	9,7000484	1704	10,2999516	42
59	5133	1360	2947	342	02186	1702	97814	41
0,2960	6493	1360	2605	342	03889	1703	96111	0,7040
61	7853	1360	2262	343	05591	1702	94409	39
62	9,6519212	1359	1920	342	07292	1701	92708	38
63	9,6520571	1359	1578	342	08993	1701	91007	37
64	1929	1358	1235	343	10694	1701	89306	36
65	3286	1357	0892	343	12394	1700	87606	35
66	4643	1357	0549	343	14094	1700	85906	34
67	6000	1357	9,9510206	343	15794	1700	84206	33
68	7356	1356	9,9509863	343	17493	1699	82507	32
69	9,6528711	1355	9519	344	19192	1699	80808	31
0,2970	9,6530066	1355	9176	343	20890	1698	79110	0,7030
71	1420	1354	8832	344	22588	1698	77412	29
72	2774	1354	8489	343	24286	1698	75714	28
73	4128	1354	8145	344	25983	1697	74017	27
74	5480	1352	7801	344	27680	1697	72320	26
75	6833	1353	9,9507457	344	9,7029376	1696	10,2970624	25
76	8184	1351	7112	345	31072	1696	68928	24
77	9,6539535	1351	6768	344	32768	1696	67232	23
78	9,6540880	1351	6423	345	34463	1695	65537	22
79	2235	1350	6079	344	36158	1695	63842	21
0,2980	3586	1350	5734	345	37852	1694	62148	0,7020
81	4935	1349	5389	345	39546	1694	60454	19
82	6283	1348	5044	345	41240	1694	58760	18
83	7631	1348	4668	346	42933	1693	57067	17
84	9,6548979	1348	4353	345	44626	1693	55374	16
85	9,6550326	1347	4008	345	46318	1692	53682	15
86	1672	1346	3662	346	48010	1692	51990	14
87	3018	1346	3316	346	49702	1692	50298	13
88	4364	1346	2970	346	51393	1691	48607	12
89	5709	1345	2624	346	53084	1691	46916	11
0,2990	7053	1344	2278	346	54775	1691	45225	0,7010
91	8397	1344	1932	346	56465	1690	43535	09
92	9,6559740	1343	1585	347	58155	1690	41845	08
93	9,6561083	1343	1239	346	59844	1689	40156	07
94	2425	1342	0892	347	61533	1689	38467	06
95	3767	1342	0545	347	63222	1689	36778	05
96	5108	1341	9,9500198	347	64910	1688	35090	04
97	6449	1341	9,9499851	347	66598	1688	33402	03
98	7789	1340	9504	347	68285	1687	31715	02
0,2999	9,6569129	1340	9156	348	69972	1687	30028	01
0,3000	9,6570468	1339	9,9498809	347	9,7071659	1687	10,2928341	0,7000
Arc.	Log. Cosin.	D.	Log. Sin.	D.	Log. Cot.	D.	Log. Tang.	Arc.

0,700

0,300									
Arc.	Sinus.	D.	Cofinus.	D.	Tang.	D.	Cotang.	D.	Arc.
0,3000	0,4539905		0,8910065		0,5095254		1,9626105		0,7000
01	0,4541305	1400	0,8909352	713	97233	1979	18486	7619	0,6999
02	2704	1399	8639	713	0,5099212	1979	10872	7614	98
03	4103	1399	7925	714	0,5101192	1980	1,9603262	7610	97
04	5502	1399	7211	714	03171	1979	1,9595658	7604	96
05	6902	1400	6497	714	05151	1980	88057	7601	95
06	8301	1399	5783	714	07132	1981	80462	7595	94
07	0,4549699	1398	5068	715	09112	1980	72871	7591	93
08	0,4551098	1399	4353	715	11093	1981	65285	7586	92
09	2497	1399	3638	715	13075	1982	57704	7581	91
0,3010	3895	1398	2923	715	15056	1981	50127	7577	0,6990
11	5294	1399	2208	715	17038	1982	42555	7572	89
12	6692	1398	1492	716	19021	1983	34987	7568	88
13	8090	1398	0776	716	21003	1982	27424	7563	87
14	0,4559488	1398	0,8900060	716	22986	1983	19866	7558	86
15	0,4560886	1398	0,8899344	716	24969	1983	12312	7554	85
16	2284	1398	8627	717	26953	1984	1,9504763	7549	84
17	3682	1398	7910	717	28937	1984	1,9497219	7544	83
18	5079	1397	7193	717	30921	1984	89679	7540	82
19	6477	1398	6476	717	32905	1984	82144	7535	81
0,3020	7874	1397	5759	717	34890	1985	74614	7530	0,6980
21	0,4569272	1398	5041	718	36875	1985	67088	7526	79
22	0,4570669	1397	4323	718	38861	1986	59566	7522	78
23	2066	1397	3605	718	40846	1985	52050	7516	77
24	3463	1397	2887	718	42833	1987	44538	7512	76
25	4860	1397	2168	719	0,5144819	1986	37030	7508	75
26	6256	1396	1450	718	46806	1987	29527	7503	74
27	7653	1397	0731	719	48793	1987	22029	7498	73
28	0,4579049	1396	0,8890012	719	50780	1987	14535	7494	72
29	0,4580446	1397	0,8889292	720	52768	1988	1,9407046	7489	71
0,3030	1842	1396	8573	719	54756	1988	1,9399561	7485	0,6970
31	3238	1396	7853	720	56744	1988	92081	7480	69
32	4634	1396	7133	720	58733	1989	84605	7476	68
33	6030	1396	6412	721	60722	1989	77134	7471	67
34	7426	1396	5692	720	62711	1989	69668	7466	66
35	0,4588822	1396	4971	721	64701	1990	62206	7462	65
36	0,4590217	1395	4250	721	66691	1990	54749	7457	64
37	1613	1396	3529	721	68681	1990	47296	7453	63
38	3008	1395	2808	721	70672	1991	39848	7448	62
39	4403	1395	2086	722	72663	1991	32404	7444	61
0,3040	5799	1396	1364	722	74654	1991	24964	7440	0,6960
41	7194	1395	0,8880642	722	76645	1991	17530	7434	59
42	8589	1395	0,8879920	722	78637	1992	10100	7430	58
43	0,4599983	1394	9198	722	80629	1992	1,9302674	7426	57
44	0,4601378	1395	8475	723	82622	1993	1,9295253	7421	56
45	2773	1395	7752	723	84615	1993	87836	7417	55
46	4167	1394	7029	723	86608	1993	80424	7412	54
47	5561	1394	6306	723	88602	1994	73016	7408	53
48	6956	1395	5582	724	90595	1993	65613	7403	52
49	8350	1394	4858	724	92590	1995	58214	7399	51
0,3050	0,4609744	1394	0,8874134	724	0,5194584	1994	1,9250819	7395	0,6950
Arc.	Cofinus.	D.	Sinus.	D.	Cotang.	D.	Tang.	D.	Arc.
0,695									

0,300

Arc.	Log. Sin.	D.	Log. Cosin.	D.	Log. Tang.	D.	Log. Cot.	Arc.
0, 3000	9, 6570468		9, 9498809		9, 7071659		10, 2928341	0, 7000
01	1806	1338	8461	348	73345	1686	26655	0, 6999
02	3144	1338	8113	348	75031	1686	24969	98
03	4482	1338	7765	348	76716	1685	23284	97
04	5819	1337	7417	348	78402	1686	21598	96
05	7156	1337	7069	348	80086	1684	19914	95
06	8492	1336	6721	348	81771	1685	18229	94
07	9, 6579827	1335	6372	349	83455	1684	16545	93
08	9, 6581162	1335	6024	348	85138	1683	14862	92
09	2496	1334	5675	349	86821	1683	13179	91
0, 3010	3830	1334	5326	349	88504	1683	11496	0, 6990
11	5164	1334	4977	349	90187	1683	09813	89
12	6497	1333	4628	349	91869	1682	08131	88
13	7829	1332	4279	349	93550	1681	06450	87
14	9, 6589161	1332	3929	350	95232	1682	04768	86
15	9, 6590492	1331	3580	349	96913	1681	03087	85
16	1823	1331	3230	350	9, 7098593	1680	10, 2901407	84
17	3154	1331	2880	350	9, 7100273	1680	10, 2899727	83
18	4483	1329	2530	350	01953	1680	98047	82
19	5813	1330	2180	350	03632	1679	96368	81
0, 3020	7141	1328	1830	350	05312	1680	94688	0, 6980
21	8470	1329	1480	350	06990	1678	93010	79
22	9, 6599798	1328	1129	351	08668	1678	91332	78
23	9, 6601125	1327	0778	351	10346	1678	89654	77
24	2452	1327	0428	350	12024	1678	87976	76
25	3778	1326	9, 9490077	351	9, 7113701	1677	10, 2886299	75
26	5103	1325	9, 9489726	351	15378	1677	84622	74
27	6429	1326	9375	351	17054	1676	82946	73
28	7753	1324	9023	352	18730	1676	81270	72
29	9, 6609078	1325	8672	351	20406	1676	79594	71
0, 3030	9, 6610401	1323	8320	352	22081	1675	77919	0, 6970
31	1724	1323	7969	351	23756	1675	76244	69
32	3047	1323	7617	352	25430	1674	74570	68
33	4369	1322	7265	352	27104	1674	72896	67
34	5691	1322	6913	352	28778	1674	71222	66
35	7012	1321	6560	353	30452	1674	69548	65
36	8333	1321	6208	352	32125	1673	67875	64
37	9, 6619653	1320	5855	353	33797	1672	66203	63
38	9, 6620972	1319	5503	352	35470	1673	64530	62
39	2291	1319	5150	353	37141	1671	62859	61
0, 3040	3610	1319	4797	353	38813	1672	61187	0, 6960
41	4928	1318	4444	353	40484	1671	59516	59
42	6246	1318	4091	353	42155	1671	57845	58
43	7563	1317	3737	354	43825	1670	56175	57
44	9, 6628879	1316	3384	353	45495	1670	54505	56
45	9, 6630195	1316	3030	354	47165	1670	52835	55
46	1511	1316	2676	354	48834	1669	51166	54
47	2826	1315	2323	353	50503	1669	49497	53
48	4140	1314	1969	354	52172	1669	47828	52
49	5454	1314	1614	355	53840	1668	46160	51
0, 3050	9, 6636768	1314	9, 9481260	354	9, 7155508	1668	10, 2844492	0, 6950
Arc.	Log. Cosin.	D.	Log. Sin.	D.	Log. Cot.	D.	Log. Tang.	Arc.

0,695

0,305

Arc.	Sinus.	D.	Cosinus.	D.	Tang.	D.	Cotang.	D.	Arc.
0,3050	0,4609744		0,8874134		0,5194584		1,9250819		0,6950
51	0,4011138	1394	3410	724	96579	1995	43430	7389	49
52	2531	1393	2686	724	0,5198574	1995	36044	7386	48
53	3925	1394	1961	725	0,5200569	1995	28663	7381	47
	5319	1394	1236	725	02565	1996	21287	7376	46
55	6712	1393	0,8870511	725	04561	1996	13915	7372	45
56	8105	1393	0,8869786	725	06558	1997	1,9206547	7368	44
57	0,4619499	1394	9060	726	08555	1997	1,9199184	7363	43
58	0,4620892	1393	8335	725	10552	1997	91826	7358	42
59	2285	1393	7609	726	12549	1997	84471	7355	41
0,3060	3678	1393	6883	726	14547	1998	77122	7349	0,6940
61	5070	1392	6156	727	16545	1998	69776	7346	39
62	6463	1393	5430	726	18543	1998	62435	7341	38
63	7855	1392	4703	727	20542	1999	55099	7336	37
64	0,4629248	1393	3976	727	22541	1999	47767	7332	36
65	0,4630640	1392	3248	728	24541	2000	40439	7328	35
66	2032	1392	2521	727	26540	1999	33116	7323	34
67	3424	1392	1793	728	28540	2000	25797	7319	33
68	4816	1392	1065	728	30541	2001	18482	7315	32
69	6208	1392	0,8860337	728	32541	2000	11172	7310	31
0,3070	7600	1392	0,8859609	728	34543	2002	1,9103866	7306	0,6930
71	0,4638991	1391	8880	729	36544	2001	1,9096565	7301	29
72	0,4640383	1392	8151	729	38546	2002	89268	7297	28
73	1774	1391	7422	729	40548	2002	81975	7293	27
74	3166	1392	6693	729	42550	2002	74687	7288	26
75	4557	1391	5964	729	0,5244553	2003	67403	7284	25
76	5948	1391	5234	730	46556	2003	60124	7279	24
77	7339	1391	4504	730	48559	2003	52849	7275	23
78	0,4648730	1391	3774	730	50563	2004	45578	7271	22
79	0,4650120	1390	3044	730	52567	2004	38311	7267	21
0,3080	1511	1391	2313	731	54571	2004	31049	7262	0,6920
81	2901	1390	1582	731	56576	2005	23792	7257	19
82	4292	1391	0851	731	58581	2005	16538	7254	18
83	5682	1390	0,8850120	731	60586	2005	09289	7249	17
84	7072	1390	0,8849389	731	62592	2006	1,9002044	7245	16
85	8462	1390	8657	732	64598	2006	1,8994804	7240	15
86	0,4659852	1390	7925	732	66604	2006	87568	7236	14
87	0,4661242	1390	7193	732	68611	2007	80336	7232	13
88	2631	1389	6461	732	70618	2007	73109	7227	12
89	4021	1390	5728	733	72625	2007	65885	7224	11
0,3090	5410	1389	4996	732	74633	2008	58666	7219	0,6910
91	6800	1390	4263	733	76641	2008	51452	7214	09
92	8189	1389	3530	733	78649	2008	44242	7210	08
93	0,4669578	1389	2796	734	80658	2009	37036	7206	07
94	0,4670967	1389	2063	733	82667	2009	29834	7202	06
95	2356	1389	1329	734	84676	2009	22636	7198	05
96	3744	1388	0,8840595	734	86686	2010	15443	7193	04
97	5133	1389	0,8839860	735	88695	2009	08254	7189	03
98	6521	1388	9126	734	90706	2011	1,8901070	7184	02
0,3099	7910	1389	8391	735	92716	2010	1,8893889	7181	01
0,3100	0,4679298	1388	0,8837656	735	0,5294727	2011	1,8886713	7176	0,6900
Arc.	Cosinus.	D.	Sinus.	D.	Cotang.	D.	Tang.	D.	Arc.

0,690

0,305

Arc.	Log. Sin.	D.	Log. Cosin.	D.	Log. Tang.	D.	Log. Cot.	Arc.
0,3050	9,6636768		9,9481260		9,7155508		10,2844492	0,6950
51	8081	1313	0906	354	57175	1667	42825	49
52	9,6639393	1312	0551	355	58842	1667	41158	48
53	9,6640705	1312	9,9480196	355	60509	1667	39491	47
54	2017	1312	9,9479841	355	62175	1666	37825	46
55	3328	1311	9487	354	63841	1666	36159	45
56	4638	1310	9131	356	65507	1666	34493	44
57	5948	1310	8776	355	67172	1665	32828	43
58	7258	1310	8421	355	68837	1665	31163	42
59	8567	1309	8065	356	70502	1665	29498	41
0,3060	9,6649875	1308	7710	355	72166	1664	27834	0,6940
61	9,6651183	1308	7354	356	73830	1664	26170	39
62	2491	1308	6998	356	75493	1663	24507	38
63	3798	1307	6642	356	77156	1663	22844	37
64	5104	1306	6286	356	78819	1663	21181	36
65	6410	1306	5929	357	80481	1662	19519	35
66	7716	1306	5573	356	82143	1662	17857	34
67	9,6659021	1305	5216	357	83805	1662	16195	33
68	9,6660325	1304	4859	357	85466	1661	14534	32
69	1629	1304	4502	357	87127	1661	12873	31
0,3070	2933	1304	4145	357	88787	1660	11213	0,6930
71	4236	1303	3788	357	90447	1660	09553	29
72	5538	1302	3431	357	92107	1660	07893	28
73	6840	1302	3074	357	93767	1660	06233	27
74	8142	1302	2716	358	95426	1659	04574	26
75	9,6669443	1301	9,9472358	358	97084	1658	02916	25
76	9,6670743	1300	2000	358	9,7198743	1659	10,2801257	24
77	2043	1300	1642	358	9,7200401	1658	10,2799599	23
78	3343	1300	1284	358	02058	1657	97942	22
79	4642	1299	0926	358	03716	1658	96284	21
0,3080	5940	1298	0568	358	05373	1657	94627	0,6920
81	7238	1298	9,9470209	359	07029	1656	92971	19
82	8536	1298	9,9469850	359	08685	1656	91315	18
83	9,6679833	1297	9492	358	10341	1656	89659	17
84	9,6681129	1296	9133	359	11997	1656	88003	16
85	2426	1297	8774	359	13652	1655	86348	15
86	3721	1295	8414	360	15307	1655	84693	14
87	5016	1295	8055	359	16961	1654	83039	13
88	6311	1295	7696	359	18615	1654	81385	12
89	7605	1294	7336	360	20269	1654	79731	11
0,3090	9,6688898	1293	6976	360	21922	1653	78078	0,6910
91	9,6690191	1293	6616	360	23575	1653	76425	09
92	1484	1293	6256	360	25228	1653	74772	08
93	2776	1292	5896	360	26880	1652	73120	07
94	4068	1292	5536	360	28532	1652	71468	06
95	5359	1291	5175	361	30184	1652	69816	05
96	6650	1291	4815	360	31835	1651	68165	04
97	7940	1290	4454	361	33486	1651	66514	03
98	9,6699229	1289	4093	361	35136	1650	64864	02
0,3099	9,6700518	1289	3732	361	36786	1650	63214	01
0,3100	9,6701807	1289	9,9463371	361	9,7238436	1650	10,2761564	0,6900
Arc.	Log. Cosin.	D.	Log. Sin.	D.	Log. Cot.	D.	Log. Tang.	Arc.

0,690

0,310

Arc.	Sinus.	D.	Cosinus.	D.	Tang.	D.	Cotang.	D.	Arc.
0,3100	0,4679298		0,8837656		0,5294727		1,8886713		0,6900
01	0,4680686	1388	6921	735	96739	2012	79542	7171	0,6899
02	2074	1388	6186	735	0,5298750	2011	72374	7168	98
03	3462	1388	5450	736	0,5300762	2012	65211	7163	97
04	4850	1388	4714	736	02775	2013	58052	7159	96
05	6238	1388	3978	736	04787	2012	50897	7155	95
06	7625	1387	3242	736	06800	2013	43746	7151	94
07	0,4689013	1388	2506	736	08814	2014	36600	7146	93
08	0,4690400	1387	1769	737	10827	2013	29458	7142	92
09	1787	1387	1032	737	12841	2014	22320	7138	91
0,3110	3175	1388	0,8830295	737	14856	2015	15186	7134	0,6890
11	4562	1387	0,8829558	737	16870	2014	08057	7129	89
12	5948	1386	8820	738	18885	2015	1,8800931	7126	88
13	7335	1387	8083	737	20901	2016	1,8793810	7121	87
14	0,4698722	1387	7345	738	22916	2015	86693	7117	86
15	0,4700108	1386	6606	739	24933	2017	79581	7112	85
16	1495	1387	5868	738	26949	2016	72472	7109	84
17	2881	1386	5129	739	28966	2017	65368	7104	83
18	4267	1386	4391	738	30983	2017	58268	7100	82
19	5653	1386	3652	739	33000	2017	51172	7096	81
0,3120	7039	1386	2912	740	35018	2018	44080	7092	0,6880
21	8425	1386	2173	739	37036	2018	36993	7087	79
22	0,4709811	1386	1433	740	39054	2018	29909	7084	78
23	0,4711196	1385	0,8820693	740	41073	2019	22830	7079	77
24	2582	1386	0,8819953	740	43092	2019	15755	7075	76
25	3967	1385	9213	740	0,5345111	2019	08684	7071	7
26	5353	1386	8472	741	47131	2020	1,8701617	7067	74
27	6738	1385	7731	741	49151	2020	1,8694555	7062	73
28	8123	1385	6990	741	51172	2021	87496	7059	72
29	0,4719508	1385	6249	741	53192	2020	80442	7054	71
0,3130	0,4720893	1385	5508	741	55213	2021	73392	7050	0,6870
31	2277	1384	4766	742	57235	2022	66346	7046	69
32	3662	1385	4024	742	59257	2022	59304	7042	68
33	5046	1384	3282	742	61279	2022	52266	7038	67
34	6431	1385	2540	742	63301	2022	45233	7033	66
35	7815	1384	1797	743	65324	2023	38203	7030	65
36	0,4729199	1384	1054	743	67347	2023	31178	7025	64
37	0,4730583	1384	0,8810311	743	69371	2024	24156	7022	63
38	1967	1384	0,8809568	743	71395	2024	17139	7017	62
39	3350	1383	8825	743	73419	2024	10126	7013	61
0,3140	4734	1384	8081	744	75443	2024	1,8603117	7009	0,6860
41	6118	1384	7337	744	77468	2025	1,8596112	7005	59
42	7501	1383	6593	744	79493	2025	89111	7001	58
43	0,4738884	1383	5849	744	81519	2026	82115	6996	57
44	0,4740267	1383	5104	745	83545	2026	75122	6993	56
45	1650	1383	4360	744	85571	2026	68133	6989	55
46	3033	1383	3615	745	87598	2027	61149	6984	54
47	4416	1383	2870	745	89624	2026	54169	6980	53
48	5799	1383	2124	746	91652	2028	47192	6977	52
49	7181	1382	1379	745	93679	2027	40220	6972	51
0,3150	0,4748564	1383	0,8800633	746	0,5395707	2028	1,8533252	6968	0,6850
Arc.	Cosinus.	D.	Sinus.	D.	Cotang.	D.	Tang.	D.	Arc.

0,685

0,310

Arc.	Log. Sin.	D.	Log. Cosin.	D.	Log. Tang.	D.	Log. Cot.	Arc.
0,3100	9,6701807		9,9463371		9,7238436		10,2761564	0,6900
01	3095	1288	3010	361	40086	1650	59914	0,6899
02	4383	1288	2648	362	41735	1649	58265	98
03	5670	1287	2287	361	43383	1648	56617	97
04	6957	1287	1925	362	45032	1649	54968	96
05	8243	1286	1563	362	46680	1648	53320	95
06	9,6709529	1286	1201	362	48328	1648	51672	94
07	9,6710814	1285	0839	362	49975	1647	50025	93
08	2099	1285	0477	362	51622	1647	48378	92
09	3383	1284	9,9460115	362	53269	1647	46731	91
0,3110	4667	1284	9,9459752	363	54915	1646	45085	0,6890
11	5950	1283	9390	362	56561	1646	43439	89
12	7233	1283	9027	363	58206	1645	41794	88
13	8516	1283	8664	363	59852	1646	40148	87
14	9,6719797	1281	8301	363	61497	1645	38503	86
15	9,6721079	1282	7938	363	63141	1644	36859	85
16	2360	1281	7574	364	64785	1644	35215	84
17	3640	1280	7211	363	66429	1644	33571	83
18	4920	1280	6847	364	68073	1644	31927	82
19	6199	1279	6483	364	69716	1643	30284	81
0,3120	7478	1279	6120	363	71359	1643	28641	0,6880
21	9,6728757	1279	5756	364	73001	1642	26999	79
22	9,6730035	1278	5391	365	74643	1642	25357	78
23	1312	1277	5027	364	76285	1642	23715	77
24	2589	1277	4663	364	77926	1641	22074	76
25	3866	1277	9,9454298	365	9,7279568	1642	10,2720432	75
26	5142	1276	3933	365	81208	1640	18792	74
27	6417	1275	3569	364	82849	1641	17151	73
28	7692	1275	3204	365	84489	1640	15511	72
29	9,6738967	1275	2838	366	86129	1640	13871	71
0,3130	9,6740241	1274	2473	365	87768	1639	12232	0,6870
31	1515	1274	2108	365	89407	1639	10593	69
32	2788	1273	1742	366	91046	1639	08954	68
33	4061	1273	1377	365	92684	1638	07316	67
34	5333	1272	1011	366	94322	1638	05678	66
35	6604	1271	0645	366	95960	1638	04040	65
36	7876	1272	9,9450279	366	97597	1637	02403	64
37	9,6749146	1270	9,9449913	366	9,7299234	1637	10,2700766	63
38	9,6750417	1271	9546	367	9,7300871	1637	10,2699129	62
39	1687	1270	9180	366	02507	1636	97493	61
0,3140	2956	1269	8813	367	04143	1636	95857	0,6860
41	4225	1269	8446	367	05778	1635	94222	59
42	5493	1268	8079	367	07414	1636	92586	58
43	6761	1268	7712	367	09049	1635	90951	57
44	8028	1267	7345	367	10683	1634	89317	56
45	9,6759295	1267	6978	367	12318	1635	87682	55
46	9,6760562	1267	6610	368	13951	1633	86049	54
47	1828	1266	6243	367	15585	1634	84415	53
48	3093	1265	5875	368	17218	1633	82782	52
49	4358	1265	5507	368	18851	1633	81149	51
0,3150	9,6765623	1265	9,9445139	368	9,7320484	1633	10,2679516	0,6850
Arc.	Log. Cosin.	D.	Log. Sin.	D.	Log. Cot.	D.	Log. Tang.	Arc.

0,685

0,315

Arc.	Sinus.	D.	Cosinus.	D.	Tang.	D.	Cotang.	D.	Arc.
0,3150	0,4748564		0,8800633		0,5395707		1,8533252		0,6850
51	0,4749946	1382	0,8799887	746	97736	2029	26288	6964	49
52	0,4751328	1382	9141	746	0,5399764	2028	19327	6961	48
53	2711	1383	8394	747	0,5401793	2029	12371	6956	47
54	4093	1382	7648	746	03822	2029	1,8505419	6952	46
55	5474	1381	6901	747	05852	2030	1,8498471	6948	45
56	6856	1382	6154	747	07882	2030	91527	6944	44
57	8238	1382	5406	748	09912	2030	84587	6940	43
58	0,4759619	1381	4659	747	11943	2031	77652	6935	42
59	0,4761001	1382	3911	748	13974	2031	70720	6932	41
0,3160	2382	1381	3163	748	16006	2032	63792	6928	0,6840
61	3763	1381	2415	748	18037	2031	56868	6924	39
62	5144	1381	1667	748	20069	2032	49948	6920	38
63	6525	1381	0918	749	22102	2033	43033	6915	37
64	7906	1381	0,8790169	749	24135	2033	36121	6912	36
65	0,4769287	1381	0,8789420	749	26168	2033	29213	6908	35
66	0,4770667	1380	8671	749	28201	2033	22309	6904	34
67	2048	1381	7921	750	30235	2034	15409	6900	33
68	3428	1380	7172	749	32269	2034	08514	6895	32
69	4808	1380	6422	750	34304	2035	1,8401622	6892	31
0,3170	6188	1380	5672	750	36338	2034	1,8394734	6888	0,6830
71	7568	1380	4921	751	38374	2036	87850	6884	29
72	0,4778948	1380	4171	750	40409	2035	80970	6880	28
73	0,4780328	1380	3420	751	42445	2036	74094	6876	27
74	1708	1380	2669	751	44481	2036	67222	6872	26
75	3087	1379	1918	751	0,5446518	2037	60354	6868	25
76	4467	1380	1166	752	48555	2037	53490	6864	24
77	5846	1379	0,8780415	751	50592	2037	46630	6860	23
78	7225	1379	0,8779663	752	52630	2038	39774	6856	22
79	8604	1379	8911	752	54668	2038	32922	6852	21
0,3180	0,4789983	1379	8158	753	56706	2038	26074	6848	0,6820
81	0,4791362	1379	7406	752	58745	2039	19230	6844	19
82	2741	1379	6653	753	60784	2039	12389	6841	18
83	4119	1378	5900	753	62823	2039	1,8305553	6836	17
84	5498	1379	5147	753	64863	2040	1,8298720	6833	16
85	6876	1378	4394	753	66903	2040	91892	6828	15
86	8254	1378	3640	754	68944	2041	85067	6825	14
87	0,4799632	1378	2886	754	70984	2040	78247	6820	13
88	0,4801010	1378	2132	754	73025	2041	71430	6817	12
89	2388	1378	1378	754	75067	2042	64617	6813	11
0,3190	3766	1378	0,8770623	755	77109	2042	57808	6809	0,6810
91	5143	1377	0,8769869	754	79151	2042	51003	6805	09
92	6521	1378	9114	755	81194	2043	44202	6801	08
93	7898	1377	8359	755	83236	2042	37404	6798	07
94	0,4809276	1378	7603	756	85280	2044	30611	6793	06
95	0,4810653	1377	6848	755	87323	2043	23822	6789	05
96	2030	1377	6092	756	89367	2044	17036	6786	04
97	3407	1377	5336	756	91411	2044	10254	6782	03
98	4784	1377	4580	756	93456	2045	1,8203477	6777	02
0,3199	6160	1376	3823	757	95501	2045	1,8196703	6774	01
0,3200	0,4817537	1377	0,8763067	756	0,5497547	2046	1,8189932	6771	0,6800
Arc.	Cosinus.	D.	Sinus.	D.	Cotang.	D.	Tang.	D.	Arc.

0,680

0,315

Arc.	Log. Sin.	D.	Log. Cosin.	D.	Log. Tang.	D.	Log. Cot.	Arc.
0,3150	9,6765623		9,9445139		9,7320484		10,2679516	0,6850
51	6887	1264	4771	368	22116	1632	77884	49
52	8151	1264	4403	368	23748	1632	76252	48
53	9,6769414	1263	4034	369	25379	1631	74621	47
54	9,6770676	1262	3666	368	27011	1632	72989	46
55	1939	1263	3297	369	28642	1631	71358	45
56	3200	1261	2928	369	30272	1630	69728	44
57	4461	1261	2559	369	31902	1630	68098	43
58	5722	1261	2190	369	33532	1630	66468	42
59	6982	1260	1821	369	35162	1630	64838	41
0,3160	8242	1260	1451	370	36791	1629	63209	0,6840
61	9,6779502	1260	1082	369	38420	1629	61580	39
62	9,6780761	1259	0712	370	40048	1628	59952	38
63	2019	1258	9,9440342	370	41677	1629	58323	37
64	3277	1258	9,9439972	370	43305	1628	56695	36
65	4534	1257	9602	370	44932	1627	55068	35
66	5791	1257	9232	370	46559	1627	53441	34
67	7048	1257	8862	370	48186	1627	51814	33
68	8304	1256	8491	371	49813	1627	50187	32
69	9,6789559	1255	8120	371	51439	1626	48561	31
0,3170	9,6790815	1256	7750	370	53065	1626	46935	0,6830
71	2069	1254	7379	371	54690	1625	45310	29
72	3323	1254	7008	371	56316	1626	43684	28
73	4577	1254	6636	372	57941	1625	42059	27
74	5830	1253	6265	371	59565	1624	40435	26
75	7083	1253	9,9435894	371	9,7361189	1624	10,2638811	25
76	8335	1252	5522	372	62813	1624	37187	24
77	9,6799587	1252	5150	372	64437	1624	35563	23
78	9,6800838	1251	4778	372	66060	1623	33940	22
79	2089	1251	4406	372	67683	1623	32317	21
0,3180	3340	1251	4034	372	69306	1623	30694	0,6820
81	4590	1250	3662	372	70928	1622	29072	19
82	5839	1249	3289	373	72550	1622	27450	18
83	7088	1249	2917	372	74172	1622	25828	17
84	8337	1249	2544	373	75793	1621	24207	16
85	9,6809585	1248	2171	373	77414	1621	22586	15
86	9,6810832	1247	1798	373	79034	1620	20966	14
87	2080	1248	1425	373	80655	1621	19345	13
88	3326	1246	1052	373	82275	1620	17725	12
89	4573	1247	0678	374	83894	1619	16106	11
0,3190	5818	1245	9,9430305	373	85514	1620	14486	0,6810
91	7064	1246	9,9429931	374	87133	1619	12867	09
92	8308	1244	9557	374	88751	1618	11249	08
93	9,6819553	1245	9183	374	90370	1619	09630	07
94	9,6820797	1244	8809	374	91988	1618	08012	06
95	2040	1243	8435	374	93605	1617	06395	05
96	3283	1243	8060	375	95223	1618	04777	04
97	4526	1243	7686	374	96840	1617	03160	03
98	5768	1242	7311	375	9,7398457	1617	10,2601543	02
0,3199	7009	1241	6936	375	9,7400073	1616	10,2599927	01
0,3200	9,6828250	1241	9,9426561	375	9,7401689	1616	10,2598311	0,6800
Arc.	Log. Cosin.	D.	Log. Sin.	D.	Log. Cot.	D.	Log. Tang.	Arc.

0,680

0,320

Arc.	Sinus.	D.	Cosinus.	D.	Tang.	D.	Cotang.	D.	Arc.
0, 3200	0, 4817537		0, 8763067		0, 5497547		1, 8189932		0, 6800
01	0, 4818913	1376	2310	757	0, 5499592	2045	83166	6766	0, 6799
02	0, 4820290	1377	1553	757	0, 5501638	2046	76404	6762	98
03	1666	1376	0796	757	03685	2047	69645	6759	97
04	3042	1376	0, 8760038	758	05732	2047	62891	6754	96
05	4418	1376	0, 8759280	758	07779	2047	56140	6751	95
06	5794	1376	8522	758	09826	2047	49393	6747	94
07	7169	1375	7764	758	11874	2048	42650	6743	93
08	8545	1376	7006	758	13922	2048	35911	6739	92
09	0, 4829920	1375	6247	759	15971	2049	29175	6736	91
0, 3210	0, 4831296	1376	5489	758	18020	2049	22444	6731	0, 6790
11	2671	1375	4730	759	20069	2049	15716	6728	89
12	4046	1375	3970	760	22118	2049	08992	6724	88
13	5421	1375	3211	759	24168	2050	1, 8102272	6720	87
14	6796	1375	2451	760	26219	2051	1, 8095556	6716	86
15	8171	1375	1691	760	28269	2050	88843	6713	85
16	0, 4839545	1374	0931	760	30320	2051	82135	6708	84
17	0, 4840920	1375	0, 8750171	760	32372	2052	75430	6705	83
18	2294	1374	0, 8749411	760	34424	2052	68729	6701	82
19	3669	1375	8650	761	36476	2052	62032	6697	81
0, 3220	5043	1374	7889	761	38528	2052	55338	6694	0, 6780
21	6417	1374	7128	761	40581	2053	48649	6689	79
22	7791	1374	6366	762	42634	2053	41963	6686	78
23	0, 4849165	1374	5605	761	44688	2054	35281	6682	77
24	0, 4850538	1373	4843	762	46742	2054	28602	6679	76
25	1912	1374	4081	762	0, 5548796	2054	21928	6674	75
26	3285	1373	3319	762	50850	2054	15257	6671	74
27	4659	1374	2556	763	52905	2055	08590	6667	73
28	6032	1373	1793	763	54961	2056	1, 8001927	6663	72
29	7405	1373	1031	762	57016	2055	1, 7995268	6659	71
0, 3230	0, 4858778	1373	0, 8740267	764	59073	2057	88612	6656	0, 6770
31	0, 4860151	1373	0, 8739504	763	61129	2056	81960	6652	69
32	1524	1373	8741	763	63186	2057	75312	6648	68
33	2896	1372	7977	764	65243	2057	68668	6644	67
34	4269	1373	7213	764	67300	2057	62027	6641	66
35	5641	1372	6449	764	69358	2058	55390	6637	65
36	7013	1372	5684	765	71416	2058	48757	6633	64
37	8386	1373	4920	764	73475	2059	42128	6629	63
38	0, 4869758	1372	4155	765	75534	2059	35502	6626	62
39	0, 4871129	1371	3390	765	77593	2059	28880	6622	61
0, 3240	2501	1372	2625	765	79653	2060	22262	6618	0, 6760
41	3873	1372	1859	766	81713	2060	15648	6614	59
42	5244	1371	1093	766	83773	2060	09037	6611	58
43	6616	1372	0, 8730327	766	85834	2061	1, 7902430	6607	57
44	7987	1371	0, 8729561	766	87895	2061	1, 7895827	6603	56
45	0, 4879358	1371	8795	766	89956	2061	89227	6600	55
46	0, 4880727	1371	8028	767	92018	2062	82631	6596	54
47	2100	1371	7262	766	94080	2062	76039	6592	53
48	3471	1371	6495	767	96143	2063	69451	6588	52
49	4842	1371	5727	768	0, 5598206	2063	62866	6585	51
0, 3250	0, 4886212	1370	0, 8724960	767	0, 5600269	2063	1, 7856285	6581	0, 6750
Arc.	Cosinus.	D.	Sinus.	D.	Cotang.	D.	Tang.	D.	Arc.

0,675

0,320

Arc.	Log. Sin.	D.	Log. Cosin.	D.	Log. Tang.	D.	Log. Cot.	Arc.
0,3200	9,6828250		9,9426561		9,7401689		10,2598311	0,6800
01	9,6829491	1241	6186	375	03305	1616	96695	0,6799
02	9,6830731	1240	5811	375	04920	1615	95080	98
03	1971	1240	5435	376	06535	1615	93465	97
04	3210	1239	5060	375	08150	1615	91850	96
05	4449	1239	4684	376	09765	1615	90235	95
06	5687	1238	4308	376	11379	1614	88621	94
07	6925	1238	3933	375	12993	1614	87007	93
08	8163	1238	3556	377	14606	1613	85394	92
09	9,6839400	1237	3180	376	16220	1614	83780	91
0,3210	9,6840636	1236	2804	376	17832	1612	82168	0,6790
11	1872	1236	2427	377	19445	1613	80555	89
12	3108	1236	2051	376	21057	1612	78943	88
13	4343	1235	1674	377	22669	1612	77331	87
14	5578	1235	1297	377	24281	1612	75719	86
15	6812	1234	0920	377	25892	1611	74108	85
16	8046	1234	0543	377	27503	1611	72497	84
17	9,6849279	1233	9,9420165	378	29114	1611	70886	83
18	9,6850512	1233	9,9419788	377	30724	1610	69276	82
19	1744	1232	9410	378	32334	1610	67666	81
0,3220	2976	1232	9033	377	33944	1610	66056	0,6780
21	4208	1232	8655	378	35553	1609	64447	79
22	5439	1231	8277	378	37162	1609	62838	78
23	6669	1230	7898	379	38771	1609	61229	77
24	7899	1230	7520	378	40379	1608	59621	76
25	9,6859129	1230	9,9417142	378	9,7441987	1608	10,2558013	75
26	9,6860358	1229	6763	379	43595	1608	56405	74
27	1587	1229	6384	379	45203	1608	54797	73
28	2815	1228	6005	379	46810	1607	53190	72
29	4043	1228	5626	379	48417	1607	51583	71
0,3230	5271	1228	5247	379	50023	1606	49977	0,6770
31	6498	1227	4868	379	51630	1607	48370	69
32	7724	1226	4488	380	53236	1606	46764	68
33	9,6868950	1226	4109	379	54841	1605	45159	67
34	9,6870176	1226	3729	380	56446	1605	43554	66
35	1401	1225	3349	380	58051	1605	41949	65
36	2625	1224	2969	380	59656	1605	40344	64
37	3850	1225	2589	380	61260	1604	38740	63
38	5073	1223	2209	380	62865	1605	37135	62
39	6297	1224	1828	381	64468	1603	35532	61
0,3240	7520	1223	1448	380	66072	1604	33928	0,6760
41	8742	1222	1067	381	67675	1603	32325	59
42	9,6879964	1222	0686	381	69278	1603	30722	58
43	9,6881185	1221	9,9410305	381	70880	1602	29120	57
44	2407	1222	9,9409924	381	72482	1602	27518	56
45	3627	1220	9543	381	74084	1602	25916	55
46	4847	1220	9162	381	75686	1602	24314	54
47	6067	1320	8780	382	77287	1601	22713	53
48	7286	1219	8398	382	78888	1601	21112	52
49	8505	1219	8016	382	80489	1601	19511	51
0,3250	9,6889723	1218	9,9407634	382	9,7482089	1600	10,2517911	0,6750
Arc.	Log. Cosin.	D.	Log. Sin.	D.	Log. Cot.	D.	Log. Tang.	Arc.

0,675

0,325

Arc.	Sinus.	D.	Cosinus.	D.	Tang.	D.	Cotang.	D.	Arc.
0,3250	0,4886212		0,8724960		0,5600269		1,7856285		0,6750
51	7583	1371	4192	768	02333	2064	49707	6578	49
52	0,4888953	1370	3425	767	04397	2064	43134	6573	48
53	0,4890323	1370	2657	768	06461	2064	36564	6570	47
54	1694	1371	1888	769	08526	2065	29997	6567	46
55	3063	1369	1120	768	10591	2065	23435	6562	45
56	4433	1370	0,8720351	769	12656	2065	16876	6559	44
57	5803	1370	0,8719582	769	14722	2066	10320	6556	43
58	7173	1370	8813	769	16788	2066	1,7803769	6551	42
59	8542	1369	8044	769	18855	2067	1,7797221	6548	41
0,3260	0,4899912	1370	7274	770	20922	2067	90676	6545	0,6740
61	0,4901281	1369	6504	770	22989	2067	84136	6540	39
62	2650	1369	5734	770	25057	2068	77599	6537	38
63	4019	1369	4964	770	27125	2068	71065	6534	37
64	5388	1369	4194	770	29193	2068	64536	6529	36
65	6757	1369	3423	771	31262	2069	58010	6526	35
66	8125	1368	2652	771	33331	2069	51487	6523	34
67	0,4909494	1369	1881	771	35400	2069	44968	6519	33
68	0,4910862	1368	1110	771	37470	2070	38453	6515	32
69	2230	1368	0,8710338	772	39540	2070	31942	6511	31
0,3270	3599	1369	0,8709567	771	41611	2071	25434	6508	0,6730
71	4967	1368	8795	772	43682	2071	18930	6504	29
72	6334	1367	8022	773	45753	2071	12429	6501	28
73	7702	1368	7250	772	47825	2072	1,7705932	6497	27
74	0,4919070	1368	6478	772	49897	2072	1,7699438	6494	26
75	0,4920437	1367	5705	773	0,5651969	2072	92949	6489	25
76	1805	1368	4932	773	54042	2073	86462	6487	24
77	3172	1367	4159	773	56115	2073	79980	6482	23
78	4539	1367	3385	774	58189	2074	73501	6479	22
79	5906	1367	2611	774	60262	2073	67025	6476	21
0,3280	7273	1367	1838	773	62337	2075	60553	6472	0,6720
81	0,4928640	1367	1063	775	64411	2074	54085	6468	19
82	0,4930007	1367	0,8700289	774	66486	2075	47621	6464	18
83	1374	1367	0,8699515	774	68562	2076	41159	6462	17
84	2740	1366	8740	775	70637	2075	34702	6457	16
85	4106	1366	7965	775	72713	2076	28248	6454	15
86	5473	1367	7190	775	74790	2077	21798	6450	14
87	6839	1366	6414	776	76867	2077	15351	6447	13
88	8205	1366	5639	775	78944	2077	08908	6443	12
89	0,4939570	1365	4863	776	81022	2078	1,7602468	6440	11
0,3290	0,4940936	1366	4087	776	83099	2077	1,7596032	6436	0,6710
91	2302	1366	3311	776	85178	2079	89600	6432	09
92	3667	1365	2534	777	87256	2078	83171	6429	08
93	5033	1366	1758	776	89335	2079	76745	6426	07
94	6398	1365	0981	777	91415	2080	70323	6422	06
95	7763	1365	0,8690204	777	93495	2080	63905	6418	05
96	0,4949128	1365	0,8689426	778	95575	2080	57490	6415	04
97	0,4950493	1365	8649	777	97655	2080	51079	6411	03
98	1858	1365	7871	778	0,5699736	2081	44671	6408	02
0,3299	3222	1364	7093	778	0,5701818	2082	38267	6404	01
0,3300	0,4954587	1365	0,8686315	778	0,5703899	2081	1,7531866	6401	0,6700
Arc.	Cosinus.	D.	Sinus.	D.	Cotang.	D.	Tang.	D.	Arc.

0,670

0,325

Arc.	Log. Sin.	D.	Log. Cosin.	D.	Log. Tang.	D.	Log. Cot.	Arc.
0,3250	9,6889723		9,9407634		9,7482089		10,2517911	0,6750
51	9,6890941	1218	7252	382	83689	1600	16311	49
52	2159	1218	6870	382	85289	1600	14711	48
53	3376	1217	6488	382	86888	1599	13112	47
54	4592	1216	6105	383	88487	1599	11513	46
55	5808	1216	5723	382	90086	1599	09914	45
56	7024	1216	5340	383	91684	1598	08316	44
57	8239	1215	4957	383	93283	1599	06717	43
58	9,6899454	1215	4574	383	94881	1598	05119	42
59	9,6900668	1214	4190	384	96478	1597	03522	41
0,3260	1882	1214	3807	383	98075	1597	01925	0,6740
61	3096	1214	3423	384	9,7499672	1597	10,2500328	39
62	4309	1213	3040	383	9,7501269	1597	10,2498731	38
63	5521	1212	2656	384	02865	1596	97135	37
64	6733	1212	2272	384	04461	1596	95539	36
65	7945	1212	1888	384	06057	1596	93943	35
66	9,6909156	1211	1504	384	07653	1596	92347	34
67	9,6910367	1211	1119	385	09248	1595	90752	33
68	1577	1210	0735	384	10843	1595	89157	32
69	2787	1210	9,9400350	385	12437	1594	87563	31
0,3270	3997	1210	9,9399965	385	14031	1594	85969	0,6730
71	5206	1209	9580	385	15625	1594	84375	29
72	6414	1208	9195	385	17219	1594	82781	28
73	7622	1208	8810	385	18812	1593	81188	27
74	9,6918830	1208	8425	385	20405	1593	79595	26
75	9,6920037	1207	8039	386	9,7521998	1593	10,2478002	25
76	1244	1207	7654	385	23590	1592	76410	24
77	2450	1206	7268	386	25182	1592	74818	23
78	3656	1206	6882	386	26774	1592	73226	22
79	4862	1206	6496	386	28366	1592	71634	21
0,3280	6067	1205	6110	386	29957	1591	70043	0,6720
81	7271	1204	5723	387	31548	1591	68452	19
82	8475	1204	5337	386	33138	1590	66862	18
83	9,6929679	1204	4950	387	34729	1591	65271	17
84	9,6930882	1203	4563	387	36319	1590	63681	16
85	2085	1203	4177	386	37908	1589	62092	15
86	3287	1202	3789	388	39498	1590	60502	14
87	4489	1202	3402	387	41087	1589	58913	13
88	5691	1202	3015	387	42676	1589	57324	12
89	6892	1201	2627	388	44264	1588	55736	11
0,3290	8092	1200	2240	387	45853	1589	54147	0,6710
91	9,6939293	1201	1852	388	47440	1587	52560	09
92	9,6940492	1199	1464	388	49028	1588	50972	08
93	1692	1200	1076	388	50615	1587	49385	07
94	2890	1198	0688	388	52202	1587	47798	06
95	4089	1199	9,9390300	388	53789	1587	46211	05
96	5287	1198	9,9389911	389	55376	1587	44624	04
97	6484	1197	9523	388	56962	1586	43038	03
98	7681	1197	9134	389	58548	1586	41452	02
0,3299	9,6948878	1197	8745	389	60133	1585	39867	01
0,3390	9,6950074	1196	9,9388356	389	9,7561718	1585	10,2438282	0,6700
Arc.	Log. Cosin.	D.	Log. Sin.	D.	Log. Cot.	D.	Log. Tang.	Arc.

0,670

0,330

Arc.	Sinus.	D.	Cosinus.	D.	Tang.	D.	Cotang.	D.	Arc.
0, 3300	0, 4954587		0, 8686315		0, 5703899		1, 7531866		0, 6700
01	5951	1364	5537	778	05981	2082	25469	6397	0, 6699
02	7315	1364	4758	779	08064	2083	19076	6393	98
03	0, 4958679	1364	3979	779	10147	2083	12685	6391	97
04	0, 4960043	1364	3200	779	12230	2083	1, 7506299	6386	96
05	1407	1364	2421	779	14313	2083	1, 7499916	6383	95
06	2771	1364	1642	779	16397	2084	93536	6380	94
07	4135	1364	0862	780	18481	2084	87160	6376	93
08	5498	1363	0, 8680082	780	20566	2085	80788	6372	92
09	6862	1364	0, 8679302	780	22651	2085	74419	6369	91
0, 3310	8225	1363	8522	780	24736	2085	68053	6366	0, 6690
11	0, 4969588	1363	7741	781	26822	2086	61691	6362	89
12	0, 4970951	1363	6961	780	28908	2086	55332	6359	88
13	2314	1363	6180	781	30995	2087	48977	6355	87
14	3677	1363	5398	782	33082	2087	42626	6351	86
15	5040	1363	4617	781	35169	2087	36278	6348	85
16	6402	1362	3835	782	37257	2088	29933	6345	84
17	7765	1363	3054	781	39345	2088	23592	6341	83
18	0, 4979127	1362	2272	782	41433	2088	17254	6338	82
19	0, 4980489	1362	1489	783	43522	2089	10920	6334	81
0, 3320	1851	1362	0, 8670707	782	45611	2089	1, 7404589	6331	0, 6680
21	3213	1362	0, 8669924	783	47701	2090	1, 7398262	6327	79
22	4575	1362	9141	783	49791	2090	91938	6324	78
23	5936	1361	8358	783	51881	2090	85617	6321	77
24	7298	1362	7575	783	53972	2091	79300	6317	76
25	0, 4988659	1361	6792	783	0, 5756063	2091	72987	6313	75
26	0, 4990021	1362	6008	784	58154	2091	66677	6310	74
27	1382	1361	5224	784	60246	2092	60370	6307	73
28	2743	1361	4440	784	62338	2092	54067	6303	72
29	4104	1361	3655	785	64431	2093	47767	6300	71
0, 3330	5465	1361	2871	784	66523	2092	41471	6296	0, 6670
31	6826	1361	2086	785	68617	2094	35178	6293	69
32	8186	1360	1301	785	70711	2094	28889	6289	68
33	0, 4999547	1361	0, 8660516	785	72805	2094	22603	6286	67
34	0, 5000907	1360	0, 8659730	786	74899	2094	16320	6283	66
35	2267	1360	8945	785	76994	2095	10041	6279	65
36	3627	1360	8159	786	79089	2095	1, 7303765	6276	64
37	4987	1360	7373	786	81185	2096	1, 7297493	6272	63
38	6347	1360	6587	786	83281	2096	91224	6269	62
39	7707	1360	5800	787	85377	2096	84958	6266	61
0, 3340	0, 5009066	1359	5013	787	87474	2097	78696	6262	0, 6660
41	0, 5010426	1360	4226	787	89571	2097	72437	6259	59
42	1785	1359	3439	787	91668	2097	66182	6255	58
43	3144	1359	2652	787	93766	2098	59930	6252	57
44	4503	1359	1864	788	95865	2099	53681	6249	56
45	5862	1359	1077	787	0, 5797963	2098	47436	6245	55
46	7221	1359	0, 8650289	788	0, 5800062	2099	41194	6242	54
47	8580	1359	0, 8649500	789	02162	2100	34956	6238	53
48	0, 5019939	1359	8712	788	04261	2099	28721	6235	52
49	0, 5021297	1358	7923	789	06362	2101	22489	6232	51
0, 3350	0, 5022655	1358	0, 8647134	789	0, 5808462	2100	1, 7216261	6228	0, 6650
Arc.	Cosinus.	D.	Sinus.	D.	Cotang.	D.	Tang.	D.	Arc.

0,665

0,330								
Arc.	Log. Sin.	D.	Log.Cosin.	D.	Log. Tang.	D.	Log. Cot.	Arc.
0,3300	9,6950074		9,9388356		9,7561718		10,2438282	0,6700
01	1270	1196	7967	389	63303	1585	36697	0,6699
02	2465	1195	7577	390	64888	1585	35112	98
03	3660	1195	7188	389	66473	1585	33527	97
04	4855	1195	6798	390	68057	1584	31943	96
05	6049	1194	6408	390	69640	1583	30360	95
06	7242	1193	6019	389	71224	1584	28776	94
07	8436	1194	5629	390	72807	1583	27193	93
08	9,6959628	1192	5238	391	74390	1583	25610	92
09	9,6960821	1193	4848	390	75973	1583	24027	91
0,3310	2013	1192	4458	390	77555	1582	22445	0,6690
11	3204	1191	4067	391	79137	1582	20863	89
12	4395	1191	3676	391	80719	1582	19281	88
13	5586	1191	3285	391	82300	1581	17700	87
14	6776	1190	2894	391	83881	1581	16119	86
15	7965	1189	2503	391	85462	1581	14538	85
16	9,6969155	1190	2112	391	87043	1581	12957	84
17	9,6970343	1188	1720	392	88623	1580	11377	83
18	1532	1189	1329	391	90203	1580	09797	82
19	2720	1188	0937	392	91783	1580	08217	81
0,3320	3907	1187	0545	392	93362	1579	06638	0,6680
21	5094	1187	9,9380153	392	94941	1579	05059	79
22	6281	1187	9,9379761	392	96520	1579	03480	78
23	7467	1186	9369	392	98099	1579	01901	77
24	8653	1186	8976	393	9,7599677	1578	10,2400323	76
25	9,6979839	1186	8584	392	9,7601255	1578	10,2398745	75
26	9,6981024	1185	8191	393	02833	1578	97167	74
27	2208	1184	7798	393	04410	1577	95590	73
28	3392	1184	7405	393	05987	1577	94013	72
29	4576	1184	7012	393	07564	1577	92436	71
0,3330	5759	1183	6618	394	09141	1577	90859	0,6670
31	6942	1183	6225	393	10717	1576	89283	69
32	8124	1182	5831	394	12293	1576	87707	68
33	9,6989306	1182	5438	393	13869	1576	86131	67
34	9,6990488	1182	5044	394	15444	1575	84556	66
35	1669	1181	4650	394	17019	1575	82981	65
36	2849	1180	4256	394	18594	1575	81406	64
37	4030	1181	3861	395	20168	1574	79832	63
38	5209	1179	3467	394	21743	1575	78257	62
39	6389	1180	3072	395	23317	1574	76683	61
0,3340	7568	1179	2677	395	24890	1573	75110	0,6660
41	8746	1178	2283	394	26464	1574	73536	59
42	9,6999924	1178	1887	396	28037	1573	71963	58
43	9,7001102	1178	1492	395	29610	1573	70390	57
44	2279	1177	1097	395	31182	1572	68818	56
45	3456	1177	0702	395	32755	1573	67245	55
46	4632	1176	9,9370306	396	34327	1572	65673	54
47	5808	1176	9,9369910	396	35898	1571	64102	53
48	6984	1176	9514	396	37470	1572	62530	52
49	8159	1175	9118	396	39041	1571	60959	51
0,3350	9,7009334	1175	9,9368722	396	9,7640612	1571	10,2359388	0,6650
Arc.	Log.Cosin.	D.	Log. Sin.	D.	Log. Cot.	D.	Log. Tang.	Arc.
0,665								

0,335

Arc.	Sinus.	D.	Cofinus.	D.	Tang.	D.	Cotang.	D.	Arc.
0,3350	0,5022655		0,8647134		0,5808462		1,7216261		0,6650
51	4014	1359	6345	789	10563	2101	10036	6225	49
52	5372	1358	5556	789	12664	2101	1,7203814	6222	48
53	6730	1358	4767	789	14766	2102	1,7197596	6218	47
54	8087	1357	3977	790	16868	2102	91381	6215	46
55	0,5029445	1358	3187	790	18971	2103	85170	6211	45
56	0,5030803	1358	2397	790	21074	2103	78962	6208	44
57	2160	1357	1606	791	23177	2103	72757	6205	43
58	3518	1358	0816	790	25281	2104	66555	6202	42
59	4875	1357	0,8640025	791	27385	2104	60357	6198	41
0,3360	6232	1357	0,8639234	791	29489	2104	54162	6195	0,6640
61	7589	1357	8443	791	31594	2105	47971	6191	39
62	0,5038946	1357	7652	791	33699	2105	41783	6188	38
63	0,5040303	1357	6860	792	35804	2105	35598	6185	37
64	1659	1356	6068	792	37910	2106	29417	6181	36
65	3016	1357	5276	792	40017	2107	23238	6179	35
66	4372	1356	4484	792	42123	2106	17064	6174	34
67	5728	1356	3691	793	44231	2108	10892	6172	33
68	7084	1356	2899	792	46338	2107	1,7104724	6168	32
69	8440	1356	2106	793	48446	2108	1,7098559	6165	31
0,3370	0,5049796	1356	1313	793	50554	2108	92398	6161	0,6630
71	0,5051152	1356	0,8630519	794	52663	2109	86239	6159	29
72	2508	1356	0,8629726	793	54772	2109	80085	6154	28
73	3863	1355	8932	794	56881	2109	73933	6152	27
74	5218	1355	8138	794	58991	2110	67785	6148	26
75	6574	1356	7344	794	0,5861101	2110	61640	6145	25
76	7929	1355	6549	795	63212	2111	55498	6142	24
77	0,5059284	1355	5755	794	65323	2111	49359	6139	23
78	0,5060639	1355	4960	795	67434	2111	43224	6135	22
79	1993	1354	4165	795	69546	2112	37092	6132	21
0,3380	3348	1355	3370	795	71658	2112	30964	6128	0,6620
81	4703	1355	2574	796	73771	2113	24838	6126	19
82	6057	1354	1779	795	75884	2113	18716	6122	18
83	7411	1354	0983	796	77997	2113	12598	6118	17
84	0,5068765	1354	0,8620187	796	80111	2114	06482	6116	16
85	0,5070119	1354	0,8619390	797	82225	2114	1,7000370	6112	15
86	1473	1354	8594	796	84339	2114	1,6994261	6109	14
87	2827	1354	7797	797	86454	2115	88155	6106	13
88	4181	1354	7000	797	88570	2116	82053	6102	12
89	5534	1353	6203	797	90685	2115	75954	6099	11
0,3390	6887	1353	5406	797	92801	2116	69858	6096	0,6610
91	8241	1354	4608	798	94918	2117	63765	6093	09
92	0,5079594	1353	3810	798	97035	2117	57676	6089	08
93	0,5080947	1353	3012	798	0,5899152	2117	51589	6087	07
94	2300	1353	2214	798	0,5901269	2117	45506	6083	06
95	3652	1352	1416	798	03388	2119	39427	6079	05
96	5005	1353	0,8610617	799	05506	2118	33350	6077	04
97	6357	1352	0,8609818	799	07625	2119	27277	6073	03
98	7710	1353	9019	799	09744	2119	21207	6070	02
0,3399	0,5089062	1352	8220	799	11864	2120	15140	6067	01
0,3400	0,5090414	1352	0,8607420	800	0,5913984	2120	1,6909077	6063	0,6600
[illegible]	Cofinus.	D.	Sinus.	D.	Cotang.	D.	Tang.	D.	Arc.

0,660

0,335

Arc.	Log. Sin.	D.	Log. Cosin.	D.	Log. Tang.	D.	Log. Cot.	Arc.
0, 3350	9, 7009334		9, 9368722		9, 7640612		10, 2359388	0, 6650
51	9, 7010508	1174	8326	396	42182	1570	57818	49
52	1682	1174	7929	397	43753	1571	56247	48
53	2855	1173	7533	396	45323	1570	54677	47
54	4028	1173	7136	397	46892	1569	53108	46
55	5201	1173	6739	397	48462	1570	51538	45
56	6373	1172	6342	397	50031	1569	49969	44
57	7545	1172	5945	397	51600	1569	48400	43
58	8716	1171	5548	397	53168	1568	46832	42
59	9, 7019887	1171	5150	398	54737	1569	45263	41
0, 3360	9, 7021057	1170	4752	398	56305	1568	43695	0, 6640
61	2227	1170	4355	397	57873	1568	42127	39
62	3397	1170	3957	398	59440	1567	40560	38
63	4566	1169	3559	398	61007	1567	38993	37
64	5735	1169	3161	398	62574	1567	37426	36
65	6903	1168	2762	399	64141	1567	35859	35
66	8071	1168	2364	398	65707	1566	34293	34
67	9, 7029239	1168	1965	399	67273	1566	32727	33
68	9, 7030406	1167	1566	399	68839	1566	31161	32
69	1572	1166	1168	398	70405	1566	29595	31
0, 3370	2739	1167	0768	400	71970	1565	28030	0, 6630
71	3904	1165	9, 9360369	399	73535	1565	26465	29
72	5070	1166	9, 9359970	399	75100	1565	24900	28
73	6235	1165	9570	400	76664	1564	23336	27
74	7399	1164	9171	399	78228	1564	21772	26
75	8563	1164	8771	400	9, 7679792	1564	10, 2320208	25
76	9, 7039727	1164	8371	400	81356	1564	18644	24
77	9, 7040890	1163	7971	400	82919	1563	17081	23
78	2053	1163	7571	400	84482	1563	15518	22
79	3216	1163	7171	400	86045	1563	13955	21
0, 3380	4378	1162	6770	401	87608	1563	12392	0, 6620
81	5539	1161	6369	401	89170	1562	10830	19
82	6701	1162	5969	400	90732	1562	09268	18
83	7861	1160	5568	401	92294	1562	07706	17
84	9, 7049022	1161	5167	401	93855	1561	06145	16
85	9, 7050182	1160	4766	401	95416	1561	04584	15
86	1341	1159	4364	402	96977	1561	03023	14
87	2500	1159	3963	401	9, 7698538	1561	10, 2301462	13
88	3659	1159	3561	402	9, 7700098	1560	10, 2299902	12
89	4817	1158	3159	402	01658	1560	98342	11
0, 3390	5975	1158	2757	402	03218	1560	96782	0, 6610
91	7133	1158	2355	402	04778	1560	95222	09
92	8290	1157	1953	402	06337	1559	93663	08
93	9, 7059446	1156	1551	402	07896	1559	92104	07
94	9, 7060603	1157	1148	403	09454	1558	90546	06
95	1758	1155	0746	402	11013	1559	88987	05
96	2914	1156	9, 9350343	403	12571	1558	87429	04
97	4069	1155	9, 9349940	403	14129	1558	85871	03
98	5223	1154	9537	403	15687	1558	84313	02
0, 3399	6377	1154	9133	404	17244	1557	82756	01
0, 3400	9, 7067531	1154	9, 9348730	403	9, 7718801	1557	10, 2281199	0, 6600
Arc.	Log. Cosin.	D.	Log. Sin.	D.	Log. Cot.	D.	Log. Tang.	Arc.

0,660

0,340									
Arc.	Sinus.	D.	Cofinus.	D.	Tang.	D.	Cotang.	D.	Arc.
0,3400	0,5090414		0,8607420		0,5913984		1,6909077		0,6600
01	1766	1352	6621	799	16104	2120	1,6903016	6061	0,6599
02	3118	1352	5821	800	18225	2121	1,6896959	6057	98
03	4470	1352	5021	800	20346	2121	90905	6054	97
04	5821	1351	4220	801	22467	2121	84854	6051	96
05	7173	1352	3420	800	24589	2122	78807	6047	95
06	8524	1351	2619	801	26712	2123	72763	6044	94
07	0,5099875	1351	1818	801	28834	2122	66722	6041	93
08	0,5101227	1352	1017	801	30958	2124	60684	6038	92
09	2578	1351	0,8600215	802	33081	2123	54649	6035	91
0,3410	3928	1350	0,8599414	801	35205	2124	48617	6032	0,6590
11	5279	1351	8612	802	37329	2124	42589	6028	89
12	6630	1351	7810	802	39454	2125	36564	6025	88
13	7980	1350	7008	802	41579	2125	30542	6022	87
14	0,5109331	1351	6205	803	43705	2126	24523	6019	86
15	0,5110681	1350	5402	803	45831	2126	18508	6015	85
16	2031	1350	4599	803	47957	2126	12495	6013	84
17	3381	1350	3796	803	50084	2127	06486	6009	83
18	4731	1350	2993	803	52211	2127	1,6800480	6006	82
19	6080	1349	2190	803	54338	2127	1,6794477	6003	81
0,3420	7430	1350	1386	804	56466	2128	88477	6000	0,6580
21	0,5118779	1349	0,8590582	804	58595	2129	82481	5996	79
22	0,5120129	1350	0,8589778	804	60723	2128	76487	5994	78
23	1478	1349	8973	805	62852	2129	70497	5990	77
24	2827	1349	8169	804	64982	2130	64510	5987	76
25	4176	1349	7364	805	0,5967112	2130	58526	5984	75
26	5525	1349	6559	805	69242	2130	52545	5981	74
27	6874	1349	5754	805	71373	2131	46568	5977	73
28	8222	1348	4948	806	73504	2131	40593	5975	72
29	0,5129571	1349	4143	805	75635	2131	34622	5971	71
0,3430	0,5130919	1348	3337	806	77767	2132	28654	5968	0,6570
31	2267	1348	2531	806	79900	2133	22689	5965	69
32	3615	1348	1724	807	82032	2132	16727	5962	68
33	4963	1348	0918	806	84165	2133	10768	5959	67
34	6311	1348	0,8580111	807	86299	2134	1,6704812	5956	66
35	7659	1348	0,8579304	807	88433	2134	1,6698860	5952	65
36	0,5139006	1347	8497	807	90567	2134	92910	5950	64
37	0,5140354	1348	7690	807	92702	2135	86964	5946	63
38	1701	1347	6882	808	94837	2135	81021	5943	62
39	3048	1347	6075	807	96972	2135	75081	5940	61
0,3440	4395	1347	5267	808	0,5999108	2136	69144	5937	0,6560
41	5742	1347	4458	809	0,6001245	2137	63210	5934	59
42	7089	1347	3650	808	03381	2136	57279	5931	58
43	8436	1347	2841	809	05519	2138	51352	5927	57
44	0,5149782	1346	2033	808	07656	2137	45427	5925	56
45	0,5151129	1347	1224	809	09794	2138	39506	5921	55
46	2475	1346	0,8570414	810	11932	2138	33587	5919	54
47	3821	1346	0,8569605	809	14071	2139	27672	5915	53
48	5167	1346	8795	810	16210	2139	21760	5912	52
49	6513	1346	7985	810	18350	2140	15851	5909	51
0,3450	0,5157859	1346	0,8567175	810	0,6020490	2140	1,6609945	5906	0,6550
Arc.	Cofinus.	D.	Sinus.	D.	Cotang.	D.	Tang.	D.	Arc.
0,655									

0,340

Arc.	Log. Sin.	D.	Log. Cosin.	D.	Log. Tang.	D.	Log. Cot.	Arc.
0, 3400	9, 7067531		9, 9348730		9, 7718801		10, 2281199	0, 6600
01	8684	1153	8327	403	20358	1557	79642	0, 6599
02	9, 7069837	1153	7923	404	21914	1556	78086	98
03	9, 7070990	1153	7519	404	23471	1557	76529	97
04	2142	1152	7115	404	25027	1556	74973	96
05	3294	1152	6711	404	26583	1556	73417	95
06	4445	1151	6307	404	28138	1555	71862	94
07	5596	1151	5902	405	29693	1555	70307	93
08	6746	1150	5498	404	31248	1555	68752	92
09	7896	1150	5093	405	32803	1555	67197	91
0, 3410	9, 7079046	1150	4688	405	34357	1554	65643	0, 6590
11	9, 7080195	1149	4283	405	35911	1554	64089	89
12	1344	1149	3878	405	37465	1554	62535	88
13	2492	1148	3473	405	39019	1554	60981	87
14	3640	1148	3068	405	40572	1553	59428	86
15	4788	1148	2662	406	42125	1553	57875	85
16	5935	1147	2256	406	43678	1553	56322	84
17	7081	1146	1851	405	45231	1553	54769	83
18	8228	1147	1445	406	46783	1552	53217	82
19	9, 7089374	1146	1038	407	48335	1552	51665	81
0, 3420	9, 7090519	1145	0632	406	49887	1552	50113	0, 6580
21	1664	1145	9, 9340226	406	51438	1551	48562	79
22	2809	1145	9, 9339819	407	52990	1552	47010	78
23	3953	1144	9413	406	54541	1551	45459	77
24	5097	1144	9006	407	56091	1550	43909	76
25	6240	1143	8599	407	9, 7757642	1551	10, 2242358	75
26	7383	1143	8192	407	59192	1550	40808	74
27	8526	1143	7784	408	60742	1550	39258	73
28	9, 7099668	1142	7377	407	62292	1550	37708	72
29	9, 7100810	1142	6969	408	63841	1549	36159	71
0, 3430	1952	1142	6562	407	65390	1549	34610	0, 6570
31	3093	1141	6154	408	66939	1549	33061	69
32	4233	1140	5746	408	68488	1549	31512	68
33	5373	1140	5337	409	70036	1548	29964	67
34	6513	1140	4929	408	71584	1548	28416	66
35	7653	1140	4521	408	73132	1548	26868	65
36	8792	1139	4112	409	74679	1547	25321	64
37	9, 7109930	1138	3703	409	76227	1548	23773	63
38	9, 7111068	1138	3295	408	77774	1547	22226	62
39	2206	1138	2885	410	79321	1547	20679	61
0, 3440	3343	1137	2476	409	80867	1546	19133	0, 6560
41	4480	1137	2067	409	82413	1546	17587	59
42	5617	1137	1657	410	83959	1546	16041	58
43	6753	1136	1248	409	85505	1546	14495	57
44	7889	1136	0838	410	87051	1546	12949	56
45	9, 7119024	1135	0428	410	88596	1545	11404	55
46	9, 7120159	1135	9, 9330018	410	90141	1545	09859	54
47	1293	1134	9, 9329608	410	91686	1545	08314	53
48	2428	1135	9198	410	93230	1544	06770	52
49	3561	1133	8787	411	94774	1544	05226	51
0, 3450	9, 7124695	1134	9, 9328376	411	9, 7796318	1544	10, 2203682	0, 6550
Arc.	Log. Cosin.	D.	Log. Sin.	D.	Log. Cot.	D.	Log. Tang.	Arc.

0,655

0,345

Arc.	Sinus.	D.	Cosinus.	D.	Tang.	D.	Cotang.	D.	Arc.
0,3450	0,5157859		0,8567175		0,6020490		1,6609945		0,6550
51	0,5159205	1346	6365	810	22630	2140	1,6604042	5903	49
52	0,5160550	1345	5554	811	24771	2141	1,6598142	5900	48
53	1896	1346	4744	810	26912	2141	92245	5897	47
54	3241	1345	3933	811	29054	2142	86351	5894	46
55	4586	1345	3122	811	31196	2142	80461	5890	45
56	5931	1345	2310	812	33338	2142	74573	5888	44
57	7276	1345	1499	811	35481	2143	68689	5884	43
58	8621	1345	0,8560687	812	37624	2143	62807	5882	42
59	0,5169965	1344	0,8559875	812	39767	2143	56929	5878	41
0,3460	0,5171310	1345	9063	812	41911	2144	51053	5876	0,6540
61	2654	1344	8250	813	44056	2145	45181	5872	39
62	3999	1345	7438	812	46201	2145	39312	5869	38
63	5343	1344	6625	813	48346	2145	33446	5866	37
64	6687	1344	5812	813	50492	2146	27583	5863	36
65	8031	1344	4999	813	52638	2146	21723	5860	35
66	0,5179374	1343	4185	814	54784	2146	15866	5857	34
67	0,5180718	1344	3371	814	56931	2147	10012	5854	33
68	2061	1343	2557	814	59078	2147	1,6504161	5851	32
69	3405	1344	1743	814	61226	2148	1,6498313	5848	31
0,3470	4748	1343	0929	814	63374	2148	92468	5845	0,6530
71	6091	1343	0,8550115	814	65522	2148	86626	5842	29
72	7434	1343	0,8549300	815	67671	2149	80787	5839	28
73	0,5188777	1343	8485	815	69821	2150	74951	5836	27
74	0,5190120	1343	7670	815	71970	2149	69118	5833	26
75	1462	1342	6854	816	0,6074121	2151	63289	5829	25
76	2805	1343	6039	815	76271	2150	57462	5827	24
77	4147	1342	5223	816	78422	2151	51638	5824	23
78	5489	1342	4407	816	80573	2151	45817	5821	22
79	6831	1342	3591	816	82725	2152	40000	5817	21
0,3480	8173	1342	2774	817	84877	2152	34185	5815	0,6520
81	0,5199515	1342	1958	816	87030	2153	28373	5812	19
82	0,5200857	1342	1141	817	89183	2153	22564	5809	18
83	2199	1342	0,8540324	817	91336	2153	16759	5805	17
84	3540	1341	0,8539507	817	93490	2154	10956	5803	16
85	4881	1341	8689	818	95645	2155	1,6405156	5800	15
86	6222	1341	7871	818	97799	2154	1,6399359	5797	14
87	7564	1342	7053	818	0,6099954	2155	93566	5793	13
88	0,5208904	1340	6235	818	0,6102110	2156	87775	5791	12
89	0,5210245	1341	5417	818	04266	2156	81987	5788	11
0,3490	1586	1341	4599	818	06422	2156	76202	5785	0,6510
91	2927	1341	3780	819	08579	2157	70420	5782	09
92	4267	1340	2961	819	10736	2157	64641	5779	08
93	5607	1340	2142	819	12893	2157	58865	5776	07
94	6947	1340	1322	820	15051	2158	53092	5773	06
95	8287	1340	0,8530503	819	17210	2159	47322	5770	05
96	0,5219627	1340	0,8529683	820	19369	2159	41555	5767	04
97	0,5220967	1340	8863	820	21528	2159	35791	5764	03
98	2307	1340	8043	820	23687	2159	30030	5761	02
0,3499	3646	1339	7222	821	25847	2160	24272	5758	01
0,3500	0,5224986	1340	0,8526402	820	0,6128008	2161	1,6318517	5755	0,6500
Arc.	Cosinus.	D.	Sinus.	D.	Cotang.	D.	Tang.	D.	Arc.

0,650

0,345								
Arc.	Log. Sin.	D.	Log. Cosin.	D.	Log. Tang.	D.	Log. Cot.	Arc.
0,3450	9,7124695		9,9328376		9,7796318		10,2203682	0,6550
51	5828	1133	7966	410	97862	1544	02138	49
52	6960	1132	7555	411	9,7799405	1543	10,2200595	48
53	8092	1132	7144	411	9,7800948	1543	10,2199052	47
54	9,7129224	1132	6732	412	02491	1543	97509	46
55	9,7130355	1131	6321	411	04034	1543	95966	45
56	1486	1131	5910	411	05576	1542	94424	44
57	2617	1131	5498	412	07119	1543	92881	43
58	3747	1130	5086	412	08661	1542	91339	42
59	4876	1129	4674	412	10202	1541	89797	41
0,3460	6006	1130	4262	412	11744	1542	88256	0,6540
61	7135	1129	3850	412	13285	1541	86715	39
62	8263	1128	3437	413	14826	1541	85174	38
63	9,7139391	1128	3025	412	16366	1540	83634	37
64	9,7140519	1128	2612	413	17907	1541	82093	36
65	1646	1127	2199	413	19447	1540	80553	35
66	2773	1127	1786	413	20987	1540	79013	34
67	3899	1126	1373	413	22526	1539	77474	33
68	5026	1127	0960	413	24066	1540	75934	32
69	6151	1125	0547	413	25605	1539	74395	31
0,3470	7277	1126	9,9320133	414	27144	1539	72856	0,6530
71	8401	1124	9,9319719	414	28682	1538	71318	29
72	9,7149526	1125	9305	414	30221	1539	69779	28
73	9,7150650	1124	8891	414	31759	1538	68241	27
74	1774	1124	8477	414	33296	1537	66704	26
75	2897	1123	8063	414	9,7834834	1538	10,2165166	25
76	4020	1123	7649	414	36371	1537	63629	24
77	5142	1122	7234	415	37909	1538	62091	23
78	6265	1123	6819	415	39445	1536	60555	22
79	7386	1121	6404	415	40982	1537	59018	21
0,3480	8508	1122	5989	415	42518	1536	57482	0,6520
81	9,7159629	1121	5574	415	44054	1536	55946	19
82	9,7160749	1120	5159	415	45590	1536	54410	18
83	1869	1120	4743	416	47126	1536	52874	17
84	2989	1120	4328	415	48661	1535	51339	16
85	4108	1119	3912	416	50196	1535	49804	15
86	5227	1119	3496	416	51731	1535	48269	14
87	6346	1119	3080	416	53266	1535	46734	13
88	7464	1118	2664	416	54800	1534	45200	12
89	8582	1118	2247	417	56334	1534	43666	11
0,3490	9,7169699	1117	1831	416	57868	1534	42132	0,6510
91	9,7170816	1117	1414	417	59402	1534	40598	09
92	1933	1117	0998	416	60935	1533	39065	08
93	3049	1116	0581	417	62468	1533	37532	07
94	4165	1116	9,9310163	418	64001	1533	35999	06
95	5280	1115	9,9309746	417	65534	1533	34466	05
96	6395	1115	9329	417	67066	1532	32934	04
97	7510	1115	8911	418	68598	1532	31402	03
98	8624	1114	8494	417	70130	1532	29870	02
0,3499	9,7179738	1114	8076	418	71662	1532	28338	01
0,3500	9,7180851	1113	9,9307658	418	9,7873193	1531	10,2126807	0,6500
Arc.	Log. Cosin.	D.	Log. Sin.	D.	Log. Cot.	D.	Log. Tang.	Arc.
0,650								

0,350

Arc.	Sinus.	D.	Cofinus.	D.	Tang.	D.	Cotang.	D.	Arc.
0,3500	0,5224986		0,8526402		0,6128008		1,6318517		0,6500
01	6325	1339	5581	821	30169	2161	12765	5752	0,6499
02	7664	1339	4760	821	32330	2161	07015	5750	98
03	0,5229003	1339	3938	822	34492	2162	1,6301269	5746	97
04	0,5230342	1339	3117	821	36654	2162	1,6295526	5743	96
05	1681	1339	2295	822	38816	2162	89785	5741	95
06	3019	1338	1473	822	40979	2163	84047	5738	94
07	4358	1339	0,8520651	822	43143	2164	78313	5734	93
08	5696	1338	0,8519829	822	45307	2164	72581	5732	92
09	7034	1338	9006	823	47471	2164	66852	5729	91
0,3510	8372	1338	8184	822	49635	2164	61127	5725	0,6490
11	0,5239710	1338	7361	823	51800	2165	55404	5723	89
12	0,5241048	1338	6538	823	53966	2166	49684	5720	88
13	2386	1338	5714	824	56132	2166	43967	5717	87
14	3724	1338	4891	823	58298	2166	38253	5714	86
15	5061	1337	4067	824	60465	2167	32541	5712	85
16	6398	1337	3243	824	62632	2167	26833	5708	84
17	7735	1337	2419	824	64800	2168	21128	5705	83
18	0,5249073	1338	1594	825	66968	2168	15425	5703	82
19	0,5250409	1336	0,8510770	824	69136	2168	09725	5700	81
0,3520	1746	1337	0,8509945	825	71305	2169	1,6204029	5696	0,6480
21	3083	1337	9120	825	73474	2169	1,6198335	5694	79
22	4420	1337	8295	825	75644	2170	92644	5691	78
23	5756	1336	7469	826	77814	2170	86956	5688	77
24	7092	1336	6643	826	79984	2170	81271	5685	76
25	8428	1336	5817	826	0,6182155	2171	75589	5682	75
26	0,5259764	1336	4991	826	84327	2172	69909	5680	74
27	0,5261100	1336	4165	826	86498	2171	64233	5676	73
28	2436	1336	3339	826	88671	2173	58559	5674	72
29	3772	1336	2512	827	90843	2172	52889	5670	71
0,3530	5107	1335	1685	827	93016	2173	47221	5668	0,6470
31	6443	1336	0858	827	95190	2174	41556	5665	69
32	7778	1335	0,8500030	828	97364	2174	35894	5662	68
33	0,5269113	1335	0,8499203	827	0,6199538	2174	30235	5659	67
34	0,5270448	1335	8375	828	0,6201713	2175	24578	5657	66
35	1783	1335	7547	828	03888	2175	18925	5653	65
36	3118	1335	6719	828	06063	2175	13274	5651	64
37	4452	1334	5890	829	08239	2176	07627	5647	63
38	5787	1335	5062	828	10416	2177	1,6101982	5645	62
39	7121	1334	4233	829	12593	2177	1,6096340	5642	61
0,3540	8455	1334	3404	829	14770	2177	90700	5640	0,6460
41	0,5279789	1334	2575	829	16948	2178	85064	5636	59
42	0,5281123	1334	1745	830	19126	2178	79431	5633	58
43	2457	1334	0916	829	21304	2178	73800	5631	57
44	3791	1334	0,8490086	830	23483	2179	68172	5628	56
45	5124	1333	0,8489256	830	25663	2180	62547	5625	55
46	6458	1334	8425	831	27842	2179	56925	5622	54
47	7791	1333	7595	830	30023	2181	51306	5619	53
48	0,5289124	1333	6764	831	32203	2180	45689	5617	52
49	0,5290457	1333	5933	831	34385	2182	40076	5613	51
0,3550	0,5291790	1333	0,8485102	831	0,6236566	2181	1,6034465	5611	0,6450
Arc.	Cofinus.	D.	Sinus.	D.	Cotang.	D.	Tang.	D.	Arc.

0,545

0,350

Arc.	Log. Sin.	D.	Log. Cosin.	D.	Log. Tang.	D.	Log. Cot.	Arc.
0,3500	9,7180851		9,9307658		9,7873193		10,2126807	0,6500
01	1964	1113	7240	418	74724	1531	25276	0,6499
02	3077	1113	6821	419	76255	1531	23745	98
03	4189	1112	6403	418	77786	1531	22214	97
04	5301	1112	5985	418	79316	1530	20684	96
05	6412	1111	5566	419	80846	1530	19154	95
06	7523	1111	5147	419	82376	1530	17624	94
07	8634	1111	4728	419	83906	1530	16094	93
08	9,7189744	1110	4309	419	85436	1530	14564	92
09	9,7190854	1110	3889	420	86965	1529	13035	91
0,3510	1964	1110	3470	419	88494	1529	11506	0,6490
11	3073	1109	3050	420	90022	1528	09978	89
12	4182	1109	2631	419	91551	1529	08449	88
13	5290	1108	2211	420	93079	1528	06921	87
14	6398	1108	1791	420	94607	1528	05393	86
15	7505	1107	1371	420	96135	1528	03865	85
16	8613	1108	0950	421	97662	1527	02338	84
17	9,7199719	1106	0530	420	9,7899190	1528	10,2100810	83
18	9,7200826	1107	9,9300109	421	9,7900717	1527	10,2099283	82
19	1932	1106	9,9299688	421	02243	1526	97757	81
0,3520	3037	1105	9267	421	03770	1527	96230	0,6480
21	4143	1106	8846	421	05296	1526	94704	79
22	5247	1104	8425	421	06822	1526	93178	78
23	6352	1105	8004	421	08348	1526	91652	77
24	7456	1104	7582	422	09874	1526	90126	76
25	8560	1104	9,9297161	421	9,7911399	1525	10,2088601	75
26	9,7209663	1103	6739	422	12924	1525	87076	74
27	9,7210766	1103	6317	422	14449	1525	85551	73
28	1868	1102	5895	422	15974	1525	84026	72
29	2970	1102	5472	423	17498	1524	82502	71
0,3530	4072	1102	5050	422	19022	1524	80978	0,6470
31	5174	1102	4627	423	20546	1524	79454	69
32	6275	1101	4205	422	22070	1524	77930	68
33	7375	1100	3782	423	23593	1523	76407	67
34	8475	1100	3359	423	25116	1523	74884	66
35	9,7219575	1100	2936	423	26639	1523	73361	65
36	9,7220674	1099	2512	424	28162	1523	71838	64
37	1774	1100	2089	423	29684	1522	70316	63
38	2872	1098	1665	424	31207	1523	68793	62
39	3970	1098	1242	423	32729	1522	67271	61
0,3540	5068	1098	0818	424	34251	1522	65749	0,6460
41	6166	1098	9,9290394	424	35772	1521	64228	59
42	7263	1097	9,9289970	424	37293	1521	62707	58
43	8360	1097	9545	425	38814	1521	61186	57
44	9,7229456	1096	9121	424	40335	1521	59665	56
45	9,7230552	1096	8696	425	41856	1521	58144	55
46	1648	1096	8271	425	43376	1520	56624	54
47	2743	1095	7846	425	44896	1520	55104	53
48	3838	1095	7421	425	46416	1520	53584	52
49	4932	1094	6996	425	47936	1520	52064	51
0,3550	9,7236026	1094	9,9286571	425	9,7949455	1519	10,2050545	0,6450
Arc.	Log. Cosin.	D.	Log. Sin.	D.	Log. Cot.	D.	Log. Tang.	Arc.

0,645

0,355									
Arc.	Sinus.	D.	Cofinus.	D.	Tang.	D.	Cotang.	D.	Arc.
0, 3550	0, 5291790		0, 8485102		0, 6236566		1, 6034465		0, 6450
51	3123	1333	4271	831	38748	2182	28857	5608	49
52	4455	1332	3439	832	40930	2182	23252	5605	48
53	5788	1333	2608	831	43113	2183	17650	5602	47
54	7120	1332	1776	832	45296	2183	12050	5600	46
55	8453	1333	0943	833	47480	2184	06453	5597	45
56	0, 5299785	1332	0, 8480111	832	49664	2184	1, 6000859	5594	44
57	0, 5301117	1332	0, 8479278	833	51849	2185	1, 5995268	5591	43
58	2449	1332	8446	832	54034	2185	89680	5588	42
59	3780	1331	7613	833	56219	2185	84095	5585	41
0, 3560	5112	1332	6779	834	58405	2186	78512	5583	0, 6440
61	6443	1331	5946	833	60591	2186	72932	5580	39
62	7775	1332	5112	834	62778	2187	67355	5577	38
63	0, 5309106	1331	4278	834	64965	2187	61781	5574	37
64	0, 5310437	1331	3444	834	67153	2188	56209	5572	36
65	1758	1331	2610	834	69341	2188	50641	5568	35
66	3099	1331	1776	834	71529	2188	45075	5566	34
67	4429	1330	0941	835	73718	2189	39512	5563	33
68	5760	1331	0, 8470106	835	75907	2189	33952	5560	32
69	7090	1330	0, 8469271	835	78097	2190	28394	5558	31
0, 3570	8421	1331	8436	835	80287	2190	22839	5555	0, 6430
71	0, 5319751	1330	7600	836	82478	2191	17287	5552	29
72	0, 5321081	1330	6764	836	84669	2191	11738	5549	28
73	2411	1330	5928	836	86860	2191	06192	5546	27
74	3740	1329	5092	836	89052	2192	1, 5900648	5544	26
75	5070	1330	4256	836	91244	2192	1, 5895107	5541	25
76	6400	1330	3419	837	93437	2193	89569	5538	24
77	7729	1329	2583	836	95630	2193	84034	5535	23
78	0, 5329058	1329	1746	837	0, 6297824	2194	78501	5533	22
79	0, 5330387	1329	0908	838	0, 6300018	2194	72971	5530	21
0, 3580	1716	1329	0, 8460071	837	02212	2194	67444	5527	0, 6420
81	3045	1329	0, 8459233	838	04407	2195	61920	5524	19
82	4374	1329	8396	837	06602	2195	56399	5521	18
83	5702	1328	7558	838	08798	2196	50880	5519	17
84	7031	1329	6719	839	10994	2196	45364	5516	16
85	8359	1328	5881	838	13191	2197	39850	5514	15
86	0, 5339687	1328	5042	839	15388	2197	34340	5510	14
87	0, 5341015	1328	4203	839	17586	2198	28832	5508	13
88	2343	1328	3364	839	19783	2197	23327	5505	12
89	3671	1328	2525	839	21982	2199	17825	5502	11
0, 3590	4999	1328	1686	839	24181	2199	12325	5500	0, 6410
91	6326	1327	0846	840	26380	2199	06828	5497	09
92	7654	1328	0, 8450006	840	28580	2200	1, 5801334	5494	08
93	0, 5348981	1327	0, 8449166	840	30780	2200	1, 5795842	5492	07
94	0, 5350308	1327	8326	840	32980	2200	90354	5488	06
95	1635	1327	7485	841	35181	2201	84868	5486	05
96	2962	1327	6644	841	37383	2202	79385	5483	04
97	4289	1327	5803	841	39585	2202	73904	5481	03
98	5615	1326	4962	841	41787	2202	68426	5478	02
0, 3599	6942	1327	4121	841	43990	2203	62951	5475	01
0, 3600	0, 5358268	1326	0, 8443279	842	0, 6346193	2203	1, 5757479	5472	0, 6400
Arc.	Cofinus.	D.	Sinus.	D.	Cotang.	D.	Tang.	D.	Arc.
0,640									

0,355

Arc.	Log. Sin.	D.	Log. Cofin.	D.	Log. Tang.	D.	Log. Cot.	Arc.
0,3550	9,7236026		9,9286571		9,7949455		10,2050545	0,6450
51	7120	1094	6145	426	50974	1519	49026	49
52	8213	1093	5720	425	52493	1519	47507	48
53	9,7239306	1093	5294	426	54012	1519	45988	47
54	9,7240398	1092	4868	426	55531	1519	44469	46
55	1491	1093	4442	426	57049	1518	42951	45
56	2582	1091	4015	427	58567	1518	41433	44
57	3674	1092	3589	426	60085	1518	39915	43
58	4765	1091	3162	427	61602	1517	38398	42
59	5855	1090	2736	426	63120	1518	36880	41
0,3560	6945	1090	2309	427	64637	1517	35363	0,6440
61	8035	1090	1882	427	66154	1517	33846	39
62	9,7249125	1090	1455	427	67670	1516	32330	38
63	9,7250214	1089	1027	428	69187	1517	30813	37
64	1303	1089	0600	427	70703	1516	29297	36
65	2391	1088	9,9280172	428	72219	1516	27781	35
66	3479	1088	9,9279744	428	73734	1515	26266	34
67	4566	1087	9317	427	75250	1516	24750	33
68	5654	1088	8888	429	76765	1515	23235	32
69	6740	1086	8460	428	78280	1515	21720	31
0,3570	7827	1087	8032	428	79795	1515	20205	0,6430
71	8913	1086	7603	429	81309	1514	18691	29
72	9,7259999	1086	7175	428	82824	1515	17176	28
73	9,7261084	1085	6746	429	84338	1514	15662	27
74	2169	1085	6317	429	85852	1514	14148	26
75	3253	1084	9,9275888	429	9,7987365	1513	10,2012635	25
76	4337	1084	5459	429	88879	1514	11121	24
77	5421	1084	5029	430	90392	1513	09608	23
78	6505	1084	4600	429	91905	1513	08095	22
79	7588	1083	4170	430	93418	1513	06582	21
0,3580	8670	1082	3740	430	94930	1512	05070	0,6420
81	9,7269753	1083	3310	430	96442	1512	03558	19
82	9,7270834	1081	2880	430	97954	1512	02046	18
83	1916	1082	2450	430	9,7999466	1512	10,2000534	17
84	2997	1081	2019	431	9,8000978	1512	10,1999022	16
85	4078	1081	1589	430	02489	1511	97511	15
86	5158	1080	1158	431	04000	1511	96000	14
87	6238	1080	0727	431	05511	1511	94489	13
88	7318	1080	9,9270296	431	07022	1511	92978	12
89	8397	1079	9,9269865	431	08532	1510	91468	11
0,3590	9,7279476	1079	9433	432	10043	1511	89957	0,6410
91	9,7280555	1079	9002	431	11553	1510	88447	09
92	1633	1078	8570	432	13062	1509	86938	08
93	2710	1077	8138	432	14572	1510	85428	07
94	3788	1078	7706	432	16081	1509	83919	06
95	4865	1077	7274	432	17591	1510	82409	05
96	5941	1076	6842	432	19099	1508	80901	04
97	7018	1077	6410	432	20608	1509	79392	03
98	8094	1076	5977	433	22117	1509	77883	02
0,3599	9,7289169	1075	5544	433	23625	1508	76375	01
0,3600	9,7290244	1075	9,9265112	432	9,8025133	1508	10,1974867	0,6400
Arc.	Log. Cofin.	D.	Log. Sin.	D.	Log. Cot.	D.	Log. Tang.	Arc.

0,640

0,360

Arc.	Sinus.	D.	Cosinus.	D.	Tang.	D.	Cotang.	D.	Arc.
0,3600	0,5358268		0,8443279		0,6346193		1,5757479		0,6400
01	0,5359594	1326	2437	842	48397	2204	52009	5470	0,6399
02	0,5360920	1326	1595	842	50601	2204	46542	5467	98
03	2246	1326	0,8440753	842	52805	2204	41078	5464	97
04	3572	1326	0,8439911	842	55010	2205	35616	5462	96
05	4898	1326	9068	843	57216	2206	30157	5459	95
06	6223	1325	8225	843	59421	2205	24701	5456	94
07	7549	1326	7382	843	61628	2207	19247	5454	93
08	0,5368874	1325	6539	843	63834	2206	13797	5450	92
09	0,5370199	1325	5696	843	66042	2208	08349	5448	91
0,3610	1524	1325	4852	844	68249	2207	1,5702903	5446	0,6390
11	2849	1325	4008	844	70457	2208	1,5697460	5443	89
12	4174	1325	3164	844	72666	2209	92020	5440	88
13	5498	1324	2320	844	74875	2209	86583	5437	87
14	6823	1325	1475	845	77084	2209	81148	5435	86
15	8147	1324	0,8430631	844	79294	2210	75716	5432	85
16	0,5379471	1324	0,8429786	845	81504	2210	70287	5429	84
17	0,5380795	1324	8941	845	83715	2211	64860	5427	83
18	2119	1324	8095	846	85926	2211	59436	5424	82
19	3443	1324	7250	845	88138	2212	54015	5421	81
0,3620	4767	1324	6404	846	90350	2212	48596	5419	0,6380
21	6090	1323	5558	846	92562	2212	43180	5416	79
22	7414	1324	4712	846	94775	2213	37767	5413	78
23	0,5388737	1323	3866	846	96988	2213	32356	5411	77
24	0,5390060	1323	3019	847	0,6399202	2214	26948	5408	76
25	1383	1323	2172	847	0,6401416	2214	21543	5405	75
26	2706	1323	1325	847	03631	2215	16140	5403	74
27	4029	1323	0,8420478	847	05846	2215	10740	5400	73
28	5351	1322	0,8419631	847	08062	2216	1,5605342	5398	72
29	6674	1323	8783	848	10278	2216	1,5599948	5394	71
0,3630	7996	1322	7935	848	12494	2216	94556	5392	0,6370
31	0,5399319	1323	7087	848	14711	2217	89166	5390	69
32	0,5400641	1322	6239	848	16929	2218	83779	5387	68
33	1963	1322	5391	848	19147	2218	78395	5384	67
34	3284	1321	4542	849	21365	2218	73013	5382	66
35	4606	1322	3693	849	23584	2219	67634	5379	65
36	5928	1322	2844	849	25803	2219	62258	5376	64
37	7249	1321	1995	849	28022	2219	56884	5374	63
38	8570	1321	1145	850	30242	2220	51513	5371	62
39	0,5409892	1322	0,8410296	849	32463	2221	46145	5368	61
0,3640	0,5411213	1321	0,8409446	850	34684	2221	40779	5366	0,6360
41	2533	1320	8596	850	36905	2221	35416	5363	59
42	3854	1321	7745	851	39127	2222	30055	5361	58
43	5175	1321	6895	850	41349	2222	24697	5358	57
44	6495	1320	6044	851	43572	2223	19342	5355	56
45	7816	1321	5193	851	45795	2223	13989	5353	55
46	0,5419136	1320	4342	851	48019	2224	08639	5350	54
47	0,5420456	1320	3491	851	50243	2224	1,5503291	5348	53
48	1776	1320	2639	852	52468	2225	1,5497947	5344	52
49	3096	1320	1788	851	54693	2225	92604	5343	51
0,3650	0,5424415	1319	0,8400936	852	0,6456918	2225	1,5487264	5340	0,6350
Arc.	Cosinus.	D.	Sinus.	D.	Cotang.	D.	Tang.	D.	Arc.

0,635

0,360

Arc.	Log. Sin.	D.	Log. Cofin.	D.	Log. Tang.	D.	Log. Cot.	Arc.
0, 3600	9, 7290244		9, 9265112		9, 8025133		10, 1974867	0, 6400
01	1319	1075	4679	433	26641	1508	73359	0, 6399
02	2393	1074	4245	434	28148	1507	71852	98
03	3467	1074	3812	433	29655	1507	70345	97
04	4541	1074	3379	433	31163	1508	68837	96
05	5614	1073	2945	434	32669	1506	67331	95
06	6687	1073	2511	434	34176	1507	65824	94
07	7760	1073	2077	434	35682	1506	64318	93
08	8832	1072	1643	434	37189	1507	62811	92
09	9, 7299904	1072	1209	434	38695	1506	61305	91
0, 3610	9, 7300975	1071	0775	434	40200	1505	59800	0, 6390
11	2046	1071	9, 9260340	435	41706	1506	58294	89
12	3117	1071	9, 9259906	434	43211	1505	56789	88
13	4187	1070	9471	435	44717	1506	55283	87
14	5257	1070	9036	435	46221	1504	53779	86
15	6327	1070	8601	435	47726	1505	52274	85
16	7396	1069	8165	436	49231	1505	50769	84
17	8465	1069	7730	435	50735	1504	49265	83
18	9, 7309533	1068	7294	436	52239	1504	47761	82
19	9, 7310601	1068	6859	435	53743	1504	46257	81
0, 3620	1669	1068	6423	436	55246	1503	44754	0, 6380
21	2736	1067	5987	436	56750	1504	43250	79
22	3803	1067	5551	436	58253	1503	41747	78
23	4870	1067	5114	437	59756	1503	40244	77
24	5936	1066	4678	436	61258	1502	38742	76
25	7002	1066	9, 9254241	437	9, 8062761	1503	10, 1937239	75
26	8068	1066	3804	437	64263	1502	35737	74
27	9, 7319133	1065	3368	436	65765	1502	34235	73
28	9, 7320197	1064	2930	438	67267	1502	32733	72
29	1262	1065	2493	437	68769	1502	31231	71
0, 3630	2326	1064	2056	437	70270	1501	29730	0, 6370
31	3390	1064	1618	438	71771	1501	28229	69
32	4453	1063	1181	437	73272	1501	26728	68
33	5516	1063	0743	438	74773	1501	25227	67
34	6578	1062	9, 9250305	438	76273	1500	23727	66
35	7640	1062	9, 9249867	438	77774	1501	22226	65
36	8702	1062	9428	439	79274	1500	20726	64
37	9, 7329764	1062	8990	438	80774	1500	19226	63
38	9, 7330825	1061	8551	439	82273	1499	17727	62
39	1886	1061	8113	438	83773	1500	16227	61
0, 3640	2946	1060	7674	439	85272	1499	14728	0, 6360
41	4006	1060	7235	439	86771	1499	13229	59
42	5066	1060	6796	439	88270	1499	11730	58
43	6125	1059	6356	440	89769	1499	10231	57
44	7184	1059	5917	439	91267	1498	08733	56
45	8242	1058	5477	440	92765	1498	07235	55
46	9, 7339300	1058	5037	440	94263	1498	05737	54
47	9, 7340358	1058	4597	440	95761	1498	04239	53
48	1416	1058	4157	440	97258	1497	02742	52
49	2473	1057	3717	440	9, 8098756	1498	10, 1901244	51
0, 3650	9, 7343529	1056	9, 9243277	440	9, 8100253	1497	10, 1899747	0, 6350
Arc.	Log. Cofin.	D.	Log. Sin.	D.	Log. Cot.	D.	Log. Tang.	Arc.

0,635

0,365

Arc.	Sinus.	D.	Cosinus.	D.	Tang.	D.	Cotang.	D.	Arc.
0,3650	0,5424415		0,8400936		0,6456918		1,5487264		0,6350
51	5735	1320	0,8400083	853	59144	2226	81927	5337	49
52	7054	1319	0,8399231	852	61370	2226	76593	5334	48
53	8374	1320	8378	853	63597	2227	71261	5332	47
54	0,5429693	1319	7526	852	65825	2228	65931	5330	46
55	0,5431012	1319	6673	853	68052	2227	60605	5326	45
56	2331	1319	5819	854	70280	2228	55281	5324	44
57	3649	1318	4966	853	72509	2229	49959	5322	43
58	4968	1319	4112	854	74738	2229	44640	5319	42
59	6286	1318	3259	853	76968	2230	39323	5317	41
0,3660	7605	1319	2405	854	79198	2230	34010	5313	0,6340
61	0,5438923	1318	1550	855	81428	2230	28698	5312	39
62	0,5440241	1318	0,8390696	854	83659	2231	23390	5308	38
63	1559	1318	0,8389841	855	85890	2231	18084	5306	37
64	2877	1318	8986	855	88122	2232	12780	5304	36
65	4195	1318	8131	855	90354	2232	07479	5301	35
66	5512	1317	7276	855	92587	2233	1,5402181	5298	34
67	6829	1317	6420	856	94820	2233	1,5396885	5296	33
68	8147	1318	5565	855	97054	2234	91591	5294	32
69	0,5449464	1317	4709	856	0,6499288	2234	86301	5290	31
0,3670	0,5450781	1317	3853	856	0,6501523	2235	81012	5289	0,6330
71	2098	1317	2996	857	03758	2235	75727	5285	29
72	3414	1316	2140	856	05993	2235	70444	5283	28
73	4731	1317	1283	857	08229	2236	65163	5281	27
74	6048	1317	0,8380426	857	10465	2236	59885	5278	26
75	7364	1316	0,8379569	857	0,6512702	2237	54610	5275	25
76	8680	1316	8712	857	14939	2237	49337	5273	24
77	0,5459996	1316	7854	858	17177	2238	44066	5271	23
78	0,5461312	1316	6997	857	19415	2238	38799	5267	22
79	2628	1316	6139	858	21654	2239	33533	5266	21
0,3680	3943	1315	5280	859	23893	2239	28271	5262	0,6320
81	5259	1316	4422	858	26133	2240	23010	5261	19
82	6574	1315	3563	859	28373	2240	17753	5257	18
83	7890	1316	2705	858	30613	2240	12498	5255	17
84	0,5469205	1315	1846	859	32854	2241	07245	5253	16
85	0,5470520	1315	0986	860	35096	2242	1,5301995	5250	15
86	1835	1315	0,8370127	859	37338	2242	1,5296747	5248	14
87	3149	1314	0,8369267	860	39580	2242	91502	5245	13
88	4464	1315	8408	859	41823	2243	86260	5242	12
89	5778	1314	7548	860	44066	2243	81020	5240	11
0,3690	7093	1315	6687	861	46310	2244	75782	5238	0,6310
91	8407	1314	5827	860	48554	2244	70547	5235	09
92	0,5479721	1314	4966	861	50798	2244	65315	5232	08
93	0,5481035	1314	4105	861	53044	2246	60085	5230	07
94	2348	1313	3244	861	55289	2245	54857	5228	06
95	3662	1314	2383	861	57535	2246	49632	5225	05
96	4976	1314	1522	861	59782	2247	44410	5222	04
97	6289	1313	0,8360660	862	62029	2247	39190	5220	03
98	7602	1313	0,8359798	862	64276	2247	33972	5218	02
0,3699	0,5488915	1313	8936	862	66524	2248	28758	5214	01
0,3700	0,5490228	1313	0,8358074	862	0,6568772	2248	1,5223545	5213	0,6300
Arc.	Cosinus.	D.	Sinus.	D.	Cotang.	D.	Tang.	D.	Arc.

0,630

0,365

Arc.	Log. Sin.	D.	Log. Cofin.	D.	Log. Tang.	D.	Log. Cot.	Arc.
0,3650	9,7343529		9,9243277		9,8100253		10,1899747	0,6350
51	4586	1057	2836	441	01750	1497	98250	49
52	5642	1056	2395	441	03246	1496	96754	48
53	6697	1055	1954	441	04743	1497	95257	47
54	7753	1056	1513	441	06239	1496	93761	46
55	8807	1054	1072	441	07735	1496	92265	45
56	9,7349862	1055	0631	441	09231	1496	90769	44
57	9,7350916	1054	9,9240189	442	10727	1496	89273	43
58	1970	1054	9,9239748	441	12222	1495	87778	42
59	3023	1053	9306	442	13717	1495	86283	41
0,3660	4076	1053	8864	442	15212	1495	84788	0,6340
61	5129	1053	8422	442	16707	1495	83293	39
62	6181	1052	7980	442	18202	1495	81798	38
63	7233	1052	7537	443	19696	1494	80304	37
64	8285	1052	7095	442	21190	1494	78810	36
65	9,7359336	1051	6652	443	22684	1494	77316	35
66	9,7360387	1051	6209	443	24178	1494	75822	34
67	1438	1051	5766	443	25671	1493	74329	33
68	2488	1050	5323	443	27165	1494	72835	32
69	3538	1050	4880	443	28658	1493	71342	31
0,3670	4587	1049	4436	444	30151	1493	69849	0,6330
71	5636	1049	3993	443	31643	1492	68357	29
72	6685	1049	3549	444	33136	1493	66864	28
73	7733	1048	3105	444	34628	1492	65372	27
74	8781	1048	2661	444	36120	1492	63880	26
75	9,7369829	1048	2217	444	9,8137612	1492	10,1862388	25
76	9,7370876	1047	1773	444	39104	1492	60896	24
77	1923	1047	1328	445	40595	1491	59405	23
78	2970	1047	0883	445	42087	1492	57913	22
79	4016	1046	9,9230439	444	43578	1491	56422	21
0,3680	5062	1046	9,9229994	445	45068	1490	54932	0,6320
81	6107	1045	9548	446	46559	1491	53441	19
82	7153	1046	9103	445	48049	1490	51951	18
83	8197	1044	8658	445	49540	1491	50460	17
84	9,7379242	1045	8212	446	51030	1490	48970	16
85	9,7380286	1044	7766	446	52519	1489	47481	15
86	1330	1044	7320	446	54009	1490	45991	14
87	2373	1043	6874	446	55498	1489	44502	13
88	3416	1043	6428	446	56988	1490	43012	12
89	4459	1043	5982	446	58477	1489	41523	11
0,3690	5501	1042	5535	447	59965	1488	40035	0,6310
91	6543	1042	5089	446	61454	1489	38546	09
92	7584	1041	4642	447	62942	1488	37058	08
93	8626	1042	4195	447	64431	1489	35569	07
94	9,7389666	1040	3748	447	65919	1488	34081	06
95	9,7390707	1041	3301	447	67406	1487	32594	05
96	1747	1040	2853	448	68894	1488	31106	04
97	2787	1040	2406	447	70381	1487	29619	03
98	3826	1039	1958	448	71858	1487	28132	02
0,3699	4865	1039	1510	448	73355	1487	26645	01
0,3700	9,7395904	1039	9,9221062	448	9,8174842	1487	10,1825158	0,6300
Arc.	Log. Cofin.	D.	Log. Sin.	D.	Log. Cot.	D.	Log. Tang.	Arc.

0,630

0,370

Arc.	Sinus.	D.	Cosinus.	D.	Tang.	D.	Cotang.	D.	Arc.
0,3700	0,5490228		0,8358074		0,6568772		1,5223545		0,6300
01	1541	1313	7211	863	71021	2249	18335	5210	0,6299
02	2854	1313	6348	863	73270	2249	13128	5207	98
03	4166	1312	5485	863	75520	2250	07923	5205	97
04	5479	1313	4622	863	77770	2250	1,5202720	5203	96
05	6791	1312	3759	863	80021	2251	1,5197520	5200	95
06	8103	1312	2895	864	82272	2251	92323	5197	94
07	0,5499415	1312	2032	863	84524	2252	87128	5195	93
08	0,5500727	1312	1168	864	86776	2252	81935	5193	92
09	2039	1312	0,8350304	864	89028	2252	76745	5190	91
0,3710	3350	1311	0,8349439	865	91281	2253	71557	5188	0,6290
11	4662	1312	8575	864	93535	2254	66372	5185	89
12	5973	1311	7710	865	95789	2254	61189	5183	88
13	7284	1311	6845	865	0,6598043	2254	56009	5180	87
14	8595	1311	5980	865	0,6600298	2255	50831	5178	86
15	0,5509906	1311	5114	866	02553	2255	45656	5175	85
16	0,5511217	1311	4249	865	04809	2256	40483	5173	84
17	2528	1311	3383	866	07065	2256	35313	5170	83
18	3838	1310	2517	866	09322	2257	30145	5168	82
19	5148	1310	1651	866	11579	2257	24980	5165	81
0,3720	6459	1311	0,8340784	867	13837	2258	19816	5164	0,6280
21	7769	1310	0,8339918	866	16095	2258	14656	5160	79
22	0,5519079	1310	9051	867	18354	2259	09498	5158	78
23	0,5520389	1310	8184	867	20613	2259	1,5104342	5156	77
24	1698	1309	7317	867	22872	2259	1,5099189	5153	76
25	3008	1310	6449	868	0,6625132	2260	94038	5151	75
26	4317	1309	5581	868	27393	2261	88890	5148	74
27	5627	1310	4714	867	29654	2261	83744	5146	73
28	6936	1309	3846	868	31915	2261	78601	5143	72
29	8245	1309	2977	869	34177	2262	73460	5141	71
0,3730	0,5529554	1309	2109	868	36439	2262	68321	5139	0,6270
31	0,5530862	1308	1240	869	38702	2263	63185	5136	69
32	2171	1309	0,8330371	869	40966	2264	58051	5134	68
33	3479	1308	0,8329502	869	43229	2263	52920	5131	67
34	4788	1309	8633	869	45494	2265	47791	5129	66
35	6096	1308	7763	870	47758	2264	42665	5126	65
36	7404	1308	6894	869	50024	2266	37541	5124	64
37	0,5538712	1308	6024	870	52289	2265	32419	5122	63
38	0,5540020	1308	5154	870	54555	2266	27300	5119	62
39	1327	1307	4283	871	56822	2267	22183	5117	61
0,3740	2635	1308	3413	870	59089	2267	17069	5114	0,6260
41	3942	1307	2542	871	61357	2268	11957	5112	59
42	5249	1307	1671	871	63625	2268	06847	5110	58
43	6556	1307	0,8320800	871	65893	2268	1,5001740	5107	57
44	7863	1307	0,8319929	871	68162	2269	1,4996635	5105	56
45	0,5549170	1307	9057	872	70432	2270	91533	5102	55
46	0,5550477	1307	8185	872	72702	2270	86433	5100	54
47	1784	1307	7313	872	74972	2270	81336	5097	53
48	3090	1306	6441	872	77243	2271	76241	5095	52
49	4396	1306	5569	872	79515	2272	71148	5093	51
0,3750	0,5555702	1306	0,8314696	873	0,6681786	2271	1,4966058	5090	0,6250
Arc.	Cosinus.	D.	Sinus.	D.	Cotang.	D.	Tang.	D.	Arc.

0,625

0,370

Arc.	Log. Sin.	D.	Log. Cofin.	D.	Log. Tang.	D.	Log. Cot.	Arc.
0, 3700	9, 7395904		9, 9221062		9, 8174842		10, 1825158	0, 6300
01	6942	1038	0614	448	76329	1487	23671	0, 6299
02	7980	1038	9, 9220165	449	77815	1486	22185	98
03	9, 7399018	1038	9, 9219717	448	79301	1486	20699	97
04	9, 7400055	1037	9268	449	80787	1486	19213	96
05	1092	1037	8819	449	82273	1486	17727	95
06	2129	1037	8370	449	83758	1485	16242	94
07	3165	1036	7921	449	85244	1486	14756	93
08	4201	1036	7472	449	86729	1485	13271	92
09	5236	1035	7023	449	88214	1485	11786	91
0, 3710	6272	1036	6573	450	89698	1484	10302	0, 6290
11	7306	1034	6123	450	91183	1485	08817	89
12	8341	1035	5673	450	92667	1484	07333	88
13	9, 7409375	1034	5223	450	94151	1484	05849	87
14	9, 7410409	1034	4773	450	95635	1484	04365	86
15	1442	1033	4323	450	97119	1484	02881	85
16	2475	1033	3872	451	9, 8198603	1484	10, 1801397	84
17	3508	1033	3422	450	9, 8200086	1483	10, 1799914	83
18	4540	1032	2971	451	01569	1483	98431	82
19	5572	1032	2520	451	03052	1483	96948	81
0, 3720	6604	1032	2069	451	04535	1483	95465	0, 6280
21	7635	1031	1618	451	06017	1482	93983	79
22	8666	1031	1166	452	07500	1483	92500	78
23	9, 7419697	1031	0715	451	08982	1482	91018	77
24	9, 7420727	1030	9, 9210263	452	10464	1482	89536	76
25	1757	1030	9, 9209811	452	9, 8211946	1482	10, 1788054	75
26	2786	1029	9359	452	13427	1481	86573	74
27	3815	1029	8907	452	14908	1481	85092	73
28	4844	1029	8454	453	16390	1482	83610	72
29	5873	1029	8002	452	17871	1481	82129	71
0, 3730	6901	1028	7549	453	19351	1480	80649	0, 6270
31	7928	1027	7097	452	20832	1481	79168	69
32	8956	1028	6644	453	22312	1480	77688	68
33	9, 7429983	1027	6190	454	23793	1481	76207	67
34	9, 7431010	1027	5737	453	25272	1479	74728	66
35	2036	1026	5284	453	26752	1480	73248	65
36	3062	1026	4830	454	28232	1480	71768	64
37	4088	1026	4376	454	29711	1479	70289	63
38	5113	1025	3923	453	31190	1479	68810	62
39	6138	1025	3469	454	32670	1480	67330	61
0, 3740	7163	1025	3014	455	34148	1478	65852	0, 6260
41	8187	1024	2560	454	35627	1479	64373	59
42	9, 7439211	1024	2105	455	37105	1478	62895	58
43	9, 7440234	1023	1651	454	38584	1479	61416	57
44	1258	1024	1196	455	40062	1478	59938	56
45	2281	1023	0741	455	41540	1478	58460	55
46	3303	1022	9, 9200286	455	43017	1477	56983	54
47	4325	1022	9, 9199831	455	44495	1478	55505	53
48	5347	1022	9375	456	45972	1477	54028	52
49	6369	1022	8920	455	47449	1477	52551	51
0, 3750	9, 7447390	1021	9, 9198464	456	9, 8248926	1477	10, 1751074	0, 6250
Arc.	Log. Cofin.	D.	Log. Sin.	D.	Log. Cot.	D.	Log. Tang.	Arc.

0,625

0,375									
Arc.	Sinus.	D.	Cofinus.	D.	Tang.	D.	Cotang.	D.	Arc.
0, 3750	0, 5555702		0, 8314695		0, 6681786		1, 4966058		0, 6250
51	7008	1306	3823	873	84059	2273	60970	5088	49
52	8314	1306	2950	873	86332	2273	55884	5086	48
53	0, 5559620	1306	2077	873	88605	2273	50801	5083	47
54	0, 5560926	1306	1204	873	90879	2274	45720	5081	46
55	2231	1305	0, 8310330	874	93153	2274	40642	5078	45
56	3536	1305	0, 8309456	874	95428	2275	35566	5076	44
57	4841	1305	8582	874	97703	2275	30492	5074	43
58	6146	1305	7708	874	0, 6699978	2275	25421	5071	42
59	7451	1305	6834	874	0, 6702255	2277	20352	5069	41
0, 3760	0, 5568756	1305	5959	875	04531	2276	15286	5066	0, 6240
61	0, 5570061	1305	5084	875	06808	2277	10222	5064	39
62	1365	1304	4209	875	09086	2278	05160	5062	38
63	2670	1305	3334	875	11364	2278	1, 4900101	5059	37
64	3974	1304	2458	876	13643	2279	1, 4895044	5057	36
65	5278	1304	1583	875	15922	2279	89989	5055	35
66	6582	1304	0, 8300707	876	18201	2279	84937	5052	34
67	7886	1304	0, 8299831	876	20481	2280	79887	5050	33
68	0, 5579189	1303	8955	876	22762	2281	74839	5048	32
69	0, 5580493	1304	8078	877	25043	2281	69794	5045	31
0, 3770	1796	1303	7201	877	27324	2281	64751	5043	0, 6230
71	3100	1304	6324	877	29606	2282	59711	5040	29
72	4403	1303	5447	877	31888	2282	54673	5038	28
73	5706	1303	4570	877	34171	2283	49637	5036	27
74	7008	1302	3693	877	36455	2284	44604	5033	26
75	8311	1303	2815	878	0, 6738739	2284	39573	5031	25
76	0, 5589614	1303	1937	878	41023	2284	34544	5029	24
77	0, 5590916	1302	1059	878	43308	2285	29517	5027	23
78	2218	1302	0, 8290181	878	45593	2285	24493	5024	22
79	3521	1303	0, 8289302	879	47879	2286	19472	5021	21
0, 3780	4823	1302	8423	879	50165	2286	14452	5020	0, 6220
81	6124	1301	7544	879	52452	2287	09435	5017	19
82	7426	1302	6665	879	54739	2287	1, 4804421	5014	18
83	0, 5598728	1302	5786	879	57027	2288	1, 4799408	5013	17
84	0, 5600029	1301	4906	880	59315	2288	94398	5010	16
85	1331	1302	4027	879	61604	2289	89391	5007	15
86	2632	1301	3147	880	63893	2289	84385	5006	14
87	3933	1301	2266	881	66183	2290	79382	5003	13
88	5234	1301	1386	880	68473	2290	74381	5001	12
89	6534	1300	0, 8280505	881	70764	2291	69383	4998	11
0, 3790	7835	1301	0, 8279625	880	73055	2291	64387	4996	0, 6210
91	0, 5609136	1301	8744	881	75346	2291	59393	4994	09
92	0, 5610436	1300	7863	881	77638	2292	54402	4991	08
93	1736	1300	6981	882	79931	2293	49413	4989	07
94	3036	1300	6100	881	82224	2293	44426	4987	06
95	4336	1300	5218	882	84518	2294	39441	4985	05
96	5636	1300	4336	882	86812	2294	34459	4982	04
97	6936	1300	3454	882	89106	2294	29479	4980	03
98	8235	1299	2571	883	91401	2295	24501	4978	02
0, 3799	0, 5619535	1300	1689	882	93697	2296	19526	4975	01
0, 3800	0, 5620834	1299	0, 8270806	883	0, 6795993	2296	1, 4714553	4973	0, 6200
Arc.	Cofinus.	D.	Sinus.	D.	Cotang.	D.	Tang.	D.	Arc.
0,620									

0,375

Arc.	Log. Sin.	D.	Log. Cofin.	D.	Log. Tang.	D.	Log. Cot.	Arc.
0,3750	9,7447390		9,9198464		9,8248926		10,1751074	0,6250
51	8410	1020	8008	456	50403	1477	49597	49
52	9,7449431	1021	7552	456	51879	1476	48121	48
53	9,7450451	1020	7096	456	53355	1476	46645	47
54	1471	1020	6639	457	54831	1476	45169	46
55	2490	1019	6183	456	56307	1476	43693	45
56	3509	1019	5726	457	57783	1476	42217	44
57	4528	1019	5269	457	59259	1476	40741	43
58	5546	1018	4812	457	60734	1475	39266	42
59	6564	1018	4355	457	62209	1475	37791	41
0,3760	7582	1018	3898	457	63684	1475	36316	0,6240
61	8599	1017	3440	458	65159	1475	34841	39
62	9,7459616	1017	2983	457	66634	1475	33366	38
63	9,7460633	1017	2525	458	68108	1474	31892	37
64	1649	1016	2067	458	69582	1474	30418	36
65	2665	1016	1609	458	71056	1474	28944	35
66	3681	1016	1151	458	72530	1474	27470	34
67	4696	1015	0692	459	74004	1474	25996	33
68	5711	1015	9,9190234	458	75477	1473	24523	32
69	6726	1015	9,9189775	459	76950	1473	23050	31
0,3770	7740	1014	9316	459	78424	1474	21576	0,6230
71	8754	1014	8857	459	79896	1472	20104	29
72	9,7469767	1013	8398	459	81369	1473	18631	28
73	9,7470780	1013	7939	459	82842	1473	17158	27
74	1793	1013	7479	460	84314	1472	15686	26
75	2806	1013	9,9187020	459	9,8285786	1472	10,1714214	25
76	3818	1012	6560	460	87258	1472	12742	24
77	4830	1012	6100	460	88730	1472	11270	23
78	5841	1011	5640	460	90201	1471	09799	22
79	6852	1011	5180	460	91673	1472	08327	21
0,3780	7863	1011	4719	461	93144	1471	06856	0,6220
81	8874	1011	4259	460	94615	1471	05385	19
82	9,7479884	1010	3798	461	96085	1471	03914	18
83	9,7480894	1010	3337	461	97556	1470	02444	17
84	1903	1009	2876	461	9,8299027	1471	10,1700973	16
85	2912	1009	2415	461	9,8300497	1470	10,1699503	15
86	3921	1009	1953	462	01967	1470	98033	14
87	4929	1008	1492	461	03437	1470	96563	13
88	5937	1008	1030	462	04907	1470	95093	12
89	6945	1008	0568	462	06376	1469	93624	11
0,3790	7952	1007	9,9180107	461	07846	1470	92154	0,6210
91	8959	1007	9,9179644	463	09315	1469	90685	09
92	9,7489966	1007	9182	462	10784	1469	89216	08
93	9,7490972	1006	8720	462	12253	1469	87747	07
94	1978	1006	8257	463	13721	1468	86279	06
95	2984	1006	7794	463	15190	1469	84810	05
96	3989	1005	7331	463	16658	1468	83342	04
97	4994	1005	6868	463	18126	1468	81874	03
98	5999	1005	6405	463	19594	1468	80406	02
0,3799	7003	1004	5942	463	21062	1468	78938	01
0,3800	9,7498007	1004	9,9175478	464	9,8322529	1467	10,1677471	0,6200
Arc.	Log. Cofin.	D.	Log. Sin.	D.	Log. Cot.	D.	Log. Tang.	Arc.

0,620

0,380

Arc.	Sinus.	D.	Cofinus.	D.	Tang.	D.	Cotang.	D.	Arc.
0, 3800	0, 5620834		0, 8270806		0, 6795993		1, 4714553		0, 6200
01	2133	1299	0, 8269923	883	0, 6798290	2297	09582	4971	0, 6199
02	3432	1299	9039	884	0, 6800587	2297	1, 4704614	4968	98
03	4731	1299	8156	883	02884	2297	1, 4699648	4966	97
04	6029	1298	7272	884	05182	2298	94684	4964	96
05	7328	1299	6389	883	07481	2299	89723	4961	95
06	8626	1298	5505	884	09779	2298	84763	4960	94
07	0, 5629925	1299	4620	885	12079	2300	79806	4957	93
08	0, 5631223	1298	3736	884	14379	2300	74852	4954	92
09	2521	1298	2851	885	16679	2300	69899	4953	91
0, 3810	3819	1298	1966	885	18980	2301	64949	4950	0, 6190
11	5116	1297	1081	885	21282	2302	60001	4948	89
12	6414	1298	0, 8260196	885	23584	2302	55056	4945	88
13	7711	1297	0, 8259311	885	25886	2302	50113	4943	87
14	0, 5639009	1298	8425	886	28189	2303	45172	4941	86
15	0, 5640306	1297	7539	886	30492	2303	40233	4939	85
16	1603	1297	6653	886	32796	2304	35296	4937	84
17	2900	1297	5767	886	35101	2305	30362	4934	83
18	4196	1296	4880	887	37406	2305	25430	4932	82
19	5493	1297	3993	887	39711	2305	20501	4929	81
0, 3820	6790	1297	3107	886	42017	2306	15573	4928	0, 6180
21	8086	1296	2219	888	44323	2306	10648	4925	79
22	0, 5649382	1296	1332	887	46630	2307	05725	4923	78
23	0, 5650678	1296	0, 8250445	887	48938	2308	1, 4600305	4920	77
24	1974	1296	0, 8249557	888	51245	2307	1, 4595886	4919	76
25	3270	1296	8669	888	0, 6853554	2309	90970	4916	75
26	4565	1295	7781	888	55863	2309	86056	4914	74
27	5861	1296	6893	888	58172	2309	81145	4911	73
28	7156	1295	6004	889	60482	2310	76236	4909	72
29	8451	1295	5115	889	62792	2310	71328	4908	71
0, 3830	0, 5659746	1295	4226	889	65103	2311	66424	4904	0, 6170
31	0, 5661041	1295	3337	889	67414	2311	61521	4903	69
32	2336	1295	2448	889	69726	2312	56621	4900	68
33	3631	1295	1558	890	72039	2313	51722	4899	67
34	4925	1294	0, 8240669	889	74352	2313	46827	4895	66
35	6220	1295	0, 8239779	890	76665	2313	41933	4894	65
36	7514	1294	8889	890	78979	2314	37042	4891	64
37	0, 5668808	1294	7998	891	81293	2314	32152	4890	63
38	0, 5670102	1294	7108	890	83608	2315	27265	4887	62
39	1396	1294	6217	891	85923	2315	22381	4884	61
0, 3840	2689	1293	5326	891	88239	2316	17498	4883	0, 6160
41	3983	1294	4435	891	90556	2317	12618	4880	59
42	5276	1293	3543	892	92872	2316	07740	4878	58
43	6570	1294	2652	891	95190	2318	1, 4502864	4876	57
44	7863	1293	1760	892	97508	2318	1, 4497991	4873	56
45	0, 5679156	1293	0, 8230868	892	0, 6899826	2318	93119	4872	55
46	0, 5680449	1293	0, 8229976	892	0, 6902145	2319	88250	4869	54
47	1741	1292	9084	892	04464	2319	83383	4867	53
48	3034	1293	8191	893	06784	2320	78518	4865	52
49	4326	1292	7298	893	09104	2320	73656	4862	51
0, 3850	0, 5685619	1293	0, 8226405	893	0, 6911425	2321	1, 4468795	4860	0, 6150
Arc.	Cofinus.	D.	Sinus.	D.	Cotang.	D.	Tang.	D.	Arc.

0,615

0,380								
Arc.	Log. Sin.	D.	Log. Cofin.	D.	Log. Tang.	D.	Log. Cot.	Arc.
0,3800	9,7498007		9,9175478		9,8322529		10,1677471	0,6200
01	9,7499011	1004	5015	463	3997	1468	6003	0,6199
02	9,7500014	1003	4551	464	5464	1467	4536	98
03	1017	1003	4087	464	6931	1467	3069	97
04	2020	1003	3622	465	8397	1466	1603	96
05	3022	1002	3158	464	9,8329864	1467	10,1670136	95
06	4024	1002	2694	464	9,8331330	1466	10,1668670	94
07	5026	1002	2229	465	2797	1467	7203	93
08	6027	1001	1764	465	4263	1466	5737	92
09	7028	1001	1299	465	5729	1466	4271	91
0,3810	8029	1001	0834	465	7194	1465	2806	0,6190
11	9,7509029	1000	9,9170369	465	9,8338660	1466	10,1661340	89
12	9,7510029	1000	9,9169904	465	9,8340125	1465	10,1659875	88
13	1028	999	9438	466	1590	1465	8410	87
14	2028	1000	8972	466	3055	1465	6945	86
15	3026	998	8506	466	4520	1465	5480	85
16	4025	999	8040	466	5985	1465	4015	84
17	5023	998	7574	466	7449	1464	2551	83
18	6021	998	7108	466	9,8348913	1464	10,1651087	82
19	7019	998	6641	467	9,8350378	1465	10,1649622	81
0,3820	8016	997	6175	466	1841	1463	8159	0,6180
21	9,7519013	997	5708	467	3305	1464	6695	79
22	9,7520009	996	5241	467	4769	1464	5231	78
23	1006	997	4774	467	6232	1463	3768	77
24	2002	996	4306	468	7695	1463	2305	76
25	2997	995	3839	467	9,8359158	1463	10,1640842	75
26	3992	995	3371	468	9,8360621	1463	10,1639379	74
27	4987	995	2903	468	2084	1463	7916	73
28	5982	995	2435	468	3546	1462	6454	72
29	6976	994	1967	468	5009	1463	4991	71
0,3830	7970	994	1499	468	6471	1462	3529	0,6170
31	8963	993	1031	468	7933	1462	2067	69
32	9,7529957	994	0562	469	9,8369394	1461	10,1630606	68
33	9,7530949	992	9,9160093	469	9,8370856	1462	10,1629144	67
34	1942	993	9,9159625	468	2317	1461	7683	66
35	2934	992	9156	469	3779	1462	6221	65
36	3926	992	8686	470	5240	1461	4760	64
37	4918	992	8217	469	6701	1461	3299	63
38	5909	991	7747	470	8161	1460	1839	62
39	6900	991	7278	469	9,8379622	1461	10,1620378	61
0,3840	7890	990	6808	470	9,8381082	1460	10,1618918	0,6160
41	8880	990	6338	470	2542	1460	7458	59
42	9,7539870	990	5868	470	4002	1460	5998	58
43	9,7540860	990	5398	470	5462	1460	4538	57
44	1849	989	4927	471	6922	1460	3078	56
45	2838	989	4456	471	8381	1459	1619	55
46	3826	988	3986	470	9,8389841	1460	10,1610159	54
47	4815	989	3515	471	9,8391300	1459	10,1608700	53
48	5802	987	3044	471	2759	1459	7241	52
49	6790	988	2572	472	4218	1459	5782	51
0,3850	9,7547777	987	9,9152101	471	9,8395676	1458	10,1604324	0,6150
Arc.	Log. Cofin.	D.	Log. Sin.	D.	Log. Cot.	D.	Log. Tang.	Arc.
0,615								

0,385									
Arc.	Sinus.	D.	Cosinus.	D.	Tang.	D.	Cotang.	D.	Arc.
0,3850	0,5685619		0,8226405		0,6911425		1,4468796		0,6150
51	6911	1292	5512	893	13747	2322	63937	4859	49
52	8203	1292	4619	893	16069	2322	59082	4855	48
53	0,5689494	1291	3725	894	18391	2322	54228	4854	47
54	0,5690786	1292	2831	894	20714	2323	49376	4852	46
55	2078	1292	1937	894	23037	2323	44527	4849	45
56	3369	1291	1043	894	25361	2324	39[illegible]	4847	44
57	4660	1291	0,8220149	894	27686	2325	34835	4845	43
58	5952	1292	0,8219254	895	30011	2325	29993	4842	42
59	7243	1291	8359	895	32336	2325	25152	4841	41
0,3860	8533	1290	7464	895	34602	2326	20314	4838	0,6140
61	0,5699824	1291	6569	895	36988	2326	15478	4836	39
62	0,5701115	1291	5673	896	39315	2327	10644	4834	38
63	2405	1290	4778	895	41643	2328	05812	4832	37
64	3696	1291	3882	896	43971	2328	1,4400982	4830	36
65	4986	1290	2986	896	46299	2328	1,4390155	4827	35
66	6276	1290	2090	896	48628	2329	91330	4825	34
67	7566	1290	1193	897	50958	2330	86507	4823	33
68	0,5708855	1289	0,8210297	896	53288	2330	81686	4821	32
69	0,5710145	1290	0,8209400	897	55618	2330	76868	4818	31
0,3870	1434	1289	8503	897	57949	2331	72051	4817	0,6130
71	2724	1290	7605	898	60281	2332	67237	4814	29
72	4013	1289	6708	897	62613	2332	62425	4812	28
73	5302	1289	5810	898	64945	2332	57615	4810	27
74	6591	1289	4912	898	67278	2333	52807	4808	26
75	7880	1289	4014	898	0,6969612	2334	48001	4806	25
76	0,5719168	1288	3116	898	71946	2334	43198	4803	24
77	0,5720457	1289	2218	898	74280	2334	38397	4801	23
78	1745	1288	1319	899	76616	2336	33598	4799	22
79	3033	1288	0,8200420	899	78951	2335	28801	4797	21
0,3880	4321	1288	0,8199521	899	81287	2336	24006	4795	0,6120
81	5609	1288	8622	899	83624	2337	19213	479[illegible]	19
82	6897	1288	7722	900	85961	2337	14423	4790	18
83	8185	1288	6823	899	88299	2338	09[illegible]34	4789	17
84	0,5729472	1287	5923	900	90637	2338	04818	4786	16
85	0,5730759	1287	5023	900	92976	2339	1,4300064	4784	15
86	2047	1288	4122	901	95315	2339	1,42952[illegible]	4782	14
87	3334	1287	3222	900	97655	2340	90503	4779	13
88	4621	1287	2321	901	0,6999995	2340	85725	4778	12
89	5907	1286	1420	901	0,7002335	2340	80950	4775	11
0,3890	7194	1287	0,8190519	901	04677	2342	76176	4774	0,6110
91	84[illegible]	1285	0,8189618	901	07019	2342	71405	4771	09
92	0,5739767	1287	8716	902	09361	2342	66635	4769	08
93	0,5741053	1286	7815	901	11704	2343	61869	4767	07
94	2339	1286	6913	902	14047	2343	57104	4765	06
95	3625	1286	6011	902	16391	2344	52342	4762	05
96	4911	1286	5108	903	18735	2344	47581	4761	04
97	6196	1285	4206	902	21080	2345	42823	4758	03
98	7482	1286	3303	903	23425	2345	38067	4756	02
0,3899	0,5748767	1285	2400	903	25771	2346	33313	4754	01
0,3900	0,5750053	1286	0,8181497	903	0,7028118	2347	1,4228561	4752	0,6100
Arc.	Cosinus.	D.	Sinus.	D.	Cotang.	D.	Tang.	D.	Arc.
0,610									

0,385								
Arc.	Log. Sin.	D.	Log. Cosin.	D.	Log. Tang.	D.	Log. Cot.	Arc.
0,3850	9,7547777		9,9152101		9,8395676		10,1604324	0,6150
51	8764	987	1629	472	7135	1459	2865	49
52	9,7549751	987	1158	471	9,8398593	1458	10,1601407	48
53	9,7550737	986	0686	472	9,8400051	1458	10,1599949	47
54	1723	986	9,9150214	472	1509	1458	8491	46
55	2708	985	9,9149742	472	2967	1458	7033	45
56	3693	985	9269	473	4424	1457	5576	44
57	4678	985	8797	472	5882	1458	4118	43
58	5663	985	8324	473	7339	1457	2661	42
59	6647	984	7851	473	9,8408796	1457	10,1591204	41
0,3860	7631	984	7378	473	9,8410253	1457	10,1589747	0,6140
61	8615	984	6905	473	1710	1457	8290	39
62	9,7559598	983	6432	473	3166	1456	6834	38
63	9,7560581	983	5958	474	4623	1457	5377	37
64	1563	982	5485	473	6079	1456	3921	36
65	2546	983	5011	474	7535	1456	2465	35
66	3528	982	4537	474	9,8418991	1456	10,1581009	34
67	4509	981	4063	474	9,8420446	1455	10,1579554	33
68	5490	931	3588	475	1902	1456	8098	32
69	6471	981	3114	474	3357	1455	6643	31
0,3870	7452	981	2639	475	4812	1455	5188	0,6130
71	8432	980	2165	474	6268	1456	3732	29
72	9,7569412	980	1690	475	7722	1454	2278	28
73	9,7570392	980	1215	475	9,8429177	1455	10,1570823	27
74	1371	979	0740	475	9,8430632	1455	10,1569368	26
75	2350	979	9,9140264	476	2086	1454	7914	25
76	3329	979	9,9139789	475	3540	1454	6460	24
77	4307	978	9313	476	4994	1454	5006	23
78	5285	978	8837	476	6448	1454	3552	22
79	6263	978	8361	476	7902	1454	2098	21
0,3880	7240	977	7885	476	9,8439355	1453	10,1560645	0,6120
81	8217	977	7409	476	9,8440808	1453	10,1559192	19
82	9,7579194	977	6932	477	2262	1454	7738	18
83	9,7580170	976	6455	477	3715	1453	6285	17
84	1146	976	5979	476	5167	1452	4833	16
85	2122	976	5502	477	6620	1453	3380	15
86	3097	975	5024	478	8073	1453	1927	14
87	4072	975	4547	477	9,8449525	1452	10,1550475	13
88	5047	975	4070	477	9,8450977	1452	10,1549023	12
89	6021	974	3592	478	2429	1452	7571	11
0,3890	6995	974	3114	478	3881	1452	6119	0,6110
91	7969	974	2636	478	5333	1452	4667	09
92	8942	973	2158	478	6784	1451	3216	08
93	9,7589916	974	1680	478	8236	1452	1764	07
94	9,7590888	972	1202	478	9,8459687	1451	10,1540313	06
95	1861	973	0723	479	9,8461138	1451	10,1538862	05
96	2833	972	9,9130244	479	2589	1451	7411	04
97	3805	972	9,9129765	479	4039	1450	5961	03
98	4776	971	9286	479	5490	1451	4510	02
0,3899	5747	971	8807	479	6940	1450	3060	01
0,3900	9,7596718	971	9,9128328	479	9,8468390	1450	10,1531610	0,6100
Arc.	Log. Cosin.	D.	Log. Sin.	D.	Log. Cot.	D.	Log. Tang.	Arc.
0,610								

0,390

Arc.	Sinus.	D.	Cosinus.	D.	Tang.	D.	Cotang.	D.	Arc.
0, 3900	0, 5750053		0, 8181497		0, 7028118		1, 4228561		0, 6100
01	1338	1285	0, 8180594	903	30465	2347	23811	4750	0, 6099
02	2623	1285	0, 8179690	904	32812	2347	19063	4748	98
03	3907	1284	8787	903	35160	2348	14318	4745	97
04	5192	1285	7883	904	37509	2349	09574	4744	96
05	6476	1284	6979	904	39858	2349	04833	4741	95
06	7761	1285	6074	905	42207	2349	1, 4200094	4739	94
07	0, 5759045	1284	5170	904	44557	2350	1, 4195356	4738	93
08	0, 5760329	1284	4265	905	46908	2351	90621	4735	92
09	1613	1284	3360	905	49259	2351	85888	4733	91
0, 3910	2897	1284	2455	905	51610	2351	81158	4730	0, 6090
11	4181	1284	1550	905	53963	2353	76429	4729	89
12	5464	1283	0, 8170644	906	56315	2352	71702	4727	88
13	6747	1283	0, 8169738	906	58668	2353	66978	4724	87
14	8031	1284	8832	906	61022	2354	62255	4723	86
15	0, 5769314	1283	7926	906	63376	2354	57535	4720	85
16	0, 5770597	1283	7020	906	65731	2355	52817	4718	84
17	1879	1282	6113	907	68086	2355	48101	4716	83
18	3162	1283	5207	906	70442	2356	43387	4714	82
19	4445	1283	4300	907	72799	2357	38675	4712	81
0, 3920	5727	1282	3393	907	75155	2356	33965	4710	0, 6080
21	7009	1282	2485	908	77513	2358	29258	4707	79
22	8291	1282	1578	907	79871	2358	24552	4706	78
23	0, 5779573	1282	0, 8160670	908	82229	2358	19848	4704	77
24	0, 5780855	1282	0, 8159762	908	84588	2359	15147	4701	76
25	2137	1282	8854	908	0, 7086947	2359	10448	4699	75
26	3418	1281	7945	909	89307	2360	05750	4698	74
27	4700	1282	7037	908	91668	2361	1, 4101055	4695	73
28	5981	1281	6128	909	94029	2361	1, 4096362	4693	72
29	7262	1281	5219	909	96391	2362	91671	4691	71
0, 3930	8543	1281	4310	909	0, 7098753	2362	86982	4689	0, 6070
31	0, 5789824	1281	3401	909	0, 7101115	2362	82295	4687	69
32	0, 5791104	1280	2491	910	03478	2363	77610	4685	68
33	2385	1281	1581	910	05842	2364	72927	4683	67
34	3665	1280	0, 8150671	910	08206	2364	68247	4680	66
35	4946	1281	0, 8149761	910	10571	2365	63568	4679	65
36	6226	1280	8851	910	12936	2365	58892	4676	64
37	7506	1280	7940	911	15302	2366	54217	4675	63
38	0, 5798785	1279	7029	911	17668	2366	49545	4672	62
39	0, 5800065	1280	6118	911	20035	2367	44874	4671	61
0, 3940	1345	1280	5207	911	22403	2368	40206	4668	0, 6060
41	2624	1279	4296	911	24771	2368	35540	4666	59
42	3903	1279	3384	912	27139	2368	30876	4664	58
43	5182	1279	2473	911	29508	2369	26213	4663	57
44	6461	1279	1561	912	31877	2369	21553	4660	56
45	7740	1279	0, 8140648	913	34247	2370	16895	4658	55
46	0, 5809019	1279	0, 8139736	912	36618	2371	12239	4656	54
47	0, 5810297	1278	8823	913	38989	2371	07586	4653	53
48	1576	1279	7911	912	41361	2372	1, 4002934	4652	52
49	2854	1278	6998	913	43733	2372	1, 3998284	4650	51
0, 3950	0, 5814132	1278	0, 8136084	914	0, 7146106	2373	1, 3993636	4648	0, 6050
Arc.	Cosinus.	D.	Sinus.	D.	Cotang.	D.	Tang.	D.	Arc.

0,605

0,390

Arc.	Log. Sin.	D.	Log. Cosin.	D.	Log. Tang.	D.	Log. Cot.	Arc.
0,3900	9,7596718		9,9128328		9,8468390		10,1531610	0,6100
01	7689	971	7848	480	9,8469840	1450	10,1530160	0,6099
02	8659	970	7369	479	9,8471290	1450	10,1528710	98
03	9,7599629	970	6889	480	2740	1450	7260	97
04	9,7600598	969	6409	480	4189	1449	5811	96
05	1567	969	5929	480	5639	1450	4361	95
06	2536	969	5448	481	7088	1449	2912	94
07	3505	969	4968	480	8537	1449	1463	93
08	4473	968	4487	481	9,8479986	1449	10,1520014	92
09	5441	968	4006	481	9,8481435	1449	10,1518565	91
0,3910	6408	967	3525	481	2883	1448	7117	0,6090
11	7376	968	3044	481	4332	1449	5668	89
12	8343	967	2563	481	5780	1448	4220	88
13	9,7609309	966	2081	482	7228	1448	2772	87
14	9,7610276	967	1600	481	9,8488676	1448	10,1511324	86
15	1242	966	1118	482	9,8490123	1447	10,1509877	85
16	2207	965	0636	482	1571	1448	8429	84
17	3173	966	9,9120154	482	3019	1448	6981	83
18	4138	965	9,9119672	482	4466	1447	5534	82
19	5102	964	9189	483	5913	1447	4087	81
0,3920	6067	965	8707	482	7360	1447	2640	0,6080
21	7031	964	8224	483	9,8498807	1447	10,1501193	79
22	7924	963	7741	483	9,8500253	1446	10,1499747	78
23	8958	964	7258	483	1700	1447	8300	[illegible]
24	9,7619921	963	6775	483	3146	1446	6854	76
25	9,7620884	963	9,9116291	484	4592	1446	5408	75
26	1846	962	5808	483	6038	1446	3962	74
27	2808	962	5324	484	7484	1446	2516	73
28	3770	962	4840	484	9,8508930	1446	10,1491070	72
29	4731	961	4356	484	9,8510375	1445	10,1489625	71
0,3930	5693	962	3872	484	1820	1445	8180	0,6070
31	6653	960	3388	484	3266	1446	6734	69
32	7614	961	2903	485	4711	1445	5289	68
33	8574	960	2419	484	6156	1445	3844	67
34	9,7629534	960	1934	485	7600	1444	2400	66
35	9,7630494	960	1449	485	9,8519045	1445	10,1480955	65
36	1453	959	0964	485	9,8520489	1444	10,1479511	64
37	2412	959	9,9110478	486	1933	1444	8067	63
38	3370	958	9,9109993	485	3377	1444	6623	62
39	4329	959	9507	486	4821	1444	5179	61
0,3940	5287	958	9021	486	6265	1444	3735	0,6060
41	6244	957	8535	486	7709	1444	2291	59
42	7202	958	8049	486	9,8529152	1443	10,1470848	58
43	8159	957	7563	486	9,8530596	1444	10,1469404	57
44	9,7639115	956	7077	486	2039	1443	7961	56
45	9,7640072	957	6590	487	3482	1443	6518	55
46	1028	956	6103	487	4925	1443	5075	54
47	1983	955	5616	487	6367	1442	3633	53
48	2939	956	5129	487	7810	1443	2190	52
49	3894	955	4642	487	9,8539252	1442	10,1460748	51
0,3950	9,7644849	955	9,9104155	487	9,8540694	1442	10,1459306	0,6050
Arc.	Log. Cosin.	D.	Log. Sin.	D.	Log. Cot.	D.	Log. Tang.	Arc.

0,605

0,395									
Arc.	Sinus.	D.	Cofinus.	D.	Tang.	D.	Cotang.	D.	Arc.
0,3950	0,5814132		0,8136084		0,7146106		1,3993636		0,6050
51	5410	1278	5171	913	48479	2373	88990	4646	49
52	6688	1278	4258	913	50853	2374	84347	4643	48
53	7965	1277	3344	914	53227	2374	79705	4642	47
54	0,5819243	1278	2430	914	55602	2375	75065	4640	46
55	0,5820520	1277	1516	914	57977	2375	70428	4637	45
56	1797	1277	0,8130601	915	60353	2376	65792	4636	44
57	3074	1277	0,8129687	914	62729	2376	61159	4633	43
58	4351	1277	8772	915	65106	2377	56527	4632	42
59	5628	1277	7857	915	67484	2378	51898	4629	41
0,3960	6905	1277	6942	915	69862	2378	47270	4628	0,6040
61	8181	1276	6026	916	72240	2378	42645	4625	39
62	0,5829458	1277	5111	915	74619	2379	38022	4623	38
63	0,5830734	1276	4195	916	76999	2380	33400	4622	37
64	2010	1276	3279	916	79379	2380	28781	4619	36
65	3286	1276	2363	916	81760	2381	24164	4617	35
66	4562	1276	1446	917	84141	2381	19548	4616	34
67	5837	1275	0,8120530	916	86523	2382	14935	4613	33
68	7113	1276	0,8119613	917	88905	2382	10324	4611	32
69	8388	1275	8696	917	91288	2383	05715	4609	31
0,3970	0,5839663	1275	7779	917	93672	2384	1,3901107	4608	0,6030
71	0,5840938	1275	6861	918	96055	2383	1,3896502	4605	29
72	2213	1275	5944	917	0,7198440	2385	91899	4603	28
73	3488	1275	5026	918	0,7200825	2385	87298	4601	27
74	4763	1275	4108	918	03210	2385	82699	4599	26
75	6037	1274	3190	918	05597	2387	78101	4598	25
76	7312	1275	2271	919	07983	2386	73506	4595	24
77	8586	1274	1353	918	10370	2387	68913	4593	23
78	0,5849860	1274	0,8110434	919	12758	2388	64322	4591	22
79	0,5851134	1274	0,8109515	919	15146	2388	59733	4589	21
0,3980	2408	1274	8596	919	17535	2389	55146	4587	0,6020
81	3681	1273	7676	920	19925	2390	50560	4586	19
82	4955	1274	6757	919	22314	2389	45977	4583	18
83	6228	1273	5837	920	24705	2391	41396	4581	17
84	7501	1273	4917	920	27096	2391	36817	4579	16
85	0,5858774	1273	3997	920	29487	2391	32240	4577	15
86	0,5860047	1273	3076	921	31879	2392	27664	4576	14
87	1320	1273	2156	920	34272	2393	23091	4573	13
88	2592	1272	1235	921	36665	2393	18520	4571	12
89	3865	1273	0,8100314	921	39059	2394	13951	4569	11
0,3990	5137	1272	0,8099393	921	41453	2394	09383	4568	0,6010
91	6409	1272	8471	922	43848	2395	04818	4565	09
92	7681	1272	7550	921	46243	2395	1,3800255	4563	08
93	0,5868953	1272	6628	922	48639	2396	1,3795693	4562	07
94	0,5870225	1272	5706	922	51035	2396	91134	4559	06
95	1497	1272	4784	922	53432	2397	86577	4557	05
96	2768	1271	3862	922	55830	2398	82021	4556	04
97	4039	1271	2939	923	58228	2398	77468	4553	03
98	5311	1272	2016	923	60626	2398	72916	4552	02
0,3999	6582	1271	1093	923	63026	2400	68367	4549	01
0,4000	0,5877853	1271	0,8090170	923	0,7265425	2399	1,3763819	4548	0,6000
Arc.	Cofinus.	D.	Sinus.	D.	Cotang.	D.	Tang.	D.	Arc.
0,600									

0,395

Arc.	Log. Sin.	D.	Log. Cosin.	D.	Log. Tang.	D.	Log. Cot.	Arc.
0,3950	9,7644849		9,9104155		9,8540694		10,1459306	0,6050
51	5803	954	3667	488	2136	1442	7864	49
52	6757	954	3179	488	3578	1442	6422	48
53	7711	954	2691	488	5020	1442	4980	47
54	8665	954	2203	488	6462	1442	3538	46
55	9,7649618	953	1715	488	7903	1441	2097	45
56	9,7650571	953	1227	488	9,8549344	1441	10,1450656	44
57	1523	952	0738	489	9,8550785	1441	10,1449215	43
58	2476	953	9,9100249	489	2226	1441	7774	42
59	3428	952	9,9099760	489	3667	1441	6333	41
0,3960	4379	951	9271	489	5108	1441	4892	0,6040
61	5331	952	8782	489	6548	1440	3452	39
62	6282	951	8293	489	7989	1441	2011	38
63	7232	950	7803	490	9,8559429	1440	10,1440571	37
64	8183	951	7314	489	9,8560869	1440	10,1439131	36
65	9,7659133	950	6824	490	2309	1440	7691	35
66	9,7660082	949	6334	490	3749	1440	6251	34
67	1032	950	5844	490	5188	1439	4812	33
68	1981	949	5353	491	6628	1440	3372	32
69	2930	949	4863	490	8067	1439	1933	31
0,3970	3878	948	4372	491	9,8569506	1439	10,1430494	0,6030
71	4826	948	3881	491	9,8570945	1439	10,1429055	29
72	5774	948	3390	491	2384	1439	7616	28
73	6722	948	2899	491	3823	1439	6177	27
74	7669	947	2408	491	5261	1438	4739	26
75	8616	947	1916	492	6699	1438	3301	25
76	9,7669562	946	1425	491	8138	1439	1862	24
77	9,7670509	947	0933	492	9,8579576	1438	10,1420424	23
78	1455	946	9,9090441	492	9,8581014	1438	10,1418986	22
79	2400	945	9,9089949	492	2451	1437	7549	21
0,3980	3346	946	9457	492	3889	1438	6111	0,6020
81	4291	945	8964	493	5327	1438	4673	19
82	5235	944	8471	493	6764	1437	3236	18
83	6180	945	7979	492	8201	1437	1799	17
84	7124	944	7486	493	9,8589638	1437	10,1410362	16
85	8068	944	6993	493	9,8591075	1437	10,1408925	15
86	9011	943	6499	494	2512	1437	7488	14
87	9,7679954	943	6006	493	3948	1436	6052	13
88	9,7680897	943	5512	494	5385	1437	4615	12
89	1840	943	5019	493	6821	1436	3179	11
0,3990	2782	942	4525	494	8257	1436	1743	0,6010
91	3724	942	4031	494	9,8599693	1436	10,1400307	09
92	4665	941	3536	495	9,8601129	1436	10,1398871	08
93	5607	942	3042	494	2565	1436	7435	07
94	6548	941	2547	495	4000	1435	6000	06
95	7488	940	2053	494	5436	1436	4564	05
96	8429	941	1558	495	6871	1435	3129	04
97	9,7689369	940	1063	495	8306	1435	1694	03
98	9,7690308	939	0567	496	9,8609741	1435	10,1390259	02
0,3999	1248	940	9,9080072	495	9,8611176	1435	10,1388824	01
0,4000	9,7692187	939	9,9079576	496	9,8612610	1434	10,1387390	0,6000
Arc.	Log. Cosin.	D.	Log. Sin.	D.	Log. Cot.	D.	Log. Tang.	Arc.

0,600

0,400									
Arc.	Sinus.	D.	Cofinus.	D.	Tang.	D.	Cotang.	D.	Arc.
0,4000	0,5877853		0,8090170		0,7265425		1,3763819		0,6000
01	0,5879123	1270	0,8089247	923	67826	2401	59274	4545	0,5999
02	0,5880394	1271	8323	924	70226	2400	54730	4544	98
03	1664	1270	7399	924	72628	2402	50188	4542	97
04	2935	1271	6475	924	75030	2402	45649	4539	96
05	4205	1270	5551	924	77432	2402	41111	4538	95
06	5475	1270	4627	924	79835	2403	36575	4536	94
07	6745	1270	3702	925	82238	2403	32041	4534	93
08	8014	1269	2777	925	84643	2405	27510	4531	92
09	0,5889284	1270	1852	925	87047	2404	22980	4530	91
0,4010	0,5890553	1269	0927	925	89452	2405	18452	4528	0,5990
11	1823	1270	0,8080002	925	91858	2406	13926	4526	89
12	3092	1269	0,8079076	926	94264	2406	09402	4524	88
13	4361	1269	8150	926	96671	2407	04880	4522	87
14	5630	1269	7224	926	0,7299079	2408	1,3700359	4521	86
15	6898	1268	6298	926	0,7301487	2408	1,3695841	4518	85
16	8167	1269	5372	926	03895	2408	91325	4516	84
17	0,5899435	1268	4445	927	06304	2409	86811	4514	83
18	0,5900703	1268	3518	927	08714	2410	82298	4513	82
19	1972	1269	2591	927	11124	2410	77788	4510	81
0,4020	3239	1267	1664	927	13535	2411	73279	4509	0,5980
21	4507	1268	0,8070737	927	15946	2411	68773	4506	79
22	5775	1268	0,8069809	928	18358	2412	64268	4505	78
23	7043	1268	8882	927	20770	2412	59765	4503	77
24	8310	1267	7954	928	23183	2413	55265	4500	76
25	0,5909577	1267	7025	929	0,7325596	2413	1,3650766	4499	75
26	0,5910844	1267	6097	928	28010	2414	46269	4497	74
27	2111	1267	5168	929	30425	2415	41774	4495	73
28	3378	1267	4240	928	32840	2415	37281	4493	72
29	4645	1267	3311	929	35256	2416	32790	4491	71
0,4030	5911	1266	2381	930	37672	2416	28301	4489	0,5970
31	7178	1267	1452	929	40089	2417	23813	4488	69
32	8444	1266	0,8060523	929	42506	2417	19328	4485	68
33	0,5919710	1266	0,8059593	930	44924	2418	14844	4484	67
34	0,5920976	1266	8663	930	47343	2419	10363	4481	66
35	2242	1266	7733	930	49762	2419	05883	4480	65
36	3507	1265	6802	931	52181	2419	1,3601406	4477	64
37	4773	1266	5872	930	54601	2420	1,3596930	4476	63
38	6038	1265	4941	931	57022	2421	92456	4474	62
39	7303	1265	4010	931	59443	2421	87984	4472	61
0,4040	8568	1265	3079	931	61865	2422	83514	4470	0,5960
41	0,5929833	1265	2148	931	64288	2423	79046	4468	59
42	0,5931098	1265	1216	932	66711	2423	74580	4466	58
43	2362	1264	0,8050284	932	69134	2423	70115	4465	57
44	3627	1265	0,8049352	932	71558	2424	65653	4462	56
45	4891	1264	8420	932	73983	2425	61192	4461	55
46	6155	1264	7488	932	76408	2425	56734	4458	54
47	7419	1264	6555	933	78834	2426	52277	4457	53
48	8683	1264	5622	933	81260	2426	47822	4455	52
49	0,5939947	1264	4689	933	83687	2427	43369	4453	51
0,4050	0,5941211	1264	0,8043756	933	0,7386115	2428	1,3538918	4451	0,5950
Arc.	Cofinus.	D.	Sinus.	D.	Cotang.	D.	Tang.	D.	Arc.
0,595									

0,400								
Arc.	Log. Sin.	D.	Log. Cosin.	D.	Log. Tang.	D.	Log. Cot.	Arc.
0,4000	9,7692187		9,9079576		9,8612610		10,1387390	0,6000
01	3126	939	9081	495	4045	1435	5955	0,5999
02	4064	938	8585	496	5479	1434	4521	98
03	5002	938	8089	496	6914	1435	3086	97
04	5940	938	7593	496	8348	1434	1652	96
05	6878	938	7096	497	9,8619782	1434	10,1380218	95
06	7815	937	6600	496	9,8621215	1433	10,1378785	94
07	8752	937	6103	497	2649	1434	7351	93
08	9,7699689	937	5606	497	4082	1433	5918	92
09	9,7700625	936	5109	497	5516	1434	4484	91
0,4010	1561	936	4612	497	6949	1433	3051	0,5990
11	2497	936	4115	497	8382	1433	1618	89
12	3432	935	3617	498	9,8629815	1433	10,1370185	88
13	4367	935	3119	498	9,8631248	1433	10,1368752	87
14	5302	935	2621	498	2680	1432	7320	86
15	6236	934	2123	498	4113	1433	5887	85
16	7170	934	1625	498	5545	1432	4455	84
17	8104	934	1127	498	6977	1432	3023	83
18	9038	934	0628	499	8409	1432	1591	82
19	9,7709971	933	9,9070130	498	9,8639841	1432	10,1360159	81
0,4020	9,7710904	933	9,9069631	499	9,8641273	1432	10,1358727	0,5980
21	1837	933	9132	499	2705	1432	7295	79
22	2769	932	8633	499	4136	1431	5864	78
23	3701	932	8133	500	5568	1432	4432	77
24	4633	932	7634	499	6999	1431	3001	76
25	5564	931	9,9067134	500	8430	1431	1570	75
26	6495	931	6634	500	9,8649861	1431	10,1350139	74
27	7426	931	6134	500	9,8651292	1431	10,1348708	73
28	8356	930	5634	500	2722	1430	7278	72
29	9,7719287	931	5134	500	4153	1431	5847	71
0,4030	9,7720216	929	4633	501	5583	1430	4417	0,5970
31	1146	930	4133	500	7013	1430	2987	69
32	2075	929	3632	501	8443	1430	1557	68
33	3004	929	3131	501	9,8659873	1430	10,1340127	67
34	3933	929	2630	501	9,8661303	1430	10,1338697	66
35	4861	928	2129	501	2733	1430	7267	65
36	5789	928	1627	502	4162	1429	5838	64
37	6717	928	1125	502	5591	1429	4409	63
38	7644	927	0624	501	7021	1430	2979	62
39	8571	927	9,9060122	502	8450	1429	1550	61
0,4040	9,7729498	927	9,9059620	502	9,8669879	1429	10,1330121	0,5960
41	9,7730425	927	9117	503	9,8671307	1428	10,1328693	59
42	1351	926	8615	502	2736	1429	7264	58
43	2277	926	8112	503	4165	1429	5835	57
44	3202	925	7609	503	5593	1428	4407	56
45	4128	926	7106	503	7021	1428	2979	55
46	5053	925	6603	503	8449	1428	1551	54
47	5977	924	6100	503	9,8679877	1428	10,1320123	53
48	6902	925	5596	504	9,8681305	1428	10,1318695	52
49	7826	924	5093	503	2733	1428	7267	51
0,4050	9,7738749	923	9,9054589	504	9,8684160	1427	10,1315840	0,5950
Arc.	Log. Cosin.	D.	Log. Sin.	D.	Log. Cot.	D.	Log. Tang.	Arc.
0,595								

0,405

Arc.	Sinus.	D.	Cofinus.	D.	Tang.	D.	Cotang.	D.	Arc.
0,4050	0,5941211		0,8043756		0,7386115		1,3538918		0,5950
51	2474	1263	2823	933	88543	2428	34469	4449	49
52	3737	1263	1889	934	90971	2428	30022	4447	48
53	5001	1264	0956	933	93400	2429	25576	4446	47
54	6263	1262	0,8040022	934	95830	2430	21133	4443	46
55	7526	1263	0,8039088	934	0,7398260	2430	16691	4442	45
56	0,5948789	1263	8153	935	0,7400691	2431	12251	4440	44
57	0,5950052	1263	7219	934	03123	2432	07814	4437	43
58	1314	1262	6284	935	05555	2432	1,3503378	4436	42
59	2576	1262	5349	935	07987	2432	1,3498944	4434	41
0,4060	3838	1262	4414	935	10420	2433	94511	4433	0,5940
61	5100	1262	3479	935	12854	2434	90081	4430	39
62	6362	1262	2543	936	15288	2434	85653	4428	38
63	7624	1262	1607	936	17723	2435	81226	4427	37
64	0,5958885	1261	0,8030672	935	20158	2435	76801	4425	36
65	0,5960147	1262	0,8029735	937	22594	2436	72379	4422	35
66	1408	1261	8799	936	25031	2437	67958	4421	34
67	2669	1261	7863	936	27468	2437	63539	4419	33
68	3930	1261	6926	937	29905	2437	59121	4418	32
69	5191	1261	5989	937	32344	2439	54706	4415	31
0,4070	6451	1260	5052	937	34782	2438	50293	4413	0,5930
71	7712	1261	4115	937	37222	2440	45881	4412	29
72	0,5968972	1260	3177	938	39662	2440	41471	4410	28
73	0,5970233	1261	2239	938	42102	2440	37063	4408	27
74	1493	1260	1301	938	44543	2441	32657	4406	26
75	2752	1259	0,8020363	938	0,7446985	2442	28253	4404	25
76	4012	1260	0,8019425	938	49427	2442	23851	4402	24
77	5272	1260	8487	938	51870	2443	19451	4400	23
78	6531	1259	7548	939	54313	2443	15052	4399	22
79	7791	1260	6609	939	56757	2444	10655	4397	21
0,4080	0,5979050	1259	5670	939	59202	2445	06260	4395	0,5920
81	0,5980309	1259	4731	939	61647	2445	1,3401867	4393	19
82	1568	1259	3791	940	64092	2445	1,3397476	4391	18
83	2826	1258	2851	940	66539	2447	93087	4389	17
84	4085	1259	1912	939	68985	2446	88699	4388	16
85	5343	1258	0971	941	71433	2448	84314	4385	15
86	6602	1259	0,8010031	940	73881	2448	79930	4384	14
87	7860	1258	0,8009091	940	76329	2448	75548	4382	13
88	0,5989118	1258	8150	941	78778	2449	71168	4380	12
89	0,5990376	1258	7209	941	81228	2450	66790	4378	11
0,4090	1633	1257	6268	941	83678	2450	62413	4377	0,5910
91	2891	1258	5327	941	86129	2451	58038	4375	09
92	4148	1257	4385	942	88580	2451	53666	4372	08
93	5406	1258	3444	941	91032	2452	49295	4371	07
94	6663	1257	2502	942	93485	2453	44926	4369	06
95	7920	1257	1560	942	95938	2453	40558	4368	05
96	0,5999177	1257	0,8000618	942	0,7498392	2454	36193	4365	04
97	0,6000433	1256	0,7999675	943	0,7500846	2454	31829	4364	03
98	1690	1257	8732	943	03301	2455	27468	4361	02
0,4099	2946	1256	7790	942	05756	2455	23108	4360	01
0,4100	0,6004202	1256	0,7996847	943	0,7508212	2456	1,3318750	4358	0,5900
Arc.	Cofinus.	D.	Sinus.	D.	Cotang.	D.	Tang.	D.	Arc.

0,590

0,405								
Arc.	Log. Sin.	D.	Log. Cosin.	D.	Log. Tang.	D.	Log. Cot.	Arc.
0,4050	9,7738749		9,9054589		9,8684160		10,1315840	0,5950
51	9,7739673	924	4085	504	5588	1428	4412	49
52	9,7740596	923	3581	504	7015	1427	2985	48
53	1519	923	3077	504	8442	1427	1558	47
54	2442	923	2572	505	9,8689869	1427	10,1310131	46
55	3364	922	2068	504	9,8691296	1427	10,1308704	45
56	4286	922	1563	505	2723	1427	7277	44
57	5207	921	1058	505	4149	1426	5851	43
58	6129	922	0553	505	5576	1427	4424	42
59	7050	921	9,9050048	505	7002	1426	2998	41
0,4060	7970	920	9,9049542	506	8428	1425	1572	0,5940
61	8891	921	9036	506	9,8699854	1426	10,1300146	39
62	9,7749811	920	8531	505	9,8701280	1426	10,1298720	38
63	9,7750731	920	8025	506	2706	1426	7294	37
64	1650	919	7519	506	4132	1426	5868	36
65	2570	920	7012	507	5557	1425	4443	35
66	3488	918	6506	506	6983	1426	3017	34
67	4407	919	5999	507	8408	1425	1592	33
68	5325	918	5493	506	9,8709833	1425	10,1290167	32
69	6243	918	4986	507	9,8711258	1425	10,1288742	31
0,4070	7161	918	4478	508	2683	1425	7317	0,5930
71	8079	918	3971	507	4107	1424	5893	29
72	8996	917	3464	507	5532	1425	4468	28
73	9,7759912	916	2956	508	6956	1424	3044	27
74	9,7760829	917	2448	508	8381	1425	1619	26
75	1745	916	1940	508	9,8719805	1424	10,1280195	25
76	2661	916	1432	508	9,8721229	1424	10,1278771	24
77	3577	916	0924	508	2653	1424	7347	23
78	4492	915	9,9040416	508	4076	1423	5924	22
79	5407	915	9,9039907	509	5500	1424	4500	21
0,4080	6322	915	9398	509	6924	1424	3076	0,5920
81	7236	914	8889	509	8347	1423	1653	19
82	8150	914	8380	509	9,8729770	1423	10,1270230	18
83	9064	914	7871	509	9,8731193	1423	10,1268807	17
84	9,7769978	914	7361	510	2616	1423	7384	16
85	9,7770891	913	6852	509	4039	1423	5961	15
86	1804	913	6342	510	5462	1423	4538	14
87	2716	912	5832	510	6884	1422	3116	13
88	3629	913	5322	510	8307	1423	1693	12
89	4541	912	4812	510	9,8739729	1422	10,1260271	11
0,4090	5452	911	4301	511	9,8741151	1422	10,1258849	0,5910
91	6364	912	3791	510	2573	1422	7427	09
92	7275	911	3280	511	3995	1422	6005	08
93	8186	911	2769	511	5417	1422	4583	07
94	9,7779096	910	2258	511	6838	1421	3162	06
95	9,7780006	910	1747	511	8260	1422	1740	05
96	0916	910	1235	512	9,8749681	1421	10,1250319	04
97	1826	910	0723	512	9,8751103	1422	10,1248897	03
98	2735	909	9,9030212	511	2524	1421	7476	02
0,4099	3644	909	9,9029700	512	3945	1421	6055	01
0,4100	9,7784553	909	9,9029188	512	9,8755365	1420	10,1244635	0,5900
Arc.	Log. Cosin.	D.	Log. Sin.	D.	Log. Cot.	D.	Log. Tang.	Arc.
0,590								

0,410

Arc.	Sinus.	D.	Cofinus.	D.	Tang.	D.	Cotang.	D.	Arc.
0, 4100	0, 6004202		0, 7996847		0, 7508212		1, 3318750		0, 5900
01	5458	1256	5903	944	10669	2457	14393	4357	0, 5899
02	6714	1256	4960	943	13126	2457	10039	4354	98
03	7970	1256	4016	944	15584	2458	05686	4353	97
04	0, 6009226	1256	3072	944	18042	2458	1, 3301335	4351	96
05	0, 6010481	1255	2128	944	20501	2459	1, 3296986	4349	95
06	1736	1255	1184	944	22961	2460	92639	4347	94
07	2992	1256	0, 7990240	944	25421	2460	88294	4345	93
08	4247	1255	0, 7989295	945	27881	2460	83950	4344	92
09	5502	1255	8350	945	30343	2462	79608	4342	91
0, 4110	6756	1254	7405	945	32804	2461	75268	4340	0, 5890
11	8011	1255	6460	945	35267	2463	70930	4338	89
12	0, 6019265	1254	5515	945	37730	2463	66594	4336	88
13	0, 6020520	1255	4569	946	40193	2463	62259	4335	87
14	1774	1254	3623	946	42658	2465	57927	4332	86
15	3028	1254	2677	946	45122	2464	53596	4331	85
16	4282	1254	1731	946	47588	2466	49266	4330	84
17	5535	1253	0, 7980785	946	50054	2466	44939	4327	83
18	6789	1254	0, 7979838	947	52520	2466	40614	4325	82
19	8042	1253	8891	947	54987	2467	36290	4324	81
0, 4120	0, 6029295	1253	7944	947	57455	2468	31968	4322	0, 5880
21	0, 6030549	1254	6997	947	59923	2468	27648	4320	79
22	1801	1252	6050	947	62392	2469	23330	4318	78
23	3054	1253	5102	948	64861	2469	19013	4317	77
24	4307	1253	4155	947	67331	2470	14698	4315	76
25	5559	1252	3207	948	0, 7569802	2471	10385	4313	75
26	6812	1253	2258	949	72273	2471	06074	4311	74
27	8064	1252	1310	948	74745	2472	1, 3201765	4309	73
28	0, 6039316	1252	0, 7970361	949	77217	2472	1, 3197457	4308	72
29	0, 6040568	1252	0, 7969413	948	79690	2473	93151	4306	71
0, 4130	1820	1252	8464	949	82164	2474	88847	4304	0, 5870
31	3071	1251	7515	949	84638	2474	84545	4302	69
32	4323	1252	6565	950	87113	2475	80245	4300	68
33	5574	1251	5616	949	89588	2475	75946	4299	67
34	6825	1251	4666	950	92064	2476	71649	4297	66
35	8076	1251	3716	950	94540	2476	67354	4295	65
36	0, 6049327	1251	2766	950	97017	2477	63061	4293	64
37	0, 6050578	1251	1816	950	0, 7599495	2478	58769	4292	63
38	1828	1250	0, 7960865	951	0, 7601973	2478	54479	4290	62
39	3079	1251	0, 7959914	951	04452	2479	50191	4288	61
0, 4140	4329	1250	8963	951	06932	2480	45905	4286	0, 5860
41	5579	1250	8012	951	09412	2480	41620	4285	59
42	6829	1250	7061	951	11892	2480	37338	4282	58
43	8079	1250	6110	951	14374	2482	33057	4281	57
44	0, 6059329	1250	5158	952	16855	2481	28778	4279	56
45	0, 6060578	1249	4206	952	19338	2483	24500	4278	55
46	1828	1250	3254	952	21821	2483	20225	4275	54
47	3077	1249	2302	952	24304	2483	15951	4274	53
48	4326	1249	1349	953	26789	2485	11679	4272	52
49	5575	1249	0, 7950396	953	29273	2484	07408	4271	51
0, 4150	0, 6066824	1249	0, 7949444	952	0, 7631759	2486	1, 3103140	4268	0, 5850
Arc.	Cofinus.	D.	Sinus.	D.	Cotang.	D.	Tang.	D.	Arc.

0,585

0,410								
Arc.	Log. Sin.	D.	Log. Cosin.	D.	Log. Tang.	D.	Log. Cot.	Arc.
0,4100	9,7784553		9,9029188		9,8755365		10,1244635	0,5900
01	5462	909	8675	513	6786	1421	3214	0,5899
02	6370	908	8163	512	8207	1421	1793	98
03	7278	908	7650	513	9,8759627	1420	10,1240373	97
04	8185	907	7137	513	9,8761048	1421	10,1238952	96
05	9092	907	6625	512	2468	1420	7532	95
06	9,7789999	907	6111	514	3888	1420	6112	94
07	9,7790906	907	5598	513	5308	1420	4692	93
08	1812	906	5085	513	6728	1420	3272	92
09	2718	906	4571	514	8147	1419	1853	91
0,4110	3624	906	4057	514	9,8769567	1420	10,1230433	0,5890
11	4530	906	3543	514	9,8770986	1419	10,1229014	89
12	5435	905	3029	514	2406	1420	7594	88
13	6340	905	2515	514	3825	1419	6175	87
14	7244	904	2000	515	5244	1419	4756	86
15	8149	905	1486	514	6663	1419	3337	85
16	9053	904	0971	515	8082	1419	1918	84
17	9,7799956	903	9,9020456	515	9,8779500	1418	10,1220500	83
18	9,7800860	904	9,9019941	515	9,8780919	1419	10,1219081	82
19	1763	903	9426	515	2337	1418	7663	81
0,4120	2666	903	8910	516	3756	1419	6244	0,5880
21	3568	902	8394	516	5174	1418	4826	79
22	4470	902	7879	515	6592	1418	3408	78
23	5372	902	7363	516	8010	1418	1990	77
24	6274	902	6846	517	9,8789427	1417	10,1210573	76
25	7175	901	9,9016330	516	9,8790845	1418	10,1209155	75
26	8076	901	5814	516	2263	1418	7737	74
27	8977	901	5297	517	3680	1417	6320	73
28	9,7809878	901	4780	517	5097	1417	4903	72
29	9,7810778	900	4263	517	6515	1418	3485	71
0,4130	1678	900	3746	517	7932	1417	2068	0,5870
31	2577	899	3229	517	9,8799349	1417	10,1200651	69
32	3476	899	2711	518	9,8800765	1416	10,1199235	68
33	4375	899	2194	517	2182	1417	7818	67
34	5274	899	1676	518	3598	1416	6402	66
35	6173	899	1158	518	5015	1417	4985	65
36	7071	898	0640	518	6431	1416	3569	64
37	7969	898	9,9010121	519	7847	1416	2153	63
38	8866	897	9,9009603	518	9,8809263	1416	10,1190737	62
39	9,7819763	897	9084	519	9,8810679	1416	10,1189321	61
0,4140	9,7820660	897	8565	519	2095	1416	7905	0,5860
41	1557	897	8046	519	3511	1416	6489	59
42	2453	896	7527	519	4926	1415	5074	58
43	3349	896	7008	519	6342	1416	3658	57
44	4245	896	6488	520	7757	1415	2243	56
45	5141	896	5968	520	9,8819172	1415	10,1180828	55
46	6036	895	5448	520	9,8820587	1415	10,1179413	54
47	6931	895	4928	520	2002	1415	7998	53
48	7825	894	4408	520	3417	1415	6583	52
49	8720	895	3888	520	4832	1415	5168	51
0,4150	9,7829614	894	9,9003367	521	9,8826246	1414	10,1173754	0,5850
Arc.	Log. Cosin.	D.	Log. Sin.	D.	Log. Cot.	D.	Log. Tang.	Arc.
0,585								

0,415

Arc.	Sinus.	D.	Cofinus.	D.	Tang.	D.	Cotang.	D.	Arc.
0,4150	0,6066824		0,7949444		0,7631759		1,3103140		0,5850
51	8072	1248	8490	954	34245	2486	1,3098873	4267	49
52	0,6069321	1249	7537	953	36731	2486	94608	4265	48
53	0,6070569	1248	6584	953	39218	2487	90344	4264	47
54	1817	1248	5630	954	41706	2488	86083	4261	46
55	3065	1248	4676	954	44195	2489	81823	4260	45
56	4313	1248	3722	954	46684	2489	77565	4258	44
57	5561	1248	2768	954	49173	2489	73308	4257	43
58	6808	1247	1813	955	51663	2490	69054	4254	42
59	8056	1248	0,7940859	954	54154	2491	64801	4253	41
0,4160	0,6079303	1247	0,7939904	955	56645	2491	60550	4251	0,5840
61	0,6080550	1247	8949	955	59137	2492	56301	4249	39
62	1797	1247	7994	955	61630	2493	52053	4248	38
63	3044	1247	7038	956	64123	2493	47807	4246	37
64	4291	1247	6083	955	66617	2494	43563	4244	36
65	5537	1246	5127	956	69111	2494	39321	4242	35
66	6783	1246	4171	956	71606	2495	35080	4241	34
67	8030	1247	3215	956	74102	2496	30841	4239	33
68	0,6089276	1246	2258	957	76598	2496	26604	4237	32
69	0,6090522	1246	1302	956	79095	2497	22368	4236	31
0,4170	1767	1245	0,7930345	957	81592	2497	18135	4233	0,5830
71	3013	1246	0,7929388	957	84090	2498	13903	4232	29
72	4259	1246	8431	957	86589	2499	09672	4231	28
73	5504	1245	7473	958	89088	2499	05444	4228	27
74	6749	1245	6516	957	91588	2500	1,3001217	4227	26
75	7994	1245	5558	958	94088	2500	1,2996992	4225	25
76	0,6099239	1245	4600	958	96589	2501	92769	4223	24
77	0,6100484	1245	3642	958	0,7699091	2502	88547	4222	23
78	1728	1244	2683	959	0,7701593	2502	84327	4220	22
79	2973	1245	1725	958	04096	2503	80109	4218	21
0,4180	4217	1244	0,7920766	959	06599	2503	75892	4217	0,5820
81	5461	1244	0,7919807	959	09103	2504	71678	4214	19
82	6705	1244	8848	959	11608	2505	67465	4213	18
83	7949	1244	7889	959	14113	2505	63253	4212	17
84	0,6109192	1243	6929	960	16619	2506	59044	4209	16
85	0,6110436	1244	5969	960	19125	2506	54836	4208	15
86	1679	1243	5010	959	21632	2507	50630	4206	14
87	2923	1244	4049	961	24140	2508	46425	4205	13
88	4166	1243	3089	960	26648	2508	42222	4203	12
89	5408	1242	2129	960	29157	2509	38021	4201	11
0,4190	6651	1243	1168	961	31667	2510	33822	4199	0,5810
91	7894	1243	0,7910207	961	34177	2510	29624	4198	09
92	0,6119136	1242	0,7909246	961	36687	2510	25429	4195	08
93	0,6120379	1243	8285	961	39199	2512	21234	4195	07
94	1621	1242	7323	962	41711	2512	17042	4192	06
95	2863	1242	6361	962	44223	2512	12851	4191	05
96	4105	1242	5400	961	46736	2513	08662	4189	04
97	5346	1241	4438	962	49250	2514	04474	4188	03
98	6588	1242	3475	963	51765	2515	1,2900289	4185	02
0,4199	7829	1241	2513	962	54280	2515	1,2896105	4184	01
0,4200	0,6129071	1242	0,7901550	963	0,7756795	2515	1,2891922	4183	0,5800
Arc.	Cofinus.	D.	Sinus.	D.	Cotang.	D.	Tang.	D.	Arc.

0,580

0,415

Arc.	Log. Sin.	D.	Log. Cosin.	D.	Log. Tang.	D.	Log. Cot.	Arc.
0,4150	9,7829614		9,9003367		9,8826246		10,1173754	0,5850
51	9,7830507	893	2847	520	7661	1415	2339	49
52	1401	894	2326	521	9,8829075	1414	10,1170925	48
53	2294	893	1805	521	9,8830489	1414	10,1169511	47
54	3187	893	1283	522	1903	1414	8097	46
55	4079	892	0762	521	3317	1414	6683	45
56	4972	893	9,9000240	522	4731	1414	5269	44
57	5864	892	9,8999719	521	6145	1414	3855	43
58	6755	891	9197	522	7559	1414	2441	42
59	7647	892	8675	522	9,8838972	1413	10,1161028	41
0,4160	8538	891	8153	522	9,8840385	1413	10,1159615	0,5840
61	9,7839429	891	7630	523	1799	1414	8201	39
62	9,7840319	890	7108	522	3212	1413	6788	38
63	1210	891	6585	523	4625	1413	5375	37
64	2099	889	6062	523	6038	1413	3962	36
65	2989	890	5539	523	7450	1412	2550	35
66	3879	890	5015	524	9,8848863	1413	10,1151137	34
67	4768	889	4492	523	9,8850276	1413	10,1149724	33
68	5656	888	3968	524	1688	1412	8312	32
69	6545	889	3445	523	3100	1412	6900	31
0,4170	7433	888	2921	524	4512	1412	5488	0,5830
71	8321	888	2397	524	5924	1412	4076	29
72	9,7849209	888	1872	525	7336	1412	2664	28
73	9,7850096	887	1348	524	9,8858748	1412	10,1141252	27
74	0983	887	0823	525	9,8860160	1412	10,1139840	26
75	1870	887	9,8990298	525	1572	1412	8428	25
76	2756	886	9,8989773	525	2983	1411	7017	24
77	3643	887	9248	525	4394	1411	5606	23
78	4529	886	8723	525	5806	1412	4194	22
79	5414	885	8198	525	7217	1411	2783	21
0,4180	6300	886	7672	526	9,8868628	1411	10,1131372	0,5820
81	7185	885	7146	526	9,8870039	1411	10,1129961	19
82	8069	884	6620	526	1449	1410	8551	18
83	8954	885	6094	526	2860	1411	7140	17
84	9,7859838	884	5568	526	4270	1410	5730	16
85	9,7860722	884	5041	527	5681	1411	4319	15
86	1606	884	4514	527	7091	1410	2909	14
87	2489	883	3988	526	8501	1410	1499	13
88	3372	883	3461	527	9,8879911	1410	10,1120089	12
89	4255	883	2933	528	9,8881321	1410	10,1118679	11
0,4190	5137	882	2406	527	2731	1410	7269	0,5810
91	6019	882	1878	528	4141	1410	5859	09
92	6901	882	1351	527	5551	1410	4449	08
93	7783	882	0823	528	6960	1409	3040	07
94	8664	881	9,8980295	528	8369	1409	1631	06
95	9,7869545	881	9,8979767	528	9,8889779	1410	10,1110221	05
96	9,7870426	881	9238	529	9,8891188	1409	10,1108812	04
97	1306	880	8710	528	2597	1409	7403	03
98	2187	881	8181	529	4006	1409	5994	02
0,4199	3067	880	7652	529	5415	1409	4585	01
0,4200	9,7873946	879	9,8977123	529	9,8896823	1408	10,1103177	0,5800
Arc.	Log. Cosin.	D.	Log. Sin.	D.	Log. Cot.	D.	Log. Tang.	Arc.

0,580

0,420

Arc.	Sinus.	D.	Cosinus.	D.	Tang.	D.	Cotang.	D.	Arc.
0,4200	0,6129071		0,7901550		0,7756795		1,2891922		0,5800
01	0,6130312	1241	0,7900587	963	59311	2516	87742	4180	0,5799
02	1553	1241	0,7899624	963	61828	2517	83563	4179	98
03	2793	1240	8661	963	64346	2518	79385	4178	97
04	4034	1241	7698	963	66864	2518	75210	4175	96
05	5275	1241	6734	964	69382	2518	71036	4174	95
06	6515	1240	5770	964	71902	2520	66864	4172	94
07	7755	1240	4806	964	74422	2520	62693	4171	93
08	0,6138995	1240	3842	964	76942	2520	58525	4168	92
09	0,6140235	1240	2877	965	79463	2521	54357	4168	91
0,4210	1475	1240	1913	964	81985	2522	50192	4165	0,5790
11	2714	1239	0,7890948	965	84507	2522	46028	4164	89
12	3954	1240	0,7889983	965	87030	2523	41866	4162	88
13	5193	1239	9018	965	89554	2524	37706	4160	87
14	6432	1239	8052	966	92078	2524	33547	4159	86
15	7671	1239	7087	965	94603	2525	29390	4157	85
16	0,6148910	1239	6121	966	97128	2525	25234	4156	84
17	0,6150149	1239	5155	966	0,7799654	2526	21081	4153	83
18	1387	1238	4189	966	0,7802181	2527	16929	4152	82
19	2625	1238	3223	966	04708	2527	12778	4151	81
0,4220	3864	1239	2256	967	07236	2528	08630	4148	0,5780
21	5102	1238	1289	967	09765	2529	04483	4147	79
22	6340	1238	0,7880322	967	12294	2529	1,2800337	4146	78
23	7577	1237	0,7879355	967	14824	2530	1,2796194	4143	77
24	0,6158815	1238	8388	967	17354	2530	92052	4142	76
25	0,6160053	1238	7420	968	0,7819885	2531	87911	4141	75
26	1290	1237	6453	967	22417	2532	83773	4138	74
27	2527	1237	5485	968	24949	2532	79635	4138	73
28	3764	1237	4517	968	27482	2533	75500	4135	72
29	5001	1237	3548	969	30016	2534	71366	4134	71
0,4230	6238	1237	2580	968	32550	2534	67234	4132	0,5770
31	7474	1236	1611	969	35085	2535	63104	4130	69
32	8710	1236	0,7870642	969	37620	2535	58975	4129	68
33	0,6169947	1237	0,7869673	969	40156	2536	54848	4127	67
34	0,6171183	1236	8704	969	42693	2537	50723	4125	66
35	2419	1236	7735	969	45230	2537	46599	4124	65
36	3655	1236	6765	970	47768	2538	42477	4122	64
37	4890	1235	5795	970	50306	2538	38356	4121	63
38	6126	1236	4825	970	52846	2540	34237	4119	62
39	7361	1235	3855	970	55385	2539	30120	4117	61
0,4240	8596	1235	2884	971	57926	2541	26005	4115	0,5760
41	0,6179831	1235	1914	970	60467	2541	21891	4114	59
42	0,6181066	1235	0,7860943	971	63008	2541	17779	4112	58
43	2301	1235	0,7859972	971	65551	2543	13668	4111	57
44	3535	1234	9001	971	68094	2543	09559	4109	56
45	4770	1235	8029	972	70637	2543	05452	4107	55
46	6004	1234	7058	971	73181	2544	1,2701346	4106	54
47	7238	1234	6086	972	75726	2545	1,2697242	4104	53
48	8472	1234	5114	972	78272	2546	93139	4103	52
49	0,6189706	1234	4142	972	80818	2546	89039	4100	51
0,4250	0,6190939	1233	0,7853169	973	0,7883364	2546	1,2684940	4099	0,5750
Arc.	Cosinus.	D.	Sinus.	D.	Cotang.	D.	Tang.	D.	Arc.

0,575

0,420								
Arc.	Log. Sin.	D.	Log. Cosin.	D.	Log. Tang.	D.	Log. Cot.	Arc.
0,4200	9,7873946		9,8977123		9,8896823		10,1103177	0,5800
01	4826	880	6594	529	8232	1409	1768	0,5799
02	5705	879	6064	530	9,8899640	1408	10,1100360	98
03	6583	878	5535	529	9,8901049	1409	10,1098951	97
04	7462	879	5005	530	2457	1408	7543	96
05	8340	878	4475	530	3865	1408	6135	95
06	9,7879218	878	3945	530	5273	1408	4727	94
07	9,7880096	878	3415	530	6681	1408	3319	93
08	0973	877	2884	531	8089	1408	1911	92
09	1850	877	2354	530	9,8909496	1407	10,1090504	91
0,4210	2727	877	1823	531	9,8910904	1408	10,1089096	0,5790
11	3603	876	1292	531	2311	1407	7689	89
12	4479	876	0761	531	3719	1408	6281	88
13	5355	876	9,8970229	532	5126	1407	4874	87
14	6231	876	9,8969698	531	6533	1407	3467	86
15	7106	875	9166	532	7940	1407	2060	85
16	7981	875	8634	532	9,8919347	1407	10,1080653	84
17	8856	875	8102	532	9,8920754	1407	10,1079246	83
18	9,7889731	875	7570	532	2160	1406	7840	82
19	9,7890605	874	7038	532	3567	1407	6433	81
0,4220	1479	874	6505	533	4973	1406	5027	0,5780
21	2352	873	5973	532	6380	1407	3620	79
22	3226	874	5440	533	7786	1406	2214	78
23	4099	873	4907	533	9,8929192	1406	10,1070808	77
24	4972	873	4374	533	9,8930598	1406	10,1069402	76
25	5844	872	9,8963840	534	2004	1406	7996	75
26	6716	872	3307	533	3410	1406	6590	74
27	7588	872	2773	534	4815	1405	5185	73
28	8460	872	2239	534	6221	1406	3779	72
29	9,7899331	871	1705	534	7626	1405	2374	71
0,4230	9,7900202	871	1171	534	9,8939032	1406	10,1060968	0,5770
31	1073	871	0636	535	9,8940437	1405	10,1059563	69
32	1944	871	9,8960102	534	1842	1405	8158	68
33	2814	870	9,8959567	535	3247	1405	6753	67
34	3684	870	9032	535	4652	1405	5348	66
35	4554	870	8497	535	6057	1405	3943	65
36	5423	869	7962	535	7462	1405	2538	64
37	6292	869	7426	536	9,8948866	1404	10,1051134	63
38	7161	869	6891	535	9,8950271	1405	10,1049729	62
39	8030	869	6355	536	1675	1404	8325	61
0,4240	8898	868	5819	536	3079	1404	6921	0,5760
41	9,7909766	868	5283	536	4483	1404	5517	59
42	9,7910634	868	4746	537	5887	1404	4113	58
43	1501	867	4210	536	7291	1404	2709	57
44	2368	867	3673	537	9,8958695	1404	10,1041305	56
45	3235	867	3136	537	9,8960099	1404	10,1039901	55
46	4102	867	2599	537	1503	1404	8497	54
47	4968	866	2062	537	2906	1403	7094	53
48	5834	866	1525	537	4309	1403	5691	52
49	6700	866	0987	538	5713	1404	4287	51
0,4250	9,7917566	866	9,8950450	537	9,8967116	1403	10,1032884	0,5750
Arc.	Log.Cosin.	D.	Log. Sin.	D.	Log. Cot.	D.	Log. Tang.	Arc.
0,575								

0,425

Arc.	Sinus.	D.	Cofinus.	D.	Tang.	D.	Cotang.	D.	Arc.
0,4250	0,6190939		0,7853169		0,7883364		1,2684940		0,5750
51	2173	1234	2197	972	85912	2548	80842	4098	49
52	3406	1233	1224	973	88460	2548	76746	4096	48
53	4640	1234	0,7850251	973	91008	2548	72652	4094	47
54	5873	1233	0,7849278	973	93557	2549	68559	4093	46
55	7105	1232	8305	973	96107	2550	64468	4091	45
56	8338	1233	7331	974	0,7898658	2551	60379	4089	44
57	0,6199571	1233	6357	974	0,7901209	2551	56291	4088	43
58	0,6200803	1232	5383	974	03761	2552	52205	4086	42
59	2035	1232	4409	974	06313	2552	48121	4084	41
0,4260	3268	1233	3435	974	08866	2553	44038	4083	0,5740
61	4500	1232	2460	975	11420	2554	39956	4082	39
62	5731	1231	1486	974	13974	2554	35877	4079	38
63	6963	1232	0,7840511	975	16529	2555	31799	4078	37
64	8195	1232	0,7839536	975	19084	2555	27722	4077	36
65	0,6209426	1231	8560	976	21641	2557	23648	4074	35
66	0,6210657	1231	7585	975	24197	2556	19575	4073	34
67	1888	1231	6609	976	26755	2558	15503	4072	33
68	3119	1231	5633	976	29313	2558	11433	4070	32
69	4350	1231	4657	976	31872	2559	07365	4068	31
0,4270	5580	1230	3681	976	34431	2559	1,2603298	4067	0,5730
71	6811	1231	2705	976	36991	2560	1,2599233	4065	29
72	8041	1230	1728	977	39552	2561	95169	4064	28
73	0,6219271	1230	0,7830751	977	42113	2561	91108	4061	27
74	0,6220501	1230	0,7829774	977	44675	2562	87047	4061	26
75	1731	1230	8797	977	0,7947238	2563	82989	4058	25
76	2961	1230	7820	977	49801	2563	78932	4057	24
77	4190	1229	6842	978	52365	2564	74876	4056	23
78	5420	1230	5864	978	54929	2564	70822	4054	22
79	6649	1229	4886	978	57494	2565	66770	4052	21
0,4280	7878	1229	3908	978	60060	2566	62719	4051	0,5720
81	0,6229107	1229	2930	978	62626	2566	58670	4049	19
82	0,6230335	1228	1951	979	65193	2567	54623	4047	18
83	1564	1229	0,7820972	979	67761	2568	50577	4046	17
84	2792	1228	0,7819993	979	70330	2569	46533	4044	16
85	4021	1229	9014	979	72899	2569	42490	4043	15
86	5249	1228	8035	979	75468	2569	38449	4041	14
87	6477	1228	7055	980	78038	2570	34409	4040	13
88	7705	1228	6076	979	80609	2571	30372	4037	12
89	0,6238932	1227	5096	980	83181	2572	26335	4037	11
0,4290	0,6240160	1228	4116	980	85753	2572	22301	4034	0,5710
91	1387	1227	3135	981	88326	2573	18267	4034	09
92	2614	1227	2155	980	90899	2573	14236	4031	08
93	3842	1228	1174	981	93474	2575	10206	4030	07
94	5068	1226	0,7810193	981	96048	2574	06177	4029	06
95	6295	1227	0,7809212	981	0,7998624	2576	1,2502151	4026	05
96	7522	1227	8231	981	0,8001200	2576	1,2498125	4026	04
97	8748	1226	7250	981	03777	2577	94102	4023	03
98	0,6249974	1226	6268	982	06354	2577	90080	4022	02
0,4299	0,6251201	1227	5286	982	08932	2578	86059	4021	01
0,4300	0,6252427	1226	0,7804304	982	0,8011511	2579	1,2482040	4019	0,5700
Arc.	Cofinus.	D.	Sinus.	D.	Cotang.	D.	Tang.	D.	Arc.

0,570

0,425								
Arc.	Log. Sin.	D.	Log. Cosin.	D.	Log. Tang.	D.	Log. Cot.	Arc.
0,4250	9,7917566		9,8950450		9,8967116		10,1032884	0,5750
51	8431	865	9,8949912	538	8519	1403	1481	49
52	9,7919296	865	9374	538	9,8969922	1403	10,1030078	48
53	9,7920160	864	8835	539	9,8971325	1403	10,1028675	47
54	1025	865	8297	538	2728	1403	7272	46
55	1889	864	7758	539	4130	1402	5870	45
56	2753	864	7220	538	5533	1403	4467	44
57	3616	863	6681	539	6935	1402	3065	43
58	4479	863	6142	539	8338	1403	1662	42
59	5342	863	5602	540	9,8979740	1402	10,1020260	41
0,4260	6205	863	5063	539	9,8981142	1402	10,1018858	0,5740
61	7068	863	4523	540	2544	1402	7456	39
62	7930	862	3984	539	3946	1402	6054	38
63	8792	862	3444	540	5348	1402	4652	37
64	9,7929653	861	2903	541	6750	1402	3250	36
65	9,7930514	861	2363	540	8151	1401	1849	35
66	1376	862	1823	540	9,8989553	1402	10,1010447	34
67	2236	860	1282	541	9,8990954	1401	10,1009046	33
68	3097	861	0741	541	2356	1402	7644	32
69	3957	860	9,8940200	541	3757	1401	6243	31
0,4270	4817	860	9,8939659	541	5158	1401	4842	0,5730
71	5677	860	9118	541	6559	1401	3441	29
72	6536	859	8576	542	7960	1401	2040	28
73	7395	859	8034	542	9,8999361	1401	10,1000639	27
74	8254	859	7492	542	9,9000761	1400	10,0999239	26
75	9112	858	6950	542	2162	1401	7838	25
76	9,7939971	859	6408	542	3562	1400	6438	24
77	9,7940829	858	5866	542	4963	1401	5037	23
78	1686	857	5323	543	6363	1400	3637	22
79	2544	858	4780	543	7763	1400	2237	21
0,4280	3401	857	4237	543	9,9009163	1400	10,0990837	0,5720
81	4258	857	3694	543	9,9010563	1400	10,0989437	19
82	5114	856	3151	543	1963	1400	8037	18
83	5971	857	2608	543	3363	1400	6637	17
84	6827	856	2064	544	4763	1400	5237	16
85	7682	855	1520	544	6162	1399	3838	15
86	8538	856	0976	544	7562	1400	2438	14
87	9,7949393	855	9,8930432	544	9,9018961	1399	10,0981039	13
88	9,7950248	855	9,8929888	544	9,9020361	1400	10,0979639	12
89	1103	855	9343	545	1760	1399	8240	11
0,4290	1957	854	8798	545	3159	1399	6841	0,5710
91	2811	854	8254	544	4558	1399	5442	09
92	3665	854	7708	546	5957	1399	4043	08
93	4519	854	7163	545	7355	1398	2645	07
94	5372	853	6618	545	9,9028754	1399	10,0971246	06
95	6225	853	6072	546	9,9030153	1399	10,0969847	05
96	7078	853	5527	545	1551	1398	8449	04
97	7930	852	4981	546	2950	1399	7050	03
98	8782	852	4435	546	4348	1398	5652	02
0,4299	9,7959634	852	3888	547	5746	1398	4254	01
0,4300	9,7960486	852	9,8923342	546	9,9037144	1398	10,0962856	0,5700
Arc.	Log. Cosin.	D.	Log. Sin.	D.	Log. Cot.	D.	Log. Tang.	Arc.
0,570								

0,430

Arc.	Sinus.	D.	Cofinus.	D.	Tang.	D.	Cotang.	D.	Arc.
0,4300	0,6252427		0,7804304		0,8011511		1,2482040		0,5700
01	3652	1225	3322	982	14090	2579	78023	4017	0,5699
02	4878	1226	2339	983	16670	2580	74007	4016	98
03	6104	1226	1357	982	19251	2581	69993	4014	97
04	7329	1225	0,7800374	983	21832	2581	65980	4013	96
05	8554	1225	0,7799391	983	24414	2582	61969	4011	95
06	0,6259779	1225	8408	983	26996	2582	57960	4009	94
07	0,6261004	1225	7424	984	29580	2584	53952	4008	93
08	2229	1225	6441	983	32164	2584	49946	4006	92
09	3453	1224	5457	984	34748	2584	45941	4005	91
0,4310	4678	1225	4473	984	37333	2585	41938	4003	0,5690
11	5902	1224	3489	984	39919	2586	37936	4002	89
12	7126	1224	2505	984	42506	2587	33936	4000	88
13	8350	1224	1520	985	45093	2587	29938	3998	87
14	0,6269574	1224	0,7790535	985	47681	2588	25941	3997	86
15	0,6270798	1224	0,7789550	985	50269	2588	21945	3996	85
16	2021	1223	8565	985	52858	2589	17951	3994	84
17	3244	1223	7580	985	55448	2590	13959	3992	83
18	4468	1224	6595	985	58038	2590	09968	3991	82
19	5691	1223	5609	986	60629	2591	05979	3989	81
0,4320	6914	1223	4623	986	63221	2592	1,2401992	3987	0,5680
21	8136	1222	3637	986	65813	2592	1,2398006	3986	79
22	0,6279359	1223	2651	986	68406	2593	94021	3985	78
23	0,6280581	1222	1664	987	71000	2594	90038	3983	77
24	1804	1223	0,7780678	986	73595	2595	86057	3981	76
25	3026	1222	0,7779691	987	0,8076190	2595	82077	3980	75
26	4248	1222	8704	987	78785	2595	78099	3978	74
27	5469	1221	7716	988	81382	2597	74122	3977	73
28	6691	1222	6729	987	83979	2597	70147	3975	72
29	7913	1222	5741	988	86576	2597	66173	3974	71
0,4330	0,6289134	1221	4754	987	89175	2599	62201	3972	0,5670
31	0,6290355	1221	3766	988	91773	2598	58230	3971	69
32	1576	1221	2777	989	94373	2600	54261	3969	68
33	2797	1221	1789	988	96973	2600	50294	3967	67
34	4018	1221	0,7770801	988	0,8099574	2601	46328	3966	66
35	5238	1220	0,7769812	989	0,8102176	2602	42363	3965	65
36	6459	1221	8823	989	04778	2602	38400	3963	64
37	7679	1220	7834	989	07381	2603	34439	3961	63
38	0,6298899	1220	6844	990	09985	2604	30479	3960	62
39	0,6300119	1220	5855	989	12589	2604	26521	3958	61
0,4340	1339	1220	4865	990	15194	2605	22564	3957	0,5660
41	2558	1219	3875	990	17800	2606	18609	3955	59
42	3778	1220	2885	990	20406	2606	14655	3954	58
43	4997	1219	1895	990	23013	2607	10703	3952	57
44	6216	1219	0,7760904	991	25620	2607	06753	3950	56
45	7435	1219	0,7759914	990	28229	2609	1,2302803	3950	55
46	8654	1219	8923	991	30838	2609	1,2298856	3947	54
47	0,6309873	1219	7932	991	33447	2609	94910	3946	53
48	0,6311091	1218	6941	991	36057	2610	90965	3945	52
49	2310	1219	5949	992	38668	2611	87022	3943	51
0,4350	0,6313528	1218	0,7754957	992	0,8141280	2612	1,2283081	3941	0,5650
Arc.	Cofinus.	D.	Sinus.	D.	Cotang.	D.	Tang.	D.	Arc.

0,565

0,430								
Arc.	Log. Sin.	D.	Log. Cosin.	D.	Log. Tang.	D.	Log. Cot.	Arc.
0, 4300	9, 7960486		9, 8923342		9, 9037144		10, 0962856	0, 5700
01	1337	851	2795	547	8542	1398	1458	0, 5699
02	2188	851	2248	547	9, 9039940	1398	10, 0960060	98
03	3039	851	1701	547	9, 9041338	1398	10, 0958662	97
04	3890	851	1154	547	2736	1398	7264	96
05	4740	850	0607	547	4133	1397	5867	95
06	5590	850	9, 8920059	548	5531	1398	4469	94
07	6440	850	9, 8919512	547	6928	1397	3072	93
08	7289	849	8964	548	8325	1397	1675	92
09	8138	849	8416	548	9, 9049723	1398	10, 0950277	91
0, 4310	8987	849	7868	548	9, 9051120	1397	10, 0948880	0, 5690
11	9, 7969836	849	7319	549	2517	1397	7483	89
12	9, 7970684	848	6771	548	3914	1397	6086	88
13	1533	849	6222	549	5311	1397	4689	87
14	2380	847	5673	549	6707	1396	3293	86
15	3228	848	5124	549	8104	1397	1896	85
16	4075	847	4575	549	9, 9059500	1396	10, 0940500	84
17	4922	847	4025	550	9, 9060897	1397	10, 0939103	83
18	5769	847	3476	549	2293	1396	7707	82
19	6615	846	2926	550	3689	1396	6311	81
0, 4320	7462	847	2376	550	5086	1397	4914	0, 5680
21	8307	845	1826	550	6482	1396	3518	79
22	9153	846	1275	551	7878	1396	2122	78
23	9, 7979998	845	0725	550	9, 9069274	1396	10, 0930726	77
24	9, 7980844	846	9, 8910174	551	9, 9070669	1395	10, 0929331	76
25	1688	844	9, 8909623	551	2065	1396	7935	75
26	2533	845	9072	551	3461	1396	6539	74
27	3377	844	8521	551	4856	1395	5144	73
28	4221	844	7970	551	6252	1396	3748	72
29	5065	844	7418	552	7647	1395	2353	71
0, 4330	5908	843	6866	552	9, 9079042	1395	10, 0920958	0, 5670
31	6752	844	6314	552	9, 9080437	1395	10, 0919563	69
32	7595	843	5762	552	1832	1395	8168	68
33	8437	842	5210	552	3227	1395	6773	67
34	9, 7989280	843	4658	552	4622	1395	5378	66
35	9, 7990122	842	4105	553	6017	1395	3983	65
36	0964	842	3552	553	7411	1394	2589	64
37	1805	841	2999	553	9, 9088806	1395	10, 0911194	63
38	2646	841	2446	553	9, 9090200	1394	10, 0909800	62
39	3487	841	1893	553	1595	1395	8405	61
0, 4340	4328	841	1339	554	2989	1394	7011	0, 5660
41	5169	841	0785	554	4383	1394	5617	59
42	6009	840	9, 8900232	553	5777	1394	4223	58
43	6849	840	9, 8899678	554	7171	1394	2829	57
44	7689	840	9123	555	8565	1394	1435	56
45	8528	839	8569	554	9, 9099959	1394	10, 0900041	55
46	9, 7999367	839	8014	555	9, 9101353	1394	10, 0898647	54
47	9, 8000206	839	7460	554	2747	1394	7253	53
48	1045	839	6905	555	4140	1393	5860	52
49	1883	838	6349	556	5534	1394	4466	51
0, 4350	9, 8002721	838	9, 8895794	555	9, 9106927	1393	10, 0893073	0, 5650
Arc.	Log. Cosin.	D.	Log. Sin.	D.	Log. Cot.	D.	Log. Tang.	Arc.
0,565								

0,435									
Arc.	Sinus.	D.	Cofinus.	D.	Tang.	D.	Cotang.	D.	Arc.
0,4350	0,6313528		0,7754957		0,8141280		1,2283081		0,5650
51	4746	1218	3966	991	43892	2612	79141	3940	49
52	5964	1218	2974	992	46505	2613	75202	3939	48
53	7182	1218	1981	993	49119	2614	71266	3936	47
54	8399	1217	0,7750989	992	51733	2614	67330	3936	46
55	0,6319617	1218	0,7749996	993	54348	2615	63396	3934	45
56	0,6320834	1217	9004	992	56964	2616	59464	3932	44
57	2051	1217	8011	993	59580	2616	55533	3931	43
58	3268	1217	7017	994	62197	2617	51604	3929	42
59	4485	1217	6024	993	64814	2617	47676	3928	41
0,4360	5702	1217	5031	993	67433	2619	43749	3927	0,5640
61	6918	1216	4037	994	70052	2619	39825	3924	39
62	8134	1216	3043	994	72671	2619	35901	3924	38
63	0,6329351	1217	2049	994	75292	2621	31980	3921	37
64	0,6330567	1216	1055	994	77913	2621	28059	3921	36
65	1783	1216	0,7740060	995	80534	2621	24141	3918	35
66	2998	1215	0,7739065	995	83157	2623	20223	3918	34
67	4214	1216	8070	995	85780	2623	16307	3916	33
68	5429	1215	7075	995	88403	2623	12393	3914	32
69	6645	1216	6080	995	91028	2625	08480	3913	31
0,4370	7860	1215	5085	995	93653	2625	04569	3911	0,5630
71	0,6339075	1215	4089	996	96278	2625	1,2200659	3910	29
72	0,6340289	1214	3093	996	0,8198905	2627	1,2196751	3908	28
73	1504	1215	2097	996	0,8201532	2627	92844	3907	27
74	2719	1215	1101	996	04159	2627	88939	3905	26
75	3933	1214	0,7730105	996	06788	2629	85035	3904	25
76	5147	1214	0,7729108	997	09417	2629	81133	3902	24
77	6361	1214	8111	997	12047	2630	77232	3901	23
78	7575	1214	7114	997	14677	2630	73333	3899	22
79	0,6348789	1214	6117	997	17308	2631	69435	3898	21
0,4380	0,6350002	1213	5120	997	19940	2632	65539	3896	0,5620
81	1215	1213	4122	998	22573	2633	61644	3895	19
82	2429	1214	3124	998	25206	2633	57751	3893	18
83	3642	1213	2126	998	27840	2634	53859	3892	17
84	4855	1213	1128	998	30474	2634	49968	3891	16
85	6067	1212	0,7720130	998	33109	2635	46079	3889	15
86	7280	1213	0,7719131	999	35745	2636	42192	3887	14
87	8492	1212	8133	998	38382	2637	38306	3886	13
88	0,6359705	1213	7134	999	41019	2637	34422	3884	12
89	0,6360917	1212	6135	999	43657	2638	30539	3883	11
0,4390	2129	1212	5136	999	46296	2639	26657	3882	0,5610
91	3341	1212	4136	1000	48935	2639	22777	3880	09
92	4552	1211	3136	1000	51575	2640	18899	3878	08
93	5764	1212	2137	999	54216	2641	15022	3877	07
94	6975	1211	1137	1000	56857	2641	11146	3876	06
95	8186	1211	0,7710136	1001	59499	2642	07272	3874	05
96	0,6369397	1211	0,7709136	1000	62142	2643	1,2103399	3873	04
97	0,6370608	1211	8135	1001	64785	2643	1,2099528	3871	03
98	1819	1211	7135	1000	67429	2644	95658	3870	02
0,4399	3029	1210	6134	1001	70074	2645	91790	3868	01
0,4400	0,6374240	1211	0,7705132	1002	0,8272719	2645	1,2087924	3866	0,5600
Arc.	Cofinus.	D.	Sinus.	D.	Cotang.	D.	Tang.	D.	Arc.
0,560									

0,435

Arc.	Log. Sin.	D.	Log. Cosin.	D.	Log. Tang.	D.	Log. Cot.	Arc.
0,4350	9,8002721		9,8895794		9,9106927		10,0893073	0,5650
51	3559	838	5239	555	8320	1393	1680	49
52	4396	837	4683	556	9,9109713	1393	10,0890287	48
53	5234	838	4127	556	9,9111106	1393	10,0888894	47
54	6071	837	3571	556	2499	1393	7501	46
55	6907	836	3015	556	3892	1393	6108	45
56	7744	837	2459	556	5285	1393	4715	44
57	8580	836	1902	557	6678	1393	3322	43
58	9,8009416	836	1345	557	8071	1393	1929	42
59	9,8010252	836	0788	557	9,9119463	1392	10,0880537	41
0,4360	1087	835	9,8890231	557	9,9120856	1393	10,0879144	0,5640
61	1922	835	9,8889674	557	2248	1392	7752	39
62	2757	835	9117	557	3640	1392	6360	38
63	3592	835	8559	558	5033	1393	4967	37
64	4426	834	8001	558	6425	1392	3575	36
65	5260	834	7443	558	7817	1392	2183	35
66	6094	834	6885	558	9,9129209	1392	10,0870791	34
67	6927	833	6327	558	9,9130600	1391	10,0869400	33
68	7760	833	5768	559	1992	1392	8008	32
69	8593	833	5210	558	3384	1392	6616	31
0,4370	9,8019426	833	4651	559	4775	1391	5225	0,5630
71	9,8020259	833	4092	559	6167	1392	3833	29
72	1091	832	3532	560	7558	1391	2442	28
73	1923	832	2973	559	9,9138950	1392	10,0861050	27
74	2754	831	2413	560	9,9140341	1391	10,0859659	26
75	3586	832	1854	559	1732	1391	8268	25
76	4417	831	1294	560	3123	1391	6877	24
77	5248	831	0734	560	4514	1391	5486	23
78	6078	830	9,8880173	561	5905	1391	4095	22
79	6909	831	9,8879613	560	7296	1391	2704	21
0,4380	7739	830	9052	561	9,9148687	1391	10,0851313	0,5620
81	8568	829	8491	561	9,9150077	1390	10,0849923	19
82	9,8029398	830	7930	561	1468	1391	8532	18
83	9,8030227	829	7369	561	2858	1390	7142	17
84	1056	829	6808	561	4249	1391	5751	16
85	1885	829	6246	562	5639	1390	4361	15
86	2713	828	5684	562	7029	1390	2971	14
87	3542	829	5122	562	8419	1390	1581	13
88	4370	828	4560	562	9,9159809	1390	10,0840191	12
89	5197	827	3998	562	9,9161199	1390	10,0838801	11
0,4390	6025	828	3436	562	2589	1390	7411	0,5610
91	6852	827	2873	563	3979	1390	6021	09
92	7679	827	2310	563	5368	1389	4632	08
93	8505	826	1747	563	6758	1390	3242	07
94	9,8039332	827	1184	563	8148	1390	1852	06
95	9,8040158	826	0621	563	9,9169537	1389	10,0830463	05
96	0983	825	9,8870057	564	9,9170926	1389	10,0829074	04
97	1809	826	9,8869493	564	2316	1390	7684	03
98	2634	825	8929	564	3705	1389	6295	02
0,4399	3459	825	8365	564	5094	1389	4906	01
0,4400	9,8044284	825	9,8867801	564	9,9176483	1389	10,0823517	0,5600
Arc.	Log. Cofin.	D.	Log. Sin.	D.	Log. Cot.	D.	Log. Tang.	Arc.

0,560

0,430

Arc.	Sinus.	D.	Cofinus.	D.	Tang.	D.	Cotang.	D.	Arc.
0,4300	0,6252427		0,7804304		0,8011511		1,2482040		0,5700
01	3652	1225	3322	982	14090	2579	78023	4017	0,5699
02	4878	1226	2339	983	16670	2580	74007	4016	98
03	6104	1226	1357	982	19251	2581	69993	4014	97
04	7329	1225	0,7800374	983	21832	2581	65980	4013	96
05	8554	1225	0,7799391	983	24414	2582	61969	4011	95
06	0,6259779	1225	8408	983	26996	2582	57960	4009	94
07	0,6261004	1225	7424	984	29580	2584	53952	4008	93
08	2229	1225	6441	983	32164	2584	49946	4006	92
09	3453	1224	5457	984	34748	2584	45941	4005	91
0,4310	4678	1225	4473	984	37333	2585	41938	4003	0,5690
11	5902	1224	3489	984	39919	2586	37936	4002	89
12	7126	1224	2505	984	42506	2587	33936	4000	88
13	8350	1224	1520	985	45093	2587	29938	3998	87
14	0,6269574	1224	0,7790535	985	47681	2588	25941	3997	86
15	0,6270798	1224	0,7789550	985	50269	2588	21945	3996	85
16	2021	1223	8565	985	52858	2589	17951	3994	84
17	3244	1223	7580	985	55448	2590	13959	3992	83
18	4468	1224	6595	985	58038	2590	09968	3991	82
19	5691	1223	5609	986	60629	2591	05979	3989	81
0,4320	6914	1223	4623	986	63221	2592	1,2401992	3987	0,5680
21	8136	1222	3637	986	65813	2592	1,2398006	3986	79
22	0,6279359	1223	2651	986	68406	2593	94021	3985	78
23	0,6280581	1222	1664	987	71000	2594	90038	3983	77
24	1804	1223	0,7780678	986	73595	2595	86057	3981	76
25	3026	1222	0,7779691	987	0,8076190	2595	82077	3980	75
26	4248	1222	8704	987	78785	2595	78099	3978	74
27	5469	1221	7716	988	81382	2597	74122	3977	73
28	6691	1222	6729	987	83979	2597	70147	3975	72
29	7913	1222	5741	988	86576	2597	66173	3974	71
0,4330	0,6289134	1221	4754	987	89175	2599	62201	3972	0,5670
31	0,6290355	1221	3766	988	91773	2598	58230	3971	69
32	1576	1221	2777	989	94373	2600	54261	3969	68
33	2797	1221	1789	988	96973	2600	50294	3967	67
34	4018	1221	0,7770801	988	0,8099574	2601	46328	3966	66
35	5238	1220	0,7769812	989	0,8102176	2602	42363	3965	65
36	6459	1221	8823	989	04778	2602	38400	3963	64
37	7679	1220	7834	989	07381	2603	34439	3961	63
38	0,6298899	1220	6844	990	09985	2604	30479	3960	62
39	0,6300119	1220	5855	989	12589	2604	26521	3958	61
0,4340	1339	1220	4865	990	15194	2605	22564	3957	0,5660
41	2558	1219	3875	990	17800	2606	18609	3955	59
42	3778	1220	2885	990	20406	2606	14655	3954	58
43	4997	1219	1895	990	23013	2607	10703	3952	57
44	6216	1219	0,7760904	991	25620	2607	06753	3950	56
45	7435	1219	0,7759914	990	28229	2609	1,2302803	3950	55
46	8654	1219	8923	991	30838	2609	1,2298856	3947	54
47	0,6309873	1219	7932	991	33447	2609	94910	3946	53
48	0,6311091	1218	6941	991	36057	2610	90965	3945	52
49	2310	1219	5949	992	38668	2611	87022	3943	51
0,4350	0,6313528	1218	0,7754957	992	0,8141280	2612	1,2283081	3941	0,5650
Arc.	Cofinus.	D.	Sinus.	D.	Cotang.	D.	Tang.	D.	Arc.

0,565

0,440

Arc.	Log. Sin.	D.	Log. Cosin.	D.	Log. Tang.	D.	Log. Cot.	Arc.
0,4400	9,8044284		9,8867801		9,9176483		10,0823517	0,5600
01	5109	825	7237	564	7872	1389	2128	0,5599
02	5933	824	6672	565	9,9179261	1389	10,0820739	98
03	6757	824	6107	565	9,9180650	1389	10,0819350	97
04	7580	823	5542	565	2038	1388	7962	96
05	8404	824	4977	565	3427	1389	6573	95
06	9,8049227	823	4412	565	4815	1388	5185	94
07	9,8050050	823	3846	566	6204	1389	3796	93
08	0873	823	3280	566	7592	1388	2408	92
09	1695	822	2715	565	9,9188980	1388	10,0811020	91
0,4410	2517	822	2148	567	9,9190369	1389	10,0809631	0,5590
11	3339	822	1582	566	1757	1388	8243	89
12	4161	822	1016	566	3145	1388	6855	88
13	4982	821	9,8860449	567	4533	1388	5467	87
14	5803	821	9,8859882	567	5921	1388	4079	86
15	6624	821	9315	567	7308	1387	2692	85
16	7444	820	8748	567	9,9198696	1388	10,0801304	84
17	8265	821	8181	567	9,9200084	1388	10,0799916	83
18	9085	820	7613	568	1471	1387	8529	82
19	9,8059904	819	7046	567	2859	1388	7141	81
0,4420	9,8060724	820	6478	568	4246	1387	5754	0,5580
21	1543	819	5910	568	5633	1387	4367	79
22	2362	819	5341	569	7021	1388	2979	78
23	3181	819	4773	568	8408	1387	1592	77
24	3999	818	4204	569	9,9209795	1387	10,0790205	76
25	4817	818	3636	568	9,9211182	1387	10,0788818	75
26	5635	818	3067	569	2569	1387	7431	74
27	6453	818	2498	569	3956	1387	6044	73
28	7270	817	1928	570	5342	1386	4658	72
29	8088	818	1359	569	6729	1387	3271	71
0,4430	8905	817	0789	570	8116	1387	1884	0,5570
31	9,8069721	816	9,8850219	570	9,9219502	1386	10,0780498	69
32	9,8070538	817	9,8849649	570	9,9220888	1386	10,0779112	68
33	1354	816	9079	570	2275	1387	7725	67
34	2169	815	8508	571	3661	1386	6339	66
35	2985	816	7938	570	5047	1386	4953	65
36	3800	815	7367	571	6433	1386	3567	64
37	4615	815	6796	571	7819	1386	2181	63
38	5430	815	6225	571	9,9229205	1386	10,0770795	62
39	6245	815	5653	572	9,9230591	1386	10,0769409	61
0,4440	7059	814	5082	571	1977	1386	8023	0,5560
41	7873	814	4510	572	3363	1386	6637	59
42	8687	814	3938	572	4748	1385	5252	58
43	9,8079500	813	3366	572	6134	1386	3866	57
44	9,8080314	814	2794	572	7520	1386	2480	56
45	1127	813	2222	572	9,9238905	1385	10,0761095	55
46	1939	812	1649	573	9,9240290	1385	10,0759710	54
47	2752	813	1076	573	1676	1386	8324	53
48	3564	812	9,8840503	573	3061	1385	6939	52
49	4376	812	9,8839930	573	4446	1385	5554	51
0,4450	9,8085188	812	9,8839357	573	9,9245831	1385	10,0754169	0,5550
Arc.	Log. Cosin.	D.	Log. Sin.	D.	Log. Cot.	D.	Log. Tang.	Arc.

0,555

0,445

Arc.	Sinus.	D.	Cosinus.	D.	Tang.	D.	Cotang.	D.	Arc.
0,4450	0,6434559		0,7654832		0,8405878		1,1896437		0,5550
51	5761	1202	3821	1011	08559	2681	92644	3793	49
52	6963	1202	2810	1011	11241	2682	88852	3792	48
53	8165	1202	1799	1011	13923	2682	85062	3790	47
54	0,6439367	1202	0,7650788	1011	16607	2684	81273	3789	46
55	0,6440569	1202	0,7649776	1012	19291	2684	77485	3788	45
56	1770	1201	8764	1012	21975	2684	73699	3786	44
57	2972	1202	7752	1012	24660	2685	69915	3784	43
58	4173	1201	6740	1012	27346	2686	66131	3784	42
59	5374	1201	5728	1012	30033	2687	62349	3782	41
0,4460	6575	1201	4715	1013	32721	2688	58569	3780	0,5540
61	7776	1201	3703	1012	35409	2688	54790	3779	39
62	0,6448976	1200	2690	1013	38098	2689	51012	3778	38
63	0,6450177	1201	1677	1013	40787	2689	47236	3776	37
64	1377	1200	0,7640663	1014	43478	2691	43461	3775	36
65	2577	1200	0,7639650	1013	46169	2691	39688	3773	35
66	3777	1200	8636	1014	48860	2691	35916	3772	34
67	4977	1200	7622	1014	51553	2693	32145	3771	33
68	6176	1199	6608	1014	54246	2693	28376	3769	32
69	7376	1200	5594	1014	56940	2694	24608	3768	31
0,4470	8575	1199	4580	1014	59634	2694	20842	3766	0,5530
71	0,6459774	1199	3565	1015	62330	2696	17077	3765	29
72	0,6460973	1199	2550	1015	65026	2696	13313	3764	28
73	2172	1199	1535	1015	67722	2696	09551	3762	27
74	3371	1199	0,7630520	1015	70420	2698	05790	3761	26
75	4569	1198	0,7629505	1015	0,8473118	2698	1,1802031	3759	25
76	5768	1199	8489	1016	75817	2699	1,1798273	3758	24
77	6966	1198	7473	1016	78517	2700	94516	3757	23
78	8164	1198	6458	1015	81217	2700	90761	3755	22
79	0,6469362	1198	5441	1017	83918	2701	87007	3754	21
0,4480	0,6470560	1198	4425	1016	86620	2702	83255	3752	0,5520
81	1757	1197	3409	1016	89322	2702	79503	3752	19
82	2955	1198	2392	1017	92025	2703	75754	3749	18
83	4152	1197	1375	1017	94729	2704	72005	3749	17
84	5349	1197	0,7620358	1017	0,8497434	2705	68259	3746	16
85	6546	1197	0,7619341	1017	0,8500139	2705	64513	3746	15
86	7743	1197	8323	1018	02845	2706	60769	3744	14
87	0,6478939	1196	7306	1017	05552	2707	57026	3743	13
88	0,6480136	1197	6288	1018	08260	2708	53285	3741	12
89	1332	1196	5270	1018	10968	2708	49545	3740	11
0,4490	2528	1196	4252	1018	13677	2709	45806	3739	0,5510
91	3724	1196	3233	1019	16387	2710	42069	3737	09
92	4920	1196	2215	1018	19097	2710	38333	3736	08
93	6115	1195	1196	1019	21808	2711	34599	3734	07
94	7311	1196	0,7610177	1019	24520	2712	30865	3734	06
95	8506	1195	0,7609158	1019	27233	2713	27134	3731	05
96	0,6489701	1195	8139	1019	29946	2713	23403	3731	04
97	0,6490896	1195	7119	1020	32660	2714	19674	3729	03
98	2091	1195	6100	1019	35375	2715	15947	3727	02
0,4499	3286	1195	5080	1020	38091	2716	12221	3726	01
0,4500	0,6494480	1194	0,7604060	1020	0,8540807	2716	1,1708496	3725	0,5500
Arc.	Cosinus.	D.	Sinus.	D.	Cotang.	D.	Tang.	D.	Arc.

0,550

0,445								
Arc.	Log. Sin.	D.	Log. Cosin.	D.	Log. Tang.	D.	Log. Cot.	Arc.
0,4450	9,8085188		9,8839357		9,9245831		10,0754169	0,5550
51	5999	811	8783	574	7216	1385	2784	49
52	6810	811	8209	574	8601	1385	1399	48
53	7621	811	7636	573	9,9249986	1385	10,0750014	47
54	8432	811	7061	575	9,9251370	1384	10,0748630	46
55	9,8089242	810	6487	574	2755	1385	7245	45
56	9,8090052	810	5913	574	4140	1385	5860	44
57	0862	810	5338	575	5524	1384	4476	43
58	1672	810	4763	575	6909	1385	3091	42
59	2481	809	4188	575	8293	1384	1707	41
0,4460	3290	809	3613	575	9,9259677	1384	10,0740323	0,5540
61	4099	809	3038	575	9,9261061	1384	10,0738939	39
62	4908	809	2462	576	2445	1384	7555	38
63	5716	808	1887	575	3830	1385	6170	37
64	6524	808	1311	576	5214	1384	4786	36
65	7332	808	0735	576	6597	1383	3403	35
66	8140	808	9,8830158	577	7981	1384	2019	34
67	8947	807	9,8829582	576	9,9269365	1384	10,0730635	33
68	9,8099754	807	9005	577	9,9270749	1384	10,0729251	32
69	9,8100561	807	8428	577	2132	1383	7868	31
0,4470	1367	806	7851	577	3516	1384	6484	0,5530
71	2173	806	7274	577	4899	1383	5101	29
72	2980	807	6697	577	6283	1384	3717	28
73	3785	805	6119	578	7666	1383	2334	27
74	4591	806	5541	578	9,9279049	1383	10,0720951	26
75	5396	805	4963	578	9,9280433	1384	10,0719567	25
76	6201	805	4385	578	1816	1383	8184	24
77	7006	805	3807	578	3199	1383	6801	23
78	7810	804	3229	578	4582	1383	5418	22
79	8614	804	2650	579	5965	1383	4035	21
0,4480	9,8109418	804	2071	579	7347	1382	2653	0,5520
81	9,8110222	804	1492	579	9,9288730	1383	10,0711270	19
82	1026	804	0913	579	9,9290113	1383	10,0709887	18
83	1829	803	9,8820333	580	1495	1382	8505	17
84	2632	803	9,8819754	579	2878	1383	7122	16
85	3434	802	9174	580	4260	1382	5740	15
86	4237	803	8594	580	5643	1383	4357	14
87	5039	802	8014	580	7025	1382	2975	13
88	5841	802	7434	580	8407	1382	1593	12
89	6643	802	6853	581	9,9299790	1383	10,0700210	11
0,4490	7444	801	6272	581	9,9301172	1382	10,0698828	0,5510
91	8245	801	5691	581	2554	1382	7446	09
92	9046	801	5110	581	3936	1382	6064	08
93	9,8119847	801	4529	581	5318	1382	4682	07
94	9,8120647	800	3948	581	6699	1381	3301	06
95	1447	800	3366	582	8081	1382	1919	05
96	2247	800	2784	582	9,9309463	1382	10,0690537	04
97	3047	800	2202	582	9,9310845	1382	10,0689155	03
98	3846	799	1620	582	2226	1381	7774	02
0,4499	4645	799	1038	582	3608	1382	6392	01
0,4500	9,8125444	799	9,8810455	583	9,9314989	1381	10,0685011	0,5500
Arc.	Log. Cosin.	D.	Log. Sin.	D.	Log. Cot.	D.	Log. Tang.	Arc.
0,550								

0,450

Arc.	Sinus.	D.	Cosinus.	D.	Tang.	D.	Cotang.	D.	Arc.
0,4500	0,6494480		0,7604060		0,8540807		1,1708496		0,5500
01	5675	1195	3039	1021	43524	2717	04772	3724	0,5499
02	6869	1194	2019	1020	46242	2718	1,1701050	3722	98
03	8063	1194	0,7600998	1021	48960	2718	1,1697329	3721	97
04	0,6499257	1194	0,7599978	1020	51679	2719	93610	3719	96
05	0,6500451	1194	8957	1021	54399	2720	89892	3718	95
06	1644	1193	7935	1022	57120	2721	86175	3717	94
07	2838	1194	6914	1021	59841	2721	82460	3715	93
08	4031	1193	5892	1022	62563	2722	78746	3714	92
09	5224	1193	4871	1021	65286	2723	75033	3713	91
0,4510	6417	1193	3849	1022	68010	2724	71322	3711	0,5490
11	7610	1193	2827	1022	70734	2724	67612	3710	89
12	8802	1192	1804	1023	73459	2725	63904	3708	88
13	0,6509995	1193	0,7590782	1022	76185	2726	60197	3707	87
14	0,6511187	1192	0,7589759	1023	78911	2726	56491	3706	86
15	2379	1192	8736	1023	81638	2727	52786	3705	85
16	3571	1192	7713	1023	84366	2728	49083	3703	84
17	4763	1192	6690	1023	87095	2729	45382	3701	83
18	5954	1191	5667	1023	89825	2730	41681	3701	82
19	7146	1192	4643	1024	92555	2730	37982	3699	81
0,4520	8337	1191	3619	1024	95286	2731	34285	3697	0,5480
21	0,6519528	1191	2595	1024	0,8598017	2731	30588	3697	79
22	0,6520719	1191	1571	1024	0,8600750	2733	26893	3695	78
23	1910	1191	0,7580547	1024	03483	2733	23200	3693	77
24	3101	1191	0,7579522	1025	06217	2734	19508	3692	76
25	4291	1190	8497	1025	08951	2734	15817	3691	75
26	5482	1191	7472	1025	11687	2736	12127	3690	74
27	6672	1190	6447	1025	14423	2736	08439	3688	73
28	7862	1190	5422	1025	17160	2737	04752	3687	72
29	0,6529052	1190	4396	1026	19897	2737	1,1601067	3685	71
0,4530	0,6530242	1190	3371	1025	22635	2738	1,1597382	3685	0,5470
31	1431	1189	2345	1026	25374	2739	93700	3682	69
32	2620	1189	1319	1026	28114	2740	90018	3682	68
33	3810	1190	0,7570293	1026	30855	2741	86338	3680	67
34	4999	1189	0,7569266	1027	33596	2741	82659	3679	66
35	6188	1189	8240	1026	36338	2742	78982	3677	65
36	7376	1188	7213	1027	39081	2743	75305	3677	64
37	8565	1189	6186	1027	41824	2743	71631	3674	63
38	0,6539753	1188	5159	1027	44569	2745	67957	3674	62
39	0,6540942	1189	4131	1028	47314	2745	64285	3672	61
0,4540	2130	1188	3104	1027	50059	2745	60614	3671	0,5460
41	3318	1188	2076	1028	52806	2747	56945	3669	59
42	4505	1187	1048	1028	55553	2747	53277	3668	58
43	5693	1188	0,7560020	1028	58301	2748	49610	3667	57
44	6880	1187	0,7558992	1028	61050	2749	45944	3666	56
45	8068	1188	7963	1029	63799	2749	42280	3664	55
46	0,6549255	1187	6935	1028	66550	2751	38617	3663	54
47	0,6550442	1187	5906	1029	69301	2751	34956	3661	53
48	1629	1187	4877	1029	72052	2751	31296	3660	52
49	2815	1186	3848	1029	74805	2753	27637	3659	51
0,4550	0,6554002	1187	0,7552818	1030	0,8677558	2753	1,1523979	3658	0,5450
Arc.	Cofinus.	D.	Sinus.	D.	Cotang.	D.	Tang.	D.	Arc.

0,545

0,450

Arc.	Log. Sin.	D.	Log.Cofin.	D.	Log. Tang.	D.	Log. Cot.	Arc.
0,4500	9,8125444		9,8810455		9,9314989		10,0685011	0,5500
01	6243	799	9,8809872	583	6370	1381	3630	0,5499
02	7041	798	9289	583	7752	1382	2248	98
03	7839	798	8706	583	9,9319133	1381	10,0680867	97
04	8637	798	8123	583	9,9320514	1381	10,0679486	96
05	9,8129435	798	7540	583	1895	1381	8105	95
06	9,8130232	797	6956	584	3276	1381	6724	94
07	1029	797	6372	584	4657	1381	5343	93
08	1826	797	5788	584	6038	1381	3962	92
09	2623	797	5204	584	7419	1381	2581	91
0,4510	3419	796	4619	585	9,9328799	1380	10,0671201	0,5490
11	4215	796	4035	584	9,9330180	1381	10,0669820	89
12	5011	796	3450	585	1561	1381	8439	88
13	5806	795	2865	585	2941	1380	7059	87
14	6602	796	2280	585	4322	1381	5678	86
15	7397	795	1695	585	5702	1380	4298	85
16	8192	795	1109	586	7082	1380	2918	84
17	8986	794	9,8800523	586	8463	1381	1537	83
18	9,8139780	794	9,8799937	586	9,9339843	1380	10,0660157	82
19	9,8140574	794	9351	586	9,9341223	1380	10,0658777	81
0,4520	1368	794	8765	586	2603	1380	7397	0,5480
21	2162	794	8179	586	3983	1380	6017	79
22	2955	793	7592	587	5363	1380	4637	78
23	3748	793	7005	587	6743	1380	3257	77
24	4541	793	6418	587	8123	1380	1877	76
25	5334	793	5831	587	9,9349502	1379	10,0650498	75
26	6126	792	5244	587	9,9350882	1380	10,0649118	74
27	6918	792	4656	588	2262	1380	7738	73
28	7710	792	4068	588	3641	1379	6359	72
29	8501	791	3480	588	5021	1380	4979	71
0,4530	9,8149292	791	2892	588	6400	1379	3600	0,5470
31	9,8150083	791	2304	588	7780	1380	2220	69
32	0874	791	1715	589	9,9359159	1379	10,0640841	68
33	1665	791	1127	588	9,9360538	1379	10,0639462	67
34	2455	790	9,8790538	589	1917	1379	8083	66
35	3245	790	9,8789949	589	3296	1379	6704	65
36	4035	790	9359	590	4675	1379	5325	64
37	4824	789	8770	589	6054	1379	3946	63
38	5614	790	8180	590	7433	1379	2567	62
39	6403	789	7591	589	9,9368812	1379	10,0631188	61
0,4540	7191	788	7001	590	9,9370191	1379	10,0629809	0,5460
41	7980	789	6410	591	1570	1379	8430	59
42	8768	788	5820	590	2948	1378	7052	58
43	9,8159556	788	5229	591	4327	1379	5673	57
44	9,8160344	788	4639	590	5705	1378	4295	56
45	1132	788	4048	591	7084	1379	2916	55
46	1919	787	3457	591	8462	1378	1538	54
47	2706	787	2865	592	9,9379841	1379	10,0620159	53
48	3493	787	2274	591	9,9381219	1378	10,0618781	52
49	4279	786	1682	592	2597	1378	7403	51
0,4550	9,8165066	787	9,8781090	592	9,9383975	1378	10,0616025	0,5450
Arc.	Log. Cofin.	D.	Log. Sin.	D.	Log. Cot.	D.	Log. Tang.	Arc.

0,545

0,455

Arc.	Sinus.	D.	Cosinus.	D.	Tang.	D.	Cotang.	D.	Arc.
0,4550	0,6554002		0,7552818		0,8677558		1,1523979		0,5450
51	5188	1186	1789	1029	80312	2754	20323	3656	49
52	6374	1186	0,7550759	1030	83067	2755	16668	3655	48
53	7560	1186	0,7549729	1030	85822	2755	13015	3653	47
54	8746	1186	8699	1030	88578	2756	09363	3652	46
55	0,6559932	1186	7668	1031	91335	2757	05712	3651	45
56	0,6561117	1185	6638	1030	94093	2758	1,1502062	3650	44
57	2303	1186	5607	1031	96852	2759	1,1498414	3648	43
58	3488	1185	4576	1031	0,8699611	2759	94767	3647	42
59	4673	1185	3545	1031	0,8702371	2760	91121	3646	41
0,4560	5858	1185	2514	1031	05132	2761	87477	3644	0,5440
61	7042	1184	1482	1032	07893	2761	83834	3643	39
62	8227	1185	0,7540451	1031	10655	2762	80192	3642	38
63	0,6569411	1184	0,7539419	1032	13418	2763	76552	3640	37
64	0,6570595	1184	8387	1032	16182	2764	72913	3639	36
65	1779	1184	7355	1032	18947	2765	69275	3638	35
66	2963	1184	6322	1033	21712	2765	65639	3636	34
67	4147	1184	5290	1032	24478	2766	62004	3635	33
68	5331	1184	4257	1033	27245	2767	58370	3634	32
69	6514	1183	3224	1033	30012	2767	54737	3633	31
0,4570	7697	1183	2191	1033	32781	2769	51106	3631	0,5430
71	0,6578880	1183	1158	1033	35550	2769	47476	3630	29
72	0,6580063	1183	0,7530124	1034	38320	2770	43848	3628	28
73	1246	1183	0,7529090	1034	41090	2770	40220	3628	27
74	2429	1183	8057	1033	43862	2772	36594	3626	26
75	3611	1182	7022	1035	0,8746634	2772	1,1432970	3624	25
76	4793	1182	5988	1034	49407	2773	29346	3624	24
77	5975	1182	4954	1034	52180	2773	25724	3622	23
78	7157	1182	3919	1035	54955	2775	22103	3621	22
79	8339	1182	2884	1035	57730	2775	18484	3619	21
0,4580	0,6589521	1182	1849	1035	60506	2776	14866	3618	0,5420
81	0,6590702	1181	0,7520814	1035	63283	2777	11249	3617	19
82	1883	1181	0,7519779	1035	66060	2777	07633	3616	18
83	3064	1181	8743	1036	68838	2778	04019	3614	17
84	4245	1181	7708	1035	71617	2779	1,1400406	3613	16
85	5426	1181	6672	1036	74397	2780	1,1396794	3612	15
86	6607	1181	5636	1036	77178	2781	93184	3610	14
87	7787	1180	4599	1037	79959	2781	89575	3609	13
88	0,6598968	1181	3563	1036	82741	2782	85967	3608	12
89	0,6600148	1180	2526	1037	85524	2783	82360	3607	11
0,4590	1328	1180	1489	1037	88308	2784	78755	3605	0,5410
91	2508	1180	0,7510452	1037	91092	2784	75151	3604	09
92	3687	1179	0,7509415	1037	93877	2785	71549	3602	08
93	4867	1180	8378	1037	96663	2786	67947	3602	07
94	6046	1179	7340	1038	0,8799450	2787	64347	3600	06
95	7225	1179	6302	1038	0,8802237	2787	60748	3599	05
96	8404	1179	5264	1038	05025	2788	57151	3597	04
97	0,6609583	1179	4226	1038	07814	2789	53555	3596	03
98	0,6610762	1179	3188	1038	10604	2790	49960	3595	02
0,4599	1940	1178	2149	1039	13395	2791	46366	3594	01
0,4600	0,6613119	1179	0,7501111	1038	0,8816186	2791	1,1342773	3593	0,5400
Arc.	Cosinus.	D.	Sinus.	D.	Cotang.	D.	Tang.	D.	Arc.

0,540

0,455

Arc.	Log. Sin.	D.	Log. Cosin.	D.	Log. Tang.	D.	Log. Cot.	Arc.
0,4550	9,8165066		9,8781090		9,9383975		10,0616025	0,5450
51	5852	786	9,8780498	592	5353	1378	4647	49
52	6637	785	9,8779906	592	6731	1378	3269	48
53	7423	786	9314	592	8109	1378	1891	47
54	8208	785	8721	593	9,9389487	1378	10,0610513	46
55	8993	785	8128	593	9,9390865	1378	10,0609135	45
56	9,8169778	785	7535	593	2243	1378	7757	44
57	9,8170562	784	6942	593	3621	1378	6379	43
58	1347	785	6348	594	4998	1377	5002	42
59	2131	784	5755	593	6376	1378	3624	41
0,4560	2915	784	5161	594	7753	1377	2247	0,5440
61	3698	783	4567	594	9,9399131	1378	10,0600869	39
62	4481	783	3973	594	9,9400508	1377	10,0599492	38
63	5264	783	3379	594	1886	1378	8114	37
64	6047	783	2784	595	3263	1377	6737	36
65	6830	783	2190	594	4640	1377	5360	35
66	7612	782	1595	595	6017	1377	3983	34
67	8394	782	1000	595	7395	1378	2605	33
68	9176	782	9,8770404	596	9,9408772	1377	10,0591228	32
69	9,8179957	781	9,8769809	595	9,9410149	1377	10,0589851	31
0,4570	9,8180739	782	9213	596	1526	1377	8474	0,5430
71	1520	781	8617	596	2902	1376	7098	29
72	2301	781	8021	596	4279	1377	5721	28
73	3081	780	7425	596	5656	1377	4344	27
74	3862	781	6829	596	7033	1377	2967	26
75	4642	780	6232	597	8409	1376	1591	25
76	5421	779	5635	597	9,9419786	1377	10,0580214	24
77	6201	780	5038	597	9,9421163	1377	10,0578837	23
78	6980	779	4441	597	2539	1376	7461	22
79	7759	779	3844	597	3916	1377	6084	21
0,4580	8538	779	3246	598	5292	1376	4708	0,5420
81	9,8189317	779	2649	597	6668	1376	3332	19
82	9,8190095	778	2051	598	8044	1376	1956	18
83	0873	778	1453	598	9,9429421	1377	10,0570579	17
84	1651	778	0854	599	9,9430797	1376	10,0569203	16
85	2429	778	9,8760256	598	2173	1376	7827	15
86	3206	777	9,8759657	599	3549	1376	6451	14
87	3983	777	9058	599	4925	1376	5075	13
88	4760	777	8459	599	6301	1376	3699	12
89	5537	777	7860	599	7677	1376	2323	11
0,4590	6313	776	7261	599	9,9439052	1375	10,0560948	0,5410
91	7089	776	6661	600	9,9440428	1376	10,0559572	09
92	7865	776	6061	600	1804	1376	8196	08
93	8641	776	5461	600	3180	1376	6820	07
94	9,8199416	775	4861	600	4555	1375	5445	06
95	9,8200191	775	4261	600	5931	1376	4069	05
96	0966	775	3660	601	7306	1375	2694	04
97	1741	775	3059	601	9,9448681	1375	10,0551319	03
98	2515	774	2458	601	9,9450057	1376	10,0549943	02
0,4599	3289	774	1857	601	1432	1375	8568	01
0,4600	9,8204063	774	9,8751256	601	9,9452807	1375	10,0547193	0,5400
Arc.	Log. Cosin.	D.	Log. Sin.	D.	Log. Cot.	D.	Log. Tang.	Arc.

0,540

0,460

Arc.	Sinus.	D.	Cofinus.	D.	Tang.	D.	Cotang.	D.	Arc.
0,4600	0,6613119		0,7501111		0,8816186		1,1342773		0,5400
01	4297	1178	0,7500072	1039	18978	2792	39182	3591	0,5399
02	5475	1178	0,7499033	1039	21771	2793	35593	3589	98
03	6653	1178	7994	1039	24565	2794	32004	3589	97
04	7830	1177	6954	1040	27359	2794	28417	3587	96
05	0,6619008	1178	5914	1040	30154	2795	24831	3586	95
06	0,6620185	1177	4875	1039	32950	2796	21246	3585	94
07	1363	1178	3835	1040	35747	2797	17662	3584	93
08	2540	1177	2794	1041	38544	2797	14080	3582	92
09	3716	1176	1754	1040	41343	2799	10499	3581	91
0,4610	4893	1177	0,7490714	1040	44142	2799	06920	3579	0,5390
11	6070	1177	0,7489673	1041	46942	2800	1,1303341	3579	89
12	7246	1176	8632	1041	49742	2800	1,1299764	3577	88
13	8422	1176	7591	1041	52544	2802	96188	3576	87
14	0,6629598	1176	6550	1041	55346	2802	92614	3574	86
15	0,6630774	1176	5508	1042	58149	2803	89041	3573	85
16	1950	1176	4466	1042	60952	2803	85469	3572	84
17	3126	1176	3425	1041	63757	2805	81898	3571	83
18	4301	1175	2383	1042	66562	2805	78328	3570	82
19	5476	1175	1340	1043	69368	2806	74760	3568	81
0,4620	6651	1175	0,7480298	1042	72175	2807	71193	3567	0,5380
21	7826	1175	0,7479255	1043	74983	2808	67627	3566	79
22	0,6639001	1175	8213	1042	77791	2808	64063	3564	78
23	0,6640176	1175	7170	1043	80600	2809	60500	3563	77
24	1350	1174	6127	1043	83410	2810	56938	3562	76
25	2524	1174	5083	1044	86221	2811	1,1253377	3561	75
26	3698	1174	4040	1043	89033	2812	49818	3559	74
27	4872	1174	2996	1044	91845	2812	46260	3558	73
28	6046	1174	1952	1044	94658	2813	42703	3557	72
29	7220	1174	0,7470908	1044	0,8897472	2814	39147	3556	71
0,4630	8393	1173	0,7469864	1044	0,8900287	2815	35593	3554	0,5370
31	0,6649567	1174	8820	1044	03102	2815	32040	3553	69
32	0,6650740	1173	7775	1045	05919	2817	28488	3552	68
33	1913	1173	6730	1045	08736	2817	24937	3551	67
34	3085	1172	5685	1045	11554	2818	21388	3549	66
35	4258	1173	4640	1045	14372	2818	17840	3548	65
36	5430	1172	3595	1045	17192	2820	14293	3547	64
37	6603	1173	2549	1046	20012	2820	10747	3546	63
38	7775	1172	1503	1046	22833	2821	07203	3544	62
39	0,6658947	1172	0,7460458	1045	25655	2822	03660	3543	61
0,4640	0,6660119	1172	0,7459411	1047	28477	2822	1,1200118	3542	0,5360
41	1290	1171	8365	1046	31301	2824	1,1196577	3541	59
42	2462	1172	7319	1046	34125	2824	93038	3539	58
43	3633	1171	6272	1047	36950	2825	89500	3538	57
44	4804	1171	5225	1047	39776	2826	85963	3537	56
45	5975	1171	4178	1047	42602	2826	82427	3536	55
46	7146	1171	3131	1047	45430	2828	78893	3534	54
47	8317	1171	2084	1047	48258	2828	75360	3533	53
48	0,6669487	1170	0,7451036	1048	51087	2829	71828	3532	52
49	0,6670658	1171	0,7449988	1048	53917	2830	68297	3531	51
0,4650	0,6671828	1170	0,7448941	1047	0,8956747	2830	1,1164768	3529	0,5350
Arc.	Cofinus.	D.	Sinus.	D.	Cotang.	D.	Tang.	D.	Arc.

0,535

0,460

Arc.	Log. Sin.	D.	Log. Cosin.	D.	Log. Tang.	D.	Log. Cot.	Arc.
0,4600	9,8204063		9,8751256		9,9452807		10,0547193	0,5400
01	4837	774	0654	602	4183	1376	5817	0,5399
02	5610	773	9,8750053	601	5558	1375	4442	98
03	6383	773	9,8749451	602	6933	1375	3067	97
04	7156	773	8849	602	8308	1375	1692	96
05	7929	773	8246	603	9,9459683	1375	10,0540317	95
06	8701	772	7644	602	9,9461058	1375	10,0538942	94
07	9,8209474	773	7041	603	2433	1375	7567	93
08	9,8210246	772	6438	603	3807	1374	6193	92
09	1017	771	5835	603	5182	1375	4818	91
0,4610	1789	772	5232	603	6557	1375	3443	0,5390
11	2560	771	4628	604	7932	1375	2068	89
12	3331	771	4025	603	9,9469306	1374	10,0530694	88
13	4102	771	3421	604	9,9470681	1375	10,0529319	87
14	4872	770	2817	604	2055	1374	7945	86
15	5642	770	2213	604	3430	1375	6570	85
16	6412	770	1608	605	4804	1374	5196	84
17	7182	770	1004	604	6178	1374	3822	83
18	7952	770	9,8740399	605	7553	1375	2447	82
19	8721	769	9,8739794	605	9,9478927	1374	10,0521073	81
0,4620	9,8219490	769	9189	605	9,9480301	1374	10,0519699	0,5380
21	9,8220259	769	8584	605	1675	1374	8325	79
22	1027	768	7978	606	3049	1374	6951	78
23	1796	769	7372	606	4423	1374	5577	77
24	2564	768	6766	606	5797	1374	4203	76
25	3332	768	6160	606	7171	1374	2829	75
26	4099	767	5554	606	8545	1374	1455	74
27	4866	767	4948	606	9,9489919	1374	10,0510081	73
28	5634	768	4341	607	9,9491293	1374	10,0508707	72
29	6400	766	3734	607	2666	1373	7334	71
0,4630	7167	767	3127	607	4040	1374	5960	0,5370
31	7933	766	2520	607	5414	1374	4586	69
32	8699	766	1912	608	6787	1373	3213	68
33	9,8229465	766	1305	607	8161	1374	1839	67
34	9,8230231	766	0697	608	9,9499534	1373	10,0500466	66
35	0996	765	9,8730089	608	9,9500908	1374	10,0499092	65
36	1762	766	9,8729480	609	2281	1373	7719	64
37	2526	764	8872	608	3654	1373	6346	63
38	3291	765	8263	609	5028	1374	4972	62
39	4055	764	7655	608	6401	1373	3599	61
0,4640	4820	765	7046	609	7774	1373	2226	0,5360
41	5584	764	6436	610	9,9509147	1373	10,0490853	59
42	6347	763	5827	609	9,9510520	1373	10,0489480	58
43	7111	764	5217	610	1893	1373	8107	57
44	7874	763	4608	609	3266	1373	6734	56
45	8637	763	3998	610	4639	1373	5361	55
46	9,8239400	763	3388	610	6012	1373	3988	54
47	9,8240162	762	2777	611	7385	1373	2615	53
48	0924	762	2167	610	9,9518758	1373	10,0481242	52
49	1686	762	1556	611	9,9520130	1372	10,0479870	51
0,4650	9,8242448	762	9,8720945	611	9,9521503	1373	10,0478497	0,5350
Arc.	Log. Cosin.	D.	Log. Sin.	D.	Log. Cot.	D.	Log. Tang.	Arc.

0,535

0,465

Arc.	Sinus.	D.	Cofinus.	D.	Tang.	D.	Cotang.	D.	Arc.
0,4650	0,6671828		0,7448941		0,8956747		1,1164768		0,5350
51	2998	1170	7892	1049	59578	2831	61239	3529	49
52	4167	1169	6844	1048	62411	2833	57712	3527	48
53	5337	1170	5796	1048	65243	2832	54187	3525	47
54	6507	1170	4747	1049	68077	2834	50662	3525	46
55	7676	1169	3698	1049	70912	2835	47139	3523	45
56	0,6678845	1169	2649	1049	73747	2835	43617	3522	44
57	0,6680014	1169	1600	1049	76583	2836	40096	3521	43
58	1183	1169	0,7440551	1049	79420	2837	36577	3519	42
59	2352	1169	0,7439501	1050	82258	2838	33058	3519	41
0,4660	3520	1168	8451	1050	85096	2838	29541	3517	0,5340
61	4689	1169	7401	1050	87936	2840	26025	3516	39
62	5857	1168	6351	1050	90776	2840	22511	3514	38
63	7025	1168	5301	1050	93617	2841	18997	3514	37
64	8193	1168	4250	1051	96459	2842	15485	3512	36
65	0,6689360	1167	3200	1050	0,8999301	2842	11974	3511	35
66	0,6690528	1168	2149	1051	0,9002144	2843	08464	3510	34
67	1695	1167	1098	1051	04989	2845	04956	3508	33
68	2862	1167	0,7430047	1051	07834	2845	1,1101448	3508	32
69	4029	1167	0,7428995	1052	10679	2845	1,1097942	3506	31
0,4670	5196	1167	7944	1051	13526	2847	94438	3504	0,5330
71	6363	1167	6892	1052	16373	2847	90934	3504	29
72	7529	1166	5840	1052	19221	2848	87432	3502	28
73	8696	1167	4788	1052	22070	2849	83930	3502	27
74	0,6699862	1166	3735	1053	24920	2850	80430	3500	26
75	0,6701028	1166	2683	1052	0,9027771	2851	1,1076932	3498	25
76	2194	1166	1630	1053	30622	2851	73434	3498	24
77	3360	1166	0,7420577	1053	33474	2852	69938	3496	23
78	4525	1165	0,7419524	1053	36327	2853	66443	3495	22
79	5691	1166	8471	1053	39181	2854	62949	3494	21
0,4680	6856	1165	7418	1053	42036	2855	59456	3493	0,5320
81	8021	1165	6364	1054	44891	2855	55965	3491	19
82	0,6709186	1165	5310	1054	47748	2857	52474	3491	18
83	0,6710350	1164	4256	1054	50605	2857	48985	3489	17
84	1515	1165	3202	1054	53463	2858	45498	3487	16
85	2679	1164	2148	1054	56321	2858	42011	3487	15
86	3844	1165	1093	1055	59181	2860	38526	3485	14
87	5008	1164	0,7410039	1054	62041	2860	35041	3485	13
88	6171	1163	0,7408984	1055	64902	2861	31558	3483	12
89	7335	1164	7929	1055	67764	2862	28077	3481	11
0,4690	8499	1164	6873	1056	70627	2863	24596	3481	0,5310
91	0,6719662	1163	5818	1055	73491	2864	21117	3479	09
92	0,6720825	1163	4762	1056	76355	2864	17639	3478	08
93	1988	1163	3707	1055	79220	2865	14162	3477	07
94	3151	1163	2651	1056	82086	2866	10686	3476	06
95	4314	1163	1594	1057	84953	2867	07211	3475	05
96	5477	1163	0,7400538	1056	87821	2868	03738	3473	04
97	6639	1162	0,7399482	1056	90689	2868	1,1000266	3472	03
98	7801	1162	8425	1057	93559	2870	1,0996795	3471	02
0,4699	0,6728963	1162	7368	1057	96429	2870	93325	3470	01
0,4700	0,6730125	1162	0,7396311	1057	0,9099300	2871	1,0989857	3468	0,5300
Arc.	Cofinus.	D.	Sinus.	D.	Cotang.	D.	Tang.	D.	Arc.

0,530

0,465

Arc.	Log. Sin.	D.	Log. Cosin.	D.	Log. Tang.	D.	Log. Cot.	Arc.
0,4650	9,8242448		9,8720945		9,9521503		10,0478497	0,5350
51	3210	762	9,8720334	611	2876	1373	7124	49
52	3971	761	9,8719723	611	4248	1372	5752	48
53	4732	761	9111	612	5621	1373	4379	47
54	5493	761	8499	612	6993	1372	3007	46
55	6253	760	7888	611	8366	1373	1634	45
56	7014	761	7276	612	9,9529738	1372	10,0470262	44
57	7774	760	6663	613	9,9531111	1373	10,0468889	43
58	8534	760	6051	612	2483	1372	7517	42
59	9,8249293	759	5438	613	3855	1372	6145	41
0,4660	9,8250053	760	4825	613	5227	1372	4773	0,5340
61	0812	759	4212	613	6600	1373	3400	39
62	1571	759	3599	613	7972	1372	2028	38
63	2329	758	2986	613	9,9539344	1372	10,0460656	37
64	3088	759	2372	614	9,9540716	1372	10,0459284	36
65	3846	758	1758	614	2088	1372	7912	35
66	4604	758	1144	614	3460	1372	6540	34
67	5361	757	9,8710530	614	4832	1372	5168	33
68	6119	758	9,8709915	615	6204	1372	3796	32
69	6876	757	9301	614	7575	1371	2425	31
0,4670	7633	757	8686	615	9,9548947	1372	10,0451053	0,5330
71	8390	757	8071	615	9,9550319	1372	10,0449681	29
72	9146	756	7456	615	1690	1371	8310	28
73	9,8259903	757	6840	616	3062	1372	6938	27
74	9,8260659	756	6225	615	4434	1372	5566	26
75	1414	755	5609	616	5805	1371	4195	25
76	2170	756	4993	616	7177	1372	2823	24
77	2925	755	4377	616	8548	1371	1452	23
78	3680	755	3761	616	9,9559920	1372	10,0440080	22
79	4435	755	3144	617	9,9561291	1371	10,0438709	21
0,4680	5190	755	2527	617	2662	1371	7338	0,5320
81	5944	754	1910	617	4034	1372	5966	19
82	6698	754	1293	617	5405	1371	4595	18
83	7452	754	0676	617	6776	1371	3224	17
84	8206	754	9,8700058	618	8147	1371	1853	16
85	8959	753	9,8699441	617	9,9569518	1371	10,0430482	15
86	9,8269712	753	8823	618	9,9570889	1371	10,0429111	14
87	9,8270465	753	8205	618	2260	1371	7740	13
88	1218	753	7586	619	3631	1371	6369	12
89	1970	752	6968	618	5002	1371	4998	11
0,4690	2722	752	6349	619	6373	1371	3627	0,5310
91	3474	752	5730	619	7744	1371	2256	09
92	4226	752	5111	619	9,9579115	1371	10,0420885	08
93	4978	752	4492	619	9,9580486	1371	10,0419514	07
94	5729	751	3873	619	1856	1370	8144	06
95	6480	751	3253	620	3227	1371	6773	05
96	7231	751	2633	620	4598	1371	5402	04
97	7981	750	2013	620	5968	1370	4032	03
98	8731	750	1393	620	7339	1371	2661	02
0,4699	9,8279482	751	0772	621	9,9588709	1370	10,0411291	01
0,4700	9,8280231	749	9,8690152	620	9,9590080	1371	10,0409920	0,5300
Arc.	Log. Cosin.	D.	Log. Sin.	D.	Log. Cot.	D.	Log. Tang.	Arc.

0,530

0,470									
Arc.	Sinus.	D.	Cofinus.	D.	Tang.	D.	Cotang.	D.	Arc.
0,4700	0,6730125		0,7396311		0,9099300		1,0989857		0,5300
01	1287	1162	5254	1057	0,9102172	2872	86389	3468	0,5299
02	2448	1161	4196	1058	05044	2872	82923	3466	98
03	3610	1162	3139	1057	07918	2874	79458	3465	97
04	4771	1161	2081	1058	10792	2874	75994	3464	96
05	5932	1161	0,7391023	1058	13667	2875	72532	3462	95
06	7093	1161	0,7389965	1058	16543	2876	69070	3462	94
07	8254	1161	8906	1059	19420	2877	65610	3460	93
08	0,6739414	1160	7848	1058	22297	2877	62151	3459	92
09	0,6740575	1161	6789	1059	25176	2879	58693	3458	91
0,4710	1735	1160	5730	1059	28055	2879	55237	3456	0,5290
11	2895	1160	4671	1059	30935	2880	51781	3456	89
12	4055	1160	3612	1059	33816	2881	48327	3454	88
13	5215	1160	2552	1060	36697	2881	44874	3453	87
14	6374	1159	1493	1059	39580	2883	41422	3452	86
15	7534	1160	0,7380433	1060	42463	2883	37971	3451	85
16	8693	1159	0,7379373	1060	45347	2884	34522	3449	84
17	0,6749852	1159	8313	1060	48232	2885	31074	3448	83
18	0,6751011	1159	7252	1061	51118	2886	27626	3448	82
19	2170	1159	6192	1060	54005	2887	24181	3445	81
0,4720	3328	1158	5131	1061	56892	2887	20736	3445	0,5280
21	4486	1158	4070	1061	59780	2888	17292	3444	79
22	5645	1159	3009	1061	62670	2890	13850	3442	78
23	6803	1158	1948	1061	65560	2890	10409	3441	77
24	7961	1158	0,7370886	1062	68450	2890	06969	3440	76
25	0,6759118	1157	0,7369825	1061	0,9171342	2892	03530	3439	75
26	0,6760276	1158	8763	1062	74234	2892	1,0900092	3438	74
27	1433	1157	7701	1062	77128	2894	1,0896656	3436	73
28	2591	1158	6639	1062	80022	2894	93220	3436	72
29	3748	1157	5577	1062	82917	2895	89786	3434	71
0,4730	4905	1157	4514	1063	85813	2896	86353	3433	0,5270
31	6061	1156	3451	1063	88709	2896	82921	3432	69
32	7218	1157	2388	1063	91607	2898	79491	3430	68
33	8374	1156	1325	1063	94505	2898	76061	3430	67
34	0,6769530	1156	0,7360262	1063	0,9197404	2899	72633	3428	66
35	0,6770687	1157	0,7359199	1063	0,9200304	2900	69206	3427	65
36	1842	1155	8135	1064	03205	2901	65780	3426	64
37	2998	1156	7071	1064	06107	2902	62355	3425	63
38	4154	1156	6007	1064	09009	2902	58931	3424	62
39	5309	1155	4943	1064	11913	2904	55509	3422	61
0,4740	6464	1155	3879	1064	14817	2904	52088	3421	0,5260
41	7619	1155	2814	1065	17722	2905	48668	3420	59
42	8774	1155	1749	1065	20628	2906	45249	3419	58
43	0,6779929	1155	0,7350684	1065	23534	2906	41831	3418	57
44	0,6781084	1155	0,7349619	1065	26442	2908	38414	3417	56
45	2238	1154	8554	1065	29350	2908	34999	3415	55
46	3392	1154	7489	1065	32260	2910	31585	3414	54
47	4546	1154	6423	1066	35170	2910	28171	3414	53
48	5700	1154	5357	1066	38081	2911	24760	3411	52
49	6854	1154	4291	1066	40992	2911	21349	3411	51
0,4750	0,6788007	1153	0,7343225	1066	0,9243905	2913	1,0817939	3410	0,5250
Arc.	Cofinus.	D.	Sinus.	D.	Cotang.	D.	Tang.	D.	Arc.
0,525									

0,470

Arc.	Log. Sin.	D.	Log. Cosin.	D.	Log. Tang.	D.	Log. Cot.	Arc.
0,4700	9,8280231		9,8690152		9,9590080		10,0409920	0,5300
01	0981	750	9,8689531	621	1450	1370	8550	0,5299
02	1730	749	8910	621	2821	1371	7179	98
03	2479	749	8288	622	4191	1370	5809	97
04	3228	749	7667	621	5561	1370	4439	96
05	3977	749	7045	622	6932	1371	3068	95
06	4725	748	6424	621	8302	1370	1698	94
07	5474	749	5802	622	9,9599672	1370	10,0400328	93
08	6222	748	5179	623	9,9601042	1370	10,0398958	92
09	6969	747	4557	622	2412	1370	7588	91
0,4710	7717	748	3934	623	3782	1370	6218	0,5290
11	8464	747	3312	622	5152	1370	4848	89
12	9211	747	2689	623	6522	1370	3478	88
13	9,8289958	747	2065	624	7892	1370	2108	87
14	9,8290704	746	1442	623	9,9609262	1370	10,0390738	86
15	1451	747	0818	624	9,9610632	1370	10,0389368	85
16	2197	746	9,8680195	623	2002	1370	7998	84
17	2942	745	9,8679571	624	3372	1370	6628	83
18	3688	746	8946	625	4742	1370	5258	82
19	4433	745	8322	624	6111	1369	3889	81
0,4720	5178	745	7697	625	7481	1370	2519	0,5280
21	5923	745	7073	624	9,9618851	1370	10,0381149	79
22	6668	745	6448	625	9,9620220	1369	10,0379780	78
23	7412	744	5823	625	1590	1370	8410	77
24	8157	745	5197	626	2959	1369	7041	76
25	8901	744	4572	625	4329	1370	5671	75
26	9,8299644	743	3946	626	5698	1369	4302	74
27	9,8300388	744	3320	626	7068	1370	2932	73
28	1131	743	2694	626	8437	1369	1563	72
29	1874	743	2067	627	9,9629807	1370	10,0370193	71
0,4730	2617	743	1441	626	9,9631176	1369	10,0368824	0,5270
31	3359	742	0814	627	2545	1369	7455	69
32	4102	743	9,8670187	627	3914	1369	6086	68
33	4844	742	9,8669560	627	5284	1370	4716	67
34	5585	741	8933	627	6653	1369	3347	66
35	6327	742	8305	628	8022	1369	1978	65
36	7068	741	7677	628	9,9639391	1369	10,0360609	64
37	7810	742	7050	627	9,9640760	1369	10,0359240	63
38	8550	740	6421	629	2129	1369	7871	62
39	9,8309291	741	5793	628	3498	1369	6502	61
0,4740	9,8310032	741	5165	628	4867	1369	5133	0,5260
41	0772	740	4536	629	6236	1369	3764	59
42	1512	740	3907	629	7605	1369	2395	58
43	2251	739	3278	629	9,9648974	1369	10,0351026	57
44	2991	740	2648	630	9,9650343	1369	10,0349657	56
45	3730	739	2019	629	1711	1368	8289	55
46	4469	739	1389	630	3080	1369	6920	54
47	5208	739	0759	630	4449	1369	5551	53
48	5947	739	9,8660129	630	5817	1368	4183	52
49	6685	738	9,8659499	630	7186	1369	2814	51
0,4750	9,8317423	738	9,8658868	631	9,9658555	1369	10,0341445	0,5250
Arc.	Log. Cosin.	D.	Log. Sin.	D.	Log. Cot.	D.	Log. Tang.	Arc.

0,525

0,475

Arc.	Sinus.	D.	Cosinus.	D.	Tang.	D.	Cotang.	D.	Arc.
0,4750	0,6788007		0,7343225		0,9243905		1,0817939		0,5250
51	0,6789161	1154	2159	1066	46818	2913	14531	3408	49
52	0,6790314	1153	1092	1067	49733	2915	11123	3408	48
53	1467	1153	0,7340026	1066	52648	2915	07717	3406	47
54	2620	1153	0,7338959	1067	55564	2916	04312	3405	46
55	3773	1153	7892	1067	58481	2917	1,0800908	3404	45
56	4925	1152	6824	1068	61398	2917	1,0797505	3403	44
57	6078	1153	5757	1067	64317	2919	94104	3401	43
58	7230	1152	4689	1068	67236	2919	90704	3400	42
59	8382	1152	3621	1068	70157	2921	87304	3400	41
0,4760	0,6799534	1152	2553	1068	73078	2921	83906	3398	0,5240
61	0,6800685	1151	1485	1068	76000	2922	80509	3397	39
62	1837	1152	0,7330417	1068	78922	2922	77113	3396	38
63	2988	1151	0,7329348	1069	81846	2924	73719	3394	37
64	4140	1152	8280	1068	84771	2925	70325	3394	36
65	5291	1151	7211	1069	87696	2925	66933	3392	35
66	6442	1151	6142	1069	90622	2926	63542	3391	34
67	7592	1150	5073	1069	93549	2927	60152	3390	33
68	8743	1151	4003	1070	96477	2928	56763	3389	32
69	0,6809893	1150	2934	1069	0,9299406	2929	53375	3388	31
0,4770	0,6811043	1150	1864	1070	0,9302336	2930	49988	3387	0,5230
71	2193	1150	0,7320794	1070	05266	2930	46603	3385	29
72	3343	1150	0,7319724	1070	08197	2931	43219	3384	28
73	4493	1150	8653	1071	11130	2933	39835	3384	27
74	5642	1149	7583	1070	14063	2933	36453	3382	26
75	6792	1150	6512	1071	0,9316997	2934	1,0733073	3380	25
76	7941	1149	5441	1071	19931	2934	29693	3380	24
77	0,6819090	1149	4370	1071	22867	2936	26314	3379	23
78	0,6820239	1149	3299	1071	25803	2936	22937	3377	22
79	1388	1149	2228	1071	28741	2938	19560	3377	21
0,4780	2536	1148	1156	1072	31679	2938	16185	3375	0,5220
81	3684	1148	0,7310084	1072	34618	2939	12811	3374	19
82	4833	1149	0,7309012	1072	37558	2940	09438	3373	18
83	5981	1148	7940	1072	40499	2941	06066	3372	17
84	7128	1147	6868	1072	43441	2942	1,0702696	3370	16
85	8276	1148	5795	1073	46383	2942	1,0699326	3370	15
86	0,6829424	1148	4723	1072	49326	2943	95958	3368	14
87	0,6830571	1147	3650	1073	52271	2945	92590	3368	13
88	1718	1147	2577	1073	55216	2945	89224	3366	12
89	2865	1147	1504	1073	58162	2946	85859	3365	11
0,4790	4012	1147	0,7300430	1074	61109	2947	82495	3364	0,5210
91	5159	1147	0,7299357	1073	64056	2947	79133	3362	09
92	6305	1146	8283	1074	67005	2949	75771	3362	08
93	7451	1146	7209	1074	69954	2949	72410	3361	07
94	8598	1147	6135	1074	72905	2951	69051	3359	06
95	0,6839744	1146	5060	1075	75856	2951	65693	3358	05
96	0,6840889	1145	3986	1074	78808	2952	62336	3357	04
97	2035	1146	2911	1075	81761	2953	58980	3356	03
98	3181	1146	1836	1075	84715	2954	55625	3355	02
0,4799	4326	1145	0,7290761	1075	87670	2955	52271	3354	01
0,4800	0,6845471	1145	0,7289686	1075	0,9390625	2955	1,0648918	3353	0,5200
Arc.	Cosinus.	D.	Sinus.	D.	Cotang.	D.	Tang.	D.	Arc.

0,520

0,475

Arc.	Log. Sin.	D.	Log. Cofin.	D.	Log. Tang.	D.	Log. Cot.	Arc.
0,4750	9,8317423		9,8658868		9,9658555		10,0341445	0,5250
51	8161	738	8238	630	9,9659923	1368	10,0340077	49
52	8899	738	7607	631	9,9661292	1369	10,0338708	48
53	9,8319636	737	6976	631	2660	1368	7340	47
54	9,8320373	737	6344	632	4029	1369	5971	46
55	1110	737	5713	631	5397	1368	4603	45
56	1847	737	5081	632	6766	1369	3234	44
57	2583	736	4449	632	8134	1368	1866	43
58	3320	737	3817	632	9,9669502	1368	10,0330498	42
59	4056	736	3185	632	9,9670871	1369	10,0329129	41
0,4760	4791	735	2552	633	2239	1368	7761	0,5240
61	5527	736	1920	632	3607	1368	6393	39
62	6262	735	1287	633	4975	1368	5025	38
63	6997	735	0654	633	6344	1369	3656	37
64	7732	735	9,8650020	634	7712	1368	2288	36
65	8467	735	9,8649387	633	9,9679080	1368	10,0320920	35
66	9201	734	8753	634	9,9680448	1368	10,0319552	34
67	9,8329935	734	8119	634	1816	1368	8184	33
68	9,8330669	734	7485	634	3184	1368	6816	32
69	1403	734	6851	634	4552	1368	5448	31
0,4770	2136	733	6216	635	5920	1368	4080	0,5230
71	2870	734	5582	634	7288	1368	2712	29
72	3603	733	4947	635	9,9688656	1368	10,0311344	28
73	4335	732	4312	635	9,9690024	1368	10,0309976	27
74	5068	733	3676	636	1392	1368	8608	26
75	5800	732	3041	635	2759	1367	7241	25
76	6532	732	2405	636	4127	1368	5873	24
77	7264	732	1769	636	5495	1368	4505	23
78	7996	732	1133	636	6863	1368	3137	22
79	8727	731	9,8640497	636	8230	1367	1770	21
0,4780	9,8339458	731	9,8639860	637	9,9699598	1368	10,0300402	0,5220
81	9,8340189	731	9224	636	9,9700966	1368	10,0299034	19
82	0920	731	8587	637	2333	1367	7667	18
83	1651	731	7950	637	3701	1368	6299	17
84	2381	730	7312	638	5068	1367	4932	16
85	3111	730	6675	637	6436	1368	3564	15
86	3841	730	6037	638	7803	1367	2197	14
87	4570	729	5399	638	9,9709171	1368	10,0290829	13
88	5299	729	4761	638	9,9710538	1367	10,0289462	12
89	6029	730	4123	638	1906	1368	8094	11
0,4790	6757	728	3484	639	3273	1367	6727	0,5210
91	7486	729	2846	638	4640	1367	5360	09
92	8214	728	2207	639	6008	1368	3992	08
93	8943	729	1568	639	7375	1367	2625	07
94	9,8349671	728	0928	640	9,9718742	1367	10,0281258	06
95	9,8350398	727	9,8630289	639	9,9720109	1367	10,0279891	05
96	1126	728	9,8629649	640	1476	1367	8524	04
97	1853	727	9009	640	2844	1368	7156	03
98	2580	727	8369	640	4211	1367	5789	02
0,4799	3307	727	7729	640	5578	1367	4422	01
0,4800	9,8354033	726	9,8627088	641	9,9726945	1367	10,0273055	0,5200
Arc.	Log. Cofin.	D.	Log. Sin.	D.	Log. Cot.	D.	Log. Tang.	Arc.

0,520

0,480									
Arc.	Sinus.	D.	Cosinus.	D.	Tang.	D.	Cotang.	D.	Arc.
0,4800	0,6845471		0,7289686		0,9390625		1,0648918		0,5200
01	6616	1145	8611	1075	93581	2956	45567	3351	0,5199
02	7761	1145	7535	1076	96539	2958	42217	3350	98
03	0,6848905	1144	6460	1075	0,9399497	2958	38867	3350	97
04	0,6850050	1145	5384	1076	0,9402456	2959	35519	3348	96
05	1194	1144	4308	1076	05416	2960	32172	3347	95
06	2338	1144	3231	1077	08377	2961	28826	3346	94
07	3482	1144	2155	1076	11338	2961	25481	3345	93
08	4626	1144	1078	1077	14301	2963	22138	3343	92
09	5770	1144	0,7280001	1077	17264	2963	18795	3343	91
0,4810	6913	1143	0,7278924	1077	20229	2965	15454	3341	0,5190
11	8057	1144	7847	1077	23194	2965	12113	3341	89
12	0,6859200	1143	6770	1077	26160	2966	08774	3339	88
13	0,6860343	1143	5692	1078	29127	2967	05436	3338	87
14	1485	1142	4615	1077	32095	2968	1,0602099	3337	86
15	2628	1143	3537	1078	35063	2968	1,0598763	3336	85
16	3770	1142	2459	1078	38033	2970	95428	3335	84
17	4913	1143	1380	1079	41003	2970	92095	3333	83
18	6055	1142	0,7270302	1078	43975	2972	88762	3333	82
19	7197	1142	0,7269223	1079	46947	2972	85431	3331	81
0,4820	8338	1141	8145	1078	49920	2973	82100	3331	0,5180
21	0,6869480	1142	7066	1079	52894	2974	78771	3329	79
22	0,6870621	1141	5987	1079	55869	2975	75443	3328	78
23	1763	1142	4907	1080	58844	2975	72116	3327	77
24	2904	1141	3828	1079	61821	2977	68790	3326	76
25	4045	1141	2748	1080	0,9464799	2978	1,0565465	3325	75
26	5185	1140	1668	1080	67777	2978	62141	3324	74
27	6326	1141	0,7260588	1080	70756	2979	58819	3322	73
28	7466	1140	0,7259508	1080	73736	2980	55497	3322	72
29	8607	1141	8428	1080	76717	2981	52177	3320	71
0,4830	0,6879747	1140	7347	1081	79699	2982	48858	3319	0,5170
31	0,6880887	1140	6266	1081	82682	2983	45539	3319	69
32	2026	1139	5185	1081	85666	2984	42222	3317	68
33	3166	1140	4104	1081	88651	2985	38906	3316	67
34	4305	1139	3023	1081	91636	2985	35591	3315	66
35	5445	1140	1941	1082	94622	2986	32278	3313	65
36	6584	1139	0,7250860	1081	0,9497610	2988	28965	3313	64
37	7722	1138	0,7249778	1082	0,9500598	2988	25653	3312	63
38	0,6888861	1139	8696	1082	03587	2989	22343	3310	62
39	0,6890000	1139	7614	1082	06577	2990	19033	3310	61
0,4840	1138	1138	6531	1083	09568	2991	15725	3308	0,5160
41	2276	1138	5449	1082	12560	2992	12418	3307	59
42	3414	1138	4366	1083	15552	2992	09112	3306	58
43	4552	1138	3283	1083	18546	2994	05807	3305	57
44	5690	1138	2200	1083	21540	2994	1,0502503	3304	56
45	6827	1137	1117	1083	24535	2995	1,0499200	3303	55
46	7965	1138	0,7240033	1084	27532	2997	95898	3302	54
47	0,6899102	1137	0,7238950	1083	30529	2997	92597	3301	53
48	0,6900239	1137	7866	1084	33527	2998	89298	3299	52
49	1376	1137	6782	1084	36526	2999	85999	3299	51
0,4850	0,6902512	1136	0,7235698	1084	0,9539526	3000	1,0482702	3297	0,5150
Arc.	Cosinus.	D.	Sinus.	D.	Cotang.	D.	Tang.	D.	Arc.
0,515									

0,480

Arc.	Log. Sin.	D.	Log. Cofin.	D.	Log. Tang.	D.	Log. Cot.	Arc.
0,4800	9,8354033		9,8627088		9,9726945		10,0273055	0,5200
01	4760	727	6448	640	8312	1367	1688	0,5199
02	5486	726	5807	641	9,9729679	1367	10,0270321	98
03	6212	726	5166	641	9,9731046	1367	10,0268954	97
04	6937	725	4524	642	2413	1367	7587	96
05	7663	726	3883	641	3780	1367	6220	95
06	8388	725	3241	642	5147	1367	4853	94
07	9113	725	2599	642	6514	1367	3486	93
08	9,8359838	725	1957	642	7881	1367	2119	92
09	9,8360562	724	1315	642	9,9739248	1367	10,0260752	91
0,4810	1287	725	0672	643	9,9740614	1366	10,0259386	0,5190
11	2011	724	9,8620029	643	1981	1367	8019	89
12	2734	723	9,8619386	643	3348	1367	6652	88
13	3458	724	8743	643	4715	1367	5285	87
14	4181	723	8100	643	6081	1366	3919	86
15	4905	724	7456	644	7448	1367	2552	85
16	5627	722	6813	643	9,9748815	1367	10,0251185	84
17	6350	723	6169	644	9,9750181	1366	10,0249819	83
18	7073	723	5525	644	1548	1367	8452	82
19	7795	722	4880	645	2915	1367	7085	81
0,4820	8517	722	4236	644	4281	1366	5719	0,5180
21	9239	722	3591	645	5648	1367	4352	79
22	9,8369960	721	2946	645	7014	1366	2986	78
23	9,8370682	722	2301	645	8381	1367	1619	77
24	1403	721	1655	646	9,9759747	1366	10,0240253	76
25	2124	721	1010	645	9,9761114	1367	10,0238886	75
26	2844	720	9,8610364	646	2480	1366	7520	74
27	3565	721	9,8609718	646	3847	1367	6153	73
28	4285	720	9072	646	5213	1366	4787	72
29	5005	720	8425	647	6579	1366	3421	71
0,4830	5725	720	7779	646	7946	1367	2054	0,5170
31	6444	719	7132	647	9,9769312	1366	10,0230688	69
32	7163	719	6485	647	9,9770678	1366	10,0229322	68
33	7882	719	5838	647	2045	1367	7955	67
34	8601	719	5190	648	3411	1366	6589	66
35	9,8379320	719	4543	647	4777	1366	5223	65
36	9,8380038	718	3895	648	6143	1366	3857	64
37	0756	718	3247	648	7509	1366	2491	63
38	1474	718	2599	648	9,9778876	1367	10,0221124	62
39	2192	718	1950	649	9,9780242	1366	10,0219758	61
0,4840	2910	718	1302	648	1608	1366	8392	0,5160
41	3627	717	0653	649	2974	1366	7026	59
42	4344	717	9,8600004	649	4340	1366	5660	58
43	5061	717	9,8599355	649	5706	1366	4294	57
44	5777	716	8705	650	7072	1366	2928	56
45	6494	717	8056	649	8438	1366	1562	55
46	7210	716	7406	650	9,9789804	1366	10,0210196	54
47	7926	716	6756	650	9,9791170	1366	10,0208830	53
48	8641	715	6105	651	2536	1366	7464	52
49	9,8389357	716	5455	650	3902	1366	6098	51
0,4850	9,8390072	715	9,8594804	651	9,9795268	1366	10,0204732	0,5150
Arc.	Log. Cofin.	D.	Log. Sin.	D.	Log. Cot.	D.	Log. Tang.	Arc.

0,515

0,485

Arc.	Sinus.	D.	Cofinus.	D.	Tang.	D.	Cotang.	D.	Arc.
0,4850	0,6902512		0,7235698		0,9539526		1,0482702		0,5150
51	3649	1137	4613	1085	42526	3000	79405	3297	49
52	4785	1136	3529	1084	45528	3002	76110	3295	48
53	5921	1136	2444	1085	48530	3002	72816	3294	47
54	7057	1136	1359	1085	51534	3004	69523	3293	46
55	8193	1136	0,7230274	1085	54538	3004	66231	3292	45
56	0,6909329	1136	0,7229189	1085	57543	3005	62940	3291	44
57	0,6910464	1135	8104	1085	60549	3006	59650	3290	43
58	1600	1136	7018	1086	63556	3007	56361	3289	42
59	2735	1135	5932	1086	66564	3008	53073	3288	41
0,4860	3870	1135	4846	1086	69573	3009	49787	3286	0,5140
61	5004	1134	3760	1086	72583	3010	46501	3286	39
62	6139	1135	2674	1086	75594	3011	43217	3284	38
63	7274	1135	1588	1086	78605	3011	39933	3284	37
64	8408	1134	0,7220501	1087	81618	3013	36651	3282	36
65	0,6919542	1134	0,7219414	1087	84631	3013	33370	3281	35
66	0,6920676	1134	8327	1087	87645	3014	30090	3280	34
67	1810	1134	7240	1087	90660	3015	26811	3279	33
68	2943	1133	6153	1087	93676	3016	23533	3278	32
69	4077	1134	5065	1088	96693	3017	20256	3277	31
0,4870	5210	1133	3977	1088	0,9599711	3018	16980	3276	0,5130
71	6343	1133	2889	1088	0,9602730	3019	13705	3275	29
72	7476	1133	1801	1088	05750	3020	10431	3274	28
73	8609	1133	0,7210713	1088	08771	3021	07159	3272	27
74	0,6929741	1132	0,7209625	1088	11792	3021	03887	3272	26
75	0,6930874	1133	8536	1089	14815	3023	1,0400617	3270	25
76	2006	1132	7447	1089	17838	3023	1,0397347	3270	24
77	3138	1132	6358	1089	20862	3024	94079	3268	23
78	4270	1132	5269	1089	23887	3025	90812	3267	22
79	5402	1132	4180	1089	26913	3026	87545	3267	21
0,4880	6533	1131	3090	1090	29941	3028	84280	3265	0,5120
81	7664	1131	2001	1089	32968	3027	81016	3264	19
82	8796	1132	0,7200911	1090	35997	3029	77753	3263	18
83	0,6939927	1131	0,7199821	1090	39027	3030	74491	3262	17
84	0,6941058	1131	8730	1091	42058	3031	71230	3261	16
85	2188	1130	7640	1090	45089	3031	67970	3260	15
86	3319	1131	6550	1090	48122	3033	64711	3259	14
87	4449	1130	5459	1091	51155	3033	61454	3257	13
88	5579	1130	4368	1091	54190	3035	58197	3257	12
89	6709	1130	3277	1091	57225	3035	54941	3256	11
0,4890	7839	1130	2185	1092	60261	3036	51687	3254	0,5110
91	0,6948969	1130	1094	1091	63298	3037	48433	3254	09
92	0,6950098	1129	0,7190002	1092	66336	3038	45181	3252	08
93	1228	1130	0,7188911	1091	69375	3039	41930	3251	07
94	2357	1129	7819	1092	72415	3040	38679	3251	06
95	3486	1129	6726	1093	75456	3041	35430	3249	05
96	4614	1128	5634	1092	78498	3042	32182	3248	04
97	5743	1129	4542	1092	81541	3043	28935	3247	03
98	6872	1129	3449	1093	84584	3043	25689	3246	02
0,4899	8000	1128	2356	1093	87629	3045	22443	3246	01
0,4900	0,6959128	1128	0,7181263	1093	0,9590674	3045	1,0319199	3244	0,5100
Arc.	Cofinus.	D.	Sinus.	D.	Cotang.	D.	Tang.	D.	Arc.

0,510

0,485								
Arc.	Log. Sin.	D.	Log. Cosin.	D.	Log. Tang.	D.	Log. Cot.	Arc.
0,4850	9,8390072		9,8594804		9,9795268		10,0204732	0,5150
51	0787	715	4153	651	6634	1366	3366	49
52	1502	715	3502	651	8000	1366	2000	48
53	2216	714	2851	651	9,9799365	1365	10,0200635	47
54	2931	715	2199	652	9,9800731	1366	10,0199269	46
55	3645	714	1548	651	2097	1366	7903	45
56	4359	714	0896	652	3463	1366	6537	44
57	5072	713	9,8590244	652	4829	1366	5171	43
58	5786	714	9,8589591	653	6194	1365	3806	42
59	6499	713	8939	652	7560	1366	2440	41
0,4800	7212	713	8286	653	9,9808926	1366	10,0191074	0,5140
61	7925	713	7633	653	9,9810291	1365	10,0189709	39
62	8637	712	6980	653	1657	1366	8343	38
63	9,8399350	713	6327	653	3023	1366	6977	37
64	9,8400062	712	5673	654	4388	1365	5612	36
65	0773	711	5020	653	5754	1366	4246	35
66	1485	712	4366	654	7120	1366	2880	34
67	2197	712	3711	655	8485	1365	1515	33
68	2908	711	3057	654	9,9819851	1366	10,0180149	32
69	3619	711	2402	655	9,9821216	1365	10,0178784	31
0,4870	4329	710	1748	654	2582	1366	7418	0,5130
71	5040	711	1093	655	3947	1365	6053	29
72	5750	710	9,8580438	655	5313	1366	4687	28
73	6460	710	9,8579782	656	6678	1365	3322	27
74	7170	710	9127	655	8044	1366	1956	26
75	7880	710	8471	656	9,9829409	1365	10,0170591	25
76	8589	709	7815	656	9,9830775	1366	10,0169225	24
77	9,8409298	709	7158	657	2140	1365	7860	23
78	9,8410007	709	6502	656	3505	1365	6495	22
79	0716	709	5845	657	4871	1366	5129	21
0,4880	1425	709	5189	656	6236	1365	3764	0,5120
81	2133	708	4532	657	7601	1365	2399	19
82	2841	708	3874	658	9,9838967	1366	10,0161033	18
83	3549	708	3217	657	9,9840332	1365	10,0159668	17
84	4256	707	2559	658	1697	1365	8303	16
85	4964	708	1901	658	3063	1366	6937	15
86	5671	707	1243	658	4428	1365	5572	14
87	6378	707	9,8570585	658	5793	1365	4207	13
88	7085	707	9,8569926	659	7158	1365	2842	12
89	7791	706	9268	658	8524	1366	1476	11
0,4890	8498	707	8609	659	9,9849889	1365	10,0150111	0,5110
91	9204	706	7950	659	9,9851254	1365	10,0148746	09
92	9,8419909	705	7290	660	2619	1365	7381	08
93	9,8420615	706	6631	659	3984	1365	6016	07
94	1320	705	5971	660	5349	1365	4651	06
95	2026	706	5311	660	6714	1365	3286	05
96	2731	705	4651	660	8080	1366	1920	04
97	3435	704	3991	660	9,9859445	1365	10,0140555	03
98	4140	705	3330	661	9,9860810	1365	10,0139190	02
0,4899	4844	704	2669	661	2175	1365	7825	01
0,4900	9,8425548	704	9,8562008	661	9,9863540	1365	10,0136460	0,5100
Arc.	Log. Cosin.	D.	Log. Sin.	D.	Log. Cot.	D.	Log. Tang.	Arc.
0,510								

0,490										
Arc.	Sinus.	D.	Cofinus.	D.	Tang.	D.	Cotang.	D.	Arc.
0,4900	0,6959128		0,7181263		0,9690674		1,0319199		0,5100
01	0,6960256	1128	0,7180170	1093	93721	3047	15957	3242	0,5099
02	1384	1128	0,7179076	1094	96768	3047	12715	3242	98
03	2511	1127	7983	1093	0,9699816	3048	09474	3241	97
04	3639	1128	6889	1094	0,9702865	3049	06234	3240	96
05	4766	1127	5795	1094	05915	3050	1,0302995	3239	95
06	5893	1127	4701	1094	08966	3051	1,0299758	3237	94
07	7020	1127	3607	1094	12018	3052	96521	3237	93
08	8147	1127	2512	1095	15071	3053	93285	3236	92
09	0,6969273	1126	1418	1094	18125	3054	90051	3234	91
0,4910	0,6970400	1127	0,7170323	1095	21180	3055	86817	3234	0,5090
11	1526	1126	0,7169228	1095	24235	3055	83585	3232	89
12	2652	1126	8133	1095	27292	3057	80353	3232	88
13	3778	1126	7037	1096	30350	3058	77123	3230	87
14	4904	1126	5942	1095	33408	3058	73894	3229	86
15	6029	1125	4846	1096	36468	3060	70665	3229	85
16	7154	1125	3750	1096	39528	3060	67438	3227	84
17	8280	1126	2654	1096	42589	3061	64212	3226	83
18	0,6979405	1125	1558	1096	45651	3062	60987	3225	82
19	0,6980530	1125	0,7160461	1097	48715	3064	57763	3224	81
0,4920	1654	1124	0,7159365	1096	51779	3064	54539	3224	0,5080
21	2779	1125	8268	1097	54844	3065	51317	3222	79
22	3903	1124	7171	1097	57910	3066	48096	3221	78
23	5027	1124	6074	1097	60977	3067	44876	3220	77
24	6151	1124	4977	1097	64045	3068	41657	3219	76
25	7275	1124	3879	1098	0,9767113	3068	1,0238440	3217	75
26	8399	1124	2782	1097	70183	3070	35223	3217	74
27	0,6989522	1123	1684	1098	73254	3071	32007	3216	73
28	0,6990645	1123	0,7150586	1098	76325	3071	28792	3215	72
29	1769	1124	0,7149488	1098	79398	3073	25578	3214	71
0,4930	2891	1122	8389	1099	82472	3074	22365	3213	0,5070
31	4014	1123	7291	1098	85546	3074	19154	3211	69
32	5137	1123	6192	1099	88621	3075	15943	3211	68
33	6259	1122	5093	1099	91698	3077	12733	3210	67
34	7382	1123	3994	1099	94775	3077	09525	3208	66
35	8504	1122	2895	1099	0,9797853	3078	06317	3208	65
36	0,6999626	1122	1795	1100	0,9800933	3080	1,0203111	3206	64
37	0,7000747	1121	0,7140696	1099	04013	3080	1,0199905	3206	63
38	1869	1122	0,7139596	1100	07094	3081	96701	3204	62
39	2990	1121	8496	1100	10176	3082	93497	3204	61
0,4940	4112	1122	7396	1100	13259	3083	90295	3202	0,5060
41	5233	1121	6296	1100	16343	3084	87093	3202	59
42	6353	1120	5195	1101	19428	3085	83893	3200	58
43	7474	1121	4095	1100	22514	3086	80693	3200	57
44	8595	1121	2994	1101	25600	3086	77495	3198	56
45	0,7009715	1120	1893	1101	28688	3088	74298	3197	55
46	0,7010835	1120	0,7130792	1101	31777	3089	71101	3197	54
47	1955	1120	0,7129690	1102	34867	3090	67906	3195	53
48	3075	1120	8589	1101	37957	3090	64712	3194	52
49	4195	1120	7487	1102	41049	3092	61519	3193	51
0,4950	0,7015314	1119	0,7126385	1102	0,9844141	3092	1,0158326	3193	0,5050
Arc.	Cofinus.	D.	Sinus.	D.	Cotang.	D.	Tang.	D.	Arc.
0,505									

0,490

Arc.	Log. Sin.	D.	Log. Cosin.	D.	Log. Tang.	D.	Log. Cot.	Arc.
0,4900	9,8425548		9,8562008		9,9863540		10,0136460	0,5100
01	6252	704	1347	661	4905	1365	5095	0,5099
02	6956	704	0686	661	6270	1365	3730	98
03	7659	703	9,8560024	662	7635	1365	2365	97
04	8362	703	9,8559362	662	9,9869000	1365	10,0131000	96
05	9065	703	8700	662	9,9870365	1365	10,0129635	95
06	9,8429768	703	8038	662	1730	1365	8270	94
07	9,8430471	703	7376	662	3095	1365	6905	93
08	1173	702	6713	663	4460	1365	5540	92
09	1875	702	6050	663	5825	1365	4175	91
0,4910	2577	702	5387	663	7190	1365	2810	0,5090
11	3278	701	4724	663	8555	1365	1445	89
12	3980	702	4060	664	9,9879920	1365	10,0120080	88
13	4681	701	3397	663	9,9881284	1364	10,0118716	87
14	5382	701	2733	664	2649	1365	7351	86
15	6083	701	2069	664	4014	1365	5986	85
16	6783	700	1404	665	5379	1365	4621	84
17	7484	701	0740	664	6744	1365	3256	83
18	8184	700	9,8550075	665	8109	1365	1891	82
19	8884	700	9,8549410	665	9,9889474	1365	10,0110526	81
0,4920	9,8439583	699	8745	665	9,9890838	1364	10,0109162	0,5080
21	9,8440283	700	8080	665	2203	1365	7797	79
22	0982	699	7414	666	3568	1365	6432	78
23	1681	699	6748	666	4933	1365	5067	77
24	2380	699	6082	666	6298	1365	3702	76
25	3078	698	5416	666	7662	1364	2338	75
26	3777	699	4750	666	9,9899027	1365	10,0100973	74
27	4475	698	4083	667	9,9900392	1365	10,0099608	73
28	5173	698	3416	667	1757	1365	8243	72
29	5870	697	2749	667	3121	1364	6879	71
0,4930	6568	698	2082	667	4486	1365	5514	0,5070
31	7265	697	1414	668	5851	1365	4149	69
32	7962	697	0747	667	7215	1364	2785	68
33	8659	697	9,8540079	668	8580	1365	1420	67
34	9,8449356	697	9,8539411	668	9,9909945	1365	10,0090055	66
35	9,8450052	696	8743	668	9,9911309	1364	10,0088691	65
36	0748	696	8074	669	2674	1365	7326	64
37	1444	696	7405	669	4039	1365	5961	63
38	2140	696	6736	669	5403	1364	4597	62
39	2835	695	6067	669	6768	1365	3232	61
0,4940	3531	696	5398	669	8133	1365	1867	0,5060
41	4226	695	4728	670	9,9919497	1364	10,0080503	59
42	4920	694	4059	669	9,9920862	1365	10,0079138	58
43	5615	695	3389	670	2226	1364	7774	57
44	6309	694	2718	671	3591	1365	6409	56
45	7004	695	2048	670	4956	1365	5044	55
46	7698	694	1377	671	6320	1364	3680	54
47	8391	693	0707	670	7685	1365	2315	53
48	9085	694	9,8530036	671	9,9929049	1364	10,0070951	52
49	9,8459778	693	9,8529364	672	9,9930414	1365	10,0069586	51
0,4950	9,8460471	693	9,8528693	671	9,9931778	1364	10,0068222	0,5050
Arc.	Log. Cosin.	D.	Log. Sin.	D.	Log. Cot.	D.	Log. Tang.	Arc.

0,505

0,495									
Arc.	Sinus.	D.	Cosinus.	D.	Tang.	D.	Cotang.	D.	Arc.
0,4950	0,7015314		0,7126385		0,9844141		1,0158326		0,5050
51	6434	1120	5283	1102	47235	3094	55135	3191	49
52	7553	1119	4181	1102	50329	3094	51945	3190	48
53	8672	1119	3079	1102	53425	3096	48756	3189	47
54	0,7019791	1119	1976	1103	56521	3096	45568	3188	46
55	0,7020909	1118	0,7120873	1103	59618	3097	42380	3188	45
56	2028	1119	0,7119770	1103	62717	3099	39194	3186	44
57	3146	1118	8667	1103	65816	3099	36009	3185	43
58	4264	1118	7564	1103	68916	3100	32825	3184	42
59	5382	1118	6460	1104	72017	3101	29642	3183	41
0,4960	6500	1118	5357	1103	75119	3102	26460	3182	0,5040
61	7617	1117	4253	1104	78222	3103	23279	3181	39
62	8735	1118	3149	1104	81326	3104	20099	3180	38
63	0,7029852	1117	2045	1104	84431	3105	16920	3179	37
64	0,7030969	1117	0,7110940	1105	87537	3106	13742	3178	36
65	2086	1117	0,7109836	1104	90644	3107	10565	3177	35
66	3203	1117	8731	1105	93752	3108	07389	3176	34
67	4319	1116	7626	1105	96861	3109	04214	3175	33
68	5436	1117	6521	1105	0,9899971	3110	1,0101040	3174	32
69	6552	1116	5416	1105	0,9903082	3111	1,0097867	3173	31
0,4970	7668	1116	4311	1105	06194	3112	94695	3172	0,5030
71	8784	1116	3205	1106	09306	3112	91524	3171	29
72	0,7039899	1115	2099	1106	12420	3114	88354	3170	28
73	0,7041015	1116	0,7100994	1105	15535	3115	85185	3169	27
74	2130	1115	0,7099887	1107	18650	3115	82017	3168	26
75	3245	1115	8781	1106	0,9921767	3117	1,0078850	3167	25
76	4360	1115	7675	1106	24885	3118	75684	3166	24
77	5475	1115	6568	1107	28003	3118	72519	3165	23
78	6590	1115	5461	1107	31123	3120	69355	3164	22
79	7704	1114	4354	1107	34243	3120	66192	3163	21
0,4980	8819	1115	3247	1107	37365	3122	63030	3162	0,5020
81	0,7049933	1114	2140	1107	40487	3122	59869	3161	19
82	0,7051047	1114	0,7091032	1108	43611	3124	56709	3160	18
83	2160	1113	0,7089925	1107	46735	3124	53550	3159	17
84	3274	1114	8817	1108	49860	3125	50392	3158	16
85	4387	1113	7709	1108	52987	3127	47235	3157	15
86	5501	1114	6601	1108	56114	3127	44079	3156	14
87	6614	1113	5492	1109	59242	3128	40924	3155	13
88	7727	1113	4384	1108	62372	3130	37770	3154	12
89	8839	1112	3275	1109	65502	3130	34617	3153	11
0,4990	0,7059952	1113	2166	1109	68633	3131	31465	3152	0,5010
91	0,7061064	1112	0,7081057	1109	71766	3133	28314	3151	09
92	2176	1112	0,7079948	1109	74899	3133	25164	3150	08
93	3288	1112	8839	1109	78033	3134	22015	3149	07
94	4400	1112	7729	1110	81168	3135	18867	3148	06
95	5512	1112	6619	1110	84304	3136	15720	3147	05
96	6624	1112	5509	1110	87442	3138	12574	3146	04
97	7735	1111	4399	1110	90580	3138	09429	3145	03
98	8846	1111	3289	1110	93719	3139	06285	3144	02
0,4999	0,7069957	1111	2178	1111	96859	3140	03142	3143	01
0,5000	0,7071068	1111	0,7071068	1110	1,0000000	3141	1,0000000	3142	0,5000
Arc.	Cosinus.	D.	Sinus.	D.	Cotang.	D.	Tang.	D.	Arc.
0,500									

0,495

Arc.	Log. Sin.	D.	Log. Cosin.	D.	Log. Tang.	D.	Log. Cot.	Arc.
0,4950	9,8460471		9,8528693		9,9931778		10,0068222	0,5050
51	1164	693	8021	672	3143	1365	6857	49
52	1857	693	7349	672	4507	1364	5493	48
53	2549	692	6677	672	5872	1365	4128	47
54	3242	693	6005	672	7237	1365	2763	46
55	3934	692	5333	672	8601	1364	1399	45
56	4625	691	4660	673	9,9939966	1365	10,0060034	44
57	5317	692	3987	673	9,9941330	1364	10,0058670	43
58	6008	691	3314	673	2695	1365	7305	42
59	6699	691	2640	674	4059	1364	5941	41
0,4960	7390	691	1967	673	5424	1365	4576	0,5040
61	8081	691	1293	674	6788	1364	3212	39
62	8772	691	9,8520619	674	8152	1364	1848	38
63	9,8469462	690	9,8519945	674	9,9949517	1365	10,0050483	37
64	9,8470152	690	9270	675	9,9950881	1364	10,0049119	36
65	0842	690	8596	674	2246	1365	7754	35
66	1531	689	7921	675	3610	1364	6390	34
67	2221	690	7246	675	4975	1365	5025	33
68	2910	689	6571	675	6339	1364	3661	32
69	3599	689	5895	676	7704	1365	2296	31
0,4970	4288	689	5220	675	9,9959068	1364	10,0040932	0,5030
71	4976	688	4544	676	9,9960433	1365	10,0039567	29
72	5664	688	3868	676	1797	1364	8203	28
73	6353	689	3191	677	3161	1364	6839	27
74	7040	687	2515	676	4526	1365	5474	26
75	7728	688	1838	677	5890	1364	4110	25
76	8416	688	1161	677	7255	1365	2745	24
77	9103	687	9,8510484	677	8619	1364	1381	23
78	9,8479790	687	9,8509806	678	9,9969983	1364	10,0030017	22
79	9,8480477	687	9129	677	9,9971348	1365	10,0028652	21
0,4980	1163	686	8451	678	2712	1364	7288	0,5020
81	1850	687	7773	678	4077	1365	5923	19
82	2536	686	7095	678	5441	1364	4559	18
83	3222	686	6416	679	6805	1364	3195	17
84	3908	686	5738	678	8170	1365	1830	16
85	4593	685	5059	679	9,9979534	1364	10,0020466	15
86	5278	685	4380	679	9,9980899	1365	10,0019101	14
87	5963	685	3700	680	2263	1364	7737	13
88	6648	685	3021	679	3627	1364	6373	12
89	7333	685	2341	680	4992	1365	5008	11
0,4990	8017	684	1661	680	6356	1364	3644	0,5010
91	8702	685	0981	680	7721	1365	2279	09
92	9,8489386	684	9,8500301	680	9,9989085	1364	10,0010915	08
93	9,8490069	683	9,8499620	681	9,9990449	1364	10,0009551	07
94	0753	684	8939	681	1814	1365	8186	06
95	1436	683	8258	681	3178	1364	6822	05
96	2120	684	7577	681	4542	1364	5458	04
97	2802	682	6896	681	5907	1365	4093	03
98	3485	683	6214	682	7271	1364	2729	02
0,4999	4168	683	5532	682	9,9998636	1365	1364	01
0,5000	9,8494850	682	9,8494850	682	10,0000000	1364	10,0000000	0,5000
Arc.	Log. Cosin.	D.	Log. Sin.	D.	Log. Cot.	D.	Log. Tang.	Arc.

0,500

Le rapport entre le diametre et la circonférence du cercle étant exprimé par 1 : π, on trouve

π =	3,14159	26535	89793	23846	26433	83279	50288
	41971	69399	37510	58209	74944	59230	78164
	06286	20899	86280	34825	34211	70679	82148
	08651	32823	06647	09384	46095	50582	26136

Log. hyp. π =	1,14472	98858	49400	17414	34273	51353	05871
	16472	94812	+				

Log. brigg. π =	0,49714	98726	94133	85435	12682	88290	89887
	36516	78324	+				

Multiples du double module du systême de Briggs.

1	0,8685	8896	3806	5036	5530	2257	8378	3321	0164	5887	94
2	1,7371	7792	7613	0073	1060	4515	6756	6642	0329	1775	88
3	2,6057	6689	1419	5109	6590	6773	5134	9963	0493	7663	82
4	3,4743	5585	5226	0146	2120	9031	3513	3284	0658	3551	76
5	4,3429	4481	9032	5182	7651	1289	1891	6605	0822	9439	70
6	5,2115	3378	2839	0219	3181	3547	0269	9926	0987	5327	64
7	6,0801	2274	6645	5255	8711	5804	8648	3247	1152	1215	58
8	6,9487	1171	0452	0292	4241	8062	7026	6568	1316	7103	52
9	7,8173	0067	4258	5328	9772	0320	5404	9889	1481	2991	46

0,490

Arc.	Log. Sin.	D.	Log. Cosin.	D.	Log. Tang.	D.	Log. Cot.	Arc.
0,4900	9,8425548		9,8562008		9,9863540		10,0136460	0,5100
01	6252	704	1347	661	4905	1365	5095	0,5099
02	6956	704	0686	661	6270	1365	3730	98
03	7659	703	9,8560024	662	7635	1365	2365	97
04	8362	703	9,8559362	662	9,9869000	1365	10,0131000	96
05	9065	703	8700	662	9,9870365	1365	10,0129635	95
06	9,8429768	703	8038	662	1730	1365	8270	94
07	9,8430471	703	7376	662	3095	1365	6905	93
08	1173	702	6713	663	4460	1365	5540	92
09	1875	702	6050	663	5825	1365	4175	91
0,4910	2577	702	5387	663	7190	1365	2810	0,5090
11	3278	701	4724	663	8555	1365	1445	89
12	3980	702	4060	664	9,9879920	1365	10,0120080	88
13	4681	701	3397	663	9,9881284	1364	10,0118716	87
14	5382	701	2733	664	2649	1365	7351	86
15	6083	701	2069	664	4014	1365	5986	85
16	6783	700	1404	665	5379	1365	4621	84
17	7484	701	0740	664	6744	1365	3256	83
18	8184	700	9,8550075	665	8109	1365	1891	82
19	8884	700	9,8549410	665	9,9889474	1365	10,0110526	81
0,4920	9,8439583	699	8745	665	9,9890838	1364	10,0109162	0,5080
21	9,8440283	700	8080	665	2203	1365	7797	79
22	0982	699	7414	666	3568	1365	6432	78
23	1681	699	6748	666	4933	1365	5067	77
24	2380	699	6082	666	6298	1365	3702	76
25	3078	698	5416	666	7662	1364	2338	75
26	3777	699	4750	666	9,9899027	1365	10,0100973	74
27	4475	698	4083	667	9,9900392	1365	10,0099608	73
28	5173	698	3416	667	1757	1365	8243	72
29	5870	697	2749	667	3121	1364	6879	71
0,4930	6568	698	2082	667	4486	1365	5514	0,5070
31	7265	697	1414	668	5851	1365	4149	69
32	7962	697	0747	667	7215	1364	2785	68
33	8659	697	9,8540079	668	8580	1365	1420	67
34	9,8449356	697	9,8539411	668	9,9909945	1365	10,0090055	66
35	9,8450052	696	8743	668	9,9911309	1364	10,0088691	65
36	0748	696	8074	669	2674	1365	7326	64
37	1444	696	7405	669	4039	1365	5961	63
38	2140	696	6736	669	5403	1364	4597	62
39	2835	695	6067	669	6768	1365	3232	61
0,4940	3531	696	5398	669	8133	1365	1867	0,5060
41	4226	695	4728	670	9,9919497	1364	10,0080503	59
42	4920	694	4059	669	9,9920862	1365	10,0079138	58
43	5615	695	3389	670	2226	1364	7774	57
44	6309	694	2718	671	3591	1365	6409	56
45	7004	695	2048	670	4956	1365	5044	55
46	7698	694	1377	671	6320	1364	3680	54
47	8391	693	0707	670	7685	1365	2315	53
48	9085	694	9,8530036	671	9,9929049	1364	10,0070951	52
49	9,8459778	693	9,8529364	672	9,9930414	1365	10,0069586	51
0,4950	9,8460471	693	9,8528693	671	9,9931778	1364	10,0068222	0,5050
Arc.	Log. Cosin.	D.	Log. Sin.	D.	Log. Cot.	D.	Log. Tang.	Arc.

0,505

0,495

Arc.	Sinus.	D.	Cosinus.	D.	Tang.	D.	Cotang.	D.	Arc.
0,4950	0,7015314		0,7126385		0,9844141		1,0158326		0,5050
51	6434	1120	5283	1102	47235	3094	55135	3191	49
52	7553	1119	4181	1102	50329	3094	51945	3190	48
53	8672	1119	3079	1102	53425	3096	48756	3189	47
54	0,7019791	1119	1976	1103	56521	3096	45568	3188	46
55	0,7020909	1118	0,7120873	1103	59618	3097	42380	3188	45
56	2028	1119	0,7119770	1103	62717	3099	39194	3186	44
57	3146	1118	8667	1103	65816	3099	36009	3185	43
58	4264	1118	7564	1103	68916	3100	32825	3184	42
59	5382	1118	6460	1104	72017	3101	29642	3183	41
0,4960	6500	1118	5357	1103	75119	3102	26460	3182	0,5040
61	7617	1117	4253	1104	78222	3103	23279	3181	39
62	8735	1118	3149	1104	81326	3104	20099	3180	38
63	0,7029852	1117	2045	1104	84431	3105	16920	3179	37
64	0,7030969	1117	0,7110940	1105	87537	3106	13742	3178	36
65	2086	1117	0,7109836	1104	90644	3107	10565	3177	35
66	3203	1117	8731	1105	93752	3108	07389	3176	34
67	4319	1116	7626	1105	96861	3109	04214	3175	33
68	5436	1117	6521	1105	0,9899971	3110	1,0101040	3174	32
69	6552	1116	5416	1105	0,9903082	3111	1,0097867	3173	31
0,4970	7668	1116	4311	1105	06194	3112	94695	3172	0,5030
71	8784	1116	3205	1106	09306	3112	91524	3171	29
72	0,7039899	1115	2099	1106	12420	3114	88354	3170	28
73	0,7041015	1116	0,7100994	1105	15535	3115	85185	3169	27
74	2130	1115	0,7099887	1107	18650	3115	82017	3168	26
75	3245	1115	8781	1106	0,9921767	3117	1,0078850	3167	25
76	4360	1115	7675	1106	24885	3118	75684	3166	24
77	5475	1115	6568	1107	28003	3118	72519	3165	23
78	6590	1115	5461	1107	31123	3120	69355	3164	22
79	7704	1114	4354	1107	34243	3120	66192	3163	21
0,4980	8819	1115	3247	1107	37365	3122	63030	3162	0,5020
81	0,7049933	1114	2140	1107	40487	3122	59869	3161	19
82	0,7051047	1114	0,7091032	1108	43611	3124	56709	3160	18
83	2160	1113	0,7089925	1107	46735	3124	53550	3159	17
84	3274	1114	8817	1108	49860	3125	50392	3158	16
85	4387	1113	7709	1108	52987	3127	47235	3157	15
86	5501	1114	6601	1108	56114	3127	44079	3156	14
87	6614	1113	5492	1109	59242	3128	40924	3155	13
88	7727	1113	4384	1108	62372	3130	37770	3154	12
89	8839	1112	3275	1109	65502	3130	34617	3153	11
0,4990	0,7059952	1113	2166	1109	68633	3131	31465	3152	0,5010
91	0,7061064	1112	0,7081057	1109	71766	3133	28314	3151	09
92	2176	1112	0,7079948	1109	74899	3133	25164	3150	08
93	3288	1112	8839	1109	78033	3134	22015	3149	07
94	4400	1112	7729	1110	81168	3135	18867	3148	06
95	5512	1112	6619	1110	84304	3136	15720	3147	05
96	6624	1112	5509	1110	87442	3138	12574	3146	04
97	7735	1111	4399	1110	90580	3138	09429	3145	03
98	8846	1111	3289	1110	93719	3139	06285	3144	02
0,4999	0,7069957	1111	2178	1111	96859	3140	03142	3143	01
0,5000	0,7071068	1111	0,7071068	1110	1,0000000	3141	1,0000000	3142	0,5000
Arc.	Cosinus.	D.	Sinus.	D.	Cotang.	D.	Tang.	D.	Arc.

0,500

A. Table des Sinus et Tangentes en parties du rayon pour les cent premiers millioniémes du quart de cercle jusqu'à 10 décimales.

Arc.	Sinus, Tangens.		Diff.	Arc.	Sinus, Tangens.		Diff.
0,000000	0,00000	0 000		0,000050	0,00007	85398	
0,000001	0,00000	15708	15708	51	08	01106	15708
02	0	31416	8	52	08	16814	8
03	0	47124	8	53	08	32522	8
04	0	62832	8	54	08	48230	8
05	0	78540	8	55	08	63938	8
06	0,00000	94248	8	56	08	79646	8
07	0,00001	09956	8	57	08	95354	8
08	1	25664	8	58	09	11062	8
09	1	41372	8	59	09	26770	8
0,000010	1	57080	15708	0,000060	09	42478	15708
11	1	72788	8	61	09	58186	8
12	1	88496	8	62	09	73894	8
13	2	04204	8	63	0,00009	89602	8
14	2	19911	7	64	0,00010	05310	8
15	2	35619	8	65	10	21018	8
16	2	51327	8	66	10	36726	8
17	2	67035	8	67	10	52434	8
18	2	82743	8	68	10	68142	8
19	2	98451	8	69	10	83849	7
0,000020	0,00003	14159	15708	0,000070	0,00010	99557	15708
21	3	29867	8	71	11	15265	8
22	3	45575	8	72	11	30973	8
23	3	61283	8	73	11	46681	8
24	3	76991	8	74	11	62389	8
25	3	92699	8	75	11	78097	8
26	4	08407	8	76	11	93805	8
27	4	24115	8	77	12	09513	8
28	4	39823	8	78	12	25221	8
29	4	55531	8	79	12	40929	8
0,000030	0,00004	71239	15708	0,000080	0,00012	56637	15708
31	4	86947	8	81	12	72345	8
32	5	02655	8	82	12	88053	8
33	5	18363	8	83	13	03761	8
34	5	34071	8	84	13	19469	8
35	5	49779	8	85	13	35177	8
36	5	65487	8	86	13	50885	8
37	5	81195	8	87	13	66593	8
38	5	96903	8	88	13	82301	8
39	6	12611	8	89	13	98009	8
0,000040	0,00006	28319	15708	0,000090	0,00014	13717	15708
41	6	44026	7	91	14	29425	8
42	6	59734	8	92	14	45133	8
43	6	75442	8	93	14	60841	8
44	6	91150	8	94	14	76549	8
45	7	06858	8	95	14	92257	8
46	7	22566	8	96	15	07964	7
47	7	38274	8	97	15	23672	8
48	7	53982	8	98	15	39380	8
49	7	69690	8	0,000099	15	55088	8
0,000050	0,00007	85398	15708	0,000100	0,00015	70796	15708

B. Table des Sinus et Tangentes en parties du rayon pour les cent

Arc.	Sinus.	Diff.	Arc.	Arc.	Tangens.	Diff.	Arc.
0,0000	0,00000 00000		1,0000	0,0000	0,00000 00000		1,0000
01	0,00015 70796	1570796	0,9999	01	0,00015 70796	1570796	0,9999
02	031 41593	97	98	02	031 41593	97	98
03	047 12389	96	97	03	047 12389	96	97
04	062 83185	96	96	04	062 83186	97	96
05	078 53981	96	95	05	078 53983	97	95
06	0,00094 24777	96	94	06	0,00094 24781	98	94
07	0,00109 95572	95	93	07	0,00109 95579	98	93
08	125 66367	95	92	08	125 66377	98	92
09	141 37162	95	91	09	141 37176	1570799	91
0,0010	157 07957	1570795	0,9990	0,0010	157 07976	1570800	0,9990
11	172 78751	94	89	11	172 78777	01	89
12	188 49545	94	88	12	188 49578	01	88
13	204 20338	93	87	13	204 20381	03	87
14	219 91131	93	86	14	219 91184	03	86
15	235 61923	92	85	15	235 61989	05	85
16	251 32715	92	84	16	251 32794	05	84
17	267 03506	91	83	17	267 03601	07	83
18	282 74296	90	82	18	282 74409	08	82
19	298 45086	90	81	19	298 45219	10	81
0,0020	0,00314 15875	1570789	0,9980	0,0020	0,00314 16030	1570811	0,9980
21	329 86663	88	79	21	329 86843	13	79
22	345 57450	87	78	22	345 57657	14	78
23	361 28237	87	77	23	361 28473	16	77
24	376 99023	86	76	24	376 99290	17	76
25	392 69807	84	75	25	392 70110	20	75
26	408 40591	84	74	26	408 40932	22	74
27	424 11374	83	73	27	424 11755	23	73
28	439 82155	81	72	28	439 82581	26	72
29	455 52936	81	71	29	455 53409	28	71
0,0030	0,00471 23715	1570779	0,9970	0,0030	0,00471 24239	1570830	0,9970
31	486 94494	79	69	31	486 95071	32	69
32	502 65271	77	68	32	502 65906	35	68
33	518 36047	76	67	33	518 36743	37	67
34	534 06821	74	66	34	534 07583	40	66
35	549 77594	73	65	35	549 78425	42	65
36	565 48366	72	64	36	565 49271	46	64
37	581 19137	71	63	37	581 20119	48	63
38	596 89906	69	62	38	596 90969	50	62
39	612 60674	68	61	39	612 61823	54	61
0,0040	0,00628 31440	1570766	0,9960	0,0040	0,00628 32680	1570857	0,9960
41	644 02204	64	59	41	644 03540	60	59
42	659 72967	63	58	42	659 74403	63	58
43	675 43728	61	57	43	675 45269	66	57
44	691 14488	60	56	44	691 16139	70	56
45	706 85246	58	55	45	706 87012	73	55
46	722 56002	56	54	46	722 57889	77	54
47	738 26757	55	53	47	738 28769	80	53
48	753 97509	52	52	48	753 99652	83	52
49	769 68260	51	51	49	769 70540	88	51
0,0050	0,00785 39009	1570749	0,9950	0,0050	0,00785 41431	1570891	0,9950
Arc.	Cosinus.	Diff.	Arc.	Arc.	Cotangens.	Diff.	Arc.

premiers dix-milliémes du quart de cercle jusqu'à 10 décimales.

Arc.	Sinus.	Diff.	Arc.	Arc.	Tangens.	Diff.	Arc.
0,0050	0,00785 39009		0,9950	0,0050	0,00785 41431		0,9950
51	0801 09756	1570747	49	51	0801 12326	1570895	49
52	0816 80501	45	48	52	0816 83226	1570900	48
53	0832 51244	43	47	53	0832 54129	03	47
54	0848 21984	40	46	54	0848 25036	07	46
55	0863 92723	39	45	55	0863 95947	11	45
56	0879 63460	37	44	56	0879 66863	16	44
57	0895 34194	34	43	57	0895 37783	20	43
58	0911 04927	33	42	58	0911 08708	25	42
59	0926 75657	30	41	59	0926 79637	29	41
0,0060	0942 46384	1570727	0,9940	0,0060	0942 50570	1570933	0,9940
61	0958 17110	26	39	61	0958 21508	38	39
62	0973 87833	23	38	62	0973 92451	43	38
63	0,00989 58553	20	37	63	0,00989 63399	48	37
64	0,01005 29272	19	36	64	0,01005 34352	53	36
65	1020 99987	15	35	65	1021 05309	57	35
66	1036 70700	13	34	66	1036 76272	63	34
67	1052 41411	11	33	67	1052 47240	68	33
68	1068 12119	08	32	68	1068 18213	73	32
69	1083 82825	06	31	69	1083 89191	78	31
0,0070	0,01099 53527	02	0,9930	0,0070	0,01099 60174	83	0,9930
71	1115 24227	1570700	29	71	1115 31163	89	29
72	1130 94924	1570697	28	72	1131 02158	1570995	28
73	1146 65619	95	27	73	1146 73158	1571000	27
74	1162 36311	92	26	74	1162 44164	06	26
75	1178 06999	88	25	75	1178 15175	11	25
76	1193 77685	86	24	76	1193 86192	17	24
77	1209 48368	83	23	77	1209 57216	24	23
78	1225 19048	80	22	78	1225 28245	29	22
79	1240 89725	77	21	79	1240 99280	35	21
0,0080	0,01256 60399	1570674	0,9920	0,0080	0,01256 70321	1571041	0,9920
81	1272 31070	71	19	81	1272 41369	48	19
82	1288 01737	67	18	82	1288 12423	54	18
83	1303 72402	65	17	83	1303 83483	60	17
84	1319 43063	61	16	84	1319 54549	66	16
85	1335 13721	58	15	85	1335 25622	73	15
86	1350 84375	54	14	86	1350 96702	80	14
87	1366 55027	52	13	87	1366 67788	86	13
88	1382 25675	48	12	88	1382 38882	94	12
89	1397 96319	44	11	89	1398 09981	1571099	11
0,0090	0,01413 66960	1570641	0,9910	0,0090	0,01413 81088	1571107	0,9910
91	1429 37598	38	09	91	1429 52202	14	09
92	1445 08232	34	08	92	1445 23323	21	08
93	1460 78863	31	07	93	1460 94451	28	07
94	1476 49490	27	06	94	1476 65586	35	06
95	1492 20113	23	05	95	1492 36729	43	05
96	1507 90732	19	04	96	1508 07879	50	04
97	1523 61348	16	03	97	1523 79036	57	03
98	1539 31960	12	02	98	1539 50201	65	02
0,0099	1555 02569	09	01	0,0099	1555 21373	72	01
0,0100	0,01570 73173	1570604	0,9900	0,0100	0,01570 92553	1571180	0,9900
Arc.	Cofinus.	Diff.	Arc.	Arc.	Cotangens.	Diff.	Arc.

C. Table pour convertir les degrés et leurs ſubdivisions en parties décimales du quart de cercle.

I. Pour convertir les degrés en parties décimales du quart de cercle.

Degr.	Part.déc.	Degr.	Part.déc.	Degr.	Part.déc.	Degr.	Part.déc.	Degr.	Part.déc.
1	0,011111	19	0,211111	37	0,411111	55	0,611111	73	0,811111
2	0,022222	20	0,222222	38	0,422222	56	0,622222	74	0,822222
3	0,033333	21	0,233333	39	0,433333	57	0,633333	75	0,833333
4	0,044444	22	0,244444	40	0,444444	58	0,644444	76	0,844444
5	0,055555	23	0,255555	41	0,455555	59	0,655555	77	0,855555
6	0,066666	24	0,266666	42	0,466666	60	0,666666	78	0,866666
7	0,077777	25	0,277777	43	0,477777	61	0,677777	79	0,877777
8	0,088888	26	0,288888	44	0,488888	62	0,688888	80	0,888888
9	0,100000	27	0,300000	45	0,500000	63	0,700000	81	0,900000
10	0,111111	28	0,311111	46	0,511111	64	0,711111	82	0,911111
11	0,122222	29	0,322222	47	0,522222	65	0,722222	83	0,922222
12	0,133333	30	0,333333	48	0,533333	66	0,733333	84	0,933333
13	0,144444	31	0,344444	49	0,544444	67	0,744444	85	0,944444
14	0,155555	32	0,355555	50	0,555555	68	0,755555	86	0,955555
15	0,166666	33	0,366666	51	0,566666	69	0,766666	87	0,966666
16	0,177777	34	0,377777	52	0,577777	70	0,777777	88	0,977777
17	0,188888	35	0,388888	53	0,588888	71	0,788888	89	0,988888
18	0,200000	36	0,400000	54	0,600000	72	0,800000	90	1,000000

II. Pour convertir les minutes en parties décimales du quart de cercle.

Min.	Part. décimales.		Min.	Part. décimales.		Min.	Part. décimales.	
1	0,0001851	8518518	21	0,0038888	8888888	41	0,0075925	9259259
2	0,0003703	7037037	22	0,0040740	7407407	42	0,0077777	7777777
3	0,0005555	5555555	23	0,0042592	5925925	43	0,0079629	6296296
4	0,0007407	4074074	24	0,0044444	4444444	44	0,0081481	4814814
5	0,0009259	2592592	25	0,0046296	2962962	45	0,0083333	3333333
6	0,0011111	1111111	26	0,0048148	1481481	46	0,0085185	1851851
7	0,0012962	9629629	27	0,0050000	0000000	47	0,0087037	0370370
8	0,0014814	8148148	28	0,0051851	8518518	48	0,0088888	8888888
9	0,0016666	6666666	29	0,0053703	7037037	49	0,0090740	7407407
10	0,0018518	5185185	30	0,0055555	5555555	50	0,0092592	5925925
11	0,0020370	3703703	31	0,0057407	4074074	51	0,0094444	4444444
12	0,0022222	2222222	32	0,0059259	2592592	52	0,0096296	2962962
13	0,0024074	0740740	33	0,0061111	1111111	53	0,0098148	1481481
14	0,0025925	9259259	34	0,0062962	9629629	54	0,0100000	0000000
15	0,0027777	7777777	35	0,0064814	8148148	55	0,0101851	8518518
16	0,0029629	6296296	36	0,0066666	6666666	56	0,0103703	7037037
17	0,0031481	4814814	37	0,0068518	5185185	57	0,0105555	5555555
18	0,0033333	3333333	38	0,0070370	3703703	58	0,0107407	4074074
19	0,0035185	1851851	39	0,0072222	2222222	59	0,0109259	2592592
20	0,0037037	0370370	40	0,0074074	0740740	60	0,0111111	1111111

Les degrés réduits en décimales forment une suite infinie de chiffres égaux et les minutes des périodes de trois chiffres. On peut donc facilement continuer les fractions décimales dans les tables précédentes.

III. Pour convertir les secondes en parties décimales du quart de cercle.

Sec.	Parties décimales.		Sec.	Parties décimales.		Sec.	Parties décimales.	
1	0,0000030	8641975	21	0,0000648	1481481	41	0,0001265	4320987
2	0,0000061	7283950	22	0,0000679	0123456	42	0,0001296	2962962
3	0,0000092	5925925	23	0,0000709	8765432	43	0,0001327	1604938
4	0,0000123	4567901	24	0,0000740	7407407	44	0,0001358	0246913
5	0,0000154	3209876	25	0,0000771	6049382	45	0,0001388	8888888
6	0,0000185	1851851	26	0,0000802	4691358	46	0,0001419	7530864
7	0,0000216	0493827	27	0,0000833	3333333	47	0,0001450	6172839
8	0,0000246	9135802	28	0,0000864	1975308	48	0,0001481	4814814
9	0,0000277	7777777	29	0,0000895	0617283	49	0,0001512	3456790
10	0,0000308	6419753	30	0,0000925	9259259	50	0,0001543	2098765
11	0,0000339	5061728	31	0,0000956	7901234	51	0,0001574	0740740
12	0,0000370	3703703	32	0,0000987	6543209	52	0,0001604	9382716
13	0,0000401	2345678	33	0,0001018	5185185	53	0,0001635	8024690
14	0,0000432	0987654	34	0,0001049	3827160	54	0,0001666	6666666
15	0,0000462	9629629	35	0,0001080	2469135	55	0,0001697	5308641
16	0,0000493	8271604	36	0,0001111	1111111	56	0,0001728	3950617
17	0,0000524	6913580	37	0,0001141	9753086	57	0,0001759	2592592
18	0,0000555	5555555	38	0,0001172	8395061	58	0,0001790	1234567
19	0,0000586	4197530	39	0,0001203	7037037	59	0,0001820	9876543
20	0,0000617	2839506	40	0,0001234	5679012	60	0,0001851	8518518

Les secondes réduites en décimales forment des périodes de neuf chiffres, dont la première commence à la 6me, la seconde à la 15me place. La première période se trouve ici complette. On peut donc facilement continuer les fractions décimales que présente cette table.

IV. Pour convertir les tierces en parties décimales du quart de cercle.

Tierc.	Parties décimales.		Tierc.	Parties décimales.		Tierc.	Parties décimales.	
1	0,0000000	5144033	21	0,0000010	8024691	41	0,0000021	0905350
2	0,0000001	0288066	22	0,0000011	3168724	42	0,0000021	6049383
3	0,0000001	5432099	23	0,0000011	8312757	43	0,0000022	1193416
4	0,0000002	0576132	24	0,0000012	3456790	44	0,0000022	6337449
5	0,0000002	5720165	25	0,0000012	8600823	45	0,0000023	1481481
6	0,0000003	0864198	26	0,0000013	3744856	46	0,0000023	6625514
7	0,0000003	6008230	27	0,0000013	8888888	47	0,0000024	1769547
8	0,0000004	1152263	28	0,0000014	4032922	48	0,0000024	6913580
9	0,0000004	6296296	29	0,0000014	9176955	49	0,0000025	2057613
10	0,0000005	1440329	30	0,0000015	4320988	50	0,0000025	7201646
11	0,0000005	6584362	31	0,0000015	9465021	51	0,0000026	2345679
12	0,0000006	1728395	32	0,0000016	4609053	52	0,0000026	7489712
13	0,0000006	6872428	33	0,0000016	9753086	53	0,0000027	2633745
14	0,0000007	2016461	34	0,0000017	4897119	54	0,0000027	7777778
15	0,0000007	7160494	35	0,0000018	0041152	55	0,0000028	2921811
16	0,0000008	2304527	36	0,0000018	5185185	56	0,0000028	8065844
17	0,0000008	7448560	37	0,0000019	0329218	57	0,0000029	3209877
18	0,0000009	2592593	38	0,0000019	5473251	58	0,0000029	8353903
19	0,0000009	7736626	39	0,0000020	0617284	59	0,0000030	3497242
20	0,0000010	2880658	40	0,0000020	5761317	60	0,0000030	8642973

D. Table pour convertir les parties décimales du quart de cercle en degrés et parties de degrés.

I. Pour convertir tous les centièmes du quart de cercle.

Part. déc.	Degr.	Min.	Part. déc.	Degr.	Min.	Part. déc.	Degr.	Min.	Part. déc.	Degr.	Min.	Part. déc.	Degr.	M.
0,01	0	54	0,21	18	54	0,41	36	54	0,61	54	54	0,81	72	54
0,02	1	48	0,22	19	48	0,42	37	48	0,62	55	48	0,82	73	48
0,03	2	42	0,23	20	42	0,43	38	42	0,63	56	42	0,83	74	42
0,04	3	36	0,24	21	36	0,44	39	36	0,64	57	36	0,84	75	36
0,05	4	30	0,25	22	30	0,45	40	30	0,65	58	30	0,85	76	30
0,06	5	24	0,26	23	24	0,46	41	24	0,66	59	24	0,86	77	24
0,07	6	18	0,27	24	18	0,47	42	18	0,67	60	18	0,87	78	18
0,08	7	12	0,28	25	12	0,48	43	12	0,68	61	12	0,88	79	12
0,09	8	6	0,29	26	6	0,49	44	6	0,69	62	6	0,89	80	6
0,10	9	0	0,30	27	0	0,50	45	0	0,70	63	0	0,90	81	0
0,11	9	54	0,31	27	54	0,51	45	54	0,71	63	54	0,91	81	54
0,12	10	48	0,32	28	48	0,52	46	48	0,72	64	48	0,92	82	48
0,13	11	42	0,33	29	42	0,53	47	42	0,73	65	42	0,93	83	42
0,14	12	36	0,34	30	36	0,54	48	36	0,74	66	36	0,94	84	36
0,15	13	30	0,35	31	30	0,55	49	30	0,75	67	30	0,95	85	30
0,16	14	24	0,36	32	24	0,56	50	24	0,76	68	24	0,96	86	24
0,17	15	18	0,37	33	18	0,57	51	18	0,77	69	18	0,97	87	18
0,18	16	12	0,38	34	12	0,58	52	12	0,78	70	12	0,98	88	12
0,19	17	6	0,39	35	6	0,59	53	6	0,79	71	6	0,99	89	6
0,20	18	0	0,40	36	0	0,60	54	0	0,80	72	0	1,00	90	0

II. Pour convertir les cent premiers dix-millièmes du quart de cercle.

Part. déc.	Degr.	Min.	Sec.	Part. déc.	Degr.	Min.	Sec.	Part. déc.	Degr.	Min.	Sec.	Part. déc.	Degr.	M.	Sec.
0,0001	0	0	32,4	0,0016	0	8	38,4	0,0031	0	16	44,4	0,0046	0	24	50,4
0,0002	0	1	4,8	0,0017	0	9	10,8	0,0032	0	17	16,8	0,0047	0	25	22,8
0,0003	0	1	37,2	0,0018	0	9	43,2	0,0033	0	17	49,2	0,0048	0	25	55,2
0,0004	0	2	9,6	0,0019	0	10	15,6	0,0034	0	18	21,6	0,0049	0	26	27,6
0,0005	0	2	42,0	0,0020	0	10	48,0	0,0035	0	18	54,0	0,0050	0	27	0,0
0,0006	0	3	14,4	0,0021	0	11	20,4	0,0036	0	19	26,4	0,0051	0	27	32,4
0,0007	0	3	46,8	0,0022	0	11	52,8	0,0037	0	19	58,8	0,0052	0	28	4,8
0,0008	0	4	19,2	0,0023	0	12	25,2	0,0038	0	20	31,2	0,0053	0	28	37,2
0,0009	0	4	51,6	0,0024	0	12	57,6	0,0039	0	21	3,6	0,0054	0	29	9,6
0,0010	0	5	24,0	0,0025	0	13	30,0	0,0040	0	21	36,0	0,0055	0	29	42,0
0,0011	0	5	56,4	0,0026	0	14	2,4	0,0041	0	22	8,4	0,0056	0	30	14,4
0,0012	0	6	28,8	0,0027	0	14	34,8	0,0042	0	22	40,8	0,0057	0	30	46,8
0,0013	0	7	1,2	0,0028	0	15	7,2	0,0043	0	23	13,2	0,0058	0	31	19,2
0,0014	0	7	33,6	0,0029	0	15	39,6	0,0044	0	23	45,6	0,0059	0	31	51,6
0,0015	0	8	6,0	0,0030	0	16	12,0	0,0045	0	24	18,0	0,0060	0	32	24,0

Continuation de la table précédente.

Part. déc.	Degr.	Min.	Sec.	Part. déc.	Degr.	Min.	Sec.	Part. déc.	Degr.	Min.	Sec.	Part. déc.	Degr.	M.	Sec.
0,0061	0	32	56,4	0,0071	0	38	20,4	0,0081	0	43	44,4	0,0091	0	49	8,4
0,0062	0	33	28,8	0,0072	0	38	52,8	0,0082	0	44	16,8	0,0092	0	49	40,8
0,0063	0	34	1,2	0,0073	0	39	25,2	0,0083	0	44	49,2	0,0093	0	50	13,2
0,0064	0	34	33,6	0,0074	0	39	57,6	0,0084	0	45	21,6	0,0094	0	50	45,6
0,0065	0	35	6,0	0,0075	0	40	30,0	0,0085	0	45	54,0	0,0095	0	51	18,0
0,0066	0	35	38,4	0,0076	0	41	2,4	0,0086	0	46	26,4	0,0096	0	51	50,4
0,0067	0	36	10,8	0,0077	0	41	34,8	0,0087	0	46	58,8	0,0097	0	52	22,8
0,0068	0	36	43,2	0,0078	0	42	7,2	0,0088	0	47	31,2	0,0098	0	52	55,2
0,0069	0	37	15,6	0,0079	0	42	39,6	0,0089	0	48	3,6	0,0099	0	53	27,6
0,0070	0	37	48,0	0,0080	0	43	12,0	0,0090	0	48	36,0	0,0100	0	54	0,0

III. Pour convertir les cent premiers millionièmes du quart de cercle.

Part. déc.	Degr.	Min.	Sec.	Part. déc.	Degr.	Min.	Sec.	Part. déc.	Degr.	Min.	Sec.
0,000001	0	0	0,324	0,000034	0	0	11,016	0,000067	0	0	21,708
0,000002	0	0	0,648	0,000035	0	0	11,340	0,000068	0	0	22,032
0,000003	0	0	0,972	0,000036	0	0	11,664	0,000069	0	0	22,356
0,000004	0	0	1,296	0,000037	0	0	11,988	0,000070	0	0	22,680
0,000005	0	0	1,620	0,000038	0	0	12,312	0,000071	0	0	23,004
0,000006	0	0	1,944	0,000039	0	0	12,636	0,000072	0	0	23,328
0,000007	0	0	2,268	0,000040	0	0	12,960	0,000073	0	0	23,652
0,000008	0	0	2,592	0,000041	0	0	13,284	0,000074	0	0	23,976
0,000009	0	0	2,916	0,000042	0	0	13,608	0,000075	0	0	24,300
0,000010	0	0	3,240	0,000043	0	0	13,932	0,000076	0	0	24,624
0,000011	0	0	3,564	0,000044	0	0	14,256	0,000077	0	0	24,948
0,000012	0	0	3,888	0,000045	0	0	14,580	0,000078	0	0	25,272
0,000013	0	0	4,212	0,000046	0	0	14,904	0,000079	0	0	25,596
0,000014	0	0	4,536	0,000047	0	0	15,228	0,000080	0	0	25,920
0,000015	0	0	4,860	0,000048	0	0	15,552	0,000081	0	0	26,244
0,000016	0	0	5,184	0,000049	0	0	15,876	0,000082	0	0	26,568
0,000017	0	0	5,508	0,000050	0	0	16,200	0,000083	0	0	26,892
0,000018	0	0	5,832	0,000051	0	0	16,524	0,000084	0	0	27,216
0,000019	0	0	6,156	0,000052	0	0	16,848	0,000085	0	0	27,540
0,000020	0	0	6,480	0,000053	0	0	17,172	0,000086	0	0	27,864
0,000021	0	0	6,804	0,000054	0	0	17,496	0,000087	0	0	28,188
0,000022	0	0	7,128	0,000055	0	0	17,820	0,000088	0	0	28,512
0,000023	0	0	7,452	0,000056	0	0	18,144	0,000089	0	0	28,836
0,000024	0	0	7,776	0,000057	0	0	18,468	0,000090	0	0	29,160
0,000025	0	0	8,100	0,000058	0	0	18,792	0,000091	0	0	29,484
0,000026	0	0	8,424	0,000059	0	0	19,116	0,000092	0	0	29,808
0,000027	0	0	8,748	0,000060	0	0	19,440	0,000093	0	0	30,132
0,000028	0	0	9,072	0,000061	0	0	19,764	0,000094	0	0	30,456
0,000029	0	0	9,396	0,000062	0	0	20,088	0,000095	0	0	30,780
0,000030	0	0	9,720	0,000063	0	0	20,412	0,000096	0	0	31,104
0,000031	0	0	10,044	0,000064	0	0	20,736	0,000097	0	0	31,428
0,000032	0	0	10,368	0,000065	0	0	21,060	0,000098	0	0	31,752
0,000033	0	0	10,692	0,000066	0	0	21,384	0,000099	0	0	32,076
0,000034	0	0	11,016	0,000067	0	0	21,708	0,000100	0	0	32,400

E. Table pour convertir les parties usuelles du jour en parties décimales.

I. Pour convertir les heures en parties décimales du jour.

Heur.	Part. déc.	Heur.	Part. déc.	Heur.	Part. déc.	Heur.	Part. déc.
1	0,04166666	7	0,29166666	13	0,54166666	19	0,79166666
2	0,08333333	8	0,33333333	14	0,58333333	20	0,83333333
3	0,12500000	9	0,37500000	15	0,62500000	21	0,87500000
4	0,16666666	10	0,41666666	16	0,66666666	22	0,91666666
5	0,20833333	11	0,45833333	17	0,70833333	23	0,95833333
6	0,25000000	12	0,50000000	18	0,75000000	24	1,00000000

II. Pour convertir les minutes en parties décimales du jour.

Min.	Part. déc.	Min.	Part. déc.	Min.	Part. déc.	Min.	Part. déc.
1	0,00069444	16	0,01111111	31	0,02152777	46	0,03194444
2	0,00138888	17	0,01180555	32	0,02222222	47	0,03263888
3	0,00208333	18	0,01250000	33	0,02291666	48	0,03333333
4	0,00277777	19	0,01319444	34	0,02361111	49	0,03402777
5	0,00347222	20	0,01388888	35	0,02430555	50	0,03472222
6	0,00416666	21	0,01458333	36	0,02500000	51	0,03541666
7	0,00486111	22	0,01527777	37	0,02569444	52	0,03611111
8	0,00555555	23	0,01597222	38	0,02638888	53	0,03680555
9	0,00625000	24	0,01666666	39	0,02708333	54	0,03750000
10	0,00694444	25	0,01736111	40	0,02777777	55	0,03819444
11	0,00763888	26	0,01805555	41	0,02847222	56	0,03888888
12	0,00833333	27	0,01875000	42	0,02916666	57	0,03958333
13	0,00902777	28	0,01944444	43	0,02986111	58	0,04027777
14	0,00972222	29	0,02013888	44	0,03055555	59	0,04097222
15	0,01041666	30	0,02083333	45	0,03125000	60	0,04166666

III. Pour convertir les secondes en parties décimales du jour.

Sec.	Part. déc. du jour.		Sec.	Part. déc. du jour		Sec.	Part. déc. du jour.	
1	0,0000115	7407407	21	0,0002430	5555555	41	0,0004745	3703703
2	0,0000231	4814814	22	0,0002546	2962962	42	0,0004861	1111111
3	0,0000347	2222222	23	0,0002662	0370370	43	0,0004976	8518518
4	0,0000462	9629629	24	0,0002777	7777777	44	0,0005092	5925925
5	0,0000578	7037037	25	0,0002893	5185185	45	0,0005208	3333333
6	0,0000694	4444444	26	0,0003009	2592592	46	0,0005324	0740740
7	0,0000810	1851851	27	0,0003125	0000000	47	0,0005439	8148148
8	0,0000925	9259259	28	0,0003240	7407407	48	0,0005555	5555555
9	0,0001041	6666666	29	0,0003356	4814814	49	0,0005671	2962962
10	0,0001157	4074074	30	0,0003472	2222222	50	0,0005787	0370370
11	0,0001273	1481481	31	0,0003587	9629629	51	0,0005902	7777777
12	0,0001388	8888888	32	0,0003703	7037037	52	0,0006018	5185185
13	0,0001504	6296296	33	0,0003819	4444444	53	0,0006134	2592592
14	0,0001620	3703703	34	0,0003935	1851851	54	0,0006250	0000000
15	0,0001736	1111111	35	0,0004050	9259259	55	0,0006365	7407407
16	0,0001851	8518518	36	0,0004166	6666666	56	0,0006481	4814814
17	0,0001967	5925925	37	0,0004282	4074074	57	0,0006597	2222222
18	0,0002083	3333333	38	0,0004398	1481481	58	0,0006712	9629629
19	0,0002199	0740740	39	0,0004513	8888888	59	0,0006828	7037037
20	0,0002314	8148148	40	0,0004629	6296296	60	0,0006944	4444444

IV. Pour convertir les tierces en parties décimales du jour.

Tierc.	Part. déc. du jour.		Tierc.	Part. déc. du jour.		Tierc.	Part. déc. du jour.	
1	0,0000001	9290123	21	0,0000040	5092593	41	0,0000079	0895062
2	0,0000003	8580247	22	0,0000042	4382716	42	0,0000081	0185185
3	0,0000005	7870370	23	0,0000044	3672840	43	0,0000082	9475309
4	0,0000007	7160494	24	0,0000046	2962963	44	0,0000084	8765432
5	0,0000009	6450617	25	0,0000048	2253086	45	0,0000086	8055556
6	0,0000011	5740741	26	0,0000050	1543210	46	0,0000088	7345679
7	0,0000013	5030864	27	0,0000052	0833333	47	0,0000090	6635802
8	0,0000015	4320988	28	0,0000054	0123457	48	0,0000092	5925926
9	0,0000017	3611111	29	0,0000055	9413580	49	0,0000094	5216049
10	0,0000019	2901235	30	0,0000057	8703704	50	0,0000096	4506173
11	0,0000021	2191358	31	0,0000059	7993827	51	0,0000098	3796296
12	0,0000023	1481481	32	0,0000061	7283951	52	0,0000100	3086420
13	0,0000025	0771605	33	0,0000063	6574074	53	0,0000102	2376543
14	0,0000027	0061728	34	0,0000065	5864198	54	0,0000104	1666667
15	0,0000028	9351852	35	0,0000067	5154321	55	0,0000106	0956790
16	0,0000030	8641975	36	0,0000069	4444444	56	0,0000108	0246914
17	0,0000032	7932099	37	0,0000071	3734568	57	0,0000109	9537037
18	0,0000034	7222222	38	0,0000073	3024691	58	0,0000111	8827160
19	0,0000036	6512346	39	0,0000075	2314815	59	0,0000113	8117284
20	0,0000038	5802469	40	0,0000077	1604938	60	0,0000115	7407407

On peut répéter le dernier chiffre dans la première et seconde table et les trois derniers dans la troisième autant de fois qu'on veut. La quatrième table ne présente pas cette facilité.

F. Table pour convertir les parties décimales du jour en heures et parties d'heures.

Part. déc.	H.	M.	S.	Part. déc.	H.	M.	S.	Part. dec.	H.	M.	S.
0,1	2	24	0	0,001	0	1	26,4	0,00001	0	0	0,864
0,2	4	48	0	0,002	0	2	52,8	0,00002	0	0	1,728
0,3	7	12	0	0,003	0	4	19,2	0,00003	0	0	2,592
0,4	9	36	0	0,004	0	5	45,6	0,00004	0	0	3,456
0,5	12	0	0	0,005	0	7	12,0	0,00005	0	0	4,320
0,6	14	24	0	0,006	0	8	38,4	0,00006	0	0	5,184
0,7	16	48	0	0,007	0	10	4,8	0,00007	0	0	6,048
0,8	19	12	0	0,008	0	11	31,2	0,00008	0	0	6,912
0,9	21	36	0	0,009	0	12	57,6	0,00009	0	0	7,776
1,0	24	0	0	0,010	0	14	24,0	0,00010	0	0	8,640
0,01	0	14	24	0,0001	0	0	8,64	0,000001	0	0	0,0864
0,02	0	28	48	0,0002	0	0	17,28	0,000002	0	0	0,1728
0,03	0	43	12	0,0003	0	0	25,92	0,000003	0	0	0,2592
0,04	0	57	36	0,0004	0	0	34,56	0,000004	0	0	0,3456
0,05	1	12	0	0,0005	0	0	43,20	0,000005	0	0	0,4320
0,06	1	26	24	0,0006	0	0	51,84	0,000006	0	0	0,5184
0,07	1	40	48	0,0007	0	1	0,48	0,000007	0	0	0,6048
0,08	1	55	12	0,0008	0	1	9,12	0,000008	0	0	0,6912
0,09	2	9	36	0,0009	0	1	17,76	0,000009	0	0	0,7776
0,10	2	24	0	0,0010	0	1	26,40	0,000010	0	0	0,8640

G. Longueur des arcs de cercle en parties du rayon jusqu' à 44 décimales.

Part.déc. d.Q.d.C.	Longueur des arcs.										
0,1	0,1570	7963	2679	4896	6192	3132	1691	6397	5144	2098	5847
0,2	0,3141	5926	5358	9793	2384	6264	3383	2795	0288	4197	1694
0,3	0,4712	3889	8038	4689	8576	9396	5074	9192	5432	6295	7541
0,4	0,6283	1853	0717	9586	4769	2528	6766	5590	0576	8394	3388
0,5	0,7853	9816	3397	4483	0961	5660	8458	1987	5721	0492	9235
0,6	0,9424	7779	6076	9379	7153	8793	0149	8385	0865	2591	5082
0,7	1,0995	5742	8756	4276	3346	1925	1841	4782	6009	4690	0929
0,8	1,2566	3706	1435	9172	9538	5057	3533	1180	1153	6788	6776
0,9	1,4137	1669	4115	4069	5730	8189	5224	7577	6297	8887	2623
1,0	1,5707	9632	6794	8966	1923	1321	6916	3975	1442	0985	8470

On n'a exprimé la longueur des arcs que pour chaque dixième du quart de cercle. Si on la demande pour des parties moindres, on transportera la virgule d'autant de places vers la gauche qu'il sera indiqué par le rang qu'occupent dans la suite décimale les parties en question.

Table

des

Logarithmes vulgaires

de

tous les nombres

depuis 1 jusqu à 1100

et

depuis 999980 jusqu' à 1000021

avec 36 Figures.

Nombres.	Logarithmes.								
1	0,0000	0000	0000	0000	0000	0000	0000	0000	0000
2	0,3010	2999	5663	9811	9521	3738	8947	2449	3027
3	0,4771	2125	4719	6624	3729	5027	9032	5511	5309
4	0,6020	5999	1327	9623	9042	7477	7894	4898	6054
5	0,6989	7000	4336	0188	0478	6261	1052	7550	6973
6	0,7781	5125	0383	6436	3250	8766	7979	7960	8399
7	0,8450	9804	0014	2568	3071	2216	2585	9263	6193
8	0,9030	8998	6991	9435	8564	1216	6841	7347	9080
9	0,9542	4250	9439	3248	7459	0055	8065	1023	0618
10	1,0000	0000	0000	0000	0000	0000	0000	0000	0000
11	1,0413	9268	5158	2250	4075	0199	9712	4302	4242
12	1,0791	8124	6047	6248	2772	2505	6927	0410	1363
13	1,1139	4335	2306	8567	6920	6505	1579	4232	8431
14	1,1461	2803	5678	2380	2592	5955	1533	1712	9220
15	1,1760	9125	9055	6812	4208	1289	0085	3062	2282
16	1,2041	1998	2655	9247	8085	4955	5788	9797	2107
17	1,2304	4892	1378	2739	2854	0169	8943	2833	7030
18	1,2552	7250	5103	3060	6980	3794	7012	3472	3643
19	1,2787	5360	0952	8289	6153	6333	4757	5692	9318
20	1,3010	2999	5663	9811	9521	3738	8947	2449	3027
21	1,3222	1929	4733	9192	6800	7244	1618	4775	1503
22	1,3424	2268	0822	2062	3596	3938	8659	6751	7268
23	1,3617	2783	6017	5928	7886	7777	1122	5118	9550
24	1,3802	1124	1711	6060	2293	6244	5874	2859	4390
25	1,3979	4000	8672	0376	0957	2522	2105	5101	3946
26	1,4149	7334	7970	8179	6442	0244	0526	6682	1458
27	1,4313	6376	4158	9873	1188	5083	7097	6534	5928
28	1,4471	5803	1342	2192	2113	9694	0480	4162	2247
29	1,4623	9799	7898	9560	8733	2846	7629	6925	4991
30	1,4771	2125	4719	6624	3729	5027	9032	5511	5309
31	1,4913	6169	3834	2726	7966	6704	1001	1841	5722
32	1,5051	4997	8319	9059	7606	8694	4736	2246	5134
33	1,5185	1393	9877	8874	7804	5227	8744	9813	9551
34	1,5314	7891	7042	2551	2375	3908	7890	5283	0057
35	1,5440	6804	4350	2756	3549	8477	3638	6814	3167
36	1,5563	0250	0767	2872	6501	7533	5959	5921	6672
37	1,5682	0172	4066	9949	9680	8450	6895	3912	9448
38	1,5797	8359	6616	8101	5675	0072	3704	8142	2345
39	1,5910	6460	7026	4992	0650	1533	0611	9744	3740
40	1,6020	5999	1327	9623	9042	7477	7894	4898	6054
41	1,6127	8385	6719	7354	9450	9411	8499	6818	0800
42	1,6232	4929	0397	9004	6322	0983	0565	7224	4529
43	1,6334	6845	5579	5865	2640	5088	1532	2922	2159
44	1,6434	5267	6486	1874	3117	7677	7606	9201	0295
45	1,6532	1251	3775	3436	7937	6316	9117	8573	7592
46	1,6627	5783	1681	5740	7408	1516	0069	7568	2576
47	1,6720	9785	7935	7174	6441	4219	3994	4920	0640
48	1,6812	4123	7375	5872	1814	9983	4821	5308	7416
49	1,6901	9608	0028	5136	6142	4432	5171	8527	2387
50	1,6989	7000	4336	0188	0478	6261	1052	7550	6973

Nombres.	Logarithmes.								
51	1,7075	7017	6097	9363	6583	5197	7975	8345	2339
52	1,7160	0334	3634	7991	5963	3982	9473	9131	4484
53	1,7242	7586	9600	7890	4563	2992	2916	2725	6593
54	1,7323	9375	9822	9685	0709	8822	6044	8983	8954
55	1,7403	6268	9494	2438	4553	6461	0765	1853	1215
56	1,7481	8802	7006	2004	1635	3432	9427	6611	5274
57	1,7558	7485	5672	4913	9883	1361	3790	1204	4627
58	1,7634	2799	3562	9372	8254	6585	6576	9374	8018
59	1,7708	5201	1642	1441	9026	0656	3845	3514	4239
60	1,7781	5125	0383	6436	3250	8766	7979	7960	8336
61	1,7853	2983	5010	7670	3388	5748	5137	5732	1349
62	1,7923	9168	9498	2538	7488	0442	9948	4290	8749
63	1,7993	4054	9453	5817	0530	2272	0651	0286	6812
64	1,8061	7997	3983	8871	7128	2433	3683	4695	8161
65	1,8129	1335	6642	8555	7399	2766	2632	1783	5404
66	1,8195	4393	5541	8686	7325	8966	7692	2263	2578
67	1,8260	7480	2700	8264	3414	9131	6292	2606	8581
68	1,8325	0891	2706	2363	1896	7647	6837	7732	3084
69	1,8388	4909	0737	2553	1616	2805	0155	0630	4859
70	1,8450	9804	0014	2568	3071	2216	2585	9263	6193
71	1,8512	5834	8719	0752	8609	2829	4350	3542	9135
72	1,8573	3249	6431	2684	6023	1272	4906	8370	9699
73	1,8633	2286	0120	4559	0107	4386	9004	7030	8534
74	1,8692	3171	9730	9761	9202	2189	5842	6362	2475
75	1,8750	6126	3391	7000	4686	7550	1138	0612	9256
76	1,8808	1359	2280	7913	5196	3811	2652	0591	5371
77	1,8864	9072	5172	4818	7146	2416	2298	3566	0435
78	1,8920	9460	2690	4804	0171	5271	9559	2193	6767
79	1,8976	2709	1290	4414	2799	4821	3864	7824	9686
80	1,9030	8998	6991	9435	8564	1216	6841	7347	9080
81	1,9084	8501	8878	6497	4918	0111	6130	2046	1237
82	1,9138	1385	2383	7166	8972	3150	7446	9267	3826
83	1,9190	7809	2376	0739	0383	2760	3520	2726	1247
84	1,9242	7928	6061	8816	5843	4721	9512	9673	7556
85	1,9294	1892	5714	2927	3332	6430	9996	0384	4003
86	1,9344	9845	1243	5677	2161	8827	0479	5371	5186
87	1,9395	1925	2618	6185	2462	7874	6662	2437	0300
88	1,9444	8267	2150	1686	2639	1416	6554	1650	3322
89	1,9493	9000	6644	9127	8472	3543	3697	0244	1125
90	1,9542	4250	9439	3248	7459	0055	8065	1023	0618
91	1,9590	4139	2321	0935	9991	8721	4165	3496	4624
92	1,9637	8782	7345	5552	6929	5254	9017	0017	5603
93	1,9684	8294	8553	9351	1696	1732	0033	7353	1032
94	1,9731	2785	3599	6986	5962	7958	2941	7369	3667
95	1,9777	2360	5288	8477	6632	2594	5810	3243	6291
96	1,9822	7123	3039	5684	1336	3722	3768	7758	0443
97	1,9867	7173	4266	2448	5178	4361	8116	6557	7449
98	1,9912	2607	5692	4948	5663	8171	4119	0976	5414
99	1,9956	3519	4597	5499	1534	0255	7777	5325	4860
100	2,0000	0000	0000	0000	0000	0000	0000	0000	0000

Nombres.	Logarithmes.								
101	2,0043	2137	3782	6425	7427	5188	1782	2293	7913
102	2,0086	0017	1761	9175	6104	8936	6923	0794	5366
103	2,0128	3722	4705	1722	0517	1071	1945	8023	9424
104	2,0170	3333	9298	7803	5484	7721	8421	1580	7511
105	2,0211	8929	9069	9380	7279	3505	2671	2325	8476
106	2,0253	0586	5264	7702	4084	6731	1863	5174	9619
107	2,0293	8377	7685	2096	4083	4541	2394	6143	5646
108	2,0334	2375	5486	9497	0231	2561	4992	1433	1981
109	2,0374	2649	7940	6236	3520	0513	3076	1387	5287
110	2,0413	9268	5158	2250	4075	0199	9712	4302	4242
111	2,0453	2297	8786	6574	3410	3478	5927	9424	4757
112	2,0492	1802	2670	1816	1156	7171	8374	9060	8301
113	2,0530	7844	3483	4197	2279	5227	0286	0944	8185
114	2,0569	0485	1336	4725	9404	5100	2737	3653	7654
115	2,0606	9784	0353	6116	8365	4038	2175	2669	6523
116	2,0644	5798	9226	9184	7776	0324	5524	1824	1045
117	2,0681	8586	1746	1616	4379	6560	9644	5255	9049
118	2,0718	8200	7306	1253	8547	4395	2792	5963	7266
119	2,0755	4696	1392	5307	5925	2386	1529	2097	3223
120	2,0791	8124	6047	6248	2772	2505	6927	0410	1363
121	2,0827	8537	0316	4500	8150	0399	9424	8604	8483
122	2,0863	5983	0674	7482	2909	9487	4084	8181	4376
123	2,0899	0511	1439	3979	3180	4439	7532	2329	6109
124	2,0934	2168	5162	2350	7009	4181	8895	6740	1776
125	2,0969	1001	3008	0564	1435	8783	3158	2652	0920
126	2,1003	7054	5117	5629	0051	6010	9598	2735	9839
127	2,1038	0372	0955	9568	6424	6987	4218	2728	6259
128	2,1072	0996	9647	8683	6649	6172	2630	7145	1187
129	2,1105	8971	0299	2489	6370	0116	0564	8433	7468
130	2,1139	4335	2306	8367	6920	6505	1579	4232	8431
131	2,1172	7129	5655	7642	6081	0054	2706	9773	8595
132	2,1205	7393	1205	8498	6847	2705	6639	4712	5604
133	2,1238	5164	0967	0857	9224	8549	7343	4956	5511
134	2,1271	0479	8364	8076	2936	2870	5239	5056	1608
135	2,1303	3376	8495	0061	1667	1344	8150	4085	2901
136	2,1335	3890	8370	2175	1418	1386	5785	0181	6110
137	2,1367	2056	7156	4067	6856	2926	6271	1478	9734
138	2,1398	7908	6401	2365	1137	6543	9102	3079	7886
139	2,1430	1480	0254	0950	8045	6433	2023	1984	7314
140	2,1461	2803	5678	2380	2592	5955	1533	1712	9220
141	2,1492	1911	2655	3799	0170	9247	3027	0431	5949
142	2,1522	8834	4383	0564	8130	6568	3297	5992	2162
143	2,1553	3603	7465	0618	0995	6705	1291	8535	2673
144	2,1583	6249	2095	2496	5544	5011	3854	0820	2725
145	2,1613	6800	2234	9748	9211	9107	8682	4476	1964
146	2,1643	5285	5784	4370	9628	8125	7951	9480	1561
147	2,1673	1733	4748	1760	9871	9460	4204	4038	7696
148	2,1702	6171	5394	9573	8723	5928	4789	8811	5502
149	2,1731	8626	8412	2740	3825	7363	5426	2833	7054
150	2,1760	9125	9055	6812	4208	1289	0085	3062	2282

Nombres.	Logarithmes.								
151	2,1789	7694	7293	1694	3686	9073	0553	3730	2788
152	2,1818	4358	7944	7725	4717	7550	1599	3040	8398
153	2,1846	9143	0817	5988	0313	0225	7008	3856	7648
154	2,1875	2072	0836	4630	6667	6155	1245	6015	3462
155	2,1903	3169	8170	2914	8445	2965	2053	9392	2696
156	2,1931	2459	8354	4615	9692	9010	8506	4642	9794
157	2,1958	9965	2409	2337	3676	1481	1298	9728	3705
158	2,1986	5708	6954	4226	2320	8560	2812	0274	2713
159	2,2013	9712	4320	4514	8292	8020	1948	8237	1902
160	2,2041	1998	2655	9247	8085	4955	5788	9797	2107
161	2,2068	2587	6031	8497	0957	9993	3708	4382	5743
162	2,2095	1501	4542	6309	4439	3850	5077	4495	4264
163	2,2121	8760	4403	9578	0764	0091	4359	2599	4755
164	2,2148	4384	8047	6978	8493	6889	6394	1716	6853
165	2,2174	8394	4213	9062	8283	1488	9797	7364	6524
166	2,2201	0808	8040	0550	9904	6499	2467	5175	4274
167	2,2227	1647	1147	5832	7998	4075	9099	2046	7534
168	2,2253	0928	1725	8628	5364	8460	8460	2123	0583
169	2,2278	8670	4613	6735	3841	3010	3158	8465	6862
170	2,2304	4892	1378	2739	2854	0169	8943	2833	7030
171	2,2329	9611	0392	1538	3612	6389	2822	6715	9936
172	2,2355	2844	6907	5489	1683	2565	9426	7820	8212
173	2,2380	4610	3128	7954	1456	0530	2587	5846	5888
174	2,2405	4924	8282	5997	1984	1613	5609	4886	3327
175	2,2430	3804	8686	2944	4028	4738	4691	4365	0140
176	2,2455	1266	7814	1498	2160	5155	5501	4099	6349
177	2,2479	7326	6361	8066	2755	5684	2877	9025	9548
178	2,2504	2000	2308	8939	7993	7282	2644	2693	4151
179	2,2528	5303	0979	8931	6957	0382	6917	7305	8619
180	2,2552	7250	5103	3060	6980	3794	7012	3472	3645
181	2,2576	7857	4869	1845	1028	9743	6764	1229	2492
182	2,2600	7138	7985	0747	9513	2460	3112	5945	7651
183	2,2624	5108	9730	4294	7118	0776	4170	1243	6658
184	2,2648	1782	3009	5364	6450	8993	7964	2466	8630
185	2,2671	7172	8403	0138	0159	4711	7948	1463	6421
186	2,2695	1294	4217	9163	1217	5470	8980	9802	4058
187	2,2718	4160	6536	4989	6929	0369	8655	7136	1272
188	2,2741	5784	9263	6798	5484	1697	1888	9818	6694
189	2,2764	6180	4173	2441	4259	7299	9683	5798	2121
190	2,2787	5360	0952	8289	6153	6333	4757	5692	9318
191	2,2810	3336	7247	7275	3763	5043	5982	7061	0318
192	2,2833	0122	8703	5496	0857	7461	2716	0207	3470
193	2,2855	5730	9007	7737	6059	7238	6463	5331	0821
194	2,2878	0172	9930	2260	4699	8100	7063	9007	0476
195	2,2900	3461	1362	5180	1128	7794	1664	7295	0713
196	2,2922	5607	1356	4760	5185	1910	3066	3425	8441
197	2,2944	6622	6161	5929	2737	1744	3177	1715	5018
198	2,2966	6519	0261	5311	1055	3994	6724	7774	7887
199	2,2988	5307	6409	7066	5010	0021	7844	1980	2841
200	2,3010	2999	5663	9811	9521	3738	8947	2449	3027

Nombres.	Logarithmes.								
201	2,3031	9605	7420	4888	7144	4159	5324	8118	3890
202	2,3053	5136	9446	6237	6948	8927	0729	4743	0940
203	2,3074	9603	7913	2129	1804	5063	0215	6189	1185
204	2,3096	3016	7425	8987	5626	2675	5870	3243	8393
205	2,3117	5386	1055	7542	9929	5672	9552	4368	7773
206	2,3138	6722	0369	1534	0038	4810	0893	0473	2451
207	2,3159	7034	5456	9177	5345	7832	9187	6142	0168
208	2,3180	6333	4962	7615	5006	1460	7368	4030	0538
209	2,3201	4628	6111	0540	0228	6533	4469	9995	3560
210	2,3222	1929	4733	9192	6800	7244	1618	4775	1503
211	2,3242	8245	5297	6926	6508	1558	1299	2788	5652
212	2,3263	3586	0928	7514	3606	0470	0810	7624	2646
213	2,3283	7960	3438	7377	2338	7857	3382	9054	4444
214	2,3304	1377	3349	1908	3604	8280	1341	8592	8673
215	2,3324	3845	9915	6053	3119	1349	2585	0472	9132
216	2,3344	5375	1150	9308	9752	6300	3939	3882	5008
217	2,3364	5973	3848	5295	1037	8920	3587	1105	1916
218	2,3384	5649	3604	6048	3041	4252	2023	3836	8313
219	2,3404	4411	4840	1183	3836	9414	8037	2542	3844
220	2,3424	2268	0822	2062	3596	3938	8659	6751	7268
221	2,3443	9227	3685	1106	9774	6675	0522	7056	5461
222	2,3463	5297	4450	6386	2931	7217	4875	1873	7784
223	2,3483	0486	3048	1606	7347	5176	2162	4035	2844
224	2,3502	4801	8334	1628	0678	0910	7322	1510	1327
225	2,3521	8251	8111	3624	8416	2578	0170	6124	4565
226	2,3541	0843	9147	4009	1800	8965	9233	3394	1212
227	2,3560	2585	7193	1227	2010	3048	9647	5367	2947
228	2,3579	3484	7000	4537	8925	8839	1684	6103	0681
229	2,3598	3548	2339	8879	9412	7929	8655	2665	8870
230	2,3617	2783	6017	5928	7886	7777	1122	5118	9550
231	2,3636	1197	9892	1443	0875	7444	1330	9077	5744
232	2,3654	8798	4890	8996	7297	4063	4471	4273	4072
233	2,3673	5592	1026	0189	7218	9138	8354	7685	9361
234	2,3692	1585	7410	1428	3901	0299	8591	7705	2076
235	2,3710	6786	2271	7362	6920	0480	5047	2470	7613
236	2,3729	1200	2970	1065	8068	8134	1739	8413	0292
237	2,3747	4834	6010	1038	6528	9849	2897	3336	4996
238	2,3765	7695	7056	5119	5446	6125	0476	4546	6250
239	2,3783	9790	0948	1376	8500	1661	1601	4789	2123
240	2,3802	1124	1711	6060	2293	6244	5874	2859	4390
241	2,3820	1704	2574	8683	8407	6883	9664	5463	2944
242	2,3838	1536	5980	4312	7671	4138	8372	1054	1510
243	2,3856	0627	3598	3121	8647	5139	5162	7557	6546
244	2,3873	8982	6338	7294	2431	3226	3032	0630	7403
245	2,3891	6608	4364	5324	6621	0693	6224	6077	9360
246	2,3909	3510	7103	3791	2701	8178	6479	4778	9135
247	2,3926	9695	3259	6657	3074	2838	6336	9925	7749
248	2,3944	5168	0826	2162	6530	7920	7842	9189	4803
249	2,3961	9934	7095	7363	4112	7788	2552	8237	6556
250	2,3979	4000	8672	0376	0957	2522	2105	5101	3946

Nombres.	Logarithmes.								
251	2,3996	7372	1481	0381	3934	0549	3167	0690	4082
252	2,4014	0054	0781	5440	9572	9749	8545	5185	2865
253	2,4031	2052	1175	8179	1961	7977	0834	9421	3791
254	2,4048	3371	6619	9380	5946	0726	3165	5177	9285
255	2,4065	4018	0433	9551	7062	1458	9028	5895	9312
256	2,4082	3996	5311	8495	6170	9911	1577	9594	4214
257	2,4099	3312	3331	2945	3716	2895	4559	1963	1831
258	2,4116	1970	5963	2301	5891	3854	9512	0883	0495
259	2,4132	9976	4081	2518	2752	0666	9481	3176	5641
260	2,4149	7334	7970	8179	6442	0244	0526	6682	1458
261	2,4166	4050	7338	2809	6192	2902	5694	7948	5610
262	2,4183	0129	1319	7454	5602	3793	1654	2223	1622
263	2,4199	5574	8489	7578	6897	2233	5838	7011	8114
264	2,4216	0392	6869	8310	6368	6444	5586	7161	8631
265	2,4232	4587	3936	8078	5041	9253	3969	0376	3566
266	2,4248	8163	6631	0669	8746	2288	6290	7405	8538
267	2,4265	1126	1364	5752	2201	8571	2729	5755	6434
268	2,4281	3479	4028	7888	2457	6609	4186	7505	4634
269	2,4297	5228	0002	4079	8008	7228	5158	7127	1754
270	2,4313	6376	4158	9873	1188	5083	7097	6534	5928
271	2,4329	6929	0874	4057	2952	1180	1948	7518	0269
272	2,4345	6890	4034	1987	0939	5125	4732	2630	9137
273	2,4361	6264	7040	7560	3721	3749	3197	9007	9934
274	2,4377	5056	2820	3879	6377	6665	5218	3928	2760
275	2,4393	3269	3830	2626	5032	2722	1817	9403	8188
276	2,4409	0908	2065	2177	0659	0282	8049	5529	0912
277	2,4424	7976	9064	4485	5377	7756	3195	9975	8311
278	2,4440	4479	5918	0762	7567	0172	0970	4434	0341
279	2,4456	0420	3273	5975	5425	6759	9066	2864	6341
280	2,4471	5803	1342	2192	2113	9694	0480	4162	2247
281	2,4487	0631	9905	0798	9286	3917	9162	7508	8716
282	2,4502	4910	8319	3610	9692	2986	1974	2880	8976
283	2,4517	8643	5524	2902	3555	8951	9105	7023	7730
284	2,4533	1834	0047	0376	7652	0307	2244	8441	5189
285	2,4548	4486	0008	5102	0361	7622	4842	8755	1600
286	2,4563	6603	3129	0430	0517	0444	0239	0984	5699
287	2,4578	8189	6733	9923	2522	1628	1085	6081	6993
288	2,4593	9248	7759	2308	5065	8750	2801	3269	5752
289	2,4608	9784	2756	5478	5708	0339	7886	5667	4060
290	2,4623	9799	7898	9560	8733	2846	7629	6925	4991
291	2,4638	9298	8985	9072	8907	9389	7149	2069	2759
292	2,4653	8285	1448	4182	9150	1864	6899	1929	4588
293	2,4668	6762	0354	1094	5624	3758	5126	0218	1331
294	2,4683	4733	0412	1572	9393	3199	3151	6488	0723
295	2,4698	2201	5978	1629	9504	6917	4898	1065	1212
296	2,4712	9171	1058	9385	8244	9667	3737	1260	8528
297	2,4727	5644	9317	2123	5263	5283	6810	0837	0169
298	2,4742	1626	4076	2552	3347	1102	4373	5283	0081
299	2,4756	7118	8324	4296	4807	4282	2701	9351	7981
300	2,4771	2125	4719	6624	3729	5027	9032	5511	5309

Nombres.	Logarithmes.								
301	2,4785	6649	5593	8433	5711	7304	4118	2185	8352
302	2,4800	0694	2957	1506	3208	2811	9500	6179	5815
303	2,4814	4262	8502	3050	1157	0216	0814	7805	3222
304	2,4828	7358	3608	7537	4239	1289	0546	5490	1425
305	2,4842	9983	9346	7858	3867	2009	6190	3282	8322
306	2,4857	2142	6481	5799	9834	3964	5955	6306	0675
307	2,4871	3837	5477	1864	8475	4608	4365	3933	5049
308	2,4885	5071	6500	4442	6188	9894	0192	8464	6489
309	2,4859	5847	9424	8346	4246	6099	0978	3535	4734
310	2,4913	6169	3834	2726	7966	6704	1001	1841	5722
311	2,4927	6038	9026	8375	0555	3023	1832	5364	1559
312	2,4941	5459	4018	4427	9214	2749	7453	7092	2820
313	2,4955	4433	7546	4484	8480	8126	5048	6124	3152
314	2,4969	2964	8073	2149	3197	5220	0246	2177	6732
315	2,4983	1055	3789	6005	1008	8533	1703	7837	3785
316	2,4996	8708	2618	4038	1842	2299	1759	2723	5740
317	2,5010	5926	2217	7514	9455	3229	0163	7822	4880
318	2,5024	2711	9984	4326	7814	1759	0896	0686	4929
319	2,5037	9068	3057	1811	2808	3046	7342	1227	9233
320	2,5051	4997	8319	9059	7606	8694	4736	2246	5134
321	2,5065	0503	2404	8720	7812	9569	1427	1655	0955
322	2,5078	5587	1695	8309	0479	3732	2655	6831	8770
323	2,5092	0252	2331	1028	9007	6503	3700	8526	6348
324	2,5105	4501	0206	6121	3960	7589	4024	6944	7290
325	2,5118	8336	0978	8743	7877	9027	3684	9334	2377
326	2,5132	1760	0067	9390	0285	3830	3306	5048	7782
327	2,5145	4775	2660	2860	7249	5541	2108	6899	0596
328	2,5158	7384	3711	6790	8015	0628	5341	4165	9880
329	2,5171	9589	7949	9742	5512	6435	6580	4183	6834
330	2,5185	1393	9877	8874	7804	5227	8744	9813	9551
331	2,5198	2799	3775	7187	3860	8140	6073	4085	6635
332	2,5211	3808	3704	0362	9426	0238	1414	7624	7301
333	2,5224	4423	3506	3198	7139	8506	4960	4936	0066
334	2,5237	4646	6811	5644	7519	7814	8046	4496	0561
335	2,5250	4480	7036	8452	3893	5392	7345	0157	5554
336	2,5263	3927	7389	8440	4886	2199	7407	4572	3610
337	2,5276	2990	0871	3386	2619	0014	7901	9451	0199
338	2,5289	1670	0277	6547	3362	6749	2106	0914	9888
339	2,5301	9969	8203	0821	6009	0254	9318	6456	3494
340	2,5314	7891	7042	2551	2375	3908	7890	5283	0057
341	2,5327	5437	8992	4977	2041	6904	0713	6143	9964
342	2,5340	2610	6056	1350	3134	0128	1769	9165	2963
343	2,5352	9412	0042	7704	9213	6648	7757	7750	8580
344	2,5365	5844	2571	5301	1204	6304	8374	0270	1239
345	2,5378	1909	5073	2741	2094	9066	1207	8181	1832
346	2,5390	7609	8792	7766	0977	4269	1534	8295	8915
347	2,5403	2947	4790	8737	1853	5357	3032	0697	3979
348	2,5415	7924	3946	5809	1505	5352	4556	7335	6354
349	2,5428	2542	6959	1798	9654	0171	9771	5963	0663
350	2,5440	6804	4350	2756	3549	8477	3638	6814	3167

Nombres.	Logarithmes.								
351	2,5453	0711	6465	8240	8109	1588	8677	0767	4358
352	2,5465	4266	3478	1310	1681	8894	4448	6548	9376
353	2,5477	7470	5387	8225	6549	7069	3159	6856	1198
354	2,5490	0326	2025	7878	2276	9423	1825	1475	2575
355	2,5502	2835	3055	0940	9087	9090	5403	1093	6109
356	2,5514	4999	7972	8751	7515	1021	1591	5142	7178
357	2,5526	6821	6112	1931	9654	7414	0561	7608	8533
358	2,5538	8302	6643	8743	6478	4121	5864	9755	1646
359	2,5550	9444	8578	3191	4781	6529	3944	1389	9700
360	2,5563	0250	0767	2872	6501	7533	5959	5921	6672
361	2,5575	0720	1505	6579	2307	2666	9515	1385	8636
362	2,5587	0357	0533	1657	0550	3482	5711	3678	5519
363	2,5599	0662	5036	1125	1879	5427	8457	4116	3793
364	2,5611	0138	3649	0559	9034	6199	2059	8395	0678
365	2,5622	9286	4456	4747	0586	0648	0057	4581	5508
366	2,5634	8108	5394	4106	6639	4515	3117	3692	9685
367	2,5646	6606	4252	0893	3798	7529	0930	0690	9148
368	2,5658	4781	8673	5176	5972	2732	6911	4916	1657
369	2,5670	2636	6159	0603	6909	9467	6564	7841	1418
370	2,5682	0172	4066	9949	9680	8450	6895	3912	9448
371	2,5693	7390	9615	0458	7634	5208	5502	1989	2786
372	2,5705	4293	9881	8975	0738	9209	7928	2251	7085
373	2,5717	0883	1808	6876	0550	6896	9387	0143	9915
374	2,5728	7160	2200	4801	6450	4108	7602	9585	4298
375	2,5740	3126	7727	7188	5165	3811	2190	8163	6229
376	2,5751	8784	4927	6610	5005	5436	0836	2267	9720
377	2,5763	4135	0205	7928	5653	9351	9209	1158	3422
378	2,5774	9179	9837	2253	3781	1038	8630	8247	5148
379	2,5786	3920	9968	0723	4193	1462	0594	5444	4053
380	2,5797	8359	6616	8101	5675	0072	3704	8142	2345
381	2,5809	2497	5675	6193	0154	2015	3250	8240	1568
382	2,5820	6336	2911	7087	3284	8782	4929	9510	3345
383	2,5831	9877	3968	6227	4037	9046	1295	0211	2345
384	2,5843	3122	4367	5308	0379	1200	1663	2656	6497
385	2,5854	6072	9508	5006	7624	8677	3351	1116	7408
386	2,5865	8730	4671	7549	5581	0977	5410	7780	3848
387	2,5877	1096	5018	9114	0099	5143	9597	3945	2777
388	2,5888	3172	5594	2072	4221	1839	6011	1456	3503
389	2,5899	4960	1325	7077	3624	4946	9117	3195	2701
390	2,5910	6460	7026	4992	0650	1533	0611	9744	3740
391	2,5921	7675	7395	8668	0740	7947	0065	7952	6580
392	2,5932	8606	7020	4572	4706	5649	2013	5875	1467
393	2,5943	9255	0375	4266	9810	5082	1739	5285	3904
394	2,5954	9622	1825	5741	2258	5483	2124	4164	8044
395	2,5965	9709	5626	4602	3278	1082	4917	5375	6660
396	2,5976	9518	5925	5123	0576	7733	5672	0224	0914
397	2,5987	9050	6763	1150	6587	6848	2406	6863	1123
398	2,5998	8307	2073	6878	4531	3760	6791	4429	5868
399	2,6009	7289	5686	7482	2954	3577	6376	0468	0821
400	2,6020	5999	1327	9623	9042	7477	7894	4898	6054

Nombres.	Logarithmes.								
401	2,6031	4437	2620	1823	0554	4641	1481	4942	5498
402	2,6042	2605	3084	4700	6665	7898	4272	0567	6917
403	2,6053	0504	6141	1094	4887	3209	2580	6074	4153
404	2,6063	8136	5110	6049	6470	2665	9675	7192	3967
405	2,6074	5502	3214	6685	5396	6372	7182	9596	8210
406	2,6085	2603	3577	1941	1325	8801	9162	8638	4212
407	2,6095	9440	9225	2200	3755	8650	6607	8215	3950
408	2,6105	6016	3089	8799	5147	6414	4817	5693	1420
409	2,6117	2330	8007	3418	0360	9502	7177	3645	6790
410	2,6127	8385	6719	7354	9450	9411	8499	6818	0800
411	2,6138	4182	1876	0692	0585	7954	5303	6990	5043
412	2,6148	9721	6033	1345	9559	8548	9840	2922	5478
413	2,6159	5005	1656	4010	2097	2872	6431	2778	0432
414	2,6170	0034	1120	8989	4867	1571	8134	8591	3195
415	2,6180	4809	6712	0927	0861	9021	4573	0276	8220
416	2,6190	9333	0626	7427	4527	5199	6315	6479	3565
417	2,6201	3605	4973	7575	1775	1461	1055	7496	2624
418	2,6211	7628	1775	0351	9750	0272	3417	2444	6586
419	2,6222	1402	2966	2953	0985	0739	5993	7373	6213
420	2,6232	4929	0397	9004	6322	0983	0565	7224	4529
421	2,6242	8209	5835	6683	0744	4066	9234	2144	3711
422	2,6253	1245	0961	6738	6029	5297	0246	5237	8678
423	2,6263	4036	7375	0423	3900	4275	2059	5943	1259
424	2,6273	6585	6592	7326	3127	4208	9758	0073	5673
425	2,6283	8893	0050	3115	3811	2692	1048	7935	0976
426	2,6294	0959	9102	7189	1860	1596	2330	1503	7471
427	2,6304	2787	5025	0238	6459	7964	7723	4595	7543
428	2,6314	4376	9013	1720	3126	2019	0289	1042	1700
429	2,6324	5729	2184	7242	4725	1733	0324	4046	7982
430	2,6334	6845	5579	5865	2640	5088	1532	2922	2159
431	2,6344	7727	0160	7316	0075	0280	3261	8467	8785
432	2,6354	8374	6814	9120	9274	0039	2886	6331	8035
433	2,6364	8789	6353	3654	4269	8066	4496	8526	7561
434	2,6374	8972	9512	5107	0559	2659	2534	3554	4943
435	2,6384	8925	6954	6373	2941	4135	7714	9987	7274
436	2,6394	8648	9268	5860	2562	7991	0970	6286	1340
437	2,6404	8143	6970	4218	4040	4110	5880	0811	8868
438	2,6414	7411	0504	0995	3358	3153	6984	4991	6870
439	2,6424	6452	0242	1213	7063	3741	1506	1331	3635
440	2,6434	5267	6486	1874	3117	7677	7606	9201	0295
441	2,6444	3858	9467	8385	3601	4488	3236	9550	3005
442	2,6454	2226	9349	0918	9296	0413	9469	9515	8488
443	2,6464	0372	6223	0695	6023	0104	4896	8453	9028
444	2,6473	8297	0114	6198	2453	0956	3822	4323	0811
445	2,6483	6001	0980	9315	8950	9804	4749	77[illegible]4	8098
446	2,6493	3485	8712	1418	6868	8915	1109	6484	5871
447	2,6503	0752	3131	9364	7555	2391	4458	8345	2363
448	2,6512	7801	3998	1440	0199	4649	6269	3959	4354
449	2,6522	4634	1003	3231	7491	9026	3537	4343	1054
450	2,6532	1251	3775	3436	7937	6316	9117	8573	7592

Nombres.	Logarithmes.								
451	2,6541	7654	1877	9605	3525	9611	8212	1120	5041
452	2,6551	3843	4811	3821	1322	2704	8180	5843	4238
453	2,6560	9820	2012	8318	7416	4100	9585	9241	8098
454	2,6570	5585	2857	1039	1531	6787	8594	7816	5974
455	2,6580	1139	6657	1124	0470	4982	5218	1047	1598
456	2,6589	6484	2664	4349	8447	2578	0631	8552	3707
457	2,6599	1620	0069	8502	2235	3546	1452	2047	7141
458	2,6608	6547	8003	8691	8934	1668	7602	5115	1897
459	2,6618	1268	5537	2612	4042	5253	6040	9368	2958
460	2,6627	5783	1681	5740	7408	1516	0069	7568	2576
461	2,6637	0092	5389	6481	4507	4681	8184	8742	1337
462	2,6646	4197	5556	1255	0397	1183	0278	1526	8771
463	2,6655	8099	1017	9531	3567	4193	1084	3870	8554
464	2,6665	1798	0554	8808	6818	7802	3418	6722	7098
465	2,6674	5295	2889	9539	2174	7993	1086	4903	8005
466	2,6683	8591	6690	0001	6740	2877	7302	0135	2388
467	2,6693	1688	0566	1121	6308	8051	0897	7999	6741
468	2,6702	4585	3074	1240	3422	4038	7539	0154	5103
469	2,6711	7284	2715	0832	6486	1347	8878	1870	4774
470	2,6720	9785	7935	7174	6441	4219	3994	4920	0640
471	2,6730	2090	7128	8961	7405	6509	0331	5239	9014
472	2,6739	4199	8634	0877	7590	1873	0687	0862	3319
473	2,6748	6114	0737	8115	6715	5288	1244	7224	6401
474	2,6757	7834	1674	0850	6050	3588	1844	5785	8022
475	2,6766	9360	9624	8665	7110	8855	6863	0794	3264
476	2,6776	0695	2720	4931	4967	9863	9423	6995	9277
477	2,6785	1837	9040	1139	2022	3048	0981	3748	7211
478	2,6794	2789	6612	1188	8021	5400	0548	7238	5149
479	2,6803	3551	3414	5632	2009	6963	9669	6231	0783
480	2,6812	4123	7375	5872	1814	9983	4821	5308	7416
481	2,6821	4507	6373	8317	6601	4955	8474	8145	7879
482	2,6830	4703	8238	8495	7929	0622	8611	7912	5971
483	2,6839	4713	0751	5121	4687	5021	2740	9894	1052
484	2,6848	4536	1644	4124	7192	7877	7319	3503	4537
485	2,6857	4173	8602	2636	5657	0622	9169	4108	4423
486	2,6866	3626	9262	2933	8168	8878	4110	0006	9573
487	2,6875	2896	1214	6343	3246	3205	0644	3575	3724
488	2,6884	1982	2002	7106	1952	6965	1979	3080	0430
489	2,6893	0885	9123	6202	4493	5119	3391	8111	0064
490	2,6901	9608	0028	5136	6142	4432	5171	8527	2387
491	2,6910	8149	2122	9684	7275	3690	9835	4639	4355
492	2,6919	6510	2767	3603	2223	1917	5426	7228	2162
493	2,6928	4691	9277	2300	1587	3016	6572	9759	2021
494	2,6937	2694	8923	6469	2595	6577	5284	2375	0776
495	2,6946	0519	8933	5687	2012	6516	8830	2876	1833
496	2,6954	8167	6490	1974	6052	1659	6790	1638	7829
497	2,6963	5638	8733	3321	1680	5045	6936	2806	5329
498	2,6972	2934	2759	7175	3634	1527	1500	0686	9583
499	2,6981	0054	5623	3899	1416	5905	0360	3338	8467
500	2,6989	7000	4336	0188	0478	6261	1052	7550	6973

Nombres.	Logarithmes.								
501	2,6998	3772	5867	2457	1727	9103	8131	7558	2844
502	2,7007	0371	7145	0193	3455	4288	2114	3139	7109
503	2,7015	6798	5055	9273	9709	8224	0902	7952	8055
504	2,7024	3053	6445	5252	9094	3488	7492	7634	5892
505	2,7032	9137	8118	6613	7906	1449	2834	9844	4886
506	2,7041	5051	6839	7991	1483	1715	9782	1870	6818
507	2,7050	0795	9333	3359	7570	8038	2191	3977	2171
508	2,7058	6371	2283	9192	5467	4465	2112	7627	2312
509	2,7067	1778	2336	7587	4656	8076	7115	6425	5018
510	2,7075	7017	6097	9363	6583	5197	7975	8345	2339
511	2,7084	2090	0134	7127	3178	6603	1590	6294	4728
512	2,7092	6996	0975	8307	5692	3650	0525	2043	7241
513	2,7101	1736	5111	8162	7342	1417	1855	2227	5246
514	2,7109	6311	8995	2757	3237	6634	3606	4412	4858
515	2,7118	0722	9041	1910	0995	7332	2998	5574	6398
516	2,7126	4970	1627	2113	5412	7593	8459	3332	3522
517	2,7134	9054	3093	9425	0516	4419	8706	9222	4882
518	2,7143	2975	9745	2330	2273	4405	8428	5625	8668
519	2,7151	6735	7848	4578	5185	5558	1620	1358	1197
520	2,7160	0334	3634	7991	5963	3982	9473	9131	4484
521	2,7168	3772	3299	5244	7423	6341	1865	8982	3406
522	2,7176	7050	3002	2621	5713	6641	4642	0397	8636
523	2,7185	0168	8867	2742	3926	0126	5788	9107	8821
524	2,7193	3128	6983	7266	5123	7532	0601	4672	4648
525	2,7201	5930	3405	9568	7757	9766	3723	9876	5449
526	2,7209	8574	4153	7390	6418	5972	4785	9461	1141
527	2,7218	1061	5212	5466	0820	6873	9944	4675	2752
528	2,7226	3392	2533	8122	5890	0183	4533	9611	1658
529	2,7234	5567	2035	1857	5773	5554	2245	0237	9099
530	2,7242	7586	9600	7890	4563	2992	2916	2725	6593
531	2,7250	9452	1081	4690	6485	0712	1910	4537	4857
532	2,7259	1163	2295	0481	8267	6027	5237	9855	1565
533	2,7267	2720	9026	5722	6371	5917	0079	1050	9230
534	2,7275	4125	7028	5564	1723	2310	1676	8204	9461
535	2,7283	5378	2021	2284	4562	0802	3447	3694	2619
536	2,7291	6478	9692	7700	1979	0348	3133	9954	7661
537	2,7299	7428	5699	5556	0686	5410	5950	2817	3929
538	2,7307	8227	5666	3891	7530	0967	4105	9576	4781
539	2,7315	8876	5186	7387	0217	4632	4884	2829	6629
540	2,7323	9375	9822	9685	0709	8822	6044	8983	8954
541	2,7331	9726	5106	5694	3687	9348	2438	9535	7660
542	2,7339	9928	6538	3869	2473	4919	0895	5967	3296
543	2,7347	9982	9588	8469	4758	4771	5796	6740	7801
544	2,7355	9889	9698	1799	0460	8864	3679	5080	2164
545	2,7363	9650	2276	6424	3998	6774	4128	8938	2260
546	2,7371	9264	2704	7372	3242	7488	2145	1457	2960
547	2,7379	8732	6333	4307	7381	2647	3725	4206	4114
548	2,7387	8055	8484	3691	5899	0404	4165	6377	5787
549	2,7395	7234	4450	0919	0847	5804	3202	6755	1968
550	2,7403	6268	9494	2438	4553	6461	0765	1853	1215

Nombres.	Logarithmes.								
551	2,7411	5159	8851	7850	4886	9180	2387	2618	4309
552	2,7419	3907	7729	1989	0180	4021	6996	7978	3939
553	2,7427	2513	1304	6982	5870	7037	6450	7088	5880
554	2,7435	0976	4728	4297	4899	1495	2143	2425	1338
555	2,7442	9298	3122	6762	3888	9739	6980	6975	1730
556	2,7450	7479	1582	0574	7088	3910	9917	6883	3368
557	2,7458	5519	5173	7289	0044	3433	4988	9938	6963
558	2,7466	3419	8937	5787	4947	0498	8013	5313	9367
559	2,7474	1180	7886	4232	9561	1593	3111	7155	0590
560	2,7481	8802	7006	2004	1635	3432	9427	6611	5274
561	2,7489	6286	1256	1614	0658	5397	7688	2647	6581
562	2,7497	3631	5569	0610	8807	7656	8109	9958	1742
563	2,7505	0839	4851	3462	2909	4582	7077	6108	3899
564	2,7512	7910	3983	3422	9213	6725	0921	5330	2003
565	2,7520	4844	7819	4385	2758	1488	1338	8495	5158
566	2,7528	1643	1188	2714	3077	2690	8052	9473	0757
567	2,7535	8305	8892	9065	7989	2327	8716	1309	7430
568	2,7543	4833	5711	0188	7173	4046	1192	0890	8216
569	2,7551	1226	6395	0711	7228	7055	5240	3020	0589
570	2,7558	7485	5672	4913	9883	1361	3790	1204	4627
571	2,7566	3610	8245	8480	5004	0284	1300	3139	5781
572	2,7573	9602	8793	0242	0038	4182	9186	3433	8726
573	2,7581	5462	1967	3899	7493	0071	5015	2572	5628
574	2,7589	1189	2397	9735	2043	5367	0032	8531	0020
575	2,7596	6784	4689	6304	8844	0299	3228	0220	3496
576	2,7604	2248	3423	2120	4587	2489	1748	5718	8779
577	2,7611	7581	3155	7314	2848	8833	6675	6387	1652
578	2,7619	2783	8420	5290	5229	4078	6833	8116	7087
579	2,7626	7856	3727	4361	9789	2266	5496	0842	6130
580	2,7634	2799	3562	9372	8254	6585	6576	9374	8018
581	2,7641	7613	2390	3307	3454	4976	6106	1989	7440
582	2,7649	2298	4649	8884	8429	3128	6096	4518	5785
583	2,7656	6855	4759	0140	8638	3192	2628	7028	0834
584	2,7664	1284	7112	3994	8671	5603	5846	4378	7615
585	2,7671	5586	6082	1804	4858	2822	0697	2806	6022
586	2,7578	9761	6018	0906	5145	7497	4073	2667	4358
587	2,7686	3810	1247	6144	7606	3559	2985	9671	3762
588	2,7693	7732	6076	1384	8914	6938	2098	8937	3750
589	2,7701	1529	4787	1016	4120	3037	5758	7534	5040
590	2,7708	5201	1642	1441	9026	0656	3845	3514	4239
591	2,7715	8748	0881	2553	6466	6772	2209	7227	0327
592	2,7723	2170	6722	9197	7766	3406	2684	3710	1555
593	2,7730	5469	3364	2626	0639	6671	5598	2178	1331
594	2,7737	8644	4981	1935	4784	9022	5757	3286	3196
595	2,7745	1696	5728	5495	6403	8647	2581	9648	0197
596	2,7752	4625	9740	2364	2868	4841	3320	7732	3107
597	2,7759	7433	1129	3690	8739	5049	6876	7491	8151
598	2,7767	0118	3988	4108	4328	8021	1649	1801	1007
599	2,7774	2682	2389	3113	7982	8172	5691	0174	6843
600	2,7781	5125	0383	6436	3250	8766	7979	7960	8336

Nombres.	Logarithmes.								
601	2,7788	7447	2002	7395	2088	5850	6999	8783	9835
602	2,7795	9649	1257	8245	5233	1043	3065	4635	1379
603	2,7803	1731	2140	1513	0873	9187	4357	3629	9199
604	2,7810	3693	8621	1318	2729	6550	8447	8628	8842
605	2,7817	5537	4652	4688	8628	6661	0477	6155	5457
606	2,7824	7262	4166	2862	0678	3954	9762	0254	6249
607	2,7831	8869	1075	2575	8096	0195	6304	5595	0721
608	2,7839	0357	9272	7349	3760	5027	9493	7939	4452
609	2,7846	1729	2632	8753	5534	0090	9248	1700	6494
610	2,7853	2983	5010	7070	3388	5748	5137	5732	1349
611	2,7860	4121	0242	5542	3362	0724	5573	9152	9071
612	2,7867	5142	2145	5611	9355	7703	4902	8755	3702
613	2,7874	6047	4518	4150	3774	2266	2814	5645	0783
614	2,7881	6837	1141	1676	7996	8347	3312	6382	8076
615	2,7888	7511	5775	4167	3659	0700	8584	9880	3082
616	2,7895	8071	2164	4254	5710	3632	9140	0913	9515
617	2,7902	8516	4033	2416	8204	5466	1672	7545	3320
618	2,7909	8847	5088	8158	3767	9837	9925	5984	7760
619	2,7916	9064	9020	1179	7679	7967	4343	9450	8494
620	2,7923	9168	9498	2538	7488	0442	9948	4290	8749
621	2,7930	9160	0176	5801	9075	2860	8220	1653	5477
622	2,7937	9038	4690	8187	0076	6762	0779	7813	4585
623	2,7944	8804	6659	1696	1543	5759	6282	9507	7318
624	2,7951	8458	9682	4239	8735	6488	6400	9541	5847
625	2,7958	8001	7344	0752	1914	5044	4211	0202	7893
626	2,7965	7433	3210	4296	8002	1865	3995	8573	6178
627	2,7972	6754	0830	7164	3958	1561	3502	5506	8869
628	2,7979	5964	3737	1961	2718	8958	9193	4626	9759
629	2,7986	5064	5445	2689	2534	8620	5838	6746	6478
630	2,7993	4054	9453	5817	0530	2272	0651	0286	6812
631	2,8000	2935	9244	1343	1301	6929	8499	7536	8362
632	2,8007	1707	8282	3850	1363	6038	0706	5172	8767
633	2,8014	0371	0017	3551	0237	6586	0331	8300	0961
634	2,8020	8925	7881	7326	8976	6967	9111	0271	7907
635	2,8027	7372	5291	9756	6903	3248	5271	0279	3232
636	2,8034	5711	5648	4158	7335	5497	9843	3135	7955
637	2,8041	3943	2335	3504	3063	0937	6751	2760	0818
638	2,8048	2067	8721	1623	2329	6785	6289	3677	2260
639	2,8055	0085	8158	4001	6058	2885	2415	4565	9754
640	2,8061	7997	3983	8871	7128	2433	3683	4695	8161
641	2,8068	5802	9518	8174	2224	8377	0096	3802	8103
642	2,8075	3502	8068	8532	7334	3308	0374	4104	3982
643	2,8082	1097	2924	2220	7249	1938	5054	6583	2325
644	2,8088	8586	7359	8121	0000	7471	1602	9281	1797
645	2,8095	5971	4635	2677	6848	6377	1617	5984	4441
646	2,8102	3251	7995	0840	8529	0242	2648	0975	9375
647	2,8109	0428	0668	7003	8445	8430	5627	9535	7723
648	2,8115	7500	5870	5933	3482	1328	2971	9394	0317
649	2,8122	4469	6800	3692	3101	0856	3557	7816	8481
650	2,8129	1335	6642	8555	7399	2766	2632	1783	5404

Nombres.	Logarithmes.								
651	2,8135	8098	8568	1919	4767	3948	2619	6616	7225
652	2,8142	4759	5731	9201	9806	7569	2253	7498	0809
653	2,8149	1318	1275	0739	2142	9310	5654	6557	9684
654	2,8155	7774	8324	2672	6770	9280	1055	9348	3623
655	2,8162	4129	9991	7830	6559	6315	3759	7324	5568
656	2,8169	0383	9375	6602	7536	4367	4288	6615	2907
657	2,8175	6536	9559	7807	7566	4442	7069	8053	9153
658	2,8182	2589	3613	9554	9034	0174	5527	6632	9860
659	2,8188	8541	4594	0098	6128	0484	6070	6503	8847
660	2,8195	4393	5541	8686	7325	8966	7692	2263	2578
661	2,8202	0145	9485	6402	3664	6571	8976	8009	2402
662	2,8208	5798	9439	6999	3382	1879	5020	6534	9662
663	2,8215	1352	8404	7731	3504	1702	9555	2578	0770
664	2,8221	6807	9368	0174	8947	3977	0362	0074	0327
665	2,8228	2164	5303	1045	9703	4810	8396	2507	2485
666	2,8234	7422	9170	3010	6661	2245	3907	7385	3093
667	2,8241	2583	3916	5489	6620	0623	8752	2044	4541
668	2,8247	7646	2475	5456	7041	1553	6993	6945	3588
669	2,8254	2611	7767	8231	1077	0204	1194	9546	8154
670	2,8260	7480	2700	8264	3414	9131	6292	2605	8581
671	2,8267	2252	0168	9920	7463	5948	4850	0034	5591
672	2,8273	6927	3053	8252	4407	5938	6354	7021	6637
673	2,8280	1506	4223	9768	4647	6170	9948	2466	5878
674	2,8286	5989	6535	3198	2140	3753	6849	1900	3225
675	2,8293	0377	2831	0249	2145	7605	9203	1635	9874
676	2,8299	4669	5941	6359	2884	0488	1053	3364	2915
677	2,8305	8866	8685	1443	1600	6017	0602	8715	7920
678	2,8312	2969	3867	0633	5530	3993	8265	8905	6521
679	2,8318	6977	4280	5016	8249	6578	0702	5821	3643
680	2,8325	0891	2706	2363	1896	7647	6837	7732	3084
681	2,8331	4711	1912	7851	5739	8076	8680	0878	8257
682	2,8337	8437	4656	4789	1563	0642	9660	8593	2991
683	2,8344	2070	3681	5325	6339	9823	9410	1694	3141
684	2,8350	5610	1720	1162	2655	3867	0717	1614	5990
685	2,8356	9057	1492	4255	7334	9187	7323	9029	6707
686	2,8363	2411	5706	7516	8735	0387	6705	0240	1607
687	2,8369	5673	7059	5504	3142	2957	7687	8177	4180
688	2,8375	8843	8235	5113	0726	0043	7321	2719	4266
689	2,8382	1922	1907	6258	1483	9497	4495	6958	5024
690	2,8388	4909	0737	2553	1616	2805	0155	0630	4859
691	2,8394	7804	7374	1984	0758	3367	7243	2662	6433
692	2,8401	0609	4456	7578	0498	8008	0482	0745	1941
693	2,8407	3323	4611	8067	4605	2472	0363	4589	1054
694	2,8413	5947	0454	8549	1374	9096	1979	3146	7005
695	2,8419	8480	4590	1138	8524	2694	3075	9535	4288
696	2,8426	0923	9610	5621	1026	9091	3503	9784	9381
697	2,8432	3277	8098	0094	2304	9581	7442	9651	7830
698	2,8438	5542	2623	1610	9175	3910	8718	8412	3690
699	2,8444	7717	5745	6814	0948	4166	7387	3197	4670
700	2,8450	9804	0014	2568	3071	2216	2585	9263	6193

Nombres.	Logarithmes.								
701	2,8457	1801	7966	6586	5706	4022	3372	5030	4402
702	2,8463	3711	2129	8052	7630	5327	7624	3216	7385
703	2,8469	5532	5019	8239	5834	4784	1652	9605	8766
704	2,8475	7265	9142	1122	1203	2633	3395	8998	2402
705	2,8481	8911	6991	3987	0649	5508	4079	7982	2923
706	2,8488	0470	1051	8037	6071	0808	2106	9305	4225
707	2,8494	1941	3796	8994	0498	7404	4368	1557	4107
708	2,8500	3325	7689	7690	1798	3162	0772	3524	5602
709	2,8506	4623	5183	0665	4285	3884	4797	7889	9141
710	2,8512	5834	8719	0752	8609	2829	4350	3542	9135
711	2,8518	6960	0729	7663	0258	4877	1929	8848	0305
712	2,8524	7999	3636	8563	7036	4760	0538	7592	0205
713	2,8530	8952	9851	8655	5853	4481	2123	6960	5272
714	2,8536	9821	1776	1743	9176	1152	9509	0058	1559
715	2,8543	0604	1801	0806	1474	2966	2344	6085	9646
716	2,8549	1302	2307	8555	5999	7860	4812	2204	4673
717	2,8555	1915	5667	8001	2229	6689	0634	0300	7432
718	2,8561	2444	4242	3003	4303	0268	2891	3839	2727
719	2,8567	2889	0382	8826	0776	7650	6514	0088	1136
720	2,8573	3249	6431	2684	6023	1272	4906	8370	9699
721	2,8579	3526	4719	4290	3588	3287	4531	7287	5418
722	2,8585	3719	7569	6391	1828	6405	8462	3835	1663
723	2,8591	3829	7294	5308	2137	1911	8697	0974	8254
724	2,8597	3856	6197	1469	0071	7221	4658	6127	8546
725	2,8603	3800	6570	9936	9690	5368	9735	2026	8938
726	2,8609	3662	0700	0937	1400	9166	7404	6565	6819
727	2,8615	3441	0859	0378	3621	3464	2486	7839	6134
728	2,8621	3137	9313	0371	8555	9938	1007	0844	3705
729	2,8627	2752	8317	9746	2377	0167	4195	3069	1855
730	2,8633	2286	0120	4559	0107	4386	9004	7030	8534
731	2,8639	1737	6957	8604	5494	5258	0475	5755	9189
732	2,8645	1108	1058	3918	6160	8254	2064	6142	2712
733	2,8651	0397	4641	1279	4317	2813	1025	5986	7761
734	2,8656	9605	9916	0705	3320	1267	9877	3140	2174
735	2,8662	8733	9084	1949	0350	5721	5257	1589	4669
736	2,8668	7781	4337	4988	5493	6471	5858	7365	4634
737	2,8674	6748	7859	0514	7489	9331	6004	6909	2823
738	2,8680	5636	1823	0415	6431	3206	5512	0290	4445
739	2,8586	4443	8394	8257	3669	3585	5142	6303	8278
740	2,8692	3171	9730	9761	9202	2189	5842	6362	2475
741	2,8698	1820	7979	3281	6803	7866	5369	5437	3058
742	2,8704	0390	5279	0270	7155	8947	4449	4438	5813
743	2,8709	8881	3760	5752	9242	2672	3412	2378	6399
744	2,8715	7293	5545	8787	0260	2948	6875	4701	0112
745	2,8721	5627	2748	2928	4304	3624	6479	0384	4027
746	2,8727	3882	7472	6688	0072	0635	8334	2593	2942
747	2,8733	2060	1815	3987	7842	2816	1585	3749	1865
748	2,8739	0159	7864	4613	5971	7847	6550	2034	7325
749	2,8744	8181	7699	4664	7154	6757	4980	5407	1840
750	2,8750	6126	3391	7000	4686	7550	1138	0612	9256

Nombres.	Logarithmes.								
751	2,8756	3993	7004	1683	8974	5985	1092	5108	9138
752	2,8762	1784	0591	6422	4526	9174	9783	4717	2747
753	2,8767	9497	6200	7005	7663	5577	2199	6201	9391
754	2,8773	7134	5869	7740	5175	3090	8156	3607	6449
755	2,8779	4695	1629	1882	4165	5334	1606	1280	9762
756	2,8785	2179	5501	2065	3302	4777	7578	0696	8175
757	2,8790	9587	9500	0727	5709	0227	5462	8928	8313
758	2,8796	6920	5632	0535	3714	5200	9541	7893	7080
759	2,8802	4177	5895	4803	5691	3004	9867	4932	9101
760	2,8808	1359	2280	7913	5196	3811	2652	0591	5371
761	2,8813	8465	6770	5728	2636	8724	3355	5942	9447
762	2,8819	5497	1339	6004	9675	5754	2198	0689	4595
763	2,8825	2453	7954	8804	6591	2729	5662	0691	1480
764	2,8830	9335	8575	6899	2806	2521	3877	1959	6372
765	2,8836	6143	5153	6176	0791	6486	8061	1407	4622
766	2,8842	2876	9632	6039	3559	2785	0242	2660	5372
767	2,8847	9536	3948	9809	5946	7161	5424	7747	2670
768	2,8853	6122	0031	5119	9900	4939	0610	5105	9523
769	2,8859	2633	9801	4310	3960	4292	2399	9068	9286
770	2,8864	9072	5172	4818	7146	2416	2298	3566	0435
771	2,8870	5437	8050	9569	7445	7923	3691	7474	7140
772	2,8876	1730	0335	7361	5102	4716	4358	0229	6875
773	2,8881	7949	3918	3249	0897	4688	1271	9374	6028
774	2,8887	4096	0682	8925	9620	8882	8544	6394	5804
775	2,8893	0170	2506	3102	8923	9226	3106	6942	9669
776	2,8898	6172	1258	1884	3742	5578	4958	3905	6530
777	2,8904	2101	8800	9142	6481	5694	8513	8688	0951
778	2,8909	7959	6989	6889	3145	8685	8064	5644	5728
779	2,8915	3745	7672	5644	5604	5745	3257	2511	0117
780	2,8920	9460	2690	4804	0171	5271	9559	2193	6767
781	2,8926	5103	3877	3003	2684	3029	4062	7845	3377
782	2,8932	0675	3059	8480	0262	1685	9013	0401	9606
783	2,8937	6176	2057	9433	9921	7930	4727	3460	0919
784	2,8943	1606	2684	4384	4227	9388	0960	8324	4494
785	2,8948	6965	6745	2525	4154	7742	2351	7279	0678
786	2,8954	2254	6039	4078	9331	8821	0686	7734	6931
787	2,8959	7473	2359	0645	5847	4910	5930	9384	4030
788	2,8965	2621	7489	5553	1779	9222	1071	6614	1071
789	2,8970	7700	3209	4203	0626	7261	4871	2523	3423
790	2,8976	2709	1290	4414	2799	4821	3864	7824	9686
791	2,8981	7648	3497	6765	5350	7443	2872	0208	4378
792	2,8987	2518	1589	4935	0098	1472	4619	2673	3940
793	2,8992	7318	7317	6038	0309	2253	6716	9964	9780
794	2,8998	2050	2427	0962	6109	0587	1353	9312	4149
795	2,9003	6712	8656	4702	8771	4281	3001	5787	8875
796	2,9009	1306	7737	6690	4052	7499	5738	6878	8895
797	2,9014	5832	1396	1123	4726	6600	8272	2037	1506
798	2,9020	0289	1350	7294	2475	7316	5323	2917	3847
799	2,9025	4677	9313	9913	9295	4389	2937	7753	7670
800	2,9030	8998	6991	9435	8564	1216	6841	7347	9080

Nombres.	Logarithmes.								
801	2,9036	3251	6084	2376	5931	3599	1762	1267	1743
802	2,9041	7436	8284	1635	0175	8380	0428	7391	8524
803	2,9047	1554	5278	6809	4182	4586	8717	1333	2776
804	2,9052	5604	8748	4512	6187	1637	3219	3016	9944
805	2,9057	9588	0367	8685	1436	6254	4761	1933	2716
806	2,9063	3504	1805	0906	4408	6948	1527	8523	7180
807	2,9068	7353	4722	0704	1738	2256	4191	2638	7063
808	2,9074	1136	0774	5861	5991	6404	8623	9641	6994
809	2,9079	4852	1612	2723	0432	3628	5458	8042	1515
810	2,9084	8501	8878	6497	4918	0111	6130	2046	1237
811	2,9090	2085	4211	1560	3069	0330	8483	2297	4850
812	2,9095	5602	9241	1753	0847	2540	8110	1087	7238
813	2,9100	9054	5594	0681	6681	6208	0981	3029	5578
814	2,9106	2440	4889	2012	3277	2389	5555	0664	6716
815	2,9111	5760	8739	9766	1242	6352	5412	0150	1728
816	2,9116	9015	8753	8611	4669	0153	3764	8142	4446
817	2,9122	2205	6532	4154	8794	1421	6289	8615	1477
818	2,9127	5830	3671	3229	9882	3241	6124	6095	9817
819	2,9132	8390	1760	4184	7450	8777	2230	4519	5243
820	2,9138	1385	2383	7166	8972	3150	7446	9267	3825
821	2,9143	4315	7119	4407	7180	4059	3417	0371	4061
822	2,9148	7181	7540	0504	0107	1693	4250	9439	8070
823	2,9153	9983	5212	2698	3976	7707	7565	9955	1655
824	2,9159	2721	1697	1157	9081	2287	8787	5371	8505
825	2,9164	5394	8549	9250	8761	7750	0850	4915	3497
826	2,9169	8004	7320	3822	1618	6611	5378	5227	3459
827	2,9175	0550	9552	5466	7071	1667	1844	9653	7561
828	2,9180	3033	6784	8801	4388	5310	7082	1040	6222
829	2,9185	5453	0550	2735	5311	5136	7880	7788	1990
830	2,9190	7809	2376	0739	0383	2760	3520	2726	1247
831	2,9196	0102	3784	1109	9107	2784	2228	5487	3620
832	2,9201	2332	6290	7239	4048	8938	5262	8928	6591
833	2,9205	4500	1406	7875	8996	4602	4115	1360	9417
834	2,9211	6605	0637	7387	1296	5200	0002	9945	5650
835	2,9216	8647	5483	6020	8477	0337	0151	9597	4508
836	2,9222	0627	7439	0163	9271	4011	2364	4893	9613
837	2,9227	2545	7993	2599	9155	1787	8098	8376	1650
838	2,9232	4401	8630	2765	0506	4478	4940	9822	9239
839	2,9237	6196	0828	7002	7499	8601	2268	8640	0328
840	2,9242	7928	6061	8816	5843	4721	9512	9673	7556
841	2,9247	9599	5797	9121	7466	5693	5259	3850	9983
842	2,9253	1209	1499	6495	0265	7805	8181	4593	6738
843	2,9258	2757	4624	7423	3015	8945	8195	3020	4025
844	2,9263	4244	6625	6550	5550	9035	9193	7687	1705
845	2,9268	5670	8949	6923	4319	9271	4211	6016	3835
846	2,9273	7036	3039	0235	3421	8014	1006	8392	4285
847	2,9278	8341	0330	7069	1221	2616	2010	7868	4677
848	2,9283	9585	2256	7138	2648	7947	8705	2522	8700
849	2,9289	0769	0243	9526	7285	3979	8138	2535	3039
850	2,9294	1892	5714	2927	3332	6430	9956	0384	4003

Nombres.	Logarithmes.								
851	2,9299	2956	0084	5878	7567	6227	8017	9031	8998
852	2,9304	3959	4766	7001	1381	5335	1277	3953	0498
853	2,9309	4903	1167	5230	2999	8411	0762	7653	2843
854	2,9314	5787	0689	0050	5981	1703	6670	7445	0570
855	2,9319	6611	4728	1726	4091	2650	3875	4266	6910
856	2,9324	7376	4677	1532	2647	5757	9236	3491	4726
857	2,9329	8082	1923	1981	6429	2529	6947	3029	8384
858	2,9334	8728	7848	7054	4246	5471	9271	6496	1009
859	2,9339	9316	3831	2423	0262	8544	2122	6931	1076
860	2,9344	9845	1243	5677	2161	8827	0479	5371	5186
861	2,9350	0315	1453	6547	6251	6656	0118	1593	2302
862	2,9355	0726	5824	7127	9596	4019	2209	0917	1812
863	2,9360	1079	5715	2095	9266	3630	8697	5418	4271
864	2,9365	1374	2478	8932	8795	3778	1833	8781	1061
865	2,9370	1610	7464	8142	1934	6791	3640	3397	2861
866	2,9375	1789	2017	3466	3791	1805	3444	0976	0688
867	2,9380	1909	7476	2102	9437	5367	6919	1178	9369
868	2,9385	1972	5176	4919	0080	6398	1481	6003	7969
869	2,9390	1977	6448	6664	6874	5021	3577	2127	3928
870	2,9395	1925	2618	6185	2462	7874	6662	2437	0300
871	2,9400	1815	5007	6632	0335	5636	7871	6839	7012
872	2,9405	1648	4932	5672	2084	1729	9917	8735	4367
873	2,9410	1424	3705	5697	2637	4417	6181	7580	8068
874	2,9415	1143	2634	4030	3561	7849	4827	3261	1894
875	2,9420	0805	3022	3132	4507	0999	5744	1915	7113
876	2,9425	0410	6168	0807	2879	6892	5931	7440	9897
877	2,9429	9959	3366	0405	1822	8027	8380	5714	3526
878	2,9434	9451	5906	1025	6584	7480	0453	3780	6661
879	2,9439	8887	5073	7718	9353	8786	4158	5729	6641
880	2,9444	8267	2150	1686	2639	1416	6554	1650	3322
881	2,9449	7590	8412	0479	1274	2367	7894	7182	5283
882	2,9454	6858	5131	8197	3122	8227	2184	1999	6032
883	2,9459	6070	3577	5685	8561	5905	3733	2789	2116
884	2,9464	5226	5013	0730	8817	4152	8417	1965	1514
885	2,9469	4327	0697	8254	3234	1945	3930	6576	6521
886	2,9474	3372	1887	0507	5544	3843	3844	0903	2055
887	2,9479	2361	9831	7263	9219	6509	0149	0407	4731
888	2,9484	1296	5778	6010	1974	4695	2769	6772	3837
889	2,9489	0176	0970	2136	9495	9203	6804	1992	2452
890	2,9493	9000	6644	9127	8472	3543	3697	0244	1125
891	2,9498	7770	4036	8747	8993	0311	5842	6348	5479
892	2,9503	6485	4376	1230	6390	2654	0056	8933	8898
893	2,9508	5145	8888	5464	2595	0552	8752	0612	9958
894	2,9513	3751	8795	9176	7076	6130	3406	0794	5390
895	2,9518	2303	5315	9119	7435	6643	7970	4856	5593
896	2,9523	0800	9662	1251	9720	8388	5216	6408	7381
897	2,9527	9244	3044	0920	8536	9310	1734	4863	3290
898	2,9532	7633	6667	3043	7013	2765	2484	6792	4080
899	2,9537	5969	1733	2287	6699	9550	8630	8767	0714
900	2,9542	4250	9439	3248	7459	0055	8065	1023	0618

Nombres.	Logarithmes.								
901	2,9547	2479	0979	0629	7417	3162	1859	5559	3623
902	2,9552	0653	7541	9417	3047	3350	7159	3569	8068
903	2,9556	8775	0313	5057	9441	2332	3150	7697	3661
904	2,9561	6843	0475	3633	0843	6443	7127	8292	7265
905	2,9566	4857	9205	2033	1507	6004	7816	8779	9465
906	2,9571	2819	7676	8130	6937	7839	8533	1691	1124
907	2,9576	0728	7060	0952	5584	7213	9015	5362	3488
908	2,9580	8584	8521	0851	1053	0526	7542	0265	9001
909	2,9585	6388	3221	9674	4886	5243	9847	3316	8532
910	2,9590	4139	2321	0935	9991	8721	4165	3496	4624
911	2,9595	1837	6972	9982	4763	2800	8177	7719	6886
912	2,9599	9483	8328	4161	7968	6316	9579	1001	6734
913	2,9604	7077	7534	2989	4458	2960	3232	7028	5489
914	2,9609	4619	5733	8314	1756	7285	0399	4497	0167
915	2,9614	2109	4066	4482	7596	7037	5222	8794	3632
916	2,9618	9547	3667	8503	8455	5407	6549	7564	4924
917	2,9623	6933	5670	0210	9152	2270	5292	9037	4788
918	2,9628	4268	1201	2424	3563	8992	4988	1817	5984
919	2,9633	1551	1386	1112	6519	6920	2085	8623	5232
920	2,9637	8782	7345	5552	6929	5254	9017	0017	5603
921	2,9642	5963	0196	8489	2204	9636	3397	9445	0359
922	2,9647	3092	1053	6293	4028	8420	7132	1191	4364
923	2,9652	0170	1025	9120	5529	9334	5929	7775	7566
924	2,9656	7197	1220	1066	9918	4921	9225	3976	1798
925	2,9661	4173	2739	0326	0638	0972	9000	9014	3394
926	2,9666	1098	6681	9343	3088	7932	0031	6320	1581
927	2,9670	7973	4144	4970	7976	1127	0010	9047	0043
928	2,9675	4797	6218	8620	6340	1541	2365	9172	0125
929	2,9680	1571	3993	6417	6318	4767	3878	6908	4156
930	2,9684	8294	8553	9351	1696	1732	0033	7353	1032
931	2,9689	4968	0981	3426	2296	0765	9929	4220	1705
932	2,9694	1591	2353	9813	6261	6616	6249	2584	5414
933	2,9698	8164	3746	4999	4284	8051	0865	0875	6868
934	2,9703	4687	6230	0933	5830	1789	9845	0448	9768
935	2,9708	1161	0872	5177	7407	6630	9708	4686	8245
936	2,9712	7584	8738	1052	2943	7777	6486	2603	8130
937	2,9717	3959	0887	7782	6302	7576	7321	2215	8996
938	2,9722	0283	8379	0644	6007	5086	7825	4319	7801
939	2,9726	6559	2266	1109	2210	3154	4081	1635	8461
940	2,9731	2785	3599	6986	5962	7958	2941	7369	3667
941	2,9735	8962	3427	2569	0834	2297	5105	5179	6248
942	2,9740	5090	2792	8773	6927	0247	9278	7689	2041
943	2,9745	1169	2737	3283	7337	7188	9622	1937	0349
944	2,9749	7199	4298	0689	7111	5611	9634	3311	6346
945	2,9754	3180	8509	2629	4738	3561	0736	3348	9094
946	2,9758	9113	6401	7927	6236	9027	0191	9673	9427
947	2,9763	4997	9003	2734	1875	0113	7759	2522	0390
948	2,9768	0833	7338	0662	5571	7327	0791	8235	1049
949	2,9772	6621	2427	2926	7028	0892	0584	1263	6965
950	2,9777	2360	5288	8477	6632	2594	5810	3243	6291

Nombres.	Logarithmes.								
951	2,9781	8051	6937	4139	3184	8256	9196	3334	0190
952	2,9786	3694	8384	4743	4489	3602	8370	9445	2304
953	2,9790	9290	0638	3264	0853	2939	8477	1721	2295
954	2,9795	4837	4704	0951	1543	6786	9928	6198	0238
955	2,9800	0337	1583	7463	4242	1304	7035	4611	7292
956	2,9804	5789	2276	1000	7542	9138	9405	9687	8176
957	2,9809	1193	7776	8435	6537	8074	6374	6729	4542
958	2,9813	6550	9078	5444	1531	0702	8316	8680	3809
959	2,9818	1860	7170	6635	9927	5142	8857	0742	5927
960	2,9822	7123	3039	5684	1336	3722	3768	7758	0443
961	2,9827	2338	7668	5453	5933	3408	2002	3683	1445
962	2,9831	7507	2037	8129	6122	8694	7422	0595	0605
963	2,9836	2628	7124	5345	1542	4597	0459	7166	6265
964	2,9840	7703	3902	8307	7450	4361	7559	0361	8598
965	2,9845	2731	3343	7925	6538	3499	7516	2881	7794
966	2,9849	7712	6415	4933	4208	8760	1688	2343	4079
967	2,9854	2647	4083	0016	7359	7706	0211	8662	7120
968	2,9858	7535	7308	3936	6714	1616	6266	5952	7564
969	2,9863	2377	7050	7653	2737	1531	2733	4038	1057
970	2,9867	7173	4266	2448	5178	4361	8116	6557	7449
971	2,9872	1922	9908	0048	6280	3138	9065	3625	1404
972	2,9876	6626	4925	2745	7690	2617	3057	2456	2600
973	2,9881	1284	0268	3519	1116	8649	4609	1248	3508
974	2,9885	5895	6878	6155	2767	6943	9591	6024	6751
975	2,9890	0461	5698	5368	1607	4055	2717	4845	7086
976	2,9894	4981	7666	6918	1474	0704	0926	5529	3456
977	2,9898	9456	3718	7730	7091	4802	8110	5234	9263
978	2,9903	3885	4787	6014	4014	8858	2339	0560	3091
979	2,9907	8269	1803	1378	2547	3743	3409	4546	5366
980	2,9912	2607	5692	4948	5663	8171	4119	0976	5414
981	2,9916	6900	7379	9485	0979	0569	1141	2410	5905
982	2,9921	1148	7786	9496	6796	7429	8782	7088	7382
983	2,9925	5351	7832	1356	2274	9634	9247	4143	7552
984	2,9929	9509	8431	3415	1744	5656	4373	9677	5189
985	2,9934	3623	0497	6117	3215	8005	4229	9266	1991
986	2,9938	7691	4941	2112	1108	6755	5520	2208	5048
987	2,9943	1715	2669	6367	3242	1463	5612	9695	2143
988	2,9947	5694	4587	6281	2117	0316	4231	4824	3802
989	2,9951	9629	1597	1794	0527	2865	2654	8041	1709
990	2,9956	3519	4597	5499	1534	0255	7777	5325	4860
991	2,9960	7365	4485	2753	2836	4434	3788	1542	0864
992	2,9965	1167	2154	1786	5573	5398	5737	4088	0856
993	2,9969	4924	8495	3811	7590	3168	5105	9597	1944
994	2,9973	8688	4397	3133	1201	8784	5883	5255	8356
995	2,9978	2308	0745	7254	5488	6282	8896	9530	9815
996	2,9982	5933	8423	6987	3155	5266	0447	3136	2610
997	2,9986	9515	8311	6557	1988	1371	7028	1327	2393
998	2,9991	3054	1287	3711	0937	9643	9307	5788	1494
999	2,9995	6548	8225	9823	0869	3534	3993	0447	5376
1000	3,0000	0000	0000	0000	0000	0000	0000	0000	0000

Nombres.	Logarithmes.								
1001	3,0004	3407	7479	3186	4066	8921	3877	7798	8866
1002	3,0008	6772	1531	2269	1249	2842	7079	0007	5870
1003	3,0013	0093	3020	4181	1880	0826	2788	6348	1269
1004	3,0017	3371	2809	0005	2976	8027	1061	5589	0135
1005	3,0021	6606	1756	5076	7623	0420	6377	5669	0863
1006	3,0025	9798	0719	9085	9231	1962	9850	0402	1082
1007	3,0030	2947	0553	6180	0716	9325	7673	8418	5911
1008	3,0034	6053	2109	5054	8615	7227	6440	0083	8919
1009	3,0038	9116	6236	9105	2171	5281	3165	0955	8866
1010	3,0043	2137	3782	6425	7427	5188	1782	2293	7913
1011	3,0047	5115	5591	0010	6348	5042	6934	4962	5508
1012	3,0051	8051	2503	7803	1004	5454	8729	4319	9845
1013	3,0056	0944	5360	2804	2845	0161	7200	7022	1651
1014	3,0060	3795	4997	3171	7092	1777	1138	6426	5198
1015	3,0064	6604	2249	2317	2283	1324	1268	3739	8158
1016	3,0068	9370	7947	9004	4988	8204	1060	0076	5339
1017	3,0073	2095	2922	7445	9738	5282	8351	1967	8803
1018	3,0077	4777	8000	7399	4178	1815	6052	8874	8044
1019	3,0081	7418	4006	4263	9490	4989	9223	1183	2968
1020	3,0086	0017	1761	9175	6104	8936	6923	0794	5366
1021	3,0090	2574	2086	9102	4724	8148	0369	6637	8510
1022	3,0094	5089	5798	6939	2700	0342	0537	8743	7755
1023	3,0098	7563	3712	1601	5771	1931	9746	1655	5273
1024	3,0102	9995	6639	8119	5213	7388	9472	4493	0268
1025	3,0107	2386	5391	7731	0408	1934	0605	1919	4746
1026	3,0111	4736	0775	7974	6863	5156	0802	4676	8272
1027	3,0115	7044	3597	2781	9720	1326	5444	2057	8117
1028	3,0119	9311	4659	2569	2759	0373	2553	6861	7884
1029	3,0124	1537	4762	4329	2943	1676	6790	3302	3890
1030	3,0128	3722	4705	1722	0517	1071	1945	8023	9424
1031	3,0132	5866	5283	5165	4690	9664	4090	1344	5832
1032	3,0136	7969	7291	1925	4934	1332	7406	5781	6548
1033	3,0141	0032	1519	6205	7904	4010	0627	4477	0607
1034	3,0145	2053	8757	9237	0037	8158	2654	1671	7909
1035	3,0149	4034	9792	9365	5824	4094	0240	3692	7141
1036	3,0153	5975	5409	2142	1794	8144	7375	8075	1695
1037	3,0157	7875	6389	0409	6242	5918	4080	8565	8379
1038	3,0161	9735	3512	4390	4706	9297	0567	3807	4224
1039	3,0166	1554	7557	1774	1240	2101	0013	6162	7587
1040	3,0170	3333	9298	7803	5484	7721	8421	1580	7511
1041	3,0174	5072	9510	5361	5583	0385	2054	6208	9288
1042	3,0178	6771	8963	5056	6945	0080	0813	1431	6432
1043	3,0182	8430	8426	5308	6896	9579	8012	2097	3247
1044	3,0187	0049	8666	2433	5235	0380	3589	2847	1663
1045	3,0191	1629	0447	0728	0707	2794	5522	7546	0533
1046	3,0195	3168	4531	2554	3447	3865	4736	1557	1847
1047	3,0199	4668	1678	8423	3383	5199	8804	1474	5972
1048	3,0203	6128	2647	7078	4645	1270	9548	7121	7675
1049	3,0207	7548	8193	5578	5990	7200	7638	9991	7412
1050	3,0211	8929	9069	9380	7279	3505	2671	2325	8476

Nombres.	Logarithmes.								
1051	3,0216	0271	6028	2422	2008	3768	8890	9791	6879
1052	3,0220	1573	9817	7202	5939	9711	3733	1910	4168
1053	3,0224	2837	1185	4865	1838	6616	7709	6278	9668
1054	3,0228	4061	0876	5278	0342	0612	8891	7124	5779
1055	3,0232	5245	9633	7114	6986	7819	2352	0339	2625
1056	3,0236	6391	8197	7934	5411	3922	3481	2060	4685
1057	3,0240	7498	7307	4262	6758	1289	3139	2993	8982
1058	3,0244	8566	7699	1669	5294	9293	1192	2687	2126
1059	3,0248	9596	0107	4850	0279	2097	2192	2367	6507
1060	3,0253	0586	5264	7702	4084	6731	1863	5174	9619
1061	3,0257	1538	3901	3406	6612	2884	4739	9078	2532
1062	3,0261	2451	6745	4502	6006	4451	0857	6986	7884
1063	3,0265	3326	4523	2967	5697	1474	1946	2285	0937
1064	3,0269	4162	7959	0293	7788	9766	4185	2304	4592
1065	3,0273	4960	7774	7565	2817	4118	4435	6605	1418
1066	3,0277	5720	4690	5534	5892	9655	9026	3500	2257
1067	3,0281	6441	9424	4698	9253	4561	7829	0860	1691
1068	3,0285	7125	2692	5376	1244	6049	0624	0654	2487
1069	3,0289	7770	5208	7780	1749	0145	6798	5736	9363
1070	3,0293	8377	7685	2096	4083	4541	2394	6143	5646
1071	3,0297	8947	0831	8556	3384	2441	9594	3120	3842
1072	3,0301	9478	5356	7512	1500	4087	2081	2404	0688
1073	3,0305	9972	1965	9510	8414	1297	4525	0838	4439
1074	3,0310	0428	1363	5368	0207	9149	4897	5266	6955
1075	3,0314	0846	4251	6241	3597	7610	3637	8023	6105
1076	3,0318	1227	1330	3703	7051	4706	3053	2025	7807
1077	3,0322	1570	3297	9815	8511	1557	2976	6901	5009
1078	3,0326	1876	0850	7198	9738	8371	3831	5278	9655
1079	3,0330	2144	4682	9106	7303	9265	5099	6958	9678
1080	3,0334	2375	5486	9497	0231	2561	4992	1433	1981
1081	3,0338	2569	3953	3103	4328	1996	5117	0039	0190
1082	3,0342	2726	0770	5506	3209	3087	1386	1985	0687
1083	3,0346	2845	6625	3203	6036	7694	8547	6897	3945
1084	3,0350	2928	2202	3681	1994	8657	9843	2416	6323
1085	3,0354	2973	8184	5483	1516	5181	4639	8655	8889
1086	3,0358	2982	5252	8281	4279	8510	4743	9190	0828
1087	3,0362	2954	4086	2945	3992	6257	3763	4444	1157
1088	3,0366	2889	5362	1610	9982	2603	2626	7529	5191
1089	3,0370	2787	9755	7749	5609	0455	7489	9627	9102
1090	3,0374	2649	7940	6236	3520	0513	3076	1387	5287
1091	3,0378	2475	0588	3418	7761	1063	4293	1859	8270
1092	3,0382	2263	8368	7184	2764	1227	1092	3906	5987
1093	3,0386	2016	1949	7027	9226	9255	5276	4043	8925
1094	3,0390	1732	1997	4119	6902	6386	2672	6655	7141
1095	3,0394	1411	9176	1371	4315	5675	9090	0093	0817
1096	3,0398	1055	4148	3503	5420	4143	3112	8826	8814
1097	3,0402	0662	7574	7111	3221	5483	2405	5160	7448
1098	3,0406	0234	0114	0731	0368	9543	2149	9204	4994
1099	3,0409	9769	2423	4905	6747	3697	3884	8991	9899
1100	3,0413	9268	5158	2250	4075	0199	9712	4302	4242

Nombres.	Logarithmes.								
999980	5,9999	9131	4023	5018	8044	6806	1459	9062	4436
81	5,9999	9174	8326	4526	9127	5637	5776	5608	9622
82	5,9999	9218	2628	9691	9111	8904	8751	6710	1680
83	5,9999	9261	6931	0513	8084	5245	2108	0266	0966
84	5,9999	9305	1232	6992	6132	3293	1508	8725	2745
85	5,9999	9348	5533	9128	3342	1680	6558	0127	1178
86	5,9999	9391	9834	6920	9800	9037	0799	9144	3245
87	5,9999	9435	4135	0370	5595	3989	1719	8125	2620
88	5,9999	9478	8434	9477	0812	5161	0743	8136	3495
89	5,9999	9522	2734	4240	5539	1174	3239	0004	4354
999990	5,9999	9565	7033	4660	9862	0647	8513	5359	1687
91	5,9999	9609	1332	0738	3868	2197	9816	7675	3662
92	5,9999	9652	5630	2472	7644	4438	4339	3315	3735
93	5,9999	9695	9927	9864	1277	5980	3213	2571	4216
94	5,9999	9739	4225	2912	4854	5432	1512	0707	9780
95	5,9999	9782	8522	1617	8462	1399	8250	9004	0921
96	5,9999	9826	2818	5980	2187	2486	6386	5795	7365
97	5,9999	9869	7114	5999	6116	7293	2817	7518	1416
98	5,9999	9913	1410	1676	0337	4417	8384	9748	1266
999999	5,9999	9956	5705	3009	4936	2455	7870	8246	4242
1000000	6,0000	0000	0000	0000	0000	0000	0000	0000	0000
01	6,0000	0043	4294	2647	5615	5640	7439	4264	3678
02	6,0000	0086	8588	0952	1869	7965	6798	3605	8983
03	6,0000	0130	2881	4913	8849	5559	8628	4944	1237
04	6,0000	0173	7174	4532	6641	7005	7424	0594	0364
05	6,0000	0217	1466	9808	5333	0883	1621	9308	3827
06	6,0000	0260	5759	0741	5010	5769	3601	7319	9518
07	6,0000	0304	0050	7331	5761	0238	9685	9383	8581
08	6,0000	0347	4341	9578	7671	2864	0139	9819	8205
09	6,0000	0390	8632	7483	0828	2213	9172	3554	4344
1000010	6,0000	0434	2923	1044	5318	6855	4934	7163	4397
11	6,0000	0477	7213	0263	1229	5352	9521	9913	9832
12	6,0000	0521	1502	5138	8647	6267	8972	4806	8760
13	6,0000	0564	5791	5671	7659	8159	3267	9618	8453
14	6,0000	0608	0080	1861	8352	9583	6333	7944	7814
15	6,0000	0651	4368	3709	0813	9094	6039	0239	9791
16	6,0000	0694	8656	1213	5129	5243	4196	4862	3745
17	6,0000	0738	2943	4375	1386	6578	6562	9114	7758
18	6,0000	0781	7230	3193	9672	1645	2839	0287	0894
19	6,0000	0825	1516	7670	0072	8989	6669	6698	5409
1000020	6,0000	0868	5802	7803	2675	7149	5643	8739	8901
1000021	6,0000	0912	0088	3593	7567	4664	1294	9915	6421

Dans la table des Logarithmes des Sinus, Cosinus et Tangentes pour chaque dix-millième du quart de cercle, donnée par le Cit. Callet dans l'édition stéréotype de ses tables portatives, il faut corriger le dernier ou 7me chiffre dans les logarithmes indiqués ci-dessous eu égard aux signes + et —.

Logarithm.	Corr.	Logarithm.	Corr.	Logarithm.	Corr.	Logarithm.	Corr.
sin. 0,0008	— 1	tang. 0,0665	+ 1	tang. 0,1330	+ 1	cos. 0,1818	— 1
sin. 0,0011	— 1	sin. 0,0674	— 1	tang. 0,1338	+ 1	tang. 0,1818	+ 1
cos. 0,0024	— 1	tang. 0,0680	+ 1	tang. 0,1342	+ 1	sin. 0,1821	+ 1
tang. 0,0048	— 1	tang. 0,0721	+ 1	tang. 0,1303	+ 1	tang. 0,1821	+ 1
cos. 0,0059	— 1	sin. 0,0726	+ 1	tang. 0,1407	+ 1	cos. 0,1824	+ 1
tang. 0,0082	— 1	sin. 0,0736	— 1	tang. 0,1414	+ 1	sin. 0,1827	— 1
cos. 0,0092	— 1	sin. 0,0756	— 1	sin. 0,1419	— 1	tang. 0,1829	+ 1
sin. 0,0111	+ 1	tang. 0,0771	+ 1	cos. 0,1430	— 1	tang. 0,1848	— 1
sin. 0,0166	— 1	tang. 0,0790	+ 1	tang. 0,1435	+ 1	tang. 0,1855	+ 1
tang. 0,0203	— 1	tang. 0,0797	+ 1	tang. 0,1444	+ 1	tang. 0,1875	+ 1
sin. 0,0213	+ 1	tang. 0,0833	+ 1	tang. 0,1459	— 3	tang. 0,1879	+ 1
cos. 0,0220	— 1	tang. 0,0838	+ 1	tang. 0,1461	+ 1	tang. 0,1887	+ 1
tang. 0,0227	— 1	cos. 0,0840	— 1	tang. 0,1464	+ 1	sin. 0,1888	— 1
tang. 0,0278	— 1	tang. 0,0849	+ 1	tang. 0,1479	+ 1	tang. 0,1892	+ 1
sin. 0,0279	+ 1	sin. 0,0878	— 1	cos. 0,1566	— 1	tang. 0,1895	+ 1
tang. 0,0313	+ 1	tang. 0,0880	+ 1	tang. 0,1567	+ 1	tang. 0,1899	+ 1
tang. 0,0325	+ 1	sin. 0,0894	— 1	tang. 0,1569	+ 1	cos. 0,1923	— 1
sin. 0,0333	— 1	cos. 0,0909	— 1	tang. 0,1576	+ 1	cos. 0,1948	— 1
sin. 0,0349	— 1	cos. 0,0912	+ 1	tang. 0,1581	+ 1	tang. 0,1971	+ 1
sin. 0,0357	— 1	sin. 0,0916	+ 1	cos. 0,1595	— 1	sin. 0,1980	+ 1
sin. 0,0380	— 1	tang. 0,0916	+ 1	tang. 0,1597	+ 1	tang. 0,2003	+ 1
tang. 0,0383	+ 1	cos. 0,0921	+ 1	tang. 0,1604	+ 1	tang. 0,2014	+ 1
tang. 0,0384	+ 1	tang. 0,0927	+ 1	cos. 0,1621	+ 1	sin. 0,2033	— 1
sin. 0,0385	— 1	cos. 0,0971	— 1	cos. 0,1625	+ 1	tang. 0,2037	— 1
tang. 0,0390	+ 1	tang. 0,0993	+ 1	tang. 0,1636	— 1	sin. 0,2052	— 1
tang. 0,0401	+ 1	tang. 0,0995	+ 1	sin. 0,1652	— 1	sin. 0,2060	— 1
tang. 0,0440	+ 1	tang. 0,1007	+ 1	tang. 0,1654	+ 1	sin. 0,2082	— 1
tang. 0,0450	+ 1	tang. 0,1021	+ 1	tang. 0,1655	+ 1	tang. 0,2091	+ 1
tang. 0,0460	+ 1	sin. 0,1029	— 1	tang. 0,1664	+ 1	tang. 0,2097	+ 1
tang. 0,0475	+ 1	tang. 0,1040	+ 1	sin. 0,1668	— 1	tang. 0,2130	+ 1
tang. 0,0500	+ 1	tang. 0,1064	— 1	sin. 0,1682	— 1	tang. 0,2131	+ 1
tang. 0,0507	+ 1	tang. 0,1077	+ 1	sin. 0,1686	— 1	tang. 0,2152	+ 1
tang. 0,0518	+ 1	sin. 0,1085	+ 1	tang. 0,1692	+ 1	tang. 0,2156	+ 1
sin. 0,0522	— 1	tang. 0,1106	+ 1	tang. 0,1693	+ 1	tang. 0,2165	+ 1
tang. 0,0538	+ 1	sin. 0,1121	— 1	tang. 0,1699	+ 1	tang. 0,2166	+ 1
cos. 0,0552	+ 1	tang. 0,1163	+ 1	tang. 0,1700	+ 1	tang. 0,2185	+ 1
tang. 0,0555	+ 1	tang. 0,1165	+ 1	sin. 0,1702	+ 1	tang. 0,2207	+ 1
tang. 0,0560	+ 1	tang. 0,1189	+ 1	sin. 0,1703	— 1	tang. 0,2214	— 1
tang. 0,0566	— 1	tang. 0,1205	+ 1	tang. 0,1746	+ 1	tang. 0,2218	+ 1
tang. 0,0603	— 1	cos. 0,1228	+ 1	tang. 0,1758	+ 1	tang. 0,2233	+ 1
sin. 0,0636	— 1	tang. 0,1233	+ 1	tang. 0,1759	+ 1	tang. 0,2263	+ 1
tang. 0,0651	+ 1	tang. 0,1253	+ 1	sin. 0,1763	— 1	sin. 0,2283	— 1
sin. 0,0654	+ 1	tang. 0,1299	+ 1	tang. 0,1768	+ 1	sin. 0,2294	— 1
tang. 0,0654	+ 1	tang. 0,1313	+ 1	tang. 0,1774	+ 1	sin. 0,2327	+ 1
tang. 0,0658	+ 1	tang. 0,1323	+ 1	tang. 0,1778	+ 1	tang. 0,2333	+ 1

Logarithm.	Corr.	Logarithm.	Corr.	Logarithm.	Corr.	Logarithm.	Corr.
tang. 0,2344	+ 1	sin. 0,3099	− 1	cos. 0,3712	− 1	cos. 0,4322	− 1
tang. 0,2361	+ 1	tang. 0,3101	+ 1	tang. 0,3733	+ 1	tang. 0,4367	− 1
tang. 0,2383	+ 1	tang. 0,3106	+ 1	tang. 0,3739	+ 1	tang. 0,4392	− 1
tang. 0,2426	+ 1	tang. 0,3109	+ 1	tang. 0,3745	+ 1	tang. 0,4406	− 1
tang. 0,2441	+ 1	tang. 0,3114	+ 1	tang. 0,3751	+ 1	cos. 0,4408	− 1
tang. 0,2458	+ 1	sin. 0,3137	− 1	tang. 0,3770	+ 1	cos. 0,4422	− 1
tang. 0,2490	+ 1	tang. 0,3138	+ 1	tang. 0,3778	− 1	tang. 0,4432	− 1
tang. 0,2492	+ 1	tang. 0,3145	+ 1	tang. 0,3783	− 1	tang. 0,4437	− 1
sin. 0,2516	− 1	sin. 0,3155	+ 1	cos. 0,3789	− 1	cos. 0,4454	− 1
tang. 0,2530	+ 1	tang. 0,3155	+ 1	tang. 0,3789	− 1	tang. 0,4462	− 1
sin. 0,2534	+ 1	sin. 0,3159	− 1	tang. 0,3801	+ 1	tang. 0,4485	− 1
tang. 0,2543	+ 1	tang. 0,3159	+ 1	sin. 0,3815	− 1	tang. 0,4494	− 1
tang. 0,2617	+ 1	tang. 0,3183	+ 1	tang. 0,3819	+ 1	tang. 0,4525	− 1
tang. 0,2621	+ 1	cos. 0,3206	− 1	cos. 0,3857	+ 1	cos. 0,4536	− 1
sin. 0,2628	− 1	tang. 0,3209	+ 1	tang. 0,3863	+ 1	tang. 0,4566	− 1
sin. 0,2635	− 1	tang. 0,3224	− 1	tang. 0,3871	+ 1	tang. 0,4571	− 1
sin. 0,2647	− 1	tang. 0,3225	− 1	tang. 0,3893	+ 1	tang. 0,4582	− 1
cos. 0,2649	− 1	tang. 0,3226	− 1	tang. 0,3911	+ 1	cos. 0,4595	+ 1
sin. 0,2652	+ 1	cos. 0,3228	− 1	tang. 0,3915	− 1	tang. 0,4597	− 1
tang. 0,2657	+ 1	tang. 0,3258	+ 1	tang. 0,3917	+ 1	sin. 0,4603	− 1
tang. 0,2678	+ 1	tang. 0,3303	+ 1	tang. 0,3933	+ 1	sin. 0,4616	− 1
tang. 0,2691	+ 1	sin. 0,3336	− 1	tang. 0,3943	+ 1	sin. 0,4639	− 1
sin. 0,2701	− 1	cos. 0,3336	+ 1	tang. 0,3946	+ 1	cos. 0,4643	− 1
tang. 0,2703	+ 1	tang. 0,3345	+ 1	tang. 0,3954	+ 1	tang. 0,4652	− 1
tang. 0,2714	+ 1	tang. 0,3346	+ 1	sin. 0,3967	+ 1	tang. 0,4672	− 1
sin 0,2730	+ 1	tang. 0,3352	+ 1	tang. 0,3973	+ 1	sin. 0,4699	+ 1
cos. 0,2734	− 1	tang. 0,3353	+ 1	tang. 0,3995	+ 1	cos. 0,4703	− 1
tang. 0,2736	+ 1	tang. 0,3391	+ 1	tang. 0,4008	− 1	cos 0,4729	− 1
cos. 0,2743	− 1	cos. 0,3399	− 1	tang. 0,4017	− 1	sin. 0,4738	− 1
tang. 0,2758	+ 1	cos. 0,3414	+ 1	tang. 0,4018	− 1	cos. 0,4738	− 1
tang. 0,2761	+ 1	sin. 0,3426	− 1	tang. 0,4041	− 1	sin. 0,4743	− 1
tang. 0,2763	+ 1	tang. 0,3428	+ 1	sin. 0,4054	+ 1	tang. 0,4753	− 1
tang. 0,2764	+ 1	tang. 0,3432	+ 1	tang. 0,4078	− 1	tang. 0,4762	− 1
tang. 0,2769	+ 1	cos. 0,3442	− 1	cos. 0,4097	− 1	tang. 0,4796	− 1
tang. 0,2770	+ 1	sin. 0,3447	− 1	tang. 0,4100	− 1	cos. 0,4809	+ 1
tang. 0,2785	+ 1	tang. 0,3458	+ 1	cos. 0,4104	− 1	tang. 0,4814	− 1
tang. 0,2789	+ 1	tang. 0,3470	+ 1	tang. 0,4124	− 1	tang. 0,4895	− 1
sin. 0,2790	− 1	tang. 0,3472	+ 1	cos. 0,4149	+ 1	tang. 0,4899	+ 1
tang. 0,2805	+ 1	cos. 0,3525	+ 1	tang. 0,4171	− 1	tang. 0,4913	− 1
tang. 0,2814	+ 1	cos. 0,3536	− 1	sin. 0,4179	− 1	tang. 0,4943	− 1
tang. 0,2858	+ 1	tang. 0,3540	+ 1	tang. 0,4184	− 1	tang. 0,4952	− 1
tang. 0,2887	+ 1	tang. 0,3561	+ 1	sin. 0,4197	− 1	tang. 0,4962	− 1
tang. 0,2897	+ 1	tang. 0,3563	+ 1	tang. 0,4248	− 1	tang. 0,4983	− 1
cos. 0,2916	− 1	tang. 0,3595	+ 1	tang. 0,4255	− 1	tang. 0,4996	− 1
tang. 0,2924	+ 1	tang. 0,3613	+ 1	tang. 0,4257	− 1		
tang. 0,2930	+ 1	tang. 0,3616	+ 1	cos. 0,4261	− 1		
cos. 0,2961	− 1	tang. 0,3621	+ 1	sin. 0,4271	+ 1		
tang. 0,3020	+ 1	sin. 0,3642	+ 1	tang. 0,4293	− 1		
cos. 0,3023	− 1	tang. 0,3678	+ 1	sin. 0,4309	− 1		
tang. 0,3095	+ 1	tang. 0,3694	+ 1	tang. 0,4319	− 1		

sin. 0,0146 doit être 8,3604347

Dans le grand Thesaurus Logarithmorum de Mr. Vega il faut corriger le dernier ou 10me chiffre dans les logarithmes suivans eu égard aux signes + et —.

Division Sexag.	Division Déc.	Corr.	Division Sexag.	Division Déc.	Corr.
Log.cos. 0°54'	Log.cos. 0,0100	+ 1	Log.tang. 13°30'	Log.tang. 0,1500	— 2
sin. 1 21	sin. 0,0150	— 1	cos. 13 57	cos. 0,1550	+ 1
tang. 1 21	tang. 0,0150	— 1	tang. 14 24	tang. 0,1600	— 1
cos. 1 48	cos. 0,0200	+ 1	sin. 14 51	sin. 0,1650	+ 1
tang. 1 48	tang. 0,0200	— 1	tang. 14 51	tang. 0,1650	+ 1
sin. 2 15	sin. 0,0250	+ 1	sin. 15 18	sin. 0,1700	— 1
cos. 2 15	cos. 0,0250	+ 1	cos. 15 18	cos. 0,1700	+ 1
sin. 2 42	sin. 0,0300	— 1	tang. 15 18	tang. 0,1700	— 2
tang. 2 42	tang. 0,0300	— 1	sin. 15 45	sin. 0,1750	+ 1
cos. 3 9	cos. 0,0350	+ 1	tang. 15 45	tang. 0,1750	+ 1
tang. 3 9	tang. 0,0350	— 1	cos. 16 39	cos. 0,1850	+ 1
sin. 4 3	sin. 0,0450	— 1	tang. 16 39	tang. 0,1850	— 1
cos. 4 3	cos. 0,0450	+ 1	cos. 17 6	cos. 0,1900	+ 1
tang. 4 3	tang. 0,0450	— 1	cos. 17 33	cos. 0,1950	+ 1
sin. 4 30	sin. 0,0500	+ 1	tang. 17 33	tang. 0,1950	— 1
tang. 4 30	tang. 0,0500	+ 1	sin. 18 0	sin. 0,2000	+ 1
sin. 4 57	sin. 0,0550	+ 1	sin. 18 27	sin. 0,2050	— 1
tang. 4 57	tang. 0,0550	+ 1	cos. 18 27	cos. 0,2050	+ 1
sin. 5 24	sin. 0,0600	— 1	tang. 18 27	tang. 0,2050	— 3
cos. 5 24	cos. 0,0600	+ 1	sin. 18 54	sin. 0,2100	+ 1
tang. 5 24	tang. 0,0600	— 1	tang. 18 54	tang. 0,2100	+ 1
cos. 5 51	cos. 0,0650	+ 1	sin. 19 21	sin. 0,2150	+ 1
tang. 5 21	tang. 0,0550	— 1	tang. 19 21	tang. 0,2150	+ 1
cos. 6 18	cos. 0,0700	+ 1	sin. 19 48	sin. 0,2200	+ 1
tang. 6 18	tang. 0,0700	— 1	tang. 19 48	tang. 0,2200	+ 1
sin. 6 45	sin. 0,0750	— 1	cos. 20 42	cos. 0,2300	+ 1
tang. 6 45	tang. 0,0750	— 1	sin. 21 9	sin. 0,2350	+ 1
sin. 7 39	sin. 0,0850	— 1	tang. 21 9	tang. 0,2350	+ 1
tang. 7 39	tang. 0,0850	— 2	sin. 22 30	sin. 0,2500	+ 1
cos. 8 6	cos. 0,0900	+ 1	tang. 22 30	tang. 0,2500	+ 1
tang. 8 6	tang. 0,0900	— 1	cos. 22 57	cos. 0,2550	+ 1
sin. 8 33	sin. 0,0950	+ 1	sin. 24 18	sin. 0,2700	+ 1
sin. 9 0	sin. 0,1000	+ 1	tang. 24 18	tang. 0,2700	+ 1
cos. 9 0	cos. 0,1000	+ 1	cos. 24 45	cos. 0,2750	+ 1
sin. 9 27	sin. 0,1050	+ 1	sin. 25 39	sin. 0,2850	+ 1
tang. 9 27	tang. 0,1050	+ 1	cos. 25 39	cos. 0,2850	— 1
sin. 9 54	sin. 0,1100	+ 1	tang. 25 39	tang. 0,2850	+ 2
tang. 9 54	tang. 0,1100	+ 1	cos. 26 6	cos. 0,2900	+ 1
sin. 10 48	sin. 0,1200	— 1	tang. 26 6	tang. 0,2900	— 1
tang. 10 48	tang. 0,1200	— 1	sin. 26 33	sin. 0,2950	+ 1
sin. 11 15	sin. 0,1250	+ 1	tang. 26 33	tang. 0,2950	+ 1
sin. 12 9	sin. 0,1350	+ 1	cos. 27 0	cos. 0,3000	+ 1
tang. 12 9	tang. 0,1350	+ 2	tang. 27 0	tang. 0,3000	— 1
sin. 13 30	sin. 0,1500	— 1	sin. 27 54	sin. 0,3100	+ 1
cos. 13 30	cos. 0,1500	+ 1	cos. 27 54	cos. 0,3100	+ 1

Division Sexag.	Division Déc.	Corr.	Division Sexag.	Division Déc.	Corr.
Log.cos. 28°21′	Log.cos. 0,3150	+ 1	Log.tang. 35°33′	Log.tang. 0,3950	— 1
cos. 28 48	cos. 0,3200	— 1	sin. 36 0	sin. 0,4000	+ 1
tang. 28 48	tang. 0,3200	+ 1	tang. 36 0	tang. 0,4000	+ 1
sin. 29 42	sin. 0,3300	+ 1	sin. 37 21	sin. 0,4150	+ 1
tang. 29 42	tang. 0,3300	+ 2	sin. 37 48	sin. 0,4200	+ 1
sin. 30 36	sin. 0,3400	— 1	tang. 37 48	tang. 0,4200	+ 1
cos. 30 36	cos. 0,3400	+ 1	sin. 38 15	sin. 0,4250	+ 1
tang. 30 36	tang. 0,3400	— 2	cos. 40 3	cos. 0,4450	+ 1
sin. 31 3	sin. 0,3450	+ 1	tang. 40 3	tang. 0,4450	— 1
cos. 31 3	cos. 0,3450	— 1	cos. 40 30	cos. 0,4500	+ 1
tang. 31 3	tang. 0,3450	+ 2	sin. 40 57	sin. 0,4550	+ 1
sin. 31 30	sin. 0,3500	+ 1	tang. 40 57	tang. 0,4550	+ 1
tang. 31 30	tang. 0,3500	+ 1	sin. 41 51	sin. 0,4650	+ 1
sin. 31 57	sin. 0,3550	+ 1	tang. 41 51	tang. 0,4650	+ 1
cos. 32 24	cos. 0,3600	+ 1	sin. 42 18	sin. 0,4700	+ 1
tang. 32 24	tang. 0,3600	— 1	sin. 42 45	sin. 0,4750	— 1
tang. 32 51	tang. 0,3650	— 1	cos. 42 45	cos. 0,4750	+ 1
cos. 33 18	cos. 0,3700	+ 1	tang. 42 45	tang. 0,4750	— 2
tang. 33 18	tang. 0,3700	— 1	cos. 44 6	cos. 0,4900	+ 1
sin. 33 45	sin. 0,3750	+ 1	tang. 44 6	tang. 0,4900	— 1
tang. 33 45	tang. 0,3750	+ 1	sin. 44 33	sin. 0,4950	+ 1
sin. 34 12	sin. 0,3800	+ 1	tang. 44 33	tang. 0,4950	+ 2
sin. 34 39	sin. 0,3850	+ 1	sin. 45 0	sin. 0,5000	+ 1
tang. 34 39	tang. 0,3850	+ 1			
cos. 35 33	cos. 0,3950	+ 1			

Errata.

P. 14 la différence à côté de sin 0,00346 doit être 157 au lieu de 177.

P. 23 il faut mettre un zéro au lieu de 1 dans la dernière place de log cot 0,00549.

P. 102 la différence à côté de tang 0,02543 doit être 157 au lieu de 257.

P. 131 la caractéristique de log cot 0,0529 doit être 11 au lieu de 10.

P. 167 changez la caractéristique 0 de log tang 0,1425 en 9.

P. 202 les cinq derniers chiffres de cot 0,2350 doivent être 48421 au lieu de 24841.

P. 317 table III dans la dernière place de la valeur de 13 secondes au lieu de 8 lisez 9, et dans celle de la valeur de 53 secondes lisez 1 au lieu de 0.

Ibid. table IV la dernière décimale de la valeur de 27 tierces doit être 9 au lieu de 8.

P. 321 table F dans la valeur de 0,09 jour au lieu de 1 h. 9′ 36″ lisez 2 h. 9′ 36″.

P. XIV de l'introduction le second terme de la formule cos $\frac{m}{n}$ Q = etc doit être $-\frac{m^2}{n^2}$ 1,23370055 au lieu de $-\frac{m^2}{n^2}$ 0,23370055.

P. LXI ligne 2 il faut lire nous au lieu de cous.

P. LXV. ligne 21 lisez table B de l'appendice au lieu de table de B l'appendice. Les deux dernières fautes ne se trouvent que dans quelques exemplaires.

Au relieur.

Cette feuille n'a pas besoin d'être collée et réunie aux autres; parce que le possesseur de l'ouvrage s'empressera de corriger dans son exemplaire les fautes d'impression indiquées.

An den Buchbinder.

Dies Blatt kann dem Werke unangebunden beygelegt werden, weil jeder Besitzer die wenigen hier angezeigten Druckfehler gewiſs sogleich in seinem Exemplare verbessern wird.

Bei Fragen zur Produktsicherheit wenden Sie sich bitte an:
If you have any questions regarding product safety,
please contact:

Walter de Gruyter GmbH
Genthiner Straße 13
10785 Berlin
productsafety@degruyterbrill.com